刘光启　于立涛　主　编
栾永先　陈秀霞　副主编

电工手册

DIANGONG SHOUCE

电动机卷

化学工业出版社
·北京·

图书在版编目（CIP）数据

电工手册·电动机卷/刘光启，于立涛主编．—北京：化学工业出版社，2014.9
ISBN 978-7-122-20984-9

Ⅰ.①电… Ⅱ.①刘…②于… Ⅲ.①电工-技术手册②电动机-技术手册 Ⅳ.①TM-62②TM32-62

中国版本图书馆 CIP 数据核字（2014）第 131473 号

责任编辑：高墨荣　　　　文字编辑：徐卿华
责任校对：宋　玮　李　爽　　　　装帧设计：刘丽华

出版发行：化学工业出版社（北京市东城区青年湖南街 13 号　邮政编码 100011）
印　　装：北京云浩印刷有限责任公司
850mm×1168mm　1/32　印张 19¾　字数 575 千字
2015 年 1 月北京第 1 版第 1 次印刷

购书咨询：010-64518888（传真：010-64519686）　售后服务：010-64518899
网　　址：http://www.cip.com.cn
凡购买本书，如有缺损质量问题，本社销售中心负责调换。

定　　价：88.00 元

《电工手册》编委会

《电动机卷》分册编写人员

主　编　刘光启　于立涛
副主编　栾永先　陈秀霞
参　编　宋丽超　冷传照　焦　浩

前言

随着电气技术的不断进步，电气工业发展日新月异、产品层出不穷。无论是电气行业本身，还是机械、石化、轻工、纺织、食品、建筑、冶矿、运输、军工行业，直至人们生活方方面面，都离不开电能和电器，当然也就离不开传输电的材料、中间设备（如变压器、高低压电器等）和把电能变成机械能的电动机。由于电气行业技术和设备更新速度快，涉及的知识面广，且规模宏大，所以从业人员众多，他们在日常应用、学习、开发和研究中，经常需要查阅各种电工数据和资料，他们迫切需要能反映新标准、新规范和新知识的实用电工工具书，以适应我国经济建设发展的形势，促进电气工业的发展。为此，我们组织编写了这套电工手册。

本套手册分为基础卷、高低压电器卷、变压器卷、电动机卷及工矿用电卷，每卷单独成册。

本套手册的特点如下。

1. 实用。本套手册采用法定计量单位制，注重引用最新的国家或行业标准，兼顾理论和技能，注意介绍新产品资料和剔除落后产品资料，因而有较强的实用性。

2. 速查、速算。本套手册内容简明扼要、数据准确可靠，取材新颖，尽量避免不必要的理论叙述，以常用数据资料为主线，采用表格的形式，同时介绍一些作者自行设计的常用速算图供读者使用。

本书为电动机卷，内容包括：第1章电动机常用资料，第2章三相异步电动机，第3章单相异步电动机，第4章同步电动机，第5章直流电动机，第6章控制电机，第7章专用和特种电动机。

参加本书编写工作的有大学院校老师、专业生产单位和研究所的专家、技术人员以及实际使用人员，审稿工作由编写人员交叉完成。李勇、于杰、丁娜、唐惠平、陈照伟、王永全、宫汝峰、于善清、王迎夏、张玲玲、田圣涛、刘丙臣、李健、刘振芳、冯云飞、田伟等也做了大量工作。

本手册可供电工及电气技术人员使用，也可供大中专院校相关专业师生参考。

在编写本手册过程中，参考相关图书资料，并得到青岛供电公司和青岛红旗电机有限公司领导的大力支持，在此向他们一并致谢。

虽然经过多次修改和审稿，但由于电工涉及面广，而我们水平有限，难免会存在疏漏和不妥之处，真诚欢迎广大专家和读者批评指正。

编者

目录

第1章

电动机常用资料

电动机是日常工作中最常见的设备，它能把电能转换成机械能，带动各种机械运转。无论是在工农业生产、交通运输、国防工业，还是在商业、家电、医疗设备，直至玩具等各方面都得到广泛应用。

电动机的种类繁多，用途各异，功率相差悬殊。常用电动机大部分是交流电动机（可以是异步电动机或同步电动机），其次是直流电动机，也有交直流两用电动机。

1.1 电动机的分类和代号

1.1.1 电动机的分类

电动机的分类方法有很多，见表 1-1。

表 1-1　电动机的分类

分类方法		类　别
按工作电源		交流电动机(包括单相电动机和三相电动机) 直流电动机
按结构及工作原理	交流电动机	异步电动机(包括异步电动机和交流换向器电动机。前者有三相型、单相型和罩极型，后者有单相串励型、交直流两用型和推斥型) 同步电动机(包括永磁同步电动机、磁阻同步电动机和磁滞同步电动机)
	直流电动机	有刷直流电动机(分永磁型和电磁型。前者又有稀土永磁式、铁氧体永磁式和铝镍钴永磁式；后者又有串励式、并励式、他励式和复励式) 无刷直流电动机

续表

分类方法		类　别
按结构及工作原理	交直流两用电动机	内在结构与单纯的直流电机差异不大。使用中只要切换开关将磁场线圈反接，即能实现电机转子的逆转和顺转。在洗衣机、吸尘器、排风扇等家用电器中应用较为广泛
按系列产品用途	基本系列	产量最大，使用范围最广的通用电机系列，如Y系列（已淘汰）、Y2系列、Y3系列小型三相异步电动机
	派生系列	为满足不同使用要求，在基本系列的基础上作部分改动而派生的系列产品，其零部件与基本系列有较高的通用性和一定程度的统一性，如YR系列绕线转子电动机，YB系列隔爆型电动机，Y-WF系列户外防腐型电动机
	专用系列	为满足特殊使用要求而专门设计制造的系列产品，如YZR、YZ系列起重冶金用电动机
按启动与运行方式		电容启动式电动机；电容运转式电动机； 电容启动运转式电动机；分相式电动机
按运行工作制		有连续工作制S1，短时工作制S2，周期性工作制S3～S10，详见2.1.3节电机工作制
按用途		驱动用电动机（包括电动工具用型、家电用型及其他通用小型机械设备用型） 控制用电动机（包括步进电动机和控制电动机等）
按转子结构		笼型异步电动机；绕线转子异步电动机
按运转速度		高速电动机（有交流和直流电动机，交流的最高转速是2960r/min，直流的牙钻电机可达10000r/min，微型压电陶瓷电机可达51000r/min） 低速电动机（齿轮减速、电磁减速、力矩电动机和爪极同步电动机等） 恒速电动机（有级恒速、无级恒速） 调速电动机（电磁调速、直流调速、PWM变频调速和开关磁阻调速）
按功率等级		≤250kW（功率等级应符合表1-17的规定） ＞250kW（有必要时，＞1000kW者可按GB 321中的R40数系选用）
按外壳防护等级		IP23、IP44、IP54、IP55、IP56、IP65等
按电动机尺寸		大型：定子铁芯外径D＞1000mm或机座中心高H＞630mm 中型：D＝500～1000mm或H＝355～630mm 小型：D＝120～500mm或H＝80～315mm
按安装形式（IM）		卧式：有IMB3（底脚安装）、IMB5（凸缘端盖安装）、IMB35（底脚＋凸缘端盖安装）等 立式：有IMV1（轴伸朝下无底脚）、IMV15（轴伸朝下带底脚）、IMV2（轴伸朝上无底脚）等
按冷却方式		自冷式、自扇冷式、他扇冷式等

1.1.2 电动机的产品代号

电动机的产品代号由电动机类型代号、电动机特点代号、设计序号和励磁方式代号四个小节顺序组成。

类型代号	特点代号	设计序号	励磁方式代号
见表1-2	B—隔爆；O—封闭型；R—绕线型；K—高速；EJ—电磁制动；VP—变频调速；D—变极多速式；Q—高启动转矩；H—高滑差	用阿拉伯数字表示（第一次设计不标注序号）	S—3次谐波励磁 J—晶闸管励磁 X—相复励磁

表 1-2 电动机的类型代号

电动机类型	代号	电动机类型	代号
异步电动机(笼型及绕线型,详见表 1-3)	Y	纺织用电动机	F
同步电动机(详见表 1-4)	T	起重机用电动机	ZD
直流电动机(详见表 5-1)	Z	交流换向器电动机	H
轴流通风机上用异步电动机	T	采煤机用电动机	C[M]

表 1-3 异步电动机产品代号

代号	电动机名称	代号	电动机名称
Y	三相异步电动机	YQ	三相异步电动机(高启动转矩)
YS	分马力三相异步电动机	YH	高转差率(滑差)三相异步电动机
YR	绕线转子三相异步电动机	YD	多速三相异步电动机
YLS	立式三相异步电动机(大中型)	YDT	通风机用多速三相异步电动机
YRL	绕线转子立式三相异步电动机(大中型)	YZP	中频三相异步电动机
YK	大型二级(快速)三相异步电动机	YSR	制冷机用耐氟三相异步电动机
YRK	大型绕线转子二级(快速)三相异步电动机	YUR	制冷机用耐氟电阻启动单相异步电动机
YU	电阻启动单相异步电动机	YCR	制冷机用耐氟电容启动单相异步电动机
YC	电容启动单相异步电动机	YYR	制冷机用耐氟电容运转单相异步电动机
YY	电容运转单相异步电动机	YLR	制冷机用耐氟双值电容单相异步电动机
YL	双值电容单相异步电动机	YP	屏蔽式三相异步电动机
YJ	罩极单相异步电动机	YPJ	泥浆屏蔽式三相异步电动机
YJF	罩极单相异步电动机(方形)	YPL	制冷屏蔽式三相异步电动机
YX	三相异步电动机(高效率)	YPG	高压屏蔽式三相异步电动机
YUX	电阻启动单相异步电动机(高效率)	YPT	特殊屏蔽式三相异步电动机
YCX	电容启动单相异步电动机(高效率)	YLJ	力矩三相异步电动机
YYX	电容运转单相异步电动机(高效率)	YDJ	力矩单相异步电动机
YLX	双值电容单相异步电动机(高效率)		

续表

代号	电动机名称	代号	电动机名称
YUJ	装入式三相异步电动机	YEJ	制动三相异步电动机(附加制动器)
YEP	制动三相异步电动机(旁磁式)	YEZ	锥形转子制动三相异步电动机
YEG	制动三相异步电动机(杠杆式)		

注：1. 黑体字表示与代号相对应的关键汉字，下同。

2. 对于防爆电机，代表防爆类型的字母 A（增安型）、B（隔爆型）、ZY（正压型）应标于电机特点代号首位，即紧接在电机类型代号后面标注。

表 1-4 同步电动机产品代号

产品代号	产品名称	产品代号	产品名称
T	三相同步电动机	TYJ	减速永磁式三相同步电动机(齿轮)
TL	立式三相同步电动机	TJQ	减速永磁式三相同步电动机(齿轮速制动器)
TG	二极(高速)三相同步电动机		
TD	多速三相同步电动机	TZJ	轧机用三相同步电动机
TJ	减速三相同步电动机	TM	磨机用三相同步电动机
TDP	低频三相同步电动机	TK	空气压缩机用三相同步电动机
TZP	中频三相同步电动机	TTF	通风机用三相同步电动机
TC	磁阻式三相同步电动机	TZY	正压机用三相同步电动机
TU	磁阻式单相同步电动机	TA	增安型三相同步电动机
TDZ	多速磁阻式三相同步电动机	TB	隔爆型三相同步电动机
TZS	磁滞三相同步电动机	TBK	空气压缩机用隔爆型三相同步电动机
TZ	磁滞式单相同步电动机		
TDC	多速磁滞三相同步电动机	TYD	同步异步电动机
TZC	磁滞式三相同步电动机(低噪声)	TS	亚同步电动机
TJN	减速磁滞三相同步电动机(内转子)	TDH	电钟同步电动机
TJW	减速磁滞三相同步电动机(外转子)	TDD	定时器同步电动机(洗衣机控制程序用)
TYC	永磁式三相同步电动机	TT	同步调相机
TY	永磁式单相同步电动机	TTQ	氢冷同步调相机

1.1.3 电动机的规格代号

电动机的规格代号用中心高、铁芯外径、机座号、机壳外径、轴伸直径、凸缘代号、机座长度、铁芯长度、功率、电流等级、转速或极数等来表示。

主要系列产品的规格代号按表 1-5 的规定。其他系列产品如确有需要采用上列以外的其他参数来表示时，应在该产品的标准中说明。

表 1-5　电动机主要系列产品的规格代号

系列产品	规格代号
小型异步电动机	中心高/mm-机座长度(字母代号)-铁芯长度(数字代号)-极数
中大型异步电动机	中心高/mm-铁芯长度(数字代号)-极数
小型同步电机	中心高/mm-机座长度(字母代号)-铁芯长度(数字代号)-极数
中大型同步电机	中心高/mm-铁芯长度(数字代号)-极数
小型直流电机	中心高/mm-机座长度(字母代号)
中型直流电机	中心高/mm或机座号(数字代号)-铁芯长度(数字代号)-电流等级(数字代号)
大型直流电机	电枢铁芯外径/mm-铁芯长度/mm
测功机	功率/kW-转速(仅对直流测功机)
分马力电动机(小功率电动机)	中心高或机壳外径/mm-(或/)机座长度(字母代号)-铁芯长度、电压、转速(均用数字代号)
交流换向器电机	中心高或机壳外径/mm-(或/)铁芯长度、转速(均用数字代号)

注：① 大、中小交流电机（同步电机和异步电动机）的划分：中小型交流电机为中心高 630mm 及以下或定子铁芯外径 990mm 及以下的电机；大型交流电机为定子铁芯外径 990mm 以上的电机。

② 中、小直流电机的划分：小型直流电机为中心高 400mm 以下或电枢铁芯外径 368mm 及以下的电机；中型直流电机为电枢铁芯外径 990mm 以上的电机。

③ 大、中小水轮发电机的划分：中小型水轮发电机为功率 10000kW 及以下的电机；大型水轮发电机为功率 10000kW 以上的电机。

④ 分马力电动机和小功率电动机的划分：分马力电动机为折算至 1000r/min 时连续额定功率不超过 735W 的电动机；小功率电动机为折算至 1500r/min 时连续额定功率不超过 1.1kW 的电动机。

⑤ 对分马力电动机，如规格代号不用中心高而用机壳外径表示时，其后面的分隔符号“—”应改用“/”表示。

⑥ 机座长度采用国际通用字母符号来表示：S—短机座，M—中机座，L—长机座。铁芯长度按由短至长顺序用数字 1、2、3……表示。凸缘代号采用国际通用字母符号 FF（凸缘上带通孔）或 FT（凸缘上带螺孔）连同凸缘固定孔中心基圆直径的数值来表示。

⑦ 电机的特殊环境代号按表 1-6 的规定选用，如同时适用于多个，则按表中的顺序排列。

⑧ 电机的补充代号仅适用于有此要求的电机。补充代号用汉语拼音字母或阿拉伯数字表示，采用大写字母时，应不与表 1-4 所采用的字母重复，且所代表的内容应在产品标准中规定。

表 1-6　电机的特殊环境代号

特殊环境	代　号	特殊环境	代　号
高原用	G	热带用	T
船(海)用	H	湿热带用	TH
户外用	W	干热带用	TA
化工防腐用	F		

1.1.4　Y 系列电动机功率与型号对应关系

Y 系列电动机功率与型号对应关系见表 1-7。

表 1-7　Y 系列电动机功率与型号对应关系

功率 /kW	2 极 3000r/min	4 极 1500r/min	6 极 1000r/min	8 极 750r/min	10 极 600r/min
0.55	—	$Y80_1$-4	—	—	—
0.75	$Y80_1$-2	$Y80_2$-4	Y90S-6	—	—
1.1	$Y80_2$-2	Y90S-4	Y90L-6	—	—
1.5	Y90S-2	Y90L-4	Y100L-6	—	—
2.2	Y90L-2	$Y100L_1$-4	Y112M-6	Y132S-8	—
3	Y100L-2	$Y100L_2$-4	Y132S-6	Y132M-8	—
4	Y112M-2	Y112M-4	$Y132M_1$-6	$Y160M_1$-8	—
5.5	$Y132S_1$-2	Y132S-4	$Y132M_2$-6	$Y160M_2$-8	—
7.5	$Y132S_2$-2	Y132M-4	Y160M-6	Y160L-8	—
11	$Y160M_1$-2	Y160M-4	Y160L-6	Y180L-8	—
15	$Y160M_2$-2	Y160L-4	Y180L-6	Y200L-8	—
18.5	Y160L-2	Y180M-4	$Y200L_1$-6	Y225S-8	—
22	Y180M-2	Y180L-4	$Y200L_2$-6	Y225M-8	—
30	$Y200L_1$-2	Y200L-4	Y225M-6	Y250M-8	—
37	$Y200L_2$-2	Y225S-4	Y250M-6	Y280S-8	—
45	Y225M-2	Y225M-4	Y280S-6	Y280M-8	Y315S-10
55	Y250M-2	Y250M-4	Y280M-6	Y315S-8	Y315M-10
75	Y280S-2	Y280S-4	Y315S-6	Y315M-8	$Y315L_1$-10
90	Y280M-2	Y280M-4	Y315M-6	$Y315L_1$-8	$Y315L_2$-10
110	Y315S-2	Y315S-4	$Y315L_1$-6	$Y315L_2$-8	$Y355M_1$-10
132	Y315M-2	Y315M-4	$Y315L_2$-6	$Y355M_1$-8	$Y355M_2$-10
160	$Y315L_1$-2	$Y315L_1$-4	$Y355M_1$-6	$Y355M_2$-8	Y355L-10

续表

功率/kW	2极 3000r/min	4极 1500r/min	6极 1000r/min	8极 750r/min	10极 600r/min
200	Y315L$_2$-2	Y315L$_2$-4	Y355M$_2$-6	Y355L-8	—
250	Y355M-2	Y355M-4	Y355L-6	—	—
315	Y355L-2	Y355L-4	—	—	—

1.2 三相异步电动机的计算

1.2.1 常用计算公式(表1-8)

表1-8 三相异步电动机的常用计算公式

名称	单位	公式	符号说明
同步转速 n_s	r/min	$n_s=60\dfrac{f}{p}$	f—电流频率，Hz； p—电动机磁极对数
转差率 s_n	%	$s_n=\dfrac{n_s-n_N}{n_s}\times100\%$	n_s—电动机的同步转速，r/min； n_N—电动机的额定转速，r/min
转子转速 n	r/min	$n=\dfrac{60f}{p}(1-s)$	f—电流频率，Hz； p—极对数
额定电流 I_e	A	$I_e=\dfrac{P_N}{1.73U_N\cos\varphi\times\eta}$	P_N—电动机额定功率，W； U_N—电动机额定电压，V； $\cos\varphi$—功率因数； η—电动机效率
额定转矩 M_e	N·m	$M_e=9550P_N/n_N$	P_N—电动机额定功率，kW； n_N—电动机额定转速，r/min
额定功率 P_N	kW	$P=KD_{il}^2l_{Fe}n$	K—对应极距的系数(见注解)； D_{il}—定子铁芯内径，cm； l_{Fe}—定子和转子的铁芯长度(从定子槽底量得)，cm； n—电动机转速，r/min

注：不同极距时的 K 值见下表：

2p=2		2p=4	
r/cm	**K**	**r/cm**	**K**
11.8	1.31×10^{-6}	8.8	$(1.30\sim1.50)\times10^{-6}$
15.4	$(1.40\sim1.55)\times10^{-6}$	12.2	$(1.55\sim1.75)\times10^{-6}$
20.4	$(1.73\sim1.78)\times10^{-6}$	16.1	$(2.11\sim2.23)\times10^{-6}$
28.2	$(1.91\sim2.16)\times10^{-6}$	18.5	$(2.55\sim2.62)\times10^{-6}$
32.2	$(2.34\sim2.44)\times10^{-6}$	21.6	$(2.72\sim2.86)\times10^{-6}$
37.0	$(2.67\sim2.76)\times10^{-6}$		

续表

2p=6		2p=8	
r/cm	K	r/cm	K
6.30	1.18×10^{-6}	7.10	$(0.88\sim1.05)\times10^{-6}$
8.65	$(1.34\sim1.40)\times10^{-6}$	9.25	$(1.51\sim1.85)\times10^{-6}$
11.5	$(1.93\sim2.18)\times10^{-6}$	11.0	$(1.80\sim1.84)\times10^{-6}$
13.6	$(2.19\sim2.25)\times10^{-6}$	11.8	$(2.28\sim2.44)\times10^{-6}$
15.7	$(2.58\sim2.77)\times10^{-6}$		

1.2.2 电动机的额定电流和空载电流

单相、三相和高压电动机的额定电流，与电动机的功率之间存在一定的关系，即 $I=KP$，电动机额定电流系数 K 见表 1-9。

表 1-9 电动机额定电流系数 K

单相电动机	电压/V	220			
	功率/kW	不限			
	K 值	8			
三相电动机	电压/V	220		380	
	功率/kW	<2	>2	<2	>2
	K 值	4.0	3.5	2.5	2.0
高压电动机	电压/kV	3	6	10	35
	功率/kW	不限			
	K 值	0.25	0.126	0.075	0.021

根据上述给出的速算图如图 1-1 所示，单相电动机和三相电动机$U=220$V 的电流可直接读出，380V 电动机的电流需从 P 轴作水平线（例如 $P=4$kW 时，$I=8$A）；而高压电动机的电流由连接 U 轴和 P 轴上的相应数值求得。

应该指出，由于原参考文献给出的计算 K 值，在 $P=2$kW 时是不连续的，所以在图中作了技术处理，但差别不大。

注：① 单台 380V 电动机的熔体电流（A）应为其额定功率（kW）的 4 倍；

② 多台 380V 电动机的熔体电流（A）应为其中最大一台电动机功率（kW）值的 4 倍，加上其余电动机功率之和的 2 倍。

图 1-1 表示单相、三相和高压电动机的功率和额定电流之间的关系。

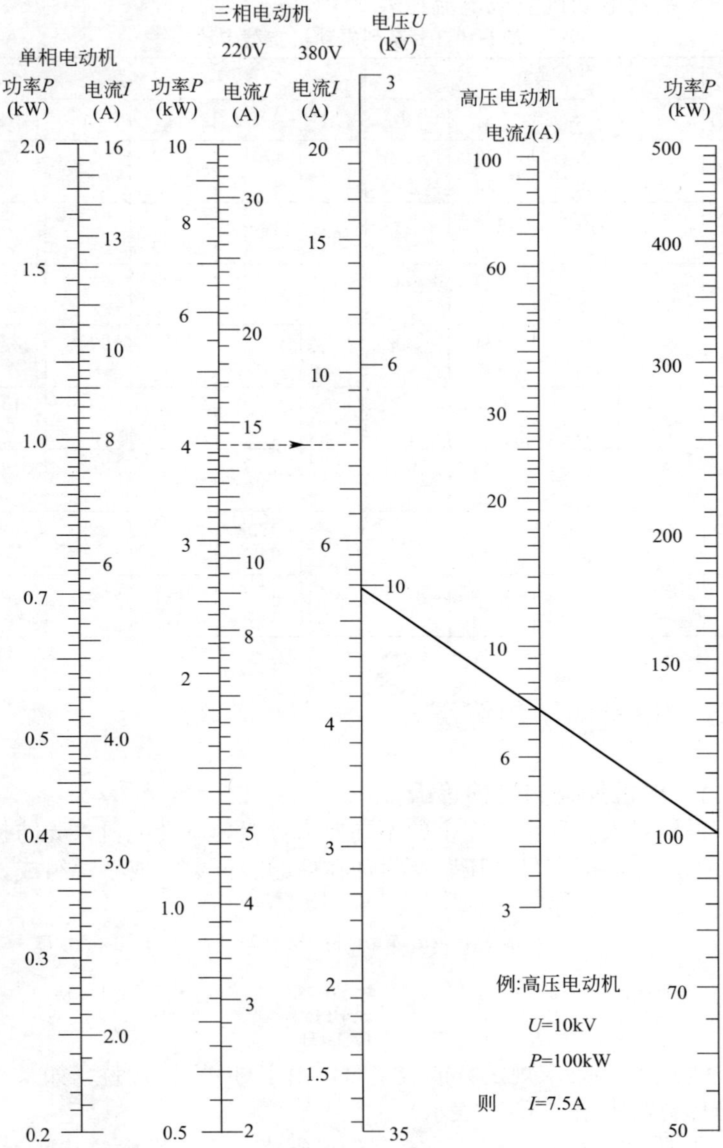

图 1-1　单相、三相和高压电动机的功率和额定电流之间的关系

Y 系列电动机空载电流见表 1-10。

表 1-10　Y 系列电动机空载电流　　　A

功率/kW	极数				功率/kW	极数			
	2	4	6	8		2	4	6	8
2.2	1.7 2.0	2.4 2.7	3.2 3.3	4.2 —	15	7.1 —	12.2 —	9.8 —	10.2 —
3.0	2.3 2.7	2.7 3.9	3.3 3.8	4.4 —	18.5	— 8.7	— 13.3	—	—
4.0	2.7 3.0	3.5 4.3	4.0 4.7	4.6 —	22	7.7 11.9	9.6 14.3	12.8 —	21.0 —
5.5	3.5 3.8	4.3 4.8	4.9 5.5	5.8 —	30	9.2 —	11.7 —	14.8 —	22.5 —
7.5	4.1 4.6	4.5 6.0	6.1 8.7	8.8 —	40	14.0 —	15.1 —	24.0 —	15.7 —
10	6.1 —	5.9 —	10.1 —	10.5 —	55	9.7 —	11.0 —	15.7 —	19.7 —
11	— 6.2	— 8.5	— 11.3	—	75	12.8 —	14.3 —	22.8 —	— —
13	6.5 —	8.6 —	11.6 —	12.6 —	100	17.9 —	18.4 —	— —	— —

1.3 电机的防护等级

1.3.1 电机外壳的防护等级

根据对人身和设备安全的不同要求分级，旋转电机外壳防护等级的标志由表征字母“IP”及附加在后的表征数字或字母组成，其含义的表示方法是：

IP	第一位特征数字	第二位特征数字	附加字母	补充字母
国际防护代码字母	数字0～6或字母X(表1-11)	数字0～8或字母X(表1-11)	A、B、C、D	H、M、S、W

注：① 不要求规定特征数字时，由字母“X”代替（如果两个字母都省略则用“XX”表示）；

② 附加字母和（或）补充字母可省略，不需代替；

③ 当使用一个以上的补充字母时，应按字母顺序排列。

常用电机的防护等级有 IP23、IP44、IP54、IP55、IP56、IP65。

表 1-11　电机外壳的防护等级（IPXX）

位置	应用场合	防护等级	含　义	简要说明
第一位数字	对接近危险部件的防护等级	0	无防护	无专门防护
		1	防止手背接近危险部件	直径 50mm 球形试具应与危险部件有足够的间隙
		2	防止手指接近危险部件	直径 12mm，长 80mm 的铰接试具应与危险部件有足够的间隙
		3	防止工具接近危险部件	直径 2.5mm 的球形试具不得进入壳内
		4	防止金属线接近危险部件	直径 1.0mm 的球形试具不得进入壳内
		5	防尘	能防止触及或接近壳内带电或转动部件
		6	尘密	完全防止尘埃进入
	防止固体异物进入的防护等级	0	无防护	—
		1	防止直径不小于 50mm 的固体异物	直径 50mm 球形试具不得完全进入壳内
		2	防止直径不小于 12.5mm 的固体异物	直径 12.5mm 的球形物体试具不得完全进入壳内
		3	防止直径不小于 2.5mm 的固体异物	直径 2.5mm 的物体试具完全不得进入壳内
		4	防止直径不小于 1.0mm 的固体异物	直径 1.0mm 的物体试具完全不得进入壳内
		5	防尘	不能完全防止尘埃进入，但进入的灰尘量不得影响设备的正常运行，不得影响安全
		6	尘密	无灰尘进入
第二位数字	防止水进入的防护等级	0	无防护	无专门防护
		1	防止垂直方向滴水	垂直方向滴水应无有害影响
		2	防止当外壳在 15°范围内倾斜时垂直方向滴水	当外壳的各垂直面在 15°范围内倾斜时，垂直滴水应无有害影响
		3	防淋水	各垂直面在 60°范围内淋水，无有害影响
		4	防溅水	向外壳各方向溅水无有害影响

续表

位置	应用场合	防护等级	含　义	简要说明
第二位数字	防止水进入的防护等级	5	防喷水	向外壳各方向喷水无有害影响
		6	防海浪	承受海浪冲击或强烈喷水对电机应无有害影响
		7	防进水	浸入规定压力的水中经规定时间后外壳进水量不致达有害程度
		8	持续潜水	按生产厂规定条件，能持续潜水
第三位	对接近危险部件的防护等级	A	防止手背接近	直径 50mm 的球形试具与危险部件必须保持足够的间隙
		B	防止手指接近	直径 12mm，长 80mm 的铰接试指与危险部件必须保持足够的间隙
		C	防止工具接近	直径 2.5mm，长 100mm 的试具与危险部件必须保持足够的间隙
		D	防止金属线接近	直径 1.0mm，长 100mm 的试具与危险部件必须保持足够的间隙
第四位	补充字母	H	高压设备	
		M	防水试验在设备的可动部件（如旋转电机的转子）运动时进行	
		S	防水试验在设备的可动部件（如旋转电机的转子）静止时进行	
		W	提供附加防护或处理，以适用于规定的气体条件	

1.3.2 电机的防爆形式和级别

在一些危险区域（周边有易燃易爆的气体或者粉尘等场合，如煤矿、液化气站）使用的电动机，应该选用防爆电机，以最大限度减少由于电机启动时产生的电火花引起爆炸等事故。电机的防爆形式和级别见表 1-12。

表 1-12　电机的防爆形式和级别

防爆形式	防爆标志				防爆措施原理
	型式	类别	级别	温度组别	
防爆型	d	Ⅰ	—	—	当外壳内部爆炸时，火焰在穿过规定缝隙的过程中，受间隙壁的吸热及阻滞作用而显著降低其外传的能量和温度，从而不能引起产品外部爆炸性气体混合物的爆炸
		Ⅱ	A、B、C	T1～T6	
增安型	e	Ⅰ	—	—	正常运行时不产生火花、电弧或危险温度的产品部件上采取适当措施（如降温、对堵转时间要求等），以提高其安全程度
		Ⅱ	—	T1～T6	

续表

防爆形式	防爆标志				防爆措施原理
	型式	类别	级别	温度组别	
本质安全型	ia ib	Ⅰ	—	—	在低电压小电流的电路、系统和产品中，合理选择电路参数，一般还需采取有效的限能措施，使其在正常状态下和故障状态下产生的电火花，达不到引起周围爆炸气体混合物爆炸的最小引燃能量
		Ⅱ	A、B、C	T1～T6	
正压型	p	Ⅰ	—	—	向外壳内通入正压新鲜空气或充以惰性气体，以阻止爆炸性气体混合物进入外壳内部
		Ⅱ	—	T1～T6	
充油型	o	Ⅰ	—	—	将可能产生火花、电弧或危险温度的带电部件浸入油中，使其不能引起油面以上爆炸性气体混合物的爆炸
		Ⅱ	—	T1～T6	
充砂型	q	Ⅰ Ⅱ	—	T1～T6	将可能产生火花、电弧或危险温度的带电部件埋入砂中，使其不能引起砂层以外爆炸性气体混合物的爆炸
无火花型	n	Ⅱ	—	T1～T6	在产品部件上采取适当措施，以使其在正常运行条件下不会点燃周围爆炸性气体混合物，因此一般不会发生点燃故障（其安全水平与增安型相比略低）
特殊型	T	Ⅰ	—	—	结构上不属于上述防爆型式，而采取其他防爆措施（如气密、灌封等）
		Ⅱ	—	T1～T6	

注：1. Ⅰ类为矿用，Ⅱ类为工厂用。

2. 增安型相当于旧标准中的防爆安全型，本质安全型相当于旧标准中的安全火花型，正压型相当于旧标准中的防爆通风型或充气型，而在分级分组上有所修改。

3. ia指在正常工作、一个故障或两个故障时，均不能点燃周围爆炸性气体混合物的等级；ib指在正常工作、一个故障时，不能点燃周围爆炸性气体混合物的等级。

1.4 电动机绝缘等级

电工产品绝缘的使用期受到多种因素（如温度、电和机械的应力、振动、有害气体、化学物质、潮湿、灰尘和辐照等）的影响，而温度通常是对绝缘材料和绝缘结构老化起支配作用的因素。因此人们将电气绝缘的耐热性划分为若干耐热等级，各耐热等级及所对应的温度值如表1-13所示，三相异步电动机最高允许温度（环境温度40℃）见表1-14。

表1-13　电器各耐热等级及所对应的温度值

耐热等级	最高允许温度/℃	绕组温升限值/℃	耐热等级	最高允许温度/℃	绕组温升限值/℃
Y	90	—	F	155	100
A	105	60	H	180	125
E	120	75	C	220	165
B	130	80			

注：1. 表中Y、A、E级耐热等级已基本淘汰。

2. 温度超过250℃，则按间隔25℃相应设置耐热等级。

表1-14　三相异步电动机最高允许温度（环境温度40℃）

绝缘等级	测试项目	测试方法	定子绕组	转子绕组		定子铁芯	滑环	滑动轴承	滚动轴承
				绕线式	笼式				
A	最高容许温度/℃	温度计法	95	95	—	100	100	80	95
		电阻法	100	100	—	—	—	—	—
	最大容许温升/℃	温度计法	55	55	—	60	60	40	55
		电阻法	60	60	—	—	—	—	—
E	最高容许温度/℃	温度计法	105	105	—	115	110	80	95
		电阻法	115	115	—	—	—	—	—
	最大容许温升/℃	温度计法	65	65	—	75	70	40	55
		电阻法	75	75	—	—	—	—	—
B	最高容许温度/℃	温度计法	110	110	—	120	120	80	95
		电阻法	120	120	—	—	—	—	—
	最大容许温升/℃	温度计法	70	70	—	80	80	40	55
		电阻法	80	80	—	—	—	—	—
F	最高容许温度/℃	温度计法	125	125	—	140	130	80	95
		电阻法	140	140	—	—	—	—	—
	最大容许温升/℃	温度计法	85	85	—	100	90	40	55
		电阻法	100	100	—	—	—	—	—
H	最高容许温度/℃	温度计法	145	145	—	165	140	80	90
		电阻法	165	165	—	—	—	—	—
	最大容许温升/℃	温度计法	105	105	—	125	100	40	55
		电阻法	125	125	—	—	—	—	—

1.5 旋转电机的冷却方法代号

电机冷却方法的标记方法代号是：

IC	第一个数字	第一个字母	第二个数字	第二个字母	第三个数字
国际通用冷却符号	冷却介质循环回路布置方式（表 1-15）	初级冷却介质代号	初级冷却介质运动的推动方法（表 1-15）	次级冷却介质代号	次级冷却介质运动的推动方法（表 1-15）

注：冷却介质代号（第一、二个字母相同）：A—空气，H—氢气，W—水，U—油，F—氟利昂（空气不标）。

表 1-15　电机冷却方法中的数字表示的意义

位置	表示意义	
第一个数字表示冷却介质循环回路布置方式	0	自由循环，冷却介质从周围介质自由吸入，再直接返回到周围介质（开路）
	1	进口管或进口通道循环，远方冷却介质通过进口管吸入电机，再返回到周围介质（开路）
	2	出口管或出口通道循环，冷却介质从周围介质吸入电机，再通过进口管返回到远方介质
	3	进出管或进出通道循环，冷却介质通过进口管或通道从远方介质吸入，流经电机后，通过出口管或通道回到远方介质（开路）
	4	机壳表面冷却，初级冷却介质在电机内的闭合回路内循环，并通过机壳表面把热量（包括经定子铁芯和其他热传导部件传递到机壳表面的热量），传递到最终冷却介质，即周围环境介质，机壳外部表面可以是光滑的或带肋的，也可以带外罩
	5	内装式冷却器（用周围环境介质），初级冷却介质在闭合回路内循环，并通过与电机成为一体的内置式冷却器把热量传给最终冷却介质，后者为周围环境介质
	6	外装式冷却器（用周围介质），初级冷却介质在闭合回路内循环，并通过安装在电机上的外装式冷却器把热量传递给最终冷却介质，后者为周围环境介质
	7	内装式冷却器（用远方介质），初级冷却介质在闭合回路内循环，并通过与电机成为一体的内置式冷却器把热量传递给次级冷却介质，后者为远方介质
	8	外装式冷却器（用远方介质），初级冷却介质在闭合回路内循环，并通过直接安装在电机上的外装式冷却器把热量传递给次级冷却介质，后者为远方介质
	9	分装式冷却器（用周围环境介质或远方介质），初级冷却介质在闭合回路内循环，并通过与电机分开独立安装的冷却器把热量传递给次级冷却介质，后者为周围环境介质或远方介质

续表

位置	表示意义	
第二、三个数字表示冷却介质运动的推动方法	0	自由对流，依靠温度差促使冷却介质运动，转子的风扇作用可忽略不计
	1	自循环，冷却介质运动与电机转速有关，转子本身作用（如内外隔片）或安装在转子上的部件（如风扇）使介质运动
	2	备用
	3	备用
	4	备用
	5	内装式独立部件，由整体部件驱动介质运动，该部件所需动力与主机转速无关，例如自带驱动电动机的风扇或泵
	6	外装式独立部件，由安装在电机上的独立部件驱动介质运动，该部件所需动力与主机转速无关，例如自带驱动电动机的风扇或泵
	7	分装式独立部件或冷却介质系统压力，与电机分开安装的电气或机械部件驱动冷却介质运动，或者是依靠冷却介质循环系统中的压力驱动冷却介质运动，例如有压力的给水系统或供气系统。冷却介质为水且推动方法为7，在简化标记中“7”可省略
	8	相对运动，冷却介质运动起因于它与电机之间有相对运动，或者是电机在介质中运动，或者是周围介质流过电机（液体或气体）
	9	其他部件，冷却介质由上述方法以外的其他方法驱动，应予以详细说明

1.6 电动机基本安装形式（表1-16）

表 1-16　电动机基本安装形式及九种派生安装结构形式

机座号	基本安装结构形式			派生安装结构形式	
				采用 B5 型	
	B3	B35	B5	V1	V3
					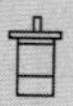
Y3 63-160	√	√	√	√	√
Y3 180-280	√	√	√	√	—
Y3 315-355	√	√	—	√	—

续表

机座号	派生安装结构形式						
	采用B3型					采用B35型	
	V5	V6	B8	B6	B7	V15	V36
		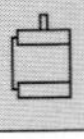					
Y3 63-160	√	√	√	√	√	√	√
Y3 180-280	—	—	—	—	—	—	—
Y3 315-355	—	—	—	—	—	—	—

1.7 交流电动机功率等级和机座号、凸缘号(表1-17)

表 1-17 交流电动机功率等级和机座号、凸缘号（GB/T 4772—1999）

功率	第一数系				第二数系	
≤250kW (kV·A)	0.06	1.1	18.5	110	1.8	25
	0.09	1.5	22	132	3	32
	0.12	2.2	30	150	4	40
	0.18	3.7	37	160	6.3	50
	0.25	5.5	45	185	10	63
	0.37	7.5	55	200	13	80
	0.55	11	75	220	17	100
	0.75	15	90	250	20	125
	机座号(轴高/mm)56～400,用于底脚安装电机 凸缘号(基圆直径/mm)55～1080,用于同时带有底脚和凸缘电机					
>250kW (kV·A)	280、300、315、335、355、375、400、425、450、475、500、530、560、600、630、710、750、800、850、900、950、1000。其交流发电机的功率也可用千伏·安(kV·A)表示					
	机座号 55～1080 或 355～1000 和凸缘号 1180～2360					
>1000kW (kV·A)	1120、1250、1400、1600、1800、2000、2240、2500、2800、3150、3550、4000、4500、5000、5600、6300、7100、8000、9000、10000					
	机座号 355～1000 和凸缘号 1180～2360					

注：适用于以下三种专门形式之一的各类卧式旋转电机：底脚向下电机、底脚向上电机和带整块底板的电机，以及具有安装凸缘，且中心高转换为底脚向下形式为 355～1000mm 和固定凸缘基圆直径为 1180～2360mm 的电机。

1.8 电动机的常用接线图

1.8.1 三相电动机的常用接线图

见图 1-2～图 1-8。

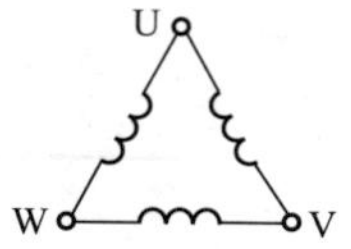

L1	L2	L3	接法
U	V	W	角接

(a) 角接

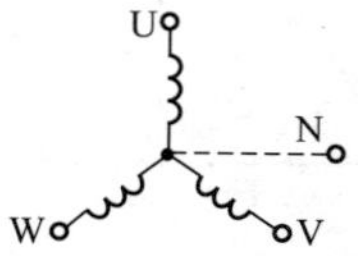

L1	L2	L3	接法
U	V	W	星接

(b) 星接-引出/未引出中性线

图 1-2 单电压单速定子绕组三相电动机的常用接线图

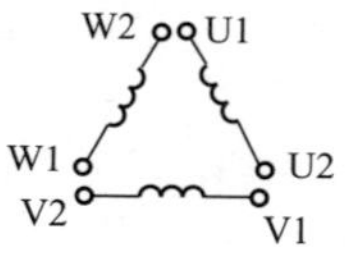

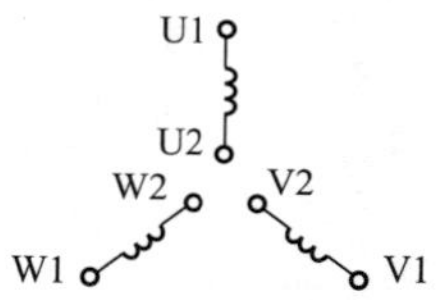

电压	L1	L2	L3	连接	接法
低	U1	V1	W1	[U1,W2],[U2,V1],[V2,W1]	角接
高	U1	V1	W1	[U2,V2,W2]	星接

(a) 6 个线端(1∶$\sqrt{3}$)

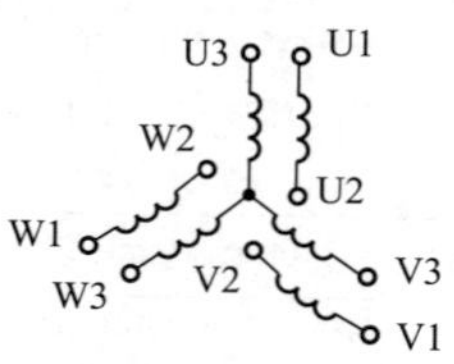

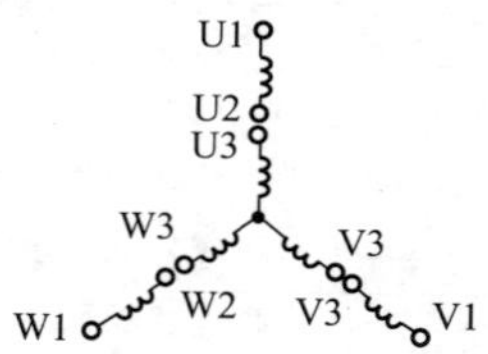

电压	L1	L2	L3	连接	接法
低	U1	V1	W1	[U1,U3],[V1,V3],[W1,W3],[U2,V2,W2]	并联星接
高	U1	V1	W1	[U2,U3],[V2,V3],[W2,W3]	串联星接

(b) 星接,9 个线端

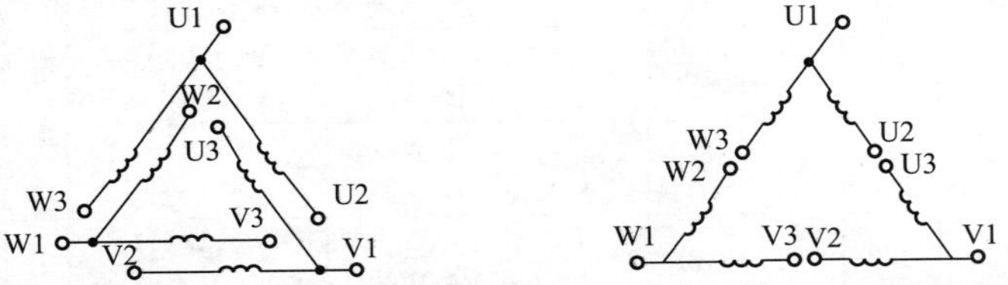

电压	L1	L2	L3	连接	接法
低	U1	V1	W1	[U1,U3,W2],[V1,V3,U2],[W1,W3,V2]	并联角接
高	U1	V1	W1	[U2,U3],[V2,V3],[W2,W3]	串联角接

(c) 角接,9 个线端(1∶2)

图 1-3　双电压单速定子绕组三相电动机的常用接线图

状态	L1	L2	L3	连接	接法
启动	U1	V1	W1	[U2,V2,W2]	星接
运行	U1	V1	W1	[U1,W2],[V1,U2],[W1,V2]	角接

(a) 星-角接,单电压,6 个线端

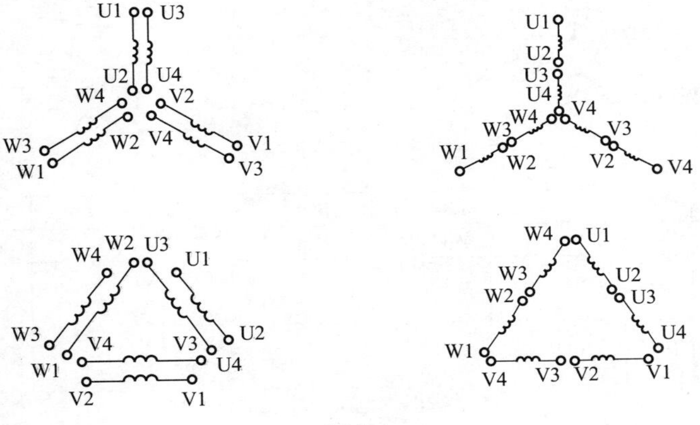

图 1-4

电压	状态	L1	L2	L3	连接	接法
低	启动	U1	V1	W1	[U1,U3],[V1,V3],[W1,W3],[U2,V2,W2],[U4,V4,W4]	并联星接
低	运行	U1	V1	W1	[U1,W2,U3,W4],[V1,U2,V3,U4],[W1,V2,W3,V4]	并联角接
高	启动	U1	V1	W1	[U2,U3],[V2,V3],[W2,W3],[U4,V4,W4],[U4,V4,W4]	串联星接
高	运行	U1	V1	W1	[U1,W4],[V1,U4],[W1,V4],[U2,U3],[V2,V3],[W2,W3]	串联角接

(b) 星-角接,双电压,12 个线端(1∶2)

状态	L1	L2	L3	分别悬空	连接	接法
启动	U1	V1	W1	U3,V3,W3		星接
运行	U1	V1	W1		[U1,U3],[V1,V3],[W1,W3]	并联星接

(c) 单电压,部分绕组,6 个线端

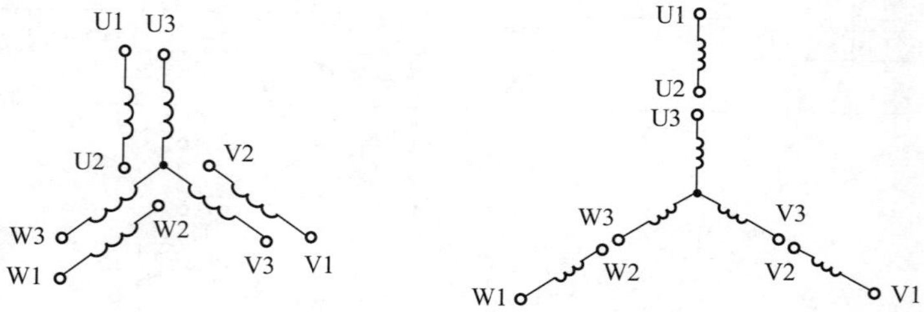

电压	状态	L1	L2	L3	分别悬空	连接	接法
低	启动	U1	V1	W1	U3,V3,W3	[U2,V2,W2]	星 接
低	运行	U1	V1	W1		[U1,U3],[V1,V3,],[W1,W3],[U2,V2,W2]	并联角接
高	运行	U1	V1	W1		[U2,U3],[V2,V3],[W2,W3]	串联星接

(d) 部分绕组,双电压,9 个线端(1∶2)

图 1-4 启动绕组单速三相电动机的常用接线图

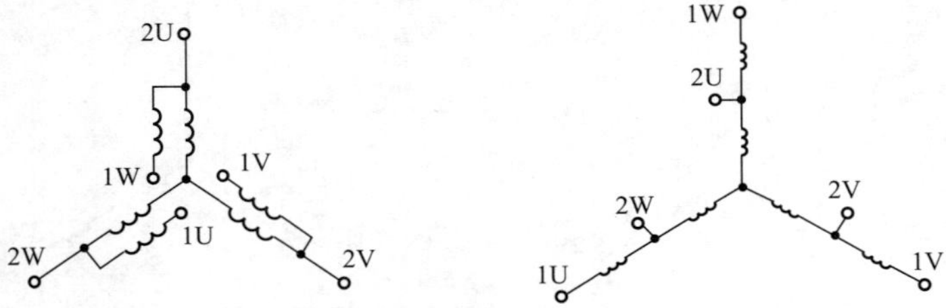

转速	L1	L2	L3	分别悬空	连接	接法
低	1U	1V	1W	2U,2V,2W		串联星接
高	2U	2V	2W		[1U,1V,1W]	并联星接

(a) 单绕组双速变转矩,6 个线端

转速	L1	L2	L3	分别悬空	连接	接法
低	1U	1V	1W	2U,2V,2W		串联角接
高	2U	2V	2W		[1U,1V,1W]	并联星接

(b) 单绕组双速恒转矩,6 个线端

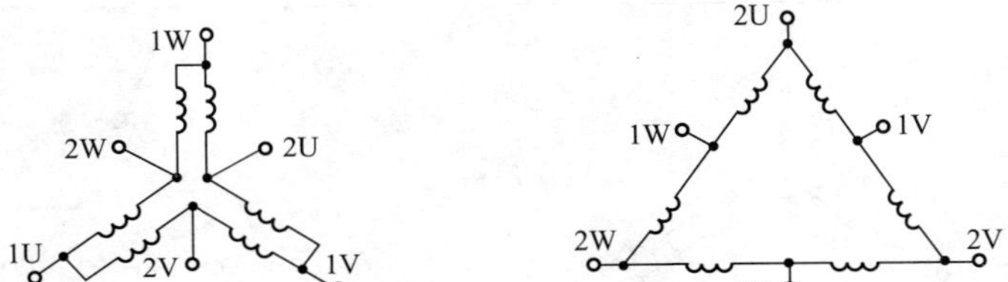

转速	L1	L2	L3	分别悬空	连接	接法
低	1U	1V	1W		[2U,2V,2W]	并联星接
高	2U	2V	2W	1U,1V,1W		串联角接

(c) 单绕组双速恒功率,6 个线端

图 1-5　单绕组双速三相电动机的常用接线图

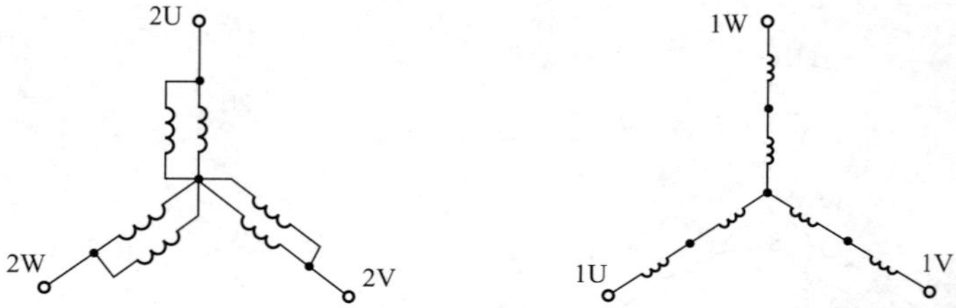

转速	L1	L2	L3	分别悬空	接法
低	1U	1V	1W	2U,2V,2W	串联星接
高	2U	2V	2W	1U,1V,1W	并联星接

(a) 变转矩,6 个线端

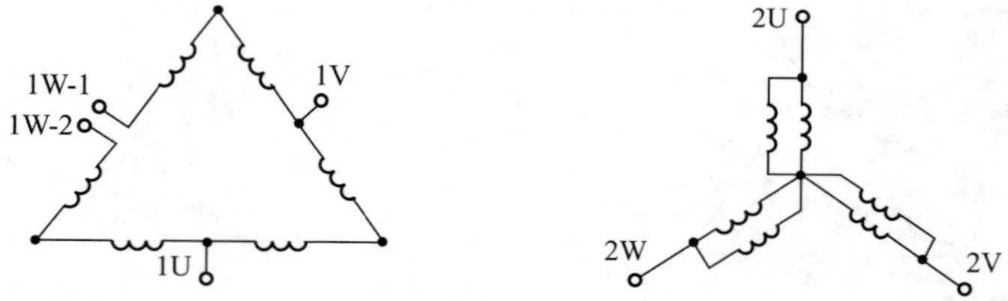

转速	L1	L2	L3	分别悬空	接法
低	1U	1V	1W	2U,2V,2W	开路串联角接
高	2U	2V	2W	1U,1V,1W-1,1W-2	并联星接

(b) 恒转矩,7 个线端

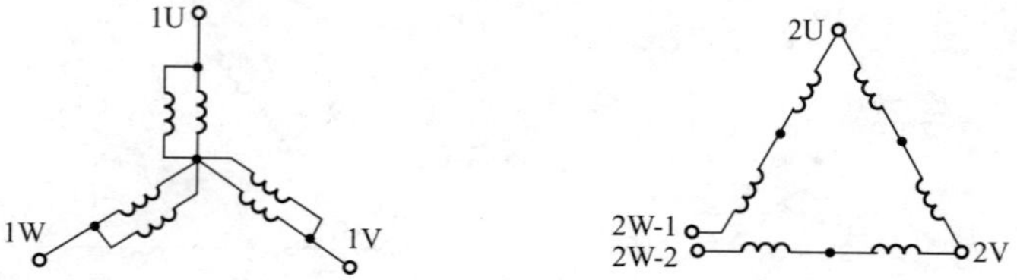

转速	L1	L2	L3	分别悬空	接法
低	1U	1V	1W	2U,2V,2W-1,2W-2	并联星接
高	2U	2V	[2W-1,2W-2]	1U,1V,1W	开路串联角接

(c) 恒功率,7 个线端

图 1-6　多速定子绕组，带两个或以上独立绕组三相电动机的常用接线图

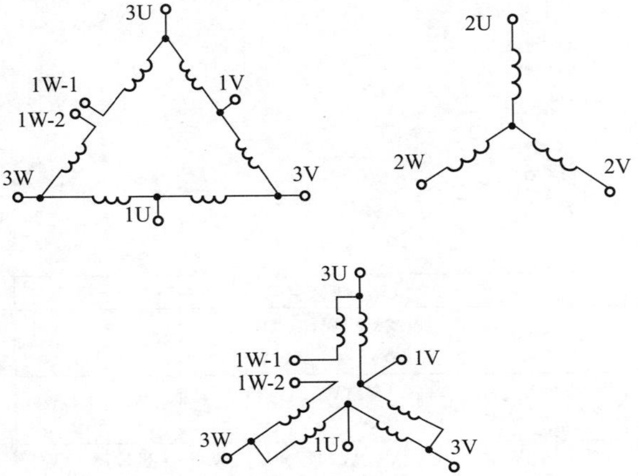

转速	L1	L2	L3	分别悬空	连接	接法
低	1U	1V	1W-1	2U,2V,2W,3U,3V,3W	[1W-1,1W-2]	开路串联角接
中	2U	2V	2W	1W-1,1W-2,1V,1U,3U,3V,3W		星接
高	3U	3V	3W	2U,2V,2W	[1W-1,1W-2,1V,1U]	并联星接

(a) 带 2 个独立绕组,10 个线端,三速恒转矩

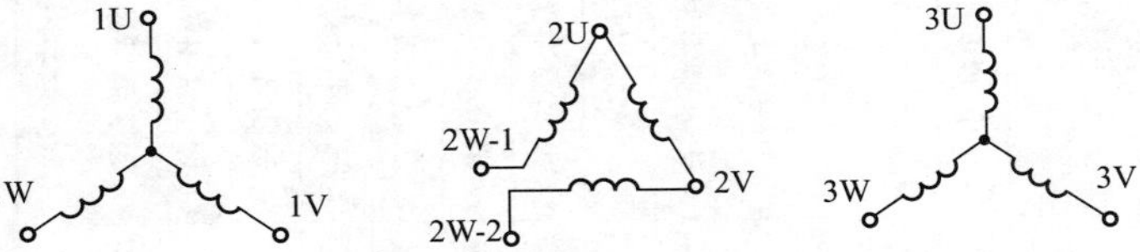

转速	L1	L2	L3	分别悬空	连接	接法
低	1U	1V	1W	2U,2V,2W-1,2W-2,3U,3V,3W		星接
中	2U	2V	2W-1	1U,1V,1W,3U,3V,3W	[2W-1,2W-2]	开路角接
高	3U	3V	3W	1U,1V,1W,2U,2V,2W-1,2W-2		星接

(b) 带 3 个独立绕组,10 个线端,三速

图 1-7　三速三相电动机的常用接线图

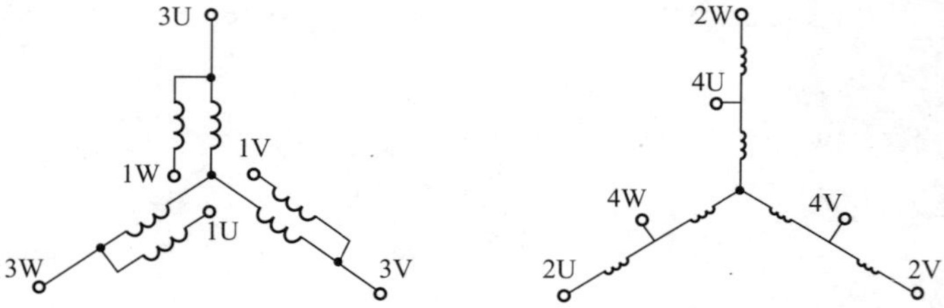

转速	L1	L2	L3	分别悬空	连接	接法
低速	1U	1V	1W	2U,2V,2W,3U,3V,3W,4U,4V,4W		串联星接
二速	2U	2V	2W	1U,1V,1W,3U,3V,3W,4U,4V,4W		串联星接
三速	3U	3V	3W	2U,2V,2W,4U,4V,4W	[1U,1V,1W]	并联星接
高速	4U	4V	4W	1U,1V,1W,3U,3V,3W	[2U,2V,2W]	并联星接

图 1-8　带 2 个独立绕组，12 个线端，变转矩三相四速电动机的常用接线图

1.8.2　三相绕组改变接线后的电压比（表 1-18）

表 1-18　三相绕组改变接线后的电压比

绕组原来的接线方法	绕组接线改变后的接法															
	一路Y形	二路并联Y形	三路并联Y形	四路并联Y形	五路并联Y形	六路并联Y形	八路并联Y形	十路并联Y形	一路△形	二路并联△形	三路并联△形	四路并联△形	五路并联△形	六路并联△形	八路并联△形	十路并联△形
一路Y形	100	50	33	25	20	17	12.5	10	58	29	19	15	12	10	7	6
二路并联Y形	200	100	67	50	40	33	25	20	116	58	39	29	23	19	15	11
三路并联Y形	300	150	100	75	60	50	38	30	173	87	56	43	35	29	22	17
四路并联Y形	400	200	133	100	80	67	50	40	231	115	77	58	46	39	29	23
五路并联Y形	500	250	167	125	100	83	63	50	289	144	96	72	58	48	36	29
六路并联Y形	600	300	200	150	120	100	75	60	346	173	115	87	69	58	43	35
八路并联Y形	800	400	267	200	160	133	100	80	460	232	137	120	95	79	58	46
十路并联Y形	1000	500	333	250	200	167	125	100	580	290	190	150	120	100	72	58
一路△形	173	86	58	43	35	29	22	17	100	50	33	25	20	17	12.5	10
二路并联△形	346	173	115	87	69	58	43	35	200	100	67	50	40	33	25	20

续表

绕组原来的接线方法	绕组接线改变后的接法															
	一路Y形	二路并联Y形	三路并联Y形	四路并联Y形	五路并联Y形	六路并联Y形	八路并联Y形	十路并联Y形	一路△形	二路并联△形	三路并联△形	四路并联△形	五路并联△形	六路并联△形	八路并联△形	十路并联△形
三路并联△形	519	259	173	130	104	87	65	52	300	150	100	75	60	50	38	30
四路并联△形	692	346	231	173	138	115	86	69	400	200	133	100	80	67	50	40
五路并联△形	865	433	288	216	173	144	118	86	500	250	167	125	100	83	63	50
六路并联△形	1038	519	346	260	208	173	130	104	600	300	200	150	120	100	75	60
八路并联△形	1384	688	464	344	280	232	173	138	800	400	267	200	160	133	100	80
十路并联△形	1731	860	580	430	350	290	216	173	1000	500	333	250	200	167	125	100

1.8.3 单相电动机的常用接线图

单相电动机的常用接线图见图 1-9。

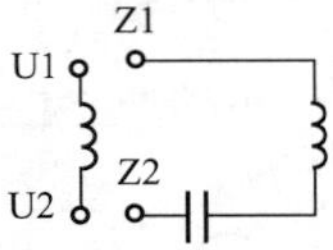

旋转方向	L1	L2	连接
顺时针	U1	U2	[U1,Z1],[U2,Z2]
逆时针	U1	U2	[U1,Z2],[U2,Z1]

(a)分相电动机或电容启动可逆转电动机

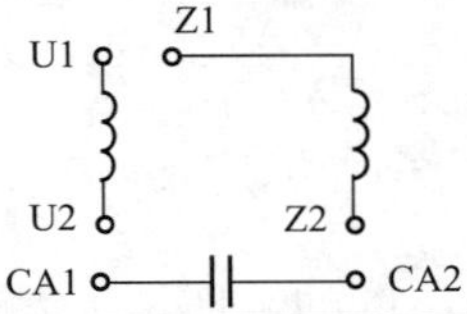

旋转方向	L1	L2	连接
顺时针	U1	U2	[U1,Z1],[U2,CA1],[CA2,Z2]
逆时针	U1	U2	[U2,Z1],[U1,CA1],[CA2,Z2]

(b)外接电容,4 个线端的电容启动可逆转电动机

图 1-9 单相异步电动机的常用接线图

1.8.4 直流电动机的常用接线图

直流电动机的常用接线图见图 1-10。

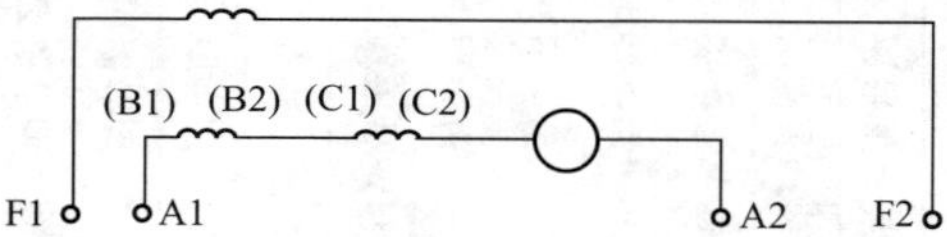

旋转方向	L+	L-
顺时针	[F1,A1]	[F2,A2]
逆时针	[F1,A2]	[F2,A1]

(a)并励电动机或发电机,4 个线端

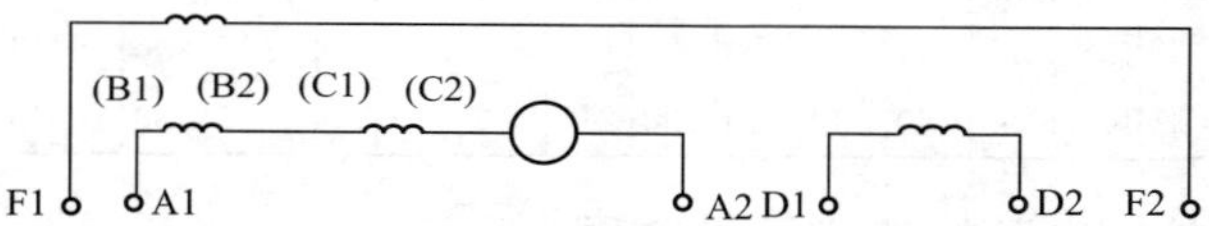

旋转方向	L+	L-	连接
顺时针	[F1,A1]	[F2,D2]	[A2,D1]
逆时针	[F1,A2]	[F2,D2]	[A1,D1]

(b)带积复励绕组和换向绕组并励电动机或复励发电机,6 个线端

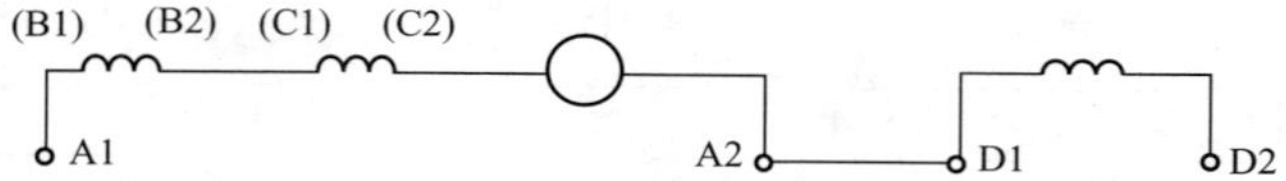

旋转方向	L+	L-
顺时针	A1	A2,(D2)
逆时针①	A1	A2,(D1)

① 旋转方向与 A1、A2 的极性无关，应在外壳上标注箭头以表示旋转方向，顺时针旋转方向如图所示，改变内连接可得逆时针旋转方向，即颠倒串励绕组连接点（D1）和（D2），然后将（D1）标作 A2。

(c) 串励电动机，2 个线端

图 1-10 直流电动机的常用接线图

第2章

三相异步电动机

2.1 三相异步电动机简述

2.1.1 基本构造

三相异步电动机（异步电动机）由转子、定子和机座三部分组成。转子和定子之间有空气气隙（根据电动机的容量大小而不等），见图 2-1。电动机转子由转子铁芯、转子绕组和转轴组成。转子铁芯是由表面冲槽的硅钢片叠成的圆柱体，装在转轴上，负载由转轴拖动。定子由定子铁芯和定子绕组线圈组成。定子铁芯由硅钢片叠成。转子、气隙和定子铁芯构成了一个电动机的完整磁路。

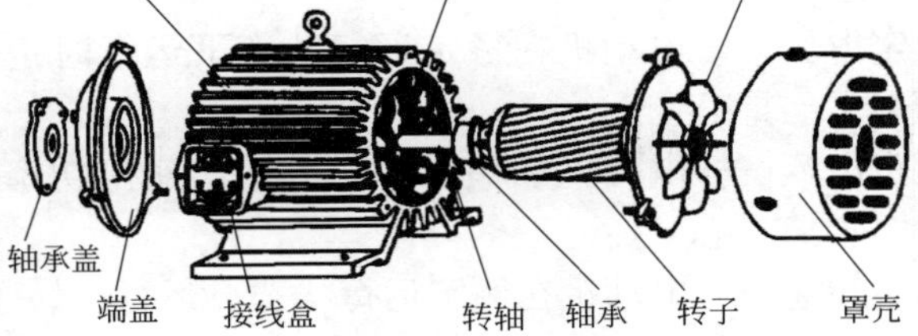

图 2-1　三相异步电动机的构造

异步电动机转子的形状有笼式和绕线式，通常把它们分别称为笼式异步电动机和绕线式异步电动机，其工作原理相同。前者价格低廉，工作可靠，转子结构简单，故对电机的启动和调速没有特殊的要求时采用。笼式转子用铜条安装在转子铁芯槽内，两端用端环焊接，形状像鼠笼。中小型转子一般采用铸铝方式。

三相感应异步电动机的铭牌（图 2-2）一般由十多项组成。

三相异步电动机		
型号		频率 Hz
功率 kW	功率因数	防护等级 IP
定子 V	A	接法
转子 V	A	接法
旋转速度 r/min	绝缘等级 定子 转子	
环境温度 ℃	冷却方式	质量 kg
轴承型号	轴伸端	非轴伸端
标准编号		工作制
出厂编号		出厂日期 201 年 月 日
×××电机有限公司		

图 2-2 三相感应异步电动机铭牌一例

① 型号——如 Y112M-4。

各部分的含义是：

Y—异步电动机；

112—中心高度，mm；

M—中机座（L—长机座，S—短机座）；

4—磁极数。

② 生产标准——GB/T 或 JB/T。

③ 额定功率——电动机在额定运行状态下运行时电动机轴上输出的机械功率，W 或 kW。

④ 额定电压——电动机在额定运行状态下运行时定子绕组所加的线电压，V 或 kV。

⑤ 额定电流——电动机加额定电压、输出额定功率时，流入定子绕组中的线电流，A。

⑥ 额定转速——电动机在额定运行状态下运行时转子的转速，r/min。

⑦ 额定频率——规定工频为 50Hz。

⑧ 额定功率因数——电动机在额定运行状态下运行时定子边的功率因数。

⑨ 接法——电动机定子三相绕组与交流电源的连接方法，见图 1-2～图 1-10。

⑩ 防护等级——电动机外壳的防护等级，见表 1-11。

⑪ 绝缘等级——所用绝缘材料的耐热等级，分 A、E、B、F、H 级。

⑫ 额定效率和 IE 代码，如：IE2-84.0%。

⑬ 电机工作制——见“2.1.3 电机工作制”一节。

⑭ 噪声值——LW 值越小表示电动机运行的噪声越低，dB。

⑮ 生产商。

⑯ 生产日期。

2.1.2 常用三相异步电动机的型号、结构特点和应用场合

常用三相异步电动机的型号、结构特点和应用场合见表 2-1。

表 2-1 常用三相异步电动机的型号、结构特点和应用场合

名称	型号	机座号与功率范围	结构特征	应用场合
封闭式小型三相异步电动机	Y(IP55)	H80～355 0.75～315kW	外壳为封闭式结构，能防止灰尘、水滴进入。Y2 为 F 级绝缘，Y 为 B 级绝缘	用于无特殊要求的各种机械设备驱动，如金属切削机床、水泵、鼓风机和运输机械等
一般用途低压三相笼型异步电动机	Y(IP44)	H100～355 1.5～315kW	采用 B 级绝缘。外壳防护等级为 IP44，能防护大于 1mm 固体和防溅水	用于一般无特殊要求的机械设备，如农业机械、食品机械、风机、水泵、机床、搅拌机等
防护式小型三相异步电动机	Y(IP23)	H160～315 11～250kW	外壳为防护式结构，能防止 $\phi>12$mm 的杂物或水滴从与垂直方向成 60°的范围内落入	用于运行时间长、负荷率较高的各种机械设备驱动
变频多速三相异步电动机	YD(IP44)	H80～280 0.55～90kW	同 Y 系列(IP44)	同 Y 系列(IP44)，驱动要求有 2～4 种分级变化转速设备
变频调速三相异步电动机	YVP YTP	0.55～5.5kW 7.5～90kW	笼型转子带轴流风机，低速时能输出恒转矩，调速节能	用于恒转矩调速和驱动风机、水泵等递减转矩场合

续表

名　称	型号	机座号与功率范围	结构特征	应用场合
高转差率三相异步电动机	YH(IP44)	H80～280 0.55～90kW	同Y系列(IP44)，用转子深槽及高电阻率转子导体，能承受冲击负荷	用于驱动飞轮力矩较大、冲击负荷不均匀的负载，如冲剪机床、镦锻机等
高效三相异步电动机	YE_2(IP44)	H100～280 1.5～90kW	同Y系列(IP44)，但是使用高导磁低损耗硅钢片，低损耗、高效率	用于驱动长期连续运行、负载率较高的设备驱动，如起重设备、卷扬机、压缩机和泵类等
封闭式绕线型三相异步电动机	YR(IP44)	H132～280 4～75kW	转子为绕线型的防护式结构，能防止灰尘及水滴大量进入	用于驱动启动转矩高而启动电流小及需要小范围调速的设备，可用于环境恶劣的场所
防护式绕线型三相异步电动机	YR(IP23)	H132～280 4～75kW	转子结构同上，能防止水滴从与垂直方向成60°的范围内进入	同YR(IP44)，但必须在周围环境较干净、防护较低的场合使用
低振动、低噪声三相异步电动机	YZC(IP44)	0.55～315kW	同Y系列(IP44)	用于驱动精密机床及需要低噪声、低振动的各种机械设备
船用三相异步电动机	Y-H(IP44或IP54)	H80～315 0.55～220kW	机座材料、接线盒结构符合船舶使用特点，其余同Y系列(IP44)	用于海洋、江河一般船舶上的各种机械传动，如通风机、泵、分离机和液压机等
船用起重三相异步电动机	TZ-H	有单速、双速、三速等	采用ZYZ型直流圆盘式电磁制动器	用于船用绞盘机、绞车和锚机等短时定额的甲板机械驱动
户外型三相异步电动机	Y-W(IP54或IP55)	H80～315 0.55～160kW	在Y系列(IP44)结构基础上，加强结构材料，加强结构密封和采取零部件防腐蚀措施	用于户外轻腐蚀环境的各种机械传动

续表

名　称	型号	机座号与功率范围	结构特征	应用场合
防护型三相异步电动机	Y-F	H80～315 0.55～160kW	在 Y 系列(IP44)结构基础上,加强结构材料,加强结构密封和采取零部件防腐蚀措施	用于有化学腐蚀介质的各种机械传动
户外防腐型三相异步电动机	Y-WF			用于户外有化学腐蚀介质的各种机械传动
化工防腐蚀型三相异步电动机	YF YR-F WF	185～710kW	同 Y-W 系列	用于经常或不定期在一种或几种化学腐蚀性环境中的各种机械传动
隔爆型三相异步电动机	YB(IP54 或 IP55)	H80～315 0.55～220kW	电动机符合有关防爆特殊技术要求,主要零部件要符合隔爆要求	用于煤矿井下和有可燃性气体工厂固定设备的一般传动
增安型三相异步电动机	YA(IP54)	H80～280 0.55～75kW	见注解	用于石油、化工、化肥、制药、轻纺等企业中具有二类爆炸危险的场所中的各种机械传动
电磁调速三相异步电动机	YCT	H112～335 0.55～90kW	由 Y 系列(IP44)三相异步电动机与电磁滑差离合器组成	用于要求恒转矩或风机型负载的无级调速传动,其控制功率小,调速范围较广,精度较高
傍磁式制动三相异步电动机	YEP(IP44)	—	转子非轴伸端装有分磁块及制动装置并与电动机组成一体,其余结构同 Y 系列(IP44)	适用于频繁启动、制动的一般机械,作为起重运输机械,升降工作机械及其他要求迅速、准确停车的主传动或辅助传动用
电磁制动三相异步电动机	YEJ	H80～225 0.55～45kW	由 Y 系列(IP44)三相异步电动机与电磁制动器(IP23)组成	用于要求快速制动、正确定位的机械,如升降机、包装机、木工机械和食品机械等

续表

名　称	型号	机座号与功率范围	结构特征	应用场合
齿轮减速三相异步电动机	YCJ	0.55～3kW	由Y系列(IPI4)电动机与齿轮减速器直接耦合而成	用于驱动低速、大转矩的设备,并只准使用联轴器或正齿轮连接
摆线针轮减速三相异步电动机	YXJ	—	由Y系列(IP44)电动机与摆线针轮减速器组合而成	应用于轻工、纺织、印染、石油化工、制药环保、玻纤橡塑等机械以及流水线等设备上
立式深井泵用三相异步电动机	YLB(IP44)	—	在电动机一端装有单列向心推力轴承,另一端装有防逆盘	驱动立式深井泵
起重冶金用三相异步电动机	YZ YZR (IP44或IP54)	YZ系列: H112～250 1.5～30kW YZR系列: H225～400 1.5～200kW	YZ为笼型转子,YZR为绕线型转子。环境温度为40℃和60℃时,分别采用F级和H级绝缘	IP44-F级绝缘电机用于一般环境起重运输机械传动 IP54-H绝缘电机用于冶金辅助设备的传动
电梯用三相异步电动机	YTD	H200～250 0.67～22kW	有两套笼型转子和定子绕组,分别为6级和24级	用于交流客、货电梯及其他升降机械
井用潜水三相异步电动机	YQS2	直径150～350mm 3～185kW	为充水式密封结构,与潜水泵组合,在水中长期工作,立式运行。外径尺寸小而细长	专用于驱动井用潜水泵,是农业灌溉、工矿企业供水和高原山区抽取地下水的先进动力设备
电动阀门用三相异步电动机	YDF(IP44)	铸铁机座 0.18～15kW	同Y系列(IP44)	用作驱动电动阀门、要求高启动转矩和最大转矩的场合
换向器三相异步电动机	JZS2	H225～475 3/1～160/53.3kW	为恒转矩交流调速电动机,调速比一般为3∶1,电机效率高,功率因数较高,无级调速	用于印染、印刷、造纸、橡胶、制糖、制塑机械及试验设备中

续表

名　称	型号	机座号与功率范围	结构特征	应用场合
力矩三相异步电动机	YLJ	H63～180 IP21：2～200N·m IP44：0.3～25N·m	强迫通风冷却，笼式转子铸铝，采用高电阻合金铝材料。IP44防护结构加装离心鼓风机	用于要求恒张力、恒线速度传动（卷绕特性）或恒转矩传动（导辊特性）的场合，如造纸、印刷、印染等调速设备
激振三相异步电动机	YJZ YZO	激振力为：1～100kN	转轴两侧安装偏心块产生偏心力	用于各种振动机械
夯实三相异步电动机	YZH	H145～155 2.2～4kW	与可逆式电动振动夯实机配套使用	用于建筑行业等夯实作业
辊道用三相异步电动机	YG	H112～225 堵转转矩：15～800N·m	IP54防护，H级绝缘	用于驱动冶金工业的辊道驱动

注：在Y基本系列基础上加强了防护措施。爆炸混合物自然极限温度不低于450℃时，功率等级与机座号对应关系同Y系列（IP44）；不低于200～300℃时比IP44降低1级。

2.1.3 电机工作制（GB 755—2000）

电机的工作制表明电机在不同负载下的允许循环时间不同，一共分为10类。

S1——连续工作制：保持在恒定负载下运行至热稳定。

S2——短时工作制：在恒定负载下按给定的时间运行，电机在该时间内不足以达到热稳定，随之停机和断能，其时间足以使电机再度冷却到与冷却介质温度之差在2K以内。随后应标以工作制的持续时间。

S3——断续周期工作制：按一系列相同的工作周期运行，每一周期包括一段恒定负载运行时间和一段停机和断能时间，每一周期的启动电流不致对温升有显著影响。随后应标以负载持续率。

S4——包括启动的断续周期工作制：按一系列相同的工作周期运行，每一周期包括一段对温升有显著影响的启动时间、一段恒定负载运行时间和一段停机和断能时间。随后应标以负载持续率以及归算至电动机转轴上的电动机转动惯量和负载转动惯量。

S5——包括电制动的断续周期工作制：按一系列相同的工作

周期运行，每一周期包括一段启动时间，一段恒定负载运行时间，一段电制动时间和一段停机和断能时间。随后应标以负载持续率以及归算至电动机转轴上的电动机转动惯量和负载转动惯量。

S6——连续周期工作制：按一系列相同的工作周期运行，每一周期包括一段恒定负载运行时间和一段空载运行时间，无停机和断能时间。随后应标以负载持续率。

S7——包括电制动的连续周期工作制：按一系列相同的工作周期运行，每一周期包括一段启动时间，一段恒定负载运行时间和一段电制动时间，无停机和断能时间。随后应标以归算至电动机转轴上的电动机转动惯量和负载转动惯量。

S8——包括负载-转速相应变化的连续周期工作制：按一系列相同的工作周期运行，每一周期包括一段按预定转速运行的恒定负载时间和一段或几段按不同转速运行的其他恒定负载时间（例如变极多速异步电动机），无停机和断能时间。随后应标以归算至电动机转轴上的电动机转动惯量和负载转动惯量以及在每一转速下的负载、转速与负载持续率。

S9——负载和转速作非周期变化的工作制：负载和转速在允许的范围内作非周期性变化的工作制。这种工作制包括经常性过载，其值可远远超过基准负载。

S10——离散恒定负载工作制：包括不多于 4 种离散负载值（或等效负载）的工作制，每一种负载的运行时间应足以使电机达到热稳定。在一个工作周期中的最小负载值可为零（空载或停机和断能）。随后应标以相应负载及其持续时间的标幺值 $p/\Delta t$ 和绝缘结构相对预期热寿命的标幺值 TL。

2.1.4 电动机的能效等级

欧洲电动机能效分级由字母“IE”加数字 1、2、3、4 表示（IE4——超高效率尚未面世，低于 IE1 限值者不标注 IE 代码）：

IE1——原标准效率，Y、Y2、Y3 系列电机的效率水平相当于该等级（现已淘汰）；

IE2——标准效率，YX3 系列电机的效率水平相当于该等级；

IE3——高效率，YE2、YBE2 等系列电机的效率水平相当于该等级。

表 2-2 是 GB 18613—2012 中规定的中小型三相异步电动机能效限定值及能效等级数值。

表 2-2　中小型三相异步电动机能效限定值及能效等级（GB 18613—2012）

额定功率/kW	效率/%								
	1 级			2 级			3 级		
	2 极	4 极	6 极	2 极	4 极	6 极	2 极	4 极	6 极
0.75	84.9	85.6	84.1	80.7	82.5	78.9	77.4	79.6	75.9
1.1	86.7	87.4	84.1	82.7	84.1	81.0	79.6	81.4	78.1
1.5	87.5	88.1	86.2	84.2	85.2	82.5	81.3	82.8	79.8
2.2	89.1	89.7	88.7	85.9	86.7	84.3	83.2	84.3	81.8
3	89.7	90.3	89.7	87.1	87.7	85.6	84.6	85.5	83.3
4	90.3	90.9	89.5	88.1	88.6	86.8	85.8	86.6	84.6
5.5	91.5	92.1	90.2	89.2	89.6	88.0	87.0	87.7	85.0
7.5	92.1	92.6	91.5	90.1	90.4	89.1	88.1	88.7	87.2
11	93.0	93.6	92.5	91.2	91.4	90.3	89.4	89.8	88.7
15	93.4	94.0	93.1	91.9	92.1	91.2	90.3	90.6	89.7
18.5	93.8	94.3	93.9	92.4	92.6	91.7	90.9	91.2	90.4
22	94.4	94.7	94.3	92.7	93.0	92.2	91.3	91.6	90.9
30	94.5	95.0	94.6	93.3	93.6	92.9	92.0	92.3	91.7
37	94.8	95.3	94.9	93.7	93.9	93.3	92.5	92.7	92.2
45	95.1	95.6	95.2	94.0	94.2	93.7	92.9	93.1	92.7
55	95.4	95.8	95.4	94.3	94.6	94.1	93.2	93.5	93.1
75	95.6	96.0	95.6	94.7	95.0	94.6	93.8	94.0	93.7
90	95.8	96.2	95.6	95.0	95.2	94.9	94.1	94.2	94.0
110	96.0	96.4	95.8	95.2	95.4	95.1	94.3	94.5	94.3
132	96.0	96.5	96.0	95.4	95.6	95.4	94.6	94.7	94.6
160	96.2	96.5	96.1	95.6	95.8	95.6	94.8	94.9	94.8
200	96.3	96.6	96.1	95.8	96.0	95.8	95.0	95.1	95.0
250	96.4	96.7	96.1	95.8	96.0	95.8	95.0	95.1	95.0
315	96.5	96.8	96.1	95.8	96.0	95.8	95.0	95.1	95.0
355～375	96.5	96.8	96.1	95.8	96.0	95.8	95.0	95.1	95.0

注：表中能效 3 级为目前三相异步电动机最低限值，2016 年后其 7.5～375kW 的电机将淘汰，用能效 1 级或 2 级取代，2017 年后 7.5kW 以下能效的 3 级淘汰，也要被能效 1 级或 2 级取代。

我国于 1982 年定型生产的 Y 系列及 1996 年定型生产的 Y2 系列电动机，因效率较低（平均值为 87.3%）已被国家列为淘汰产品。鉴于目前还有相当多的Y2系列电动机在使用，故本手册仍介绍其部分资料，并较多地介绍 2003 年定型生产的 Y3 系列电动机和 YX3 高效电动机（效率平均值为 90.3%）以及 YE3 电动机的数据。

2.2 交流电动机产品的型号

交流电动机产品的型号编制方法是：

□ □ □ □

- 产品代号：由电机类型代号、电机特点代号，设计序号和励磁方式代号顺序组成(表 2-3)
- 规格代号（表 2-4）
- 特殊环境代号（表 2-5）
- 补充代号：仅适用于有此要求的电机，用汉语拼音字母或阿拉伯数字表示，采用大写字母时，应不与环境代号所采用的字母重复

表 2-3 电动机的产品代号

电机类型代号	电机特点代号	设计序号代号	励磁方式代号
Y—异步电动机(笼型及绕线型) T—同步电动机 TF—同步发电机（除汽轮发电机、水轮发电机外） Z—直流电动机，ZF—直流发电机 QF—汽轮发电机 SF—水轮发电机，C—测功机 H—交流换向器电动机 Q—潜水电泵，F—纺织用电机	系表征电机的性能、结构或用途而采用的汉语拼音字母 对于防爆电机，代表防爆类型的字母 A（增安型）、B（隔爆型），ZY（正压型）应标于电机特点代号首位，即紧接在电机类型代号后面标注	系指电机产品设计的顺序，用阿拉伯数字表示。第一次设计的产品，不标注设计序号，从基本系列派生的产品，其设计序号按基本系列标注，专用系列产品则按本身设计的顺序标注	励磁方式代号 S—3 次谐波励磁 J—晶闸管励磁 X—相复励磁 （应标于设计序号之后，当不必标注设计序号时，则标于特点代号之后，并用短线划分开）

电机类型代号细分：Y—小型三相异步电动机，Y2—Y 系列电机的第 2 代产品，Y2C—低振动低噪声三相异步电动机，YA—增安三相异步电动机，YB—隔爆三相异步电动机，YCF—电磁调速三相异步电动机，YCJ—齿轮减速三相异步电动机，YD—变极多速三相异步电动机，YDF—电动阀门用三相异步电动机，YEJ—电磁式制动三相异步电动机，YEP—傍磁式制动三相异步电动机，YF—化工防腐三相异步电动机，YH—高转差率三相异步电动机，YH—船用型三相异步电动机，YLB—立式深井泵用三相异步电动机，YQS2—井用潜水三相异步电动机，YR—绕线转子三相异步电动机，YW—户外型三相异步电动机，YX—高效率三相异步电动机，YXJ—摆线针轮减速三相异步电动机，YZ（R)—启动冶金用三相异步电动机。

表 2-4　电动机的规格代号

系　　列	规　格　代　号
小型异步电动机	中心高/mm-机座长度(字母代号)-铁芯长度(数字代号)-极数
中大型异步电动机	中心高/mm-铁芯长度(数字代号)-极数
小型同步电机	中心高/mm-机座长度(字母代号)-铁芯长度(数字代号)-极数
中大型同步电机	中心高/mm-铁芯长度(数字代号)-极数
小型直流电机	中心高/mm-机座长度(字母代号)
中型直流电机	中心高/mm或机座号(数字代号)-铁芯长度(数字代号)-电流等级(数字代号)
大型直流电机	电枢铁芯外径/mm-铁芯长度/mm
测功机	功率/kW-转速(仅对直流测功机)
小功率电动机	中心高或机壳外径/mm-(或/)机座长度(字母代号)-铁芯长度、电压、转速(均用数字代号)
交流换向器电机	中心高或机壳外径/mm-(或/)铁芯长度、转速(均用数字代号)

表 2-5　电动机的特殊环境代号

特殊环境	代　号	特殊环境	代　号
高原用	G	热带用	T
(海)船用	H	湿热带用	TH
户外用	W	干热带用	TA
化工防腐用	F		

注：WF1—户外防中等腐蚀型，WF2—户外防强腐蚀型；F1—户内防中等腐蚀型，F2—户内防强腐蚀型。

2.3　三相异步电动机技术数据

2.3.1　Y2系列三相异步电动机

Y2 系列三相异步电动机是在 Y 系列电动机基础上更新设计的，一般用途的低压三相笼型异步电动机基本系列，系全封闭、外扇冷式、笼型结构。启动性能好，结构紧凑，使用维护方便，额定频率为 50Hz，额定电压为 380V。Y2 系列有两种设计：一种是 Y2 系列（IP54），可以满足国内外一般用途的需要，机座范围为 63～355mm，功率范围为 0.12～315kW；另一种 Y2-E 系列（IP54），适用于长期连续运行，负载率较高的使用场合（如风机、水泵类）的配套需要，具有较高效率和节能效果，机座范围为 80～280mm，功率范围为 0.55～90kW。功率在 3kW 及以下规格为 Y 接法，4kW 及以上规格为△接法。

Y2 系列电动机（IP54）三相异步电动机的主要技术数据和外形及安装尺寸分别见表 2-6 和表 2-7。Y2-E 系列（IP54）三相异步电动机主要技术数据见表 2-8。

表 2-6　Y2 系列电动机（IP54）三相异步电动机主要技术数据

型　号	额定功率/kW	满载时 转速/(r/min)	满载时 电流/A	满载时 效率/%	满载时 功率因数	堵转电流/额定电流	堵转转矩/额定转矩	最大转矩/额定转矩	净重/kg
同步转速 3000r/min(2 极)									
Y2-631-2	0.18	2720	0.53	65.0	0.80	5.5	2.2	2.3	—
Y2-632-2	0.25		0.69	68.0	0.81				
Y2-711-2	0.37	2740	0.99	70.0	0.81	6.1	2.2	2.3	—
Y2-712-2	0.55		1.40	73.0	0.82				
Y2-801-2	0.75	2830	1.83	75.0	0.83	6.1	2.2	2.3	16
Y2-802-2	1.1		2.55	77.0	0.84	7.0			17
Y2-90S-2	1.5	2840	3.40	79.0					22
Y2-90L-2	2.2		4.80	81.0	0.85				25
Y2-100L-2	3.0	2870	6.31	83.0	0.87	7.5			33
Y2-112M-2	4.0	2890	8.23	85.0	0.88				45
Y2-132S1-2	5.5	2900	11.18	86.0					64
Y2-132S2-2	7.5		15.06	87.0					70
Y2-160M1-2	11	2930	21.35	88.0	0.89				117
Y2-160M2-2	15		28.78	89.0					125
Y2-160L-2	18.5		34.72	90.0	0.90				147
Y2-180M-2	22	2940	41.28	90.5			2.0		180
Y2-200L1-2	30	2950	55.37	91.2					240
Y2-200L2-2	37		67.92	92.0					255
Y2-225M-2	45	2970	82.16	92.3					309
Y2-250M-2	55		100.1	92.5					403
Y2-280S-2	75		134.0	93.2	0.91				544
Y2-280M-2	90		160.27	93.8					620
Y2-315S-2	110	2980	195.46	94.0		7.1	1.8	2.2	980
Y2-315M-2	132		233.3	94.5					1080
Y2-315L1-2	160		279.44	94.6	0.92				1160
Y2-315L2-2	200		347.83	94.8					1190
Y2-355M-2	250		432.5	95.3			1.6		1760
Y2-355L-2	315		543.25	95.6					1850

续表

<table>
<tr><th rowspan="2">型　号</th><th rowspan="2">额定功率/kW</th><th colspan="4">满　载　时</th><th rowspan="2">堵转电流/额定电流</th><th rowspan="2">堵转转矩/额定转矩</th><th rowspan="2">最大转矩/额定转矩</th><th rowspan="2">净重/kg</th></tr>
<tr><th>转速/(r/min)</th><th>电流/A</th><th>效率/%</th><th>功率因数</th></tr>
<tr><td colspan="10">同步转速 1500r/min(4 极)</td></tr>
<tr><td>Y2-631-4</td><td>0.12</td><td rowspan="2">1310</td><td>0.44</td><td>57.0</td><td>0.72</td><td rowspan="2">4.4</td><td rowspan="4">2.1</td><td rowspan="4">2.3</td><td>—</td></tr>
<tr><td>Y2-632-4</td><td>0.18</td><td>0.62</td><td>60.0</td><td>0.73</td><td>—</td></tr>
<tr><td>Y2-711-4</td><td>0.25</td><td rowspan="2">1330</td><td>0.79</td><td>65.0</td><td>0.74</td><td rowspan="2">5.2</td><td>—</td></tr>
<tr><td>Y2-712-4</td><td>0.37</td><td>1.12</td><td>67.0</td><td>0.75</td><td>—</td></tr>
<tr><td>Y2-801-4</td><td>0.55</td><td rowspan="2">1390</td><td>1.57</td><td>71.0</td><td>0.75</td><td>5.2</td><td>2.4</td><td rowspan="18">2.3</td><td>17</td></tr>
<tr><td>Y2-802-4</td><td>0.75</td><td>2.03</td><td>73.0</td><td rowspan="2">0.77</td><td>6.0</td><td rowspan="7">2.3</td><td>18</td></tr>
<tr><td>Y2-90S-4</td><td>1.1</td><td rowspan="2">1400</td><td>2.82</td><td>75.0</td><td rowspan="6">7.0</td><td>22</td></tr>
<tr><td>Y2-90L-4</td><td>1.5</td><td>3.7</td><td>78.0</td><td>0.79</td><td>27</td></tr>
<tr><td>Y2-100L1-4</td><td>2.2</td><td rowspan="2">1430</td><td>5.16</td><td>80.0</td><td>0.81</td><td>34</td></tr>
<tr><td>Y2-100L2-4</td><td>3.0</td><td>6.78</td><td>82.0</td><td rowspan="2">0.82</td><td>38</td></tr>
<tr><td>Y2-112M-4</td><td>4.0</td><td rowspan="3">1440</td><td>8.83</td><td>84.0</td><td>43</td></tr>
<tr><td>Y2-132S-4</td><td>5.5</td><td>11.7</td><td>85.0</td><td>0.83</td><td>68</td></tr>
<tr><td>Y2-132M-4</td><td>7.5</td><td>15.6</td><td>87.0</td><td>0.84</td><td rowspan="2">7.5</td><td rowspan="10">2.2</td><td>81</td></tr>
<tr><td>Y2-160M-4</td><td>11</td><td rowspan="2">1460</td><td>22.35</td><td>88.0</td><td rowspan="4">0.85</td><td>123</td></tr>
<tr><td>Y2-160L-4</td><td>15</td><td>30.14</td><td>89.0</td><td rowspan="8">7.2</td><td>144</td></tr>
<tr><td>Y2-180M-4</td><td>18.5</td><td rowspan="3">1470</td><td>36.47</td><td>90.5</td><td>182</td></tr>
<tr><td>Y2-180L-4</td><td>22</td><td>43.14</td><td>91.0</td><td>190</td></tr>
<tr><td>Y2-200L-4</td><td>30</td><td>57.63</td><td>92.0</td><td>0.86</td><td>270</td></tr>
<tr><td>Y2-225S-4</td><td>37</td><td rowspan="4">1480</td><td>69.89</td><td>92.5</td><td rowspan="5">0.87</td><td>284</td></tr>
<tr><td>Y2-225M-4</td><td>45</td><td>94.54</td><td>92.8</td><td>320</td></tr>
<tr><td>Y2-250M-4</td><td>55</td><td>103.1</td><td>93.0</td><td>427</td></tr>
<tr><td>Y2-280S-4</td><td>75</td><td>139.7</td><td>93.8</td><td>562</td></tr>
<tr><td>Y2-280M-4</td><td>90</td><td rowspan="7">1490</td><td>166.9</td><td>94.2</td><td rowspan="7">6.9</td><td rowspan="7">2.1</td><td rowspan="7"></td><td>667</td></tr>
<tr><td>Y2-315S-4</td><td>110</td><td>201.1</td><td>94.5</td><td rowspan="2">0.88</td><td>1000</td></tr>
<tr><td>Y2-315M-4</td><td>132</td><td>240.6</td><td>94.8</td><td>1100</td></tr>
<tr><td>Y2-315L1-4</td><td>160</td><td>288.0</td><td>94.9</td><td rowspan="2">0.89</td><td>1160</td></tr>
<tr><td>Y2-315L2-4</td><td>200</td><td>358.8</td><td>95.0</td><td>1270</td></tr>
<tr><td>Y2-355M-4</td><td>250</td><td>442.1</td><td>95.3</td><td rowspan="2">0.90</td><td>1700</td></tr>
<tr><td>Y2-355L-4</td><td>315</td><td>555.3</td><td>95.6</td><td>1850</td></tr>
<tr><td colspan="10">同步转速 1000r/min(6 极)</td></tr>
<tr><td>Y2-711-6</td><td>0.18</td><td>850</td><td>0.74</td><td>56.0</td><td>0.66</td><td rowspan="2">4.0</td><td rowspan="4">1.9</td><td rowspan="3">2.0</td><td>—</td></tr>
<tr><td>Y2-712-6</td><td>0.25</td><td>850</td><td>0.95</td><td>59.0</td><td>0.68</td><td>—</td></tr>
<tr><td>Y2-801-6</td><td>0.37</td><td rowspan="2">890</td><td>1.30</td><td>62.0</td><td>0.70</td><td rowspan="2">4.7</td><td>17</td></tr>
<tr><td>Y2-802-6</td><td>0.55</td><td>1.79</td><td>65.0</td><td>0.72</td><td>2.1</td><td>19</td></tr>
</table>

续表

型　号	额定功率/kW	满载时 转速/(r/min)	电流/A	效率/%	功率因数	堵转电流/额定电流	堵转转矩/额定转矩	最大转矩/额定转矩	净重/kg
Y2-90S-6	0.75	910	2.26	69.0	0.72	5.5	2.0	2.1	23
Y2-90L-6	1.1		3.14	72.0	0.73				25
Y2-100L-6	1.5	940	3.95	76.0	0.75				33
Y2-112M-6	2.2		5.57	79.0	0.76	6.5			45
Y2-132S-6	3.0	960	7.41	81.0			2.1		63
Y2-132M1-6	4.0		9.64	82.0					73
Y2-132M2-6	5.5		12.9	84.0	0.77				84
Y2-160M-6	7.5	970	17.0	86.0	0.77		2.0		119
Y2-160L-6	11		24.2	87.5	0.78				147
Y2-180L-6	15		31.6	89.0	0.81	7.0			195
Y2-200L1-6	18.5		38.1	90.0			2.1		220
Y2-200L2-6	22		44.5	90.0	0.83				250
Y2-225M-6	30	980	58.63	91.5	0.84		2.0		292
Y2-250M-6	37		71.08	92.0	0.86		2.1		408
Y2-280S-6	45		85.98	92.5				2.0	536
Y2-280M-6	55		104.8	92.8					595
Y2-315S-6	75	990	141.8	93.5			2.0		990
Y2-315M-6	90		169.6	93.8					1080
Y2-315L1-6	110		206.8	94.0		6.7			1150
Y2-315L2-6	132		244.8	94.2	0.87				1210
Y2-355M1-6	160		291.5	94.5	0.88		1.9		1600
Y2-355M2-6	200		363.6	94.7					1700
Y2-355L-6	250		453.6	94.9					1800
同步转速 750r/min(8 极)									
Y2-801-8	0.18	690	0.88	51.0	0.61	3.3	1.8	1.9	17
Y2-802-8	0.25		1.15	54.0					19
Y2-90S-8	0.37		1.49	62.0		4.0			23
Y2-90L-8	0.55		2.18	63.0				2.0	25
Y2-100L-8	0.75	700	2.43	71.0	0.67				33
Y2-100L2-8	1.1		3.42	73.0	0.69	5.0			38
Y2-112M-8	1.5		4.47	75.0					50
Y2-132S-8	2.2	710	6.04	78.0	0.71	6.0			63
Y2-132M-8	3.0		7.90	79.0	0.73				79
Y2-160M1-8	4.0	720	10.28	81.0	0.73		1.9		118
Y2-160M2-8	5.5		13.61	83.0	0.74		2.0		119
Y2-160L-8	7.5		17.88	85.5	0.75				145

续表

型号	额定功率/kW	满载时 转速/(r/min)	满载时 电流/A	满载时 效率/%	满载时 功率因数	堵转电流/额定电流	堵转转矩/额定转矩	最大转矩/额定转矩	净重/kg
Y2-180L-8	11	730	25.29	87.5	0.76	6.6	2.0	2.0	184
Y2-200L-8	15		34.09	88.0					250
Y2-225S-8	18.5		40.58	90.0			1.9		266
Y2-225M-8	22	740	47.37	90.5	0.78				292
Y2-250M-8	30		63.43	91.0	0.79				405
Y2-280S-8	37		76.83	91.5					520
Y2-280M-8	45		92.93	92.0					592
Y2-315S-8	55		113.0	92.8	0.81		1.8		1000
Y2-315M-8	75		151.3	93.0					1100
Y2-315L1-8	90		177.9	93.8	0.82				1160
Y2-315L2-8	110		216.9	94.0		6.4			1230
Y2-355M1-8	132		260.3	93.7					1600
Y2-355M2-8	160		310.1	94.2					1700
Y2-355L-8	200		386.4	94.5	0.83				1800
Y2-315S-10	45	590	99.7	91.5	0.75	6.2	1.5	2.0	810
Y2-315M-10	55		121.2	92.0	0.75				930
Y2-315L1-10	75		162.2	92.5	0.76				1045
Y2-315L2-10	90		191.0	93.0	0.77				1115
Y2-355M1-10	110		230.0	93.2	0.78	6.0	1.3		1500
Y2-355M2-10	132		275.1	93.5					1600
Y2-355L-10	160		333.5	93.5					1700

2.3.2 Y3系列电动机

Y3是Y2系列电机的更新换代产品，采用冷轧硅钢片为导磁材料，外壳防护等级为IP55。具有结构新颖、造型美观、效率高、噪声低、可靠性高等特点。

Y3电动机型号表示方法：

Y3	□	□	□
第三次改型设计的异步电动机	电机中心高(mm)	机座长短及铁芯序号 L—长机座 M—中机座 S—短机座 1—第一种铁芯长度	极数

表 2-7 Y2 系列电动机（IP54）三相异步电动机安装及外形尺寸

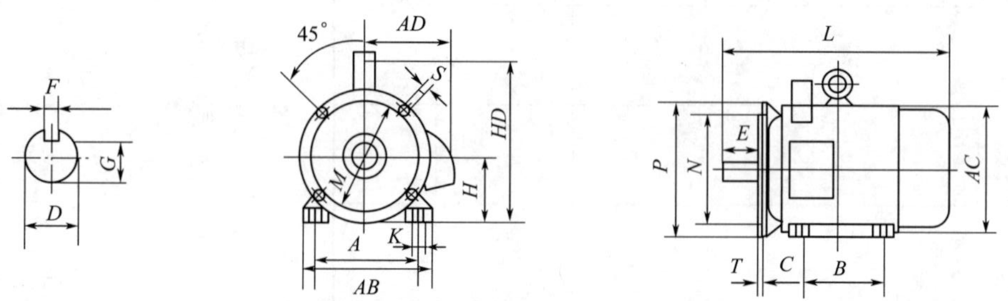

机座号	极数	安装尺寸及公差/mm															
		A	A/2	B	C		D		E		F		G		H	
Y2-63	2,4	100	50	80	40	±1.5	11	+0.008 −0.003	23	±0.260	44	0 −0.030	8.5	0 −0.10	63	0 −0.5
Y2-71	2,4,6	112	56	90	45		14		30		5		11		71	
Y2-80	2,4	125	625	100	50		19	+0.009 −0.004	40	±0.310	6		16		80	
Y2-90S	2,4,6	140	70		56		24		50		8	−0036	20	0 −0.20	90	
Y2-90L				125												
Y2-100L		160	80	140	63	±2.0	28		60	±0.370			24		100	
Y2-112M		190	95		70										112	
Y2-132S	2,4 6,8	216	108		89		38	+0.018 +0.002	80		10		33		132	
Y2-132M				178												
Y2-160M		254	127	210	108	±3.0	42		110	±0.430	12	0 −0.043	37		160	0 −0.5
Y2-160L				254												
Y2-180M		279	139.5	241	121		48				14		43		180	
Y2-180L				279												
Y2-200L		318	159	305	133		55				16		49		200	

续表

机座号	极数	安装尺寸及公差/mm A	A/2	B	C		D		E		F		G		H	
Y2-225S	4,8	356	178	286	149	±4.0	60	+0.030 +0.011	140	±0.500	18	0 −0.043	53	0 −0.20	225	0 −0.5
Y2-225M	2			311			55		110	±0.430	16		49			
	4,6,8						60		140	±0.500	18		53			
Y2-250M	2	406	203	349	168										250	
	4,6,8						65						58			
Y2-280S	2	457	228.5	368	190											
	4,6,8						75		140		20	0 −0.052	68	0 −0.20	280	0 −1.0
Y2-280M	2			419			65				18	0 −0.043	58			
	4,6,8						75	+0.030 +0.011			20	0 −0.052	68			
Y2-315S	2	508	254	406	216		65				18	0 −0.043	58		315	
	4,6,8					±4.0	80		170	±0.500	22	0 −0.052	71			
Y2-315M	2			457			65		140		18	0 −0.043	58			
	4,6,8						80		170		22	0 −0.052	71			
Y2-315L	2			508			65		140		18	0 −0.043	58			
	4,6,8						80		170		22	0 −0.052	71			
Y2-355M	2	610	306	560	254		75		140		20		68		355	0 −1.0
	4,6,8						95	+0.035 +0.013	170		25		86			
Y2-355L	2			630			75	+0.030 +0.011	140		20		68			
	4,6,8						95	+0.035 +0.013	170		25		86			

续表

<table>
<tr><th rowspan="2">机座号</th><th colspan="13">安装尺寸及公差/mm</th><th colspan="5">外形尺寸</th></tr>
<tr><th colspan="2">K</th><th>M</th><th colspan="2">N</th><th>P</th><th colspan="2">R</th><th colspan="2">S</th><th colspan="2">T</th><th>凸缘</th><th>AB</th><th>AC</th><th>AD</th><th>HD</th><th>L</th></tr>
<tr><td>Y2-63</td><td rowspan="2">7</td><td rowspan="5">+0.360
0</td><td>115</td><td>95</td><td rowspan="2">+0.013
−0.009</td><td>140</td><td rowspan="5">0</td><td rowspan="5">±1.5</td><td rowspan="2">10</td><td rowspan="2">+0.360
0</td><td>3</td><td>0
−0.10</td><td rowspan="5">4</td><td>135</td><td>130</td><td>70</td><td>180</td><td>230</td></tr>
<tr><td>Y2-71</td><td>130</td><td>110</td><td>160</td><td rowspan="6">3.5</td><td rowspan="9">0
−0.12</td><td>150</td><td>154</td><td>80</td><td>195</td><td>255</td></tr>
<tr><td>Y2-80</td><td rowspan="3">10</td><td rowspan="3">165</td><td rowspan="3">130</td><td rowspan="5">+0.014
−0.011</td><td rowspan="3">200</td><td rowspan="3">12</td><td rowspan="7">+430
0</td><td>165</td><td>175</td><td>145</td><td>220</td><td>295</td></tr>
<tr><td>Y2-90S</td><td rowspan="2">180</td><td rowspan="2">195</td><td rowspan="2">155</td><td rowspan="2">250</td><td>320</td></tr>
<tr><td>Y2-90L</td><td>345</td></tr>
<tr><td>Y2-100L</td><td rowspan="4">12</td><td rowspan="8">+0.430
0</td><td rowspan="2">215</td><td rowspan="2">180</td><td rowspan="2">250</td><td rowspan="9">0</td><td rowspan="4">±2.0</td><td rowspan="4">15</td><td rowspan="9">4</td><td>205</td><td>215</td><td>180</td><td>270</td><td>385</td></tr>
<tr><td>Y2-112M</td><td>230</td><td>240</td><td>190</td><td>300</td><td>400</td></tr>
<tr><td>Y2-132S</td><td rowspan="2">265</td><td rowspan="2">230</td><td rowspan="6">+0.016
−0.013</td><td rowspan="2">300</td><td rowspan="2">4</td><td rowspan="2">270</td><td rowspan="2">275</td><td rowspan="2">210</td><td rowspan="2">345</td><td>470</td></tr>
<tr><td>Y2-132M</td><td>510</td></tr>
<tr><td>Y2-160M</td><td rowspan="4">15</td><td rowspan="4">300</td><td rowspan="4">250</td><td rowspan="4">350</td><td rowspan="5">±3.0</td><td rowspan="7">19</td><td rowspan="11">+0.520
0</td><td rowspan="4">5</td><td rowspan="2">320</td><td rowspan="2">330</td><td rowspan="2">255</td><td rowspan="2">420</td><td>615</td></tr>
<tr><td>Y2-160L</td><td rowspan="9">0
0.12</td><td>670</td></tr>
<tr><td>Y2-180M</td><td rowspan="2">355</td><td rowspan="2">380</td><td rowspan="2">280</td><td rowspan="2">455</td><td>700</td></tr>
<tr><td>Y2-180L</td><td>740</td></tr>
<tr><td>Y2-200L</td><td rowspan="3">19</td><td rowspan="6">+0.520
0</td><td>350</td><td>300</td><td>±0.016</td><td>400</td><td rowspan="2"></td><td>395</td><td>420</td><td>305</td><td>505</td><td>770</td></tr>
<tr><td>Y2-225S</td><td rowspan="2">400</td><td rowspan="2">350</td><td rowspan="2">±0.018</td><td rowspan="2">450</td><td rowspan="10">00</td><td rowspan="5">±4.0</td><td rowspan="5">8</td><td rowspan="2">435</td><td rowspan="2">470</td><td rowspan="2">335</td><td rowspan="2">560</td><td>815</td></tr>
<tr><td>Y2-225M</td><td rowspan="9">6</td><td>820</td></tr>
<tr><td>Y2-250M</td><td rowspan="3">24</td><td rowspan="3">500</td><td rowspan="3">450</td><td rowspan="3">±0.020</td><td rowspan="3">550</td><td rowspan="3">19</td><td>490</td><td>510</td><td>370</td><td>615</td><td>845</td></tr>
<tr><td>Y2-280S</td><td rowspan="2">550</td><td rowspan="2">580</td><td rowspan="2">410</td><td rowspan="2">680</td><td>910</td></tr>
<tr><td>Y2-280M</td><td>985</td></tr>
<tr><td>Y2-315S</td><td rowspan="2">28</td><td rowspan="5">+0.520
0</td><td rowspan="3">600</td><td rowspan="3">550</td><td rowspan="3">±0.022</td><td rowspan="2">660</td><td rowspan="5">±4.0</td><td rowspan="2">24</td><td rowspan="5">+0.520</td><td rowspan="5">0
−0.15</td><td rowspan="5">8</td><td rowspan="3">635</td><td rowspan="3">645</td><td rowspan="3">530</td><td rowspan="3">845</td><td>1150</td></tr>
<tr><td>Y2-315M</td><td>1215</td></tr>
<tr><td>Y2-315L</td><td rowspan="3">28</td><td rowspan="3">800</td><td rowspan="3">24</td><td>1325</td></tr>
<tr><td>Y2-355M</td><td rowspan="2">740</td><td rowspan="2">680</td><td rowspan="2">±0.025</td><td rowspan="2">730</td><td rowspan="2">710</td><td rowspan="2">655</td><td rowspan="2">1010</td><td>1500</td></tr>
<tr><td>Y2-355L</td><td>1530</td></tr>
</table>

注：1. 图为 IMB35 型图样，机座带底脚，端盖上有凸缘。
2. IMB3 型电机座带底脚，端盖上无凸缘，无尺寸 M、N、R、S、T。
3. IMB5 型电机座无底脚，端盖上有凸缘，无尺寸 A、B、C、AB。
4. R 为凸缘配合面至轴伸肩的距离。
5. IMB3、IMB5、IMB35 为卧式安装电机，立式安装订货时应注明安装形式。
6. 立式安装电机：电机外形同 IMB5 者，轴伸向下为 IMV1，轴伸向上为 IMV3，电机外形同 IMB3 者，轴伸向上为 IMV6，轴伸向下为 IMV5；外形同 IMB35 者，轴伸向上为 IMV36，轴伸向下为 IMV15。

表 2-8　Y2-E 系列（IP54）三相异步电动机主要技术数据

型　号	额定功率/kW	额定电流/A	额定效率/%	额定功率因数	堵转电流/额定电流	堵转转矩/额定转矩	最大转矩/额定转矩	并联支路数	绕组形式
Y2-801-2E	0.75	1.76	77.0	0.83	7.0	2.2	2.3	1Y	单层交叉
Y2-802-2E	1.10	2.49	79.0	0.84					
Y2-801-4E	0.55	1.49	73.5	0.75	6.0	2.4			单层链式
Y2-802-4E	0.75	1.95	75.5	0.77					
Y2-90S-2E	1.5	3.32	80.5	0.85	7.0	2.2	2.3	1Y	单层交叉
Y2-90L-2E	2.2	4.70	82.5						
Y2-90S-4E	1.1	2.76	76.5	0.78	6.5	2.3			单层链式
Y2-90L-4E	1.5	3.65	79.5						
Y2-90S-6E	0.75	2.19	72.5	0.71	5.6	2.1			
Y2-90L-6E	1.1	3.13	74.5						
Y2-100L-2E	3.0	6.08	84.0	0.87	8.0	2.2	2.3	1Y	单层同心
Y2-100L1-4E	2.2	4.96	82.0	0.81	7.1	2.3			单层交叉
Y2-100L2-4E	3.0	6.62	83.0	0.82					
Y2-100L-6E	1.5	3.83	78.0	0.74	6.4	2.1	2.1		单层链式
Y2-112M-2E	1.0	7.76	86.0	0.90	8.0	2.2	2.3	1△	单层同心
Y2-112M-4E	4.0	8.59	86.0	0.82	7.1	2.3			单层交叉
Y2-112M-6E	2.2	5.54	81.0	0.75	6.4	2.1	2.1	1Y	单层链式
Y2-132S1-2E	5.5	10.4	88.0	0.90	8.0	2.2	2.3	1△	单层同心
Y2-132S2-2E	7.5	14.2	88.5	0.90		2.1			
Y2-132S-4E	5.5	11.4	87.0	0.83	7.1	2.3			单层交叉
Y2-132M-4E	7.5	15.1	88.0	0.85					
Y2-132S-6E	3.0	6.97	84.0	0.76	6.4	2.1	2.1	1Y	单层链式
Y2-132M1-6E	4.0	9.18	85.5	0.76	7.0			1△	
Y2-132M2-6E	5.5	12.5	86.5	0.77					
Y2-160M1-2E	11	20.3	90.5	0.90	8.0	2.1	2.3		单层同心
Y2-160M2-2E	15	27.2	91.0	0.90					
Y2-160L-2E	18.5	33.0	92.0	0.90	8.2				
Y2-160M-4E	11	21.6	90.5	0.85	7.7			1△	单层交叉
Y2-160L-4E	15	29.1	91.0	0.85					
Y2-160M-6E	7.5	15.8	88.5	0.78		1.9	2.1		单层链式
Y2-160L-6E	11	22.7	89.0	0.80					
Y2-180M-2E	22	39.8	91.7	0.90	8.2	2.1	2.3	1△	双层叠式
Y2-180M-4E	18.5	34.9	92.5	0.86	7.7			2△	
Y2-180L-4E	22	11.2	92.8						
Y2-180L-6E	15	30.5	90.5	0.81	7.0	1.9	2.1		

续表

<table>
<tr><th>型号</th><th>额定功率/kW</th><th>额定电流/A</th><th>额定效率/%</th><th>额定功率因数</th><th>堵转电流/额定电流</th><th>堵转转矩/额定转矩</th><th>最大转矩/额定转矩</th><th>并联支路数</th><th>绕组形式</th></tr>
<tr><td>Y2-200L1-2E</td><td>30</td><td>53.1</td><td>92.7</td><td rowspan="2">0.90</td><td rowspan="2">7.6</td><td rowspan="2">1.9</td><td rowspan="3">2.3</td><td rowspan="5">2△</td><td rowspan="5">双层叠式</td></tr>
<tr><td>Y2-200L2-2E</td><td>37</td><td>65.1</td><td>93.2</td></tr>
<tr><td>Y2-200L-4E</td><td>30</td><td>56.0</td><td>93.2</td><td>0.86</td><td>7.3</td><td>2.1</td></tr>
<tr><td>Y2-200L1-6E</td><td>18.5</td><td>36.8</td><td>91.5</td><td>0.81</td><td rowspan="2">7.0</td><td rowspan="2">1.9</td><td rowspan="2">2.1</td></tr>
<tr><td>Y2-200L2-6E</td><td>22</td><td>43.5</td><td>92.0</td><td>0.83</td></tr>
<tr><td>Y2-225M-2E</td><td>45</td><td>78.3</td><td>94.2</td><td>0.90</td><td>7.6</td><td rowspan="2">1.7</td><td rowspan="3">2.3</td><td>1△</td><td rowspan="4">双层叠式</td></tr>
<tr><td>Y2-225E-4E</td><td>37</td><td>67.5</td><td>94.0</td><td rowspan="2">0.87</td><td rowspan="2">7.3</td><td rowspan="3">2△</td></tr>
<tr><td>Y2-225M-4E</td><td>45</td><td>81.7</td><td>94.2</td><td rowspan="2">1.8</td></tr>
<tr><td>Y2-225M-6E</td><td>30</td><td>56.7</td><td>93.5</td><td>0.85</td><td>7.0</td><td>2.1</td></tr>
<tr><td>Y2-250M-2E</td><td>55</td><td>96.8</td><td>94.5</td><td>0.90</td><td>7.6</td><td>1.5</td><td rowspan="2">2.3</td><td>1△</td><td rowspan="4">双层叠式</td></tr>
<tr><td>Y2-250M-4E</td><td>55</td><td>100.5</td><td>94.5</td><td>0.87</td><td>7.3</td><td rowspan="2">1.8</td><td>4△</td></tr>
<tr><td>Y2-250M-6E</td><td>37</td><td>68.5</td><td>93.5</td><td>0.86</td><td>7.0</td><td>2.1</td><td>3△</td></tr>
<tr><td>Y2-280S-2E</td><td>75</td><td>130.1</td><td>94.8</td><td rowspan="2">0.91</td><td rowspan="2">7.6</td><td rowspan="2">1.5</td><td rowspan="4">2.3</td><td rowspan="2">2△</td></tr>
<tr><td>Y2-280M-2E</td><td>90</td><td>155.1</td><td>95.2</td><td rowspan="5">双层叠式</td></tr>
<tr><td>Y2-280S-4E</td><td>75</td><td>137.1</td><td>94.7</td><td rowspan="2">0.87</td><td rowspan="2">7.3</td><td rowspan="2">2.0</td><td rowspan="2">4△</td></tr>
<tr><td>Y2-280M4E</td><td>90</td><td>163.2</td><td>95.0</td></tr>
<tr><td>Y2-280S-6E</td><td>45</td><td>83.5</td><td>93.5</td><td rowspan="2">0.86</td><td rowspan="2">7.0</td><td rowspan="2">1.8</td><td rowspan="2">2.0</td><td rowspan="2">6△</td></tr>
<tr><td>Y2-280M-6E</td><td>55</td><td>101.1</td><td>93.8</td></tr>
</table>

Y3 电动机的机座号与转速及功率的对应关系见表 2-9（与 Y2 相同），Y3 系列电动机的主要技术数据见表 2-10，Y3 电动机的各种安装形式下的安装尺寸和外形尺寸见表 2-11～表 2-13。

表 2-9　Y3 电动机的机座号与转速及功率的对应关系

机座号		同步转速/(r/min) 3000	1500	1000	750	600
		功率/kW				
355	1	355	355	—	—	—
	2	400	400	315	250	200
	3	450	450	355	315	250
400	1	(450)	(450)	(355)	(315)	(250)
	2	500	500	400	355	315
	3	560	560	450	400	355
	4	—	630	500	—	—

续表

机座号		同步转速/(r/min)				
		3000	1500	1000	750	600
		功率/kW				
450	1	(560)	(630)	(500)	(400)	—
	2	630	710	560	450	(355)
	3	710	800	630	500	400
	4	800	900	710	560	450

注：括号内功率为非优先推荐功率。

表 2-10 Y3 系列电动机的主要技术数据

型号	功率/kW	电流/A	转速/(r/min)	效率/%	功率因数 $\cos\varphi$	$\frac{堵转转矩}{额定转矩}$	$\frac{堵转电流}{额定电流}$	$\frac{最大转矩}{额定转矩}$	噪声/dB(A)	质量/kg
Y3-63M1-2	0.18	0.53	2720	65.0	0.80	2.3	5.5	2.2	61	4.5
Y3-63M2-2	0.25	0.69	2720	68.0	0.81	2.3	5.5	2.2	61	4.7
Y3-71M1-2	0.37	1.01	2755	69.0	0.81	2.3	6.1	2.2	64	6
Y3-71M2-2	0.55	1.38	2790	74.0	0.82	2.3	6.1	2.3	64	6.3
Y3-80M1-2	0.75	1.77	2845	75.0	0.83	2.2	6.1	2.3	67	16
Y3-80M2-2	1.1	2.61	2835	76.2	0.84	2.2	6.9	2.3	67	17
Y3-90S-2	1.5	3.46	2850	78.5	0.84	2.2	7.0	2.3	72	20
Y3-90L-2	2.2	4.85	2855	81.0	0.85	2.2	7.0	2.3	72	23
Y3-100L-2	3	6.34	2860	83.6	0.87	2.2	7.5	2.3	76	30
Y3-112M-2	4	8.20	2880	84.2	0.88	2.2	7.5	2.3	77	41
Y3-132S1-2	5.5	11.1	2900	85.7	0.88	2.2	7.5	2.3	80	57.5
Y3132S2-2	7.5	14.9	2900	87.0	0.88	2.2	7.5	2.3	80	60.5
Y3-160M1-2	11	21.2	2930	88.4	0.89	2.2	7.5	2.3	86	107
Y3-160M2-2	15	28.6	2930	89.4	0.89	2.2	7.5	2.3	86	114
Y3-160L-2	18.5	34.7	2930	90.0	0.90	2.2	7.5	2.3	86	133
Y3-180M-2	22	41.0	2940	90.5	0.90	2.0	7.5	2.3	89	165
Y3-200L1-2	30	55.4	2950	91.4	0.90	2.0	7.5	2.3	92	218
Y3-200L2-2	37	67.9	2950	92.0	0.90	2.0	7.5	2.3	92	230
Y3-225M-2	45	82.1	2960	92.5	0.90	2.0	7.5	2.3	92	290
Y3-250M-2	55	100	2970	93.0	0.90	2.0	7.5	2.3	93	359
Y3-280S-2	75	135	2975	93.6	0.90	2	7	2.3	94	475
Y3-280M-2	90	160	2975	93.9	0.91	2	7.1	2.3	94	510
Y3-315S-2	110	195	2975	94	0.91	1.8	7.1	2.2	96	875

续表

型号	功率/kW	电流/A	转速/(r/min)	效率/%	功率因数 $\cos\varphi$	$\frac{堵转转矩}{额定转矩}$	$\frac{堵转电流}{额定电流}$	$\frac{最大转矩}{额定转矩}$	噪声/dB(A)	质量/kg
Y3-315M-2	132	233	2975	94.5	0.91	1.8	7.1	2.2	96	963
Y3-315L1-2	160	282	2975	94.6	0.91	1.8	7.1	2.2	99	1010
Y3-315L2-2	200	348	2975	94.8	0.92	1.8	7.1	2.2	99	1138
Y3-355M-2	250	433	2980	95.2	0.92	1.6	7.1	2.2	103	1900
Y3-355L-2	315	545	2980	95.4	0.92	1.6	7.1	2.2	103	2300
Y3-63M1-4	0.12	0.44	1310	57	0.72	2.1	4.4	2.2	52	4.5
Y3-63M2-4	0.18	0.62	1310	60	0.73	2.1	4.4	2.2	52	4.7
Y3-71M1-4	0.25	0.79	1345	65	0.74	2.1	5.2	2.2	55	6
Y3-71M2-4	0.37	1.12	1340	67	0.75	2.1	5.2	2.2	55	6.3
Y3-80M1-4	0.55	1.57	1390	71	0.75	2.4	5.2	2.3	58	15
Y3-80M2-4	0.75	2.05	1380	73	0.76	2.3	6.0	2.3	58	15.5
Y3-90S-4	1.1	2.85	1390	76.2	0.77	2.3	6.0	2.3	61	19
Y3-90L-4	1.5	3.72	1400	78.5	0.78	2.3	6.0	2.3	61	23
Y3-100L1-4	2.2	5.09	1420	80.0	0.81	2.3	7.0	2.3	64	29
Y3-100L2-4	3	6.78	1410	82.6	0.82	2.3	7.0	2.3	64	31
Y3-112M-4	4	8.80	1435	84.2	0.82	2.3	7.0	2.3	65	42
Y3-132S-4	5.5	11.7	1440	85.7	0.83	2.3	7.0	2.3	71	63.5
Y3-132M-4	7.5	15.6	1450	87.0	0.84	2.3	7.0	2.3	71	72
Y3-160M-4	11	22.5	1460	88.4	0.84	2.2	7.0	2.3	75	110
Y3-160L-4	15	30.0	1460	89.4	0.85	2.2	7.5	2.3	75	129
Y3-180M-4	18.5	36.3	1470	90.0	0.86	2.2	7.5	2.3	76	160
Y3-180L-4	22	43.2	1470	90.5	0.86	2.2	7.5	2.3	76	178
Y3-200L-4	30	57.6	1470	91.4	0.86	2.2	7.2	2.3	79	228
Y3-225S-4	37	70.2	1475	92.0	0.87	2.2	7.2	2.3	81	288
Y3-225M-4	45	84.9	1475	92.5	0.87	2.2	7.2	2.3	81	313
Y3-250M-4	55	103	1480	93.0	0.87	2.2	7.2	2.3	83	376
Y3-280S-4	75	138.3	1340	93.6	0.88	2.2	6.8	2.3	86	508
Y3-280M-4	90	165	1340	93.9	0.88	2.2	6.8	2.3	86	581
Y3-315S-4	110	201	1480	94.5	0.88	2.1	6.9	2.2	93	846
Y3-315M-4	132	240	1480	94.8	0.88	2.1	6.9	2.2	93	940
Y3-315L1-4	160	288	1480	94.9	0.89	2.1	6.9	2.2	97	1044
Y3-315L2-4	200	360	1480	94.9	0.89	2.1	6.9	2.2	97	1162
Y3-355M-4	250	443	1490	95.2	0.90	2.1	6.9	2.2	101	1700

续表

型号	功率/kW	电流/A	转速/(r/min)	效率/%	功率因数 cosφ	堵转转矩/额定转矩	堵转电流/额定电流	最大转矩/额定转矩	噪声/dB(A)	质量/kg
Y3-355L-4	315	559	1490	95.2	0.90	2.1	6.9	2.2	101	1900
Y3-71M1-6	0.18	0.74	870	56	0.66	1.9	4	2	52	6
Y3-71M2-6	0.25	0.95	870	59	0.68	1.9	4	2	52	6.3
Y3-80M1-6	0.37	1.3	880	62	0.70	1.9	4.7	2	54	15
Y3-80M2-6	0.55	1.8	880	65	0.72	1.9	4.7	2.1	54	16
Y3-90S-6	0.75	2.29	905	69	0.72	2	5.3	2.1	57	20
Y3-90L-6	1.1	3.18	905	72	0.73	2	5.5	2.1	57	23
Y3-100L-6	1.5	4.0	920	76	0.75	2	5.5	2.1	61	29
Y3-112M-6	2.2	5.6	935	79	0.76	2	6.5	2.1	65	41
Y3-132S-6	3	7.4	960	81	0.76	2.1	6.5	2.1	69	59
Y3-132M1-6	4	9.75	960	82	0.76	2.1	6.5	2.1	69	66
Y3-132M2-6	5.5	12.9	960	84	0.77	2.1	6.5	2.1	69	76.5
Y3-160M-6	7.5	17.2	970	86	0.77	2	6.5	2.1	73	106
Y3-160L-6	11	24.5	970	87.5	0.78	2	6.5	2.1	73	122
Y3-180L-6	15	31.6	970	89	0.81	2	7	2.1	73	167
Y3-200L1-6	18.5	38.6	980	90	0.81	2.1	7	2.1	76	236
Y3-200L2-6	22	44.7	980	90	0.83	2	7	2.1	76	247
Y3-225M-6	30	59.3	980	91.5	0.84	2	7	2.1	76	287
Y3-250M-6	37	71	980	92	0.86	2.1	7	2.1	78	355
Y3-280S-6	45	86	980	92.5	0.86	2.1	7	2	80	444
Y3-280M-6	55	104	980	92.8	0.86	2.1	7	2	80	498
Y3-315S-6	75	142	935	93.5	0.86	2	6.7	2	85	859
Y3-315M-6	90	169	935	93.8	0.86	2	6.7	2	85	950
Y3-315L1-6	110	207	935	94	0.86	2	6.7	2	85	1031
Y3-315L2-6	132	245	935	94.2	0.87	2	6.7	2	85	1107
Y3-315M1-6	160	292	990	94.5	0.88	1.9	6.7	2	92	1550
Y3-315M2-6	200	365	990	94.5	0.88	1.9	6.7	2	92	1600
Y3-355L-6	250	457	990	94.5	0.88	1.9	6.7	2	92	1700
Y3-80M1-8	0.18	0.83	645	51	0.61	1.8	3.3	1.9	52	15
Y3-80M2-8	0.25	1.1	645	54	0.61	1.8	3.3	1.9	52	16
Y3-90S-8	0.37	1.49	675	62	0.61	1.8	4	1.9	56	20
Y3-90L-8	0.55	2.17	680	63	0.61	1.8	4	2	56	23
Y3-100L1-8	0.75	2.43	680	70	0.67	1.8	4	2	59	29
Y3-100L2-8	1.1	3.36	680	72	0.69	1.8	5	2	59	31
Y3-112M-8	1.5	4.4	690	74	0.7	1.8	5	2	61	41

续表

型号	功率/kW	电流/A	转速/(r/min)	效率/%	功率因数 cosφ	堵转转矩/额定转矩	堵转电流/额定电流	最大转矩/额定转矩	噪声/dB(A)	质量/kg
Y3-132S-8	2.2	6	710	79	0.71	1.8	6	2	64	61
Y3-132M-8	3	7.8	710	80	0.73	1.8	6	2	64	74
Y3-160M1-8	4	10.3	720	81	0.73	1.9	6	2	68	95.5
Y3-160M2-8	5.5	13.6	720	83	0.74	1.9	6	2	68	107
Y3-160L-8	7.5	17.8	720	85.5	0.75	1.9	6	2	68	128
Y3-180L-8	11	25.5	730	87.5	0.75	2	6.5	2	70	169
Y3-200L-8	15	34.1	730	88	0.76	2	6.6	2	73	236
Y3-225S-8	18.5	41.1	730	90	0.76	1.9	6.6	2	73	274
Y3-225M-8	22	48.9	730	90.5	0.78	1.9	6.6	2	73	290
Y3-250M-8	30	63	735	91	0.79	1.9	6.5	2	75	370
Y3-280S-8	37	78	740	91.5	0.79	1.9	6.6	2	76	488
Y3-280M-8	45	94	740	92	0.79	1.9	6.6	2	76	563
Y3-315S-8	55	111	735	92.8	0.81	1.8	6.6	2	82	852
Y3-315M-8	75	150	735	93.5	0.18	1.8	6.2	2	82	933
Y3-315L1-8	90	178	735	93.8	0.82	1.8	6.4	2	82	1027
Y3-315L2-8	110	217	735	94	0.82	1.8	6.4	2	82	1117
Y3-315M1-8	132	261	740	93.7	0.82	1.8	6.4	2	90	2000
Y3-315M2-8	160	315	740	94.2	0.82	1.8	6.4	2	90	2150
Y3-355L-8	200	387	740	94.5	0.83	1.8	6.4	2	90	2250
Y3-315S-10	45	100	590	91.5	0.75	1.5	6.2	2	82	818
Y3-315M-10	55	121	590	92.0	0.75	1.5	6.2	2	82	903
Y3-315L1-10	75	162	590	92.5	0.76	1.5	5.8	2	82	1007
Y3-315L2-10	90	191	590	93.0	0.77	1.5	5.9	2	82	1100
Y3-355M1-10	110	230	590	93.2	0.78	1.3	6	2	90	1800
Y3-355M2-10	132	275	590	93.5	0.78	1.3	6	2	90	2000
Y3-355L-10	160	334	590	93.5	0.78	1.3	6	2	90	2500

表 2-11　机座带底脚、端盖上无凸缘的电动机的安装尺寸和外形尺寸

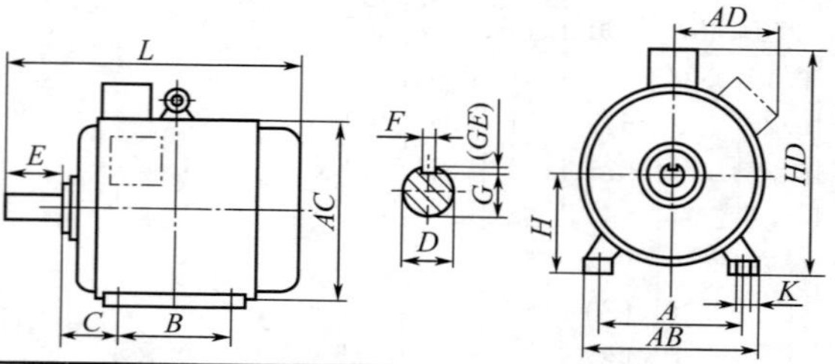

续表

机座号	凸缘号	安装尺寸及公差/mm									
		A	B	C		D		E		F	
		基本尺寸	基本尺寸	基本尺寸	极限偏差	基本尺寸	极限偏差	基本尺寸	极限偏差	基本尺寸	极限偏差
355	2	630	800	224	±4.0	80	+0.030 +0.011	170	±0.5	22	0 −0.052
	4～10					110	+0.035 +0.013	210	±0.57	28	
400	2	710	900			85		170	±0.50	22	
	4～10					120		210	±0.57	32	0 −0.062
450	2	800	1000	250		95		170	±0.50	25	0 −0.052
	4～10					130	+0.040 +0.015	210	±0.57	32	0 −0.062

机座号	安装尺寸及公差/mm							外形尺寸/mm				
	G①		H		K②			AB	AC	AD	HD	L
	基本尺寸	极限偏差	基本尺寸	极限偏差	基本尺寸	极限偏差	位置度公差					
355	71	0 −0.2	355	0 −1.0	35	+0.62 0	ϕ2.0Ⓜ	760	770	760	1130	1870
	100											1920
400	76		400					840	860	900	1260	1910
	109											1975
450	86		450		42			990	960	940	1380	2070
	119											2110

① $G=D-GE$，GE 极限偏差为 $^{+0.20}_{0}$。

② K 孔的位置度公差以轴线为基准。

2.3.3 YX3系列高效异步电动机

YX3 系列高效节能型三相异步电动机，是新一代中小型节能全封闭、自扇冷笼型三相异步电动机。中心高 H80～355mm，功率 0.55～315kW，极数为 2、4、6、8。

电动机的防护等级为 IP55，冷却方式 IC411，额定电压为 380V，额定频率为 50Hz，正常环境温度不超过 40℃，海拔不超过 1000m，工作方式为 S1 工作制。可用于驱动各种通用机械设备，如压缩机、风机、水泵等机械设备，也可应用在石油、化工、医药、矿山及其他环境。

表 2-12　机座带底脚、端盖上有凸缘的电动机的安装尺寸和外形尺寸

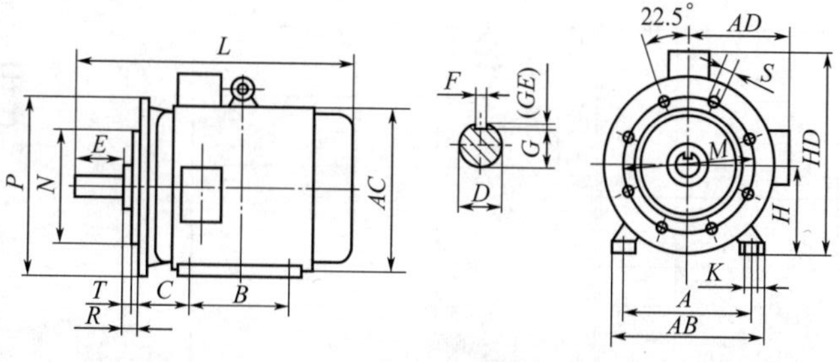

机座号	凸缘号	极数	安装尺寸及公差/mm													
			A	*B*	*C*		*D*		*E*		*F*		*G*①		*H*	
			基本尺寸	基本尺寸	基本尺寸	极限偏差	基本尺寸	极限偏差	基本尺寸	极限偏差	基本尺寸	极限偏差	基本尺寸	极限偏差	基本尺寸	极限偏差
355	FF840	2	630	800	224	±4.0	80	+0.030 +0.011	170	±0.50	22	0 −0.052	71	0 −0.2	355	0 −1.0
		4～10					110	+0.035 +0.013	210	±0.57	28		100			
400	FF940	2	710	900			85		170	±0.50	22		76		400	
		4～10					120		210	±0.57	32	0 −0.062	109			
450	FF1080	2	800	1000	250		95		170	±0.50	25	0 −0.052	86		450	
		4～10					130	+0.040 +0.015	210	±0.57	32	0 −0.062	119			

续表

机座号	安装尺寸及公差/mm															外形尺寸/mm				
	K②			M	N		P③	R④		S②			T		凸缘孔数	AB	AC	AD	HD	L
	基本尺寸	极限偏差	位置度公差		基本尺寸	极限偏差		基本尺寸	极限偏差	基本尺寸	极限偏差	位置度公差	基本尺寸	极限偏差						
355	35			840	780	±0.025	900			24						760	900	760	1130	1870 1920
400	35	$^{+0.62}_{0}$	ϕ2.0Ⓜ	940	880		1000	0	±4.0		$^{+0.052}_{0}$	ϕ2.0Ⓜ	6	$^{0}_{-0.12}$	8	840	1000	900	1255	1910 1975
450	42			1080	1000	±0.028	1150			28						990	1150	940	1380	2070 2110

① $G=D-GE$，GE 极限偏差为$^{+0.20}_{0}$。

② K、S 孔的位置度公差以轴线为基准。

③ P 尺寸为最大极限值。

④ R 为凸缘配合面至轴伸肩的距离。

表 2-13 立式安装，机座不带底脚、端盖上有凸缘（带通孔），轴伸向下的电动机的安装尺寸和外形尺寸

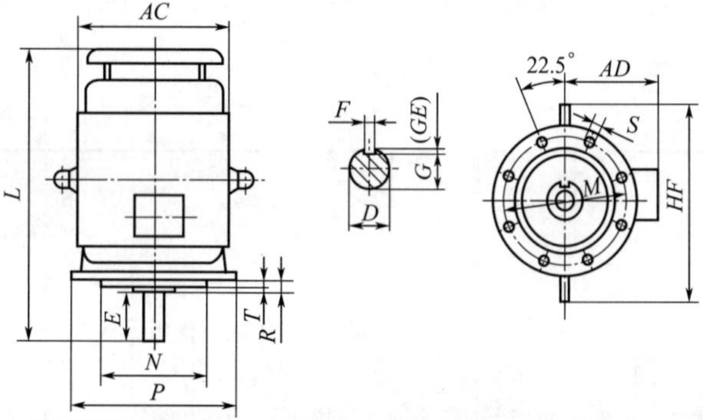

机座号	凸缘号	极数	安装尺寸及公差/mm										
			D		E		F		G①		M	N	
			基本尺寸	极限偏差	基本尺寸	极限偏差	基本尺寸	极限偏差	基本尺寸	极限偏差		基本尺寸	极限偏差
355	FF840	2	80	+0.030 +0.011	170	±0.50	22	0 −0.052	71	0 −0.2	840	780	±0.025
		4～10	110	+0.035 +0.013	210	±0.57	28		100				
400	FF940	2	85		170	±0.50	22		76		940	880	±0.028
		4～10	120		210	±0.57	32	0 −0.062	109				
450	FF1080	2	95		170	±0.50	25	0 −0.052	86		1080	1000	
		4～10	130	+0.040 +0.015	210	±0.57	32	0 −0.062	119				

续表

机座号	安装尺寸及公差/mm									外形尺寸/mm			
	P③	R④		S②			T		凸缘孔数	AC	AD	HF	L
		基本尺寸	极限偏差	基本尺寸	极限偏差	位置度公差	基本尺寸	极限偏差					
355	900	0	±4.0	24	$^{+0.052}_{0}$	ϕ2.0Ⓜ	6	$^{0}_{-0.12}$	8	900	760	1220	1920 1970
400	1000			28						1000	900	1255	1960 2025
450	1150									1150	940	1500	2120 2160

① $G=D-GE$，GE 极限偏差为$^{+0.20}_{0}$。

② S 孔的位置度公差以轴线为基准。

③ P 尺寸为最大极限值。

④ R 为凸缘配合面至轴伸肩的距离。

本系列电动机的安装方式、轴承接线盒、安装尺寸、外形尺寸等同于 Y2 系列三相异步电动机。

YX 系列电动机的型号：

Y	X	3	□□□	□	□	□
异步电动机	高效	第3次设计	电机机座号	机座长度 S—短机座 M—中机座 L—长机座	极数	环境代号 F1—户内防中等腐蚀型 F2—户内防强腐蚀型 WF1—户外防中等腐蚀型 WF2—户外防强腐蚀型 TH—湿热带 TA—干热带，G—高原

YX3 系列高效率三相异步电动机主要技术数据见表 2-14。

表 2-14　YX3 系列高效率三相异步电动机主要技术数据

型号	功率/kW	电流/A	转速/(r/min)	效率/%	功率因数	堵转转矩/额定转矩	堵转电流/额定电流	最大转矩/额定转矩
YX3-631-2	0.18	0.52	2825	65	0.8	2.3	5.5	2.2
YX3-632-2	0.25	0.69	2840	68	0.81	2.3	5.5	2.2
YX3-711-2	0.37	0.99	2840	70	0.81	2.3	6.1	2.2
YX3-712-2	0.55	1.4	2880	73	0.82	2.3	6.1	2.3
YX3-801-2	0.75	1.8	2890	75	0.83	2.2	6.1	2.3
YX3-802-2	1.1	2.6	2900	77	0.84	2.2	6.9	2.3
YX3-90S-2	1.5	3.4	2900	79	0.84	2.2	7	2.3
YX3-90L-2	2.2	4.8	2930	81	0.85	2.2	7	2.3
YX3-100L-2	3	6.3	2930	83	0.87	2.2	7.5	2.3
YX3-112M-2	4	8.1	2930	85	0.88	2.2	7.5	2.3
YX3-132S1-2	5.5	11	2940	86	0.88	2.2	7.5	2.3
YX3-132S2-2	7.5	15	2950	87	0.88	2.2	7.5	2.3
YX3-160M1-2	11	21.3	2950	88	0.88	2.2	7.5	2.3
YX3-160M2-2	15	28.7	2970	89	0.89	2.2	7.5	2.3
YX3-160L-2	18.5	34.6	2970	90	0.9	2.2	7.5	2.3
YX3-180M-2	22	40.9	2970	90.5	0.9	2	7.5	2.3
YX3-200L1-2	30	55.4	2970	91.2	0.9	2	7.5	2.3
YX3-200L2-2	37	67.7	2980	92	0.9	2	7.5	2.3
YX3-225M-2	45	82.3	2980	92.3	0.9	2	7.5	2.3
YX3-250M-2	55	101	2980	92.5	0.9	2	7.5	2.3
YX3-280S-2	75	134	2980	93	0.9	2	7	2.3
YX3-280M-2	90	160	2980	93.8	0.91	2	7.1	2.3

续表

型号	功率/kW	电流/A	转速/(r/min)	效率/%	功率因数	堵转转矩/额定转矩	堵转电流/额定电流	最大转矩/额定转矩
YX3-315S-2	110	195	2980	94	0.91	1.8	7.1	2.2
YX3-315M-2	132	233	2980	94.5	0.91	1.8	7.1	2.2
YX3-315L1-2	160	279	2980	94.6	0.91	1.8	7.1	2.2
YX3-315L2-2	200	348	2980	94.8	0.92	1.8	7.1	2.2
YX3-355M-2	250	433	2980	95.3	0.92	1.6	7.1	2.2
YX3-355L-2	315	544	2980	95.6	0.92	1.6	7.1	2.2
YX3-631-4	0.12	0.44	1400	57	0.72	2.1	4.4	2.2
YX3-632-4	0.18	0.62	1400	60	0.73	2.1	4.4	2.2
YX3-711-4	0.25	0.79	1400	65	0.74	2.1	5.2	2.2
YX3-712-4	0.37	1.12	1400	67	0.75	2.1	5.2	2.2
YX3-801-4	0.55	1.6	1400	71	0.75	2.4	5.2	2.3
YX3-802-4	0.75	2.0	1400	73	0.76	2.3	6	2.3
YX3-90S-4	1.1	2.9	1400	76.2	0.77	2.3	6	2.3
YX3-90L-4	1.5	3.7	1400	78.5	0.78	2.3	6	2.3
YX3-100L1-4	2.2	5.1	1420	81	0.81	2.3	7	2.3
YX3-100L2-4	3	6.8	1420	82.6	0.82	2.3	7	2.3
YX3-112M-4	4	8.8	1440	84.2	0.82	2.3	7	2.3
YX3-132S-4	5.5	11.8	1440	85.7	0.83	2.3	7	2.3
YX3-132M-4	7.5	15.5	1440	87	0.84	2.3	7	2.3
YX3-160M-4	11	22.3	1460	88.4	0.84	2.2	7	2.3
YX3-160L-4	15	30	1460	89.4	0.85	2.2	7.5	2.3
YX3-180M-4	18.5	36.4	1470	90	0.86	2.2	7.5	2.3
YX3-180L-4	22	43.1	1470	90.5	0.86	2.2	7.5	2.3
YX3-200L-4	30	57.4	1470	91.4	0.86	2.2	7.2	2.3
YX3-225S-4	37	69.9	1480	92	0.87	2.2	7.2	2.3
YX3-225M-4	45	84.7	1480	92.5	0.87	2.2	7.2	2.3
YX3-250M-4	55	103	1480	93	0.87	2.2	7.2	2.3
YX3-280S-4	75	140	1480	93.6	0.88	2.2	6.8	2.3
YX3-280M-4	90	167	1490	93.9	0.88	2.2	6.8	2.3
YX3-315S-4	110	201	1490	94.5	0.88	2.1	6.9	2.2
YX3-315M-4	132	240	1490	94.8	0.88	2.1	6.9	2.2
YX3-315L1-4	160	287	1490	94.9	0.89	2.1	6.9	2.2
YX3-315L2-4	200	359	1490	94.9	0.89	2.1	6.9	2.2
YX3-355M-4	250	443	1485	95.2	0.9	2.1	6.9	2.2
YX3-355L-4	315	556	1485	95.2	0.9	2.1	6.9	2.2

续表

型号	功率/kW	电流/A	转速/(r/min)	效率/%	功率因数	堵转转矩/额定转矩	堵转电流/额定电流	最大转矩/额定转矩
YX3-711-6	0.18	0.74	900	56	0.66	2.2	4	2
YX3-712-6	0.25	0.94	900	59	0.68	2	4	2
YX3-801-6	0.37	1.3	900	62	0.7	2	5	2
YX3-802-6	0.55	1.8	900	65	0.72	2	5	2.1
YX3-90S-6	0.75	2.3	910	69	0.72	2	5.5	2.1
YX3-90L-6	1.1	3.2	910	72	0.73	2	5.5	2.1
YX3-100L-6	1.5	3.9	940	76	0.76	2	5.5	2.1
YX3-112M-6	2.2	5.6	940	79	0.76	2	6.5	2.1
YX3-132S-6	3	7.4	960	81	0.76	2	6.5	2.1
YX3-132M1-6	4	9.7	960	82	0.76	2	6.5	2.1
YX3-132M2-6	5.5	12.9	960	84	0.77	2	6.5	2.1
YX3-160M	7.5	16.5	970	86	0.8	2	6.5	2.1
YX3-160L-6	11	24.1	970	87.5	0.79	2	6.5	2.1
YX3-180L-6	15	31.5	970	89	0.81	2	7	2.1
YX3-200L1-6	18.5	38.5	970	90	0.81	2	7	2.1
YX3-200L2-6	22	44.6	970	90	0.83	2	7	2.1
YX3-225M-6	30	59.3	980	91.5	0.84	2	7	2.1
YX3-250M-6	37	71	980	92	0.86	2	7	2.1
YX3-280S-6	45	86	980	92.5	0.86	2	7	2
YX3-280M-6	55	105	980	92.8	0.86	2	7	2
YX3-315S-6	75	141	990	93.5	0.86	2	7	2
YX3-315M-6	90	169	990	93.8	0.86	2	7	2
YX3-315L1-6	110	206	990	94	0.86	2	6.7	2
YX3-315L2-6	132	244	990	94.2	0.87	2	6.7	2
YX3-355M1-6	160	292	990	94.5	0.88	1.9	6.7	2
YX3-355M2-6	200	365	990	94.7	0.88	1.9	6.7	2
YX3-355L-6	250	455	990	94.9	0.88	1.9	6.7	2
YX3-801-8	0.18	0.88	680	51	0.61	1.8	3.3	1.9
YX3-802-8	0.25	1.15	680	54	0.61	1.8	3.3	1.9
YX3-90S-8	0.37	1.5	680	62	0.61	1.8	4	1.9
YX3-90L-8	0.55	2.2	700	63	0.61	1.8	4	2
YX3-100L1-8	0.75	2.4	700	71	0.67	1.8	4	2
YX3-100L2-8	1.1	3.3	700	73	0.69	1.8	5	2
YX3-112M-8	1.5	4.5	700	75	0.7	1.8	5	2
YX3-132S-8	2.2	6	710	78	0.71	1.8	6	2
YX3-132M-8	3	7.9	710	79	0.73	1.9	6	2
YX3-160M1-8	4	10.2	720	81	0.73	1.9	6	2
YX3-160M2-8	5.5	13.6	720	83	0.74	1.9	6	2
YX3-160L-8	7.5	17.7	720	85.5	0.75	1.9	6	2

续表

型号	功率/kW	电流/A	转速/(r/min)	效率/%	功率因数	堵转转矩/额定转矩	堵转电流/额定电流	最大转矩/额定转矩
YX3-180L-8	11	25.1	730	87.5	0.75	2	6.5	2
YX3-200L-8	15	34	730	88	0.76	2	6.5	2
YX3-225S-8	18.5	40.6	740	90	0.76	2	6.6	2
YX3-225M-8	22	47.4	740	90.5	0.78	1.9	6.6	2
YX3-250M-8	30	64	740	91	0.79	1.9	6.5	2
YX3-280S-8	37	78	740	91.5	0.79	1.9	6.6	2
YX3-280M-4	45	94	740	92	0.79	1.9	6.6	2
YX3-315S-8	55	111	740	92.8	0.81	1.8	6.6	2
YX3-315M-8	75	151	740	93	0.81	1.8	6.2	2
YX3-315L1-8	90	178	740	93.8	0.82	1.8	6.4	2
YX3-315L2-8	110	217	740	94	0.82	1.8	6.4	2
YX3-355M1-8	132	261	740	93.7	0.82	1.8	6.4	2
YX3-355M2-8	160	313	740	94.2	0.82	1.8	6.4	2
YX3-355L-8	200	388	740	94.5	0.83	1.8	6.4	2
YX3-315S-10	45	100	590	91.5	0.75	1.5	6.2	2
YX3-315M-10	55	121	590	92.0	0.75	1.5	6.2	2
YX3-315L1-10	75	162	590	92.5	0.76	1.5	5.8	2
YX3-315L2-10	90	191	590	93.0	0.77	1.5	5.9	2
YX3-355M1-10	110	230	590	93.2	0.78	1.3	6	2
YX3-355M2-10	132	275	590	93.5	0.78	1.3	6	2
YX3-355L-10	160	334	590	93.5	0.78	1.3	6	2

注：东音电机南通电机厂产品。

2.3.4 YX系列大型高效高压三相异步电动机

YX系列大型高效高压三相异步电动机额定电压有6kV、10kV两种，电源的额定频率为50Hz。电动机的热分级为155（F）级。轴承采用滑动轴承结构，正常产品为强制润滑，也可根据需要制成自润滑。电动机的防护等级可制成IP23、IP44、IP54或IP55。防护等级为IP23时电动机的冷却方式为IC01；防护等级为IP44、IP54或IP55时电动机的冷却方式为IC81W或IC611。有多种防护类型。主要适用于石油、化工、煤炭、电站、冶金、交通运输、纺织、医药、粮食加工等行业中的风机、水泵、压缩机、破碎机、切削机床、运输机械等通用机械设备或其他类似机械设备。

YX系列6kV、IC01/IC81W，10kV、IC01/IC81W和6kV、IC611，10kV、IC611高压三相异步电动机技术数据（保证值）分别见表2-15～表2-18。

表 2-15 YX 系列 6kV、IC01/IC81W 高压三相异步电动机技术数据（保证值）

型号	额定功率/kW	额定电流/A	额定转速/(r/min)	效率/%	功率因数 cosφ	最大转矩/额定转矩	堵转转矩/额定转矩	堵转电流/额定电流	质量/kg	
									IC01	IC81W
YX710-4	3550	404.8	1493	97.0	0.87	1.8	0.6	6.5	12080	13210
	4000	455.6		97.1	0.87				12740	13870
	4500	512.6		97.1	0.87				13070	14200
	5000	562.5		97.2	0.88				13690	14820
YX800-4	5600	630.0	1493	97.2	0.88	1.8	0.6	6.5	23950	25600
	6300	708.0		97.3	0.88				24650	26300
	7100	797.9		97.3	0.88				25350	27000
YX900-4	8000	898.1	1493	97.4	0.88	1.8	0.6	6.5	30600	32500
	9000	1009.4		97.5	0.88				31700	33600
	10000	1107.8		97.6	0.89				32600	34500
YX1000-4	11200	1239.4	1493	97.7	0.89	1.8	0.6	6.5	35500	37500
	12500	1383.3		97.7	0.89				37500	39500
	14000	1530.6		97.8	0.90				40000	42000
	16000	1747.4		97.9	0.90				41500	43500
	18000	1963.8		98.0	0.90				43500	45500
YX1120-4	20000	2182.0	1493	98.0	0.90	1.8	0.6	6.5	59700	61900
	22400	2443.8		98.0	0.90				60300	62500
	25000	2727.5		98.0	0.90				61700	63900
YX710-6	2800	323.3	994	96.9	0.86	1.8	0.6	6.5	11870	13000
	3150	363.7		96.9	0.86				12190	13320
	3550	409.9		96.9	0.86				12550	13680
	4000	461.4		97.0	0.86				13160	14290

续表

型号	额定功率/kW	额定电流/A	额定转速/(r/min)	效率/%	功率因数 $\cos\varphi$	最大转矩/额定转矩	堵转转矩/额定转矩	堵转电流/额定电流	质量/kg	
									IC01	IC81W
YX800-6	4500	519.1	994	97.0	0.86	1.8	0.6	6.5	16350	18000
	5000	576.2		97.1	0.86				17150	18800
	5600	637.9		97.1	0.87				17850	19500
YX900-6	6300	716.9	994	97.2	0.87	1.8	0.6	6.5	24100	26000
	7100	807.1		97.3	0.87				24800	26700
	8000	909.4		97.3	0.87				25900	27800
YX1000-6	9000	1022.0	994	97.4	0.87	1.8	0.6	6.5	33000	35000
	10000	1134.4		97.5	0.87				33700	35700
	11200	1254.8		97.6	0.88				34500	36500
	12500	1399.0		97.7	0.88				35200	37200
YX1120-6	14000	1566.9	994	97.7	0.88	1.8	0.6	6.5	53300	55500
	16000	1788.9		97.8	0.88				55300	57500
	18000	2010.5		97.9	0.88				57300	59500
	20000	2231.6		98.0	0.88				59300	61500
YX710-8	2000	235.1	745	96.3	0.85	1.8	0.6	6.0	11075	11750
	2240	263.1		96.4	0.85				11645	12330
	2500	293.3		96.5	0.85				12235	12920
	2800	328.1		96.6	0.85				12800	13480
YX800-8	3150	369.1	745	96.6	0.85	1.8	0.6	6.0	16900	17900
	3550	415.6		96.7	0.85				17300	18300
	4000	462.4		96.8	0.86				17700	18700

续表

型号	额定功率/kW	额定电流/A	额定转速/(r/min)	效率/%	功率因数cosφ	最大转矩/额定转矩	堵转转矩/额定转矩	堵转电流/额定电流	质量/kg	
									IC01	IC81W
YX900-8	4500	519.6	745	96.9	0.86	1.8	0.6	6.0	24300	25500
	5000	577.3		96.9	0.86				25300	26500
	5600	646.6		96.9	0.86				26300	27500
YX1000-8	6300	726.7	745	97.0	0.86	1.8	0.6	6.0	29600	31000
	7100	818.1		97.1	0.86				30400	31800
	8000	920.9		97.2	0.86				31200	32600
	9000	1023.1		97.3	0.87				32000	33400
	10000	1136.7		97.3	0.87				32800	34200
YX1120-8	11200	1271.8	745	97.4	0.87	1.8	0.6	6.0	53500	54500
	12500	1418.0		97.5	0.87				54700	56200
	14000	1586.5		97.6	0.87				56900	58400
	16000	1811.3		97.7	0.87				59100	60600
YX710-10	1600	193.4	595	95.9	0.83	1.8	0.6	6.0	9745	10430
	1800	217.4		96.0	0.83				10265	10950
	2000	241.3		96.1	0.83				10765	11450
	2240	269.9		96.2	0.83				11265	11950
YX800-10	2500	301.0	595	96.3	0.83	1.8	0.6	6.0	16500	17400
	2800	336.7		96.4	0.83				16900	17800
	3150	374.3		96.4	0.84				17400	18300
YX900-10	3550	421.4	595	96.5	0.84	1.8	0.6	6.0	23600	24800
	4000	474.3		96.6	0.84				24300	25500
	4500	533.6		96.6	0.84				25000	26200
	5000	592.3		96.7	0.84				25700	26900

续表

型号	额定功率/kW	额定电流/A	额定转速/(r/min)	效率/%	功率因数 $\cos\varphi$	最大转矩/额定转矩	堵转转矩/额定转矩	堵转电流/额定电流	质量/kg	
									IC01	IC81W
YX1000-10	5600	663.4	595	96.7	0.84	1.8	0.6	6.0	31400	32800
	6300	745.5		96.8	0.84				31800	33200
	7100	840.2		96.8	0.84				32400	33600
	8000	945.7		96.9	0.84				32600	34000
YX710-12	1250	159.3	495	95.6	0.79	1.8	0.6	6.0	9945	10630
	1400	178.2		95.7	0.79				10225	10910
	1600	201.1		95.7	0.80				10535	11220
	1800	226.0		95.8	0.80				10805	11490
YX800-12	2000	250.8	495	95.9	0.80	1.8	0.6	6.0	16400	17300
	2240	280.7		96.0	0.80				16850	17750
	2500	309.0		96.1	0.81				17200	18100
YX900-12	2800	345.8	495	96.2	0.81	1.8	0.6	6.0	23500	24600
	3150	388.6		96.3	0.81				24000	25100
	3550	437.5		96.4	0.81				25500	26600
YX1000-12	4000	492.9	495	96.4	0.81	1.8	0.6	6.0	31200	32500
	4500	554.5		96.4	0.81				31600	32900
	5000	615.5		96.5	0.81				32100	33400
	5600	689.4		96.5	0.81				32500	33800
YX710-16	800	111.5	370	94.6	0.73	1.8	0.6	6.0	10045	10660
	900	125.3		94.7	0.73				10295	10910
	1000	137.2		94.8	0.74				10455	11070
	1120	153.5		94.9	0.74				10965	11580

续表

型号	额定功率/kW	额定电流/A	额定转速/(r/min)	效率/%	功率因数 cosφ	最大转矩/额定转矩	堵转转矩/额定转矩	堵转电流/额定电流	质量/kg	
									IC01	IC81W
YX800-16	1250	171.1	370	95.0	0.74	1.8	0.6	6.0	16100	17000
	1400	191.4		95.1	0.74				16450	17350
	1600	215.9		95.1	0.75				16800	17700
YX900-16	1800	242.6	370	95.2	0.75	1.8	0.6	6.0	22500	23600
	2000	269.3		95.3	0.75				22900	24000
	2240	301.2		95.4	0.75				23300	24400
	2500	335.9		95.5	0.75				23650	24750
YX1000-16	2800	375.8	370	95.6	0.75	1.8	0.6	6.0	30900	32000
	3150	417.2		95.6	0.76				31350	32450
	3550	469.7		95.7	0.76				31800	32900
	4000	528.7		95.8	0.76				32250	33350

注：佳木斯电机股份有限公司产品，下同。

表 2-16　YX 系列 10kV、IC01/IC81W 高压三相异步电动机技术数据（保证值）

型号	额定功率/kW	额定电流/A	额定转速/(r/min)	效率/%	功率因数 cosφ	最大转矩/额定转矩	堵转转矩/额定转矩	堵转电流/额定电流	质量/kg	
									IC01	IC81W
YX710-4	3150	218.2	1493	96.9	0.86	1.8	0.6	6.5	12103	13230
	3550	245.9		96.9	0.86				12403	13610
	4000	273.9		96.9	0.87				13103	14230
	4500	308.2		96.9	0.87				13723	14850
YX800-4	5000	342.1	1493	97.0	0.87	1.8	0.6	6.5	23350	25000
	5600	383.1		97.0	0.87				23950	25600
	6300	430.6		97.1	0.87				24550	26200

续表

型号	额定功率/kW	额定电流/A	额定转速/(r/min)	效率/%	功率因数 $\cos\varphi$	$\frac{最大转矩}{额定转矩}$	$\frac{堵转转矩}{额定转矩}$	$\frac{堵转电流}{额定电流}$	质量/kg	
									IC01	IC81W
YX900-4	7100	484.7	1493	97.2	0.87	1.8	0.6	6.5	30300	32200
	8000	545.6		97.3	0.87				31000	32900
	9000	613.8		97.3	0.87				31700	33600
YX1000-4	10000	681.3	1493	97.4	0.87	1.8	0.6	6.5	35500	37500
	11200	753.7		97.6	0.88				37800	39800
	12500	840.3		97.6	0.88				40500	42500
	14000	940.1		97.7	0.88				42500	44500
YX1120-4	16000	1074.4	1493	97.7	0.88	1.8	0.6	6.5	53800	56000
	18000	1207.5		97.8	0.88				56300	58500
	20000	1340.3		97.9	0.88				59800	62000
	22400	1499.6		98.0	0.88				61300	63500
YX710-6	2500	177.9	994	96.6	0.84	1.8	0.6	6.5	12103	13230
	2800	199.0		96.7	0.84				12453	13580
	3150	223.9		96.7	0.84				12823	13950
	3550	252.1		96.8	0.84				13143	14270
YX800-6	4000	283.7	994	96.9	0.84	1.8	0.6	6.5	16600	18200
	4500	319.2		96.9	0.84				17050	18650
	5000	354.7		96.9	0.84				17450	19100
YX900-6	5600	388.0	994	96.9	0.86	1.8	0.6	6.5	24200	26100
	6300	436.0		97.0	0.86				24780	26680
	7100	490.9		97.1	0.86				25360	27260

续表

型号	额定功率/kW	额定电流/A	额定转速/(r/min)	效率/%	功率因数 cosφ	最大转矩/额定转矩	堵转转矩/额定转矩	堵转电流/额定电流	质量/kg	
									IC01	IC81W
YX1000-6	8000	552.5	994	97.2	0.86	1.8	0.6	6.5	33100	35100
	9000	621.0		97.3	0.86				33680	35680
	10000	690.0		97.3	0.86				34260	36260
	11200	754.4		97.4	0.88				34820	36820
YX1120-6	12500	841.1	994	97.5	0.88	1.8	0.6	6.5	63500	55700
	14000	941.1		97.6	0.88				54900	57100
	16000	1074.4		97.7	0.88				56300	58500
	18000	1208.7		97.7	0.88				58300	60500
YX710-8	1800	130.2	745	96.2	0.83	1.8	0.6	6.5	10743	11430
	2000	141.2		96.2	0.85				11573	12260
	2240	158.2		96.2	0.85				12153	12840
	2500	176.3		96.3	0.85				12703	13390
YX800-8	2800	197.3	745	96.4	0.85	1.8	0.6	6.5	16950	17850
	3150	221.9		96.4	0.85				17300	18200
	3650	249.9		96.6	0.85				17650	18650
	4000	278.0		96.6	0.86				24300	25400
YX900-8	4500	312.4	745	96.7	0.86	1.8	0.6	6.5	25200	26300
	5000	346.8		96.8	0.86				26100	27200
YX1000-8	5600	388.0	745	96.9	0.86	1.8	0.6	6.5	30200	31500
	6300	436.5		96.9	0.86				30900	32200
	7100	491.4		97.0	0.86				31600	32900
	8000	553.1		97.1	0.86				32300	33600
	9000	614.5		97.2	0.87				33000	34300

续表

型号	额定功率/kW	额定电流/A	额定转速/(r/min)	效率/%	功率因数 cosφ	最大转矩/额定转矩	堵转转矩/额定转矩	堵转电流/额定电流	质量/kg IC01	质量/kg IC81W
YX1120-8	10000	682.0	745	97.3	0.87	1.8	0.6	6.5	53300	54800
	11200	763.9		97.3	0.87				54400	55900
	12500	851.7		97.4	0.87				55500	57000
	14000	952.9		97.5	0.87				56600	58100
YX710-10	1400	105.6	595	95.7	0.80	1.8	0.6	6.0	9883	10570
	1600	120.7		95.7	0.80				10363	11050
	1800	132.3		95.8	0.82				10833	11520
	2000	146.8		95.9	0.82				11213	11900
YX800-10	2240	164.3	595	96.0	0.82	1.8	0.6	6.0	16600	17500
	2500	183.4		96.0	0.82				16950	17850
	2800	205.1		96.1	0.82				17300	18200
YX900-10	3150	227.8	595	96.2	0.83	1.8	0.6	6.0	23900	25000
	3550	256.4		96.3	0.83				24700	25600
	4000	288.6		96.4	0.83				25100	26200
YX1000-10	4500	324.7	595	96.4	0.83	1.8	0.6	6.0	31500	32800
	5000	360.4		96.5	0.83				31900	33200
	5600	403.2		96.6	0.83				32300	33600
	6300	453.2		96.7	0.83				32700	34000
	7100	510.2		96.8	0.83				33300	34600
YX710-12	1120	88.1	495	95.3	0.77	1.8	0.6	6.0	9613	10310
	1250	97.1		95.3	0.78				10103	10790
	1400	108.6		95.4	0.78				10603	11290
	1600	122.4		95.5	0.79				11013	11700

续表

型号	额定功率/kW	额定电流/A	额定转速/(r/min)	效率/%	功率因数 cosφ	最大转矩/额定转矩	堵转转矩/额定转矩	堵转电流/额定电流	质量/kg	
									IC01	IC81W
YX800-12	1800	137.6	495	95.6	0.79	1.8	0.6	6.0	16500	17400
	2000	152.9		95.6	0.79				16900	17800
	2240	171.1		95.7	0.79				17300	18200
YX900-12	2500	188.3	495	95.8	0.80	1.8	0.6	6.0	24100	25200
	2800	210.7		95.9	0.80				24800	25900
YX1000-12	3150	236.8	495	96.0	0.80	1.8	0.6	6.0	31400	32700
	3550	266.9		96.0	0.80				31900	33200
	4000	300.4		96.1	0.80				32400	33700
	4500	337.6		96.2	0.80				32900	34200
	5000	374.7		96.3	0.80				33400	34700
YX710-16	710	59.4	370	94.6	0.73	1.8	0.6	6.0	9943	10560
	800	66.9		94.6	0.73				10193	10810
	900	75.2		94.7	0.73				10453	11070
	1000	82.3		94.8	0.74				10823	11440
YX800-16	1120	92.1	370	94.9	0.74	1.8	0.6	6.0	15900	16800
	1250	102.7		95.0	0.74				16300	17200
	1400	114.9		95.1	0.74				16700	17600
YX900-16	1600	129.5	370	95.1	0.75	1.8	0.6	6.0	22500	23600
	1800	145.6		95.2	0.75				22900	24000
	2000	161.6		95.3	0.75				23300	24400
YX1000-16	2240	180.7	370	95.4	0.75	1.8	0.6	6.0	30900	31800
	2500	201.5		95.5	0.75				31350	32250
	2800	225.5		95.6	0.75				31800	32700
	3150	253.6		95.6	0.75				32250	33150
	3550	280.9		95.6	0.75				32800	33700

表 2-17　YX 系列 6kV、IC611 高压三相异步电动机技术数据（保证值）

型号	额定功率/kW	额定电流/A	额定转速/(r/min)	效率/%	功率因数 $\cos\varphi$	最大转矩/额定转矩	堵转转矩/额定转矩	堵转电流/额定电流	质量/kg
YX710-4	2800	324.3	1494	96.6	0.86	1.8	0.5	6.5	14300
	3150	360.3		96.7	0.87				14680
	3550	406.1		96.7	0.87				15070
	4000	457.1		96.8	0.87				15730
YX800-4	4500	508.3	1494	96.8	0.88	1.8	0.5	6.5	25650
	5000	564.2		96.9	0.88				26350
	5600	631.9		96.9	0.88				27050
	6300	710.2		97.0	0.88				27750
YX900-4	7100	800.4	1494	97.0	0.88	1.8	0.5	6.5	32200
	8000	900.9		97.1	0.88				33300
	9000	1012.5		97.2	0.88				34200
YX1000-4	10000	1111.2	1494	97.3	0.89	1.8	0.5	6.5	37100
	11200	1243.3		97.4	0.89				39100
	12500	1387.6		97.4	0.89				41600
	14000	1552.5		97.5	0.89				43100
	16000	1752.8		97.6	0.90				61000
YX1120-4	18000	1969.9	1494	97.7	0.90	1.8	0.5	6.5	62500
	20000	2188.7		97.7	0.90				64000
YX710-6	2000	234.6	995	96.5	0.85	1.8	0.6	6.5	13400
	2240	262.8		96.5	0.85				13710
	2500	293.0		96.6	0.85				14310
	2800	327.8		96.7	0.85				14880
	3150	364.5		96.7	0.86				17700
	3550	410.8		96.7	0.86				18240

续表

型号	额定功率/kW	额定电流/A	额定转速/(r/min)	效率/%	功率因数 $\cos\varphi$	最大转矩/额定转矩	堵转转矩/额定转矩	堵转电流/额定电流	质量/kg
YX800-6	4000	462.4	995	96.8	0.86	1.8	0.6	6.5	18870
	4500	520.2		96.8	0.86				19500
	5000	577.4		96.9	0.86				20200
YX900-6	5600	639.2	995	96.9	0.87	1.8	0.6	6.5	25700
	6300	718.4		97.0	0.87				26400
	7100	808.8		97.1	0.87				27500
YX1000-6	8000	900.9	995	97.1	0.88	1.8	0.6	6.5	35300
	9000	1012.5		97.2	0.88				36000
	10000	1123.8		97.3	0.88				36800
	11200	1257.4		97.4	0.88				37500
YX1120-6	12500	1401.9	995	97.5	0.88	1.8	0.6	6.5	59000
	14000	1570.2		97.5	0.88				60500
	16000	1792.6		97.6	0.88				62000
YX710-8	1600	190.5	746	96.2	0.84	1.8	0.6	6.5	12130
	1800	214.3		96.2	0.84				12850
	2000	237.9		96.3	0.84				13170
	2240	266.2		96.4	0.84				13730
YX800-8	2500	293.3	746	96.5	0.85	1.8	0.6	6.5	17200
	2800	328.1		96.6	0.85				17600
	3150	369.2		96.6	0.85				18000
	3550	415.6		96.7	0.85				18400

续表

型号	额定功率/kW	额定电流/A	额定转速/(r/min)	效率/%	功率因数 cosφ	最大转矩/额定转矩	堵转转矩/额定转矩	堵转电流/额定电流	质量/kg
YX900-8	4000	462.4	746	96.8	0.86	1.8	0.6	6.5	26270
	4500	519.6		96.9	0.86				26270
	5000	577.4		96.9	0.86				27270
YX1000-8	5600	639.2	746	96.9	0.87	1.8	0.6	6.5	29300
	6300	718.4		97.0	0.87				31200
	7100	808.8		97.1	0.87				32150
	8000	910.3		97.2	0.87				33900
YX1120-8	9000	1023.1	746	97.3	0.87	1.8	0.6	6.5	56500
	10000	1136.8		97.3	0.87				58000
	11200	1271.9		97.4	0.87				59500
	12500	1418.0		97.5	0.87				61000
YX710-10	1250	151.3	596	95.8	0.83	1.8	0.6	6.0	11300
	1400	169.3		95.9	0.83				11580
	1600	193.4		95.9	0.83				12280
	1800	217.4		96.0	0.83				12800
YX800-10	2000	238.4	596	96.1	0.84	1.8	0.6	6.0	17400
	2240	266.7		96.2	0.84				17750
	2500	297.4		96.3	0.84				18150
	2800	332.7		96.4	0.84				18650
YX900-10	3150	374.3	596	96.4	0.84	1.8	0.6	6.0	25200
	3550	421.4		96.5	0.84				25900
	4000	474.4		96.6	0.84				26600
	4500	533.7		96.6	0.84				27300

续表

型号	额定功率/kW	额定电流/A	额定转速/(r/min)	效率/%	功率因数 $\cos\varphi$	最大转矩/额定转矩	堵转转矩/额定转矩	堵转电流/额定电流	质量/kg
YX1000-10	5000	585.4	596	96.7	0.85	1.8	0.6	6.0	33700
	5600	655.6		96.7	0.85				34100
	6300	736.8		96.8	0.85				34500
	7100	830.4		96.8	0.85				34900
YX710-12	1000	127.5	497	95.5	0.79	1.8	0.6	6.0	11520
	1120	142.9		95.5	0.79				11930
	1250	159.3		95.6	0.79				12230
	1400	178.2		95.7	0.79				12750
YX800-12	1600	203.6	497	95.7	0.79	1.8	0.6	6.0	17050
	1800	228.9		95.8	0.79				17500
	2000	254.0		95.9	0.79				17950
	2240	284.2		96.0	0.79				18300
YX900-12	2500	312.9	497	96.1	0.80	1.8	0.6	6.0	24030
	2800	350.1		96.2	0.80				25000
	3150	393.5		96.3	0.80				26300
YX1000-12	3550	437.5	497	96.4	0.81	1.8	0.6	6.0	32750
	4000	492.9		96.4	0.81				33050
	4500	554.6		96.4	0.81				33550
	5000	615.5		96.5	0.81				33950
YX710-16	630	89.2	372	94.4	0.72	1.8	0.6	6.0	11400
	710	100.4		94.5	0.72				11840
	800	113.0		94.6	0.72				12140
	900	127.0		94.7	0.72				12440

续表

型号	额定功率/kW	额定电流/A	额定转速/(r/min)	效率/%	功率因数 cosφ	最大转矩/额定转矩	堵转转矩/额定转矩	堵转电流/额定电流	质量/kg
YX800-16	1000	137.2	372	94.8	0.74	1.8	0.6	6.0	16850
	1120	153.5		94.9	0.74				17720
	1250	171.1		95.0	0.74				18590
	1400	191.4		95.1	0.74				19460
YX900-16	1600	215.9	372	95.1	0.75	1.8	0.6	6.0	24400
	1800	242.6		95.2	0.75				24800
	2000	269.3		95.3	0.75				25200
	2240	301.3		95.4	0.75				26550
YX1000-16	2500	335.9	372	95.5	0.75	1.8	0.6	6.0	32150
	2800	375.8		95.6	0.75				32600
	3150	422.8		95.6	0.75				33050
	3550	475.9		95.7	0.75				33500

表 2-18 YX 系列 10kV、IC611 高压三相异步电动机技术数据（保证值）

型号	额定功率/kW	额定电流/A	额定转速/(r/min)	效率/%	功率因数 cosφ	最大转矩/额定转矩	堵转转矩/额定转矩	堵转电流/额定电流	质量/kg
YX710-4	2240	155.7	1494	96.6	0.86	1.8	0.5	6.5	13290
	2500	173.7		96.6	0.86				13630
	2800	194.6		96.6	0.86				13970
	3150	218.7		96.7	0.86				14580
YX800-4	3550	243.6	1494	96.7	0.87	1.8	0.5	6.5	24100
	4000	274.5		96.7	0.87				24700
	4500	308.8		96.7	0.87				25300
	5000	342.8		96.8	0.87				25900
	5600	383.9		96.8	0.87				26500

续表

型号	额定功率/kW	额定电流/A	额定转速/(r/min)	效率/%	功率因数cosφ	最大转矩/额定转矩	堵转转矩/额定转矩	堵转电流/额定电流	质量/kg
YX900-4	6300	427.0	1494	96.8	0.88	1.8	0.5	6.5	32550
	7100	480.7		96.9	0.88				33150
	8000	541.1		97.0	0.88				33850
YX1000-4	9000	601.9	1494	97.0	0.89	1.8	0.5	6.5	37300
	10000	668.1		97.1	0.89				39600
	11200	747.5		97.2	0.89				42300
	12500	833.4		97.3	0.89				44300
YX1120-4	14000	922.1	1494	97.4	0.90	1.8	0.5	6.5	60500
	16000	1053.8		97.4	0.90				62000
	18000	1184.3		97.5	0.90				63500
YX710-6	1800	128.3	995	96.4	0.84	1.8	0.6	6.5	12630
	2000	142.6		96.4	0.84				13450
	2240	159.7		96.4	0.84				13860
	2500	178.3		96.4	0.84				14170
YX800-6	2800	197.1	995	96.5	0.85	1.8	0.6	6.6	17810
	3150	221.7		96.5	0.85				18350
	3550	249.6		96.6	0.85				18980
	4000	281.0		96.7	0.85				19650
	4500	316.1		96.7	0.85				20310
YX900-6	5000	347.1	995	96.7	0.86	1.8	0.6	6.5	26990
	5600	388.8		96.7	0.86				27570
	6300	436.9		96.8	0.86				29150

续表

型号	额定功率/kW	额定电流/A	额定转速/(r/min)	效率/%	功率因数 cosφ	最大转矩/额定转矩	堵转转矩/额定转矩	堵转电流/额定电流	质量/kg
YX1000-6	7100	486.3	995	96.9	0.87	1.8	0.6	6.5	35150
	8000	547.3		97.0	0.87				36700
	9000	615.1		97.1	0.87				36295
	10000	682.8		97.2	0.87				36855
YX1120-6	11200	756.0	995	97.2	0.88	1.8	0.6	6.5	58500
	12500	842.9		97.3	0.88				60000
	14000	943.1		97.4	0.88				61500
YX710-8	1250	92.6	746	96.2	0.81	1.8	0.6	6.5	11930
	1400	103.7		96.2	0.81				12640
	1600	117.1		96.2	0.82				12970
	1800	131.7		96.2	0.82				13520
YX800-8	2000	144.6	746	96.2	0.83	1.8	0.6	6.5	17680
	2240	162.0		96.2	0.83				18130
	2500	180.6		96.3	0.83				18480
	2800	202.0		96.4	0.83				18830
	3150	227.3		96.4	0.83				19180
YX900-8	3550	252.9	746	96.5	0.84	1.8	0.6	6.5	25690
	4000	284.6		96.6	0.84				26590
	4500	319.9		96.7	0.84				27490
YX1000-8	5000	350.9	746	96.8	0.85	1.8	0.6	6.5	31790
	5600	392.6		96.9	0.85				32490
	6300	441.6		96.9	0.85				33300
	7100	497.2		97.0	0.85				34100

续表

型号	额定功率/kW	额定电流/A	额定转速/(r/min)	效率/%	功率因数 $\cos\varphi$	最大转矩/额定转矩	堵转转矩/额定转矩	堵转电流/额定电流	质量/kg
YX1120-8	8000	553.1	746	97.1	0.86	1.8	0.6	6.5	56000
	9000	621.6		97.2	0.86				57500
	10000	690.0		97.3	0.86				59000
	11200	772.8		97.3	0.86				60500
YX710-10	1120	84.5	596	95.7	0.80	1.8	0.6	6.0	11300
	1250	94.3		95.7	0.80				11930
	1400	105.6		95.7	0.80				12300
	1600	120.7		95.7	0.80				12850
YX800-10	1800	132.3	596	95.8	0.82	1.8	0.6	6.0	18000
	2000	146.8		95.9	0.82				18400
	2240	164.3		96.0	0.82				18750
	2500	183.4		96.0	0.82				19100
YX900-10	2800	202.7	596	96.1	0.83	1.8	0.6	6.0	25630
	3150	227.8		96.2	0.83				26200
	3550	256.4		96.3	0.83				26850
YX1000-10	4000	288.6	596	96.4	0.83	1.8	0.6	6.0	32400
	4500	324.7		96.4	0.83				33900
	5000	360.4		96.5	0.83				34300
	5600	403.3		96.6	0.83				34730
YX710-12	800	62.9	497	95.3	0.77	1.8	0.6	6.0	11420
	900	70.8		95.3	0.77				11840
	1000	78.7		95.3	0.77				12360
	1120	88.1		95.3	0.77				12600

续表

型号	额定功率/kW	额定电流/A	额定转速/(r/min)	效率/%	功率因数 cosφ	最大转矩/额定转矩	堵转转矩/额定转矩	堵转电流/额定电流	质量/kg
YX800-12	1250	95.9	497	95.3	0.79	1.8	0.6	6.0	16500
	1400	107.3		95.4	0.79				17200
	1600	122.4		95.5	0.79				17600
	1800	137.6		95.6	0.79				18050
	2000	152.9		95.6	0.79				18500
YX900-12	2240	168.9	497	95.7	0.80	1.8	0.6	6.0	25500
	2500	188.3		95.8	0.80				26200
	2800	210.7		95.9	0.80				26900
YX1000-12	3150	236.8	497	96.0	0.80	1.8	0.6	6.0	33900
	3550	266.9		96.0	0.80				34400
	4000	300.4		96.1	0.80				35000
	4500	337.6		96.2	0.80				35500
YX710-16	500	43.1	372	94.3	0.71	1.8	0.6	6.0	11310
	560	48.2		94.4	0.71				11710
	630	54.2		94.5	0.71				11970
	710	61.0		94.6	0.71				12240
YX800-16	800	66.9	372	94.6	0.73	1.8	0.6	6.0	16920
	900	75.2		94.7	0.73				17880
	1000	83.4		94.8	0.73				18950
	1120	93.3		94.9	0.73				19550
	1250	104.1		95.0	0.73				20660
YX900-16	1400	114.9	372	95.1	0.74	1.8	0.6	6.0	24180
	1600	131.3		95.1	0.74				25150
	1800	147.5		95.2	0.74				26150
YX1000-16	2000	163.7	372	95.3	0.74	1.8	0.6	6.0	31700
	2240	183.2		95.4	0.74				32850
	2500	204.2		95.5	0.74				33400
	2800	228.5		95.6	0.74				34100

2.3.5 YE3超高效系列三相异步电动机

YE3 系列超高效率三相异步电动机（机座号 80～355），外壳防护等级为 IP55，冷却方法为 IC411。电动机的额定频率为 50Hz，额定电压为 380V。功率在 3kW 及以下者为 Y 接法，其他功率均为△接法。其定额是以连续工作制（S1）为基准的连续定额。

型号表示方法是：

YE3	□□□	□	□
超高效率三相异步电动机	中心高(mm)	S1—S表示机座长，1表示1号铁芯长	极数

其参数保证值分别见表 2-19 和表 2-20。

表 2-19 效率和功率因数的保证值

功率/kW	同步转速/(r/min)					
	3000	1500	1000	3000	1500	1000
	效率/%			功率因数(cosφ)		
0.75	80.7	82.5	78.9	0.82	0.75	0.71
1.1	82.7	84.1	81.0	0.83	0.76	0.73
1.5	84.2	85.3	82.5	0.84	0.77	0.73
2.2	85.9	86.7	84.3	0.85	0.81	0.74
3	87.1	87.7	85.6	0.87	0.82	0.74
4	88.1	88.6	86.8	0.88	0.82	0.74
5.5	89.2	89.6	88.0	0.88	0.83	0.75
7.5	90.1	90.4	89.1	0.88	0.84	0.79
11	91.2	91.4	90.3	0.89	0.85	0.80
15	91.9	92.1	91.2	0.89	0.86	0.81
18.5	92.4	92.6	91.7	0.89	0.86	0.81
22	92.7	93.0	92.2	0.89	0.86	0.81
30	93.3	93.6	92.9	0.89	0.86	0.83
37	93.7	93.9	93.3	0.89	0.86	0.84
45	94.0	94.2	93.7	0.90	0.86	0.85
55	94.3	94.6	94.1	0.90	0.86	0.86
75	94.7	95.0	94.6	0.90	0.88	0.84
90	95.0	95.2	94.9	0.90	0.88	0.85
110	95.2	95.4	95.1	0.90	0.89	0.85
132	95.4	95.6	95.4	0.90	0.89	0.86
160	95.6	95.8	95.6	0.91	0.89	0.86
200	95.8	96.0	95.8	0.91	0.90	0.87
250	95.8	96.0	95.8	0.91	0.90	0.87
315	95.8	96.0	95.8	0.91	0.90	0.86

续表

功率/kW	同步转速/(r/min)					
	3000	1500	1000	3000	1500	1000
	效率/%			功率因数(cosφ)		
355	95.8	96.0	—	0.91	0.88	—
375	95.8	96.0	—	0.91	0.88	—

表 2-20　各相对参数的保证值

<table>
<tr><th rowspan="3">功率/kW</th><th colspan="3">同步转速/(r/min)</th><th colspan="3">同步转速/(r/min)</th><th colspan="3">同步转速/(r/min)</th><th colspan="3">同步转速/(r/min)</th></tr>
<tr><th>3000</th><th>1500</th><th>1000</th><th>3000</th><th>1500</th><th>1000</th><th>3000</th><th>1500</th><th>1000</th><th>3000</th><th>1500</th><th>1000</th></tr>
<tr><th colspan="3">堵转转矩/额定转矩</th><th colspan="3">最小转矩/额定转矩</th><th colspan="3">最大转矩/额定转矩</th><th colspan="3">堵转电流/额定电流</th></tr>
<tr><td>0.75</td><td>2.3</td><td rowspan="5">2.3</td><td rowspan="10">02.0</td><td rowspan="3">1.5</td><td rowspan="3">1.6</td><td>1.5</td><td rowspan="10">2.3</td><td rowspan="10">2.3</td><td rowspan="8">2.1</td><td>7.0</td><td>6.6</td><td>6.0</td></tr>
<tr><td>1.1</td><td rowspan="5">2.2</td><td rowspan="7">1.3</td><td>7.3</td><td>6.8</td><td>6.0</td></tr>
<tr><td>1.5</td><td>7.6</td><td>7.0</td><td>6.5</td></tr>
<tr><td>2.2</td><td rowspan="3">1.4</td><td rowspan="3">1.5</td><td>7.6</td><td>7.6</td><td>6.6</td></tr>
<tr><td>3</td><td>7.8</td><td>7.6</td><td>6.8</td></tr>
<tr><td>4</td><td>2.2</td><td>8.3</td><td>7.8</td><td>6.8</td></tr>
<tr><td>5.5</td><td rowspan="4"></td><td rowspan="2">2.0</td><td rowspan="4">1.2</td><td rowspan="4">1.4</td><td>8.3</td><td>7.9</td><td>7.0</td></tr>
<tr><td>7.5</td><td>7.9</td><td>7.5</td><td>7.0</td></tr>
<tr><td>11</td><td rowspan="2">2.2</td><td rowspan="6">1.2</td><td rowspan="6">2.1</td><td>8.1</td><td>7.7</td><td>7.2</td></tr>
<tr><td>15</td><td>8.1</td><td>7.8</td><td>7.3</td></tr>
<tr><td>18.5</td><td rowspan="6">2.0</td><td rowspan="5">2.0</td><td rowspan="10">2.0</td><td rowspan="4">1.1</td><td rowspan="4">1.2</td><td rowspan="11">2.3</td><td rowspan="8">2.3</td><td>8.2</td><td>7.8</td><td>7.3</td></tr>
<tr><td>22</td><td>8.2</td><td>7.8</td><td>7.4</td></tr>
<tr><td>30</td><td>7.6</td><td>7.3</td><td>6.9</td></tr>
<tr><td>37</td><td>7.6</td><td>7.4</td><td>7.1</td></tr>
<tr><td>45</td><td rowspan="2">1.0</td><td rowspan="2">1.1</td><td rowspan="2">1.1</td><td rowspan="10">2.0</td><td>7.7</td><td>7.4</td><td>7.3</td></tr>
<tr><td>55</td><td>2.2</td><td>7.7</td><td>7.4</td><td>7.3</td></tr>
<tr><td>75</td><td rowspan="2">1.8</td><td rowspan="2">2.0</td><td rowspan="5">0.9</td><td rowspan="5">1.0</td><td rowspan="5">1.0</td><td>7.1</td><td>6.9</td><td>6.6</td></tr>
<tr><td>90</td><td>7.1</td><td>6.9</td><td>6.7</td></tr>
<tr><td>110</td><td rowspan="4">1.8</td><td rowspan="6">2.0</td><td rowspan="8">2.2</td><td>7.1</td><td>7.0</td><td>6.7</td></tr>
<tr><td>132</td><td>7.1</td><td>7.0</td><td>6.8</td></tr>
<tr><td>160</td><td rowspan="4">0.8</td><td>7.2</td><td>7.1</td><td>6.8</td></tr>
<tr><td>200</td><td rowspan="3">0.8</td><td rowspan="2">0.9</td><td rowspan="2">0.9</td><td rowspan="5">2.2</td><td>7.2</td><td>7.1</td><td>6.8</td></tr>
<tr><td>250</td><td rowspan="4">1.6</td><td>7.2</td><td>7.1</td><td>6.8</td></tr>
<tr><td>315</td><td>0.8</td><td>0.8</td><td>7.2</td><td>7.1</td><td>6.8</td></tr>
<tr><td>355</td><td rowspan="2">1.7</td><td rowspan="2">—</td><td rowspan="2">0.7</td><td rowspan="2">0.8</td><td rowspan="2">—</td><td rowspan="2">—</td><td>7.2</td><td>7.0</td><td>—</td></tr>
<tr><td>375</td><td>7.2</td><td>7.0</td><td>—</td></tr>
</table>

注：计算堵转电流对额定电流之比时，所采用的额定电流值按额定功率、额定电压及效率和功率因数的保证值（不计及容差）求得。

YE3 电动机的安装尺寸和外形尺寸见表 2-21～表 2-26。

表 2-21　机座带底脚，端盖上无凸缘的电动机的安装尺寸和外形尺寸

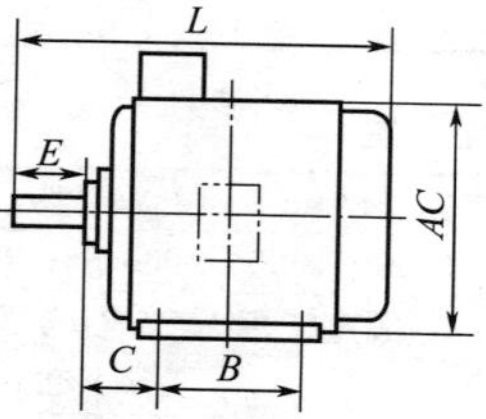

机座号80～90

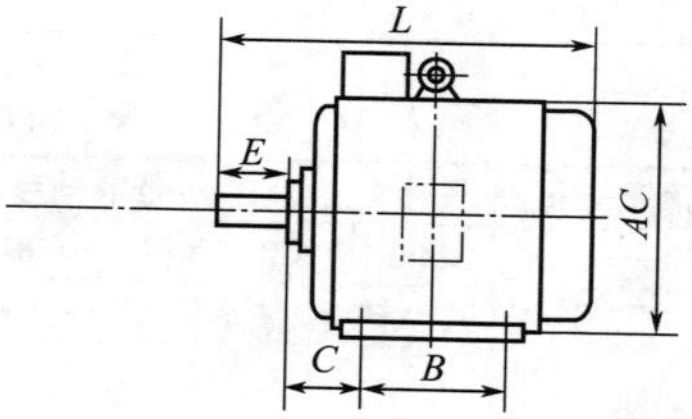

机座号100～132

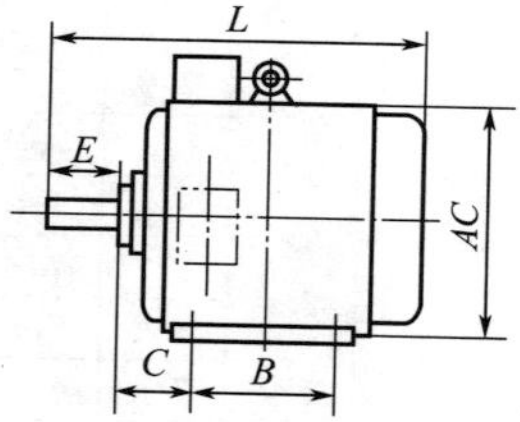

机座号160～355

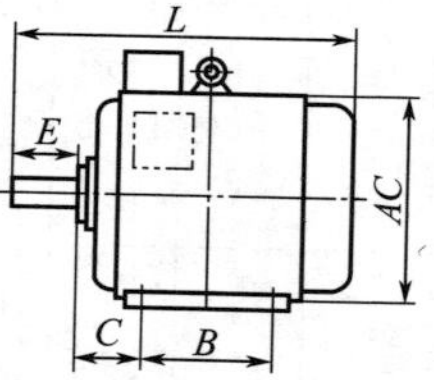

机座号3551, 3552

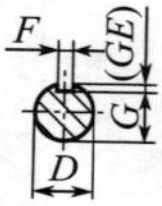

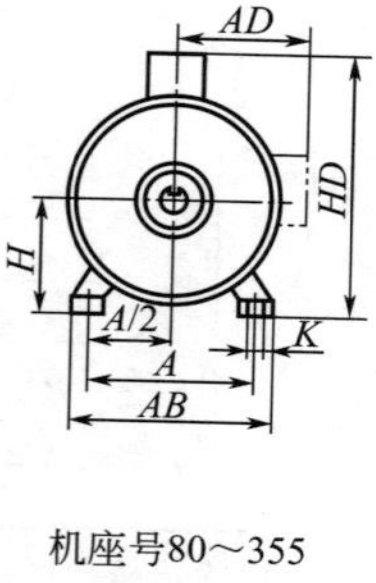

机座号80～355

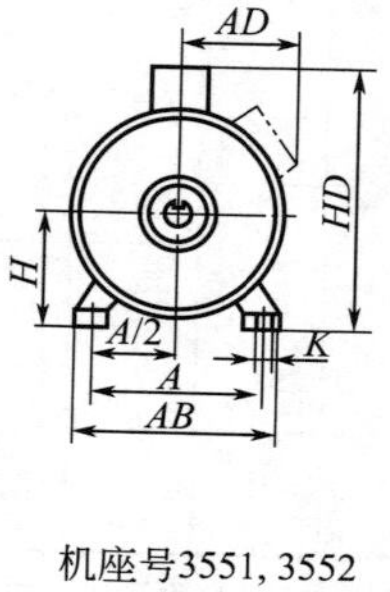

机座号3551, 3552

续表

机座号	极数	安装尺寸及公差/mm										
		A	*A*/2	*B*	*C*		*D*		*E*		*F*	
		基本尺寸	基本尺寸	基本尺寸	基本尺寸	极限偏差	基本尺寸	极限偏差	基本尺寸	极限偏差	基本尺寸	极限偏差
80M	2,4,6	125	62.5	100	50	±1.5	19	+0.009 −0.004	40	±0.31	6	0 −0.030
90S		140	70		56		24		50		8	0 −0.036
90L				125								
100L		160	80	140	63	±2.0	28		60	±0.37		
112M		190	95		70							
132S		216	108		89		38	+0.018 +0.002	80		10	
132M				178								
160M		254	127	210	108	±3.0	42		110	±0.43	12	0 −0.043
160L				254								
180M		279	139.5	241	121		48				14	
180L				279								
200L		318	159	305	133		55	+0.030 +0.011			16	
225S	4	356	178	286	149	±4.0	60		140	±0.50	18	
225M	2			311			55		110	±0.43	16	
	4,6						60		140	±0.50	18	
250M	2	406	203	349	168							
	4,6						65					
280S	2	457	228.5	368	190							
	4,6						75				20	0 −0.052
280M	2			419			65				18	0 −0.043
	4,6						75	+0.030 +0.011			20	0 −0.052
315S	2	508	254	406	216		65				18	0 −0.043
	4,6						80		170	±0.50	22	0 −0.052
315M	2			457			65		140		18	0 −0.043
	4,6						80		170		22	0 −0.052
315L	2			508			65		140		18	0 −0.043
	4,6						80		170		22	0 −0.052
355M	2	610	305	560	254	±4.0	75		140		20	
	4,6						95	−0.035 +0.013	170		25	
355L	2			630			75	+0.030 +0.011	140		20	
	4,6						95	+0.035 +0.013	170		25	
3551	2	630	315	800	224		80	+0.030 +0.011	170		22	
3552	4,6						110	+0.035 +0.013	210	±0.57	28	

续表

机座号	安装尺寸及公差/mm							外形尺寸/mm				
	G		*H*		*K*			*AB*	*AC*	*AD*	*HD*	*L*
	基本尺寸	极限偏差	基本尺寸	极限偏差	基本尺寸	极限偏差	位置度公差					
80M	15.5	0 −0.10	80	0 −0.5	10	+0.36 0	φ1.0Ⓜ	165	175	145	220	305
90S	20	0 −0.20	90					180	205	170	265	360
90L												390
100L	24		100		12	+0.43 0		205	215	180	270	435
112M			112					230	255	200	310	440
132S	33		132					270	310	230	365	510
132M												550
160M	37		160		14.5		φ1.2Ⓜ	320	340	260	425	730
160L												760
180M	42.5		180					355	390	285	460	770
180L												800
200L	49		200		18.5	+0.52 0		395	445	320	520	860
225S	53	0 −0.20	225					435	495	350	575	830
225M	49											830
	53											860
250M	58		250		24		φ2.0Ⓜ	490	550	390	635	990
280S	67.5		280	0 −1.0				550	630	435	705	990
280M	58											1040
	67.5											
315S	58		315		28	+0.52 0		635	645	530	845	1180
	71											1290
315M	58	0 −0.20										1210
	71											1320
315L	58											1210
	71											1320
355M	67.5		355		35			730	710	655	1010	1500
	86											1530
355L	67.5											1500
	86											1530
3551	71					+0.62 0		760	770	760	1130	1870
3552	100											1920

注：1. $G=D-GE$。GE 的极限偏差，对机座号 80 为$^{+0.10}_{0}$，其余为$^{+0.20}_{0}$。

2. K 孔的位置度公差以轴伸的轴线为基准。

表 2-22　机座带底脚，端盖上有凸缘（带通孔）的电动机的安装尺寸和外形尺寸

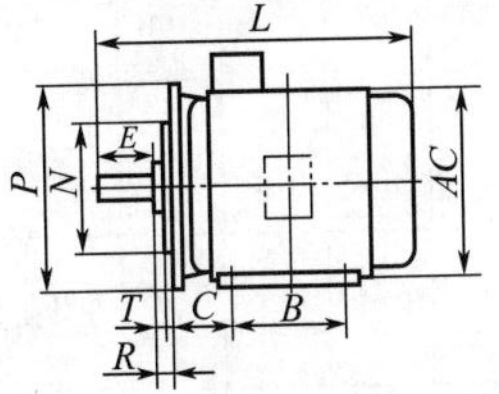

机座号80～90

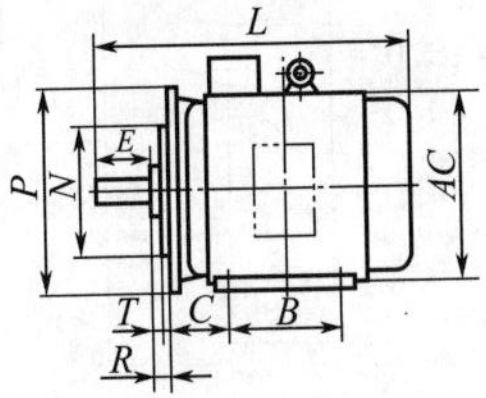

机座号100～132

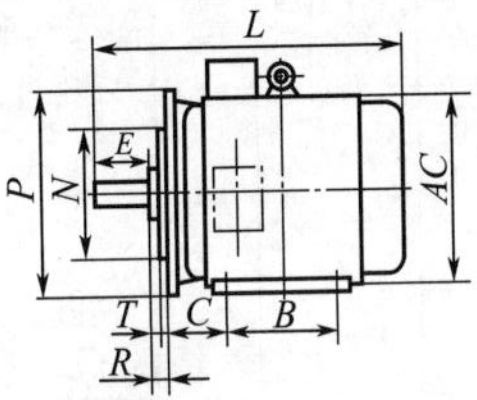

机座号160～355

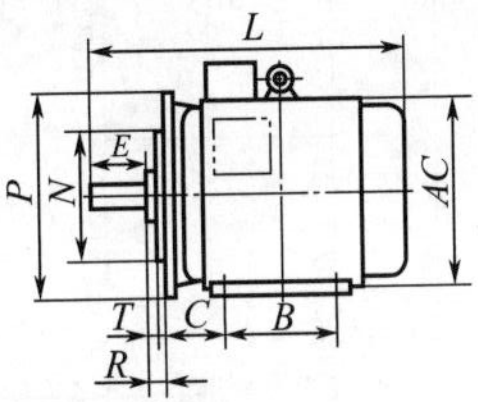

机座号3551，3552

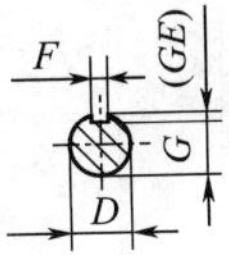

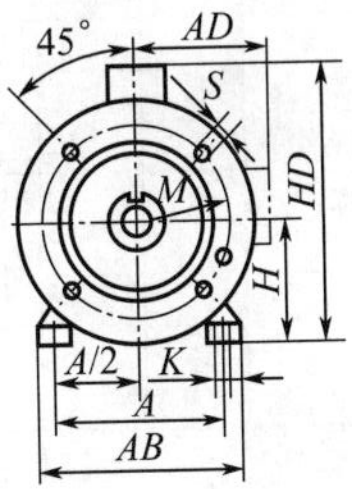

机座号80～200

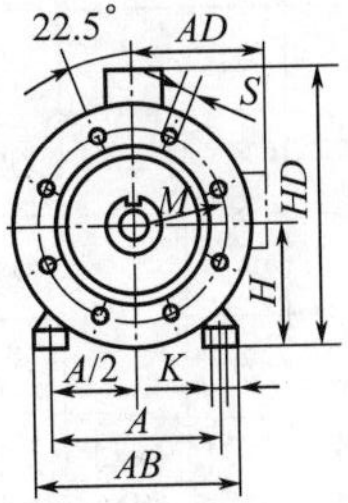

机座号225～355

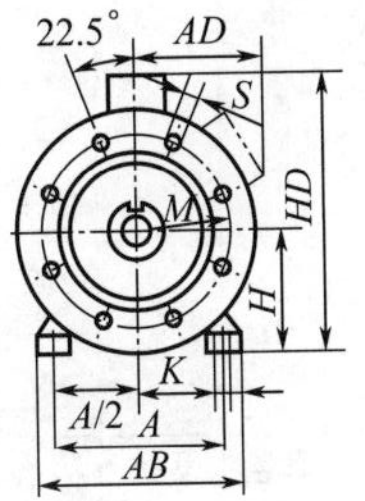

机座号3551，3552

续表

机座号	凸缘号	极数	A 基本尺寸	A/2 基本尺寸	B 基本尺寸	C 基本尺寸	C 极限偏差	D 基本尺寸	D 极限偏差	E 基本尺寸	E 极限偏差	F 基本尺寸	F 极限偏差	G 基本尺寸	G 极限偏差	H 基本尺寸	H 极限偏差	K 基本尺寸	K 极限偏差
			安装尺寸及公差/mm																
80M	FF165	2,4,6	125	62.5	100	50	±1.5	19	+0.009 −0.004	40	±0.31	6	0 −0.030	15.5	0 −0.10	80	0 −0.5	10	+0.36 0
90S			140	70		56		24		50		8	0 −0.036	20	0 −0.20	90			
90L					125		±2.0												
100L	FF125		160	80	140	63		28		60	±0.37			24		100		12	+0.43 0
112M			190	95		70										112			
132S	FF265		216	108		89		38	+0.018 +0.002	80		10		33		132			
132M					178														
160M	FF300		254	127	210	108	±3.0	42		110	±0.43	12	0 −0.043	37		160		14.5	
160L					254														
180M			279	139.5	241	121		48				14		42.5		180			
180L					279														
200L	FF350		318	159	305	133	±4.0	55				16		49		200			
225S	FF400	4	356	178	286	149		60	+0.030 +0.011	140	±0.50	18		53	0 −0.20	225		18.5	+0.52 0
225M		2			311			55		110	±0.43	16		49					
		4,6						60		140	±0.50	18		53					
250M	FF500	2	406	203	349	168										250			
		4,6						65						58					
280S		2	457	228.5	368	190										280	0 −1.0	24	
		4,6						75				20	0 −0.052	67.5					
280M		2			419			65				18	0 −0.043	58					
		4,6						75				20	0 −0.052	67.5					

续表

机座号	凸缘号	极数	安装尺寸及公差/mm																
			A	A/2	B	C		D		E		F		G		H		K	
			基本尺寸	基本尺寸	基本尺寸	基本尺寸	极限偏差	基本尺寸	极限偏差	基本尺寸	极限偏差	基本尺寸	极限偏差	基本尺寸	极限偏差	基本尺寸	极限偏差	基本尺寸	极限偏差
315S	FF600	2	508	254	406	216	±4.0	65	+0.030 +0.011	140	±0.50	18	0 −0.043	58	0 −0.20	315	0 −1.0	28	+0.52 0
		4,6						80		170		22	0 −0.052	71					
315M		2			457			65		140		18	0 −0.043	58					
		4,6						80		170		22	0 −0.052	71					
315L		2			508			65		140		18	0 −0.043	58					
		4,6						80		170		22	0 −0.052	71					
355M	FF740	2	610	305	560	254		75		140		20		67.5		355			
		4,6						95	+0.035 +0.013	170		25		86					
355L		2			630			75	+0.030 +0.011	140		20		67.5					
		4,6						95	+0.035 +0.013	170		25		86					
3551	FF840	2	630	315	800	224		80	+0.030 +0.011	170		22		71				35	+0.62
3552		4,6						110	+0.035 +0.013	210	±0.57	28		100					

续表

机座号	安装尺寸及公差/mm K 位置度公差	M	N 基本尺寸	N 极限偏差	P	R 基本尺寸	R 极限偏差	S 基本尺寸	S 极限偏差	S 位置度公差	T 基本尺寸	T 极限偏差	凸缘孔数	外形尺寸/mm AB	AC	AD	HD	L
80M	ϕ1.0Ⓜ	165	130	+0.014 −0.011	200	0	±1.5	12	+0.430 0	ϕ1.0Ⓜ	3.5	0 −0.12	4	165	175	145	220	305
90S														180	205	170	265	395
90L																		425
100L		215	180		250		±2.0	14.5		ϕ1.2Ⓜ	4			205	215	180	270	435
112M														230	255	200	310	475
132S		265	230	+0.016 −0.013	300									270	310	230	365	535
132M																		550
160M	ϕ1.2Ⓜ	300	250		350		±3.0	18.5	+0.520 0		5			320	340	260	425	730
160L																		760
180M														355	390	285	460	805
180L																		835
200L		350	300	±0.016	400									395	445	320	520	890
225S		400	350	±0.018	450	0	±4.0			ϕ1.2Ⓜ	5	0 −0.12	8	435	495	350	575	865
225M																		865 895
250M	ϕ2.0Ⓜ	500	450	±0.020	550									490	550	390	635	995
280S														550	630	435	705	1030
280M																		1080

机座号	安装尺寸及公差/mm													外形尺寸/mm				
	K	M	N		P	R		S			T		凸缘孔数	AB	AC	AD	HD	L
	位置度公差		基本尺寸	极限偏差		基本尺寸	极限偏差	基本尺寸	极限偏差	位置度公差	基本尺寸	极限偏差						
315S	ϕ2.0Ⓜ	600	550	±0.022	660	0	±4.0	24	+0.520	ϕ2.0Ⓜ	6	$^{0}_{-0.15}$	8	635	645	530	845	1180
																		1290
315M																		1210
																		1320
315L																		1210
																		1320
355M		740	680	±0.025	800									730	710	655	1010	1500
																		1530
355L																		1500
																		1530
3551		840	780		900									760	900	760	1130	1870
3552																		1920

注：1. $G=D-GE$，GE 的极限偏差对机座号 80 为$^{+0.10}_{0}$，其余为$^{+0.20}_{0}$。

2. K、S 孔的位置度公差以轴伸的轴线为基准。

3. P 尺寸为最大极限值。

4. R 为凸缘配合面至轴伸肩的距离。

表 2-23　机座不带底脚，端盖上有凸缘（带通孔）的电动机的安装尺寸和外形尺寸

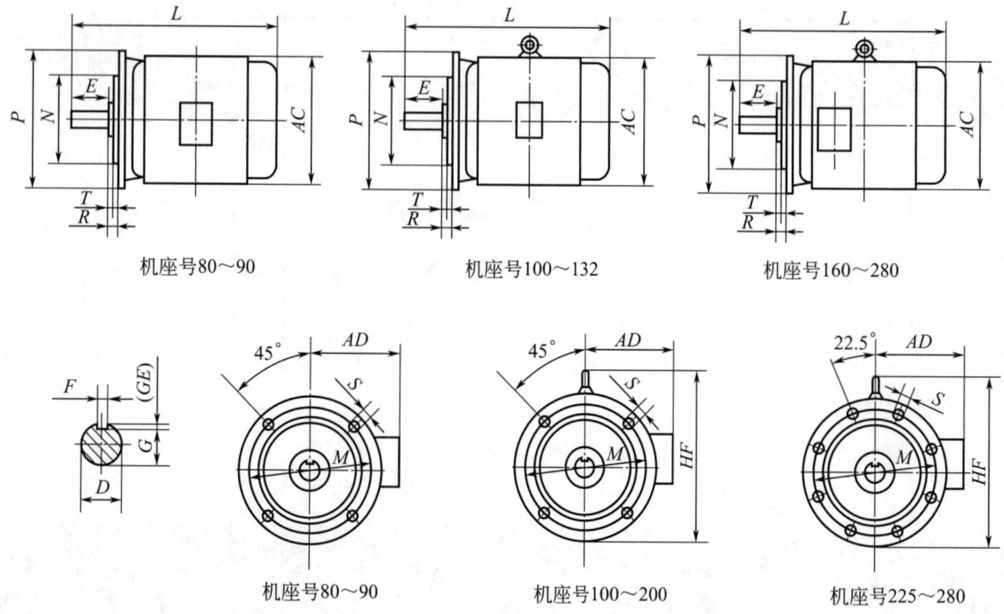

续表

机座号	凸缘号	极数	安装尺寸及公差/mm										
			D 基本尺寸	D 极限偏差	E 基本尺寸	E 极限偏差	F 基本尺寸	F 极限偏差	G 基本尺寸	G 极限偏差	M	N 基本尺寸	N 极限偏差
80M	FF165	2,4,6	19	+0.009 −0.004	40	±0.31	6	0 −0.030	15.5	0 −0.10	165	130	+0.014 −0.011
90S			24		50		8	0 −0.036	20	0 −0.20			
90L													
100L	FF125		28		60	±0.37			24		215	180	
112M													
132S	FF265		38	+0.018 +0.002	80		10		33		265	230	+0.016 −0.013
132M													
160M	FF300		42		110	±0.43	12	0 −0.043	37		300	250	
160L													
180M			48				14		42.5				
180L													
200L	FF350		55	+0.030 +0.011			16		49	0 −0.20	350	300	±0.016
225S	FF400	4	60		140	±0.50	18		53		400	350	±0.018
225M		2	55		110	±0.43	16		49				
		4,6	60		140	±0.50	18		53				
250M	FF500	2									500	450	±0.020
		4,6	65						58				
280S		2											
		4,6	75				20	0 −0.052	67.5				
280M		2	65				18	0 −0.043	58				
		4,6	75				20	0 −0.052	67.5				

续表

机座号	安装尺寸及公差/mm									外形尺寸/mm			
	P	R		S			T		凸缘孔数	AC	AD	HF	L
		基本尺寸	极限偏差	基本尺寸	极限偏差	位置度公差	基本尺寸	极限偏差					
80M	200	0	±1.5	12	+0.43 0	ϕ1.0Ⓜ	3.5	0 −0.12	4	175	145	—	305
90S										205	170	—	395
90L													425
100L	250		±2.0	14.5		ϕ1.2Ⓜ	4			215	180	240	435
112M										255	200	275	475
132S	300								4	310	230	335	535
132M													550
160M	350		±3.0	18.5	+0.52 0		5	0 −0.12		340	260	390	730
160L													760
180M										390	285	435	805
180L													835
200L	400	0								445	320	495	890
225S	450		±4.0			ϕ1.2Ⓜ	5		8	495	350	550	865
225M													865
													895
250M	550									550	390	615	995
280S			±4.0							630	435	675	1030
280M													1080

注：1. $G=D-GE$，GE 的极限偏差对机座号 80 为 $^{+0.10}_{0}$，其余为 $^{+0.20}_{0}$。

2. S 孔的位置度公差以轴伸的轴线为基准。

3. P 尺寸为最大极限值。

4. R 为凸缘配合面至轴伸肩的距离。

表 2-24　机座带底脚，端盖上有凸缘（带螺孔）的电动机的安装尺寸和外形尺寸

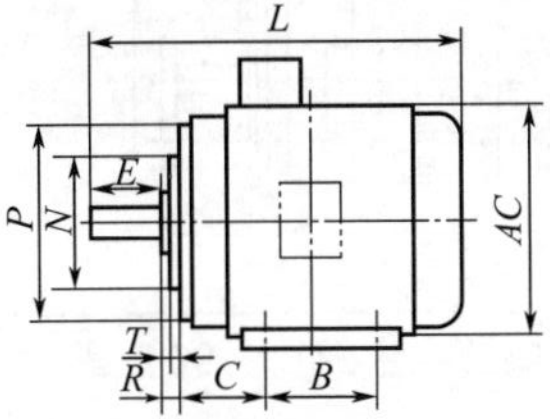

机座号80～90

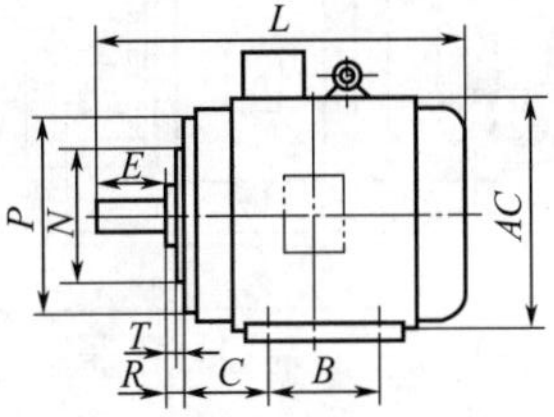

机座号100～112

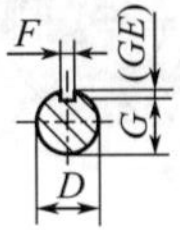

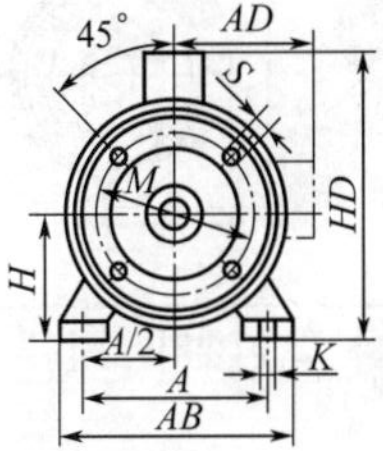

机座号80～112

机座号	凸缘号	极数	安装尺寸及公差/mm														
			A	A/2	B	C		D		E		F		G		H	
			基本尺寸	基本尺寸	基本尺寸	基本尺寸	极限偏差	基本尺寸	极限偏差	基本尺寸	极限偏差	基本尺寸	极限偏差	基本尺寸	极限偏差	基本尺寸	极限偏差
80M	FT100	2 4 6	125	62.5	100	50	±1.5	19	+0.009 −0.004	40	±0.31	6	0 −0.030	15.5	0 −0.10	80	0 −0.5
90S	FT115		140	70		56		24		50		8	0 −0.036	20	0 −0.20	90	
90L					125												
100L	FT130		160	80	140	63	±2.0	28		60	±0.37			24		100	
112M			190	95		70										112	

续表

机座号	安装尺寸及公差/mm K 基本尺寸	K 极限偏差	K 位置度公差	M	N 基本尺寸	N 极限偏差	P	R 基本尺寸	R 极限偏差	S 基本尺寸	S 位置度公差	T 基本尺寸	T 极限偏差	凸缘孔数	外形尺寸/mm AB	AC	AD	HD	L
80M	10	+0.36 0	ϕ1.0Ⓜ	100	80	+0.012 −0.007	120	0	±1.5	M6	ϕ0.5Ⓜ	3.5	0 −0.10	4	165	175	145	220	305
90S				115	95	+0.013 −0.009	140			M8	ϕ1.0Ⓜ				180	205	170	265	360
90L																			390
100L	12	+0.430		130	110		160					4.0	0 −0.12		205	215	180	270	435
112M															230	255	200	310	440

注：1. $G=D-GE$，GE 的极限偏差对机座号 80 为 $^{+0.10}_{0}$，其余为 $^{+0.20}_{0}$。
2. K、S 孔的位置度公差以轴伸的轴线为基准。
3. P 尺寸为最大极限值。
4. R 为凸缘配合面至轴伸肩的距离。

表 2-25　机座不带底脚，端盖上有凸缘（带螺孔）的电动机的安装尺寸和外形尺寸

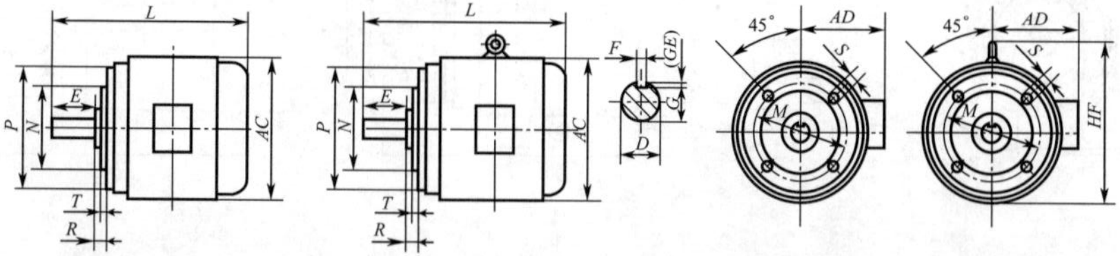

机座号80～90　机座号100～112　机座号80～90　机座号100～112

续表

<table>
<tr><th rowspan="3">机座号</th><th rowspan="3">凸缘号</th><th rowspan="3">极数</th><th colspan="11">安装尺寸及公差/mm</th></tr>
<tr><th colspan="2">D</th><th colspan="2">E</th><th colspan="2">F</th><th colspan="2">G</th><th rowspan="2">M</th><th colspan="2">N</th></tr>
<tr><th>基本尺寸</th><th>极限偏差</th><th>基本尺寸</th><th>极限偏差</th><th>基本尺寸</th><th>极限偏差</th><th>基本尺寸</th><th>极限偏差</th><th>基本尺寸</th><th>极限偏差</th></tr>
<tr><td>80M</td><td>FT100</td><td rowspan="5">2
4
6</td><td>19</td><td rowspan="5">+0.009
−0.004</td><td>40</td><td rowspan="3">±0.31</td><td>6</td><td>0
−0.030</td><td>15.5</td><td>0
−0.10</td><td>100</td><td>80</td><td>+0.012
−0.007</td></tr>
<tr><td>90S</td><td rowspan="2">FT115</td><td rowspan="2">24</td><td rowspan="2">50</td><td rowspan="4">8</td><td rowspan="4">0
−0.036</td><td rowspan="2">20</td><td rowspan="4">0
−0.20</td><td rowspan="2">115</td><td rowspan="2">95</td><td rowspan="4">+0.013
−0.009</td></tr>
<tr><td>90L</td></tr>
<tr><td>100L</td><td rowspan="2">FT130</td><td rowspan="2">28</td><td rowspan="2">60</td><td rowspan="2">±0.37</td><td rowspan="2">24</td><td rowspan="2">130</td><td rowspan="2">110</td></tr>
<tr><td>112M</td></tr>
</table>

<table>
<tr><th rowspan="3">机座号</th><th rowspan="3">P</th><th colspan="7">安装尺寸及公差/mm</th><th colspan="4">外形尺寸/mm</th></tr>
<tr><th colspan="2">R</th><th colspan="2">S</th><th colspan="2">T</th><th rowspan="2">凸缘孔数</th><th rowspan="2">AC</th><th rowspan="2">AD</th><th rowspan="2">HF</th><th rowspan="2">L</th></tr>
<tr><th>基本尺寸</th><th>极限偏差</th><th>基本尺寸</th><th>极限偏差</th><th>基本尺寸</th><th>极限偏差</th></tr>
<tr><td>80M</td><td>120</td><td rowspan="5">0</td><td rowspan="5">±1.5</td><td>M6</td><td>φ0.5Ⓜ</td><td rowspan="3">3.0</td><td rowspan="3">0
−0.10</td><td rowspan="5">4</td><td>175</td><td>145</td><td rowspan="3">—</td><td>305</td></tr>
<tr><td>90S</td><td rowspan="2">140</td><td rowspan="4">M8</td><td rowspan="4">φ1.0Ⓜ</td><td rowspan="2">205</td><td rowspan="2">170</td><td>360</td></tr>
<tr><td>90L</td><td>390</td></tr>
<tr><td>100L</td><td rowspan="2">160</td><td rowspan="2">3.5</td><td rowspan="2">0
−0.12</td><td>215</td><td>180</td><td>245</td><td>435</td></tr>
<tr><td>112M</td><td>255</td><td>200</td><td>275</td><td>440</td></tr>
</table>

注：1. $G=D-GE$，GE 的极限偏差对机座号 80 为 $^{+0.10}_{0}$，其余为 $^{+0.20}_{0}$。

2. S 孔的位置度公差以轴伸的轴线为基准。

3. P 尺寸为最大极限值。

4. R 为凸缘配合面至轴伸肩的距离。

表 2-26　立式安装，机座不带底脚，端盖上有凸缘（带通孔），轴伸向下的电动机的安装尺寸和外形尺寸

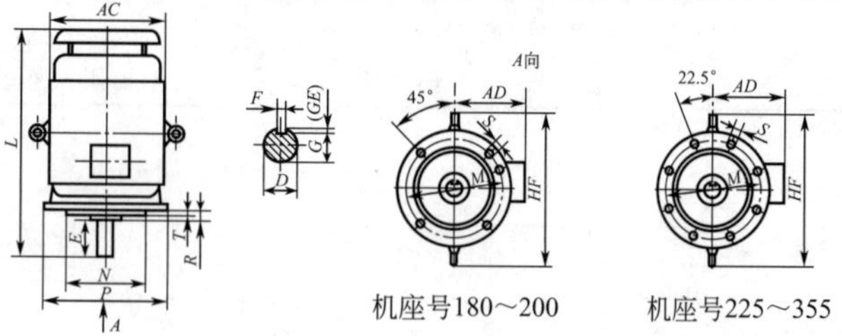

机座号180～200　　机座号225～355

机座号	凸缘号	极数	安装尺寸及公差/mm										
			D		E		F		G		M	N	
			基本尺寸	极限偏差	基本尺寸	极限偏差	基本尺寸	极限偏差	基本尺寸	极限偏差		基本尺寸	极限偏差
180M	FF300	2,4,6	48	+0.018 +0.002	110	±0.43	14	0 −0.043	42.5	0 −0.20	300	250	+0.016 −0.013
180L													
200L	FF350		55	+0.030 +0.011			16		49		350	300	±0.016
225S	FF400	4	60		140	±0.50	18		53		400	350	±0.018
225M		2	55		110	±0.43	16		49				
		4,6	60		140		18		53				
250M	FF500	2									500	450	±0.020
		4,6	65						58				
280S		2											
		4,6	75				20	0 −0.052	67.5				
280M		2	65				18	0 −0.043	58				
		4,6	75				20	0 −0.052	67.5				

续表

机座号	凸缘号	极数	安装尺寸及公差/mm										
			D		E		F		G		M	N	
			基本尺寸	极限偏差	基本尺寸	极限偏差	基本尺寸	极限偏差	基本尺寸	极限偏差		基本尺寸	极限偏差
315S	FF600	2	65	+0.030 +0.011	170	±0.50	18	0 −0.043	58	0 −0.20	600	550	±0.022
		4,6	80				22	0 −0.052	71				
315M		2	65		140		18	0 −0.043	58				
		4,6	80		170		22	0 −0.052	71				
315L		2	65		140		18	0 −0.043	58				
		4,6	80		170		22	0 −0.052	71				
355M	FF740	2	75		140		20		67.5		740	680	±0.025
		4,6	95	+0.035 +0.013	170		25		86				
355L		2	75	+0.030 +0.011	140		20		67.5				
		4,6	95	+0.035 +0.013	170		25		86				
3551	FF840	2	80	+0.030 +0.011	170		22		71		840	780	
3552		4,6	110	+0.035 +0.013	210	±0.57	28		100				

续表

机座号	P	安装尺寸及公差/mm								外形尺寸/mm			
		R		S			T		凸缘孔数	AC	AD	HF	L
		基本尺寸	极限偏差	基本尺寸	极限偏差	位置度公差	尺寸	极限偏差					
180M 180L	350	0	±3.0	18.5	+0.52 0	ϕ1.2Ⓜ	5	0 −0.12	4	390	285	505	825 845
200L	400									445	320	565	940
225S	450		±4.0						4	495	350	625	945
225M													975
250M	550									550	390	670	1095
280S 280M										630	435	745	1155 1195
315S	660	0	±4.0	24	+0.52 0	ϕ2.0Ⓜ	6	0 −0.15	8	645	530	900	1280 1400
315M													1310 1430
315L													1310 1430
355M	800									710	655	1010	1640 1670
355L													1640 1670
3551 3552	900							0 −0.12		900	760	1220	1920 1970

注：1. $G=D-GE$，GE 的极限偏差对机座号 80 为$^{+0.10}_{0}$，其余为$^{+0.20}_{0}$。

2. S 孔的位置度公差以轴伸的轴线为基准。

3. P 尺寸为最大极限值。

4. R 为凸缘配合面至轴伸肩的距离。

2.3.6 YR系列绕线式三相异步电动机

(1) YR系列IP44中小型电动机

这是一般用途绕线转子三相异步电机，外壳防护等级为IP44，冷却方法为IC44，连续工作制（S1）。额定电压为380V，额定频率为50Hz，定子△接，转子Y接。具有高效、节能、噪声低、振动小、运行安全可靠，安装维修方便等优点。可使用于一般用途的各种机械，如球磨机、风机、压缩机、水泵、破碎机、切削机床、运输机械等原电动机用。另外，还可用于驱动大转动惯量的风机、磨煤机、轧钢机、卷扬机、电铲等机械。采用F级绝缘。YR系列电动机（IP44）主要技术数据见表2-27。

表2-27 YR系列电动机（IP44）主要技术数据

型号	额定功率/kW	满载时				最大转矩/额定转矩	转子电压/V	转子电流/A	质量/kg
		转速/(r/min)	电流/A	效率/%	功率因数				
4极									
YR132M1-4	4	1440	9.3	84.5	0.77	3.0	230	11.5	80
YR132M2-4	5.5	1440	12.6	86.0	0.77	3.0	272	13.0	95
YR160M-4	7.5	1460	15.7	87.5	0.88	3.0	250	19.5	130
YR160L-4	11	1460	22.5	89.5	0.88	3.0	276	25.0	155
YR180L-4	15	1465	30.0	89.5	0.85	3.0	278	34.0	205
YR200L1-4	18.5	1465	36.7	89.0	0.86	3.0	247	47.5	265
YR200L2-4	22	1465	43.2	90.0	0.86	3.0	293	47.0	290
YR225M2-4	30	1465	57.6	91.0	0.87	3.0	360	51.5	380
YR250M1-4	37	1480	71.4	91.5	0.86	3.0	289	79.0	440
YR250M2-4	45	1480	85.9	91.5	0.87	3.0	340	81.0	490
YR280S-4	55	1480	103.8	91.5	0.88	3.0	385	70.0	670
YR280M-4	75	1480	140.0	92.5	0.88	3.0	354	128.0	800
YR315S-4	90	1480	168.5	92.5	0.87	3.0	350	155.4	—
YR315M1-4	110	1480	201.6	93.0	0.88	—	394	170.1	—
YR315M-4	132	1480	240.8	93.5	0.88	—	450	177.8	—
YR315S-4	110	1479	196	92.8	0.90	2.9	243	283	1050
YR315M-4	132	1480	234	93.5	0.92	3.3	260	313	1150
YR315M-4	160	1480	282	93.8	0.91	3.4	269	365	1250
YR355M-4	185	1480	324	93.5	0.91	2.3	256	325	1350
YR355M-4	200	1481	351	93.6	0.91	2.2	256	491	1350
YR355M-4	220	1480	383	93.8	0.92	2.2	289	476	1400
YR355M-4	250	1481	423	94.0	0.92	2.4	329	470	1450
YR355L-4	280	1481	483	94.7	0.92	2.4	385	448	1500

续表

型　号	额定功率/kW	满　载　时				最大转矩/额定转矩	转子电压/V	转子电流/A	质量/kg
		转速/(r/min)	电流/A	效率/%	功率因数				
6 极									
YR132M1-6	5	955	8.2	80.5	0.69	2.8	206	9.5	80
YR132M2-6	4	955	10.7	82.0	0.69	2.8	230	11.0	95
YR160M-6	5.5	970	13.4	84.5	0.74	2.8	244	14.5	135
YR160L-6	7.5	970	17.9	86.0	0.74	2.8	266	18.0	155
YR180L-6	11	975	23.6	87.5	0.81	2.8	310	22.5	205
YR200L1-6	15	975	31.8	88.5	0.81	2.8	198	48.0	280
YR225M1-6	18.5	980	38.3	88.5	0.83	2.8	187	62.5	335
YR225M2-6	22	980	45.0	89.5	0.83	2.8	224	61.0	365
YR250M1-6	30	980	60.3	90.0	0.84	2.8	282	66.0	450
YR250M2-6	37	980	73.9	90.5	0.84	2.8	332	69.0	490
YR280S-6	45	985	87.9	91.5	0.85	2.8	362	76.0	680
YR280M-6	55	985	107	92.0	0.85	2.8	423	80.0	730
YR315S-6	75	985	143.2	93.0	0.85	2.8	270	169.8	—
YR315M1-6	90	985	171.8	93.5	0.85	2.8	332	164.3	—
YR315M2-6	110	985	207.8	93.5	0.85	2.8	393	169.3	—
YR315S-6	75	985	141	91.7	0.87	2.3	163	292	1070
YR315M-6	90	985	168	92.2	0.88	2.2	183	310	1200
YR315M-6	110	985	204	92.8	0.80	2.1	209	330	1250
YR315M-6	132	985	243	93.3	0.88	2.1	244	338	1310
YR355M-6	160	985	290	94.0	0.88	2.2	225	444	1350
YR355M-6	185	985	334	94.1	0.89	2.11	243	474	1400
YR355M-6	200	985	360	94.2	0.89	2.1	266	468	1450
YR355L-6	220	985	395	94.7	0.89	2.3	307	441	1500
8 极									
YR160M-8	4	715	10.7	82.5	0.69	2.4	216	12.0	135
YR160L-8	5.5	715	14.2	83.0	0.71	2.4	230	15.5	155
YR180L-8	7.5	725	18.4	85.0	0.73	2.4	255	19.0	190
YR200L1-8	11	725	26.6	86.0	0.73	2.4	152	46.0	280
YR225M1-8	15	735	34.5	88.0	0.75	2.4	169	56.0	365
YR250M2-8	18.5	735	42.1	89.0	0.75	2.4	211	54.0	390
YR250M1-8	22	735	48.1	89.0	0.78	2.4	210	65.5	450
YR250M2-8	30	735	66.1	89.5	0.77	2.4	270	69.0	500
YR280S-8	37	735	78.2	90.5	0.79	2.4	281	81.5	680
YR280M-8	45	735	92.9	92.0	0.80	2.4	359	76.0	800

续表

型号	额定功率/kW	满载时				最大转矩/额定转矩	转子电压/V	转子电流/A	质量/kg
		转速/(r/min)	电流/A	效率/%	功率因数				
YR315S-8	55	740	113.8	92.0	0.79	2.4	203	164.8	—
YR315M1-8	75	741	151.4	92.5	0.81	2.4	259	175.7	—
YR315M2-8	90	741	182.6	93.0	0.81	2.4	317	171.4	—
YR315S-8	55	741	110	91.4	0.82	2.72	132	262	1070
YR315M-8	75	741	144	92.1	0.84	2.72	154	306	1150
YR315M-8	90	741	173	92.6	0.84	2.36	186	304	1230
YR315M-8	110	741	212	92.9	0.84	2.38	218	315	1310
YR355M-8	132	742	259	93.1	0.83	2.32	230	357	1350
YR355M-8	160	742	312	93.5	0.82	2.30	258	385	1400
YR355L-8	185	745	360	93.8	0.82	2.27	296	388	1450
YR355L-8	200	743	307	94.0	0.83	2.20	319	389	1500
10极									
YR315S-10	45	584	96	91.4	0.76	2.72	162	174	1070
YR315M-10	55	585	116	91.9	0.77	2.72	185	186	1150
YR315M-10	75	586	160	92.3	0.77	2.73	235	199	1230
YR315M-10	90	584	184	92.8	0.79	2.5	226	248	1400
YR355L-10	110	582	217	93.0	0.80	2.5	246	278	1450
YR355L-10	132	582	264	93.0	0.80	2.5	287	285	1500
YR355M-12	55	486	127	92.0	0.71	2.5	172	200	1400
YR355L-12	75	486	165	92.2	0.73	2.2	193	244	1450
YR355L-12	90	486	197	92.3	0.73	2.2	221	356	1500

(2) YR系列IP23中小型异步电动机

YR系列IP23中小型异步电动机为一般用途防护式绕线转子三相异步电动机，外壳防护等级为IP23，冷却方式为IC01，连续工作制（S1）。具有效率高、过载能力强、结构可靠、外形美观等优点，适用于不含易燃、易爆、腐蚀气体和较为清洁的自然场所。可广泛使用于：需要比笼型转子电动机更大的启动转矩时；馈电线路容量不足以启动笼型转子电动机时；启动时间较长和启动比较频繁时；需要小范围调速时；连成“电轴”作同步传动等场合。YR400是最新设计的低压大功率电机。

中小型异步电动机（IP23）的主要技术数据见表2-28和表2-29。

表 2-28　YR 系列（IP23）中小型低压三相异步电动机主要技术数据（Ⅰ）

型　号	额定功率/kW	满载时				最大转矩/额定转矩	转子电压/V	转子电流/A	质量/kg
		转速/(r/min)	电流/A	效率/%	功率因数				
YR160M-4	7.5	1421	16.0	84.0	0.84	2.8	260	19	—
YR160L1-4	11	1434	22.6	86.5	0.85	2.8	275	26	—
YR160L2-4	15	1444	30.2	87.0	0.85	2.8	260	37	—
YR180M-4	18.5	1426	36.1	87.0	0.88	2.8	197	61	—
YR180L-4	22	1434	42.5	88.0	0.88	3.0	232	61	—
YR200M-4	30	1439	57.7	89.0	0.88	3.0	255	76	—
YR200L-4	37	1448	70.2	89.0	0.88	3.0	316	74	335
YR225M1-4	45	1442	86.7	89.0	0.88	2.5	240	120	350
YR225M2-4	55	1148	104.7	90.0	0.88	2.5	288	121	380
YR250S-4	75	1453	141.7	90.5	0.89	2.5	449	105	440
YR250M-4	90	1457	167.9	91.0	0.89	2.5	524	107	490
YR280S-4	110	1458	210.3	91.5	0.89	3.0	349	196	—
YR280M-4	132	1463	239.0	92.5	0.89	3.0	419	194	880
YR160M-6	5.5	949	12.7	82.5	0.77	2.5	279	13	—
YR160L-6	7.5	949	16.9	83.5	0.78	2.5	260	19	160
YR180M-6	11	940	24.2	84.5	0.78	2.8	146	50	—
YR180L-6	15	947	32.6	85.5	0.79	2.8	187	53	—
YR200M-6	18.5	949	39.0	86.5	0.81	2.8	187	65	—
YR200L-6	22	955	45.5	87.5	0.82	2.8	224	63	315
YR225M1-6	30	955	59.4	87.5	0.85	2.2	227	86	335
YR225M2-6	37	964	73.1	89	0.85	2.2	287	82	365
YR250S-6	45	966	88.0	89	0.85	2.2	307	93	450
YR250M-6	55	967	105.7	89.5	0.86	2.2	359	97	490
YR280S-6	75	969	141.8	90.5	0.88	2.5	392	121	—
YR280M-6	90	972	166.7	91	0.89	2.5	481	118	880
YR160M-8	4	703	10.5	81	0.71	2.2	262	11	—
YR160L-8	5.5	705	14.2	81.5	0.71	2.2	243	15	160
YR180M-8	7.5	692	18.4	82	0.73	2.2	105	49	—
YR180L-8	11	399	26.8	83	0.73	2.2	140	53	—
YR200M-8	15	706	36.1	85	0.73	2.2	153	64	—
YR200L-8	18.5	712	44.0	86	0.73	2.2	187	64	—
YR225M1-8	22	710	48.6	86	0.78	2.0	161	90	365
YR225M2-8	30	713	65.3	87	0.79	2.0	200	97	390
YR250S-8	37	715	78.9	87.5	0.79	2.0	218	110	450
YR250M-8	45	720	95.5	88.5	0.79	2.0	264	109	500
YR280S-8	55	723	114	89	0.82	2.2	279	125	—
YR280M-8	75	725	152.1	90	0.82	2.2	359	131	880

表 2-29 YR 系列（IP23）中小型低压三相异步电动机主要技术数据（Ⅱ）

型 号	额定功率 /kW	额定电流 /A	转速 /(r/min)	效率 /%	功率因数	最大转矩/额定转矩	转子电压 /V	转子电流 /A
YR315S-4	160	302	1470	92.5	0.87	1.8	415	241
YR315M1-4	185	348		92.8			521	219
YR315M2-4	200	374	1480	93.3	0.89		521	237
YR315M3-4	220	412		93.3			596	226
YR315M4-4	250	467		93.5			596	258
YR355M2-4	280	510		93.8			383	443
YR355M3-4	315	572		94.0			395	487
YR355L1-4	355	643		94.3			461	468
YR315S-6	110	210	980	92.5	0.86	1.8	359	190
YR315M1-6	132	251		92.8			411	199
YR315M2-6	160	303		93.3	0.87		479	205
YR355M1-6	185	350		93.3			224	512
YR355M2-6	200	378		93.5			243	512
YR355M3-6	220	411		93.5			265	515
YR355M4-6	250	465		93.8			292	530
YR355L1-6	280	521		93.8			321	541
YR315S-8	90	188	730	92.0	0.79	1.8	160	201
YR315M1-8	110	229		92.5			192	203
YR315M2-8	132	274		92.8			213	220
YR355M2-8	160	322		93.3	0.81		325	299
YR355M3-6	185	372	740	93.3			365	307
YR355M4-8	200	402		93.3			383	317
YR355L1-8	220	441		93.5	0.80		418	320
YR355L2-8	250	508		93.5			486	309
YR315S-10	55	125	580	90.0	0.74	1.8	242	141
YR315M1-10	75	169		91.0	0.74		316	145
YR315M2-10	90	199		91.5	0.75		343	161
YR355M2-10	110	233		92.0	0.78	1.8	235	285
YR355M3-10	132	275	590	92.3	0.79		259	311
YR355L1-10	160	333		92.3	0.79		288	340
YR355L2-10	185	385		92.5	0.79		324	349
YR355M4-12	90	203	490	91.0	0.74	1.8	207	266
YR355L1-12	110	244		91.3	0.75		230	293
YR355L2-12	132	292		91.5	0.75		259	313

（3）YR 系列大型三相异步电动机

YR 系列大型三相异步电动机的型号编制方法是：

YR	□	□	□
绕线转子异步电动机	功率（kW）	极数	定子铁芯外径（mm）

YR 系列大型三相异步电动机技术数据和安装尺寸分别见表 2-30～表 2-32。

表 2-30　YR 系列电动机功率、转速与机座号相应关系

机座号	额定功率/kW				机座号	额定功率/kW			
	4 极	6 极	8 极	10 极		4 极	6 极	8 极	10 极
	同步转速/(r/min)					同步转速/(r/min)			
	1500	1000	750	600		1500	1000	750	600
280S	110	75	55	—	355M	280	185	160	90
280M	132	90	75	—		315	200	185	110
315S	160	110	90	55		—	220	200	132
315M	185	132	110	75		—	250	—	—
	200	160	132	—	355	355	280	220	160
	220	—	—	—		—	—	250	185
	250	—	—	—					

表 2-31　YR 系列大型三相异步电动机技术数据

型　号	额定功率/kW	额定电压/kV	额定转速/(r/min)	定子电流/A	效率/%	功率因数(cosφ)	转子电压/V	转子电流/A	最大转矩/额定转矩	质量/kg
YR630-8/1180	630	6	742	81.2	92	0.81	473	821	1.8	6250
YR630-10/1180	630		590	82	92	0.8	521	445		8100
YR800-8/1180	800		740	102	92	0.82	621	785		7200
YR800-10/1180	800		591	103	92	0.81	665	430		8250
YR1000-6/1180	1000		980	124	92.5	0.84	618	576		7180
YR1000-8/1180	1000		742	126	92.0	0.83	780	783		7540
YR1000-10/1180	1000		595	128	92.0	0.82	670	535		11820
YR1250-6/1180	1250		985	154	93.0	0.84	725	615		8910
YR1250-8/1430	1250	6	742	155	92.5	0.84	1075	710		10000
YR1250-10/1430	1250		590	158	92.0	0.83	784	572		13700
YR1600-6/1430	1600		985	194	93.5	0.85	705	796		11350
YR1600-8/1430	1600		740	195	93.0	0.85	1075	920		11860
YR630-8/1180	630	10	741	45	94.7	0.85	915	410		7810
YR800-8/1180	800		741	56.2	94.9	0.87	986	486		8230
YR1000-8/1180	1000		741	69.8	95.0	0.87	1120	536		8600
YR1250-8/1430	1250		741	85.5	95.5	0.88	1217	616		11380
YR1400-8/1430	1400		743	95.5	95.6	0.89	1289	652		11650
YR1600-8/1430	1600		—	108.7	95.7	0.89	1370	702		12040

表 2-32　YR 系列大型三相异步电动机安装尺寸　　mm

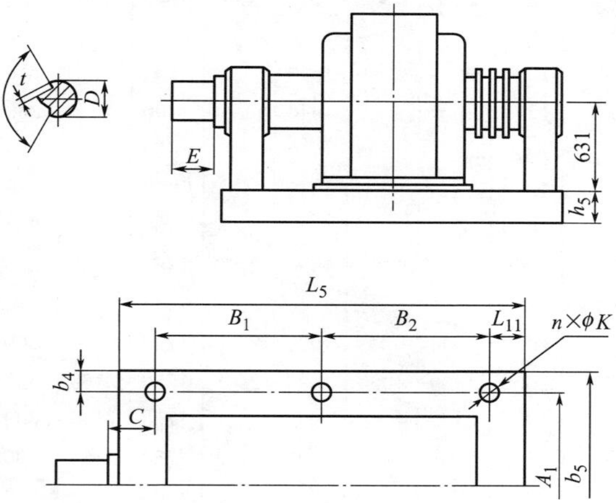

型　号	额定电压/kV	t	D	E	C	L_{11}	b_4	K	L_5		
									■	▲	★
YR630-8/1180	6	11	150	250	200	160	120	48	2120		
YR630-10/1180		11	150	250	200	160	120	48	2120		
YR800-8/1180		12	160	300	200	160	120	48	2220		
YR800-10/1180		12	160	300	200	160	120	48	2220		
YR1000-6/1180		12	160	300	200	160	120	48	2220		
YR1000-8/1180		12	160	300	200	160	120	48	2320		
YR1000-10/1180		12	180	300	230	180	120	48	2260		3260
YR1250-6/1180		12	160	300	200	160	120	48	2320		
YR1250-8/1430		12	180	300	230	180	120	48	2360	2860	
YR1250-10/1430		12	180	300	230	180	120	48	2360		3310
YR1600-6/1430		12	180	300	230	180	120	48	2260	2760	
YR1600-8/1430		12	200	350	230	180	120	48	2460	2960	
YR630-8/1180	10	12	160	300	200	160	120	48	2410		
YR800-8/1180		12	160	300	200	160	120	48	2410		
YR1000-8/1180		12	160	300	200	160	120	48	2410		
YR1250-8/1430		12	180	300	230	180	120	48	2860		
YR1400-8/1430		12	180	300	230	180	120	48	2860		
YR1600-8/1430		14	200	350	230	180	120	48	2860		

续表

型号	B_1		B_2	b_5		A_1		h_5	n	
	■	▲★	★	■	▲★	■	▲★		■▲	★
YR630-8/1180	1800			1640		1400		280	4	6
YR630-10/1180	1800			1640		1400		280	4	6
YR800-8/1180	1900			1640		1400		280	4	6
YR800-10/1180	1900			1640		1400		280	4	6
YR1000-6/1180	1900			1640		1400		280	4	6
YR1000-8/1180	2000			1640		1400		280	4	6
YR1000-10/1180	1900	1800	1100	1990	2400	1750	2160	300	4	6
YR1250-6/1180	2000			1640		1400		280	4	6
YR1250-8/1430	2000	2500		1990	2400	1750	2160	300	4	6
YR1250-10/1430	2000	1900	1050	1990	2400	1750	2160	300	4	6
YR1600-6/1430	1900	2400		1990		1750	2160	300	4	6
YR1600-8/1430	2100	2600		1990		1750	2160	300	4	6
YR630-8/1180	2090			1640		1400		280	4	6
YR800-8/1180	2090			1640		1400		280	4	6
YR1000-8/1180	2090			1640		1400		280	4	6
YR1250-8/1430	2500			1990		1750		300	4	6
YR1400-8/1430	2500			1990		1750		300	4	6
YR1600-8/1430	2500			1990		1750		300	4	6

注：■—开启式；▲—管道式；★—管道长轴式。

K—安装底孔直径。

2.3.7 YS系列三相异步电动机

YS系列电动机为全封闭型结构，一般用途的全封闭笼型三相异步电动机，频率为50Hz，电压为380V，工作方式为连续（S1），外壳防护等级为IP44/IP54/IP55。冷却方法：63及以上机座号为IC0141，56及以下机座号为IC0041。采用E级绝缘材料，具有良好的绝缘性能与机械强度。电动机结构及安装方式有4种基本形式：IMB3型—机座有底脚，端盖上无凸缘；IMB34型—机座有底脚，端盖上有小凸缘，轴伸在凸缘端；IMB5型—机座无底脚，端盖上有大凸缘，轴伸在凸缘端；IMB14型—机座无底脚，端盖上有小凸缘，轴伸在凸缘端。广泛应用于小型机械传动设备（小型机床、冶金、纺织、化工、医疗器械及日用电器）等。使用条件：环境温度不超过 40℃；海拔不超过 1000m。其技术数据和安装尺寸见表 2-33～表 2-38。

表 2-33　YS 系列三相异步电动机技术数据

型号	功率/W	电流/A	电压/V	转速/(r/min)	效率/%	功率因数	堵转转矩/额定转矩	堵转电流/额定电流	最大转矩/额定转矩
YS-4512	16	0.09	380	2800	46	0.57	2.3	6	2.4
YS-4522	25	0.12		2800	50	0.60	2.3		
YS-4514	10	0.12		1400	28	0.45	2.4		
YS-4524	16	0.16		1400	32	0.49	2.4		
YS-5012	40	0.18		2800	54	0.65	2.3		
YS-5022	60	0.24		2800	60	0.66	2.3		
YS-5014	25	0.17		1400	42	0.53	2.4		
YS-5024	40	0.23		1400	50	0.54	2.4		
YS-5612	90	0.32		2800	62	0.68	2.3		
YS-5622	120	0.38		2800	67	0.71	2.3		
YS-5614	60	0.28		1400	56	0.58	2.4		
YS-5624	90	0.38		1400	68	0.61	2.4		
YS-6312	180	0.53		2800	69	0.75	2.3		
YS-6322	250	0.67		2800	72	0.78	2.3		
YS-6314	120	0.48		140	60	0.63	2.4		
YS-6324	180	0.65		1400	64	0.66	2.4		
YS-7112	370	0.95		2800	73.5	0.80	2.3		
YS-7122	550	0.35		2800	75.5	0.82	2.3		
YS-7114	250	0.83		1400	67	0.68	2.4		
YS-7124	370	1.12		1400	69.5	0.72	2.4		
YS-8012	750	1.75		2800	76.5	0.85	2.2	6	2.4
YS-8022	1100	2.53		2800	77	0.85	2.2		
YS-8014	550	1.65		1400	73.5	0.73	2.4		
YS-8024	750	2.01		1400	75.5	0.75	2.2		
YS-7116	180	0.74		910	59	0.63	2.0	5.5	2.0
YS-7126	250	0.94		910	63	0.64			
YS-8016	370	1.29		910	68	0.64			
YS-8026	550	1.81		910	71	0.65			
YS-7118	90	0.50		6800	49	0.55	1.8	4.5	1.9
YS-7128	120	0.63		6800	52	0.55			
YS-8018	180	0.75		6800	58	0.55			
YS-8028	250	1.09		6800	62	0.55			

表 2-34　YS 系列三相异步电动机的安装尺寸和外形尺寸
（IMB3、IMV5、IMV6）

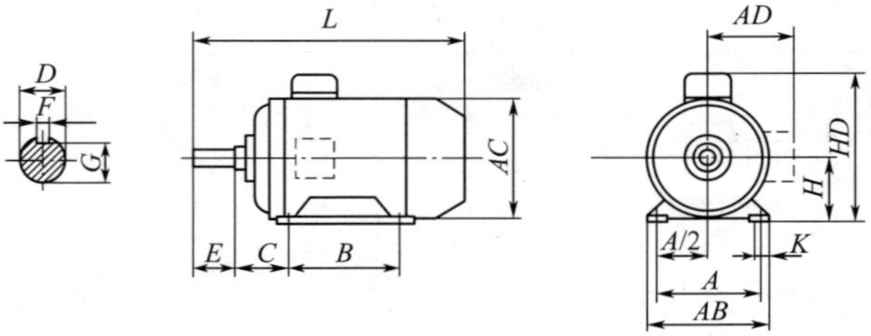

IMB3(IMV5、IMV6)

<table>
<tr><th rowspan="3">机座号</th><th colspan="12">安装尺寸及公差/mm</th></tr>
<tr><th>A</th><th colspan="2">A/2</th><th>B</th><th colspan="2">C</th><th colspan="2">D</th><th colspan="2">E</th><th colspan="2">F</th></tr>
<tr><th>基本尺寸</th><th>基本尺寸</th><th>极限偏差</th><th>基本尺寸</th><th>基本尺寸</th><th>极限偏差</th><th>基本尺寸</th><th>极限偏差</th><th>基本尺寸</th><th>极限偏差</th><th>基本尺寸</th><th>极限偏差</th></tr>
<tr><td>45</td><td>71</td><td>35.5</td><td rowspan="3">±0.20</td><td>56</td><td>28</td><td rowspan="2">±1.0</td><td rowspan="3">9</td><td rowspan="3">+0.007
−0.002</td><td rowspan="3">20</td><td rowspan="5">±0.260</td><td rowspan="3">3</td><td rowspan="3">−0.004
−0.029</td></tr>
<tr><td>50</td><td>80</td><td>40</td><td>63</td><td>32</td></tr>
<tr><td>56</td><td>90</td><td>45</td><td>71</td><td>36</td><td rowspan="3">±1.54</td></tr>
<tr><td>63</td><td>100</td><td>58</td><td rowspan="2">±0.25</td><td>80</td><td>40</td><td>11</td><td rowspan="2">+0.008
−0.003</td><td>23</td><td>4</td><td rowspan="3">0
−0.030</td></tr>
<tr><td>71</td><td>112</td><td>56</td><td>90</td><td>45</td><td>14</td><td>30</td><td>5</td></tr>
<tr><td>80</td><td>125</td><td>62.5</td><td rowspan="3">±0.50</td><td rowspan="2">100</td><td>50</td><td rowspan="3">±1.55</td><td>19</td><td rowspan="3">+0.009
−0.004</td><td>40</td><td rowspan="3">±0.310</td><td>6</td></tr>
<tr><td>90S</td><td rowspan="2">140</td><td rowspan="2">70</td><td rowspan="2">56</td><td rowspan="2">24</td><td rowspan="2">50</td><td rowspan="2">8</td><td rowspan="2">0
−0.036</td></tr>
<tr><td>90L</td><td>125</td></tr>
</table>

<table>
<tr><th rowspan="3">机座号</th><th colspan="7">安装尺寸及公差/mm</th><th colspan="5" rowspan="2">外形尺寸≤/mm</th></tr>
<tr><th colspan="2">G</th><th colspan="2">H</th><th colspan="3">K</th></tr>
<tr><th>基本尺寸</th><th>极限偏差</th><th>基本尺寸</th><th>极限偏差</th><th>基本尺寸</th><th>极限偏差</th><th>位置度公差</th><th>AB</th><th>AC</th><th>AD</th><th>HD</th><th>L</th></tr>
<tr><td>45</td><td rowspan="3">7.2</td><td rowspan="6">0
−0.10</td><td>45</td><td rowspan="2">0
−0.4</td><td>4.8</td><td rowspan="3">+0.300
0</td><td rowspan="3">ϕ0.4Ⓜ</td><td>90</td><td>100</td><td>90</td><td>115</td><td>150</td></tr>
<tr><td>50</td><td>50</td><td rowspan="2">5.8</td><td>100</td><td>110</td><td>100</td><td>125</td><td>155</td></tr>
<tr><td>56</td><td>56</td><td rowspan="6">0
−0.5</td><td>115</td><td>120</td><td>110</td><td>135</td><td>170</td></tr>
<tr><td>63</td><td>8.5</td><td>63</td><td rowspan="2">7</td><td rowspan="5">+0.360
0</td><td rowspan="3">ϕ0.5Ⓜ</td><td>145</td><td>130</td><td>125</td><td>165</td><td>230</td></tr>
<tr><td>71</td><td>11</td><td>71</td><td>130</td><td>145</td><td>140</td><td>180</td><td>255</td></tr>
<tr><td>80</td><td>15.5</td><td>80</td><td rowspan="3">10</td><td>160</td><td>165</td><td>150</td><td>200</td><td>295</td></tr>
<tr><td>90S</td><td rowspan="2">20</td><td rowspan="2">0
−0.20</td><td rowspan="2">90</td><td rowspan="2">ϕ1.0Ⓜ</td><td rowspan="2">180</td><td rowspan="2">185</td><td rowspan="2">160</td><td rowspan="2">220</td><td>310</td></tr>
<tr><td>90L</td><td>335</td></tr>
</table>

表 2-35　YS 系列三相异步电动机的安装尺寸和外形尺寸（IMB14、IMV18、IMV15）

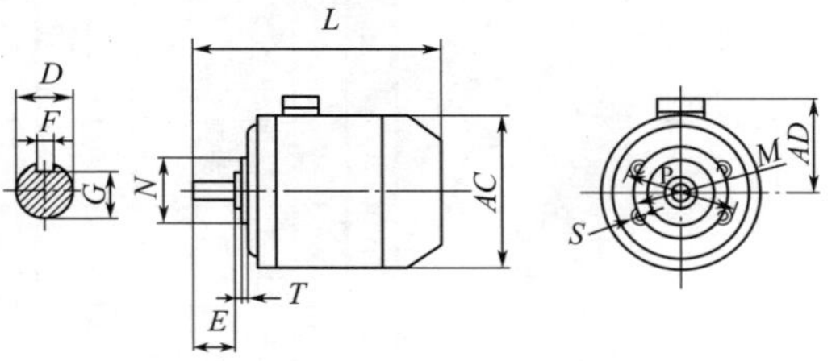

IMB14(IMV18、IMV15)

机座号	凸缘号	安装尺寸及公差/mm										
		D		E		F		G		M	N	
		基本尺寸	极限偏差	基本尺寸	极限偏差	基本尺寸	极限偏差	基本尺寸	极限偏差	基本尺寸	基本尺寸	极限偏差
45	FT45	9	+0.007 −0.002	20	±0.260	3	+0.004 −0.029	7.2	0 −0.10	45	32	+0.011 −0.005
50	FT55									55	40	
56	FT65									65	50	
63	FT75	11	+0.008 −0.003	23		4	0 −0.030	8.5	0 −0.10	75	60	+0.012 −0.007
71	FT85	14		30		5		11		85	70	
80	FT100	19	+0.009 −0.004	40	±0.310	6		15.5		100	80	
90S	FT115	24		50		8	0 −0.036	20	0 −0.20	115	95	+0.013 −0.009
90L												

机座号	安装尺寸及公差/mm							外形尺寸≤/mm		
	P	R		S		T				
	基本尺寸	基本尺寸	极限偏差	基本尺寸	极限偏差	基本尺寸	极限偏差	AC	AD	L
45	60	0	±1.0	M5	φ0.4Ⓜ	2.5	0 −0.120	100	90	150
50	70							110	100	155
56	80					2.5		120	110	170
63	90							130	125	230
71	105			M6	φ0.5Ⓜ			145	140	255
80	120		±1.5			3.0		165	150	295
90S	140			M8	φ1.0Ⓜ			185	160	310
90L										335

注：1. P 尺寸为最大极限值。

2. R 为凸缘配合面至轴伸肩的距离。

表 2-36　YS 系列三相异步电动机的安装尺寸和外形尺寸（IMB34）

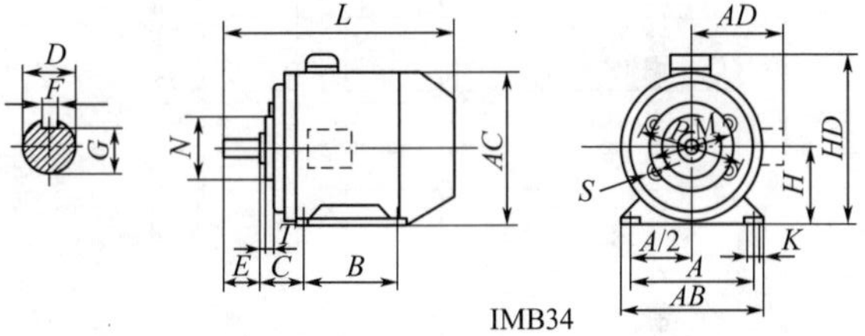

IMB34

机座号	凸缘号	安装尺寸及公差/mm																
		A	*A*/2		*B*	*C*		*D*		*E*		*F*		*G*		*H*	
		基本尺寸	基本尺寸	极限偏差	基本尺寸	基本尺寸	极限偏差	基本尺寸	极限偏差	基本尺寸	极限偏差	基本尺寸	极限偏差	基本尺寸	极限偏差	基本尺寸	极限偏差
45	FT45	71	35.5	±0.20	56	28	±1.0	9	+0.007 −0.002	20	±0.260	3	−0.004 −0.029	7.2	0 −0.10	45	0 −0.4
50	FT55	80	40		63	32										50	
56	FT65	90	45		71	36	±1.5				±0.260					56	0 −0.5
63	FT75	100	50	±0.25	80	40		11	+0.008 −0.003	23		4	0 −0.030	8.5	0 −0.10	63	
71	FT85	112	56		90	45		14		30		5		11		71	
80	FT100	125	62.5	±0.50	100	50	±1.5	19	+0.009 −0.004	40	±0.310	6		15.5		80	0 −0.5
90S	FT115	140	70			56		24		50		8	0 −0.036	20	0 −0.20	90	
90L					125												

续表

机座号	安装尺寸及公差/mm														外形尺寸≤/mm				
	K			*M*	*N*		*P*	*R*		*S*		*T*						
	基本尺寸	极限偏差	位置度公差	基本尺寸	基本尺寸	极限偏差	基本尺寸	基本尺寸	极限偏差	基本尺寸	位置度公差	基本尺寸	极限偏差	***AB***	***AC***	***AD***	***HD***	***L***
45	4.8	+0.300 0	ϕ4.0Ⓜ	45	32	+0.011 −0.005	60	0	±1.0	M5	ϕ0.4Ⓜ	2.5	0 −0.120	90	100	90	115	150
50	5.8			55	40		70							100	110	100	125	155
56				65	50		80		±1.0					115	120	110	135	170
63	7	+0.360 0	ϕ0.5Ⓜ	75	60	+0.012 −0.007	90					2.5		130	130	125	165	230
71				85	70		105			M6	ϕ0.5Ⓜ			145	145	140	130	2555
80	10		ϕ1.0Ⓜ	100	80		120		±1.5					160	165	150	200	295
90S				115	95	+0.013 −0.009	140			M8	ϕ1.0Ⓜ	3.0		180	185	160	220	310
90L																		335

注：1. 当底脚孔 *K* 为长圆孔或位置度合格时，可不考核 *A*/2。

2. *P* 尺寸为最大极限值。

3. *R* 为凸缘配合面至轴伸肩的距离。

表 2-37　YS 系列三相异步电动机的安装尺寸和外形尺寸（IMB5、IMV1、IMV3）

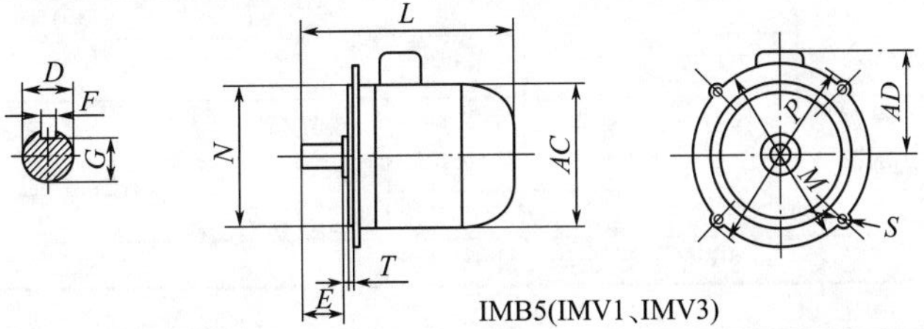

IMB5(IMV1、IMV3)

续表

机座号	凸缘号	安装尺寸及公差/mm										
		D		E		F		G		M	N	
		基本尺寸	极限偏差	基本尺寸	极限偏差	基本尺寸	极限偏差	基本尺寸	极限偏差	基本尺寸	基本尺寸	极限偏差
63	FT115	11	+0.008 −0.003	23	±0.260	4	0 −0.030	8.5	0 −0.10	115	95	+0.013 −0.009
71	FF130	14		30		5		11		130	110	
80	FF165	19	+0.009 −0.004	40	±0.310	6		15.5		165	130	+0.014 −0.011
90S		24		50		8	0 −0.036	20	0 −0.20			
90L												

机座号	凸缘号	安装尺寸及公差/mm								外形尺寸≤/mm		
		P	R		S			T				
		基本尺寸	基本尺寸	极限偏差	基本尺寸	极限偏差	位置度公差	基本尺寸	极限偏差	AC	AD	L
63	FT115	140	0	±1.5	10	+0.360 0	ϕ0.4Ⓜ	3.0	0 −0.120	130	125	250
71	FF130	160						3.5		145	140	275
80	FF165	200			12	+0.430 0				165	150	300
90S										185	160	335
90L												360

注：1. P 尺寸为最大极限值。

2. R 为凸缘配合面至轴伸肩的距离。

表 2-38　YS 系列三相异步电动机的安装尺寸和外形尺寸（IMB35、IMV36）

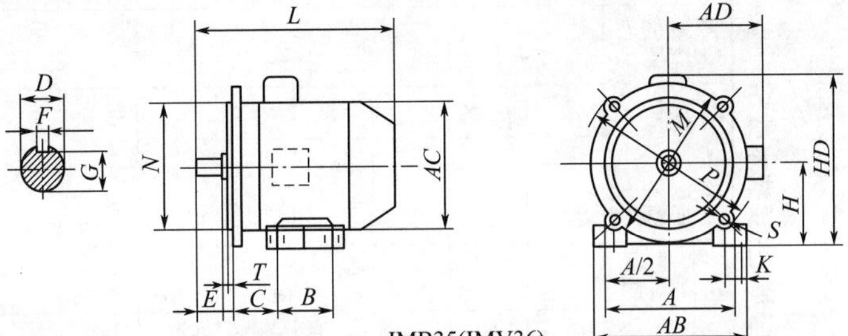

IMB35(IMV36)

机座号	凸缘号	安装尺寸及公差/mm															
		A	A/2		B	C		D		E		F		G		H	
		基本尺寸	基本尺寸	极限偏差	基本尺寸	基本尺寸	极限偏差	基本尺寸	极限偏差	基本尺寸	极限偏差	基本尺寸	极限偏差	基本尺寸	极限偏差	基本尺寸	极限偏差
90S	FF165	140	70	±0.50	100	56	±1.5	24	+0.009 −0.004	50	±0.310	8	0 −0.036	20	0 −0.20	90	0 −0.5
90L					125												

机座号	安装尺寸及公差/mm														外形尺寸≤/mm				
	K			M	N		P	R		S			T						
	基本尺寸	极限偏差	位置度公差	基本尺寸	基本尺寸	极限偏差	基本尺寸	基本尺寸	极限偏差	基本尺寸	极限偏差	位置度公差	基本尺寸	极限偏差	AB	AC	AD	HD	L
90S	10	+0.360 0	ϕ1.0Ⓜ	165	130	+0.014 −0.011	200	0	±1.5	12	+0.430 0	ϕ1.0Ⓜ	3.5	0 −0.120	160	185	160	220	335
90L																			360

注：1. 当底脚孔 K 为长圆孔或位置度合格时，可不考核 $A/2$。

2. P 尺寸为最大极限值。

3. R 为凸缘配合面至轴伸肩的距离。

2.3.8 YD 系列多速三相电动机

YD（IP44）多速三相异步电动机是在 Y 系列基础上研制的新型变极多速电动机，具有效率高、启动转矩大、噪声低、振动小等优点。可两级或多级调速，变极组合多，近极比、远极比性能优良。由于可随负载性质的不同而分级变换转速，故可合理匹配功率，适用于需要逐级调速的各种传动机构。

表 2-39 是 YD 系列变极多速三相异步电动机主要技术数据，各种安装形式下的安装和外形尺寸分别见表 2-40～表 2-43。

表 2-39 YD 系列变极多速三相异步电动机主要技术数据

型号	极数	额定功率/kW	接法	满载时				堵转电流/额定电流	堵转转矩/额定转矩	最大转矩/额定转矩	质量/kg
				转速/(r/min)	电流/A	效率/%	功率因数				
YD801-4/2	4	0.45	△	1420	1.4	66	0.74	6.5	1.5	1.8	18
	2	0.55	2Y	2860	1.5	65	0.85	7	1.7		
YD802-4/2	4	0.55	△	1420	1.7	68	0.74	6.5	1.6		19
	2	0.75	2Y	2860	2.0	66	0.85	7	1.8		
YD90S-4/2	4	0.85	△	1430	2.3	74	0.77	6.5	1.8	1.8	24
	2	1.0	2Y	2850	2.8	72	0.85	7	1.9		
YD90S-6/4	6	0.65	△	920	2.2	64	0.68	6	1.6		23
	4	0.85	2Y	1420	2.3	70	0.79	6.5	1.4		
YD90S-8/6	8	0.35	△	700	1.6	56	0.60	5	1.8		33
	6	0.45	2Y	930	1.1	70	0.72	6	2.0		
YD90L-4/2	4	1.3	△	1430	3.3	76	0.78	6.5	1.8		29
	2	1.8	2Y	2850	4.3	74	0.85	7	2		
YD90L-6/4	6	0.85	△	930	2.8	66	0.70	6	1.6	1.8	25
	4	1.1	2Y	1400	3.0	71	0.79	6.5	1.5		
YD90L-8/4	8	0.45	△	700	1.9	58	0.63	6.0	1.6		25
	4	0.75	2Y	1120	1.8	72	0.87	6.5	1.4		
YD90L-8/6	8	0.45	△	700	1.9	59	0.60	5	1.7		25
	6	0.65	2Y	920	1.9	71	0.73	6	1.8		
YD100L-4/2	4	11	△	1460	22.3	87	0.86	6.5	1.7	1.8	144
	2	14	2Y	2920	28.8	82	0.90	7	1.9		
YD100L1-4/2	4	2.0	△	1430	4.8	78	0.81	6.5	1.7		36
	2	2.1	2Y	2850	5.6	76	0.86	7	1.9		
YD100L2-4/2	4	2.4	△	1430	5.6	79	0.83	6.5	1.6		40
	2	3.0	2Y	2850	6.7	77	0.89	7	1.7		

续表

型号	极数	额定功率/kW	接法	满载时				堵转电流/额定电流	堵转转矩/额定转矩	最大转矩/额定转矩	质量/kg
				转速/(r/min)	电流/A	效率/%	功率因数				
YD100L1-6/4	6	1.3	△	940	3.8	74	0.70	6	1.7	1.8	34
	4	1.8	2Y	1440	4.4	77	0.80	6.5	1.4		
YD100L2-6/4	6	1.5	△	940	4.3	75	0.70	6	1.6	1.8	38
	4	2.2	2Y	1440	5.4	77	0.80	6.5	1.4		
YD100L-8/4	8	0.85	△	700	3.1	67	0.63	5.5	1.6		38
	4	1.5	2Y	1410	3.5	74	0.88	6.5	1.4		
YD100L8/6	8	0.75	△	710	2.9	65	0.60	5	1.8		38
	6	1.1	2Y	950	3.1	75	0.73	6	1.9		
YD100L-6/4/2	6	0.75	Y	950	2.6	65	0.65	5.5	1.8		38
	4	1.3	△	1450	3.7	72	0.75	6	1.6		
	2	1.8	2Y	2900	4.5	71	0.85	7	1.6		
YD112M-4/2	4	3.3	△	1450	7.4	82	0.83	6.5	1.9	1.8	43
	2	4.0	2Y	2890	8.6	79	0.89	7	2.0		
YD112M-6/4	6	2.2	△	960	5.7	68	0.75	6	1.8		49
	4	2.8	2Y	1440	6.7	77	0.82	6.5	1.5		
YD112M-8/4	8	1.5	△	700	5.0	72	0.63	6.0	1.7		40
	4	2.4	2Y	1410	5.3	78	0.88	6.5	1.7		
YD112M-8/6	8	1.3	△	710	4.5	72	0.61	5	1.7	1.8	51
	6	1.8	2Y	950	4.8	78	0.73	6	1.9		
YD112M-6/4/2	6	1.1	Y	960	3.5	73	0.65	5.5	1.7		43
	4	2.0	△	1450	5.1	78	0.81	6	1.4		
	2	2.4	2Y	2920	5.8	74	0.85	7	1.6		
YD112M-8/6/4	8	0.85	△	710	3.7	62	0.56	5.5	1.7		45
	6	1.0	Y	950	3.1	68	0.73	6.5	1.3		
	4	1.5	2Y	1440	3.5	75	0.86	7	1.5		
YD132S-4/2	4	1.5	△	1450	9.8	83	0.84	6.5	1.7	1.8	68
	2	5.5	2Y	2860	11.9	79	0.89	7	1.8		
YD132S-6/4	6	3.0	△	970	7.7	79	0.75	6	1.8		65
	4	4.0	2Y	1440	9.5	78	0.82	6.5	1.7		
YD132S-8/4	8	2.2	△	720	7.0	75	0.64	5.5	1.5		63
	4	3.3	2Y	1440	7.1	80	0.88	6.5	1.7		
YD132S-8/6	8	1.8	△	730	5.8	76	0.62	5	1.6		63
	6	2.1	2Y	970	6.2	80	0.73	6	1.0		
YD132S-6/4/2	6	1.8	Y	970	5.1	75	0.71	5.5	1.4		68
	4	2.6	△	1460	6.1	78	0.83	6	1.3		
	2	3.0	2Y	2910	7.4	71	0.87	7	1.7		

续表

型号	极数	额定功率/kW	接法	满载时				堵转电流/额定电流	堵转转矩/额定转矩	最大转矩/额定转矩	质量/kg
				转速/(r/min)	电流/A	效率/%	功率因数				
YD132M-4/2	4	6.5	△	1450	13.8	84	0.85	6.5	1.7		81
	2	8.0	2Y	2880	17.1	80	0.89	7	1.8		
YD132M-6/4	6	4.0	△	970	9.8	82	0.76	6	1.6		84
	4	0.3	2Y	1440	12.3	80	0.85	6.5	1.4		
YD132M-8/4	8	3.0	△	720	9.0	78	0.65	5.5	1.5	1.8	80
	4	4.5	2Y	1440	9.4	82	0.89	6.6	1.6		
YD132M-8/6	8	2.6	△	730	8.2	78	0.62	5	1.9		84
	6	3.7	2Y	970	9.4	82	0.73	6	1.9		
YD132M1-6/4/2	6	2.2	Y	970	6.0	77	0.72	5.5	1.3		78
	4	3.3	△	1460	7.5	80	0.84	6	1.3		
	2	4.0	2Y	2910	8.8	76	0.91	7	1.7		
YD132S-8/4/2	8	1.0	Y	720	3.6	69	0.61	5.5	1.4		68
	4	2.0	△	1160	6.1	78	0.83	6	1.2	1.8	
	2	3.0	2Y	2910	7.1	74	0.87	7	1.1		
YD132S-8/6/4	8	1.1	△	730	4.1	68	0.60	5.5	1.4		65
	6	1.5	Y	970	4.2	74	0.73	6.5	1.3		
	4	1.8	2Y	1460	4.0	78	0.87	7	1.3		
YD132M-8/4/2	8	1.3	Y	720	1.6	71	0.61	4.5	1.5		81
	4	3.7	△	1460	8.4	80	0.84	6	1.3		
	2	4.5	2Y	2910	10	85	0.91	7	1.4		
YD132M1-8/6/4	8	1.5	△	730	5.2	71	0.62	5.5	1.3		78
	6	2.0	Y	970	5.1	77	0.73	6.5	1.5	1.8	
	4	2.2	2Y	1460	4.9	79	0.87	7	1.4		
YD132M2-8/6/4	8	1.8	△	730	6.1	72	0.62	5.5	1.5		84
	6	2.6	Y	970	6.8	78	0.74	7	1.7		
	4	3.0	2Y	1460	6.5	80	0.87	6.5	1.5		
YD160L-6/4	6	9	△	970	20.6	85	0.78	6	1.6		147
	4	11	2Y	1460	23.4	84	0.85	6.5	1.7		
YD160L-8/4	8	7.0	△	730	19.0	85	0.66	5.5	1.5		147
	4	11	2Y	1450	21.8	85	0.89	6.5	1.6		
YD160L-8/6	8	6	△	730	17.5	84	0.62	5	1.9	1.8	147
	6	8	2Y	980	19.4	86	0.73	6	1.9		
YD160L-12/6	12	3.7	△	480	16.1	76	0.46	4	1.2		147
	6	7	2Y	970	15.8	85	0.79	6	1.4		

续表

型号	极数	额定功率/kW	接法	满载时				堵转电流/额定电流	堵转转矩/额定转矩	最大转矩/额定转矩	质量/kg
				转速/(r/min)	电流/A	效率/%	功率因数				
YD160M-4/2	4	9.0	△	1460	18.5	87	0.85	6.5	1.6	1.8	123
	2	11	2Y	2920	22.9	82	0.89	7	1.8		
YD160M-6/4	6	6.5	△	970	15.1	84	0.78	6	1.5		119
	4	8.0	2Y	1460	17.4	83	0.84	6.5	1.5		
YD160M-8/4	8	5.0	△	730	13.9	83	0.66	5.5	1.5	1.8	124
	4	7.5	2Y	1450	15.2	84	0.89	6.5	1.6		
YD160M-8/6	8	4.5	△	730	13.3	83	0.62	5	1.6		119
	6	6	2Y	980	14.7	85	0.73	6	1.9		
YD160M-12/6	12	2.6	△	480	11.6	74	0.46	4	1.2		119
	6	3	2Y	970	11.9	84	0.76	6	1.4		
YD160M-8/4/2	8	2.2	Y	720	7.6	75	0.59	1.5	1.4		124
	4	5.0	△	1440	11.2	81	0.84	6	1.3		
	2	6.0	2Y	2910	13.2	76	0.91	7	1.4		
YD160M-8/6/4	8	3.3	△	720	10.2	79	0.62	5.5	1.7	1.8	120
	6	4.0	Y	960	9.9	81	0.76	6.5	1.4		
	4	5.5	2Y	1440	11.6	83	0.87	7	1.5		
YD160L-8/4/2	8	2.8	Y	720	9.2	77	0.60	4.5	1.3		145
	4	7.0	△	1140	15.1	83	0.85	6	1.2		
	2	9.0	2Y	2910	18.8	79	0.92	7	1.3		
YD160L-8/6/4	8	4.5	△	720	13.8	80	0.62	5.5	1.6		147
	6	6.0	Y	960	14.5	83	0.76	6.5	1.6		
	4	7.5	2Y	1440	15.6	84	0.87	7	1.5		
YD180M-4/2	4	15	△	1470	29.4	89	0.87	6.5	1.8	1.8	182
	2	18.5	2Y	2940	36.7	85	0.90	7	1.9		
YD180M-6/4	6	11	△	980	25.9	85	0.76	6	1.6		192
	4	14	2Y	1470	29.8	84	0.85	6.5	1.7		
YD180M-8/6	8	7.5	△	730	21.9	84	0.62	5	1.9		195
	6	10	2Y	980	24.2	86	0.73	6	1.9		
YD180L-4/2	4	18.5	△	1470	35.9	89	0.88	6.5	1.6		190
	2	22.0	2Y	2940	42.7	86	0.91	7	1.8		
YD180L-6/4	6	13	△	980	29.4	86	0.78	6	1.7		224
	4	16	2Y	1470	33.6	85	0.85	6.5	1.7		
YD180L-8/4	8	11	△	730	26.7	87	0.72	6	1.5		259
	4	17	2Y	1470	32.6	88	0.91	7	1.5		

续表

型号	极数	额定功率/kW	接法	满载时 转速/(r/min)	满载时 电流/A	满载时 效率/%	满载时 功率因数	堵转电流/额定电流	堵转转矩/额定转矩	最大转矩/额定转矩	质量/kg
YD180L-8/6	8	9	△	730	24.7	85	0.65	5	1.8	1.8	224
	6	12	2Y	980	28.3	86	0.75	6	1.8		
YD180L-12/6	12	5.5	△	490	19.6	79	0.54	4	1.3		224
	6	10	2Y	980	20.5	86	0.86	6	1.3		
YD180L-8/6/4	8	7	△	740	20.2	81	0.65	6.5	1.7		205
	6	9	Y	980	20.6	83	0.80	7	1.7		
	4	12	2Y	1470	24.1	84	0.90	7	1.5		
YD180-12/8/6/4	12	3.3	△	480	13	72	0.55	5	1.6		210
	8	5.0	△	710	16	79	0.62	6	1.5		
	6	6.5	2Y	970	14	82	0.88	6	1.3		
	4	9.0	2Y	1470	19	83	0.89	7	1.3		

表 2-40 机座带底脚、端盖上无凸缘的电动机外形及安装尺寸

mm

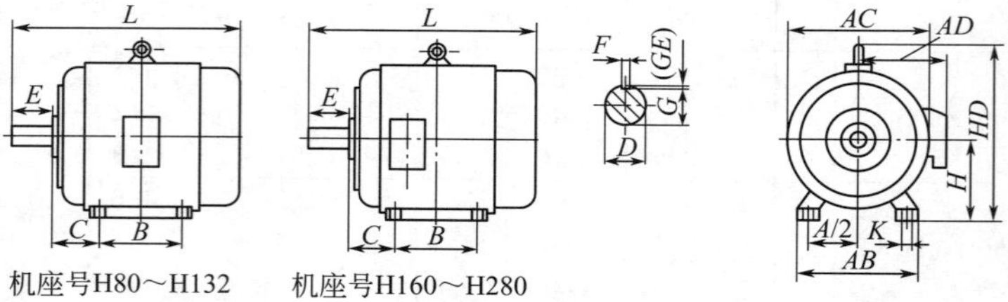

机座号H80～H132　　机座号H160～H280

机座号	安装尺寸及公差 A 基本尺寸	B 基本尺寸	C 基本尺寸	C 极限偏差	D 基本尺寸	D 极限偏差	E 基本尺寸	E 极限偏差	F 基本尺寸	F 极限偏差	G① 基本尺寸	G① 极限偏差
80M	125	100	50	±1.5	19	+0.009 −0.004	40	±0.31	6	0 −0.030	15.5	0 −0.10
90S	140		56		24		50		8	0 −0.036	20	0 −0.20
90L		125										
100L	160	140	63	±2.0	28		60	±0.37			24	
112M	190		70									
132S	216		89		38	+0.018 +0.002	80		10		33	
132M		178										

续表

机座号	安装尺寸及公差											
	A	*B*	*C*		*D*		*E*		*F*		*G*①	
	基本尺寸	基本尺寸	基本尺寸	极限偏差	基本尺寸	极限偏差	基本尺寸	极限偏差	基本尺寸	极限偏差	基本尺寸	极限偏差
160M	254	210	108	±3.0	42	+0.018 +0.002	110	±0.43	12	0 −0.043	37	0 −0.20
160L		254										
180M	279	241	121		48				14		42.5	
180L		279										
200L	318	305	133		55	+0.030 +0.011			16		49	
225S	356	286	149	±4.0	60		140	±0.50	18		53	
225M		311										
250M	406	349	168		65						58	
280S	457	368	190		75				20	0 −0.052	67.5	
280M		419										

机座号	安装尺寸及公差					外形尺寸				
	H		*K*②			*AB*	*AC*	*AD*	*HD*	*L*
	基本尺寸	极限偏差	基本尺寸	极限偏差	位置度公差					
80M	80	0 −0.5	10	+0.36 0	ϕ1.0Ⓜ	167	175	150	175	290
90S	90					180	195	160	195	315
90L										340
100L	100		12	+0.43 0		205	215	80	245	380
112M	112					245	240	90	265	400
132S	132					280	275	210	315	475
132M										515
160M	160		14.5		ϕ1.2Ⓜ	330	335	265	385	605
160L										650
180M	180					355	380	285	430	670
180L										710
200L	200		18.5	+0.52 0		395	420	315	475	775
225S	225					435	475	345	530	820
225M										845
250M	250		24		ϕ2.0Ⓜ	490	515	385	575	930
280S	280	0 −1.0				550	586	410	640	1000
280M										1050

① $G=D-GE$。GE的极限偏差，对机座号80为$^{+0.10}_{0}$，其余为$^{+0.20}_{0}$。

② K孔的位置度公差以轴伸的轴线为基准。

表 2-41 机座带底脚、端盖上有凸缘的电动机外形及安装尺寸

mm

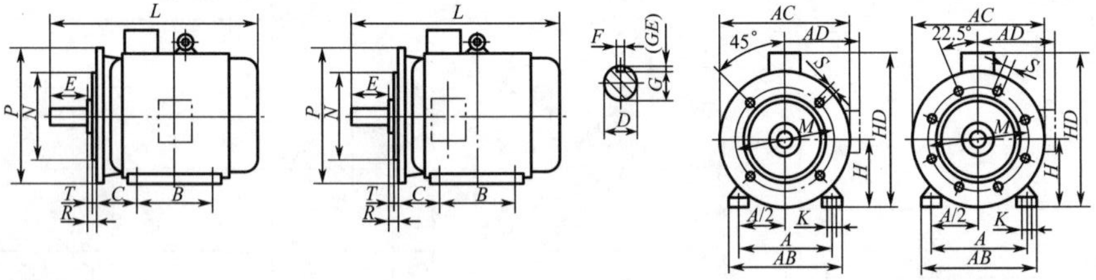

机座号132　　机座号160～280　　机座号132～200　　机座号225～315

机座号	凸缘号	极数	A 基本尺寸	A/2 基本尺寸	A/2 极限偏差	B 基本尺寸	C 基本尺寸	C 极限偏差	D 基本尺寸	D 极限偏差	E 基本尺寸	E 极限偏差	F 基本尺寸	F 极限偏差	G 基本尺寸	G 极限偏差	H 基本尺寸	H 极限偏差
80M	FF165	2,4	125	62.5	±0.50	100	50	±1.5	19	+0.009 −0.004	40	±0.310	6	0 −0.030	15.5	0 −0.10	80	0 −0.5
90S		2～6	140	70		100	56		24		50		8	0 −0.036	20	0 −0.20	90	
90L						125												
100L	FF215		160	80		140	63	±2.0	28		60	±0.370			24		100	
112M			190	95		140	70										112	
132S	FF265	2～8	216	108		140	89		38	+0.018 −0.002	80		10		33		132	
132M						178												
160M	FF300		254	127	±0.75	210	108	±3.0	42		110	±0.430	12	0 −0.043	37		160	
160L						254												
180M			279	139.5		241	121		48				14		42.5		180	
180L						279												

续表

机座号	凸缘号	极数	安装尺寸及公差															
			A	*A*/2		*B*	*C*		*D*		*E*		*F*		*G*		*H*	
			基本尺寸	基本尺寸	极限偏差	基本尺寸	基本尺寸	极限偏差	基本尺寸	极限偏差	基本尺寸	极限偏差	基本尺寸	极限偏差	基本尺寸	极限偏差	基本尺寸	极限偏差
200L	FF350	2～8	318	159	±0.75	305	133	±3.0	55	+0.030 +0.011	110	±0.430	16	0 −0.043	49	0 −0.20	200	0 −0.5
225S	FF400	4,8	356	178		286	149	±4.0	60		140	±0.500	18		53		225	
225M		2				311			55		110		16		49			
		4～8							60		140		18		53			
250M	FF500	2	406	203	±1.00	349	168										250	
		4～8							65						58			
280S		2	457	228.5		368	190										280	0 −1.0
		4～8							75				20	0 −0.053	67.5			
280M		2				419			65				18		58			
		4～8							75				20		67.5			
315S	FF600	2	508	254		406	216		65				18		58		315	
		4～10							80		170		22		71			
315M		2				457			65		140		18		58			
		4～10							80		170		22		71			
315L		2				508			65		140		18		58			
		4～10							80		170		22		71			

续表

机座号	安装尺寸及公差																外形尺寸				
	K			M	N		P	R		S			T		凸缘孔数	AB	AC	AD	HD	L
	基本尺寸	极限偏差	位置度公差		基本尺寸	极限偏差		基本尺寸	极限偏差	基本尺寸	极限偏差	位置度公差	基本尺寸	极限偏差						
80M	10	+0.360 0	ϕ1.0Ⓜ	165	130	+0.014 −0.011	200	0	±1.5	12	+0.430 0	ϕ1.0Ⓜ	3.5	0 −0.130	4	165	175	150	175	290
90S																180	195	160	195	315
90L																				340
100L	12	+0.430 0		215	180		250		±2.0	15		ϕ1.5Ⓜ	4			205	215	180	245	380
112M																245	240	190	265	400
132S				265	230	+0.016 −0.013	300									280	275	210	315	475
132M																				515
160M	15		ϕ1.5Ⓜ	300	250		350		±3.0	19	+0.320 0		5			330	335	265	385	605
160L																				650
180M																355	380	285	430	670
180L																				710
200L				350	300	±0.016	400									395	420	315	475	775
225S	19			400	350	±0.018	450		±4.0						8	435	475	345	530	820
225M																				815 845
250M	24	+0.520 0	ϕ2.0Ⓜ	500	450	±0.020	550									490	515	385	575	930
280S																550	580	410	640	1000
280M																				1050
315S	28			600	550	±0.022	660			24		ϕ2.0Ⓜ	6	0 −0.150		744	645	576	865	1240 1270
315M																				1310 1340
315L																				1310 1340

注：1. $G=D-GE$，GE 的极限偏差对机座号 80 为 $^{+0.10}_{0}$，其余为 $^{+0.20}_{0}$。

2. K 孔的位置度公差以轴伸的轴线为基准。

3. P 尺寸为最大极限值。

4. R 为凸缘配合面至轴伸肩的距离。

5. 极数一栏中，2～6 表示 2、4、6 极，2～8 表示 2、4、6、8 极，4～8 表示 4、6、8 极，4～10 表示 4、6、8、10 极。

表 2-42　机座不带底脚、端盖上有凸缘的电动机外形及安装尺寸　　mm

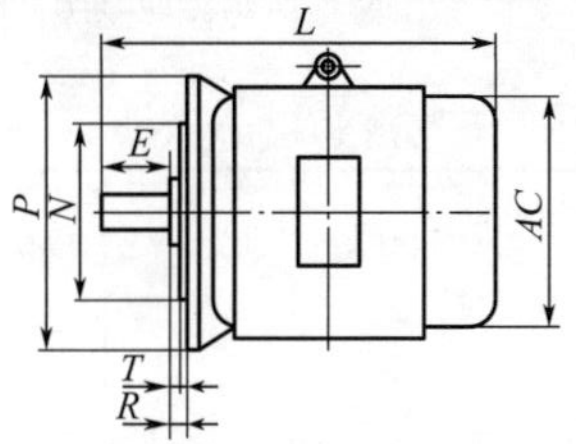

机座号H80～H132

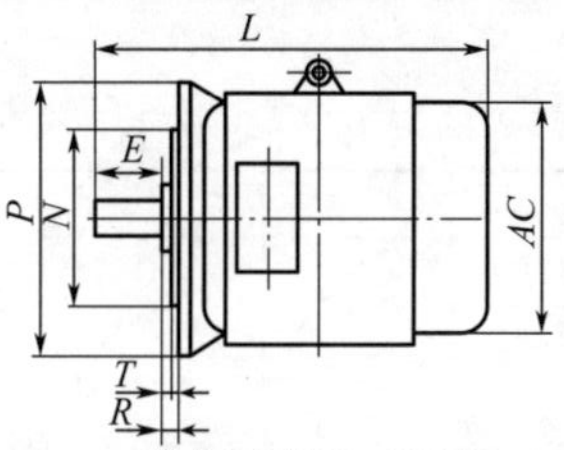

机座号H160～H225

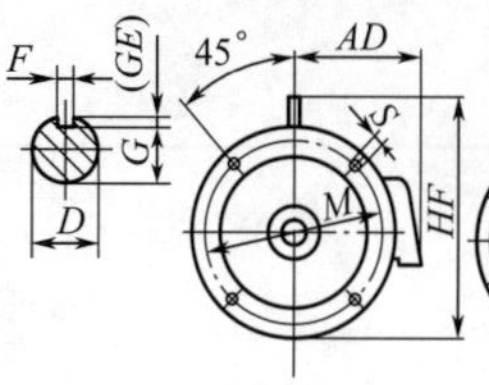

机座号H80～H200

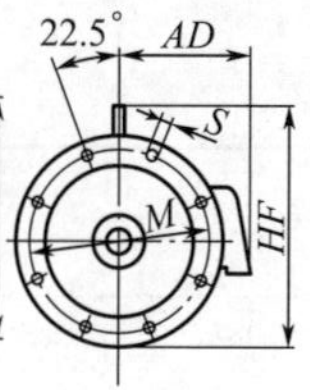

机座号H225

机座号	凸缘号	安装尺寸及公差											
		D		E		F		G		M	N		P
		基本尺寸	极限偏差	基本尺寸	极限偏差	基本尺寸	极限偏差	基本尺寸	极限偏差		基本尺寸	极限偏差	
80M	FF165	19	+0.009 −0.004	40	±0.31	6	0 −0.030	15.5	0 −0.10	165	130	+0.014 −0.011	200
90S		24		50		8	0 −0.036	20	0 −0.20				
90L													
100L	FF215	28		60	±0.37			24		215	180		250
112M													
132S	FF265	38	+0.018 +0.002	80		10		33		265	230	+0.016 −0.013	300
132M													
160M	FF300	42		110	±0.43	12	0 −0.043	37		300	250		350
160L													
180M		48				14		42.5					
180L													
200L	FF350	55	+0.030 +0.011			16		49		350	300	±0.016	400
225S	FF400	60		140	±0.50	18		53		400	350	±0.018	450
225M													

续表

<table>
<tr><th rowspan="3">机座号</th><th colspan="9">安装尺寸及公差</th><th colspan="4">外形尺寸</th></tr>
<tr><th colspan="2">R</th><th rowspan="2">凸缘孔数</th><th colspan="3">S</th><th colspan="2">T</th><th rowspan="2">AC</th><th rowspan="2">AD</th><th rowspan="2">HF</th><th rowspan="2">L</th></tr>
<tr><th>基本尺寸</th><th>极限偏差</th><th>基本尺寸</th><th>极限偏差</th><th>位置度公差</th><th>基本尺寸</th><th>极限偏差</th></tr>
<tr><td>80M</td><td rowspan="13">0</td><td rowspan="3">±1.5</td><td rowspan="11">4</td><td rowspan="3">12</td><td rowspan="7">+0.43
0</td><td rowspan="3">φ1.0Ⓜ</td><td rowspan="3">3.5</td><td rowspan="7">0
−0.12</td><td>175</td><td>150</td><td>185</td><td>290</td></tr>
<tr><td>90S</td><td rowspan="2">195</td><td rowspan="2">160</td><td rowspan="2">195</td><td>315</td></tr>
<tr><td>90L</td><td>340</td></tr>
<tr><td>100L</td><td rowspan="4">±2.0</td><td rowspan="4">14.5</td><td rowspan="4">φ1.2Ⓜ</td><td rowspan="4">4</td><td>215</td><td>80</td><td>245</td><td>380</td></tr>
<tr><td>112M</td><td>240</td><td>90</td><td>265</td><td>400</td></tr>
<tr><td>132S</td><td rowspan="2">275</td><td rowspan="2">210</td><td rowspan="2">315</td><td>475</td></tr>
<tr><td>132M</td><td>515</td></tr>
<tr><td>160M</td><td rowspan="4">±3.0</td><td rowspan="6">18.5</td><td rowspan="6">+0.52
0</td><td rowspan="6">φ1.2Ⓜ</td><td rowspan="6">5</td><td rowspan="6">0
−0.12</td><td rowspan="2">335</td><td rowspan="2">265</td><td rowspan="2">385</td><td>605</td></tr>
<tr><td>160L</td><td>650</td></tr>
<tr><td>180M</td><td rowspan="2">380</td><td rowspan="2">285</td><td rowspan="2">430</td><td>670</td></tr>
<tr><td>180L</td><td>710</td></tr>
<tr><td>200L</td><td>420</td><td>315</td><td>480</td><td>775</td></tr>
<tr><td>225S</td><td rowspan="2">±4.0</td><td rowspan="2">8</td><td rowspan="2">475</td><td rowspan="2">345</td><td rowspan="2">535</td><td>820</td></tr>
<tr><td>225M</td><td>845</td></tr>
</table>

注：1. $G=D-GE$。GE 的极限偏差，对机座号 80 为 $^{+0.10}_{0}$，其余为 $^{+0.20}_{0}$。

2. P 尺寸为最大尺寸。

3. R 为凸缘配合面至轴伸肩的距离。

4. S 孔的位置度公差以轴伸的轴线为基准。

表 2-43　立式安装、机座不带底脚、端盖上有凸缘、轴伸向下的电动机外形及安装尺寸　　mm

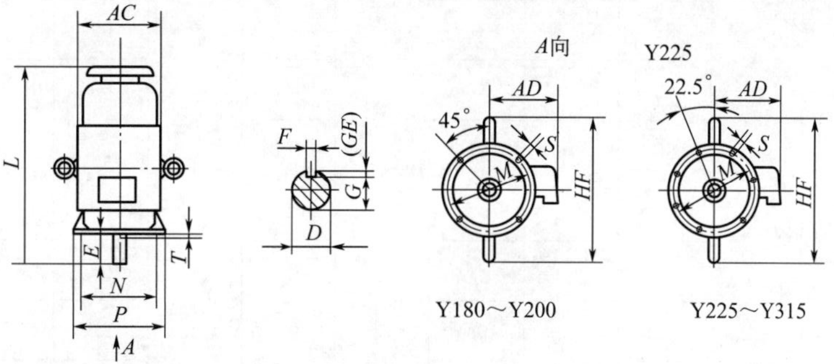

机座号	凸缘号	极数	安装尺寸及公差										
			D		E		F		G		M	N	
			基本尺寸	极限偏差	基本尺寸	极限偏差	基本尺寸	极限偏差	基本尺寸	极限偏差		基本尺寸	极限偏差
180M	FF300	2、4、6、8	48	+0.018 +0.002	110	±0.430	14	0 −0.043	42.5	0 −0.20	300	250	+0.016 −0.013
180L	FF350												
200L			55	+0.030 +0.011			16		49		350	300	±0.016
225S	FF400	4、8	60		140	±0.500	18		53		400	350	±0.018
225M		2	55		110	±0.430	16		49				
		4、6、8	60		140	±0.500	18		53				

续表

机座号	凸缘号	极数	安装尺寸及公差										
			D		E		F		G		M	N	
			基本尺寸	极限偏差	基本尺寸	极限偏差	基本尺寸	极限偏差	基本尺寸	极限偏差		基本尺寸	极限偏差
250M	FF500	2	60	+0.030 +0.011	140	±0.500	18	0 −0.043	53	0 −0.20	500	450	±0.020
		4、6、8	65						58				
280S		2											
		4、6、8	75				20	0 −0.052	67.5				
280M		2	75				18	0 −0.043	58				
		4、6、8	75				20	0 −0.052	67.5				
315S	FF600	2	65				18	0 −0.043	58		600	550	±0.022
		4、6、8、10	80		170		22	0 −0.052	71				
315M		2	65		140		18	0 −0.043	58				
		4、6、8、10	80		170		22	0 −0.052	71				
315L		2	65		140		18	0 −0.043	58				
		4、6、8、10	80		170		22	0 −0.052	71				

续表

机座号	安装尺寸及公差									外形尺寸			
	P	***R***		***S***			***T***		凸缘孔数	***AC***	***AD***	***HF***	***L***
		基本尺寸	极限偏差	基本尺寸	极限偏差	位置度公差	基本尺寸	极限偏差					
180M	350	0	±3.0	19	$^{+0.520}_{0}$	ϕ1.5Ⓜ	5	$^{0}_{-0.120}$	4	380	285	500	730
180L													770
200L	400									420	315	550	850
225S	450		±4.0						8	475	345	610	910
225M													905
													935
250M	550									515	385	650	1035
280S										580	410	720	1120
280M													1170
315S	660			24		ϕ2.0Ⓜ	6	$^{0}_{-0.150}$		645	576	900	1360
													1390
315M													1460
													1490
315L													1460
													1490

注：1. $G=D-GE$，GE 的极限偏差对机座号 80 为$^{+0.10}_{0}$，其余为$^{+0.20}_{0}$。

2. P 尺寸为最大极限值。

3. R 为凸缘配合面至轴伸肩的距离。

4. S 孔的位置度公差以轴伸的轴线为基准。

2.3.9 YVP2系列变频调速异步电动机

YVP2 系列电动机是变频调速专用三相异步电动机，与电子变频器联合使用，可实现转速 150～2750r/min 范围内的无级调速，广泛应用于交通运输、冶金、纺织、印染、化工、矿山、风机、水泵等行业。

使用条件：环境温度不超过－15～＋40℃；海拔不超过 1000m；电机防护等级 IP44；电源电压 380(220)V±10%，频率 50(60)Hz±2%。

调频范围：5～50Hz 恒转矩。工作制：连续（S1）。接法：3kW 及以下用 Y 接法，使变频器输出为三相 220V 时可改为△接法，4kW 及以上为△接。启动转矩>125%，绝缘等级为 F 级，电机内部最高耐温为 110℃。

型号编制方法如下：

Y	VP	□	L2	□	□
异步电动机	调速（变频）	机座中心高（mm）	长机座中第 2 种铁芯长度	极数	功率（kW）

YVP2 系列变频调速异步电动机的技术数据和安装及外形尺寸分别见表 2-44 和表 2-45。

表 2-44　YVP2 系列变频调速异步电动机的技术数据

功率/kW	4 级		6 级		8 级		10 级		
	额定转矩/N·m	电流/A	额定转矩/N·m	电流/A	额定转矩/N·m	电流/A	机座号	额定转矩/N·m	电流/A
0.55	3.5	1.65	5.3	1.88	7.0	2.29	—	—	—
0.75	4.7	2.2	7.1	2.5	9.5	2.28	—	—	—
1.1	7.0	3.0	10.5	3.5	14.0	2.51	—	—	—
1.5	9.5	4.0	14.3	4.4	19.1	4.7	—	—	—
2.2	14.0	5.2	21.0	6.1	28.0	6.4	—	—	—
3.0	19.0	7.2	28.6	7.5	38.2	8.5	—	—	—
4.0	25.4	9.5	38.2	9.5	50.9	10.8	—	—	—
5.5	35.0	12	52.5	12.8	70.0	14.5	—	—	—
7.5	47.7	15.5	71.6	18.0	95.5	19	—	—	—

续表

功率/kW	4级		6级		8级		10级		
	额定转矩/N·m	电流/A	额定转矩/N·m	电流/A	额定转矩/N·m	电流/A	机座号	额定转矩/N·m	电流/A
11	70.0	22	105.0	26	140.1	26	—	—	—
15	95.5	29	143.0	34	191.0	35	—	—	—
18.5	117.1	36.8	176.0	38	235.6	39	—	—	—
22	140.0	43.7	210.0	45	280.1	47	—	—	—
30	190.0	58	286.0	60	382.0	63	—	—	—
37	235.5	70	353.3	72	471.1	76	—	—	—
45	286.4	84	429.0	85	573.0	92	315S	716.2	103
55	350.1	105	525.0	104	700.3	118	315M	875.3	125
75	477.4	136	716.1	140	955.0	153	315L	1193.6	167
90	572.9	162	859.4	168	1146.0	182	315L	1432.4	197
110	700.2	200	1050.3	205	1400.7	220	355M	1750.7	237
132	840.3	235	1260.0	245	1680.8	265	355M	2100.8	283
160	1018.5	285	1528.0	295	2037.2	320	355L	2546.4	344
200	1273.3	360	1910.0	370	2546.7	395	—	—	—
250	1591.5	446	2387.3	464	—	—	—	—	—
315	2005.3	573	—	—	—	—	—	—	—

2.3.10 YCT系列电磁调速三相异步电动机

YCT系列电磁调速三相异步电动机是由三相异步电动机、电磁转差离合器、测速发电机、电气控制装置组成的，广泛适用于恒转矩无级调速的各种机器设备上，例如纺织、电影制片、化工、印染、化学纤维、冶金、造纸、水泥、橡胶、电线、制糖、塑料、发电厂。更适用于变转矩的离心式水泵和风机负载上。YCT系列电磁调速异步电动机的特点是交流无级调速，具有速度负反馈的自动调节系统，速度变化率低于3%；结构简单、使用维护方便、价格低廉；无失控区、调速范围广，最大可达10∶1；控制功率小，便于自控、群控、遥控；启动性能好，启动力矩大，启动平滑等特点。

表 2-45　YVP2 系列变频调速异步电动机的安装和外形尺寸

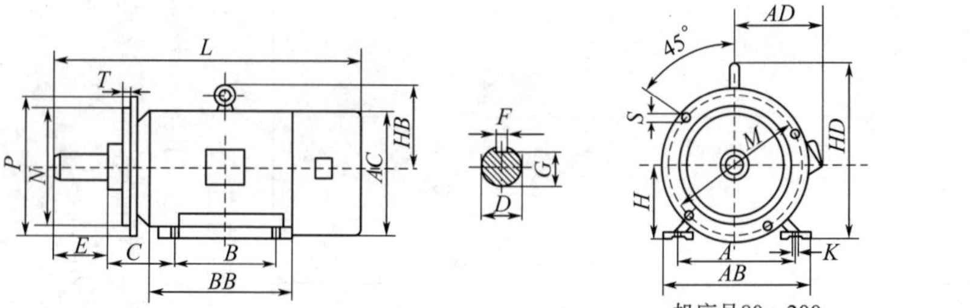

机座号80～200

注：机座号225～355法兰安装孔为8孔均布

机座号	极数	安装尺寸/mm															外形尺寸/mm					
		H	*A*	*B*	*C*	*D*	*E*	*F*	*G*	*K*	*T*	*M*	*N*	*P*	*R*	*S*	*AB*	*AC*	*AD*	*HD*	*HB*	*L*
YVP80	4,6,8	80	125	100	50	19	40	6	15.5								165	156	145	220	—	375
YVP90S	4,6,8	90	140		56	24	50		20	10	3.5	165	130	200		4× ϕ12	180	175	155	250	—	385
YVP90L	4,6,8			125				8													—	410
YVP100L	4,6,8	100	160		63	28	60		24			215	180	250	0		205	195	180	270	145	465
YVP112M	4,6,8	112	190	140	70					12	4					4× ϕ15	230	223	190	300	160	475
YVP132S	4,6,8	132	216		89	38	80	10	30			265	230	300			270	255	210	345	178	550
YVP132M	4,6,8			178																		585

续表

机座号	极数	安装尺寸/mm														外形尺寸/mm						
		H	*A*	*B*	*C*	*D*	*E*	*F*	*G*	*K*	*T*	*M*	*N*	*P*	*R*	*S*	*AB*	*AC*	*AD*	*HD*	*HB*	*L*
YVP160M	4,6,8	160	254	210	108	42	110	12	37	15	5	300	250	350	0	4× ϕ19	320	310	255	420	215	690
YVP160L	4,6,8			254																		730
YVP180M	4,6,8	180	279	241	121	48		14	42.5								355	356	280	455	250	860
YVP180L	4,6,8			279																		910
YVP200L	4,6,8	200	318	305	133	55		16	49	19		350	300	400			395	390	305	505	280	935
YVP225S	4,6,8	225	356	286	149	60	140	18	53			400	350	450		8× ϕ19	435	445	335	560	298	970
YVP225M	4,6,8			311		55	110	16	49													970
						60	140	18	53													1000
YVP250M	4,6,8	250	406	349	168	65	140	18	53 58	24		500	450	550	0		490	495	370	615	330	1100
YVP280S	4,6,8	280	457	368	190	65		18	58								550	550	410	680	370	1135
YVP280M				419		75		20	67.5													1185
YVP315S	4,6,8,10	315	508	406	216	65	140	18	58	28	6	550	550	660		4× ϕ24	635	625	630	845		1435 1485
YVP315M				457																	—	1565
YVP315L				508		80	170	22	71												—	1595
YVP355M	4,6,8,10	355	610	560	254	75	140	20	67.5			740	680	800			730	705	655	1010	—	1800
YVP355L				630		95	170	25	88												—	1830

型号编制方法是：

Y	C	T	□	-	4	□
异步电动机	电磁	调速	机座中心高（mm）		极数	功率挡（A或B）

表 2-46 是 YCT 系列电磁调速三相异步电动机技术数据，各种安装形式下的安装和外形尺寸见表 2-47 和表 2-48；电磁调速电动机的故障和对策见表 2-49。

表 2-46　YCT 系列电磁调速三相异步电动机技术数据

型　号		电动机功率/kW	额定转矩/N·m	调速范围/(r/min)	转速变化率/%	质量/kg
YCT112-	4A	0.55	3.6	1230～125	3	55
	4B	0.75	4.9			
YCT132-	4A	1.1	7.11	1230～125	3	85
	4B	1.5	9.72			
YCT160-	4A	2.2	14.1	1250～125	3	120
	4B	3.0	19.2			
YCT180-	4A	4.0	25.2	1250～125	3	160
YCT200-	4A	5.5	36.1	1250～125	3	250
	4B	7.5	47.7			
YCT225-	4A	11	69.1	1250～125	3	420
	4B	15	94.3			
YCT250-	4A	18.5	116	1320～132	3	500
	4B	22	137			
YCT280-	4A	30	189	1320～132	3	630
YCT315-	4A	37	232	1320～132	3	850
	4B	45	282			
YCT355-	4A	55	344	1340～440	3	1700
	4B	75	469			
	4C	90	564	1340～600	3	

表 2-47 安装形式 IMB3 的安装尺寸

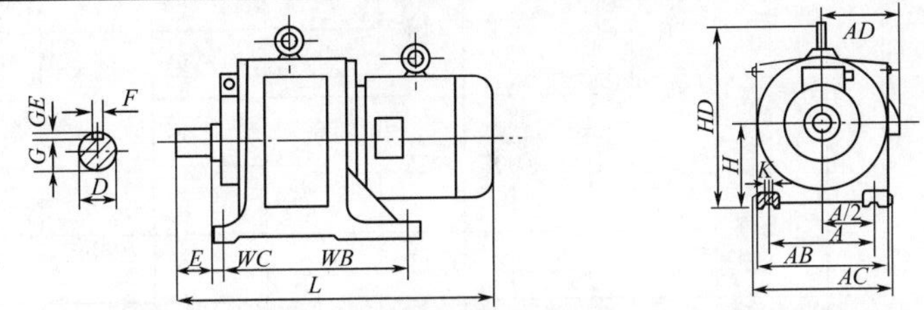

型号		A	WB	WC		D		E		F		G		H	K	外形尺寸/mm				
		基本尺寸	基本尺寸	基本尺寸	极限偏差	基本尺寸	极限偏差	基本尺寸	极限偏差	基本尺寸	极限偏差	基本尺寸	极限偏差	基本尺寸	基本尺寸	AB	AC	AD	HD	L
112-	4A	190	210	40	±1.5	19	+0.009 −0.004	40	±0.31	6	0 −0.030	15.5	0 −0.1	112	12	240	260	150	280	520
	4B																			520
132-	4A	216	241			24		50		8	0 −0.036	20	0 −0.2	132		285	310	165	330	570
	4B																			585
160-	4A	254	267	45		28		60	±0.37			24		160	15	330	350	185	385	665
	4B																			665
180	4A	279	305											180		365	385	195	430	700
	4B																			700
200-	4A	318	356	50		38	+0.018 +0.002	80		10		33		200	19	410	430	235	485	820
	4B																			860
225-	4A	356	406	56		42		110	±0.43	12	0 −0.043	37		225		465	485	270	545	980
	4B																			1025
250-	4A	406	457	63	±2.0	48				14		42.5		250	24	520	540	295	595	1130
	4B																			1170
280	4A	457	508	70		55	+0.030 +0.011			16		49		280		575	595	320	665	1280
	4B																			1280
315-	4A	508	560	89		60		140	±0.50	18		53		315	28	645	670	345	770	1400
	4B																			1425
355-	4A	610	630	108	±3.0	65						58		355		755	780	390	890	1550
	4B									20	0 −0.052	67.5						420		1630
	4C					75														1680

表 2-48　安装形式 B5 的安装尺寸

mm

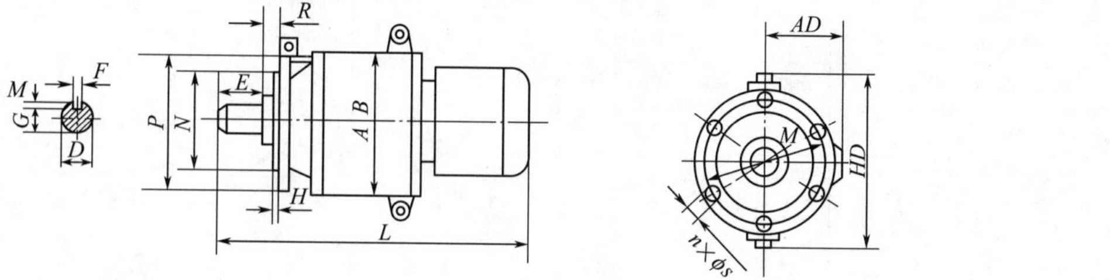

型号		D	E	F	G	M	N	P	R	n	ϕs	H	外形尺寸≤ AB	HD	L	AD
YCTL112-	4A 4B	$19^{+0.009}_{-0.004}$	40 ±0.31	$6^{\ 0}_{-0.030}$	$15.5^{\ 0}_{-0.1}$	215	$180^{+0.014}_{-0.011}$	250	0	4	15	4	230	320	520	150
YCTL132-	4A 4B	$24^{+0.009}_{-0.004}$	50 ±0.31	$8^{\ 0}_{-0.036}$	$20^{\ 0}_{-0.2}$	265	$230^{+0.016}_{-0.013}$	300					275	385	550 585	165
YCTL160-	4A 4B	$28^{+0.009}_{-0.004}$	60 ±0.37	$8^{\ 0}_{-0.036}$	$24^{\ 0}_{-0.2}$								320	440	665	185
YCTL180-	4A												355	490	700	195
YCTL200-	4A 4B	$38^{+0.018}_{-0.012}$	80 ±0.37	$10^{\ 0}_{-0.036}$	$33^{\ 0}_{-0.2}$	300	$250^{+0.016}_{-0.013}$	350			19	5	400	545	820 860	235
YCTL225-	4A 4B	$42^{+0.018}_{-0.002}$	110 ±0.43	$12^{\ 0}_{-0.043}$	$37^{\ 0}_{-0.2}$	350	300±0.016	400					450	620	980 1025	270
YCTL250-	4A 4B	$48^{+0.018}_{-0.002}$		$14^{\ 0}_{-0.043}$	$42.5^{\ 0}_{-0.2}$								490	660	1130 1170	295
YCTL280-	4A	$55^{+0.030}_{-0.011}$		$16^{\ 0}_{-0.043}$	$49^{\ 0}_{-0.2}$	400	350±0.018	450		8			560	760	1280	320
YCTL315-	4A	$60^{+0.030}_{-0.011}$	140 ±0.50	$18^{\ 0}_{-0.043}$	$53^{\ 0}_{-0.2}$								620	855	1400 1425	345

表 2-49　电磁调速电动机的故障和对策

现　象	原　因	对　策
调速器指示灯不亮	组合插头式印刷电路板插座接触不良	保证印刷板上的插头与插座接触良好；断开电源后用乙醇擦洗插头，风干后使用，如断线要重新焊接
	指示灯灯丝断路或未拧紧	检查灯泡是否旋紧，电阻丝是否断路，灯泡与灯座接触是否良好。若电阻丝不断，而灯座无电压，应查找变压器故障
	控制器熔断器熔丝熔断	检查熔丝是否熔断，若熔断首先要检查接线是否正确，有无短路。若无短路，要检查浪涌吸收器是否被击穿。若正常还需要检查晶闸管和二极管等是否击穿或损坏
	电源开关损坏或接触不良	检查开关是否有损坏
调节给定电位器后转速表无指示，离合器不工作	调速器变压器损坏或线圈烧断	如变压器各次级电压不正常，应查找变压器前面的原因；若无 220V 输入电压，应查找插件插头及保险开关，若变压器初级有 220V 交流电压，说明变压器线圈绕组有断线，应更换变压器
	离合器内部线圈烧坏	若离合器线圈有焦味，说明线圈过热匝间短路。若在通入直流电后，电流比通常时大得多，或者熔爆调速器控制保险，说明离合器线圈匝间短路
电磁离合器工作时，转速一直上升，电位器失去作用	电位器损坏	用万用表电阻挡测电位器在来回操作时，线路能否正常工作
	调速器插座接触不良，加不上负反馈电压	断开调速器电源，用无水乙醇洗插座、插脚，烘干后安装
调速器表头指示转速与实际转速值不一致，或无法调节	测速发电动机有一相短路或断路	若测速发电机三相电压不对称，则说明测速发电机某相绕组烧坏
	转速表的整流二极管损坏	检查表内整流二极管是否有短路、断路或阻值不准等损坏
主传动电机运转不正常	轴承发烧磨损	及时更换已损坏的轴承，并加注好光滑油脂。可能时应对这些局部机构的一切部件进行清洗、加油
主电机转速周期性下降	机械故障	更换损坏的胶辊轴承
主传动电机运转时噪声较大	滑差电机在高速运转时偏离，电枢和磁极转子摩擦	停机修理，恢复电枢和磁极转子的动平衡，并将其固定好，保证主传动电机正常运转

续表

现　象	原　因	对　策
升速后转速逐步下降以致停机	主电机回路的有关接线元件及主电机的交流接触器接线部位松动	清理接线端子和导线的接触面，紧固接线螺钉，去除烧坏导线的氧化物层，改换损坏严重的接线端子等
主传动电机制动电磁离合器烧毁	电气元件因为接触不良而不吸合，使其温度升高	保持调速电机制动离合器的磁轭、衔铁、摩擦片等部位的洁净，无油污和任何杂物
电磁离合器在高转速时振动	磁极后支撑轴承间隙过大或轴输出端偏心	打开电磁离合器前端盖，更换支撑轴承；用酒精清洗电磁离合器输出轴外径和内径结合处，并在结合处涂金属胶；安装轴承后，调整轴输出端横向间隙，使磁极的前后端与电枢在一个中心轴上
启动电动机时输出轴转速不均，加负载后转速下降过快	磁极线圈和测速发电机损坏	检查磁极线圈引线与连接端子连线处的连接状态；提高励磁线圈、测速发电机的接线端子与电缆线连接处的绝缘；检修测速发电机，修复损坏部件
电磁调速电机故障	励磁线圈损坏，线圈对地或匝间短路	励磁线圈直流电阻值接近于0或无穷大时证明线圈损坏，阻值变化较大证明线圈对地或匝间短路，应进行线圈绝缘处理或更换线圈
启动电动机时控制器未通电输出轴即高速运转	离合器内转子与电枢之间的气隙被粉尘填满，发生软机械联动故障	将电枢与磁极内的粉尘清除干净，把因摩擦造成的凹凸不平处打磨平并重新装配好

2.3.11　YEJ2系列电磁制动异步电动机

YEJ2系列（IP54）电磁制动三相异步电动机是Y2系列（IP54）三相异步电动机的派生系列电动机产品。用于要求快速停止、准确定位，往复运转，频繁启动，防止滑行的各种机械中作主轴传动辅助传动用，如升降机械、运输机械、包装机械、建筑机械、减速机械、冶锻机械等。

YEJ2系列（IP54）电磁制动三相异步电动机功率等级、安装尺寸、绝缘等级、工作方式、冷却方式、使用条件等均与Y2系列相应规格相同。

电磁制动器额定电压：电动机机座号为71～100者为直流

99V，112～200 者为直流 170V。

型号编制方法是：

Y	E	J	□	□	□	□
异步电动机	制动	附加电磁制动器	机座中心高（mm）	机座长度代号 L—长机座 M—中机座 S—短机座	铁芯长度代号	极数

YEJ2 系列电磁制动异步电动机的技术参数见表 2-50，其制动器的技术参数见表 2-51。

表 2-50　YEJ2 系列电磁制动异步电动机的技术参数

型　号	功率/kW	满载时				启动转矩/额定转矩	启动电流/额定电流	最大转矩/额定转矩
		额定电流/A	转速/(r/min)	效率/%	功率因数			
同步转速 3000r/min								
YEJ2 801-2	0.75	1.8	2825	75.0	0.84	2.2	6.5	2.3
YEJ2 802-2	1.1	2.5	2825	77.0	0.86	2.2	7.0	2.3
YEJ2 90S-2	1.5	3.4	2840	78.0	0.85	2.2	7.0	2.3
YEJ2 90L-2	2.2	4.8	2840	80.5	0.86	2.2	7.0	2.3
YEJ2 100L-2	3	6.4	2880	82.5	0.87	2.2	7.0	2.3
YEJ2 112M-2	4	8.2	2890	85.5	0.87	2.2	7.0	2.3
YEJ2 132S1-2	5.5	11.1	2900	85.5	0.88	2.0	7.0	2.3
YEJ2 132S2-2	7.5	15.0	2900	86.0	0.88	2.0	7.0	2.3
YEJ2 160M1-2	11	21.8	2930	87.2	0.88	2.0	7.0	2.3
YEJ2 160M2-2	15	29.4	2930	88.2	0.88	2.0	7.0	2.2
YEJ2 160L-2	18.5	35.5	2930	89.0	0.89	2.0	7.0	2.2
YEJ2 180M-2	22	42.2	2940	89.0	0.89	2.0	7.0	2.2
YEJ2 200L1-2	30	56.9	2950	90.0	0.89	2.0	7.0	2.2
YEJ2 200L2-2	37	69.8	2950	90.5	0.89	2.0	7.0	2.2
YEJ2 225M-2	45	84.0	2970	91.5	0.89	2.0	7.0	2.2
同步转速 1500r/min								
YEJ2 801-4	0.55	1.5	1390	73.0	0.76	2.4	6.0	2.3
YEJ2 802-4	0.75	2.0	1390	74.5	0.76	2.3	6.0	2.3
YEJ2 90S-4	1.1	2.7	1400	78.0	0.78	2.3	6.5	2.3
YEJ2 90L-4	1.5	3.7	1400	79.0	0.79	2.3	6.5	2.3
YEJ2 100L1-4	2.2	5.0	1420	81.0	0.82	2.2	7.0	2.3
YEJ2 100L2-4	3	6.8	1420	82.5	0.81	2.2	7.0	2.3
YEJ2 112M-4	4	8.8	1440	84.5	0.82	2.2	7.0	2.3

续表

型　号	功率/kW	满载时				启动转矩/额定转矩	启动电流/额定电流	最大转矩/额定转矩
		额定电流/A	转速/(r/min)	效率/%	功率因数			
YEJ2 132S-4	5.5	11.6	1440	85.5	0.84	2.2	7.0	2.3
YEJ2 132M-4	7.5	15.4	1440	87.0	0.85	2.2	7.0	2.3
YEJ2 160M-4	11	22.6	1460	88.0	0.84	2.2	7.0	2.3
YEJ2 160L-4	15	30.0	1460	88.5	0.85	2.2	7.0	2.2
YEJ2 180M-4	18.5	35.9	1470	91.0	0.86	2.0	7.0	2.2
YEJ2 180L-4	22	42.5	1470	91.5	0.86	2.0	7.0	2.2
YEJ2 200L-4	30	56.8	1470	92.2	0.87	2.0	7.0	2.2
YEJ2 225S-4	37	70.4	1480	91.8	0.87	1.9	7.0	2.2
YEJ2 225M-4	45	84.2	1480	92.3	0.88	1.9	7.0	2.2
同步转速 1000r/min								
YEJ2 90S-6	0.75	2.3	910	72.5	0.70	2.0	5.5	2.2
YEJ2 90L-6	1.1	3.2	910	73.5	0.72	2.0	5.6	2.2
YEJ2 100L-6	1.5	4.0	940	77.5	0.74	2.0	6.0	2.2
YEJ2 112M-6	2.2	5.6	960	80.5	0.74	2.0	6.0	2.2
YEJ2 132S-6	3	7.2	960	83.0	0.76	2.0	6.5	2.2
YEJ2 132M1-6	4	9.4	960	84.0	0.77	2.0	6.5	2.2
YEJ2 132M2-6	5.5	12.6	970	85.3	0.78	2.0	6.5	2.0
YEJ2 160M-6	7.5	17.0	970	86.0	0.78	2.0	6.5	2.0
YEJ2 160L-6	11	24.6	970	87.0	0.78	2.0	6.5	2.0
YEJ2 180L-6	15	31.4	970	89.5	0.81	1.8	6.5	2.0
YEJ2 200L1-6	18.5	37.7	980	89.8	0.83	1.8	6.5	2.0
YEJ2 200L2-6	22	44.6	980	90.2	0.83	1.8	6.5	2.0
YEJ2 225M-6	30	59.3	980	90.2	0.85	1.7	6.5	2.0
同步转速 750r/min								
YEJ2 132S-8	2.2	5.8	710	80.5	0.71	2.0	5.5	2.0
YEJ2 132M-8	3	7.7	710	82.0	0.72	2.0	5.5	2.0
YEJ2 160M1-8	4	9.9	720	84.0	0.73	2.0	6.0	2.0
YEJ2 160M2-8	5.5	13.3	720	85.0	0.74	2.0	6.0	2.0
YEJ2 160L-8	7.5	17.7	720	86.0	0.75	2.0	5.5	2.0
YEJ2 180L-8	11	24.8	730	87.5	0.76	1.7	6.0	2.0
YEJ2 200L-8	15	34.1	730	88.0	0.77	1.8	6.0	2.0
YEJ2 225S-8	18.5	41.3	735	89.0	0.76	1.7	6.0	2.0
YEJ2 225M-8	22	47.6	735	90.0	0.78	1.8	6.0	2.0

表 2-51 YEJ2 系列电磁制动异步电动机制动器的技术参数

型 号	衔铁最大行程 /mm	空载制动时间 /s	制动力矩 /N·m	励磁电压 (DC) /V	制动器励磁功率 /W
YEJ2 80	1.0	0.20	7.5	99	50
YEJ2 90	1.0	0.20	15	99	60
YEJ2 100	1.0	0.20	30	99	80
YEJ2 112	1.0	0.25	40	170	110
YEJ2 132	1.2	0.25	75	170	130
YEJ2 160	1.2	0.35	150	170	150
YEJ2 180	1.2	0.35	200	170	150
YEJ2 200	1.5	0.45	300	170	200
YEJ2 225	1.5	0.45	400	170	200

2.3.12 YLJ 系列电磁力矩异步电动机

YLJ 系列力矩三相异步电动机具有机械特性软、线性好、调速范围宽等独特电气性能。当负载增加时，其转速随之下降而转矩增加。较小的负载变化即可引起转速的相应变化。供电电压的微小变化可使转速转矩有相应的改变，是一种理想的调压无级调速电机，适用于造纸、纺织、电线电缆、橡胶、塑料及金属线材加工中作卷绕、开卷、堵转和调速设备的动力。

适用于环境温度不高于 40℃，海拔不超过 1000m。电源为 380V，50Hz 三相交流供电。电机工作方式为 S9，从空载到堵转负载和转速连续变化的非周期工作制。外壳防护等级：YLJW 为 IP44，YLJ 为 IP21。

型号编制方法为：

Y	LJ	W	□	-	□	□
异步电动机	力矩	微型	机座中心高 (mm)		额定转矩	极数

YLJ 电磁力矩异步电动机技术参数见表 2-52，其安装形式为 IMB3、IMB5 和 IMB35 时的安装和外形尺寸分别见表 2-53～表 2-55。

表 2-52　YLJ 电磁力矩异步电动机技术参数

型号	中心高/mm	最大力矩/N·m	极数	最大电流/A	堵转时间/min	防护等级	质量/kg
YLJ56-0.2/4	56	0.2	4	0.15	30	IP44	6
YLJ63-0.3/4	63	0.3	4	0.2	30	IP44	8
YLJ63-0.5/4		0.5	4	0.3			
YLJ63-0.8/4		0.8	4	0.5			
YLJ71-1/4	71	1.0	4	0.6	20	IP44	11
YLJ71-1.6/4		1.6	4	0.8			
YLJ71-1.2/6		1.2	6	0.6			
YLJ71-1.2/8		1.2	8	0.7			
YLJ71-1.5/8		1.5	8	0.9			
YLJ80-2/4	80	2.0	4	1.2	15	IP44	16
YLJ80-2.5/4		2.5	4	1.3			
YLJ80-2.5/6		2.5	6	1.0			
YLJ80-2.5/8		2.5	8	1.3			
YLJ90-2/2	90	2.0	2	1.8	5	IP44	22
YLJ90-3/2		3.0	2	2.6			
YLJ90-3/4		3.0	4	1.4			
YLJ90-4/4		4.0	4	2.0			
YLJ90-3/6		3.0	6	1.3			
YLJ90-4/6		4.0	6	1.5			
YLJ90-3/8		3.0	8	1.6			
YLJ100-4/2	100	4.0	2	3.6	15	IP44	36
YLJ100-4/4		4.0	4	2.0			
YLJ100-5/4		5.0	4	2.5			
YLJ100-4/6		4.0	6	1.8			
YLJ100-5/6		5.0	6	2			
YLJ100-5/8		5.0	8	2			
YLJ100-6/2		6.0	2	6		IP21	40
YLJ100-10/4		10.0	4	5			
YLJ100-8/6		8.0	6	2.6			
YLJ100-10/6		10.0	6	4			
YLJ100-6/8		6.0	8	2.4			
YLJ100-10/8		10.0	8	3			
YLJ112-10/2	112	10.0	2	9	15	IP21	53
YLJ112-6/4		6.0	4	3.5			
YLJ112-8/4		8.0	4	5.5			
YLJ112-10/4		10.0	4	6.5			

续表

型号	中心高/mm	最大力矩/N·m	极数	最大电流/A	堵转时间/min	防护等级	质量/kg
YLJ112-6/6	112	6.0	6	3.5	15	IP21	53
YLJ112-8/6		8.0	6	5.5			
YLJ112-10/6		10.0	6	6.0			
YLJ112-6/8		6.0	8	3.5			
YLJ112-8/8		8.0	8	5.5			
YLJ112-10/8		10.0	8	6			
YLJ132-16/2	132	16.0	2	9	10	IP21	80
YLJ132-16/4		16.0	4	9			
YLJ132-25/4		25.0	4	12			
YLJ132-40/4		40.0	4	20			
YLJ132-16/6		16.0	6	7			
YLJ132-25/6		25.0	6	10			
YLJ132-40/6		40.0	6	16			
YLJ132-16/8		16.0	8	6			
YLJ132-25/8		25.0	8	10			
YLJ132-40/8		40.0	8	15			
YLJ160-40/2	160	40.0	2	40	5	IP21	130
YLJ160-60/4		60.0	4	30			130
YLJ160-80/4		80.0	4	40			135
YLJ160-100/4		100.0	4	50			135
YLJ160-60/6		60.0	6	25			130
YLJ160-80/6		80.0	6	35			135
YLJ160-100/6		100.0	6	45			135
YLJ160-60/8		60.0	8	25			130
YLJ160-80/8		80.0	8	35			135
YLJ160-100/8		100.0	8	45			135
YLJ180-125/4	180	125.0	4	70	5	IP21	155
YLJ180-160/4		160.0	4	85			155
YLJ180-200/4		200.0	4	110			160
YLJ180-125/6		125.0	6	60			155
YLJ180-160/6		160.0	6	80			155
YLJ180-200/6		200.0	6	100			160
YLJ180-125/8		125.0	8	55			155
YLJ180-160/8		160.0	8	75			155
YLJ180-200/8		200.0	8	90			160

表 2-53　安装形式 IMB3 安装及外形尺寸

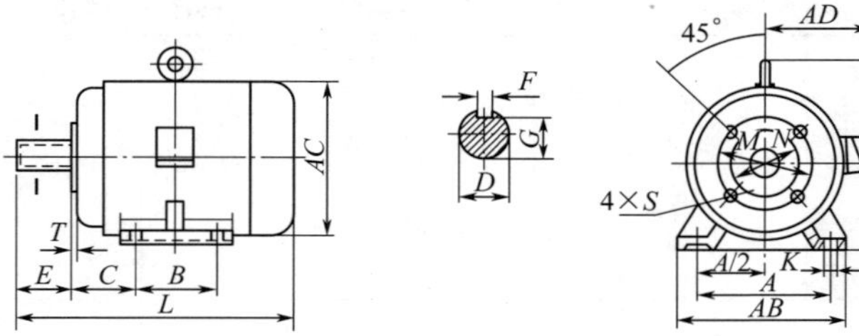

机座号	安装尺寸/mm										外形尺寸/mm				
	A	**A/2**	**B**	**C**	**D**	**E**	**F**	**G**	**H**	**K**	**AB**	**AC**	**AD**	**HD**	**L**
56	90	45	71	36	9	20	3	7.2	56	5.8	115	120	60	135	170
63	100	50	80	40	11	23	4	8.5	63	7	130	130	65	165	230
71	112	56	90	45	14	30	5	11	71	7	145	145	72.5	180	255
80	125	62.5	100	50	19	40	6	15.5	80	10	160	165	82.5	170	285
90	140	70	125	56	24	50	8	20	90	10	180	170	155	195	335
100	160	80	140	63	28	60	8	24	100	12	205	195	180	245	430
112	190	95	140	70	28	60	8	24	112	12	245	230	190	265	460
132	216	108	178	89	38	80	10	33	132	12	280	270	210	315	580
160	254	127	210	108	42	110	12	37	160	15	330	325	255	385	680

表 2-54　安装形式 IMB5 安装及外形尺寸

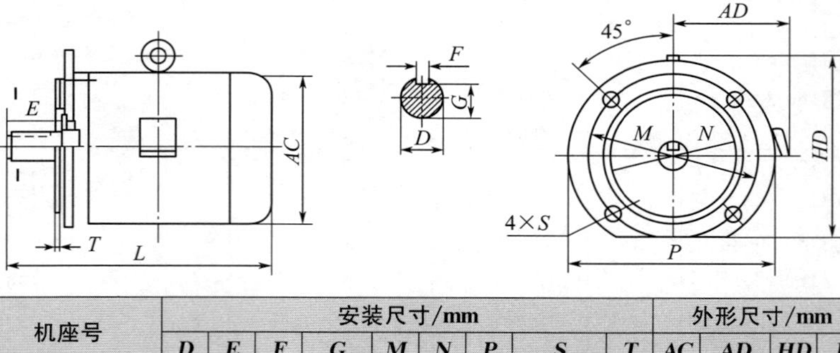

机座号	安装尺寸/mm									外形尺寸/mm			
	D	**E**	**F**	**G**	**M**	**N**	**P**	**S**	**T**	**AC**	**AD**	**HD**	**L**
56	9	20	3	7.2	65	50	80	4×ϕ5	2.5	120	60	135	170
63	11	23	4	8.5	75	60	90	4×ϕ5	2.5	120	60	165	230
71	14	30	5	11	85	70	105	4×ϕ6	2.5	145	72.5	185	255
80	19	40	6	15.5	165	130	200	4×ϕ12	3.5	170	82.5	170	285

续表

机座号	安装尺寸/mm									外形尺寸/mm			
	D	*E*	*F*	*G*	*M*	*N*	*P*	*S*	*T*	*AC*	*AD*	*HD*	*L*
90	24	50	8	20	165	130	200	4×ϕ12	3.5	170	155	195	335
100	28	60	8	24	215	180	250	4×ϕ15	4	195	180	245	430
112	28	60	8	24	215	180	250	4×ϕ15	4	230	190	265	460
132	38	80	10	33	265	230	300	4×ϕ15	4	270	210	315	580
160	42	110	12	37	300	250	350	4×ϕ19	5	325	255	385	680

表 2-55　安装形式 IMB35 安装及外形尺寸

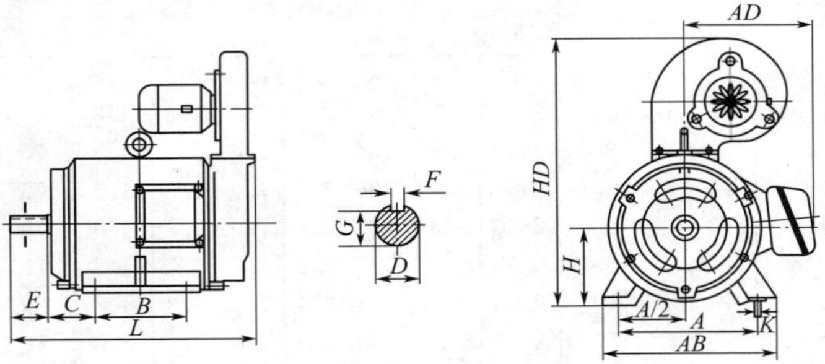

机座号	安装尺寸/mm										外形尺寸/mm			
	A	*A*/2	*B*	*C*	*D*	*E*	*F*	*G*	*H*	*K*	*AB*	*AD*	*HD*	*L*
112	190	95	140	70	28	60	8	24	112	12	245	160	400	380
132	216	108	178	89	38	80	10	33	132	12	248	210	530	480
160	254	127	210	108	42	110	12	37	160	15	324	230	610	575
180	279	139.5	279	121	48	110	14	42.5	180	15	360	270	650	675

2.3.13　YA 系列增安型电动机

YA 系列增安型电动机是在正常运行条件下不会产生电弧、火花或危险高温的电机结构上，再采取一些机械、电气和热的保护措施，使之进一步避免在正常或认可的过载条件下出现电弧、火花或高温的危险，从而确保其防爆安全性。

增安型电机的型号编制方法是：

Y	A	□	□	□	WF1
异步电动机	增安型	机座中心高（mm）	机座和铁芯代号	极数	户外防中等腐蚀

例：YA355Ⅱ-2WF1 表示机座中心高为 355mm、长机座、1 号铁芯、2 极、户外防中等腐蚀的增安型异步电动机。

电动机防爆标志代表的意义：Ex—防爆标志，e—电气设备防爆形式（增安型），Ⅱ—电气设备Ⅱ类，T3—温度组别。

YA 增安型电动机的技术数据见表 2-56 和表 2-57。

表 2-56　YA 增安型电动机的技术数据（Ⅰ）

型号	温度组别	功率/kW	电流/A	转速/(r/min)	效率/%	功率因数 cosφ	启动转矩/额定转矩	启动电流/额定电流	最大转矩/额定转矩	振动/(mm/s)	噪声/dB(A)	质量/kg
同步转速 3000r/min												
YA80L-2	T3	0.10	1.8	2480	70	0.84	2.2	6.5	2.3	1.8	71	17
YA802-2	T3	1.1	2.5	2480	77	0.86	2.2	7.0	2.3	1.8	71	18
YA90S-2	T3	1.5	3.44	2480	78	0.84	2.2	7.0	2.3	1.8	75	22
YA90L-2	T3	2.2	4.74	2480	80.5	0.86	2.2	7.0	2.3	1.8	75	26
YA100L-2	T3	3	6.4	2880	82.0	0.87	2.2	7.0	2.3	1.8	79	35
YA112M-2	T3	4	8.17	2890	80.5	0.87	2.2	7.0	2.3	1.8	79	45
YA132S1-2	T3	5.5	10.7	2900	85.5	0.88	2.0	7.0	2.3	1.8	83	67
YA132S2-2	T3	7.5	14.3	2900	86.2	0.88	2.0	7.0	2.3	1.8	83	71
YA160M2-2	T3	11	21	2930	87.5	0.9	1.8	7.0	2.2	2.8	87	118
YA160L-2	T3	15	28.6	2930	88.2	0.9	1.8	7.0	2.2	2.8	87	128
YA160M1-2	T3	11	21	2930	88.0	0.88	2.0	7.0	2.3	2.8	87	71
YA160M2-2	T3	15	29	2930	89.8	0.88	2.0	7.0	2.3	2.8	87	118
YA160L-2	T2	18.5	30.5	2930	89.0	0.89	2.0	7.0	2.2	2.8	87	150
YA180M-2	T2	22	42.2	2940	89.0	0.89	2.0	7.0	2.2	2.8	92	178
YA180M-2	T2	18.5	34.9	2940	88.5	0.91	1.5	7.0	2.2	2.8	87	174
YA200L1-2	T2	30	56.9	2950	90.0	0.89	0.89	7.0	2.2	2.8	95	230
YA200L2-2	T3	37	69.8	2950	90.5	0.89	0.89	7.0	2.2	2.8	95	250
YA200L1-2	T2	22	41.5	2950	88.5	0.91	1.5	7.0	2.2	2.8	92	222
YA200L2-2	T3	30	56	2950	89.5	0.91	1.5	7.0	2.2	2.8	95	242
YA225M-2	T2	45	84	2960	91.0	0.89	2.0	7.0	2.2	2.8	97	319
YA225M-2	T3	37	68.3	2960	90.5	0.91	1.5	7.0	2.2	2.8	95	310
YA250M-2	T3	55	103	2970	91.5	0.89	2.0	7.0	2.2	4.5	97	403
YA250M-2	T3	45	83	2970	90.5	0.91	1.5	7.0	2.2	4.5	97	391
YA280S-2	T2	75	140	2970	91.0	0.91	1.9	7.0	2.2	4.5	99	549
YA280M-2	T2	90	163	2970	92.5	0.91	1.9	7.0	2.2	4.5	99	595
YA280S-2	T2	55	99	2970	91.0	0.91	1.5	7.0	2.2	4.5	97	529
YA280M-2	T3	75	137	2970	91.0	0.91	1.5	7.0	2.2	4.5	99	580

续表

型号	温度组别	功率/kW	电流/A	转速/(r/min)	效率/%	功率因数 cosφ	启动转矩/额定转矩	启动电流/额定电流	最大转矩/额定转矩	振动/(mm/s)	噪声/dB(A)	质量/kg
同步转速 1500r/min												
YA801-4	T3	0.55	1.55	1400	73	0.74	2.4	6.0	2.3	1.8	67	17
YA802-4	T3	0.75	2.1	1400	74.5	0.74	2.3	6.0	2.3	1.8	67	18
YA90S-4	T3	1.1	2.84	1400	77.5	0.76	2.3	6.5	2.3	1.8	67	23
YA90L-4	T3	1.5	3.72	1400	78.5	0.78	2.2	6.5	2.3	1.8	67	27
YA100L1-4	T3	2.2	5.1	1425	81	0.82	2.2	7.0	2.3	1.8	70	35
YA100L2-4	T3	3	6.9	1430	82.5	0.80	2.2	7.0	2.3	1.8	70	38
VA112M-4	T3	4	8.88	1440	84.5	0.82	2.2	7.0	2.3	1.8	74	49
VA132S-4	T3	5.5	11.4	1440	85.5	0.83	2.2	7.0	2.3	1.8	78	67
YA132M-4	T3	7.5	15.2	1440	87	0.88	2.2	7.0	2.3	1.8	78	80
YA160M-4	T3	11	22.6	1460	88	0.88	2.2	7.0	2.3	1.8	82	124
YA160L-4	T3	15	30	1450	88.5	0.85	2.2	7.0	2.3	1.8	82	147
YA180M-4	T2	18.5	35.1	1470	91	0.87	2.0	7.0	2.2	1.8	82	173
YA180L-4	T2	22	42.5	1470	90	0.87	2.0	7.0	2.2	1.8	82	197
YA180L-4	T3	18.5	35.7	1470	90.5	0.87	1.9	7.0	2.2	1.8	82	192
YA200L-4	T2	30	56.8	1470	92.5	0.87	2.0	7.0	2.2	1.8	84	255
YA200L-4	T3	22	42.5	1470	92	0.87	1.9	7.0	2.2	1.8	82	247
YA225S-4	T2	37	70.4	1480	91.8	0.88	1.8	7.0	2.2	1.8	84	305
YA225M-4	T2	45	84.5	1480	92.3	0.88	1.9	7.0	2.2	1.8	84	333
YA225S-4	T3	30	57.5	1480	91.2	0.87	1.9	7.0	2.2	1.8	84	298
YA225M-4	T3	37	69.8	1480	92	0.88	1.8	7.0	2.2	1.8	84	325
YA250M-4	T3	55	102.5	1480	92.6	0.88	2.0	7.0	2.2	2.8	86	400
YA250M-4	T3	45	84.5	1480	92	0.88	1.7	7.0	2.2	2.8	84	390
YA280S-4	T3	75	138	1480	92.7	0.88	1.9	7.0	2.2	2.8	90	560
YA280M-4	T3	90	163	1480	93.5	0.89	1.9	7.0	2.21	2.8	90	660
YA280S-4	T3	55	100	1480	93	0.89	1.7	7.0	2.2	2.8	86	640
YA280M-4	T3	75	135	1480	93	0.90	1.7	7.0	2.2	2.8	90	645
同步转速 1000r/min												
YA90S-6	T3	0.75	2.26	910	72	0.68	2.0	5.5	2.2	1.8	65	25
YA90L-6	T3	1.1	3.18	910	73	0.70	2.0	5.5	2.2	1.8	65	27
YA100L-6	T3	1.5	4.1	938	77.5	0.73	2.0	6.0	2.2	1.8	67	32
YA112M-6	T3	2.2	5.72	940	80	0.73	2.0	6.0	2.2	1.8	67	45
YA132S-6	T3	3	7.2	960	83	0.75	2.0	6.5	2.2	1.8	71	65
YA132M1-6	T3	4	9.3	960	84	0.78	2.0	6.5	2.2	1.8	71	75
YA132M2-6	T3	5.5	12.3	960	85.3	0.78	2.0	6.5	2.2	1.8	71	84

续表

型号	温度组别	功率/kW	电流/A	转速/(r/min)	效率/%	功率因数cosφ	启动转矩/额定转矩	启动电流/额定电流	最大转矩/额定转矩	振动/(mm/s)	噪声/dB(A)	质量/kg
YA160M-6	T3	7.5	17	970	86	0.77	2.0	6.5	2.0	1.8	75	121
YA160L-6	T3	11	25	970	87	0.76	2.0	6.5	2.0	1.8	75	146
YA180L-6	T3	15	31.4	970	88.5	0.81	1.8	6.5	2.0	1.8	78	186
YA200L1-6	T3	18.5	37.7	970	89.8	0.83	1.8	6.5	2.0	1.8	78	235
YA200L2-6	T3	22	44.6	970	90.2	0.83	1.8	6.5	2.0	1.8	78	260
YA225M-6	T3	30	60.2	970	90.2	0.84	1.7	6.5	2.0	1.8	81	302
YA250M-6	T3	37	72.0	980	90.8	0.86	1.8	6.5	2.0	2.8	81	400
YA280S-6	T3	45	84	980	92	0.87	1.8	6.5	2.0	2.8	84	533
YA280M-6	T3		102	980	92	0.87	1.8	6.5	2.0	2.8	84	590
同步转速 750r/min												
YA132S-8	T3	2.2	5.8	710	80.5	0.71	2.0	5.5	2.0	1.8	66	64
YA132M-8	T3	3	7.8	710	81.5	0.72	2.0	5.5	2.0	1.8	66	75
YA160M1-8	T3	4	10	720	84	0.71	2.0	6.0	2.0	1.8	69	110
YA160M2-8	T3	5.5	13.3	720	85	0.74	2.0	6.0	2.0	1.8	69	121
YA160L-8	T3	7.5	17.7	720	86	0.74	2.0	5.5	2.0	1.8	72	147
YA180L-8	T3	11	25.4	730	87.5	0.77	1.7	6.0	2.0	1.8	72	182
YA200L-8	T3	15	34.1	730	88	0.76	1.8	6.0	2.0	1.8	75	290
YA225S-8	T3	18.5	41.3	735	89.5	0.76	1.7	6.0	2.0	1.8	75	276
YA225M-8	T3	22	47.6	735	90	0.78	1.8	6.0	2.0	1.8	75	303
YA225M-8	T3	30	63	740	90.5	0.80	2.0	6.0	2.0	2.8	78	400
YA280S-8	T3	37	76	740	91	0.79	2.0	6.0	2.0	2.8	78	522
YA280M-8	T3	45	91	740	91.7	0.80	2.0	6.0	2.0	2.8	78	578

表 2-57 YA 增安型电动机的技术数据（Ⅱ）

型　号	功率/kW		电流/A		效率/%	功率因数cosφ	启动转矩/额定转矩	启动电流/额定电流	最大转矩/额定转矩	振动/(mm/s)	噪声/dB(A)	转动惯量/kg·m²	质量/kg
	T2	T3	T2	T3	T2/T3								
同步转速 3000r/min													
YA315S	110	90	201	164	94	0.89	1.6	7.0	2.2	4.5	104	2.06	950
YA315M	132	110	240	200	94.5/94	0.89	1.6	7.0	2.2	4.5	104	2.2	1000
YA315L	160	132	289	238	94.8/94	0.89	1.6	7.0	2.2	4.5	104	2.5	1150
YA355S1	185	160	334	384	94.8/95	0.9	1.4	7.0	2.2	4.5	109	3.06	1490
YA355S2	200	185	355	329	94.8/95	0.9	1.4	7.0	2.2	4.5	109	3.21	1550
YA355M1	220	200	391	354	95	0.9	1.4	7.0	2.2	4.5	109	3.3	1630
YA355M2	250	(220)	442	389	95.5	0.9	1.4	7.0	2.2	4.5	109	4.0	1775
YA355L	280	250	495	442	95.5	0.9	1.4	7.0	2.2	4.5	109	4.4	1900

续表

型号	功率/kW		电流/A		效率/%	功率因数	启动转矩/额定转矩	启动电流/额定电流	最大转矩/额定转矩	振动/(mm/s)	噪声/dB(A)	转动惯量/kg·m²	质量/kg
	T2	T3	T2	T3	T2/T3	cosφ							
同步转速 1500r/min													
YA315S	110	90	202	165	94/93	0.89	1.6	7.0	2.2	2.8	101	3.29	900
YA315M	132	110	241	201	94	0.89	1.6	7.0	2.2	2.8	101	3.47	980
YA315L	160	132	289	238	94.5	0.89	1.6	7.0	2.2	2.8	101	4.06	1150
YA355S1	185	160	334	289	94.5	0.88	1.4	7.0	2.2	2.8	106	7.30	1730
YA355S2	200	185	361	332	94.5	0.88	1.4	7.0	2.2	2.8	106	7.86	1820
YA355M1	220	200	395	359	95	0.88	1.4	7.0	2.2	2.8	106	8.59	1890
YA355M2	250	220	449	393	95	0.89	1.4	7.0	2.2	2.8	106	9.59	2090
YA355L	280	250	501	446	95.5	0.89	1.4	7.0	2.0	2.5	106	10.0	2180
同步转速 1000r/min													
YA315S	75	75	141	141	93	0.87	1.6	6.5	2.2	2.8	92	3.84	840
YA315M	90	90	158	158	93.5	0.87	1.6	6.5	2.2	2.8	92	4.29	900
YA315L1	110	110	205	205	94	0.87	1.6	6.5	2.2	2.8	92	4.82	980
YA315L2	132	132	231	231	94.5	0.87	1.6	6.5	2.2	2.8	92	5.69	1150
YA355S	160	160	297	297	94.5	0.87	1.5	6.5	2.2	2.8	102	11.5	1690
YA355M1	185	185	344	344	94.5	0.87	1.5	6.5	2.2	2.8	102	12.0	1470
YA355M2	200	200	370	370	94.5	0.87	1.5	6.5	2.2	2.8	102	13.8	1280
YA355L1	220	220	407	407	95	0.87	1.5	6.5	2.2	2.8	102	15.0	1910
YA355L2	250	250	462	462	95	0.87	1.5	6.5	2.2	2.8	102	17.6	2120
同步转速 750r/min													
YA315S	55	55	112	112	92.5	0.81	1.6	6.0	2.0	2.8	87	3.47	840
YA315M	75	75	152	152	93.0	0.81	1.6	6.0	2.0	2.8	87	4.26	900
YA315L1	90	90	181	181	93.5	0.81	1.6	6.0	2.0	2.8	87	4.79	980
YA315L2	110	110	221	21	94.5	0.82	1.6	6.0	2.0	2.8	87	5.63	1150
YA355S	12	12	260	260	94.5	0.82	1.4	6.0	2.0	2.8	87	12.1	1820
YA355M	160	160	315	315	84.5	0.82	1.4	6.0	2.0	2.8	87	14.4	1900
YA355L1	185	185	363	363	94.5	0.82	1.4	6.0	2.0	2.8	87	16.7	2100
YA355L2	200	200	392	392	94.8	0.82	1.4	6.0	2.0	2.8	87	17.6	2180
同步转速 600r/min													
YA355S	45	45	100	100	92.8	0.75	1.4	6.0	2.0	2.8	87	3.06	840
YA315M	55	55	121	121	93.0	0.75	1.4	6.0	2.0	2.8	87	4.34	900
YA315L	75	75	164	164	92.5	0.75	1.4	6.0	2.0	2.8	87	5.64	1100
YA355S	90	90	187	187	93.5	0.87	1.3	6.0	2.0	2.8	92	14.3	1690
YA355M1	110	110	229	229	93.5	0.87	1.3	6.0	2.0	2.8	92	16.5	1820
YA355M2	132	132	273	273	93.5	0.87	1.3	6.0	2.0	2.8	92	17.8	1910
YA355L1	160	160	331	331	94.0	0.87	1.3	6.0	2.0	2.8	92	20.2	2120
YA355L2	185	185	381	381	94.0	0.87	1.3	6.0	2.0	2.8	92	21.9	2230

注：噪声为 A 计权声功率级 2 级噪声限值。

2.3.14 YB 系列隔爆电动机

隔爆电动机是能承受通过外壳任何接合面或间隙渗透到外壳内部的可燃性混合物在内部爆炸而不损坏，并且不会引起外部爆炸性环境的点燃的电动机。主体外壳防护等级为 IP44（也可制成 IP54），接线盒防护等级为 IP54。

电动机的隔爆结构有 ExdⅠ、ExdⅡAT4、ExdⅡBT4。其中“Ex”是防爆标志，“d”表示隔爆型，“T4”表示温度级别，分别适用于煤矿井下固定式设备或工厂ⅡA、ⅡB 级，温度组别为T1～T4 组的可燃性气体或蒸气与空气形成的爆炸性混合物的场所。

电动机主体外壳防护等级为 IP55，电动机的冷却方式为 IC411，绝缘等级为 F 级。

型号编制方法是：

Y	B	2	□	□	□	□	□
异步电动机	隔爆型	第 2 次改进设计	机座中心高（mm）	机座长度代号 S—短 M—中 L—长	铁芯长度代号	电动机极数	特殊环境代号

YB 系列隔爆电动机技术数据见表 2-58 和表 2-59。

表 2-58 YB 系列隔爆电动机技术数据（Ⅰ）

型　号	额定功率 /kW	额定电流 /A	额定转速 /(r/min)	堵转转矩/额定转矩	堵转电流/额定电流	最大转矩/额定转矩	效率 /%	功率因数 $\cos\varphi$	噪声 /dB
YB2-631-2	0.18	0.52	2720	2.2	5.0	2.3	66.0	0.80	61
YB2-632-2	0.25	0.69	2720	2.2	5.0	2.3	68.0	0.81	61
YB2-711-2	0.37	0.99	2760	2.2	5.5	2.3	70.0	0.81	64
YB2-712-2	0.55	1.38	2760	2.2	5.5	2.3	73.0	0.83	64
YB2-801-2	0.75	1.83	2840	2.2	6.0	2.3	75.0	0.83	67
YB2-802-2	1.1	2.6	2840	2.2	6.0	2.3	78.0	0.84	67
YB2-90S-2	1.5	3.4	2850	2.2	7.0	2.3	79.0	0.84	72
YB2-90L-2	2.2	4.8	2850	2.2	7.0	2.3	81.0	0.85	72
YB2-100L-2	3	6.2	2870	2.2	7.0	2.3	83.0	0.88	76
YB2-112M-2	4	8.1	2890	2.2	7.0	2.3	85.0	0.88	77
YB2-132S1-2	5.5	11.1	2900	2.2	7.0	2.3	86.0	0.88	80
YB2-132S2-2	7.5	14.8	2900	2.2	7.5	2.3	87.0	0.88	80
YB2-160M1-2	11	21.6	2940	2.2	7.5	2.4	88.0	0.88	86

续表

型　号	额定功率/kW	额定电流/A	额定转速/(r/min)	堵转转矩/额定转矩	堵转电流/额定电流	最大转矩/额定转矩	效率/%	功率因数cosφ	噪声/dB
YB2-160M2-2	15	28.8	2940	2.2	7.5	2.4	89.0	0.89	86
YB2-160L-2	18.5	35.5	2940	2.2	7.5	2.4	89.0	0.89	86
YB2-180M-2	22	41.0	2950	2.0	7.5	2.3	90.5	0.90	89
YB2-200L1-2	30	55.5	2950	2.0	7.5	2.4	91.2	0.90	92
YB2-200L2-2	37	67.9	2950	2.0	7.5	2.4	92.0	0.90	92
YB2-225M-2	45	82.1	2960	2.0	7.5	2.3	92.5	0.90	92
YB2-250M-2	55	100.4	2970	2.1	7.5	2.3	92.5	0.90	93
YB2-280S-2	75	134.4	2970	2.0	7.5	2.3	93.2	0.91	94
YB2-280M-2	90	160.2	2970	2.1	7.5	2.3	93.8	0.91	94
YB2-315S-2	110	195.4	2980	1.8	7.0	2.3	94.0	0.91	96
YB2-315M-2	132	233.2	2980	1.8	7.0	2.3	94.5	0.91	96
YB2-315L1-2	160	279.3	2980	1.8	7.0	2.3	94.6	0.92	99
YB2-315L2-2	200	348.4	2980	1.8	7.0	2.3	94.8	0.92	99
YB2-355S1-2	(185)	323.0	2980	1.8	7.0	2.3	94.6	0.92	99
YB2-355S2-2	(200)	348.4	2980	1.8	7.0	2.3	94.8	0.92	99
YB2-355M1-2	(220)	383.2	2980	1.6	7.0	2.4	94.8	0.92	103
YB2-355M2-2	250	433.2	2980	1.6	7.0	2.4	95.3	0.92	103
YB2-355L1-2	(280)	485.2	2980	1.6	7.0	2.4	95.3	0.92	103
YB2-355L2-2	315	544.1	2980	1.6	7.0	2.4	95.6	0.92	103
YB2-631-4	0.12	0.44	1330	2.0	4.0	2.2	58.0	0.72	52
YB2-632-4	0.18	0.59	1330	2.0	4.0	2.2	63.0	0.73	52
YB2-711-4	0.25	0.78	1340	2.0	4.0	2.2	66.0	0.74	52
YB2-712-4	0.37	1.08	1340	2.0	4.0	2.2	69.0	0.75	55
YB2-801-4	0.55	1.57	1390	2.4	5.0	2.3	71.0	0.75	58
YB2-802-4	0.75	2.03	1390	2.4	5.0	2.3	73.0	0.77	58
YB2-90S-4	1.1	2.9	1390	2.3	6.0	2.3	75.0	0.77	61
YB2-90L-4	1.5	3.7	1390	2.3	6.0	2.3	78.0	0.79	61
YB2-100L1-4	2.2	5.2	1420	2.3	6.0	2.4	80.0	0.81	64
YB2-100L2-4	3	6.8	1420	2.3	6.0	2.4	82.0	0.82	64
YB2-112M-4	4	8.8	1430	2.3	6.0	2.4	84.0	0.82	65
YB2-132S-4	5.5	11.6	1450	2.3	7.0	2.4	86.0	0.84	71
YB2-132M-4	7.5	15.4	1450	2.3	7.0	2.4	87.0	0.85	71
YB2-160M-4	11	22.3	1460	2.2	7.0	2.4	88.0	0.85	75
YB2-160L-4	15	30.1	1460	2.2	7.0	2.4	89.0	0.85	75
YB2-180M-4	18.5	36.5	1470	2.2	7.0	2.3	90.5	0.85	76

型　号	额定功率/kW	额定电流/A	额定转速/(r/min)	堵转转矩/额定转矩	堵转电流/额定电流	最大转矩/额定转矩	效率/%	功率因数 cosφ	噪声/dB
YB2-180L-4	22	43.1	1470	2.2	7.0	2.3	91.2	0.85	76
YB2-200L-4	30	57.6	1470	2.2	7.2	2.4	92.0	0.86	79
YB2-225S-4	37	69.9	1480	2.2	7.2	2.4	92.5	0.87	81
YB2-225M-4	45	84.7	1480	2.2	7.2	2.4	92.8	0.87	81
YB2-250M-4	55	103.3	1480	2.2	7.2	2.4	93.0	0.87	83
YB2-280S-4	75	139.6	1480	2.2	7.2	2.4	93.8	0.87	86
YB2-280M-4	90	166.8	1480	2.2	7.2	2.4	94.2	0.87	86
YB2-315S-4	110	198.7	1480	2.1	7.0	2.4	94.5	0.89	93
YB2-315M-4	132	237.7	1480	2.1	7.0	2.4	94.8	0.89	93
YB2-315L1-4	160	284.3	1480	2.1	7.0	2.4	95.0	0.90	97
YB2-315L2-4	200	354.6	1480	2.1	7.0	2.3	95.2	0.90	97
YB2-355S1-4	(185)	328.7	1480	2.1	7.0	2.4	95.0	0.90	97
YB2-355S2-4	(200)	354.6	1480	2.1	7.0	2.4	95.2	0.90	97
YB2-355M1-4	(220)	390.1	1480	2.1	7.0	2.4	95.2	0.90	101
YB2-355M2-4	250	434.2	1480	2.1	7.0	2.4	95.5	0.90	101
YB2-355L1-4	(280)	441.9	1480	2.1	7.0	2.4	95.5	0.90	101
YB2-355L2-4	(315)	556.2	1480	2.1	7.0	2.4	95.6	0.90	101

表 2-59　YB 系列隔爆电动机技术数据（Ⅱ）

型　号	额定功率/kW	额定电流/A	额定转速/(r/min)	堵转转矩/额定转矩	堵转电流/额定电流	最大转矩/额定转矩	效率/%	功率因数 cosφ	噪声/dB
YB2-711-6	0.18	0.67	850	1.9	4.0	2.1	62.0	0.66	52
YB2-712-6	0.25	0.88	850	1.9	4.0	2.1	63.0	0.68	52
YB2-801-6	0.37	1.3	890	1.9	4.0	2.1	63.0	0.70	54
YB2-802-6	0.55	1.8	890	1.9	4.0	2.1	66.0	0.72	54
YB2-90S-6	0.75	2.3	910	2.1	4.0	2.1	69.0	0.72	57
YB2-90L-6	1.1	3.1	910	2.1	5.0	2.1	73.0	0.73	57
YB2-100L-6	1.5	3.9	930	2.1	5.0	2.1	76.0	0.76	61
YB2-112M-6	2.2	5.6	940	2.1	5.0	2.1	79.0	0.76	65
YB2-132S-6	3	7.3	970	2.1	6.0	2.4	81.0	0.77	69
YB2-132M1-6	4	9.4	970	2.1	6.0	2.4	83.0	0.78	69
YB2-132M2-6	5.5	12.6	970	2.1	6.5	2.4	85.0	0.78	73
YB2-160M-6	7.5	16.8	970	2.1	6.5	2.4	86.0	0.79	73

续表

型　号	额定功率/kW	额定电流/A	额定转速/(r/min)	堵转转矩/额定转矩	堵转电流/额定电流	最大转矩/额定转矩	效率/%	功率因数 cosφ	噪声/dB
YB2-160L-6	11	24.2	970	2.1	6.5	2.4	87.5	0.79	73
YB2-180L-6	15	31.6	980	2.1	7.0	2.1	89.0	0.81	73
YB2-200L1-6	18.5	37.6	980	2.2	7.0	2.4	90.0	0.83	76
YB2-200L2-6	22	44.7	980	2.2	7.0	2.4	90.0	0.83	76
YB2-225M-6	30	57.6	980	2.1	7.0	2.4	92.0	0.86	76
YB2-250M-6	37	71.0	980	2.1	7.0	2.4	92.0	0.86	78
YB2-280S-6	45	85.9	990	2.1	7.0	2.4	92.5	0.86	80
YB2-280M-6	55	104.7	990	2.1	7.0	2.3	92.8	0.86	80
YB2-315S-6	75	141.7	990	2.0	7.0	2.2	93.5	0.86	85
YB2-315M-6	90	169.5	990	2.0	7.0	2.2	93.8	0.86	85
YB2-315L1-6	110	206.7	990	2.0	7.0	2.2	94.0	0.86	85
YB2-315L2-6	132	244.7	990	2.0	7.0	2.2	94.2	0.87	85
YB2-355S-6	160	292.3	990	2.0	7.0	2.2	94.5	0.88	92
YB2-355M1-6	(185)	338.0	990	2.0	7.0	2.2	94.5	0.88	92
YB2-355M2-6	200	364.6	990	2.0	7.0	2.2	94.7	0.88	92
YB2-355L1-6	(220)	401.0	990	2.0	7.0	2.2	94.7	0.88	92
YB2-355L2-6	250	454.3	990	2.0	7.0	2.2	95.0	0.88	92
YB2-801-8	0.18	0.86	650	1.8	3.3	1.9	52.0	0.61	52
YB2-802-8	0.25	1.13	650	1.8	3.3	1.9	55.0	0.61	52
YB2-90S-8	0.37	1.44	670	1.8	4.0	2.0	63.0	0.62	56
YB2-90L-8	0.55	2.1	670	1.8	4.0	2.0	64.0	0.63	56
YB2-100L1-8	0.75	2.4	690	1.8	4.0	2.0	71.0	0.68	59
YB2-100L2-8	1.1	3.3	690	1.8	4.0	2.0	73.0	0.69	59
YB2-112M-8	1.5	4.4	690	1.8	4.0	2.0	75.0	0.69	61
YB2-132S-8	2.2	5.8	710	1.8	5.5	2.2	79.0	0.73	64
YB2-132M-8	3	7.7	710	1.8	5.5	2.2	81.0	0.73	64
YB2-160M1-8	4	10.3	720	1.9	6.0	2.2	81.0	0.73	68
YB2-160M2-8	5.5	13.4	720	1.9	6.0	2.2	83.0	0.75	68
YB2-160L-8	7.5	17.6	720	1.9	6.0	2.2	85.0	0.76	68
YB2-180L-8	11	25.3	720	1.9	6.0	2.2	87.0	0.76	70
YB2-200L-8	15	33.7	730	2.0	6.5	2.2	89.0	0.76	73
YB2-225S-8	18.5	40.0	740	2.0	6.5	2.2	90.0	0.78	73
YB2-225M-8	22	47.4	740	2.0	6.5	2.2	90.5	0.78	73
YB2-250M-8	30	63.4	740	1.9	6.0	2.2	91.0	0.79	75

续表

型　号	额定功率/kW	额定电流/A	额定转速/(r/min)	堵转转矩/额定转矩	堵转电流/额定电流	最大转矩/额定转矩	效率/%	功率因数 cosφ	噪声/dB
YB2-280S-8	37	77.8	740	1.8	6.0	2.2	91.5	0.79	76
YB2-280M-8	45	94.1	740	1.8	6.5	2.2	92.0	0.79	82
YB2-315S-8	55	111.1	740	1.9	6.5	2.2	92.8	0.81	82
YB2-315M-8	75	151.3	740	1.9	6.5	2.2	93.0	0.81	82
YB2-315L1-8	90	177.8	740	1.9	6.5	2.2	93.8	0.82	82
YB2-315L2-8	110	216.8	740	1.9	6.5	2.2	94.0	0.82	90
YB2-355S-8	132	259.6	740	2.0	6.5	2.2	94.2	0.82	90
YB2-355M-8	160	313.4	740	2.0	6.5	2.2	94.6	0.82	90
YB2-355L1-8	(185)	362.3	740	2.0	6.5	2.2	94.6	0.82	90
YR2-355L2-8	200	386.2	740	2.0	6.5	2.2	94.8	0.83	90
YB2-315S-10	45	99.0	590	1.5	6.0	2.1	92.0	0.75	82
YB2-315M-10	55	121.1	590	1.5	6.0	2.1	92.0	0.75	82
YB2-315L1-10	75	162	590	1.5	6.0	2.1	92.0	0.76	82
YB2-315L2-10	90	191	590	1.5	6.0	2.1	92.0	0.77	82
YB2-355M1-10	110	229.9	590	1.3	5.5	2.1	92.0	0.78	90
YB2-355M2-10	132	275	590	1.3	5.5	2.1	92.0	0.78	90
YB2-355L1-10	160	333	590	1.3	5.5	2.1	92.0	0.78	90
YB2-355L2-10	(185)	385	590	1.3	5.5	2.1	92.0	0.78	90

2.3.15 YCJ 齿轮减速三相异步电动机

YCJ 齿轮减速三相异步电动机由 Y 系列电动机与齿轮减速装置耦合而成，具有转速型谱宽，运转平稳，低噪声，转矩大等特点。广泛适用于轻工、制药、冶金、除尘、橡胶、粮食加工、建材机械、起重运输等行业，作为直接驱动各种低速机械的动力源。该电动机主要技术数据见表 2-60。

2.3.16 YWP 宽频三相异步电动机

YWP 宽频 IP44 三相异步电动机的定额是以连续工作制（S1）为基准的连续定额，采用 B 级绝缘。外壳防护等级为 IP44，冷却方式为 IC411。额定频率为 50Hz，额定电压为 380V。

YWP 宽频 IP44 三相异步电动机技术数据见表 2-61，其安装形式为 IMB3、IMB5 和 IMB35 下的安装和外形尺寸分别见表 2-62～表 2-64。

表 2-60　YCJ 齿轮减速三相异步电动机主要技术数据

额定功率 0.55kW				额定功率 0.75kW				额定功率 1.1kW			
输出转速/(r/min)	输出转矩/N·m	产品代码机座号	配用电动机	输出转速/(r/min)	输出转矩/N·m	产品代码机座号	配用电动机	输出转速/(r/min)	输出转矩/N·m	产品代码机座号	配用电动机
583	8.6	YCJ71	801F1-4	583	11.8	YCJ71	801F1-4	585	17.2	YCJ71	90SF1-4
517	9.7			517	13.3			519	19.4		
455	11			455	15.1			456	22.1		
396	12.7			396	17.4			398	25.3		
342	14.7			342	20.1			343	29.4		
290	17.3			290	23.7			291	34.6		
241	20.9			241	28.5			243	41.5		
218	23.1			218	31.5			219	46		
183	27	YCJ132	801F2-4	183	36.8	YCJ132	802F2-4	184	53.7	YCJ132	90SF2-4
162	30.5			162	41.5			162	61		
145	34			145	46.4			150	65.8		
128	38.5			128	52.6			128	77.1		
112	44			112	60			112	88.1		
99	50			99	68			100	98.7		
96	51.4			96	70			97	102		
87	57			87	77			89	111		
82	60			82	82			82	120		
75	66			75	90			75	131		
68	73			68	99			70	141		
57	86.6			57	118			58	170		
52	95			52	129			52	190		
47	105			47	143			48	205		
43	115			43	156			43.5	227		
37	130			37	178			35	276		
29	167			29	227			26	371	YCJ160	90SF3-4
23.5	206			23.5	280			21.5	449		
17.4	277	YCJ160	801G3-4	17.4	378	YCJ160	802F3-4	17.5	552		
15.4	314			14	470		90SF3-6	14.5	666	YCJ180	90LF4-6

续表

额定功率 1.5kW				额定功率 2.2kW				额定功率 3kW			
输出转速/(r/min)	输出转矩/N·m	产品代码机座号	配用电动机	输出转速/(r/min)	输出转矩/N·m	产品代码机座号	配用电动机	输出转速/(r/min)	输出转矩/N·m	产品代码机座号	配用电动机
585	23.5	YCJ71	90LF1-4	587	34.4	YCJ71	100L1F1-4	587	47	YCJ71	100L2F1-4
519	26.5			520	39			520	53		
456	30.1			458	44			458	60		
398	34.5			399	50.5			399	69		
343	40.1			344	58.6			344	80		
291	47.2			292	69			292	94		
243	56.6			244	82.6			247	111	YCJ80	100L2F2-4
219	62.8			223	90	YCJ80	100L2F1-4	223	123		
184	73.1	YCJ132	90LF2-4	196	101	YCJ132	100L1F3-4	196	137	YCJ132	100L2F3-4
162	83.1			171	115			171	157		
150	89.7			151	131			151	178		
128	105			129	153			129	209		
112	120			115	171			115	235		
100	134			105	188			97	277		
97	139			97	203			88	306	YCJ160	100L2F4-4
89	151			89	222			75	351		
82	164			83	238			70	356		
75	179			75	263			59	446		
70	192			70	282			52	507		
58	232			59	334	YCJ160	100L1F4-4	48	549		
52	259			53	372			43	613		
47	280			48	411			36	732	YCJ180	100L2F5-4
44	306	YCJ160	90LF3-4	43	449			32.5	811		
40	336			35	552			28	941	YCJ200	100L2F6-4
32	412			27.5	703	YCJ180	100L1F5-4	23.5	1121		
26	507			22.5	859			18.5	1424	YCJ225	132SF7-6
21.5	613			18.8	1028	YCJ200	100MF5-6	13.8	1910	YCJ250	132SF8-6
18	732	YCJ180	100LF5-6	15.1	1280	YCJ225	100MF6-6				
14	941	YCJ200	100LF6-6								

表 2-61　YWP 宽频 IP44 三相异步电动机技术数据

<table>
<tr><th>型号</th><th>额定功率/kW</th><th>额定电流/A</th><th>额定转速/(r/min)</th><th>效率/%</th><th>功率因数 cosφ</th><th>堵转电流/额定电流</th><th>堵转转矩/额定转矩</th><th>最大转矩/额定转矩</th><th>质量/kg</th></tr>
<tr><td colspan="10">同步转速 3000r/min(2 极)</td></tr>
<tr><td>YWP801-2</td><td>0.75</td><td>1.81</td><td rowspan="2">2830</td><td>75</td><td>0.84</td><td>6.5</td><td rowspan="6">2.2</td><td rowspan="10">2.3</td><td>13</td></tr>
<tr><td>YWP802-2</td><td>1.1</td><td>2.52</td><td>77</td><td>0.86</td><td rowspan="17">7</td><td>15</td></tr>
<tr><td>YWP90S-2</td><td>1.5</td><td>3.44</td><td rowspan="2">2840</td><td>78</td><td>0.85</td><td>19</td></tr>
<tr><td>YWP90L-2</td><td>2.2</td><td>4.74</td><td>80.5</td><td>0.86</td><td>23</td></tr>
<tr><td>YWP100L-2</td><td>3</td><td>6.39</td><td>2880</td><td>82</td><td rowspan="2">0.87</td><td>31</td></tr>
<tr><td>YWP112M-2</td><td>4</td><td>8.17</td><td>2890</td><td rowspan="2">85.5</td><td>40</td></tr>
<tr><td>YWP132S$_1$-2</td><td>5.5</td><td>11.1</td><td rowspan="3">2900</td><td rowspan="4">0.88</td><td rowspan="12">2</td><td>56</td></tr>
<tr><td>YWP132S$_2$-2</td><td>7.5</td><td>15.0</td><td>86.2</td><td>60</td></tr>
<tr><td>YWP160M$_1$-2</td><td>11</td><td>21.8</td><td>87.2</td><td>98</td></tr>
<tr><td>YWP160M$_2$-2</td><td>15</td><td>29.4</td><td rowspan="2">2930</td><td>88.2</td><td>108</td></tr>
<tr><td>YWP160L-2</td><td>18.5</td><td>35.5</td><td rowspan="2">89</td><td rowspan="8">0.89</td><td rowspan="8">2.2</td><td>124</td></tr>
<tr><td>YWP180M-2</td><td>22</td><td>42.2</td><td>2940</td><td>154</td></tr>
<tr><td>YWP200L$_1$-2</td><td>30</td><td>56.9</td><td rowspan="2">2950</td><td>90</td><td>205</td></tr>
<tr><td>YWP200L$_2$-2</td><td>37</td><td>69.8</td><td>90.5</td><td>214</td></tr>
<tr><td>YWP225M-2</td><td>45</td><td>84.0</td><td rowspan="4">2970</td><td rowspan="2">91.5</td><td>267</td></tr>
<tr><td>YWP250M-2</td><td>55</td><td>102.6</td><td>352</td></tr>
<tr><td>YWP280S-2</td><td>75</td><td>139.2</td><td>92</td><td>453</td></tr>
<tr><td>YWP280M-2</td><td>90</td><td>166.1</td><td>92.5</td><td>490</td></tr>
<tr><td colspan="10">同步转速 1500r/min(4 极)</td></tr>
<tr><td>YWP801-4</td><td>0.55</td><td>1.51</td><td rowspan="2">1390</td><td>73</td><td rowspan="2">0.76</td><td rowspan="2">6</td><td>2.4</td><td rowspan="4">2.3</td><td>14</td></tr>
<tr><td>YWP802-4</td><td>0.75</td><td>2.01</td><td>74.5</td><td rowspan="3">2.3</td><td>16</td></tr>
<tr><td>YWP90S-4</td><td>1.1</td><td>2.75</td><td rowspan="2">1400</td><td>78</td><td>0.78</td><td rowspan="2">6.5</td><td>18</td></tr>
<tr><td>YWP90L-4</td><td>1.5</td><td>3.65</td><td>79</td><td>0.79</td><td>20</td></tr>
<tr><td>YWP100L$_1$-4</td><td>2.2</td><td>5.03</td><td rowspan="2">1430</td><td>81</td><td>0.82</td><td rowspan="7">7</td><td rowspan="3">2.2</td><td rowspan="6">2.3</td><td>29</td></tr>
<tr><td>YWP100L$_2$-4</td><td>3</td><td>6.82</td><td>82.5</td><td>0.81</td><td>33</td></tr>
<tr><td>YWP112M-4</td><td>4</td><td>8.77</td><td rowspan="3">1440</td><td>84.5</td><td>0.82</td><td>42</td></tr>
<tr><td>YWP132S-4</td><td>5.5</td><td>11.6</td><td>85.5</td><td>0.84</td><td rowspan="4">2.2</td><td>58</td></tr>
<tr><td>YWP132M-4</td><td>7.5</td><td>15.4</td><td>87</td><td>0.85</td><td>69</td></tr>
<tr><td>YWP160M-4</td><td>11</td><td>22.6</td><td rowspan="2">1460</td><td>88</td><td>0.84</td><td>104</td></tr>
<tr><td>YWP160L-4</td><td>15</td><td>30.3</td><td>88.5</td><td>0.85</td><td rowspan="4">2.2</td><td>126</td></tr>
<tr><td>YWP180M-4</td><td>18.5</td><td>35.9</td><td rowspan="3">1470</td><td>91.0</td><td rowspan="2">0.86</td><td rowspan="3">7</td><td rowspan="3">2</td><td>148</td></tr>
<tr><td>YWP180L-4</td><td>22</td><td>42.5</td><td>91.5</td><td>160</td></tr>
<tr><td>YWP200L-4</td><td>30</td><td>56.8</td><td>92.2</td><td>0.87</td><td>212</td></tr>
</table>

续表

<table>
<tr><th>型号</th><th>额定功率/kW</th><th>额定电流/A</th><th>额定转速/(r/min)</th><th>效率/%</th><th>功率因数cosφ</th><th>堵转电流/额定电流</th><th>堵转转矩/额定转矩</th><th>最大转矩/额定转矩</th><th>质量/kg</th></tr>
<tr><td>YWP225S-4</td><td>37</td><td>70</td><td rowspan="5">1480</td><td>91.8</td><td>0.87</td><td rowspan="5">7</td><td rowspan="2">1.9</td><td rowspan="5">2.2</td><td>251</td></tr>
<tr><td>YWP225M-4</td><td>45</td><td>84</td><td>92.3</td><td rowspan="3">0.88</td><td>282</td></tr>
<tr><td>YWP250M-4</td><td>55</td><td>102.5</td><td>92.6</td><td>2</td><td>360</td></tr>
<tr><td>YWP280S-4</td><td>75</td><td>139.7</td><td>92.7</td><td rowspan="2">1.9</td><td>470</td></tr>
<tr><td>YWP280M-4</td><td>90</td><td>164.3</td><td>93.5</td><td>0.89</td><td>494</td></tr>
<tr><td colspan="10">同步转速 1000r/min(6 极)</td></tr>
<tr><td>YWP90S-6</td><td>0.75</td><td>2.25</td><td rowspan="2">910</td><td>72.5</td><td>0.70</td><td rowspan="2">5.5</td><td rowspan="4">2</td><td rowspan="3">2.2</td><td>23</td></tr>
<tr><td>YWP90L-6</td><td>1.1</td><td>3.15</td><td>73.5</td><td>0.72</td><td>25</td></tr>
<tr><td>YWP100L-6</td><td>1.5</td><td>3.97</td><td rowspan="2">940</td><td>77.5</td><td rowspan="2">0.74</td><td rowspan="2">6</td><td>28</td></tr>
<tr><td>YWP112M-6</td><td>2.2</td><td>5.61</td><td>80.5</td><td rowspan="3">2.2</td><td>38</td></tr>
<tr><td>YWP132S-6</td><td>3</td><td>7.23</td><td rowspan="3">960</td><td>83</td><td>0.76</td><td rowspan="5">6.5</td><td rowspan="5">2</td><td>52</td></tr>
<tr><td>YWP132M₁-6</td><td>4</td><td>9.4</td><td>84</td><td>0.77</td><td>59</td></tr>
<tr><td>YWP132M₂-6</td><td>5.5</td><td>12.6</td><td>85.3</td><td rowspan="3">0.78</td><td>68</td></tr>
<tr><td>YWP160M-6</td><td>7.5</td><td>17.0</td><td rowspan="5">970</td><td>86</td><td rowspan="5">2</td><td>95</td></tr>
<tr><td>YWP160L-6</td><td>11</td><td>24.6</td><td>87</td><td>118</td></tr>
<tr><td>YWP180L-6</td><td>15</td><td>31.4</td><td>89.5</td><td>0.81</td><td rowspan="7">6.5</td><td rowspan="3">1.8</td><td>151</td></tr>
<tr><td>YWP200L₁-6</td><td>18.5</td><td>37.7</td><td>89.8</td><td rowspan="2">0.83</td><td>187</td></tr>
<tr><td>YWP200L₂-6</td><td>22</td><td>44.6</td><td rowspan="2">90.2</td><td>208</td></tr>
<tr><td>YWP225M-6</td><td>30</td><td>60</td><td rowspan="4">980</td><td>0.85</td><td>1.7</td><td rowspan="4">2</td><td>260</td></tr>
<tr><td>YWP250M-6</td><td>37</td><td>72</td><td>90.8</td><td>0.86</td><td rowspan="3">1.8</td><td>335</td></tr>
<tr><td>YWP280S-6</td><td>45</td><td>85.4</td><td rowspan="2">92</td><td>0.87</td><td>440</td></tr>
<tr><td>YWP280M-6</td><td>55</td><td>104.4</td><td>0.87</td><td>483</td></tr>
<tr><td colspan="10">同步转速 750r/min(8 极)</td></tr>
<tr><td>YWP132S-8</td><td>2.2</td><td>5.81</td><td rowspan="2">710</td><td>80.5</td><td>0.71</td><td rowspan="2">5.5</td><td rowspan="2">2</td><td rowspan="5">2</td><td>55</td></tr>
<tr><td>YWP132M-8</td><td>3</td><td>7.72</td><td>82</td><td>0.72</td><td>67</td></tr>
<tr><td>YWP160M₁-8</td><td>4</td><td>9.91</td><td rowspan="5">720</td><td>84</td><td>0.73</td><td rowspan="2">6</td><td rowspan="3">2</td><td>93</td></tr>
<tr><td>YWP160M₂-8</td><td>5.5</td><td>13.3</td><td>85</td><td>0.74</td><td>110</td></tr>
<tr><td>YWP160L-8</td><td>7.5</td><td>17.7</td><td>86</td><td>0.75</td><td>5.5</td><td>128</td></tr>
<tr><td>YWP180L-8</td><td>11</td><td>25.1</td><td>87.5</td><td>0.77</td><td rowspan="3">6</td><td>1.7</td><td rowspan="7">2</td><td>150</td></tr>
<tr><td>YWP200L-8</td><td>15</td><td>34.1</td><td>88.0</td><td rowspan="2">0.76</td><td>1.8</td><td>208</td></tr>
<tr><td>YWP225S-8</td><td>18.5</td><td>41</td><td>730</td><td>89.5</td><td>1.7</td><td>239</td></tr>
<tr><td>YWP225M-8</td><td>22</td><td>48</td><td>740</td><td>90.0</td><td>0.78</td><td rowspan="4">6</td><td rowspan="4">1.8</td><td>267</td></tr>
<tr><td>YWP250M-8</td><td>30</td><td>63</td><td>730</td><td>90.5</td><td>0.80</td><td>357</td></tr>
<tr><td>YWP280S-8</td><td>37</td><td>78.2</td><td rowspan="2">740</td><td>91.0</td><td>0.79</td><td>438</td></tr>
<tr><td>YWP280M-8</td><td>45</td><td>93.2</td><td>91.7</td><td>0.80</td><td>515</td></tr>
</table>

注：青岛红旗电机厂产品，下同。

表 2-62　机座带底脚，端盖无凸缘的电动机安装和外形尺寸（IMB3）

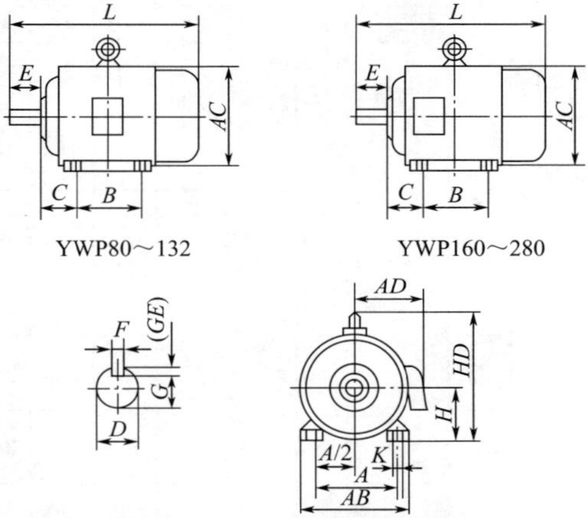

<table>
<tr><th rowspan="2">机座号</th><th rowspan="2">极数</th><th colspan="10">安装尺寸及公差/mm</th></tr>
<tr><th>A</th><th colspan="2">A/2</th><th>B</th><th colspan="2">C</th><th colspan="2">D</th><th colspan="2">E</th></tr>
<tr><td>80M</td><td>2、4</td><td>125</td><td>62.5</td><td rowspan="7">±0.50</td><td rowspan="2">100</td><td>50</td><td rowspan="3">±1.5</td><td>19</td><td rowspan="3">+0.009
−0.004</td><td>40</td><td rowspan="3">±0.310</td></tr>
<tr><td>90S</td><td rowspan="4">2、4、6</td><td rowspan="2">140</td><td rowspan="2">70</td><td rowspan="2">56</td><td rowspan="2">24</td><td rowspan="2">50</td></tr>
<tr><td>90L</td><td>125</td></tr>
<tr><td>100L</td><td>160</td><td>80</td><td rowspan="3">140</td><td>63</td><td rowspan="4">±2.0</td><td rowspan="2">28</td><td rowspan="8">+0.018
+0.002</td><td rowspan="2">60</td><td rowspan="4">±0.370</td></tr>
<tr><td>112M</td><td>190</td><td>95</td><td>70</td></tr>
<tr><td>132S</td><td rowspan="7">2、4
6、8</td><td rowspan="2">216</td><td rowspan="2">108</td><td rowspan="2">89</td><td rowspan="2">38</td><td rowspan="2">80</td></tr>
<tr><td>132M</td><td>178</td></tr>
<tr><td>160M</td><td rowspan="2">254</td><td rowspan="2">127</td><td rowspan="10">±0.75</td><td>210</td><td rowspan="2">108</td><td rowspan="5">±3.0</td><td rowspan="2">42</td><td rowspan="5">110</td><td rowspan="5">±0.430</td></tr>
<tr><td>160L</td><td>254</td></tr>
<tr><td>180M</td><td rowspan="2">279</td><td rowspan="2">139.5</td><td>241</td><td rowspan="2">121</td><td rowspan="2">48</td></tr>
<tr><td>180L</td><td>279</td></tr>
<tr><td>200L</td><td>318</td><td>159</td><td>305</td><td>133</td><td>55</td><td rowspan="10">+0.030
+0.011</td></tr>
<tr><td>225S</td><td>4、8</td><td rowspan="3">356</td><td rowspan="3">178</td><td>286</td><td rowspan="3">149</td><td rowspan="5">±4.0</td><td>60</td><td>140</td><td>±0.500</td></tr>
<tr><td rowspan="2">225M</td><td>2</td><td rowspan="2">311</td><td>55</td><td>110</td><td>±0.430</td></tr>
<tr><td>4、6、8</td><td rowspan="2">60</td><td rowspan="3">140</td><td rowspan="3">±0.500</td></tr>
<tr><td rowspan="2">250M</td><td>2</td><td rowspan="2">406</td><td rowspan="2">203</td><td rowspan="2">349</td><td rowspan="2">168</td></tr>
<tr><td>4、6、8</td><td rowspan="2">65</td></tr>
<tr><td rowspan="2">280S</td><td>2</td><td rowspan="4">457</td><td rowspan="4">228.5</td><td rowspan="4">±1.00</td><td rowspan="2">368</td><td rowspan="4">190</td><td rowspan="4">±4.0</td><td rowspan="4">140</td><td rowspan="4">±0.500</td></tr>
<tr><td>4、6、8</td><td>75</td></tr>
<tr><td rowspan="2">280M</td><td>2</td><td rowspan="2">419</td><td>65</td></tr>
<tr><td>4、6、8</td><td>75</td></tr>
</table>

续表

<table>
<tr><th rowspan="2">机座号</th><th colspan="8">安装尺寸及公差/mm</th><th colspan="5">外形尺寸/mm</th></tr>
<tr><th colspan="2">F</th><th colspan="2">G</th><th>H</th><th colspan="2">K</th><th>AB</th><th>AC</th><th>AD</th><th>HD</th><th>L</th></tr>
<tr><td>80M</td><td>6</td><td>0
−0.030</td><td>15.5</td><td>0
−0.10</td><td>80</td><td rowspan="3">10</td><td rowspan="3">+0.36
0</td><td>165</td><td>175</td><td>150</td><td>175</td><td>290</td></tr>
<tr><td>90S</td><td rowspan="4">8</td><td rowspan="4">0
−0.036</td><td rowspan="2">20</td><td rowspan="9">0
−0.20</td><td rowspan="2">90</td><td rowspan="2">180</td><td rowspan="2">195</td><td rowspan="2">160</td><td rowspan="2">195</td><td>315</td></tr>
<tr><td>90L</td><td>340</td></tr>
<tr><td>100L</td><td rowspan="2">24</td><td>100</td><td rowspan="4">12</td><td rowspan="8">+0.43
0</td><td>205</td><td>215</td><td>180</td><td>245</td><td>380</td></tr>
<tr><td>112M</td><td>112</td><td>245</td><td>240</td><td>190</td><td>265</td><td>400</td></tr>
<tr><td>132S</td><td rowspan="2">10</td><td rowspan="7">0
−0.043</td><td rowspan="2">33</td><td rowspan="2">132</td><td rowspan="2">280</td><td rowspan="2">275</td><td rowspan="2">210</td><td rowspan="2">315</td><td>475</td></tr>
<tr><td>132M</td><td>515</td></tr>
<tr><td>160M</td><td rowspan="2">12</td><td rowspan="2">37</td><td rowspan="2">160</td><td rowspan="4">15</td><td rowspan="2">330</td><td rowspan="2">335</td><td rowspan="2">265</td><td rowspan="2">385</td><td>605</td></tr>
<tr><td>160L</td><td>650</td></tr>
<tr><td>180M</td><td rowspan="2">14</td><td rowspan="2">42.5</td><td rowspan="2">180</td><td rowspan="2">355</td><td rowspan="2">380</td><td rowspan="2">285</td><td rowspan="2">430</td><td>670</td></tr>
<tr><td>180L</td><td>710</td></tr>
<tr><td>200L</td><td>16</td><td>49</td><td rowspan="10">0
−0.20</td><td>200</td><td rowspan="4">19</td><td rowspan="5">+0.52
0</td><td>395</td><td>420</td><td>315</td><td>475</td><td>775</td></tr>
<tr><td>225S</td><td>18</td><td rowspan="6">0
−0.043</td><td>53</td><td rowspan="3">225</td><td rowspan="3">435</td><td rowspan="3">475</td><td rowspan="3">345</td><td rowspan="3">530</td><td>820</td></tr>
<tr><td rowspan="2">225M</td><td>16</td><td>49</td><td>820</td></tr>
<tr><td rowspan="2">18</td><td rowspan="2">53</td><td>845</td></tr>
<tr><td rowspan="2">250M</td><td rowspan="2">250</td><td rowspan="6">24</td><td rowspan="2">490</td><td rowspan="2">500</td><td rowspan="2">385</td><td rowspan="2">575</td><td rowspan="2">930</td></tr>
<tr><td rowspan="2">18</td><td rowspan="2">58</td><td rowspan="5">+0.52
0</td></tr>
<tr><td rowspan="2">280S</td><td rowspan="4">280</td><td rowspan="2">550</td><td rowspan="2">555</td><td rowspan="2">410</td><td rowspan="2">640</td><td rowspan="2">1000</td></tr>
<tr><td>20</td><td>0
−0.052</td><td>67.5</td></tr>
<tr><td rowspan="2">280M</td><td>18</td><td>0
−0.043</td><td>58.0</td><td rowspan="2">550</td><td rowspan="2">555</td><td rowspan="2">410</td><td rowspan="2">640</td><td rowspan="2">1050</td></tr>
<tr><td>20</td><td>0
−0.052</td><td>67.5</td></tr>
</table>

表 2-63 机座带底脚，端盖上有凸缘的电动机安装和外形尺寸（IMB5）

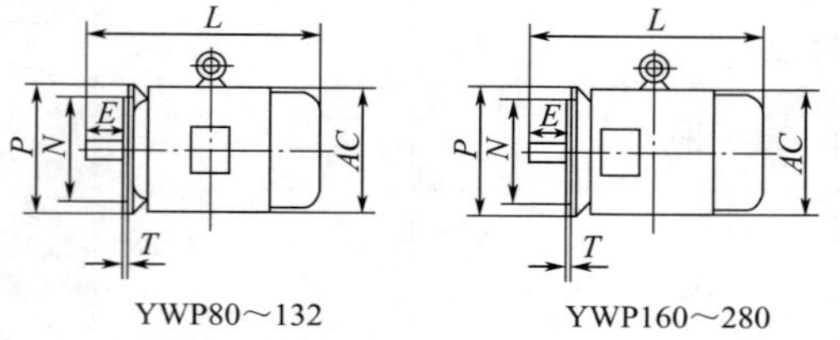

YWP80～132　　YWP160～280

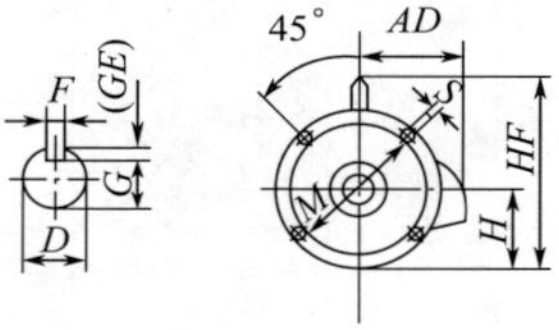

YWP80～280

机座号	极数	安装尺寸及公差/mm										
		D		E		F		G		M	N	
80M	2、4	19	+0.009 −0.004	40	±0.310	6	0 −0.030	15.5	0 −0.10	165	130	+0.014 −0.011
90S	2、4、6	24		50		8	0 −0.036	20	0 −0.20			
90L												
100L		28	+0.018 +0.002	60	±0.370			24		215	180	
112M												
132S	2、4 6、8	38		80		10		33		265	230	+0.016 −0.013
132M												
160M		42		110	±0.430	12	0 −0.043	37		300	250	
160L												
180M		48				14		42.5				
180L												
200L		55	+0.030 +0.011			16		49	0 −0.20	350	300	±0.016
225S	4、8	60		140	±0.500	18		53		400	350	±0.018
225M	2	55		110	±0.430	16		49				
	4、6、8	60		140	±0.500	18		53				
250M	2									500	450	±0.020
	4、6、8	65						58				
280S	2											
	4、6、8	75				20	0 −0.052	67.5				
280M	2	65				18	0 −0.043	58		500	450	±0.020
	4、6、8	75				20	0 −0.052	67.5				

续表

<table>
<tr><th rowspan="2">机座号</th><th colspan="7">安装尺寸及公差/mm</th><th rowspan="2">凸缘孔数</th><th colspan="4">外形尺寸/mm</th></tr>
<tr><th>P</th><th colspan="2">R</th><th colspan="2">S</th><th colspan="2">T</th><th>AC</th><th>AD</th><th>HF</th><th>L</th></tr>
<tr><td>80M</td><td rowspan="3">200</td><td rowspan="11">0</td><td rowspan="3">±1.5</td><td rowspan="3">12</td><td rowspan="5">+0.430
0</td><td rowspan="3">3.5</td><td rowspan="10">0
−0.120</td><td rowspan="6">4</td><td>175</td><td>150</td><td>185</td><td>290</td></tr>
<tr><td>90S</td><td rowspan="2">195</td><td rowspan="2">160</td><td rowspan="2">195</td><td>315</td></tr>
<tr><td>90L</td><td>340</td></tr>
<tr><td>100L</td><td rowspan="2">250</td><td rowspan="4">±2.0</td><td rowspan="4">15</td><td rowspan="4">4</td><td>215</td><td>180</td><td>245</td><td>380</td></tr>
<tr><td>112M</td><td>240</td><td>190</td><td>265</td><td>400</td></tr>
<tr><td>132S</td><td rowspan="2">300</td><td rowspan="9">+0.520
0</td><td rowspan="2">275</td><td rowspan="2">210</td><td rowspan="2">315</td><td>475</td></tr>
<tr><td>132M</td><td rowspan="6">4</td><td>515</td></tr>
<tr><td>160M</td><td rowspan="4">350</td><td rowspan="5">±3.0</td><td rowspan="8">19</td><td rowspan="8">5</td><td rowspan="2">335</td><td rowspan="2">265</td><td rowspan="2">385</td><td>605</td></tr>
<tr><td>160L</td><td>650</td></tr>
<tr><td>180M</td><td rowspan="2">380</td><td rowspan="2">285</td><td rowspan="2">430</td><td>670</td></tr>
<tr><td>180L</td><td rowspan="8">0
−0.120</td><td>710</td></tr>
<tr><td>200L</td><td>400</td><td rowspan="7">0</td><td>420</td><td>315</td><td>480</td><td>775</td></tr>
<tr><td>225S</td><td rowspan="3">450</td><td rowspan="4">±4.0</td><td rowspan="6">8</td><td rowspan="3">475</td><td rowspan="3">345</td><td rowspan="3">535</td><td>820</td></tr>
<tr><td rowspan="2">225M</td><td>820</td></tr>
<tr><td rowspan="4">+0.520
0</td><td>845</td></tr>
<tr><td>250M</td><td rowspan="3">550</td><td rowspan="3">19</td><td rowspan="3">5</td><td>500</td><td>385</td><td>575</td><td>930</td></tr>
<tr><td>280S</td><td rowspan="2">±4.0</td><td rowspan="2">555</td><td rowspan="2">410</td><td rowspan="2">640</td><td>1000</td></tr>
<tr><td>280M</td><td>1050</td></tr>
</table>

2.3.17 YTE 系列三相异步电动机

（1）YTE 系列三相异步电动机

YTE 系列三相异步电动机是全封闭、笼型结构、外壳防护等级为 IP54，冷却方法为 IC411，3kW 及以下规格为 Y 接法，4kW 及以上为△接法。YTE 系列三相异步电动机技术数据见表 2-65。

（2）YTE2 系列高效节能三相异步电动机

YTE2 系列高效三相异步电动机的外壳防护等级为 IP55，冷却方法为 IC411，机座号为 80～355。

电动机在额定状态时效率和功率因数的保证值见表 2-66 和表 2-67，电动机机座号与转速及功率的对应关系见表 2-68。

表 2-64　机座带底脚、端盖有凸缘的电动机安装和外形尺寸（IMB35）

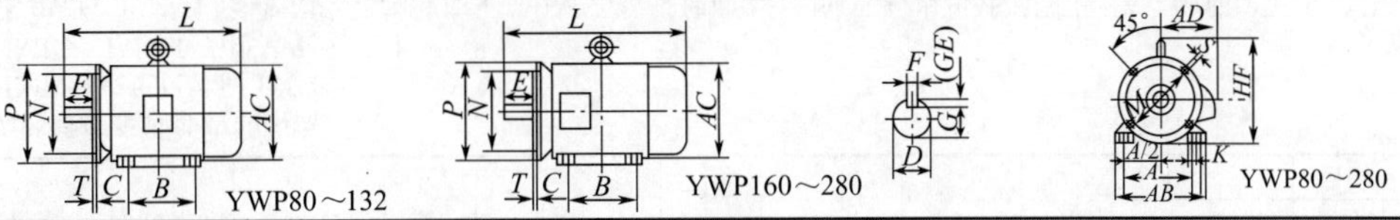

机座号	极数	安装尺寸及公差/mm														
		A	A/2		B	C		D		E		F		G		H
80M	2、4	125	62.5	±0.50	100	50	±1.5	19	+0.009 −0.004	40	±0.310	6	0 −0.030	16	0 −0.10	80
90S	2、4、6	140	70			56		24		56		8	0 −0.036	20	0 −0.20	90
90L					125											
100L		160	80		140	63	±2.0	28	+0.018 +0.002	60	±0.370			24		100
112M		190	95			70										112
132S	2、4 6、8					89		38		80		10		33		132
132M		216	108	+0.75	178											
160M		254	127		210	108	±3.0	42		110	±0.430	12	0 −0.043	37		160
160L					254											
180M		279	139.5		241	121		48				14		43		180
180L					279											
200L		318	159		305	133		55	+0.030 +0.011			16		49	0 −0.20	200
225S	4、8	356	178		286	149	±4.0	60		140	±0.500	18	0 −0.043	53		225
225M	2				311			55		110	±0.430	16		49		
	4、6、8			±1.00				60		140	±0.500	18		53		
250M	2	406	203		349	168										250
	4、6、8							65						58		
280S	2	457	228.5		368	190	±4.0		+0.030 +0.011	140	±0.500					
	4、6、8							75				20	0 −0.052	68		280
280M	2				419			65				18	0 −0.043	58		
	4、6、8							75				20	0 −0.052	68		

续表

机座号	安装尺寸及公差/mm													外形尺寸/mm				
	K		M	N		P	R		S		T		凸缘孔数	AB	AC	AD	HF	L
80M														165	175	150	175	290
90S	10	+0.360 0	165	130		200		±1.5	12		3.5			180	495	160	195	315
90L					+0.014 −0.011					+0.430 0								340
100L														205	215	180	245	380
112M	12		215	180		250	0	±2.0	15		4	0 −0.120		245	240	190	265	400
132S			265	230		300								280	275	210	315	475
132M		+0.430 0											4					515
160M					+0.016 −0.013									330	335	265	385	605
160L	15		300	250		350												650
180M								±3.0		+0.520 0				355	380	285	430	670
180L									19		5							710
200L			350	300	±0.016	400								395	420	315	480	775
225S	19																	
225M		+0.520 0	400	350	±0.018	450	0					0 −0.120		435	475	345	530	820 820
250M								±4.0					8					845
280S	24		500	450	±0.020	550			19	+0.520 0	5			490	500	385	575	930
280M														550	555	410	640	1000 1050

注：1. R 为凸缘面至轴伸肩的距离。

2. IMB5、IMB35 未见尺寸同 IMB3。

3. IMB3、IMB5、IMB35 为卧式安装尺寸。

4. 立式安装电机：电机外形同 IMB5，轴伸向下为 IMV1，轴伸向上为 IMV3；电机外形同 IMB3，轴伸向下为 IMV5，轴伸向上为 IMV6；电机外形同 IMB35，轴伸向下为 IMV15，轴伸向上为 IMV36。

表 2-65　YTE 系列三相异步电动机技术数据

<table>
<tr><th>型号</th><th>额定功率/kW</th><th>额定电流/A</th><th>额定转速/(r/min)</th><th>效率/%</th><th>功率因数 $\cos\varphi$</th><th>$\frac{堵转电流}{额定电流}$</th><th>$\frac{堵转转矩}{额定转矩}$</th><th>$\frac{最大转矩}{额定转矩}$</th><th>噪声/dB(A)</th></tr>
<tr><td colspan="10">同步转速 3000r/min(2 极)</td></tr>
<tr><td>YTE-801-2</td><td>0.75</td><td>1.8</td><td rowspan="2">2830</td><td>77.4</td><td>0.83</td><td>6.1</td><td rowspan="4">2.2</td><td rowspan="8">2.3</td><td rowspan="2">67</td></tr>
<tr><td>YTE-802-2</td><td>1.1</td><td>2.4</td><td>79.6</td><td rowspan="2">0.84</td><td rowspan="3">7</td></tr>
<tr><td>YTE-90S-2</td><td>1.5</td><td>3.2</td><td rowspan="2">2840</td><td>81.3</td><td rowspan="2">72</td></tr>
<tr><td>YTE-90L-2</td><td>2.2</td><td>4.6</td><td>83.2</td><td>0.85</td></tr>
<tr><td>Y1E-100L-2</td><td>3</td><td>6.0</td><td>2860</td><td>84.6</td><td>0.87</td><td rowspan="7">7.5</td><td rowspan="7">2.2</td><td>76</td></tr>
<tr><td>Y1E-112M-2</td><td>4</td><td>7.9</td><td>2880</td><td>85.8</td><td rowspan="3">0.88</td><td>77</td></tr>
<tr><td>Y1E-132S$_1$-2</td><td>5.5</td><td>10.7</td><td rowspan="2">2900</td><td>87.0</td><td rowspan="2">80</td></tr>
<tr><td>YTE-132S$_2$-2</td><td>7.5</td><td>14.5</td><td>88.1</td></tr>
<tr><td>YTE-160M$_1$-2</td><td>11</td><td>20.7</td><td rowspan="3">2930</td><td>89.4</td><td rowspan="2">0.89</td><td rowspan="10">2.3</td><td rowspan="3">86</td></tr>
<tr><td>YTE-160M$_2$-2</td><td>15</td><td>28.1</td><td>90.3</td></tr>
<tr><td>YTE-160L-2</td><td>18.5</td><td>34.0</td><td>90.9</td><td rowspan="7">0.90</td></tr>
<tr><td>YTE-180M-2</td><td>22</td><td>40.3</td><td>2940</td><td>91.3</td><td rowspan="7">7.5</td><td rowspan="7">2.0</td><td>89</td></tr>
<tr><td>YTE-200L$_1$-2</td><td>30</td><td>54.5</td><td rowspan="2">2950</td><td>92.0</td><td rowspan="3">92</td></tr>
<tr><td>YTE-200L$_2$-2</td><td>37</td><td>66.9</td><td>92.5</td></tr>
<tr><td>YTE-225M-2</td><td>45</td><td>81.1</td><td rowspan="4">2970</td><td>92.9</td></tr>
<tr><td>YTE-250M-2</td><td>55</td><td>98.8</td><td>93.2</td><td>93</td></tr>
<tr><td>YTE-280S-2</td><td>75</td><td>133.8</td><td>93.8</td><td rowspan="2">94</td></tr>
<tr><td>YTE-280M-2</td><td>90</td><td>158.2</td><td>94.1</td><td rowspan="3">0.91</td></tr>
<tr><td>YTE-315S-2</td><td>110</td><td>193.3</td><td rowspan="6">2980</td><td>94.3</td><td rowspan="6">7.1</td><td rowspan="4">1.8</td><td rowspan="6">2.2</td><td rowspan="2">96</td></tr>
<tr><td>YTE-315M-2</td><td>132</td><td>231.0</td><td>94.6</td></tr>
<tr><td>YTE-315L$_1$-2</td><td>160</td><td>277.0</td><td>94.8</td><td rowspan="4">0.92</td><td rowspan="2">99</td></tr>
<tr><td>YTE-315L$_2$-2</td><td>200</td><td>346.2</td><td>95.0</td></tr>
<tr><td>YTE-355M-2</td><td>250</td><td>431.0</td><td>95.0</td><td rowspan="2">1.6</td><td rowspan="2">103</td></tr>
<tr><td>YTE-355L-2</td><td>315</td><td>543.0</td><td>95.0</td></tr>
<tr><td colspan="10">同步转速 1500r/min(4 极)</td></tr>
<tr><td>YTE-802-4</td><td>0.75</td><td>1.8</td><td>1390</td><td>79.6</td><td>0.76</td><td rowspan="3">6</td><td rowspan="8">2.3</td><td rowspan="9">2.3</td><td>58</td></tr>
<tr><td>YTE-90S-4</td><td>1.1</td><td>2.6</td><td rowspan="2">1390</td><td>81.4</td><td>0.77</td><td rowspan="2">61</td></tr>
<tr><td>YTE-90L-4</td><td>1.5</td><td>3.4</td><td>82.8</td><td>0.79</td></tr>
<tr><td>YTE-100L$_1$-4</td><td>2.2</td><td>4.8</td><td rowspan="2">1410</td><td>84.3</td><td>0.81</td><td rowspan="6">7</td><td rowspan="2">64</td></tr>
<tr><td>YTE-100L$_2$-4</td><td>3</td><td>6.4</td><td>85.5</td><td rowspan="2">0.82</td></tr>
<tr><td>YTE-112M-4</td><td>4</td><td>8.4</td><td>1435</td><td>86.6</td><td>65</td></tr>
<tr><td>YTE-132S-4</td><td>5.5</td><td>11.3</td><td rowspan="2">1440</td><td>87.7</td><td>0.83</td><td rowspan="2">71</td></tr>
<tr><td>YTE-132M-4</td><td>7.5</td><td>15.1</td><td>88.7</td><td rowspan="2">0.84</td></tr>
<tr><td>YTE-160M-4</td><td>11</td><td>21.9</td><td>1460</td><td>89.8</td><td>2.2</td><td>75</td></tr>
</table>

续表

型号	额定功率/kW	额定电流/A	额定转速/(r/min)	效率/%	功率因数cosφ	堵转电流/额定电流	堵转转矩/额定转矩	最大转矩/额定转矩	噪声/dB(A)
YTE-160L-4	15	29.2	1460	90.6	0.85	8	2.2	2.3	75
YTE-180M-4	18.5	35.4	1470	91.2	0.86				76
YTE-180L-4	22	42.0		91.6					
YTE-200L-4	30	56.9		92.3		7			79
YTE-225S-4	37	69.0	1480	92.7	0.87				81
YTE-225M-4	45	83.7		93.1					
YTE-250M-4	55	102.0		93.5					83
YTE-280S-4	75	139.0		94.0					86
YTE-280M-4	90	165.4		94.2					
YTE-315S-4	110	199.1	1490	94.5	0.88		2.1	2.2	93
YTE-315M-4	132	238.9		94.7					
YTE-315L$_1$-4	160	286.3		94.9	0.89				97
YTE-315L$_2$-4	200	357.9		95.1					
YTE-355M-4	250	440.5		95.1					101
YTE-355L-4	315	555.1		95.1	0.90				
同步转速 1000r/min(6 极)									
YTE-90S-6	0.75	2.0	910	75.9	0.72	5.5	2.0	2.1	57
YTE-90L-6	1.1	2.9		78.1	0.73				
YTE-100L-6	1.5	3.7	920	79.8	0.75				61
YTE-112M-6	2.2	5.3	935	81.8	0.76	6.5			
YTE-132S-6	3	7.1	960	83.3			2.1		65
YTW-132M$_1$-6	4	9.3		84.6					
YTE-132M$_2$-6	5.5	12.4		86.0	0.77			2.1	
YTE-160M-6	75	16.6	970	87.2			2.0		69
YTE-160L-6	11	23.8		88.7	0.78				
YTE-180L-6	15	30.9		89.7	0.81	7.0			
YTE-200L$_1$-6	18.5	37.9		90.4			2.1		73
YTE-200L$_2$-6	22	43.8		90.9	0.83				
YTE-225M-6	30	58.7	980	91.7	0.84		2.0		76
YTE-250M-6	37	70.3		92.2	0.86		2.1		
Y1E-280S-6	45	85.0		92.7				2	78
YTE-280M-6	55	103.6		93.1					
YTE-315S-6	75	140.7	990	93.7			2.0		80
YTE-315M-6	90	168.3		94.0					
YTE-315L$_1$-6	110	204.6		94.3		6.7		2	
YTE-315L$_2$-6	132	242.7		94.6	0.87				85
YTE-355M$_1$-6	160	290.8		94.8	0.88		1.9		92
YTE-355M$_2$-6	200	363.5		95.0					
YTE-355L-6	250	453.8		95.0					

注：青岛红旗电机股份有限公司产品。

表 2-66　电动机在额定状态时效率和功率因数的保证值

功率/kW	同步转速/(r/min)					
	3000	1500	1000	3000	1500	1000
	效率 η/%			功率因数 $\cos\varphi$		
0.75	80.7	82.5	78.9	0.83	0.76	0.72
1.1	82.7	84.1	81.0	0.84	0.77	0.73
1.5	84.2	85.3	82.8	0.84	0.79	0.75
2.2	85.9	86.7	84.3	0.85	0.81	0.76
3	87.1	87.7	85.6	0.87	0.82	0.76
4	88.1	88.6	86.8	0.88	0.82	0.76
5.5	89.2	89.6	88.0	0.88	0.83	0.77
7.5	90.1	90.4	89.1	0.88	0.84	0.77
11	91.2	91.4	90.3	0.89	0.84	0.78
15	91.9	92.1	91.2	0.89	0.85	0.81
18.5	92.4	92.6	91.7	0.90	0.86	0.81
22	92.7	93.0	92.2	0.90	0.86	0.83
30	93.3	93.6	92.9	0.90	0.86	0.84
37	93.7	93.9	93.3	0.90	0.87	0.86
45	94.0	94.2	93.7	0.90	0.87	0.86
55	94.3	94.6	94.1	0.90	0.87	0.86
75	94.7	95.0	94.6	0.90	0.87	0.86
90	95.0	95.2	94.6	0.91	0.87	0.86
110	95.2	95.4	95.1	0.91	0.88	0.86
132	95.4	95.6	95.4	0.91	0.88	0.87
160	95.6	95.8	95.6	0.92	0.89	0.88
200	95.8	96.0	95.8	0.92	0.89	0.88
250	95.8	96.0	95.8	0.92	0.90	0.88
315	95.8	96.0	95.8	0.92	0.90	0.88

注：青岛红旗电机股份有限公司产品。

表 2-67　在额定电压下电动机相对参数值的保证值

<table>
<tr><th rowspan="3">功率/kW</th><th colspan="12">同步转速/(r/min)</th></tr>
<tr><th>3000</th><th>1500</th><th>1000</th><th>3000</th><th>1500</th><th>1000</th><th>3000</th><th>1500</th><th>1000</th><th>3000</th><th>1500</th><th>1000</th></tr>
<tr><th colspan="3">堵转转矩/额定转矩</th><th colspan="3">最小转矩/额定转矩</th><th colspan="3">最大转矩/额定转矩</th><th colspan="3">堵转电流/额定电流</th></tr>
<tr><td>0.55</td><td>—</td><td>—</td><td>—</td><td>—</td><td>1.7</td><td rowspan="2">1.5</td><td>—</td><td rowspan="7">2.3</td><td rowspan="7">2.1</td><td>—</td><td>5.8</td><td>5.2</td></tr>
<tr><td>0.75</td><td rowspan="2">2.2</td><td rowspan="2">2.3</td><td rowspan="2">2.0</td><td rowspan="3">1.5</td><td rowspan="3">1.6</td><td rowspan="6">2.3</td><td>6.9</td><td rowspan="3">6.5</td><td rowspan="3">6.0</td></tr>
<tr><td>1.1</td><td rowspan="5">1.3</td><td rowspan="3">7.5</td></tr>
<tr><td>1.5</td><td rowspan="4">2.2</td><td rowspan="4">2.3</td><td rowspan="2">2.0</td></tr>
<tr><td>2.2</td><td rowspan="3">1.4</td><td rowspan="3">1.5</td><td rowspan="3">7.5</td><td rowspan="3">7.0</td></tr>
<tr><td>3</td><td rowspan="2">2.1</td><td rowspan="2">8.0</td></tr>
<tr><td>4</td></tr>
</table>

续表

<table>
<tr><th rowspan="3">功率/kW</th><th colspan="12">同步转速/(r/min)</th></tr>
<tr><th>3000</th><th>1500</th><th>1000</th><th>3000</th><th>1500</th><th>1000</th><th>3000</th><th>1500</th><th>1000</th><th>3000</th><th>1500</th><th>1000</th></tr>
<tr><th colspan="3">$\frac{\text{堵转转矩}}{\text{额定转矩}}$</th><th colspan="3">$\frac{\text{最小转矩}}{\text{额定转矩}}$</th><th colspan="3">$\frac{\text{最大转矩}}{\text{额定转矩}}$</th><th colspan="3">$\frac{\text{堵转电流}}{\text{额定电流}}$</th></tr>
<tr><td>5.5</td><td rowspan="5">2.2</td><td rowspan="2">2.3</td><td>2.1</td><td rowspan="2">1.2</td><td rowspan="2">1.4</td><td rowspan="8">1.2</td><td rowspan="8">2.3</td><td rowspan="8">2.3</td><td rowspan="8">2.1</td><td rowspan="3">8.0</td><td rowspan="3">7.5</td><td rowspan="3">7.0</td></tr>
<tr><td>7.5</td><td rowspan="3">2.0</td></tr>
<tr><td>11</td><td rowspan="10">2.2</td><td rowspan="2">1.2</td><td rowspan="2">1.4</td></tr>
<tr><td>15</td><td rowspan="3">8.0</td><td rowspan="3">8.0</td><td rowspan="3">7.5</td></tr>
<tr><td>18.5</td><td rowspan="2">2.1</td><td rowspan="4">1.1</td><td rowspan="4">1.2</td></tr>
<tr><td>22</td><td rowspan="7">2.0</td></tr>
<tr><td>30</td><td>2.0</td><td rowspan="6">8.0</td><td rowspan="6">7.7</td><td rowspan="6">7.5</td></tr>
<tr><td>37</td><td rowspan="3">2.1</td></tr>
<tr><td>45</td><td rowspan="2">1.0</td><td rowspan="2">1.1</td><td rowspan="2">1.1</td><td rowspan="4">2.3</td><td rowspan="4">2.3</td><td rowspan="4">2.0</td></tr>
<tr><td>55</td></tr>
<tr><td>75</td><td rowspan="4">2.0</td><td rowspan="4">0.9</td><td rowspan="4">1.0</td><td rowspan="4">1.0</td></tr>
<tr><td>90</td></tr>
<tr><td>110</td><td rowspan="4">1.8</td><td rowspan="6">2.1</td><td rowspan="6">2.2</td><td rowspan="6">2.2</td><td rowspan="5">2.0</td><td rowspan="6">7.6</td><td rowspan="6">7.4</td><td rowspan="5">7.2</td></tr>
<tr><td>132</td></tr>
<tr><td>160</td><td rowspan="3">1.9</td><td rowspan="4">0.8</td><td rowspan="2">0.9</td><td rowspan="2">0.9</td></tr>
<tr><td>200</td></tr>
<tr><td>250</td><td rowspan="2">1.6</td><td rowspan="2">0.8</td><td rowspan="2">—</td></tr>
<tr><td>315</td><td>—</td><td>—</td><td>—</td></tr>
</table>

表 2-68　电动机机座号与转速及功率的对应关系

机座号	同步转速/(r/min) 3000	1500	1000	机座号	同步转速/(r/min) 3000	1500	1000
	功率/kW				功率/kW		
80M1	0.75	0.55	—	160M1	11	11	7.5
80M2	1.1	0.75	0.55	160M2	15	11	7.5
90S	1.5	1.1	0.75	160L	18.5	15	11
90L	2.2	1.5	1.1	180M	22	18.5	—
100L1	3	2.2	1.5	180L	—	22	18.5
100L2	3	3	1.5	200L1	30	30	22
112M	4	4	2.2	200L2	37	—	—
132S1	5.5	5.5	3	225S	—	37	—
132S2	7.5	5.5	3	225M	45	45	30
132M1	—	7.5	4	250M	55	55	37
132M2	—	7.5	5.5	280S	75	75	45

续表

机座号	同步转速/(r/min) 3000	1500	1000	机座号	同步转速/(r/min) 3000	1500	1000
	功率/kW				功率/kW		
280M	90	90	55	315L2	200	200	132
315S	110	110	75	355M1	250	250	160
315M	132	132	90	355M2	—	—	200
315L1	160	160	110	355L	315	315	250

注：S、M、L 后面的数字 1、2 分别代表同一机座号和转速下不同的功率。

各种电动机机座的安装和外形尺寸分别见表 2-69～表 2-74。

表 2-69　机座带底脚、端盖上无凸缘的电动机安装和外形尺寸

mm

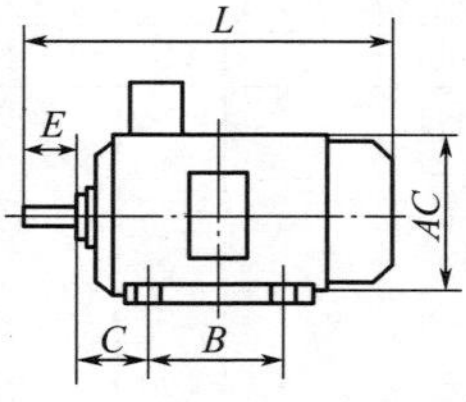

机座号80～90

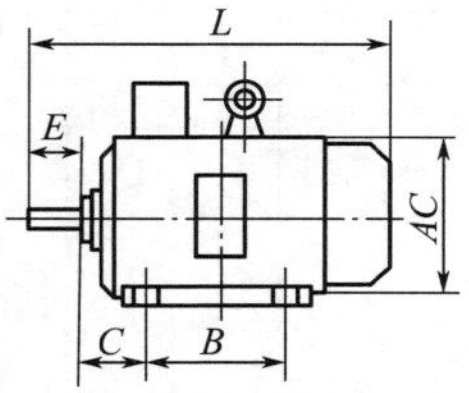

机座号100～132

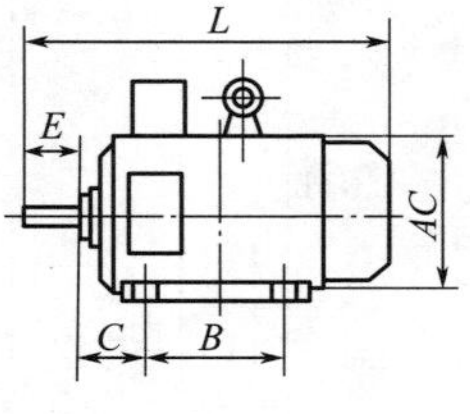

机座号160～355

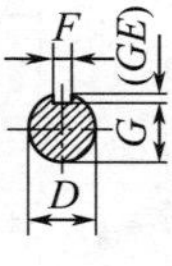

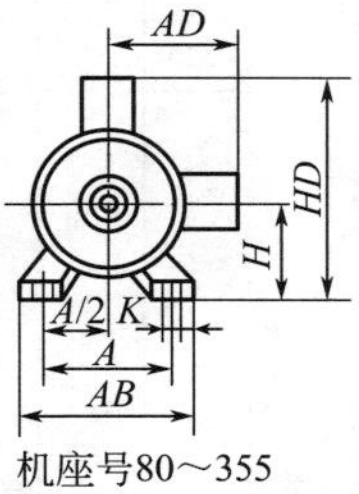

机座号80～355

机座号	极数	安装尺寸及公差 A 基本尺寸	A/2 基本尺寸	B 基本尺寸	C 基本尺寸	C 极限偏差	D 基本尺寸	D 极限偏差	E 基本尺寸	E 极限偏差	F 基本尺寸	F 极限偏差
80M	2、4、6	125	62.5	100	50	±1.5	19	+0.009 −0.004	40	±0.310	6	0 −0.030
90S		140	70		56		24		50		8	0 −0.036
90L				125								

续表

机座号	极数	安装尺寸及公差										
		A	A/2	B	C		D		E		F	
		基本尺寸	基本尺寸	基本尺寸	基本尺寸	极限偏差	基本尺寸	极限偏差	基本尺寸	极限偏差	基本尺寸	极限偏差
100L	2、4、6	160	80	140	63	±2.0	28	+0.009 −0.004	60	±0.370	8	0 −0.036
112M		190	95		70							
132S		216	108		89		38	+0.018 +0.002	80		10	
132M				178								
160M		254	127	210	108	±3.0	42		110	±0.430	12	0 −0.043
160L				254								
180M		279	139.5	241	121		48				14	
180L				279								
200L		318	159	305	133		55	+0.030 +0.011			16	
225S	4	356	178	286	149	±4.0	60		140	±0.500	18	
225M	2			311			55		110	±0.430	16	
225M	4、6	356	178	311	149	±4.0	60	+0.030 +0.011	140	±0.500	18	0 −0.043
250M	2	406	203	349	168							
	4、6						65					
280S	2	457	228.5	368	190							
	4、6						75				20	0 −0.052
280M	2			419			65				18	0 −0.043
	4、6						75				20	0 −0.052
315S	2	508	254	406	216		65				18	0 −0.043
	4、6						80		170		22	0 −0.052
315M	2			457			65		140		18	0 −0.043
	4、6						80		170		22	0 −0.052
315L	2			508			65		140		18	0 −0.043
	4、6						80		170		22	0 −0.052
355M	2	610	305	560	254		75		140		20	
	4、6						95	+0.035 +0.013	170		25	
355L	2			630			75	+0.030 +0.011	140		20	
	4、6						95	+0.035 +0.013	170		25	

续表

机座号	安装尺寸及公差 G 基本尺寸	G 极限偏差	H 基本尺寸	H 极限偏差	K 基本尺寸	K 极限偏差	K 位置度公差	外形尺寸 *AB*	*AC*	*AD*	*HD*	*L*
80M	15.5	0 −0.10	80	0 −0.5	10	+0.360 0	ϕ1.0 Ⓜ	165	175	145	220	295
90S	20	0 −0.20	90					180	195	155	250	320
90L												345
100L	24		100		12	+0.430 0		205	215	180	270	385
112M			112					230	240	190	300	400
132S	33		132					270	275	210	345	470
132M												510
160M	37		160		15		ϕ1.5 Ⓜ	320	330	255	420	615
160L												670
180M	42.5		180					355	380	280	455	700
180L												740
200L	49		200		19	+0.520 0		395	420	305	505	770
225S	53		225					435	470	335	560	815
225M	49											820
225M	53	0 −0.20	225	0 −0.5	19	+0.520 0	ϕ1.5 Ⓜ	435	470	335	560	845
250M	53 58		250		24		ϕ2.0 Ⓜ	490	510	370	615	910
280S	58 67.5		280	0 −1.0				550	580	410	680	985
280M	58 67.5											1035
315S	58		315		28			635	645	530	845	1185
	71											1215
315M	58											1295
	71											1325
315L	58											1295
	71											1325
355M	67.5		355					730	710	655	1010	1500
	86											1530
355L	67.5											1500
	86											1530

注：1. $G=D-GE$，GE 的极限偏差对机座号 80 及以下为$^{+0.10}_{0}$，其余为$^{+0.20}_{0}$。

2. K 孔的位置度公差以轴伸的轴线为基准。

表 2-70 机座带底脚、端盖上有凸缘的电动机安装和外形尺寸 mm

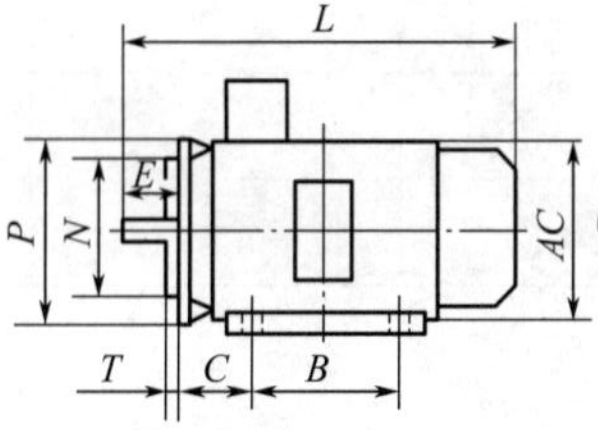

机座号80～90

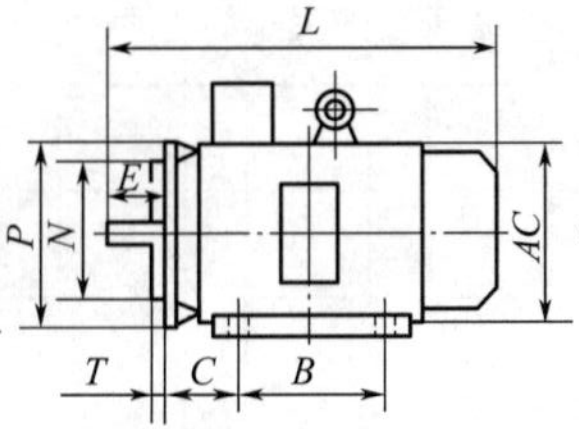

机座号100～132

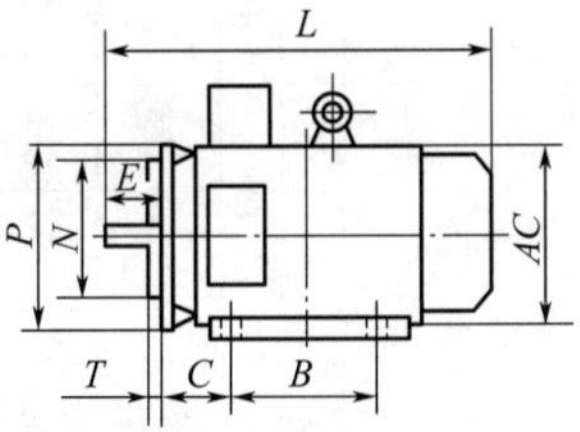

机座号160～355

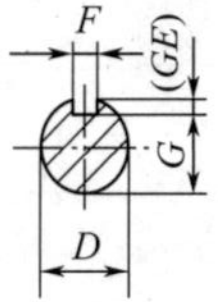

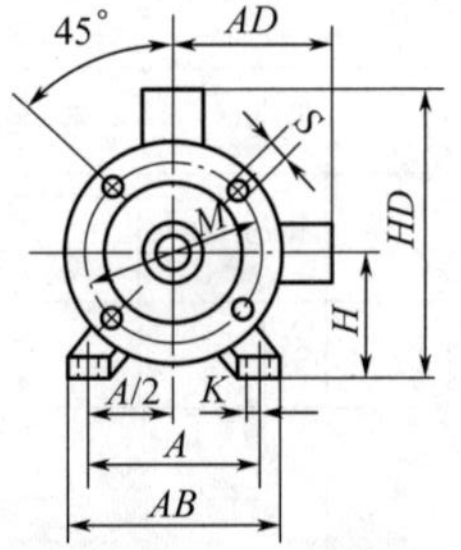

机座号80～200

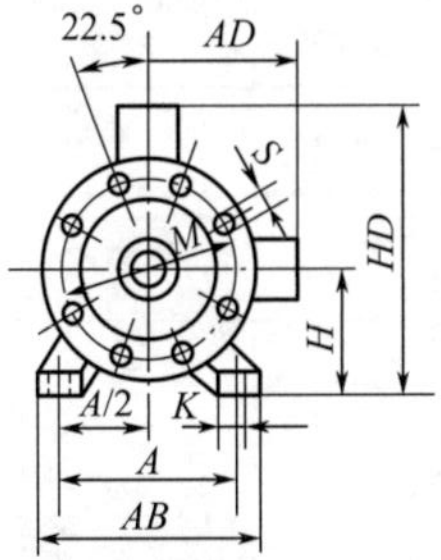

机座号225～355

续表

机座号	凸缘号	极数	安装尺寸及公差														
			A	*A*/2	*B*	*C*		*D*		*E*		*F*		*G*		*H*	
			基本尺寸	基本尺寸	基本尺寸	基本尺寸	极限偏差	基本尺寸	极限偏差	基本尺寸	极限偏差	基本尺寸	极限偏差	基本尺寸	极限偏差	基本尺寸	极限偏差
80M	FF165	2、4、6	125	62.5	100	50	±1.5	19	+0.009 −0.004	40	±0.310	6	0 −0.030	15.5	0 −0.10	80	0 −0.5
90S			140	70		56		24		50		8	0 −0.036	20	0 −0.20	90	
90L					125												
100L	FF215		160	80	140	63	±2.0	28		60	±0.370			24		100	
112M			190	95		70										112	
132S	FF265		216	108		89		38	+0.018 +0.002	80		10		33		132	
132M					178												
160M	FF300		254	127	210	108	±3.0	42		110	±0.430	12	0 −0.043	37		160	
160L					254												
180M			279	139.5	241	121		48				14		42.5		180	
180L					279												
200L	FF350		318	159	305	133		55	+0.030 +0.011			16		49		200	
225S	FF400	4	356	178	286	149	±4.0	60		140	±0.500	18		53		225	
225M		2			311			55		110	±0.430	16		49			

续表

机座号	凸缘号	极数	A 基本尺寸	A/2 基本尺寸	B 基本尺寸	C 基本尺寸	C 极限偏差	D 基本尺寸	D 极限偏差	E 基本尺寸	E 极限偏差	F 基本尺寸	F 极限偏差	G 基本尺寸	G 极限偏差	H 基本尺寸	H 极限偏差
			安装尺寸及公差														
225M	FF400	4、6	356	178	311	149	±4.0	60	+0.030 +0.011	140	±0.500	18	0 −0.043	53	0 −0.20	225	0 −0.5
250M	FF500	2	406	203	349	168										250	
		4、6						65						58			
280S		2	457	228.5	368	190											
		4、6						75				20	0 −0.052	67.5		280	
280M		2			419			65				18	0 −0.043	58			
		4、6						75				20	0 −0.052	67.5			
315S	FF600	2	508	254	406	216		65				18	0 −0.043	58		315	0 −1.0
		4、6						80		170		22	0 −0.052	71			
315M		2			457			65		140		18	0 −0.043	58			
		4、6						80		170		22	0 −0.052	71			
315L		2			508			65		140		18	0 −0.043	58			
		4、6						80		170		22	0 −0.052	71			
355M	FF740	2	610	305	560	254		75		140		20		67.5		355	
		4、6						95	+0.035 +0.013	170		25		86			
355L		2			630			75	+0.030 +0.011	140		20		67.5			
		4、6						95	+0.035 +0.013	170		25		86			

续表

机座号	安装尺寸及公差 K 基本尺寸	K 极限偏差	K 位置度公差	M	N 基本尺寸	N 极限偏差	P	R 基本尺寸	R 极限偏差	S 基本尺寸	S 极限偏差	S 位置度公差	T 尺寸	T 极限偏差	凸缘孔数	外形尺寸 AB	AC	AD	HD	L
80M	10	+0.360 0	φ1.0 Ⓜ	165	130	+0.014 −0.011	200	0	±1.5	12	+0.430 0	φ1.0 Ⓜ	3.5	0 −0.120	4	165	175	145	220	295
90S																180	195	155	250	320
90L																				345
100L	12	+0.430 0		215	180		250		±2.0	15		φ1.5 Ⓜ	3.5			205	215	180	270	385
112M													4			230	240	190	300	400
132S				265	230	+0.016 −0.013	300									270	275	210	345	470
132M																				510
160M	15		φ1.5 Ⓜ	300	250		350		±3.0	19	+0.520 0		5			320	330	255	420	615
160L																				670
180M																355	380	280	455	700
180L																				740
200L	19	+0.520 0		350	300	±0.016	400									395	420	305	505	770
225S				400	350	±0.018	450		±4.0						8	435	470	335	560	815
225M																				820

续表

机座号	安装尺寸及公差																外形尺寸				
	K			*M*	*N*		*P*	*R*		*S*			*T*		凸缘孔数	*AB*	*AC*	*AD*	*HD*	*L*
	基本尺寸	极限偏差	位置度公差		基本尺寸	极限偏差		基本尺寸	极限偏差	基本尺寸	极限偏差	位置度公差	尺寸	极限偏差						
225M	19	$^{+0.520}_{0}$	ϕ1.5 Ⓜ	400	350	±0.018	450	0	±4.0	19	$^{+0.520}_{0}$	ϕ1.5 Ⓜ	5	$^{0}_{-0.120}$	8	435	470	335	560	845
250M	24		ϕ2.0 Ⓜ	500	450	±0.020	550									490	510	370	615	910
280S																550	580	410	680	985
280M																				1035
315S	28			600	550	±0.022	660			24		ϕ2.0 Ⓜ	6	$^{0}_{-0.120}$		635	645	530	845	1185 1215
315M																				1295 1325
315L																				1295 1325
355M				740	680	±0.025	800									730	710	655	1010	1500 1530
355L																				1500 1530

注：1. $G=D-GE$，GE 的极限偏差对机座号 80 及以下为 $^{+0.10}_{0}$，其余为 $^{+0.20}_{0}$。

2. *K*、*S* 孔的位置度公差以轴伸的轴线为基准。

3. *P* 尺寸为最大极限值。

4. *R* 为凸缘配合面至轴伸肩的距离。

表 2-71　机座不带底脚、端盖上有凸缘（带通孔）的电动机安装和外形尺寸　　mm

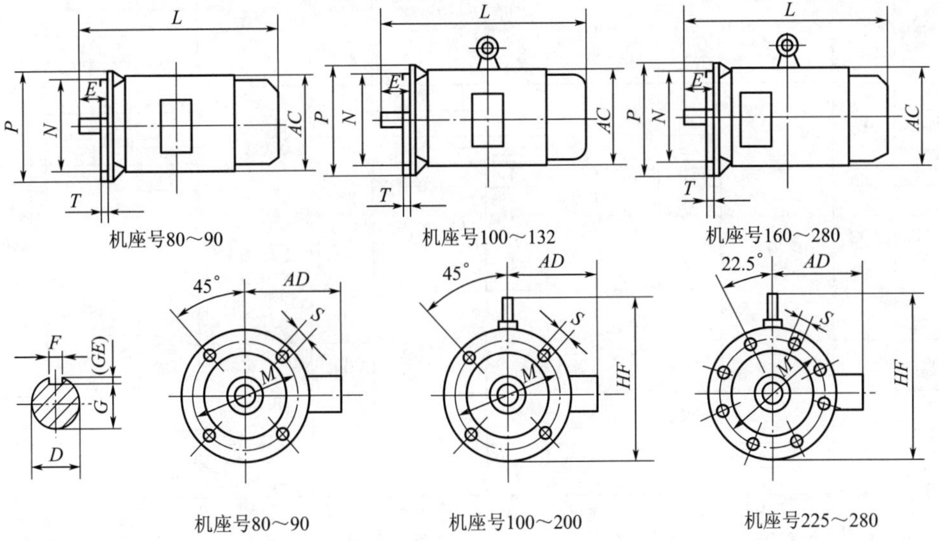

续表

<table>
<tr><th rowspan="3">机座号</th><th rowspan="3">凸缘号</th><th rowspan="3">极数</th><th colspan="11">安装尺寸及公差</th></tr>
<tr><th colspan="2">D</th><th colspan="2">E</th><th colspan="2">F</th><th colspan="2">G</th><th rowspan="2">M</th><th colspan="2">N</th></tr>
<tr><th>基本尺寸</th><th>极限偏差</th><th>基本尺寸</th><th>极限偏差</th><th>基本尺寸</th><th>极限偏差</th><th>基本尺寸</th><th>极限偏差</th><th>基本尺寸</th><th>极限偏差</th></tr>
<tr><td>80M</td><td rowspan="3">FF165</td><td rowspan="12">2
4
6</td><td>19</td><td rowspan="5">+0.009
−0.004</td><td>40</td><td rowspan="3">±0.310</td><td>6</td><td>0
−0.030</td><td>15.5</td><td>0
−0.10</td><td rowspan="3">165</td><td rowspan="3">130</td><td rowspan="5">+0.014
−0.011</td></tr>
<tr><td>90S</td><td rowspan="2">24</td><td rowspan="2">50</td><td rowspan="4">8</td><td rowspan="6">0
−0.036</td><td rowspan="2">20</td><td rowspan="14">0
−0.20</td></tr>
<tr><td>90L</td></tr>
<tr><td>100L</td><td rowspan="2">FF215</td><td rowspan="2">28</td><td rowspan="2">60</td><td rowspan="4">±0.370</td><td rowspan="2">24</td><td rowspan="2">215</td><td rowspan="2">180</td></tr>
<tr><td>112M</td></tr>
<tr><td>132S</td><td rowspan="2">FF265</td><td rowspan="2">38</td><td rowspan="6">+0.018
+0.002</td><td rowspan="2">80</td><td rowspan="2">10</td><td rowspan="2">33</td><td rowspan="2">265</td><td rowspan="2">230</td><td rowspan="6">+0.016
−0.013</td></tr>
<tr><td>132M</td></tr>
<tr><td>160M</td><td rowspan="4">FF300</td><td rowspan="2">42</td><td rowspan="5">110</td><td rowspan="5">±0.430</td><td rowspan="2">12</td><td rowspan="8">0
−0.043</td><td rowspan="2">37</td><td rowspan="4">300</td><td rowspan="4">250</td></tr>
<tr><td>160L</td></tr>
<tr><td>180M</td><td rowspan="2">48</td><td rowspan="2">14</td><td rowspan="2">42.5</td></tr>
<tr><td>180L</td></tr>
<tr><td>200L</td><td>FF350</td><td>55</td><td rowspan="4">+0.030
+0.011</td><td>16</td><td>49</td><td>350</td><td>300</td><td>±0.016</td></tr>
<tr><td>225S</td><td rowspan="3">FF400</td><td>4</td><td>60</td><td>140</td><td>±0.500</td><td>18</td><td>53</td><td rowspan="3">400</td><td rowspan="3">350</td><td rowspan="3">±0.018</td></tr>
<tr><td rowspan="2">225M</td><td>2</td><td>55</td><td>110</td><td>±0.430</td><td>16</td><td>49</td></tr>
<tr><td>4、6</td><td>60</td><td>140</td><td>±0.500</td><td>18</td><td>53</td></tr>
<tr><td rowspan="2">250M</td><td rowspan="6">FF500</td><td>2</td><td>60</td><td rowspan="6">+0.030
+0.011</td><td rowspan="6">140</td><td rowspan="6">±0.500</td><td rowspan="3">18</td><td rowspan="3">0
−0.043</td><td>53</td><td rowspan="6">0
−0.20</td><td rowspan="6">500</td><td rowspan="6">450</td><td rowspan="6">±0.020</td></tr>
<tr><td>4、6</td><td rowspan="2">65</td><td rowspan="2">58</td></tr>
<tr><td rowspan="2">280S</td><td>2</td></tr>
<tr><td>4、6</td><td>75</td><td>20</td><td>0
−0.052</td><td>67.5</td></tr>
<tr><td rowspan="2">280M</td><td>2</td><td>65</td><td>18</td><td>0
−0.043</td><td>58</td></tr>
<tr><td>4、6</td><td>75</td><td>20</td><td>0
−0.052</td><td>67.5</td></tr>
</table>

续表

机座号	P	安装尺寸及公差								外形尺寸			
		R		S			T		凸缘孔数				
		基本尺寸	极限偏差	基本尺寸	极限偏差	位置度公差	基本尺寸	极限偏差		AC	AD	HF	L
80M										175	145	185	295
90S	200		±1.5	12		ϕ1.0 Ⓜ	3.5			195	155	195	320
90L													345
100L					+0.430 0					215	180	245	385
112M	250									240	190	265	400
132S			±2.0	15			4			275	210	315	470
132M	300								4				510
160M		0						0 −0.120		330	255	385	615
160L	350												670
180M			±3.0			ϕ1.5 Ⓜ				380	280	430	700
180L				19	+0.520 0		5						740
200L	400									420	305	480	770
225S													815
225M	450		±4.0						8	470	335	535	820 845
250M										510	370	595	910
280S	550	0	±4.0	19	+0.520 0	ϕ1.5 Ⓜ	5	0 −0.120	8	580	410	650	985
280M													1035

注：1. $G=D-GE$，GE 的极限偏差对机座号 80 及以下为$^{+0.10}_{0}$，其余为$^{+0.20}_{0}$。

2. P 尺寸为最大极限值。

3. R 为凸缘配合面至轴伸肩的距离。

4. S 孔的位置度公差以轴伸的轴线为基准。

表 2-72 机座带底脚、端盖上有凸缘（带螺孔）的电动机安装和外形尺寸 mm

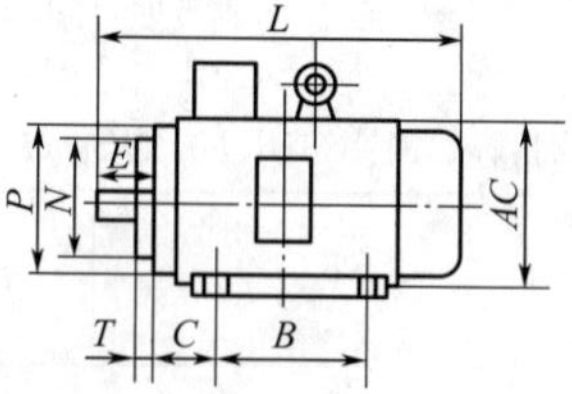

机座号80～90

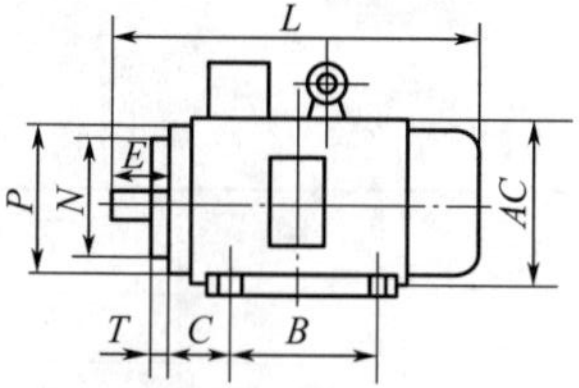

机座号100～112

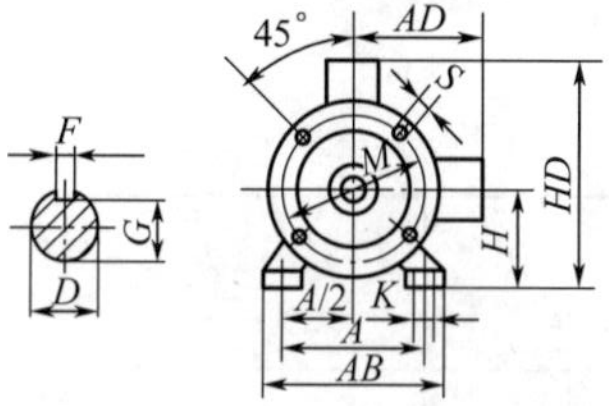

机座号80～112

机座号	凸缘号	极数	A 基本尺寸	A/2 基本尺寸	B 基本尺寸	C 基本尺寸	C 极限偏差	D 基本尺寸	D 极限偏差	E 基本尺寸	E 极限偏差	F 基本尺寸	F 极限偏差	G 基本尺寸	G 极限偏差	H 基本尺寸	H 极限偏差
80M	FT100	2、4、6	125	62.5	100	50	±1.5	19	+0.009 −0.004	40	±0.310	6	0 −0.030	15.5	0 −0.10	80	0 −0.5
90S	FT115		140	70		56		24		50		8	0 −0.036	20	0 −0.20	90	
90L					125												
100L	FT130		160	80	140	63	±2.0	28		60	±0.370			24		100	
112M			190	95		70										112	

机座号	K 基本尺寸	K 极限偏差	K 位置度公差	M	N 基本尺寸	N 极限偏差	P	R 基本尺寸	R 极限偏差	S 螺孔	S 位置度公差	T 尺寸	T 极限偏差	凸缘孔数	AB	AC	AD	HD	L
80M	10	+0.360 0	ϕ1.0 Ⓜ	100	80	+0.012 −0.007	120	0	±1.5	M6	ϕ0.5 Ⓜ	3.0	0 −0.100	4	165	175	145	214	295
90S				115	95	+0.013 −0.009	140			M8	ϕ1.0 Ⓜ				180	195	155	250	320
90L																			345
100L	12	+0.430 0		130	100		160					3.5	0 −0.120		205	215	180	270	385
112M															230	240	190	300	400

注：1. $G=D-GE$，GE 的极限偏差对机座号 80 及以下为 $^{+0.10}_{0}$，其余为 $^{+0.20}_{0}$。
2. K、S 孔的位置度公差以轴伸的轴线为基准。
3. P 尺寸为最大极限值。
4. R 为凸缘配合面至轴伸肩的距离。

表 2-73　机座不带底脚、端盖上有凸缘（带螺孔）的电动机安装和外形尺寸

mm

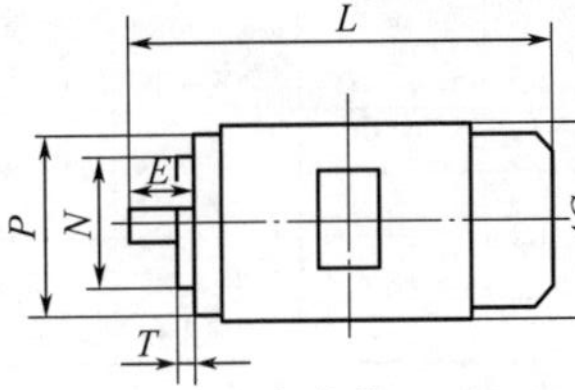

机座号80～90

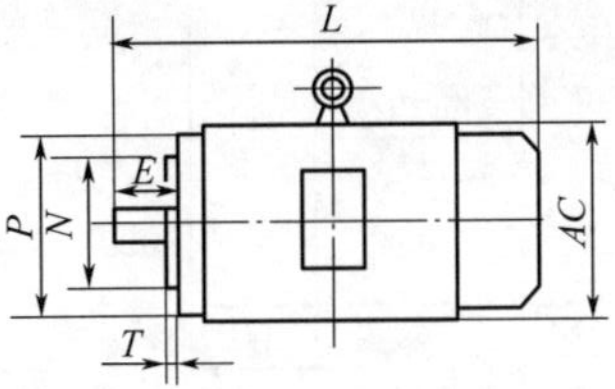

机座号100～112

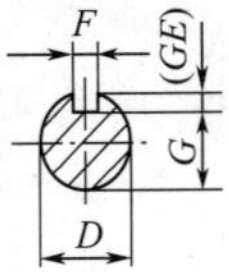

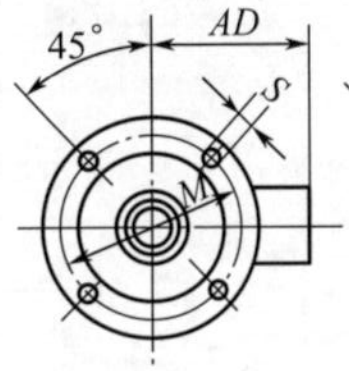

机座号80～90

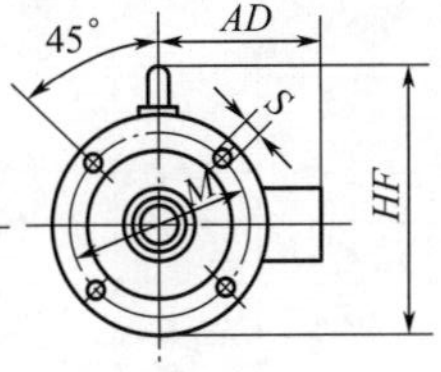

机座号100～112

机座号	凸缘号	极数	安装尺寸及公差											
			D		E		F		G		M	N	
			基本尺寸	极限偏差	基本尺寸	极限偏差	基本尺寸	极限偏差	基本尺寸	极限偏差		基本尺寸	极限偏差
80M	FT100	2、4、6	19	+0.009 −0.004	40	±0.310	6	0 −0.030	15.5	0 −0.10	100	80	+0.012 −0.007
90S	FT115		24		50		8	0 −0.036	20	0 −0.20	115	95	+0.013 −0.009
90L													
100L	FT130		28		60	±0.370			24		130	110	
112M													

机座号	安装尺寸及公差								外形尺寸			
	P	R		S		T		凸缘孔数	AC	AD	HF	L
		基本尺寸	极限偏差	螺孔	位置度公差	尺寸	极限偏差					
80M	120	0	±1.5	M6	ϕ0.5 Ⓜ	3.0	0 −0.100	4	175	145	185	295
90S	140			M8	ϕ1.0 Ⓜ				195	155	195	320
90L												345
100L	160					3.5	0 −0.120		215	180	245	385
112M									240	190	265	400

注：1. $G=D-GE$，GE 的极限偏差对机座号 80 及以下为$^{+0.10}_{0}$，其余为$^{+0.20}_{0}$。

2. P 尺寸为最大极限值。

3. R 为凸缘配合面至轴伸肩的距离。

4. S 孔的位置度公差以轴伸的轴线为基准。

表 2-74　立式安装、机座不带底脚、端盖上有凸缘（带通孔）、轴伸向下的电动机安装和外形尺寸　mm

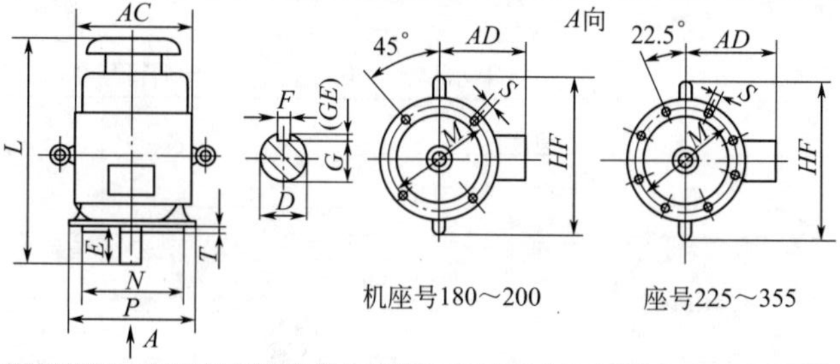

机座号	凸缘号	极数	安装尺寸及公差										
			D		E		F		G		M	N	
			基本尺寸	极限偏差	基本尺寸	极限偏差	基本尺寸	极限偏差	基本尺寸	极限偏差		基本尺寸	极限偏差
180M	FF300	2、4、6	48	+0.018 +0.002	110	±0.430	14	0 −0.043	42.5	0 −0.20	300	250	+0.016 −0.013
180L													
200L	FF350		55	+0.030 +0.011			16		49		350	300	±0.016
225S	FF400	4	60		140	±0.500	18		53		400	350	±0.018
225M		2	55		110	±0.430	16		49				
		4、6	60		140	±0.500	18		53				
250M	FF500	2									500	450	±0.020
		4、6	65						58				
280S		2											
		4、6	75				20	0 −0.052	67.5				

续表

机座号	凸缘号	极数	安装尺寸及公差										
			D		E		F		G		M	N	
			基本尺寸	极限偏差	基本尺寸	极限偏差	基本尺寸	极限偏差	基本尺寸	极限偏差		基本尺寸	极限偏差
280M	FF500	2	65	+0.030 +0.011	140	±0.500	18	0 −0.043	58	0 −0.20	500	450	±0.020
		4、6	75				20	0 −0.052	67.5				
315S	FF600	2	65				18	0 −0.043	58		600	550	±0.022
		4、6	80		170		22	0 −0.052	71				
315M		2	65		140		18	0 −0.043	58				
		4、6	80		170		22	0 −0.052	71				
315L		2	65		140		18	0 −0.043	58				
		4、6	80		170		22	0 −0.052	71				
	FF740	2	75		140		20		67.5		740	680	±0.025
355M		4、6	95	+0.035 +0.013	170		25		86				
		2	75	+0.030 +0.011	140		20		67.5				
355L		4、6	95	+0.035 +0.013	170		25		86				

续表

机座号	安装尺寸及公差									外形尺寸			
	P	R		S			T		凸缘孔数				
		基本尺寸	极限偏差	基本尺寸	极限偏差	位置度公差	尺寸	极限偏差		AC	AD	HF	L
180M	350	0	±3.0	19	+0.520 0	ϕ1.5 Ⓜ	5	0 −0.120	4	380	280	500	760
180L													800
200L	400									420	305	550	840
225S	450		±4.0						8	470	335	610	905
225M													910 935
250M	550									510	370	650	1015
280S										580	410	720	1110
280M	550	0	±4.0	19	+0.520 0	ϕ1.5 Ⓜ	5	0 −0.120	8	580	410	720	1150
315S	660			24		ϕ2.0 Ⓜ	6	0 −0.150		645	530	900	1280 1510
315M													1310 1430
315L													1310 1430
355M	800									710	655	1010	1640 1670
355L													1640 1670

注：1. $G=D-GE$，GE 的极限偏差对机座号 80 及以下为$^{+0.10}_{0}$，其余为$^{+0.20}_{0}$。

2. P 尺寸为最大极限值。

3. R 为凸缘配合面至轴伸肩的距离。

4. S 孔的位置度公差以轴伸的轴线为基准。

2.3.18 FYQ系列高启动转矩三相异步电动机

FYQ系列高启动转矩三相异步电动机的定额是以连续工作制（S1）为基准的连续定额，采用B级绝缘。外壳防护等级为IP44，冷却方式为IC411，安装形式为IMB3。额定频率为50Hz，额定电压为380V，电机启动时为△接法，启动完毕后换为Y接法。FYQ系列高启动转矩三相异步电动机技术数据见表2-75，其安装和外形尺寸见表2-76。

表2-75 FYQ系列高启动转矩三相异步电动机技术数据

型号	额定功率/kW	效率/%	功率因数 $\cos\varphi$	额定转速/(r/min)	噪声/dB(A)	堵转电流/额定电流	堵转转矩/额定转矩
FYQ100-4	1.5	82	0.72	1460	67	8.5	5.0
FYQ100M_1-4	1.8	85	0.68	1460	68	9.5	5.0
FYQ100M-4	2.2	85	0.72	1450	70	8.5	4.5
FYQ100L-4	2.8	85	0.75	1440	70	10.3	4.9

表2-76 机座带底脚、端盖上无凸缘的电动机安装和外形尺寸

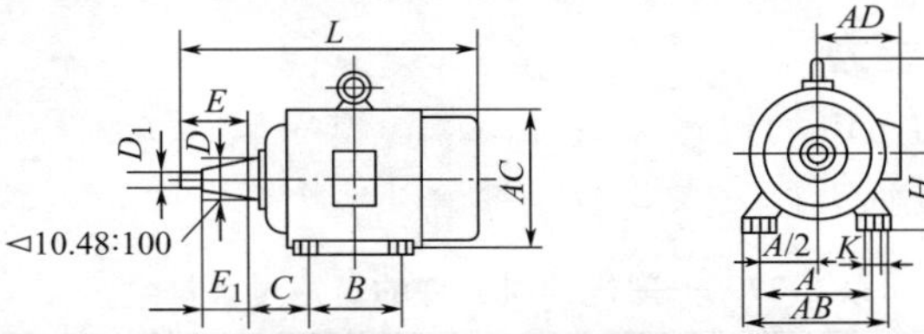

安装尺寸及公差/mm							
A	A/2	B	C	D	D_1	E	E_1
190±0.7	95±0.40	140	67±2.0	35	M16-6h	96	66

安装尺寸及公差/mm		外形尺寸/mm				
H	K	AB	AC	AD	HD	L
109	12	240	224	130	267	404

2.4 电动机的选择

选择电动机应该考虑电动机种类、过载能力、工作环境、功率、负载类型所需的转矩特性、转速、安装结构形式等几个基本因素。

2.4.1 种类

选择电动机的种类是从交流或直流、同步或异步电动机、机械特性、调速与启动特性、维护及价格等方面考虑。

一般生产机械的拖动（水泵、通风机、运输机、传送带和机床等）不需要调速的机械装置应优先选用三相笼型异步电动机；

对于负载周期性波动的短期工作机械（起重机、锻压机等），宜用绕线型异步电动机；

需要补偿电网功率因数及获得稳定的工作速度时，优先选用同步电动机；

只需要几种速度，但不要求调速时，选用多速异步电动机，采用转换开关等来切换所需要的工作速度；

需要大的启动转矩和恒功率调速的机械，宜选用直流电动机；

启制动和调速要求较高的机械，可选用直流电动机或带调速装置的交流电动机；

需要自动控制的情况下，需要选择控制电机。

2.4.2 过载能力

过载能力是电动机最大转矩 M_{max}/额定转矩 M_e。一般电动机允许的转矩过载倍数见表 2-77。

表 2-77　一般电动机允许的转矩过载倍数

电动机类型	工作制	过载倍数 λ
笼型异步电动机	连续工作制 超重冶金型(≤10kW) 超重冶金型(>10kW)	≥1.65 ≥2.5 ≥2.8
绕线型异步电动机	连续工作制 超重冶金型(≤10kW) 超重冶金型(>10kW)	≥1.8 ≥2.5 ≥2.8
同步电动机	$\cos\varphi$=0.8(超前) 强励磁时	≥1.65 3～3.5
直流电动机(一般型)	额定励磁时	1.5

2.4.3 环境条件

包括所在地域、环境温度、相对湿度、粉尘状况等（表 2-78）。

表 2-78 根据环境条件选用电动机

环境条件		可选用的电动机类型
正常环境		一般采用防护式电动机
湿热带或潮湿场所		湿热带型电动机或普通型电动机加强防潮处理
干热带或高温车间		干热带型电动机或高温升等级绝缘材料的电动机或外加管道通风
粉尘较多的场所		封闭型或管道通风型
露天场所		气候防护型。外壳防护等级不低于 IP23,接线盒应为 IP54,封闭型,电动机外壳防护等级应为 IP54
室外,有腐蚀性或爆炸性气体		室外、防腐、防爆型。防护等级不低于 IP54
有腐蚀性气体或游离物		化工防腐型或采用管道通风
有爆炸危险的场所	0(Q-1)级	隔爆型、防爆通风充气型
	1(Q-2)级	任意防爆类型
	2(Q-3)级	防护等级不低于 IP43
	1-0(G-1)级	任意一级隔爆型、防爆通风充气型
	1-1(G-2)级	防护等级不低于 IP44
有火灾危险的场所	H-1 级	防护等级至少应为 IP22
	H-2 级	防护等级至少应为 IP44
	H-3 级	防护等级至少应为 IP44
水中		潜水型

2.4.4 功率

要正确选择电动机的功率，必须经过以下计算或比较。

① 对于恒定负载连续工作方式，如果知道负载的功率（即生产机械轴上的功率）P_1(kW)，可按下式计算所需电动机的功率 P(kW)：

$$P=\frac{P_1}{\eta_1\eta_2}$$

式中 P——电动机的功率，kW；

P_1——生产机械功率，kW；

η_1——生产机械本身效率，%；

η_2——电动机传动效率，%。

所选电动机的额定功率应等于或稍大于计算所得的功率（在能满足生产机械负载要求的前提下，尽量选容量小一些的电动机）。

② 短时工作定额的电动机 功率可以允许适当过载。设过载系数为 λ，则电动机的额定功率可以是生产机械所要求的功率的

1/λ。因此，在条件许可时，应尽量选用短时工作定额的电动机。

③ 对于断续工作定额的电动机，其功率的选择要根据负载持续率的大小，选用专门用于断续运行方式的电动机。

2.4.5 所需的转矩特性

部分机械所需的启动转矩和最大转矩的参考值见表 2-79。

表 2-79 部分机械所需的启动转矩和最大转矩的参考值

类型	机械名称	堵转转矩/额定转矩	最大转矩/额定转矩
冶金轧机	粗轧机、钢板轧机、扩管轧机	0.4	2.4～3.6
	线材轧机	1.0	2.2
	黄铜及铜加工轧机	1.5	2.2
	其他各种轧机	0.4～0.6	2.2
造纸机械	搅拌器(标准)、粉碎机、连续型液压浆料	1.25	1.4
	粉碎机(空载启动)	1.05	1.6
	碾磨机和排气风扇(共用电动机)	1.75	1.5
	碾磨机(单独驱动)	1.23	1.8
	搅拌器(粉碎机)	0.6	2.2
	卷纸机(空载启动)	0.4～0.5	1.4
各种粉碎机(碎铁机除外)	谷物碾磨机	1.0	1.6
	球磨机(煤、岩石)	1.4	1.6
	球磨机(矿石)	1.5	1.6
	带式碾磨机	0.4	2.2
	球磨机(碎煤、空载启动)	0.9	1.4
	碾磨机和排风扇(共用电动机)	1.4	2.2
	单独驱动(碾磨机)	1.0	2.2
	碎矿机(空载启动)	1.0	2.2
	圆锥式破碎机(空载启动)	1.0	2.2
	回转破碎机(空载启动)	1.5	2.2
	爪式破碎机(空载启动)	1.5	2.2
	滚筒式破碎机(空载启动)	1.0	2.2
	锤碎机(空载启动)	1.75	1.3
	地面破碎机	1.6	1.6
	棒磨机(矿石)	1.6	1.6
木工机械	各类木工机械,如各种锯	0.4～0.6	2.2
鼓风机	各种鼓风机	0.3～0.4	1.3～1.5
空气压缩机	各种空气压缩机	0.3～0.6	1.3～1.5
泵类	无分流的三筒式往复泵	1.5	1.5
	其他各类泵	0.4～0.8	1.5

续表

类　型	机械名称	堵转转矩/额定转矩	最大转矩/额定转矩
发电机组	150kW 以上的直流发电机组 其他发电机组	0.2 0.2	2.0 1.5
煤矿机械	采煤机 装载机 运输机	1.8～2.5 2～2.8 1.6～2.0	2～2.7 2.8 1.8～2.2
其他机械	密闭式混炼机、橡胶磨机、整形机	1.25	2.2～2.5

此外，也可用类比法来选择电动机的功率，即参考类似工况所用电动机的功率进行试车，验证是否符合预期。其方法是在生产机械运转时，用钳形电流表测量电动机的工作电流，并与铭牌上标出的额定电流进行对比。如果电动机的实际工作电流与铭牌上标出的额定电流上下相差不大，则表明所选电动机的功率合适。

2.4.6　转速

在市电标准频率（50Hz）作用下，由于磁极对数不同，异步电动机同步转速有 3000r/min、1500r/min、1000r/min、750r/min、600r/min、500r/min 等几种（由于存在转差率，其实际转速比同步转速低 2%～5%）。选择电动机转速方法如下：

对于不需要调速的机械，一般选用与之转速接近的电机；

对于不需调速的低转速的传动，一般可优先选用同步转速 1500r/min 的电机；

对于需要调速的机械，电机最高转速应与机械最高转速相适应，可以直接传动或通过减速机构传动；

也可以考虑使用变频器来拖动电机实现调速，既节能又可实现自动控制。

2.4.7　安装结构形式

要根据传动轴的方向考虑选用立式还是卧式电动机，与此相应的安装形式和代号见表 2-80、表 2-81。

典型生产机械选用交流电动机实例见表 2-82。

表 2-80　旋转电机卧式安装形式代号

代　号	示意图	说　明	代　号	示意图	说　明
IMB3	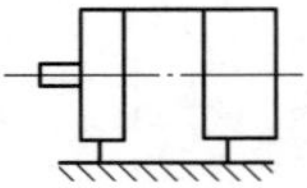	借底脚安装,底脚在下	IMB14	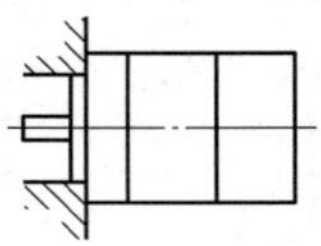	借传动端的凸缘面安装
IMB5	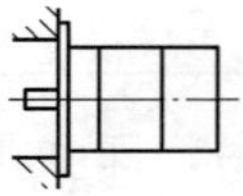	借传动端凸缘面安装	IMB15	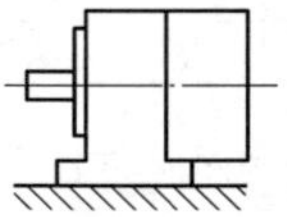	借底脚安装,底脚在下,用机座端面作附加安装
IMB6	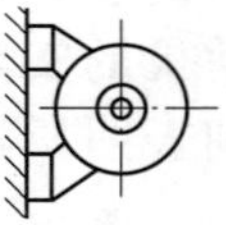	借底脚安装,从传动端看底脚在左边	IMB20	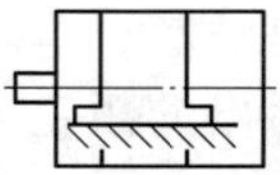	借底脚安装,底脚在下
IMB7	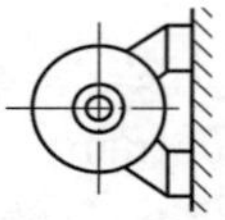	借底脚安装,从传动端看底脚在右边	IMB25	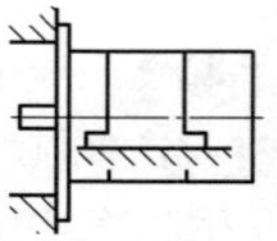	借底脚安装,底脚在下,用凸缘作附加安装
IMB8	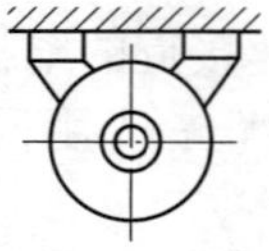	借底脚安装,底脚在上	IMB30	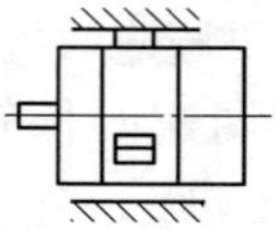	借搭子安装
IMB9	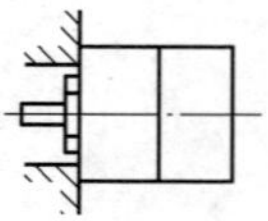	借传动端的机座面安装	IMB34	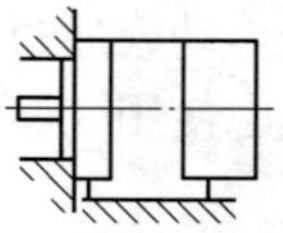	借底脚安装,底脚在下,用传动端的凸缘面作附加安装
IMB10	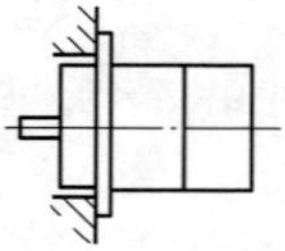	借传动端的凸缘面安装	IMB35	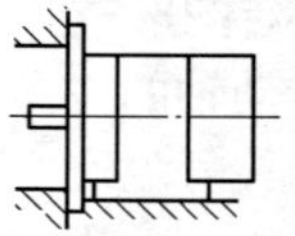	借底脚安装,底脚在下,用传动端的凸缘面作附加安装

表 2-81 旋转电机立式安装形式代号

代 号	示意图	说 明	代 号	示意图	说 明
IMV1	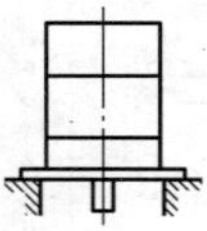	借传动端凸缘面安装，传动端向下	IMV9	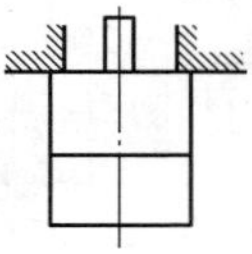	借传动端机座端面安装，传动端向上
IMV2	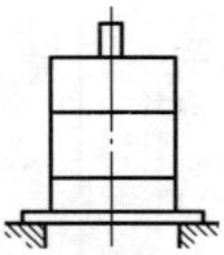	借非传动端凸缘面安装，传动端向上	IMV14	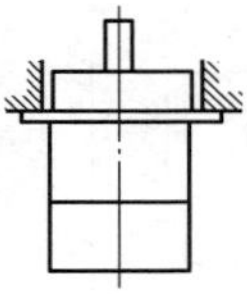	借传动端凸缘面安装，传动端向上
IMV3	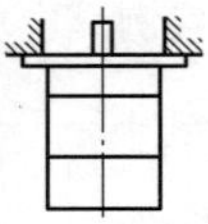	借传动端凸缘面安装，传动端向上	IMV15	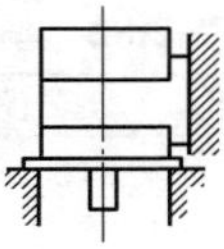	借底脚安装，有传动端的凸缘面作附加安装，传动端向下
IMV4	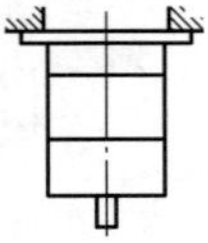	借非传动端凸缘面安装，传动端向下	IMV16	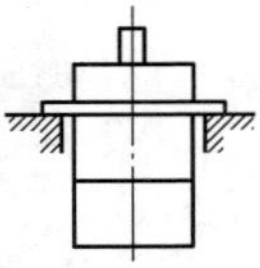	借非传动端凸缘面安装，传动端向上
IMV5	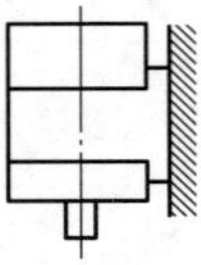	借底脚安装，传动端向下	IMV17	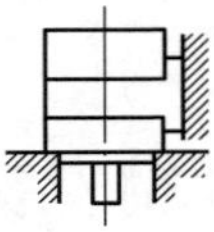	借底脚安装，有传动端的凸缘面作附加安装，传动端向下
IMV6	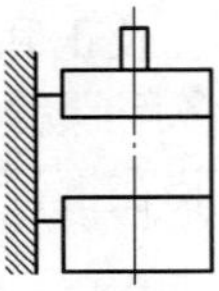	借底脚安装，传动端向上	IMV18	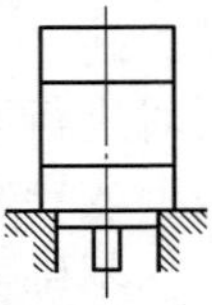	借传动端凸缘面安装，传动端向下
IMV8	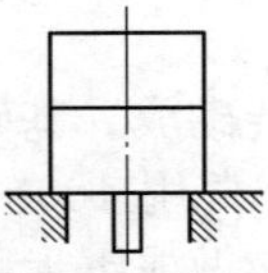	借传动端机座端面安装，传动端向下	IMV19	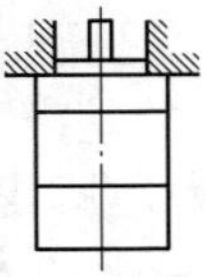	借传动端凸缘面安装，传动端向上

续表

代　号	示意图	说　明	代　号	示意图	说　明
IMV30	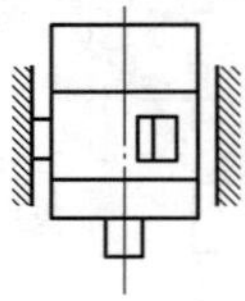	借搭子安装，传动端向下	IMV35	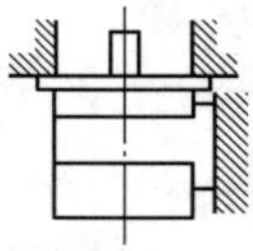	借底脚安装，用传动端凸缘面作附加安装，传动端向上
IMV31	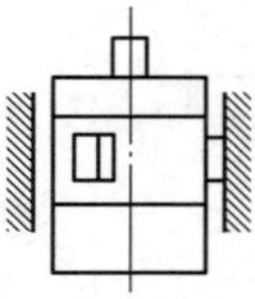	借搭子安装，传动端向上	JMV37	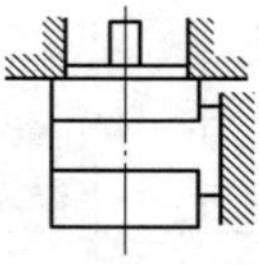	借底脚安装，用传动端凸缘面作附加安装，传动端向上

表 2-82　典型生产机械选用交流电动机实例

种类	机械特性	优　点	缺点	范　例
笼型感应机	硬	结构简单、体积小、价廉、运行可靠、维护使用方便	调速装置较复杂、较贵	泵、通风机、运输机、机床的辅助运动机构、小塑机床的主传动等
绕线型感应机	硬（转子串电阻后变软）	启动性能好、可在小范围内调速	结构较复杂、较贵	起重机、电梯、大中型卷扬机、锻压机等
同步机	绝对硬	恒速、能改善电网功率因数	结构复杂、价格较高，调速较复杂，操作较烦琐	大中型鼓风机、泵、压缩机、连续式轧钢机、球磨机等

2.5 电动机的安装

在安装电动机前，需要建造底座基础和检查、校正和空载试运行（前两者可同时进行）。一般中小型电动机大多用螺栓把电动机紧固在金属底板上或导轨上，也有些电动机直接装在混凝土（事先埋入地脚螺栓）的基础上。

2.5.1 建造底座基础

电动机底座的基础一般用混凝土浇筑或用砖砌成。基础高出地面的高度一般为地脚螺栓高度的 1.5～2 倍，常用 100～150mm（应大于冻土深度）。在易受振动的地方，基础应做成锯齿状，以增强抗振性能。一般基础每边要比电动机底座宽100～150mm。

浇筑基础前，应先挖好基坑并夯实坑底，接着用石块铺平，用水淋透，然后将基础模板放在铺平的石块上，并埋入地脚螺栓。浇注混凝土时，速度不宜太快，并用铁钎捣固；混凝土浇好后，要防止太阳直晒，并要经常洒水；养护7天后，便可拆除基础模板，再继续养护10～15天，就可安装电动机（高标号无收缩快干水泥的养护时间可缩短）。

2.5.2 电动机的检查

① 安装前要检查电动机的编号、功率、型号、电压等规格是否与设计相符。

② 检查电动机有无损伤，风罩风叶是否完好，转子转动是否灵活，轴向窜动是否超标。

③ 检查电动机的润滑脂的性能是否符合要求。

④ 测定定子与转子间的空气间隙，其不均匀度应符合产品规定。

⑤ 装上风扇叶片，拧紧各连接螺栓，将锁紧装置锁牢。

⑥ 电机的引出线与接线端子连接应良好，接线端子编号齐全。

⑦ 拆开接线盒，用万用表测量三相绕组是否有断路。用兆欧表测量电动机的各相绕组之间以及各相绕组与机壳之间的绝缘电阻。其数值不应低于0.5MΩ，否则应进行干燥处理。

⑧ 对绕线式电动机需检查电刷的提升装置。提升装置应有“启动”、“运行”标志，动作顺序应是先短路集电环，然后提升电刷。

⑨ 在检查中如有出厂日期超过制造厂保证期限者，外观检查或电气试验质量可疑者，开启式电动机端部检查有可疑者，试运转时有异常情况者，应进行抽芯检查。

2.5.3 电动机的校正

① 用水平仪作电动机的水平检查。机座的水平度偏差应小于0.10mm/m；与机身相应中心位置偏差应小于0.50mm。

② 常用的传动装置有齿轮传动、带轮传动和联轴器传动等。

齿轮传动装置的校正：电动机的轴与被传动的轴啮合应合适，

可用塞尺测量两齿轮的齿间间隙是否均匀。

带轮传动装置的校正：用带轮传动时必须使电动机带轮的轴和被传动器带轮的轴保持平行，同时还要使两带轮宽度的中心线在同一直线上。

联轴器传动装置的校正：检查电动机与主轴的对中偏差。当采用刚性联轴器时，径向不应大于 0.03mm，轴向倾斜应不大于 0.05mm/m，两端轴向间隙应符合技术资料的规定；当采用非刚性联轴器时，按有关技术资料的规定执行。

注意，电动机的轴承座与底座、定子架与底座间均应加绝缘垫片，其螺栓、定位销也应采用绝缘措施。电动机安装完毕后，在定子与底座处应用定位销定位。

2.5.4 电动机的接地与接零

电动机在运行前需要接地线与接零线，它们的概念不同，要区别对待。前者是把电气设备的金属外壳用足够粗的金属导线与大地可靠地连接（图 2-3）；后者是指在中性点接地的系统中，将电气设备在正常情况下不带电的金属部分与零线作良好的金属连接（图 2-4）。

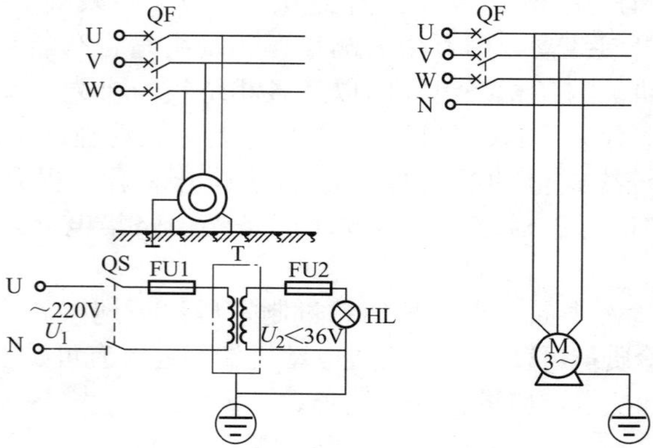

图 2-3　保护接地线路图例

电动机定子绕组的绝缘不良、老化或与电机外壳相碰时，由于电动机外壳带电，对地有很高的电压。如果没有接地线，人碰到电动机外壳时，就会造成伤亡事故。反之，如果电动机外壳接了地

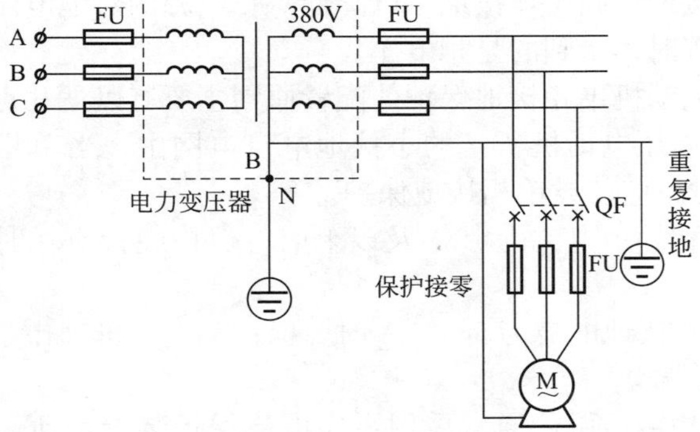

图 2-4　保护接零线路图例

线，人接触电动机外壳时，人体相当于接地电阻的一条并联支路，通过人体的电流很小，从而可避免触电事故。另一方面，当电动机漏电严重（如定子绕组与外壳相碰时），由于通过地线接地，形成很大的短路电流，电动机的继电保护装置动作或保险丝熔断，切断电源，就使电动机停车而不致造成设备事故。

当某一相绝缘损坏使相线碰壳而带电时，由于外壳采用了保护接零措施，因此该相线和零线构成回路，单相短路电流很大，足以使线路上的保护装置（如熔断器）迅速熔断，避免人身触电。保护接零用于 380/220V、三相四线制、电源的中性点间接接地的配电系统。

在电源的中性点接地的配电系统中，当一根相线和大地接触时，通过接地的相线与电源中性点接地装置的短路电流，可以使熔断器熔断，立即切断发生故障的线路。所以只能采用保护接零，如果采用保护接地则不能有效地防止人身触电事故。在该系统中，还要在电源中性点进行工作接地和在零线的一定间隔距离及终端进行重复接地。

在电源中性点不接地的三相四线制配电系统中，任一相发生接地时系统虽仍可照常运行，但这时大地与接地的相线等电位，接在零线上的用电设备外壳对地的电压，等于接地的相线从接地点到电源中性点的电压，是非常危险的。所以不允许用保护接零，而只能用保护接地。在该系统中，将配电变压器副边中性点通过接地装置与大地直接连接叫工作接地，以降低每相电源的对地电压，当人触及一相电源时，受到的是相电压。

高压电动机单相接地保护的配置原则主要有以下几点。

① 在高压电动机所接的小接地电流电网中，当单相接地电流大于 5A 时，应装设单相接地保护。

② 单相接地电流为 10A 及以上时，保护装置应无时限动作于跳闸。

③ 单相接地电流为 5～10A 时，保护装置既可动作于跳闸，也可动作于信号。

④ 单相接地保护通常采用零序电流保护装置，动作电流应大于电动机和配电系统本身的电容电流来整定。

2.5.5 空载试运行

运行时间一般为 2h，记录空载电流；检查电机转向是否正确和有无杂音；换向器、滑环及电刷工作是否正常；电机和轴承温度有无过热现象（滑动轴承温升不应超过 55℃，滚动轴承温升不应超过 65℃）。

2.6 电动机的启动

2.6.1 启动前检查

新安装的或停用三个月以上的电动机，启动前应检查的项目如下。

① 检查电动机铭牌上的电压、频率与电源的对应项是否相符（通常允许电源电压波动范围为±5%）。

② 检查电机及启动设备、动力管线外壳的接地或接零保护是否可靠和完整。

③ 根据电动机铭牌上的接法（星形或三角形），检查接线是否正确与良好。如果电动机绕组的首、末端已弄混，应检查、判断明确。

④ 检查二次回路接线是否正确。可以在未接电动机情况下先模拟动作一次，确认各环节动作无误，包括信号灯显示正确与否。

检查电动机引出线的连接是否正确，相序和旋转方向是否符合要求，接地或接零是否良好，导线截面积是否符合要求。

⑤ 用兆欧表测量电动机各相绕组之间及每相绕组与地（机壳）之间的绝缘电阻（测试前应拆除电动机出线端子上的所有外部接线）。通常对 500V 以下的电动机用 500V 兆欧表测量，对 500～3000V 电动机用 1000V 兆欧表测量其绝缘电阻。按要求，电动机每 1kV 工作电压，绝缘电阻不得低于 1MΩ，电压在 1kV 以下、容量为 1000kW 及以下的电动机，其绝缘电阻应不低于 0.5MΩ，否则应进行烘干处理。

⑥ 电刷与换向器或滑环接触是否良好，电刷压力是否符合制造厂的规定；对绕线型转子应检查其集电环上的电刷装置是否能正常工作。

⑦ 检查电动机的通风系统、冷却系统和润滑系统是否正常，观察是否有泄漏印痕；对长期不用的电动机要检查轴承是否缺油，转动电动机转轴，看转动是否灵活，有无摩擦声或其他异声。

⑧ 检查传动装置性能。如皮带松紧是否适度，连接是否紧固，联轴器的螺钉和销子是否紧固。

⑨ 检查启动设备是否完好，接线是否正确，规格是否符合电动机要求。

⑩ 检查保护电器（断路器、熔断器、交流接触器、热继电器等）整定值是否合适；动、静触头接触是否良好；控制装置的容量是否合适，熔体是否完好，规格、容量是否符合要求和装接是否牢固。

⑪ 检查电动机内部有无杂物，若有要用干燥、清洁的压缩空气吹净内部，注意不要碰坏绕组。

⑫ 检查电机基础是否坚固，各紧固螺栓及安装螺栓是否松动。

上述各检查全部达到要求后，可启动电动机。电动机启动后，空载运行 30min 左右，注意观察电动机是否有异常现象，如发现噪声、振动、发热等不正常情况，应采取措施，待情况消除后，才能投入运行。

2.6.2 启动方法

异步电动机的启动方法有：直接启动、降压启动、软启动器启动和变频器启动（表 2-83）。直接启动适用于低压电动机（额定电压为 380V 或 660V 的异步电动机），广泛应用于一般中小企业和农村的农副产品加工领域；为了保障变压器正常供电，电动机容量较大时必须实行降压启动。

表 2-83　三相异步电动机启动方法

方　法		优　　点	缺　　点	应用场合
直接启动		所需设备少，启动方式简单	不适用于大容量的电动机	小型电动机
降压启动	Y-△启动	不需要添置启动设备，有启动开关或交流接触器等控制设备就可以实现	只能用于△连接的电动机，大型异步电动机不能重载启动	笼型电动机
	自耦变压器启动	可以直接人工操作控制，也可以用交流接触器自动控制，经久耐用，维护成本低，适合所有的空载、轻载启动异步电动机使用，在生产实践中得到广泛应用	人工操作要配置较贵的自耦变压器箱，自动控制要配置自耦变压器、交流接触器等启动设备和元件。启动电流小，启动转矩较大，只允许连续启动 2～3 次，虽设备价格较高，但因性能较好，故使用较广	
	转子串联电阻启动	启动性能好，可重载启动，仅适合于价格昂贵、结构复杂的绕线式异步电动机	只能在启动控制、速度控制要求高的各种升降机输送机、行车等行业使用	绕线式电动机
	定子串联电阻启动	不受电动机接线方法限制，设备简单，在中小型生产机械中应用广泛	使控制柜体积增大，电能损耗大，不适用于大容量的电动机	绕线式电动机
软启动器启动		降低电压启动，启动电流小，适合所有的空载、轻载异步电动机使用	启动转矩小，不适用于重载启动的大型电动机。可有多种控制方式，可带多种保护，允许启动次数较高，设备价格最高	无需调速场合
变频器启动		可以使电动机以较小的启动电流，获得较大的启动转矩	价格昂贵（但性能良好），内部结构复杂（但使用简单）	需要调速场合

异步电动机能否使用全压启动方法，有如下几种判断方法。

① 异步电动机的功率低于 7.5kW 时允许全压启动。

② 如果功率大于 7.5kW，而电源总容量较大，符合下式要求，

也可允许全压启动：

$$\frac{I_{st}}{I_e} \leqslant \frac{Q}{4P} + \frac{3}{4}$$

式中 I_{st}——电动机的启动电流，A；

I_e——电动机的额定电流，A；

Q——电源容量，kV·A；

P——电动机额定容量，kW。

这种情况可用图 2-5 计算。

电力管理机构还要求：电动机启动频繁，电动机功率小于变压器容量的 20％时，允许全压启动；如果电动机不经常启动，电动机功率小于变压器容量的 30％时，也可全压启动。

③ 按电源容量决定允许全压启动的电动机最大功率。

④ 按电源容量决定允许全压启动的电动机最大功率（表 2-84、表 2-85）。

表 2-84 按电源容量确定允许全压启动的笼型异步电动机最大功率

电 源 情 况	电动机最大功率
小容量发电厂	每 1kV·A 发电机容量为0.1～0.2kW
变电所(有单独的变压器供电)	经常启动时,不大于变压器容量的 20％
	偶尔启动时,不大于变压器容量的 30％
没有独立的变压器供电(与照明共用)	最大功率应使启动时的电压降不超过 5％
变压器-电动机组	电动机功率不大于变压器容量的 80％

表 2-85 6(10)/0.4kV 变压器允许全压启动的笼型异步电动机最大功率

变压器供电的其他负荷 S_{oth} 和功率因数 $\cos\varphi$	启动时允许电压降/％	供电变压器容量 S_{tr}/kV·A					
		100	180	320	560	750	1000
		电动机最大功率/kW					
$S_{oth}=0.5S_{tr}$ $\cos\varphi=0.7$	10	22	40	75	115	155	215
	15	30	50	100	185	240	280
$S_{oth}=0.6S_{tr}$ $\cos\varphi=0.8$	10	17	30	75	100	130	185
	15	30	55	100	185	240	280

注：1. 电动机与变压器低压母线直接相连。

2. 全压启动用的启动器有 QC10 系列电磁启动器和 MSB 系列启动器等。

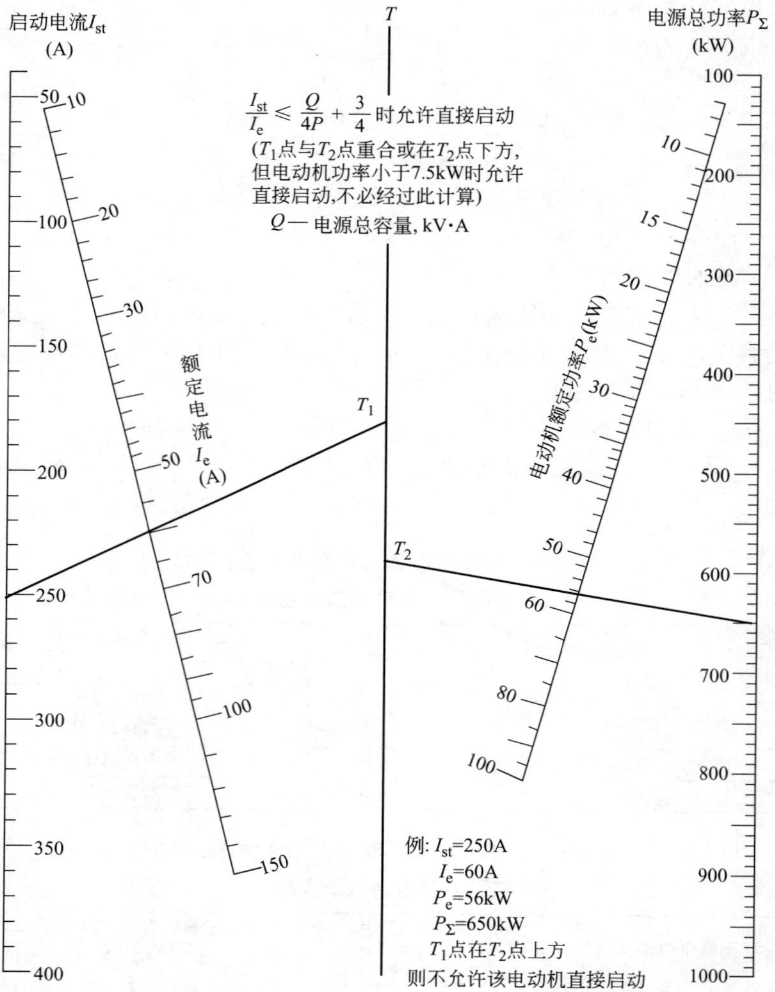

图 2-5　笼型电动机能否直接启动的判定

2.6.3 启动电路

(1) 直接启动电路

电动机的容量小于直接供电变压器容量的 20%～30%时，或者功率小于 22kW 的电动机可采用直接启动方式。直接启动电路，有一次电路和二次电路。现以交流接触器作主开关时的电动机电路（图 2-6）为例简要说明。

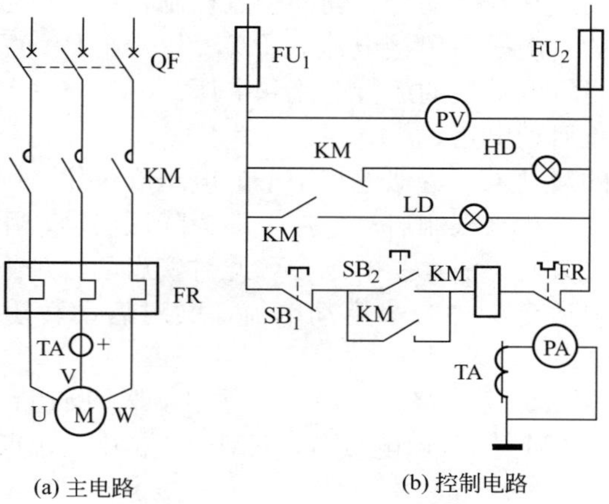

图 2-6　电动机的直接启动电路

一次电路是电动机绕组工作电流经过的电路元件和线路；二次电路是保证设备正常运行不可缺少的辅助电路，有控制（使电动机启动和停止）、测量（电压、电流、功率及功率因数等电参数）、信号（运行和停止指示）和保护（热继电器、电动机保护器等）等功能。

启动电动机时，合上断路器 QF，三相电源被引入控制电路，但这时电动机还不能启动。按下启动按钮 SB_2，接触器 KM 线圈通电，衔铁吸合后，常开主触点接通，电动机定子接入三相电源才能启动。同时。接触器的辅助触点 KM 也闭合，它使接触器线圈获得持续工作电源，保持吸合状态。

图中，FU_1 和 FU_2 是二次熔断器，SB_1 是停止按钮，FR 是热继电器的保护输出触点。

电动机运行中，若因故出现过流或短路等异常情况，热继电器 FR 内部的双金属片会因电流过大而产生热变形，达到一定程度时会使保护触点 FR 动作，使接触器主触点断开，电动机停止运行，接触器的辅助触点 KM 相继断开，电动机保持在停运状态（按下 SB_1，电动机也会停止运行，其动作过程与热保护的动作过程相同)。

停止指示红灯 HD 和运行指示绿灯 LD，分别受接触器 KM 的常闭（动断）或常开（动合）辅助触点控制，用作信号指示。电流互感器 TA 的二次线圈串接电流表 PA，电压表 PV 直接接在电源线上，它们指示电动机的运行电流和电压。

（2）降压启动电路

电动机的启动电流近似地与定子的电压成正比，因此要采用降低定子电压的办法来限制启动电流，即为降压启动。用于因直接启动冲击电流过大而无法承受的场合。此时，启动转矩下降，启动电流也下降，只适合必须减小启动电流，又对启动转矩要求不高的场合。

① Y-△降压启动　图 2-7 中，按下启动按钮 SB_1，时间继电器 KT 和接触器 KM_2 同时通电吸合，KM_2 的常开主触点闭合，把定子绕组连接成星形。

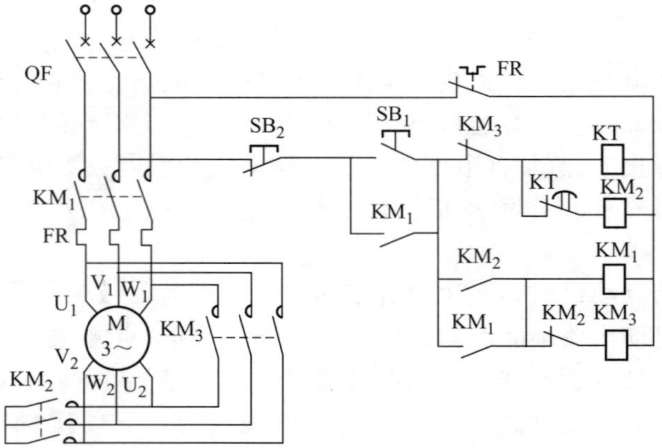

图 2-7　Y-△降压启动控制电路

其常开辅助触点闭合，接通接触器 KM_1，KM_1 的常开主触点闭合，将定子接入电源，电动机在星形连接下启动。

KM_1 的一对常开辅助触点闭合，进行自锁。经一定延时，KT 的常闭触点断开，KM_2 断电复位，接触器 KM_3 通电吸合。

KM_3 的常开主触点将定子绕组接成三角形，使电动机在额定电压下正常运行。

与按钮 SB_1 串联的 KM_3 的常闭辅助触点的作用是，当电动机正常运行时，该常闭触点断开，切断了 KT、KM_2 的通路，即使误按 SB_1，KT 和 KM_2 也不会通电，以免影响电路正常运行。若要停车，则按下停止按钮 SB_2，接触器 KM_1、KM_2 同时断电释放，电动机脱离电源停止转动。

② 自耦变压器启动　是指电动机启动时，先将电动机绕组接至自耦变压器的抽头上，利用它来降低加在电动机定子绕组上的启动电压，待电动机启动后，再自动（或手动）使电动机与自耦变压器脱离，将电动机绕组在全压下正常运动。

自耦变压器启动电路见图 2-8。当合上电源开关 QF，按下启动按钮 SB_2 时，KA 线圈通电，其自锁触头闭合自锁，后 KT 和 KM_2 线圈相继通电，同时主触头闭合，KM_2 联锁触头分断，对 KM_1 联锁，电动机接入 TM 降压启动；当电动机转速上升到接近额定转速时，时间继电器 KT 延时结束，其常闭触头先分断，KM_2 线圈断电，其常闭辅助触头分断对 KM_1 联锁，后 KT 常开触头闭合，KM_1 线圈通电，使其自锁触头闭合自锁，同时主触头闭合，电动机全压运行。需要停机时，按下 SB_1 即可。

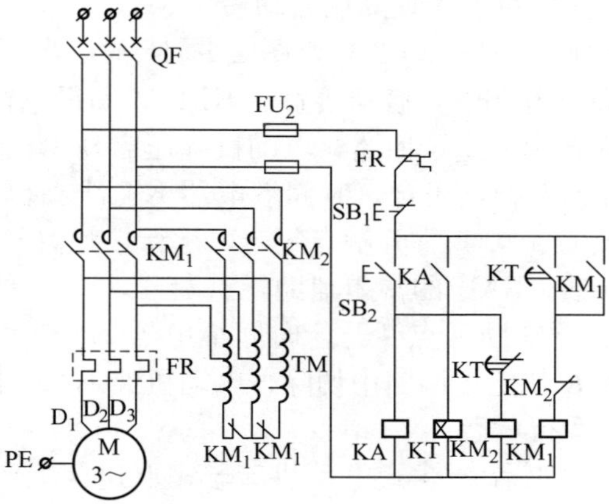

图 2-8　自耦变压器启动电路

③ 定子串联电阻启动 1　如图 2-9 所示，电动机启动时，在三

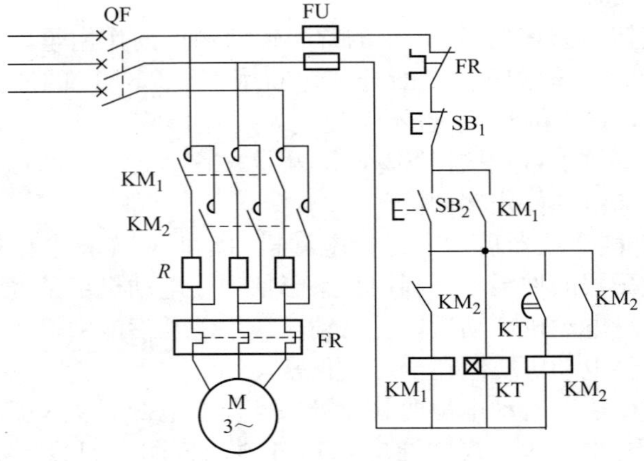

图 2-9 定子串联电阻启动电路 1

相定子绕组中串接电阻，可降低其上的电压，启动结束后再将电阻短接，使电动机在额定电压下运行。这种启动方式不受电动机接线方法限制，设备简单，因此在中小型生产机械中应用广泛。由于需要启动电阻，使控制柜体积增大，电能损耗大，对于大容量的电动机往往采用串接电抗器实现降压启动。

④ 定子串联电阻启动 2 如图 2-10 所示，当合上电源开关 QF，按下启动按钮 SB_1，启动接触器 KM_1 线圈得电衔铁吸合并自锁，降压电阻 R 串入定子回路，电动机降压启动。在 KM_1 吸合的同时，其常开辅助触点闭合，时间继电器 KT 线圈得电衔铁吸合，经过 5～10s 延时后，其常开触点闭合，运行接触器 KM_2 线圈得电衔铁吸合并自锁，KM_2 的常闭辅助触点断开，KM_1 线圈失电衔铁释放，KM_1 常开辅助触点断开，时间继电器 KT 线圈失电衔铁复位，降压电阻 R 从定子回路中切除，电动机经 KM_2 主触点接入全电压进入正常运行状态。

⑤ 电流原则控制绕线式电动机转子串联电阻启动 三相绕线式异步电动机的转子中有三相绕组，可以通过滑环串接外接电阻或频敏变阻器，实现降压启动。按照启动过程中转子串接装置的不同，分为串电阻启动和串频敏变阻器启动两种启动方式。

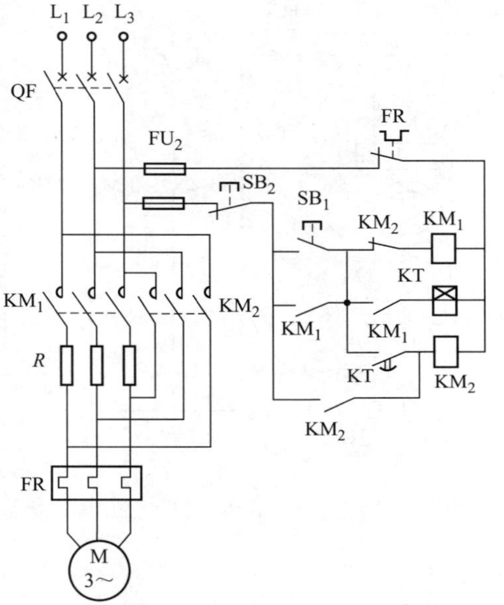

图 2-10　定子串联电阻启动电路 2

串电阻启动中包括基于电流原则的启动和基于时间原则的启动控制电路，图 2-11 所示电路是基于电流原则的启动控制线路。在电动机的转子绕组中串接 KI_1、KI_2、KI_3 这三个具欠电流继电器的线圈，它们具有相同的吸合电流和不同的释放电流。在启动瞬间，转子转速为零，转子电流最大，三个电流继电器同时吸合，随着转子转速的逐渐提高，转子电流逐渐减小，KI_1、KI_2、KI_3 依次释放，其常闭触点依次复位，使相应的接触器线圈依次通电，通过它们的主触点的闭合，去完成逐段切除启动电阻的工作。

⑥ 用时间继电器控制三相异步电动机转子串联电阻启动　转子回路串接电阻器、时间继电器控制启动，就是先将所串接的电阻器全部串入转子绕组中，作降压启动。然后通过得电延时时间继电器延时短接电阻，使电动机完成启动进入正常运行状态，该电路原理如图 2-12 所示。先合上主电路断路器 QF_1 与二次控制电路断路器 QF_2。按下启动按钮 SB_2，因常闭触点 KM_1、KM_2、KM_3 都闭

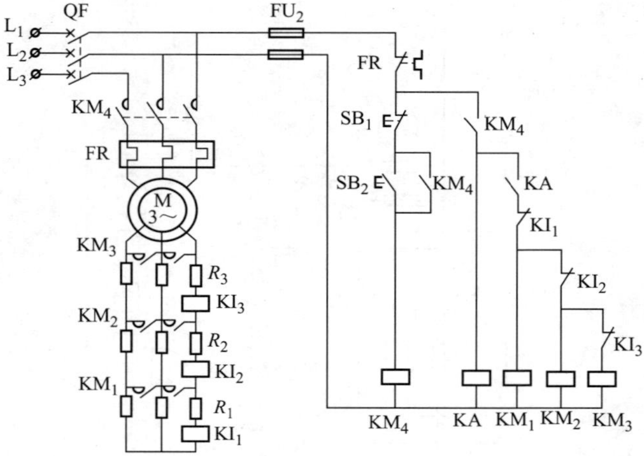

图 2-11　电流原则控制绕线式电动机转子串联电阻启动电路

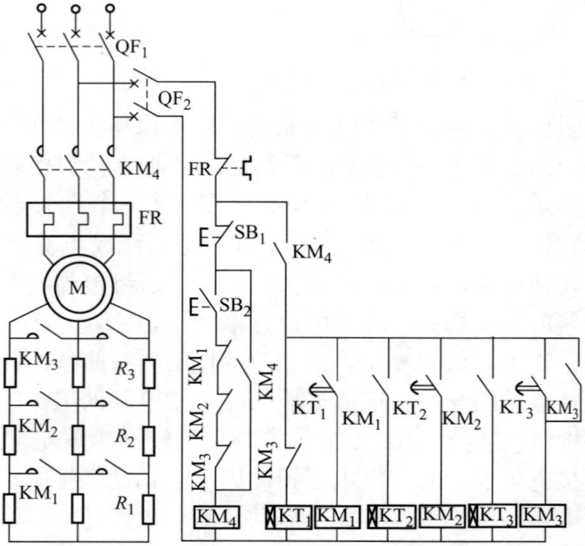

图 2-12　用时间继电器控制三相异步电动机
转子串联电阻启动电路

合，交流接触器 KM_4 线圈得电吸合动作，其常开辅助触点 KM_4 闭合自锁，其主触点 KM_4 闭合，接通三相电源电路；此时因触点 KM_1、KM_2、KM_3 的常开触点都处于断开状态，使绕线式异步电动机的转子绕组串接全部电阻器 R_1、R_2、R_3，减小启动电流，电动机降压启动运行。与此同时，常开触点 KM_4 闭合，得电延时时间继电器 KT_1 线圈得电吸合动作，其串接于接触器 KM_1 线圈回路中的得电延时触点 KT_1 延时闭合，交流接触器线圈 KM_1 得电吸合动作，其常开主触点 KM_1 闭合，将电阻 R_1 短接；同时，常开触点 KM_1 闭合，接通时间继电器 KT_2 线圈回路，且 KT_2 得电吸合动作，待启动电流减小一定值时，得电延时闭合常开触点 KT_2 延时闭合，将交流接触器 KM_2 线圈回路接通，KM_2 得电吸合动作，其常开主触点 KM_2 闭合，将电阻 R_2 短接；同时，常开触点 KM_2 闭合，接通得电延时时间继电器 KT_3 线圈回路，时间继电器 KT_3 得电吸合动作，启动电流继续减小到一定值，KT_3 的常开延时闭合触点 KT_3 延时闭合，接通交流接触器 KM_3 的线圈回路电源，KM_3 得电吸合动作，其常开辅助触点 KM_3 闭合自锁。其主触点 KM_3 闭合，将转子绕组串接的所有电阻器都短接起来，电动机进入全压正常运行状态。

在电动机 M 投入全压运行后，也就是在交流接触器 KM_3 得电吸合动作后，KM_3 的一个串联于时间继电器线圈 KT_1 回路中的常闭触点 KM_3 断开，切断时间继电器 KT_1 线圈电源，使其常开延时闭合触点 KT_1 断开，切断交流接触器 KM_1 电源，KM_1 失电释放，其触点 KM_1 复位断开，切断时间继电器 KT_2 线圈电源，KT_2 失电释放，其延时触点 KT_2 复位断开接触器 KM_2 线圈电源，KM_2 失电释放，其主触点 KM_2 复位断开，同时，断开时间继电器 KT_3 线圈电源，KT_3 失电释放，其触点 KT_3 复位断开；但因触点 KM_3 已闭合，将交流接触器 KM_3 自锁，促使电动机投入全压正常运行时，只有交流接触器 KM_4、KM_3 得电吸合，而其他的交流接触器 KM_1、KM_2 和时间继电器 KT_1、KT_2、KT_3 都失电释放，减小了线路功耗，节约电能。

异步电动机一相绕组串入降压电阻时的电阻值可用图 2-13，三相绕组串入降压电阻时的电阻值可用图 2-14。

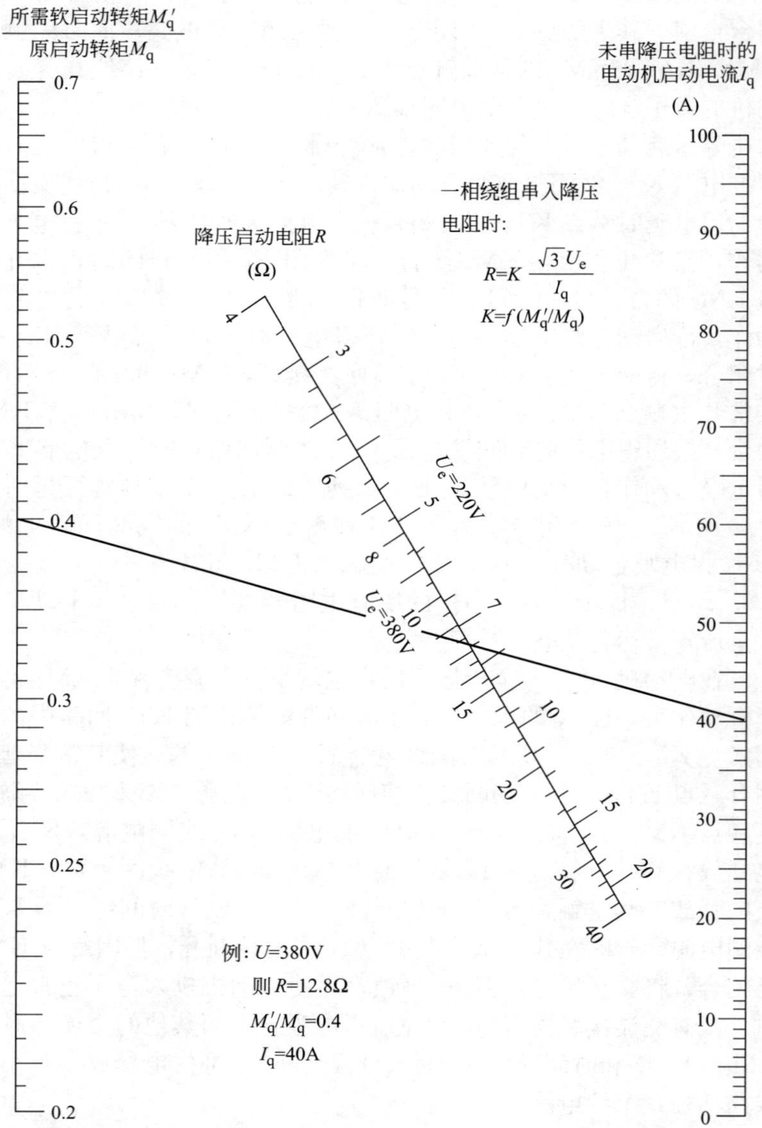

图 2-13　异步电动机电阻降压启动的电阻值（Ⅰ）

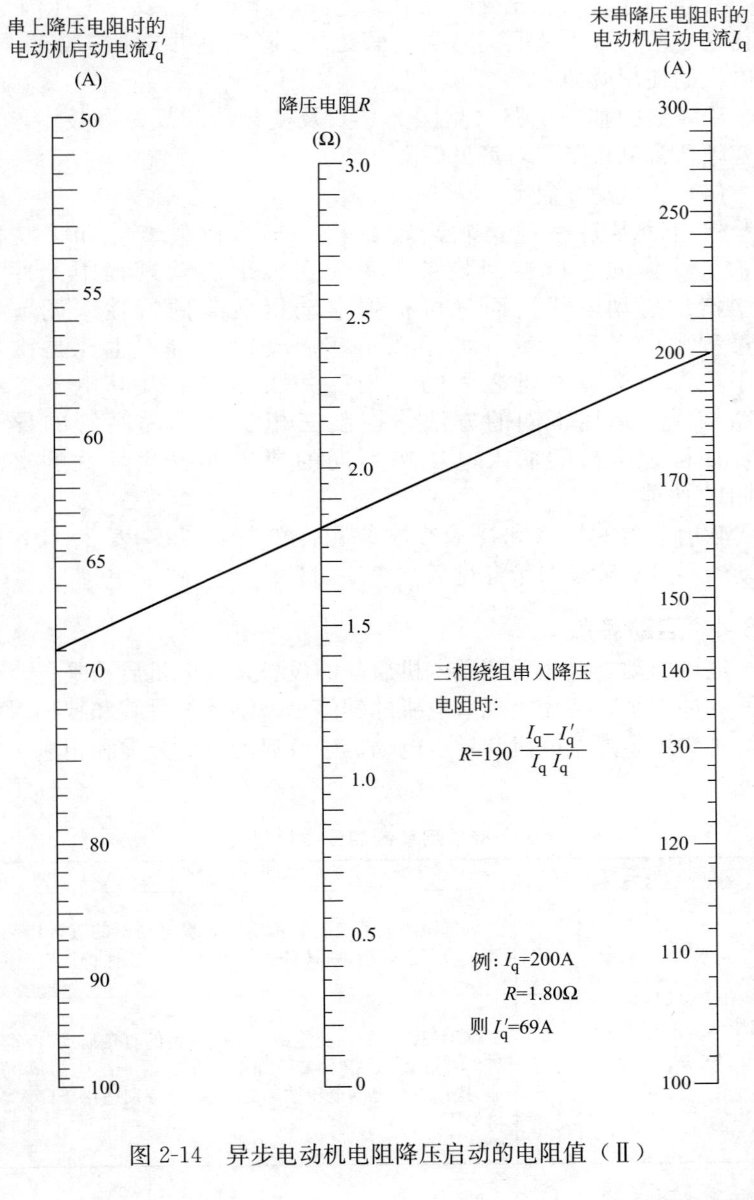

图 2-14　异步电动机电阻降压启动的电阻值（Ⅱ）

(3) 变频器启动

变频调速启动能充分降低启动电流，降低电力线路电压波动，消耗较小的功率，从而提高绕组承受力，降低电机的维护成本，提高电机的使用寿命。

变频器的基本电路（见图 2-15）及变频器的规格和技术参数及变频器常见故障及对策见后文介绍。

(4) 软启动器启动

软启动器是一种集软启动、软停车、轻载节能和多功能保护于一体的电机控制装备。实现在整个启动过程中无冲击而平滑地启动电机，而且可根据电动机负载的特性来调节启动过程中的各种参数，如限流值、启动时间等。主要是由串接于电源与被控电机之间的三相反并联晶闸管及其电子控制电路构成。运用不同的方法，控制三相反并联晶闸管的导通角，使被控电机的输入电压按不同的要求而变化，就可实现不同的功能。

软启动器的规格和技术参数参见后文表 2-139、表 2-140，软启动器常见故障及对策参见后文表 2-141。

2.6.4 启动装置

电机启动器是用于辅助电机启动的设备，使电机启动平稳，对电网的冲击小，还能实现对电机的软停车、制动、过载和缺相保护等，主要用于大型电机和异步电动机中。启动器的分类和用途见表 2-86。

表 2-86 启动器的分类和用途

分类和名称		用途
全压直接启动器（功率低于 7.5kW 时可不必经过计算）	电磁	供远距离频繁控制三相笼型异步电动机的直接启动、停止及可逆转换，并具有过载、断相及失压保护作用
	手动	供不频繁控制三相笼型异步电动机的直接启动、停止，可具有过载、断相及欠压保护作用。由于结构简单、价廉、操作不受电网电压波动的影响，故特别适用于广大农村使用

续表

<table>
<tr><th colspan="3">分类和名称</th><th>用　　途</th></tr>
<tr><td rowspan="8">减压启动器</td><td rowspan="2">星-三角启动器</td><td>自动</td><td>供三相笼型异步电动机作星-三角启动及停止用，并具有过载、断相及失压保护作用，在启动过程中，时间继电器能自动将电动机定子绕组由星形转换为三角形连接</td></tr>
<tr><td>手动</td><td>供三相笼型异步电动机作星-三角启动及停止用</td></tr>
<tr><td rowspan="2">自耦减压启动器</td><td>自动</td><td rowspan="2">供三相笼型异步电动机作不频繁地减压启动及停止用，并具有过载、断相及失压保护作用</td></tr>
<tr><td>手动</td></tr>
<tr><td colspan="2">电抗减压启动器</td><td>供三相笼型异步电动机的减压启动用，启动时利用电抗线圈降压，以限制启动电流</td></tr>
<tr><td colspan="2">电阻减压启动器</td><td>供三相笼型异步电动机或小容量直流电动机的减压启动用，启动时利用电阻元件降压，以限制启动电流</td></tr>
<tr><td colspan="2">延边星-三角启动器</td><td>供三相笼型异步电动机作延边三角形启动，并具有过载、断相及失压保护作用。在启动过程中，将电动机绕组接成延边三角形，启动完毕后自动换接成三角形</td></tr>
<tr><td colspan="2"></td><td></td></tr>
<tr><td colspan="3">软启动器</td><td>在启动过程中电压自动平滑无级地从初始值上升到全压，使电动机转矩在启动中有一个匀速增加的过程，使启动特性变软，是取代现行降压启动的一种方式</td></tr>
<tr><td colspan="3">变频启动器</td><td>交流异步电机转速的计算公式是：$n=60f(1-s)/p$。当频率 f 渐渐由小变化到额定频率时，电机的转速就会平滑地过渡到额定转速。这也是电动机软启动的一种</td></tr>
<tr><td colspan="3">综合启动器</td><td>供远距离直接控制三相笼型异步电动机的启动和停止用，并具有过载、短路、失压保护作用和事故报警指示装置</td></tr>
</table>

（1）电磁启动器

电磁启动器主要用于控制三相笼型感应电动机的直接启动、停止和正反向运转，并能对电动机的过载及断相起保护作用。

① QBZ 电磁启动器（表 2-87）

QBZ 电磁启动器型号代表含义：

Q	B	□	□	□	□
启动器	隔爆型	Z—真空 D—电磁	设计 序号	额定电流 （A）	额定电压 （V）

表 2-87　QBZ2 系列启动器的型号和技术数据

型号	额定电压/V	额定电流/A	控制电动机最大功率（cosφ=0.75）/kW			最大分断能力/A	外形尺寸/mm	质量/kg
			380V	660V	1140V			
QBZ2-80	380	80	35	65	115	—	713×560×440	140
QBZ2-120	660	120	55	100	170	3000	713×560×440	140
QBZ2-200	1140	200	98	170	295	4500	810×610×460	150

② QC 系列电磁启动器（表 2-88～表 2-96）

表 2-88　QC0 系列电磁启动器技术数据

型　　号	额定电压/V	额定电流/A	所控制电动机最大功率/kW			吸引线圈额定电压/V
			127V	220V	380V	
QC0-10，QC0-10W QC0-10K，QC0-10WK	380	20	3.2	5.8	10	交流 50Hz： 36 110 220 380
QC0-20，QC0-20W QCD-20K，QC0-20WK		40	7	12	20	
QC0N-10，QC0N-10W QC0N-10K，QC0N-10WK		20	3.2	5.8	10	
QC0N-20，QC0N-20W QC0N-20K，QC0N-20WK		40	7	12	20	

用途：适用于交流 50Hz 或 60Hz、额定工作电压 380V 及以下，额定工作电流 40A 及以下的电路中，供交流电动机的直接启动、停止与正反向运转的控制，对电动机具有过负载、断相和失压保护等功能。

表 2-89 QC8 系列电磁启动器的技术数据

型　　号	额定电压/V	额定电流/A	所控制电动机最大功率/kW			热继电器型号
			127V	220V	380V	
QC8-2/3,QC8-2/5 QC8-2/4,QC8-2/7 QC8-2/6,QC8-2/2 QC8-2/8	380	10	1.5	2.5	4	JB15-10
QC8-3/2,QC8-3/3 QC8-3/4,QC8-3/5 QC8-3/6,QC8-3/7 QC8-3/8		20	3	5.5	10	JR15-40
QC8-4/2,QC8-4/3 QC8-4/4,QC8-4/5 QC8-4/6	380	40	6	11	20	JR15-40
QC8-4/7,QC8-4/8	380	40	6	11	20	JR15-40
QCB-6/2,QC8-6/3 QC8-6/4,QC8-6/5 QC8-6/6,QC8-6/7 QC8-6/8		100	17	29	50	JR9-300A
QC8-7/2,QC8-7/3 QC8-7/4,QC8-7/5 QC8-7/6,QC8-7/7 QC8-7/8		150	25	43	75	JR9-300A

用途：适用于交流 50Hz，电压至 380V，容量分别至 4kW、10kW、200kW 的三相笼型电动机远距离直接启动和停止。启动器中的热继电器能对电动机做过载保护。可逆式启动器可控制电动机的反向运转。

表 2-90 QC10 系列电磁启动器的型号和技术数据

启动器型号	额定电流/A	所配接触器额定电流/A		所配热继电器技术参数		可控制电动机的最大功率/kW		
		主触头	辅助触头	电流等级/A	触头额定电流/A	220V	380V	500V
QC10-1	5	5	5	20	3	1.2	2.2	2.2
QC10-2	10	10		20		2.2	4	4
QC10-3	20	20		40		5.5	10	10
QC10-4	40	40		40		11	20	26
QC10-5	60	60		100		17	30	
QC10-6	100	100		100		29	50	
QC10-7	150	150		150		47	75	

用途：适用于交流 50Hz、电压至 380V、容量分别至 4kW、10kW、200kW 的三相笼型电动机远距离直接启动和停止。启动器中的热继电器能对电动机做过过载保护。可逆式启动器可控制电动机的反向运转。

表 2-91　QC12 系列电磁启动器的型号和技术数据

型号	额定电流/A	受控电动机功率/kW		吸引线圈电压/V	热元件额定电流/A
		220V	380V		
QC12-2	10	2.2	4	50Hz：36,110,127,220,380	0.35,0.5,0.72,1.1,1.6,2.4,3.5,5,7.2,11
QC12-3	20	5.5	10		11,16,22
QC12-4	40	11	20		22,32,45
QC12-5	60	17	30		45,63
QC12-6	150	30	50		63,85,120

用途：适用于交流 50Hz，电压至 380V 的电力线路中，供远距离直接控制三相笼型异步电动机启动和停止。可逆启动器还可控制电动机的反向运转，电网电压消失时，启动器起失压保护作用，带有热继电器的启动器还能对电动机过载、断相进行保护。

表 2-92　QC20 系列电磁启动器的型号和技术数据

启动器型号	接触器型号	控制功率/kW		热过载继电器		
		200V	380V	型号	额定电流/A	额定电流调节范围/A
QC20-2	CJ10-10	2.2	4	JR16-20/3	0.35	0.25～0.35
					0.5	0.32～0.5
					0.72	0.45～0.72
					1.1	0.68～1.1
					1.6	1～1.6
					2.4	1.5～2.4
					3.5	2.2～3.5
					5	3.2～5
					7.2	4.5～7.2
					11	6.8～11
QC20-3	CJ10-20	5.5	10		11	6.8～11
					16	10～16
					22	14～22

续表

启动器型号	接触器型号	控制功率/kW		热过载继电器		
		200V	380V	型号	额定电流/A	额定电流调节范围/A
QC20-4	CJ10-40	11	20	JR16-60/3	22 32 45	14～22 20～32 28～45
QC20-5	CJ10-60	17	30		45 63	28～45 40～63
QC20-6	CJ10-100	30	50	JR16-150/3	85	53～85
					120	75～120
QC20-7	CJ10-150	45	75		120	75～120
					160	100～160

过电流/整定电流	动作时间	起始状态
1.0(防护式启动器)	＞1h(I_e≤63A)	冷态
1.05(开启式启动器)	＞2h(I_e＞63A)	
1.2	＜20min	热态
1.5	＜3min	
6	＞5s	冷态

表 2-93　QC25 系列电磁启动器的型号和技术数据

型号	额定频率/Hz	额定绝缘电压/V	额定发热电流/A	工作电压/V	额定工作电流/A	可控制电动机的最大功率/kW		接触器型号	热继电器型号	热继电器整定电流范围/A	外形尺寸/mm
					IP00 IP40 IP55	IP00	IP40 IP55				
QC25-4	50(60)	660	10	660	5.2	4		CJ20-10	JR20-10	1.2～11.6	117×208×136
				380	9	4					
				220	9	2.2					
QC25-7.5			16	660	9	7.5		CJ20-16	JR20-16	3.6～18	123×234×159
				380	16	7.5					
				220	16	4.5					
QC25-11			25	660	14.5	13		C120-25	JR20-25	7.8～29	123×234×159
				380	25	11					
				220	25	5.5					

续表

型号	额定频率/Hz	额定绝缘电压/V	额定发热电流/A	工作电压/V	额定工作电流/A	可控制电动机的最大功率/kW		接触器型号	热继电器型号	热继电器整定电流范围/A	外形尺寸/mm
					IP00 IP40 IP55	IP00	IP40 IP55				
QC25-22	50(60)	660	45	660	25	22		CJ20-40	JR20-63	16～55	148×284×182
				380	45	22					
				220	45	11					
QC25-30			63	660	40	35	22	CJ20-63		16～71	198×353×206
				380	60	30					
				220	60	17					
QC25-50			100	660	60	50	36	CJ20-100	JR20-160	33～115	1228×414×214
				380	100	50					
				220	100	28					
QC25-75			160	660	100	85	50	CJ20-160		33～176	1278×478×260
				380	150	75					
				220	150	43					

用途：适用于交流 50Hz 或 60Hz、额定工作电压 660V 及以下、额定工作电流 150A 及以下的电路中，供交流电动机的直接启动、停止与正反向运转的控制，对电动机具有过负载、断相和失压保护等功能。

表 2-94　QC36 系列电磁启动器型号和技术数据

型式		保护式			
容量等级	额定电流/A	不可逆		可逆	
		无热继电器	有热继电器	无热继电器	有热继电器
2	10	QC36-2/WH	QC36-2/RH	QC36-2/NWH	QC36-2/NRH
3	20	QC36-3/WH	QC36-3/RH	QC36-3/NWH	QC36-3/NRH
4	40	QC36-4/WH	QC36-4/RH	QC36-4/NWH	QC36-4/NRH
5	60	QC36-5/WH	QC36-5/RH	QC36-5/NWH	QC36-5/NRH
6	150	QC36-6/WH	QC36-6/RH	QC36-6/NWH	QC36-6/NRH
7	150	QC36-7/WH	QC36-7/RH	QC36-7/NWH	QC36-7/NRH

容量等级	额定电流/A	可控制笼型电动机最大功率/kW		电寿命/万次	机械寿命/万次
		220V	380V		
2	10	2.2	4	60	300
3	20	5.5	10		
4	40	11	20		
5	60	17	30		
6	150	30	50		
7	150	43	75		

用途：主要适用于交流 50Hz（或 60Hz）、额定工作电压至 380V、额定工作电流至 100A 的电路中，用作控制三相笼型异步电动机，使其直接启动、停止和正反向运转，带有热继电器的启动器能对电动机的过载或断相起保护作用。

表 2-95　QCX 系列电磁启动器的型号和技术数据

启动器型号 QCX- 不可逆 带钢板外壳	启动器型号 QCX- 不可逆 带钢板外壳及启动停止按钮	启动器型号 QCX- 可逆 带钢板外壳	启动器型号 QCX- 可逆 带钢板外壳及正向、停止、反向按钮	启动器级别	380V 时额定工作电流/A	380V 配用电动机额定功率/kW	配用接触器型号 3TB	配用热继电器型号 3UA	外形尺寸 (A×B×H)/mm 不可逆	外形尺寸 (A×B×H)/mm 可　逆
4C	4PC	4RC	4RPC	0	9	4	40	5000-1K	200×300×140	250×350×167
5.5C	5.5PC	5.5RC	5.5RPC		12	5.5	41	5000-2S		
7.5C	7.5PC	7.5RC	7.5RPC	1	16	7.5	42	5200-2B	330×300×140	400×350×167
11C	11PC	11RC	11RPC		22	11	43	5200-2C		
15C	15PC	15RC	15RPC	2	32	15	44	5400-2Q	200×300×140	250×350×167
22C	22PC	22RC	22RPC	3	45	22	46	5800-2F	330×300×167	400×350×167
30C	30PC	30RC	30RPC	4	63	30	47	5800-2P	220×300×140	300×350×167
37C	37PC	37RC	37RPC		75	37	48	6200-2U		
55C	55PC	55RC	55RPC	6	110	55	50	6200-2X	380×300×140	450×350×167

用途：主要用于交流 50Hz 或 60Hz、电压至 380V、额定工作电流至 110A 的电力线路中，供远距离直接控制三相笼型电动机启动、停止及反向运转用。工作条件：环境温度为－25～40℃；相对湿度≤90%（25℃）；海拔≤2000m。

表 2-96　QCX5 系列电磁启动器的型号和技术数据

型　号	配　用接触器	配用热继电器		控制电动机功率/kW			额定电流/A	
		型号	整定电流/A	220V	380V	500V	220V	380V
QCX5-9	CJX5-9	JRS5-12/Z	3.6	0.75	1.5	2.2	11	9

续表

型号	配用接触器	配用热继电器		控制电动机功率/kW			额定电流/A	
		型号	整定电流/A	220V	380V	500V	220V	380V
QCX5-9	CJX5-9	JRS5-12/Z	5	1.1	2.2	3	11	9
QCX5-9	CJX5-9	JRS5-12/Z	6.6	1.5	3	3.7	11	9
QCX5-12	CJX5-12	JRS5-12/Z	3.6	0.75	1.5	2.2	13	12
QCX5-12	CJX5-12	JRS5-12/Z	5	1.1	2.2	3	13	12
QCX5-12	CJX5-12	JRS5-12/Z	6.6	1.5	3	3.7	13	12
QCX5-12	CJX5-12	JRS5-12/Z	9	2.2	4	5.5	13	12
QCX5-22/11	CJX5-22/11	JRS5-20/F	11	3	5.5	7.5	22	22
QCX5-22/11	CJX5-22/11	JRS5-20/F	15	3.7	7.5	9	22	22
QCX5-22/22	CJX5-22/22	JRS5-20/F	11	3	5.5	7.5	22	22
QCX5-22/22	CJX5-22/22	JRS5-20/F	15	3.7	7.5	9	22	22
QCX5-32	CJX5-32	JRS5-20/F	19	5.5	11	11	30	30
QCX5-32	CJX5-32	JRS5-20/F	22	5.5	11	11	30	30
QCX5-40	CJX5-40	JRS5-20/F	19	5.5	11	11	40	40
QCX5-40	CJX5-40	JRS5-20/F	22	5.5	11	11	40	40
QCX5-50	CJX5-50	JRS5-20/F	29	7.5	15	18.5	50	50
QCX5-62	CJX5-62	JRS5-20/F	35	9	18.5	22	62	62

用途：在一般正常环境下，交流50Hz，电压至660V、电流至95A以下的电路中作为控制三相笼型电动机启动、停止及反向运转之用，具有体积小、安装方便的特点，具有欠压和过载保护性能。

③ MC、MSB、DRB和DEB和QZ73系列电磁启动器（表2-97～表2-100）

表2-97 MC系列电磁启动器的型号和技术数据

型号	额定工作电流(50Hz、60Hz)/A	额定工作电压/V	控制电动机功率/kW		整定电流范围/A
			380V 50Hz	440V 60Hz	
MC300	12	不可逆启动器 380,440	5.5	6.5	1～2.5,2～5,4～12
MC301	(19)22		11	11	8～22
MC302	32		15	17	12.5～20
MC303	45		22	26	20～32
MC304	75		37	41	40～57
MC306	110		55	65	55～80
MC308	170		90	100	90～120
MC310	250		132	146	125～200
MC312	400		200	228	200～400

续表

型号	额定工作电流(50Hz、60Hz)/A	额定工作电压/V	控制电动机功率/kW		整定电流范围/A
			380V 50Hz	440V 60Hz	
MC320	12		5.5	6.5	1～2.5,2～5,4～12
MC321	(19)22		11	11	8～22
MC322	32	可　逆	15	17	12.5～32
MC323	45	启动器	22	26	20～45
MC324	75	380,440	37	41	40～75
MC326	110		55	65	55～110
MC328	170		90	100	90～170

注：(　)内数值对应于440V、60Hz。

用途：主要适用于交流50Hz（或60Hz）、额定工作电压至690V、额定控制功率至7.5kW（电流至17A）的电路中，用作控制电动机的直接启动、停止和正反向运转，带有热继电器的启动器能对电动机的过载或断相起保护作用。

表 2-98　MSB系列电磁启动器的型号和技术数据

型号	MSB9		MSB12		MSB16		MSB37	MSB45
基本规格代号	9		12		16		37	45
所配热继电器型号	T16	T25	T16	T25	T16	T25	T45	T45
额定控制电源电压	AC 48V、AC 110V、AC 127V、AC 220V、AC 380V,50Hz							
热元件整定范围/A	0.11～0.16	0.10～0.16	7.50～11.0	7.50～11.0	12.0～16.0	13.0～19.0	0.28～0.40	30.0～45.0
	0.14～0.21	0.16～0.25	9.00～13.0	10.0～14.0	—	—	0.35～0.52	—
	0.19～0.29	0.25～0.40	—	—	—	—	0.45～0.63	—

型号	MSB9		MSB37
基本规格代号	9		37
所配热继电器型号	T16	T25	T45
额定控制电源电压	AC 48V、AC 110V、AC 127V、AC 220V、AC 380V,50Hz		

续表

型号	MSB9					MSB37		
热元件整定范围/A	0.27～0.40	1.10～1.50	3.00～4.50	0.40～0.63	2.20～3.10	0.55～0.83	2.20～3.30	8.60～13.0
	0.35～0.52	1.30～1.80	4.00～6.00	0.63～1.00	2.80～4.00	0.70～1.00	2.80～4.00	11.0～16.0
	0.42～0.63	1.50～2.10	5.00～7.50	1.00～1.40	3.50～5.00	0.86～1.30	3.50～5.20	14.0～21.0
	0.55～0.83	1.70～2.40	6.30～9.00	1.30～1.80	4.50～6.50	1.10～1.60	4.50～6.30	18.0～27.0
	0.70～1.00	2.10～3.00	—	1.70～2.40	6.00～8.50	1.40～2.10	5.50～8.30	25.0～35.0
	0.90～1.30	2.70～4.00	—	—	—	1.80～2.50	7.00～10.0	—

用途：适用于交流 50Hz 或 60Hz、额定电压≤660V、额定电流≤100A 的电力线路中，供远距离直接控制三相笼型电动机的启动、停止及可逆运转用，具有失压、过负荷及断相保护性能。

表 2-99 DRB、DEB 系列电磁启动器的型号和技术数据

型号	电动机额定控制容量/kW		额定工作电流/A		接触器线圈额定电压/V	用途
	380V	660V	380V	660V		
DRB9 DEB9	4	3	8.5	3.5	24、36、48、110、127、220、380	适用于交流 50Hz 或 60Hz,额定电压至 660V,额定电流至 16A 的电力线路中,供远距离控制电动机的启动和停止用
DRB12 DEB12	5.5	4	11.5	4.9		
DRB16 DEB16	7.5	5.5	15.5	6.7		

表 2-100 QZ73 系列启动器的型号和技术数据

型号	控制电动机功率/kW		吸引线圈电压/V	外形尺寸/mm		
	220V	380V		长	宽	高
QZ73-1	1.8	3.2	127,220,380	355	269	156
QZ73-2	1.8	3.2	36,380	340	284	156
QZ73-3	1.8	10	36,380	340	284	156
QZ73-4	1.8	3.2	220,380	260	269	156
QZ73-5	5.8	10	220,380	260	269	156
QZ73-6	1.8	3.2	220,380	310	269	163
QZ73-7	5.8	10	220,380	310	269	163
QZ73-8	5.8	12.5	36,380	340	284	156
QZ73-9	7	12.5	220,380	340	284	156
QZ73-10	7	12.5	220,380	310	269	163

续表

综合启动器型号	热继电器额定电流/A	整定电流调节范围/A	熔断器额定电流/A
QZ73-1 QZ73-2 QZ73-4 QZ73-6	1	0.64～1	2,4
	1.6	1～1.6	4,5,6
	2.5	1.6～2.5	6,10
	4	2.5～4	10,15
	6.4	4～6.4	15
	10	6.4～10	20,25,30,35
	16	10～16	35,40,50
QZ73-3、5、7、8、9、10	25	16～25	50,60

用途：适用于交流 50Hz、额定工作电压至 380V、额定工作功率为 12.5kW 及以下的电力线路中。

(2) 自耦减压启动器

自耦减压启动器常用来启动额定电压为 220/380V 的三相异步电动机。由于它采用抽头式自耦变压器作减压启动，既能适应不同负载的启动需要，又能得到比△-Y 启动时更大的启动转矩，并附有热继电器和失电压脱扣器，具有完善的过载和失电压保护功能，应用非常广泛。

① QJ 系列自耦减压启动器（表 2-101～表 2-105）

表 2-101 QJ3 系列手动自耦减压启动器的型号和技术数据

型号	220V,50(60)Hz				380V,50(60)Hz			
	控制的电动机功率/kW	额定工作电流/A	热保护额定电流/A	最大启动时间/s	控制的电动机功率/kW	额定工作电流/A	热保护额定电流/A	最大启动时间/s
QJ3-10	—	—	—	—	10	22	25	30
QJ3-14	8	29	40	30	14	30	40	30
QJ3-17	10	37	40	40	17	38	40	40
QJ3-20	11	40	45	40	20	43	45	40
QJ3-22	14	51	63	40	22	48	63	40
QJ3-28	15	54	63	40	28	59	63	40
QJ3-30	—	—	—	—	30	63	63	40
QJ3-40	20	72	85	60	40	85	85	60
QJ3-45	25	91	120	60	45	100	120	60
QJ3-55	30	108	160	60	55	120	160	60
QJ3-75	40	145	160	60	75	145	160	60

用途：适用于一般工业用交流50/60Hz，电压至220～440V，功率≤75kW的三相笼型异步电动机，作不频繁降低电压启动及停止用，装有过载脱扣和失压脱扣等保护装置。

表2-102　QJD系列空气式自耦减压启动器的技术数据

控制的电动机功率/kW	10	13	17	20	30	40	55	75
电动机额定电流/A	20.7	25.7	34	43	58	77	105	142
过载保护整定电流/A	20.7	25.7	34	43	58	77	105	142
最大启动时间/s	30		40			60		

表2-103　QJD3系列手动自耦减压启动器的型号和技术数据

型　号	额定电压/V	额定功率/kW	额定电流/A	热继电器整定电流/A	最大启动时间/s
QJD3-10	380	10	19	25	30
QJD3-14		14	30.5	33	
QJD3-17		17	33	45	40
QJD3-20		20	37	45	
QJD3-22		22	42	45	
QJD3-28		28	51	63	
QJD3-30		30	56	63	
QJD3-40		40	86	90	50
QJD3-55		55	120	120	
QJD3-75		75	145	142.5	

用途：适用于一般工业用交流50Hz或60Hz，额定工作电压380V，功率为10～75kW的三相笼型异步电动机作不频繁降压启动及停止用。

表2-104　QJ10系列自耦减压启动器的型号和技术数据

型　号	控制电动机容量/kW	额定电流/A	最大启动时间/s	外形尺寸(长×宽×高)/mm	质量/kg
QJ10-10	10	20.5	30	悬挂式 276×500×617 落地式 276×518×570	55
QJ10-11	11	24.6			
QJ10-13	13	25.7			
QJ10-15	15	31.4			
QJ10-17	17	34			

续表

型　号	控制电动机容量/kW	额定电流/A	最大启动时间/s	外形尺寸(长×宽×高)/mm	质量/kg
QJ10-18.5	18.5	37.5	40	悬挂式 306×500×657 落地式 297×518×610	80
QJ10-20	20	40			
QJ10-22	22	43			
QJ10-30	30	58			
QJ10-37	37	71.8			
QJ10-40	40	77	60	悬挂式 337×540×697 落地式 327×558×650	80
QJ10-45	15	85.2			—
QJ10-55	55	105			105
QJ10-75	75	142			115

用途：适用于交流 50Hz，电压 380V，额定功率 75kW 的三相笼型异步电动机，作不频繁降压启动运行用，并能对电动机进行过载或断相与欠压等保护及人为地停止电动机。

表 2-105　QJ10D 系列自耦减压启动器的技术数据

控制电动机容量/kW	11	15	18.5	22	30	37	45	55	75
电动机额定电流/A	24.6	31.4	37.6	43	58	71.8	85.2	105	142
过载保护整定电流/A	24.6	31.4	37.6	43	58	71.8	85.2	105	142
最大启动时间/s	30		40				60		
欠电压脱扣动作特性	动作电压＞75%额定电压，释放电压＜35%额定电压								

② XJ 系列自耦减压启动器（表 2-106 和表 2-107）

表 2-106　XJ01 系列自耦减压启动器的技术数据

型　号	控制的电动机功率/kW	最大工作电流/A	自耦变压器功率/kW	电流互感器电流比	热继电器整定电流参考值/A
XJ01-14	14	28	14	100/5	28
XJ01-20	20	40	20	100/5	40
YJ01-28	28	56	28	75/5	56
XJ01-40	40	80	40	100/5	80
XJ01-55	55	110	55	150/5	110
XJ01-75	75	142	75	200/5	142
XJ01-100	100	200	100	300/5	3.2①
XJ01-115	115	230	115	300/5	3.8①
XJ01-135	135	270	135	600/5	2.2①
XJ01-190	190	370	190	600/5	3.1①
XJ01-225	225	410	225	800/5	2.5①
XJ01-260	260	475	260	800/5	3.0①
XJ01-300	300	535	300	800/5	3.5①

① 为二次线路。

用途：适用于交流 50Hz、额定电压 380V、额定输出功率 300kW 及以下的三相笼型异步电动机作不频繁降压启动用，降低启动电流，减小电动机启动时对输电网络的影响。

表 2-107　XJD1 系列自耦减压启动器的技术数据

型　号	控制的电动机功率/kW	最大工作电流/A	电流互感器电流比	热继电器整定电流参考值/A	启动时间总和/s
XJD1-14	14	28	50/5	28	30
XJD1-17	17	35		35	
YJD1-20	20	40	75/5	40	40
XJD1-22	22	43		43	
XJD1-28	28	56		56	
XJD1-30	30	59		59	60
XJD1-40	40	80	150/5	80	
XJD1-55	55	105	200/5	105	
XJD1-75	75	143		143	
XJD1-100	100	184	300/5	3.0①	90
XJD1-115	115	219		3.7①	
XJD1-135	135	252	600/5	2.1①	
XJD1-190	190	351		2.9①	
XJD1-225	225	407	800/5	2.5①	
XJD1-260	260	469		2.9①	
XJD1-300	300	537		3.4①	

① 为二次线路。

用途：适用于交流 380V，功率到 300kW 的三相笼型异步电动机作为降压启动用。

③ JJ1 系列自耦减压启动器（表 2-108）

型号编制方法是：

J	J	□	□	□□	/	□□□	-□
交流电动机控制器	减压启动	设计序号	B—闭路转换 K—开路转换	电动机功率（kW）		电压（V）	工作制号

表 2-108　JJ1 系列自耦减压启动器的技术数据

型　号	工作电流参考值/A	电流转换器整定参考值/A	热继电器整定电流参考值/A	最大启动时间总和/s	自动开关电磁脱扣器额定电流/A
JJ1B-11/380-1	22	33	22	30	32

续表

型　号	工作电流参考值/A	电流转换器整定参考值/A	热继电器整定电流参考值/A	最大启动时间总和/s	自动开关电磁脱扣器额定电流/A
JJ1B-15/380-1	29	44	29	30	40
JJ1B-18/380-1	36	53	36	40	40
JJ1B-22/380-1	42	42	42	40	50
JJ1B-30/380-1	57	51	57	40	63
JJ1B-37/380-1	70	53	70	60	80
JJ1B-45/380-1	84	63	84	60	100
JJ1B-55/380-1	103	38	103	60	125
JJ1B-75/380-1	140	52	140	60	180
JJ1B-100/380-2	184	46	3.0①	90	200
JJ1B-115/380-2	219	54	3.7①	90	250
JJ1B-135/380-2	252	31	2.1①	90	315
JJ1B-190/380-2	351	43	2.9①	90	400
JJ1B-225/380-2	407	38	2.5①	90	500
JJ1B-260/380-2	469	44	2.9①	90	530
JJ1B-300/380-2	537	50	3.4①	90	630
JJ1K-100/380-2	184	46	3.0①	90	200
JJ1K-115/380-2	219	54	3.7①	90	250
JJ1K-135/380-2	252	31	2.1①	90	315
JJ1K-190/380-2	351	43	2.9①	90	400
JJ1K-225/380-2	407	38	2.5①	90	500
JJ1K-260/380-2	469	44	2.9①	90	500
JJ1K-300/380-2	537	50	3.4①	90	630

① 为二次线路。

用途：适用于交流 50Hz，额定电压为 60V 及以下，功率为 11～325kW 的三相笼型异步电动机作不频繁降压启动。

④ 自耦减压启动器常见故障、产生原因及处理方法（表 2-109）

表 2-109　自耦减压启动器常见故障、产生原因及处理方法

故障现象	产生原因	处理方法
电动机本身无故障，启动器能合上，但电动机不能启动	①启动电压过低，转矩不足 ②熔断器熔断 ③内部接线松脱或接错	①测量电路电压，或将变压器抽头提高一级 ②检查故障所在，更换熔断体或熔体 ③检查线路后作适当处理

续表

故障现象	产生原因	处理方法
电动机启动太快	①自耦变压器抽头电压太高 ②自耦变压器绕组匝间短路 ③内部接线错误	①调整抽头 ②查明后更换或重绕 ③按线路图检查并处理
自耦变压器发出"嗡嗡"声	①变压器铁芯片未夹紧 ②变压器绕组有接地故障	①将铁芯片夹紧 ②查出接地的部分,重加绝缘或重绕
油箱内发出特殊"吱吱"声	触头接触不良,触头处跳火花	检查触头表面并作处理,若发现油量不足,应添加
启动器有爆炸声,同时箱内冒烟	①触头间产生火花放电 ②绝缘损坏,导致导电部分接地	①整修或更换触头 ②查明故障点并作适当处理
电动机过载后,操作手柄无法停留在"运转"位置上	①热继电器动作后未复位 ②欠电压脱扣器吸不上	①待双金属片冷却后,按复位按钮使热继电器复位 ②检查接线是否正确,电磁机构是否卡住,然后对症处理
电动机未过载,启动器已过热	①油箱因油中掺有水分而发热 ②自耦变压器绕组匝间短路 ③触头接触不良	①更换绝缘油 ②更换或重新绕制绕组 ③检查触头表面质量及接触压力,适当处理
欠电压脱扣器不动作	①接线错误 ②欠电压线圈接线端未接牢 ③欠电压线圈烧坏 ④电磁机构卡住	①按接线图检查,将接错部分改正 ②将接线端的线重新接好 ③更换欠电压线圈 ④查明原因,作适当处理
联锁机构不动作	锁片锈住或磨损	用锉刀修整或局部更换

(3) Y-△启动器

Y-△启动器适用于交流 50Hz 或 60Hz，额定绝缘电压为 660V，在 AC-3 使用类别下额定工作电压为 380V 时控制功率至 80kW 的三相笼型感应电机，电动操作时，接线可自动转换，可遥控电动机启动、停止，并具有过载及失压保护。一般用于空载或轻载启动的中、小型笼型电动机。QX 系列 Y-△启动器的型号和技术数据见表 2-110～表 2-112。

表 2-110　QX1、QX2 系列 Y-△启动器的型号和技术数据

型号	额定电流/A	控制电动机最大功率/kW		操作频率/(次/时)	正常操作接通能力			正常操作分断能力		
		220V	380V		电压/V	电流/A	cosφ≥	电压/V	电流/A	cosφ≥
QX1-13	16	7.5	13	30	380	4×16	0.4	380×0.25	16	0.4
QX1-13N/4.5	11		4.5	30	380	6×11	0.4	380×0.16	11	0.4
QX1-30	40	17	30	30	380	4×40	0.1	380×0.25	40	0.4
QX2-13	16		13	30						
QX2-30	40		30	30						

用途：适用于交流 50Hz，电压至 380V，额定工作电流至 60A，可控制电动机的最大功率至 30kW 以下，这类启动器用作在星形连接下启动交流三相笼型异步电动机，并将电动机换接成三角形接法后，加速至额定转速以及人为地停止电动机。适用范围及工作条件：周围空气温度－25～＋40℃，24h 内的平均值不超过＋35℃。

表 2-111　QX3 系列自动 Y-△启动器的型号和技术数据

型　号	在下列电压下可控电动机最大功率/kW			热元件额定电流/A	热继电器整定电流调节范围/A	吸引线圈电压/V		延长时间调整范围/s
	220V	380V	500V			50Hz	60Hz	
QX3-13/K	7.5	13	13	11	6.8～11	220 380 500	220 380 440	4～16
QX3-13/H				16	10～16			
QX3-13/H				22	14～21			
QX3-30/K	17	30	30	32	20～32			
QX3-30/H				40	28～45			

用途：主要供交流 50/60Hz，电压至 380V，容量至 30kW 的三相笼型异步电动机作 Y-△换接启动及停止用。带有热继电器作为过载保护，其接触器在电网电压消失时兼作失压保护。

表 2-112　QX4 系列自动 Y-△启动器的型号和技术数据

型号	电动机最大功率/kW	额定电流/A	热元件整定电流近似值/A	时间继电器整定近似值/s
QX4-13	13	23	15	11
QX4-17	17	33	19	13
QX4-22	22	42.5	25	15
QX4-30	30	58	34	17
QX4-40	40	77	45	20

续表

型号	电动机最大功率/kW	额定电流/A	热元件整定电流近似值/A	时间继电器整定近似值/s
QX4-55	55	105	61	24
QX4-75	75	142	85	30
QX4-125	125	260	100～160	14～60

用途：适用于交流 380V、50Hz，功率至 125kW 的三相笼型异步电动机降压启动，采用定子绕组由星形自动切换成三角形接法，以减少启动电流及电动机启动时对输电网络的影响。

（4）变频启动器

变频器是利用电力半导体器件的通断作用，将工频电源变换为另

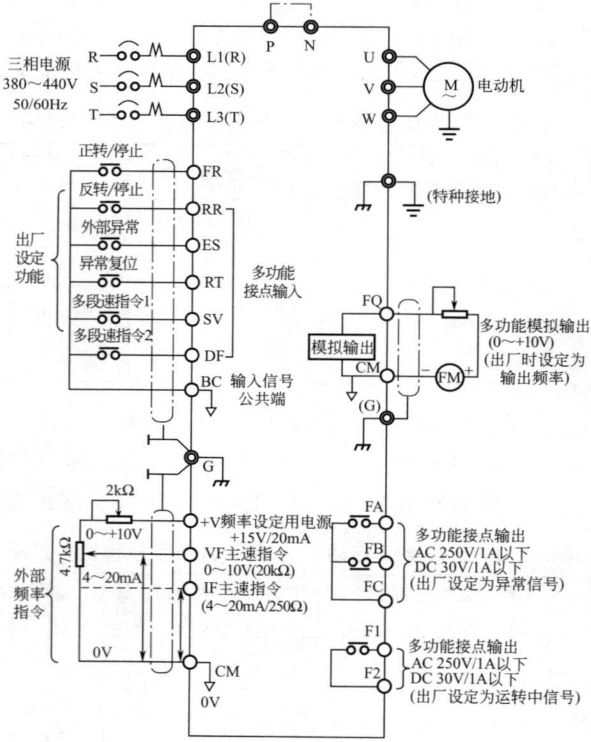

图 2-15　某变频器的基本电路

一频率的电能控制装置，能实现对交流异步电动机的软启动、变频调速、提高运转精度、改变功率因数、过流/过压/过载保护等功能。

变频器的基本电路见图 2-15。

① CHF 系列变频器　CHF 系列变频器为通用型变频器，采用DSP 控制系统，完成优化的 V/F 控制，比传统 V/F 控制更具优越的性能。主要面向简单调速应用客户，采用 G/P 合一结构，更能满足大部分客户的功能需求。

CHF 系列变频器型号编制方法：

CHF	100	□□□	G	/	□□□	P	-	□
通用变频器	第1代通用型	电机功率 7R5—7.5kW 011—11kW	恒转矩型		电机功率 011—11kW	变转矩型		电压等级 S2—1AC 220V 2—3AC 220V 4—3AC 380V 6—3AC 690V 12—3AC 1140V

CHF 系列变频器技术数据见表 2-113；常见故障和解决办法见表 2-114。

表 2-113　CHF 系列变频器技术数据

变频器型　号	输入电压	额定输出功率/kW	额定输入电流/A	额定输出电流/A	机型
CHF100-0R4G-S2	单相 220V 范围： －15%～15%	0.4	5.4	2.3	A
CHF100-0R7G-S2		0.75	8.2	4.5	A
CHF100-1R5G-S2		1.5	14.2	7.0	B
CHF100-2R2G-S2		2.2	23.0	10	B
CHF100-0R7G-2	三相 220V 范围： －15%～15%	0.75	5.0	4.5	A
CHF100-1R5G-2		1.5	7.7	7	B
CHF100-2R2G-2		2.2	11.0	10	B
CHF100-004C-2		3.7	17.0	16	C
CHF100-5R5G-2		5.5	21.0	20	C
CHF100-7R5G-2		7.5	31.0	30	D
Cf1F100-011G-2		11.0	43.0	42	D
CHF100-015G-2		15.0	56.0	55	D
CHF100-018G-2		18.5	71.0	70	E
CHF100-022G-2		22.0	81.0	80	E
CHF100-030G-2		30.0	112.0	110	E
CHF100-037G-2		37.0	132.0	130	F
CHF100-045G-2		45.0	163.0	160	F

续表

变频器型号	输入电压	额定输出功率/kW	额定输入电流/A	额定输出电流/A	机型
CHF100-0R7G-4	三相 380V范围： −15%～15%	0.75	3.4	2.5	A
CHF100-1R5G-4		1.5	5.0	3.7	B
CHF100-2R2G-4		2.2	5.8	5	B
CHF100-004G/5R5P-4		4.0/5.5	10/15	9/13	C
CHF100-5R5C/7R5P-4		5.5/7.5	15/20	13/17	C
CHF100-7R5G/011P-4		7.5/11.0	20/26	17/25	D
CHF100-011G/015P-4		11.0/15.0	26/35	25/32	D
CHF100-015G/018P-4		15.0/18.5	35/38	32/37	D
CHF100-018G/022P-4		18.5/22.0	38/45	37/45	E
CHF100-022G/030P-4		22.0/30.0	46/62	45/60	E
CHF100-030G/037P-4		30.0/37.0	62/76	60/75	E
CHF100-037G/045P-4		37.0/45.0	76/90	75/90	F
CHF100-045G/055P-4		45.0/55.0	90/105	90/110	F
CHF100-055G/075P-4		55.0/75.0	105/140	110/150	F
CHF100-075G/090P-4		75.0/90.0	140/160	150/176	G
CHF100-090G/110P-4		90.0/110.0	160/210	176/210	G
CHF100-110G/132P-4		110.0/132.0	210/240	210/250	G
CHF100-132G/160P-4		132.0/160.0	240/290	250/300	H
CHF100-160G/185P-4		160.0/185.0	290/330	330/340	H
CHF100-185G/200P-4		185.0/200.0	330/370	340/380	H
CHF100-200G/220P-4		200.0/220.0	370/410	380/415	I
CHF100-220G/250P-4		220.0/250.0	410/460	415/470	I
CHF100-250G/280P-4		250.0/280.0	460/500	470/520	I
CHF100-280G/315P-4		280.0/315.0	500/580	520/600	I
CHF100-315G/350P-4		315.0/350.0	580/620	600/640	I

机型	安装尺寸/mm		外形尺寸/mm			安装孔径/mm	机型	安装尺寸/mm		外形尺寸/mm			安装孔径/mm
	宽	厚	高	宽	厚			宽	厚	高	宽	厚	
B	110.4	170.2	180	120	140	5	G	230	378.5	755	460	330	9
C	147.5	237.5	250	160	175	5	H(有底座)			1490	490	301	
D	206	305.5	320	220	180	6	H(无底座)	270	123.3	1275	490	391	13
E	176	454.5	467	290	215	5.5	I(有底座)			1670	750	402	
F	230	564.5	577	375	270	7	I(无底座)	500	J32.4	1358	750	402	12.5

表 2-114　CHF 系列变频器的故障和解决办法

故障代码	故障类型	可能的故障原因	解决办法
OUt1	逆变单元 U 相故障	①加速太快 ②该相 IGBT 内部损坏 ③干扰引起误动作 ④接地是否良好	①增大加速时间 ②请代理商维修 ③检查外围设备是否有强干扰源 ④检查接地线路是否有误
OUt2	逆变单元 V 相故障		
OUt3	逆变单元 W 相故障		
OC1	加速运行过电流	①加速太快 ②电网电压偏低 ③变频器功率偏小	①增大加速时间 ②检查输入电源 ③选用功率大一挡的变频器
OC2	减速运行过电流	①减速太快 ②负载惯性转矩大 ③变频器功率偏小	①增大减速时间 ②外加合适的能耗制动组件 ③选用功率大一挡的变频器
OC3	恒速运行过电流	①负载发生突变或异常 ②电网电压偏低 ③变频器功率偏小	①检查负载或减小负载的突变 ②检查输入电源 ③选用功率大一挡的变频器
OV1	加速运行过电压	①输入电压异常 ②瞬间停电后，对旋转中电机实施再启动	①检查输入电源 ②避免停机再启动
OV2	减速运行过电压	①减速太快 ②负载惯量大 ③输入电压异常	①增大减速时间 ②增大能耗制动组件 ③检查输入电源
OV3	恒速运行过电压	①输入电压发生异常变动 ②负载惯量大	①安装输入电抗器 ②外加合适的能耗制动组件
UV	母线欠压	电网电压偏低	检查电网输入电源
OL1	电机过载	①电网电压过低 ②电机额定电流设置不正确 ③电机堵转或负载突变过大 ④小车拉大马	①检查电网电压 ②重新设置电机额定电流 ③检查负载，调节转矩提升量 ④选择合适的电机

续表

故障代码	故障类型	可能的故障原因	解决办法
OL2	变频器过载	①加速太快 ②瞬间停电后，对旋转中的电机实施再启动 ③电网电压过低 ④负载过大	①增大加速时间 ②避免停机再启动 ③检查电网电压 ④选择功率更大的变频器
SP1	输入侧缺相	输入R、S、T有缺相	①检查输入电源 ②检查安装配线
SP0	输出侧缺相	U、V、W缺相输出（或负载三相严重不对称）	①检查输出配线 ②检查电机及电缆
OH1 OH2	整流模块过热 逆变模块过热	①变频器瞬间过流 ②输出三相有相间或接地短路 ③风道堵塞或风扇损坏 ④环境温度过高 ⑤控制板连线或插件松动 ⑥辅助电源损坏，驱动电压欠压 ⑦功率模块桥臂直通 ⑧控制板异常	①参见过流对策 ②重新配线 ③疏通风道或更换风扇 ④降低环境温度 ⑤检查并重新连接 ⑥请代理商维修 ⑦请代理商维修 ⑧请代理商维修
EF	外部故障	SI外部故障输入端子动作	检查外部设备输入
CE	通信故障	①波特率设置不当 ②采用串行通信的通信错误 ③通信长时间中断	①设置合适的波特率 ②按STOP/RST键复位，寻求服务 ③检查通信接口配线
ITE	电流检测电路故障	①控制板连接器接触不良 ②辅助电源损坏 ③霍尔器件损坏 ④放大电路异常	①检查连接器，重新插线 ②请代理商维修 ③请代理商维修 ④请代理商维修
TE	电机自学习故障	①电机容量与变频器容量不匹配 ②电机额定参数设置不当 ③自学习出的参数与标准参数偏差过大 ④自学习超时	①更换变频器型号 ②按电机铭牌设置额定参数 ③使电机空载，重新辨识 ④检查电机接线，参数设置

续表

故障代码	故障类型	可能的故障原因	解决办法
EEP	EEPROM读写故障	①控制参数的读写发生错误 ②EEPROM损坏	①按 STOP/RST 键复位 ②请代理商维修
PIDE	PID反馈断线故障	①PID反馈断线 ②PID反馈源消失	①检查PID反馈信号线 ②检查PID反馈源
BCE	制动单元故障	①制动线路故障或制动管损坏 ②外接制动电阻阻值偏小	①检查制动单元,更换新制动管 ②增大制动电阻
—	上电无显示	变频器输入电源和变频器额定电压不一致	用万用表检查,并排除故障
		检查三相整流桥是否完好	若整流桥已断开,请代理商维修
		检查CHARGE灯是否点亮	如果此灯没有亮,请代理商维修
—	上电后电源空气开关跳开	输入电源之间可能有接地或短路情况	排除故障
		整流桥是否已经击穿	若已损坏,请代理商维修
—	变频器运行后电机不转动	U、V、W之间三相输出不均衡	检查电机是否损坏或被堵转。如无该问题,请确认电机参数设置是否正确
		有输出但三相不均衡	请代理商维修
		没有输出电压	请代理商维修
—	上电变频器显示正常,运行后电源空气开关跳开	输出模块之间相间存在短路情况	请代理商维修
		电机引线之间存在短路或接地情况	排除故障
		偶尔跳闸且电机和变频器之间距离比较远	考虑加输出交流电抗器

② 台安通用型变频器(表2-115)

表 2-115　台安 N2 通用型变频器的规格和主要技术数据

型　号	N2-×××-××									
	2P5	201	202	203	205	208	210	215	220	230
适用电动机容量/kW	0.4	0.75	1.5	2.2	3.7	5.5	7.5	11	15	22
额定电流/A	3.1	4.5	7.5	10.5	17.5	26	35	49	64	87
额定容量/kV·A	1.2	1.7	2.9	4.0	6.7	9.9	13.3	18.7	24.4	87
质量/kg	1.4	1.4	2.5	4.0	4.0	6.8	7.1	11.3	11.7	33.2
允许瞬停时间/s	1.0	1.0	2.0	2.0	2.0	2.0	2.0	2.0	2.0	2.0
输入电压	单相或三相(200～240)V±10%；50/60Hz±5%；250V 以上为三相输入									
输出电压	三相 200～240V(对应输入电压)									
控制方式	近似正弦波 PWM 控制方式									

型　号	N2-×××-××								
	401	402	403	405	408	410	415	420	430
适用电动机容量/kW	0.75	1.5	2.2	3.7	5.5	7.5	11	15	22
额定电流/A	2.3	3.8	5.2	8.8	13	17.5	25	32	48
额定容量/kV·A	1.7	2.9	4.0	6.7	9.9	13.3	19.1	24.4	36.6
质量/kg	2.4	2.5	3.8	4.0	7.0	7.3	12.3	12.5	13.5
允许瞬停时间/s	1.0	1.0	2.0	2.0	2.0	2.0	2.0	2.0	2.0
输入电压	三相(380～480)V±10%								
输出电压	三相 380～480V(对应输入电压)								
控制方式	近似正弦波 PWM 控制方式								

③ VFD 系列变频器及 AV460 三相变频器（表 2-116 和表 2-117）

表 2-116　VFD230 单相/三相系列变频器的规格和主要技术数据

型　号	VFD×××M					
	004	007	015	022	037	055
标准适用电动机输出功率/kW	0.4	0.75	1.5	2.2	3.7	5.5
输出额定容量/kV·A	1.0	1.9	2.7	3.8	6.5	9.5
输出额定电流/A	2.5	5.0	7.0	10	17	25
输出频率范围/Hz	0.1～400					
过负载能力	150%输出电流运行 60s					
最大输出电压	对应输入电源					
相数、电压、频率	单相/三相，200～240V，50/60Hz					三相，200～240V，50/60Hz
电压、频率允许变动范围	电压：±10%　频率：±5%					
输入电流/A	6.3/2.9	11.5/6.3	15.7/8.8	NA/12.5	19.6	33.5
冷却散热系统	强制风冷					

表 2-117　AV460 三相变频器的规格和主要技术数据

型　　号	VFD×××M				
	007	015	022	037	055
标准适用电动机输出功率/kW	0.75	1.5	2.2	3.7	5.5
输出额定容量/kV·A	2.3	3.1	3.8	6.2	9.9
输出额定电流/A	3.0	4.0	5.0	8.2	13
输出频率范围/Hz	0.1～400				
过负载能力	150%输出电流运行 60s				
最大输出电压	对应输入电源				
相数、电压、频率	三相，380～480V，50/60Hz				
电压、频率允许变动范围	电压：±10%　频率：±5%				
输入电流/A	4.2	5.7	7.0	8.5	14
冷却散热系统	强制风冷				

④ PowerFlex700 三相变频器　主要用于控制三相感应电动机，从最简单的速度控制到最苛刻的转矩控制，满足应用系统的要求。它有两种配置方式：标准控制和磁场定向控制，前者主要是控制电压/频率（V/F）和无速度传感器矢量，后者是磁场定向和电压/频率、无速度传感器矢量控制。该变频器的技术数据见表 2-118～表 2-120。

表 2-118　280/240VAC 三相变频器的技术数据

输出电流/A						标称功率额定值/kW		框架规格
240VAC 输入①			280VAC 输入					
持续	1min	3s	持续	1min	3s	负载	重载	
2.2	2.4	3.3	2.5	2.8	3.8	0.37	—	0
4.2	4.8	6.4	4.8	5.6	7	0.75	0.37	0
6.8	9	12	7.8	10.4	13.8	1.5	0.75	1
9.6	10.6	14.4	11	12.1	17	2.2	1.5	1
15.3	16.8	23	17.5	19.3	26.3	4	2.2	1
22	24.2	33	25.3	27.8	38	5.5	4	1
28	33	44	32.2	38	50.6	7.5	5.5	2
42	46.2	63	48.3	53.1	72.5	11	7.5	3
52	63	80	56	64	86	15	11	3
70	78	105	78.2	86	117.3	18.5	15	4
80	105	136	92	117.3	156.4	33	18.5	4
104(80)①	115(120)	175(160)	120(92)	132(138)	175(175)	30	22	5
130(104)②	143(156)	175(175)	130(104)	143(156)	175(175)	37	30	5

续表

输出电流/A						标称功率额定值/kW		框架规格
240VAC 输入①			280VAC 输入					
持续	1min	3s	持续	1min	3s	负载	重载	
154(130)②	169(195)	231(260)	177(150)	195(225)	266(300)	45	37	6③
192(154)②	211(231)	288(308)	221(177)	243(266)	308(308)	55	45	60

① 在这些列中目录号和输出电流相对应，为获得右侧显示的高电流，变频器必须设置为低电压。

② 框架规格为 4、5、6 的变频器具有两个电流额定值，一个用于标准负载应用系统，另一个用于重载应用系统（圆括号中），交频器可以在任意一个额定值运行。

③ 环境温度为 450℃时 380～400V，85A 额定值。

表 2-119　380～480VAC 三相变频器的技术数据

输出电流/A						标称功率额定值		框架规格
480VAC 输入①			380～400VAC 输入			一般负载/kW	重载/kW	
持续	1min	3s	持续	1min	3s			
1.1	1.2	1.6	1.3	1.4	1.9	0.37	0.25	0
2.1	2.4	3.2	2.1	2.4	3.2	0.75	0.55	0
3.4	4.5	6	3.5	4.5	6.0	1.5	0.75	0
5	5.5	7.5	5	5.5	7.5	2.2	1.5	0
8	8.8	12	8.7	9.9	13.2	4.0	2.2	0
11	12.1	16.5	11.5	13	17.4	5.5	4.0	0
14	16.5	22	15.4	17.2	23.1	7.5	5.5	1
22	24.2	33	22	24.2	33	11	7.5	1
27	33	44	30	33	45	15	11	2
34	40.5	54	37	45	60	18.5	15	2
40	51	68	43	56	74	22	18.5	3
52	60	80	56	64	86	30	22	3
65	78	104	72	84	112	37	30	3
77(65)②	85(98)	116(130)	85(72)③	94(108)	128(144)	45	37	4
96(77)②	106(116)	144(154)	105(85)	116(128)	158(170)	55	45	5
125(96)②	138(144)	163(168)	125(96)	138(144)	163(168)	75	55	5
156(125)②	172(188)	233(250)	170(140)	187(210)	255(280)	90	75	6
180(156)②	198(234)	270(312)	205(170)④	220(255)	289(313)	110	90	6

① 在这些列中目录号和输出电流相对应，为获得右侧显示的高电流，变频器必须设置为低电压。

② 框架规格为 4、5、6 的变频器具有两个电流额定值，一个用于标准负载应用系统，另一个用于重载应用系统（圆括号中），交频器可以在任意一个额定值运行。

③ 环境温度为 450℃时 380～400V、85A 额定值。

④ 环境温度为 400℃时 380～400V、205A 额定值。

表 2-120　600～690VAC 三相变频器的技术数据

输出电流/A						标称功率额定值		框架规格
600VAC 输入①			690VAC 输入			一般负载/kW	重载/kW	
持续	1min	3s	持续	1min	3s			
1.7	2	2.6	N/A			0.75	0.37	00
2.7	3.6	4.8	N/A			1.5	0.75	0③
3.9	4.3	5.9	N/A			2.2	1.5	09
6.1	6.7	9.2	N/A			4	2.2	09
9	9.9	13.5	N/A			5.5	4	0③
11	13.5	18	N/A			7.5	5.5	1③
17	18.7	25.5	N/A			11	7.5	1③
22	25.5	34	N/A			15	11	2
27	33	44	N/A			18.5	15	2
32	40.5	54	N/A			22	18.5	3
41	48	64	N/A			30	22	3
52	61.5	82	N/A			37	30	3
62	78	104	N/A			45	37	4
77(63)②	85(94)	116(126)	82(60)	90(90)	120(123)	75	55	5
99(77)②	109(116)	126(138)	98(82)	108(123)	127(140)	90	75	5
125(99)②	138(149)	188(198)	119(98)	131(147)	179(196)	110	90	6③
144(125)②	158(188)	216(250)	142(119)	156(179)	213(238)	132	110	69

① 在这些列中目录号和输出电流相对应，为获得右侧显示的高电流，变频器必须设置为低电压。

② 框架规格为 4、5、6 的变频器具有两个电流额定值，一个用于标准负载应用系统，另一个用于重载应用系统（圆括号中），交频器可以在任意一个额定值运行。

③ 预定数据，订货前检查该数据的可用性。

⑤ BQXB 防爆变频调速箱　适用于爆炸性危险场所 1 区和 2 区，爆炸性气体混合物为ⅡA、ⅡB 级，温度组别为 T1～T4 组的环境中，在交流 50Hz、额定电压为 380V 的三相五线制 TNS 系统（或三相四线制 TNC 系统）中，作为三相笼型异步感应电动机的启动、停止、调速控制用。调速箱具有过载、断相、短路、失压、过压等保护功能。表 2-121 和表 2-122 是 BQXB 和 BQP 防爆变频调速箱主要技术数据。

防爆变频调速箱型号表示方法：

B	QX	B	□	□
防爆	启动箱	变频调速	设计序号	控制电动机功率

表 2-121　BQXB 防爆变频调速箱主要技术数据

型　号	控制电机功率/kW	额定电压/V	主变频器最大瞬时电流/A	防爆标志	防护等级	进出线口径	电缆外径/mm
BQXB-4	4	380	16	ExdeⅡBT4	IP54	G1″	10～16
BQXB-7.5	7.5		25				
BQXB-11	11		36			G1¼″	14～23
BQXB-15	15		45				
BQXB-22	22		60			G1½″	17～26
BQXB-30	30		79				
BQXB-37	37		94			G2″	25～34
BQXB-45	45		112				

表 2-122　BQP 防爆变频调速箱主要技术数据

型　号	电机功率/kW	输入电压/V	变凝器最大瞬时电流/A	防爆标志	防护等级	防腐等级	变频器功率/kW
BQP-1.5	1.5	380	3	ExdeⅡBT4	IP54	W,WF1	1.5
BQP-2.2	2.2		4				2.2
BQP-3	3		6				3
BQP-4	4		9.5				4
BQP-5.5	5.5		12				5.5
BQP-7.5	7.5		16				7.5
BQP-11	11		22				11
BQP-15	15		30				15
BQP-18.5	18.5		37				18.5
BQP-22	22		44				22
BQP-30	30		60				30
BQP-37	37		72				37
BQP-45	45		85				45

⑥ 高压变频调速系统（表 2-123）　GVF 高压变频调速系统应用组合灵活，适用范围广，操作简单，维护方便，运行稳定可靠，对外部电网的干扰小，效率高，节电效果明显，尤其是能满足用户对于风机、水泵类机械调速节能、改善生产工艺的迫切需要。表 2-123 是 GVF 高压变频器技术参数。

高压变频调速系统型号编制方法：

GVF	□□□	□□	□	□
高压变频器企业代号	容量(kV·A)	电压等级(kV)	用途分类 F—风机水泵类 H—提升机类 T—传动类，O—其他类	系列号

表 2-123 GVF 高压变频器技术参数

项目	GVF-□□□/10-F2	GVF-□□□/6-F2
	数值	
额定电压/kV	10	6
最高电压/kV	11.5	6.9
额定频率/Hz	50	
工频耐受电压(1min，有效值)/kV	30	18
减小谐波污染方式	54 脉波整流输入/48 脉波整流输入	36 脉波整流输入/30 脉波整流输入
电机与变频器之间电缆的最长距离/m	1000	
供电方案	主电源供电和辅助单相，220VAC/3kV·A	
对电机的要求	无	
过负荷能力	1.1 倍长期运行，1.25 倍 1min	
冷却方式	强迫风冷	
操作界面	工业触摸屏幕中文	
能否进行软启动	能	
功率因数	≥0.96	
整体效率	98%	
噪声	60dB	
频率精度	0.01Hz	
调速范围	0～55Hz	
外壳防护等级	IP31	
进出线方式	柜底电缆	
逆变器开关	IGBT	
进线电压承受力	30kN	18kN
输入相数	3	
整流器件	电力二极管	
逆变器类型	H 桥功率单元级联	
功率单元电压	900VDC	
功率单元个数	27(3×9)/24(3×8)	18(3×6)/15(3×5)
输入脉冲数	54/48	36/30

续表

项　　目	GVF-□□□/10-F2	GVF-□□□/6-F2
	数　　值	
可承受的失电周期	10s	
连续运行可承受的欠压百分比	65%	
变频输出电压	0～10kV	0～6kV
频率分辨率	0.01Hz	
输入保护	过压/欠压/避雷/过流	
裂相(隔离)变压器	干式移相变压器	
型式	干式	
阻抗电压	4%	
绝缘水平、绝缘耐热等级	H 级	
隔离开关柜外形尺寸	1200×1250×2550(一拖一); 1800×1250×2550(一拖一)	
控制联锁方式	互锁	
控制电源	三相四线 380VAC/3kV·A	
UPS 型式/参数/容量	在线式3kV·A	

注:株洲变流技术国家工程研究中心产品。

(5) 绕线式电阻启动器

ZX1、ZX2、ZX9、Z12 型电阻器适用于交流 50Hz 电压至 660V 或直流电压至 440V 的电路中，ZX37 型电阻器适用于交流 50Hz 电压至 1140V 及直流电压至 1000V 的电路，主要作为电动机启动、制动与调速用。电阻器为开启式。

ZX 型绕线式电阻器型号编制方法是：

ZX	□ -	□ /	□
绕线式电阻器	设计序号 1	ZX1—电阻元件组成	ZT 型电阻元件号数
	设计序号 2	ZX2—板式电阻元件形式	ZB 型电阻元件的电阻值
	设计序号 9	ZX9—电阻元件号数	与电阻值相关的数值
	设计序号 12	ZX12—电阻器总电阻值	—
	设计序号 37	ZX37—电阻器总电阻值	—

各种线绕式电阻器的型号和技术数据分别见表 2-124～表 2-131。

表 2-124 ZX1 系列线绕式电阻器的型号和技术数据

型号	20℃时电阻值/Ω						允许负载电流/A	额定发热功率/kW	发热时间常数/s	电阻元件	
	总电阻值	分级电阻值								型号	数量/个
		1	2	3	4	5					
ZX1-1/5	0.10	0.03	0.02	0.02	0.03		215	4.6	850	ZT1-5	20
ZX1-1/7	0.14	0.042	0.028	0.028	0.042		181	4.6	820	ZT1-7	20
ZX1-1/10	0.20	0.06	0.04	0.04	0.06		152	4.6	635	ZT1-10	20
ZX1-1/14	0.28	0.034	0.056	0.056	0.084		128	4.6	555	ZT1-14	20
ZX1-1/20	0.40	0.12	0.08	0.08	0.12		107	4.6	575	ZT1-20	20
ZX1-1/28	0.56	0.168	0.112	0.112	0.168		91	4.6	432	ZT1-28	20
ZX1-1/40	0.80	0.24	0.16	0.16	0.24		76	4.6	540	ZT1-40	20
ZX1-1/55	1.10	0.33	0.22	0.22	0.33		64	4.6	408	ZT1-55	20
ZX1-1/80	1.60	0.48	0.32	0.32	0.48		54	4.6	490	ZT1-80	20
ZX1-1/110	2.20	0.66	0.44	0.44	0.66		46	4.6	445	ZT1-110	20
ZX1-2/38	1.52	0.456	0.304	0.304	0.228	0.228	55	4.6	660	ZT2-38	40
ZX1-2/54	2.16	0.648	0.432	0.432	0.324	0.324	46	4.6	585	ZT2-54	40
ZX1-2/75	3.0	0.9	0.6	0.6	0.45	0.45	39	4.6	535	ZT2-75	40
ZX1-2/105	4.2	1.26	0.84	0.84	0.63	0.63	33	4.6	400	ZT2-105	40
ZX1-2/140	5.6	1.68	1.12	1.12	0.84	0.84	29	4.6	450	ZT2-140	40
ZX1-2/200	8.0	2.4	1.6	1.6	1.2	1.2	24	4.6	382	ZT2-200	40
ZX1-2/280	11.2	3.36	2.24	2.24	1.68	1.68	20	4.6		ZT2-280	40

表 2-125 ZX2 系列线绕式电阻器的型号和技术数据

型号	20℃时电阻元件的电阻/Ω	允许负载电流/A	额定发热功率/kW	发热时间常数/s	电阻元件	
					型号	数量/个
ZX2-1/0.2	0.20	43	3.5	180	ZB1-0.2	10
ZX2-1/0.25	0.25	38	3.5	160	ZB1-0.25	10
ZX2-1/0.33	0.33	32	3.5	140	ZB1-0.33	10
ZX2-1/0.4	0.40	29	3.5	126	ZB1-0.4	10
ZX2-1/0.5	0.50	26	3.5	113	ZB1-0.5	10
ZX2-1/0.66	0.66	23	3.5	100	ZB1-0.66	10
ZX2-2/0.7	0.70	22.3	3.5	286	ZB2-0.7	10
ZX2-2/0.9	0.90	19.9	3.5	237	ZB2-0.9	10
ZX2-2/1.1	1.10	17.8	3.5	203	ZB2-1.1	10
ZX2-2/1.45	1.45	15.4	3.5	169	ZB2-1.45	10
ZX2/1.95	1.95	13.8	3.5	132	ZB2-1.95	10

续表

型　号	20℃时电阻元件的电阻/Ω	允许负载电流/A	额定发热功率/kW	发热时间常数/s	电阻元件	
					型号	数量/个
ZX2/2.8	2.8	11.2	3.5	282	ZB2-2.8	10
ZX2/3.5	3.5	10.1	3.5	235	ZB2-3.5	10
ZX2/4.4	4.4	8.9	3.5	202	ZB2-4.4	10
ZX2/5.8	5.8	7.7	3.5	168	ZB2-5.8	10
ZX2/8.0	8.0	6.6	3.5	132	ZB2-8.0	10
ZX2/12	12	5.4	3.5	175	ZB2-12	10
ZX2/18	18	4.4	3.5	132	ZB2-18	10
ZX2/21.6	21.6	4.0	3.5	112	ZB2-21.6	10
ZX2/27.6	27.6	3.5	3.5	104	ZB2-27.6	10
ZX2/37	37	3.1	3.5	122	ZB2-37	10
ZX2/48	48	2.7	3.5	104	ZB2-48	10
ZX2/68	68	2.3	3.5	86	ZB2-68	10
ZX2/96	96	1.9	3.5	75	ZB2-96	10
ZX2/140	140	1.6	3.5	63	ZB2-140	10
ZX2/188	188	1.4	3.5	52	ZB2-188	10
ZX2/260	260	1.2	3.5	41	ZB2-260	10

表 2-126　ZX9 系列线绕式电阻器的型号和技术数据

型　号	20℃时电阻值/Ω						允许负载电流/A	额定发热功率/kW	电阻元件	
	总电阻值	分　级　电　阻　值							型号	数量/个
		1	2	3	4	5				
ZX9-2/14	0.140	0.042	0.028	0.028	0.042		181	4.6	ZD1-2	40
ZX9-3/20	0.188	0.063	0.031	0.031	0.063		152	4.6	ZD1-3	48
ZX9-4/28	0.254	0.085	0.042	0.042	0.085		128	4.6	ZD1-4	48
ZX9-1/40	0.426	0.128	0.085	0.085	0.128		107	4.6	ZD1-1	40
ZX9-2/55	0.560	0.168	0.112	0.112	0.168		91	4.6	ZD1-2	40
ZX9-3/80	0.756	0.252	0.126	0.126	0.252		76	4.6	ZD1-3	48
ZX9-4/11	1.016	0.339	0.169	0.169	0.339		64	4.6	ZD1-4	48
ZX9-7/15	1.344	0.336	0.336	0.336	0.336	0.168	55	4.6	ZD1-7	96
ZX9-8/21	1.848	0.462	0.462	0.462	0.462	0.231	46	4.6	ZD1-8	96
ZX9-5/30	2.935	0.855	0.612	0.612	0.855	0.428	39	4.6	ZD1-5	96
ZX9-6/42	4.044	1.18	0.842	0.842	1.18	0.590	33	4.6	ZD1-6	96
ZX9-7/56	5.378	1.57	1.12	1.12	1.57	0.784	29	4.6	ZD1-7	96
ZX9-8/80	7.396	2.16	1.54	1.54	2.16	1.078	24	4.6	ZD1-8	96

表 2-127 ZX10 系列线绕式电阻器的型号和技术数据

型号	20℃时的总电阻/Ω	允许负载电流/A	额定发热功率/kW	发热时间常数/s	电阻元件型号	电阻元件的数量/个
ZX10-0.10	0.10	215	4.6	186	ZD2-0.08	5
ZX10-0.14	0.14	181	4.6	354	ZD2-0.112	5
ZX10-0.20	0.20	152	4.6	252	ZD2-0.16	5
ZX10-0.28	0.28	128	4.6	144	ZD2-0.22	5
ZX10-0.40	0.40	107	4.6	186	ZD2-0.08	5
ZX10-0.56	0.56	91	4.6	354	ZD2-0.112	5
ZX10-0.80	0.80	76	4.6	252	ZD2-0.16	5
ZX10-1.1	1.1	64	4.6	144	ZD2-0.22	5
ZX10-1.6	1.6	54	4.6	225	ZD2-0.32	5
ZX10-2.2	2.2	46	4.6	255	ZD2-0.44	5
ZX10-3.0	3.0	39	4.6	192	ZD2-0.60	5
ZX10-4.2	4.2	33	4.6	78	ZD2-0.84	5
ZX10-5.6	5.6	29	4.6	50	ZD2-1.12	5
ZX10-8.0	8.0	24	4.6	45	ZD2-1.60	5
ZX10-11	11	20	4.6	90	ZD2-2.20	5

表 2-128 ZX12 系列线绕式电阻器的型号和技术数据

型号	20℃时电阻值/Ω					允许负载电流/A	额定发热功率/kW	发热时间常数/s	电阻元件	
	总电阻值	分级电阻值							型号	数量/个
		1	2	3	4					
ZX12-0.1	0.10	0.033	0.033	0.033	—	215	4.6	200	ZJ1-1	12
ZX12-0.1	0.14	0.047	0.047	0.047	—	181	4.6	150	ZJ1-2	12
ZX12-0.2	0.20	0.067	0.067	0.067	—	152	4.6	120	ZJ1-3	12
ZX12-0.2	0.28	0.070	0.070	0.070	0.070	128	4.6	140	ZJ1-4	16
ZX12-0.4	0.10	0.133	0.133	0.133	—	107	4.6	200	ZJ1-1	12
ZX12-0.5	0.56	0.187	0.187	0.187	—	91	4.6	150	ZJ1-2	12
ZX12-0.8	0.80	0.267	0.267	0.267	—	76	4.6	120	ZJ1-3	12
ZX12-1.1	1.1	0.275	0.275	0.275	0.275	64	4.6	140	ZJ1-4	16
ZX12-1.6	1.6	0.40	0.40	0.40	0.40	54	4.6	128	ZJ1-5	16
ZX12-2.2	2.2	0.55	0.55	0.55	0.55	46	4.6	104	ZJ1-6	16
ZX12-3.0	3.0	0.75	0.75	0.75	0.75	39	4.6	136	ZJ1-7	24
ZX12-4.2	4.2	1.05	1.05	1.05	1.05	33	4.6	104	ZJ1-8	24
ZX12-5.6	5.6	1.40	1.40	1.40	1.40	29	4.6	96	ZJ1-9	24
ZX12-8.0	8.0	2.00	2.00	2.00	2.00	24	4.6	80	ZJ1-10	24

表 2-129　ZX15 系列线绕式电阻器的型号和技术数据

型　号	20℃时总电阻/Ω	允许负载电流/A	额定发热功率/kW	发热时间常数/s	电阻元件	
					型号	数量
ZX15-5	0.10	215	4.6	186	ZY-0.08	5
ZX15-7	0.14	181		354	ZY-0.112	
ZX15-10	0.20	152		252	ZY-0.16	
ZX15-14	0.28	128		144	ZY-0.22	
ZX15-20	0.40	107		186	ZY-0.08	
ZX15-28	0.56	91		354	ZY-0.112	
ZX15-40	0.80	76		252	ZY-0.16	
ZX15-55	1.1	64		144	ZY-0.22	
ZX15-80	1.6	54		225	ZY-0.32	
ZX15-11J	2.1	46		255	ZY-0.42	
ZX15-75	3.0	39		192	ZY-0.60	
ZX15-105	4.2	33		78	ZY-0.84	
ZX15-140	5.6	29		50	ZY-1.12	
ZX15-200	8.0	24		45	ZY-1.60	
ZX15-280	11.0	20		90	ZY-2.20	

表 2-130　ZX28 系列线绕式电阻器的型号和技术数据

型　号	20℃时电阻值/Ω					允许负载电流/A	发热时间常数/s	电阻元件	
	总电阻值	每级电阻元件阻值						型号	数量/个
		1	2	3	4				
ZX28-0.10	0.10	0.02	0.02	0.03	0.03	237	301	ZP1-1	20
ZX28-0.14	0.14	0.028	0.028	0.042	0.042	199	253	ZP1-2	
ZX28-0.20	0.20	0.04	0.04	0.06	0.06	167	225	ZP1-3	
ZX28-0.28	0.28	0.056	0.056	0.084	0.084	141	235	ZP1-4	
ZX28-0.40	0.40	0.08	0.08	0.12	0.12	120	246	ZP1-5	
ZX28-0.56	0.56	0.112	0.112	0.168	0.168	100	205	ZP1-6	
ZX28-0.80	0.80	0.16	0.16	0.24	0.24	84	233	ZP1-7	
ZX28-1.1	1.1	0.22	0.22	0.33	0.33	71	197	ZP1-8	
ZX28-1.6	1.6	0.32	0.32	0.48	0.48	60	166	ZP1-9	
ZX28-2.2	2.2	0.44	0.44	0.66	0.66	51	215	ZP1-10	
ZX28-3.0	3.0	0.60	0.60	0.90	0.90	43	200	ZP1-11	
ZX28-4.2	4.2	0.84	0.84	1.26	1.26	36.5	185	ZP1-12	
ZX28-5.6	5.6	1.12	1.12	1.68	1.68	32	175	ZP1-13	
ZX28-8.0	8.0	1.6	1.6	2.4	2.4	27	179	ZP1-14	
ZX28-10	10	2.0	2.0	3.0	3.0	24	106	ZP1-15	
ZX28-12	12	2.4	2.4	3.6	3.6	21.5	88	ZP1-16	

表 2-131　ZX37 系列线绕式电阻器的型号和技术数据

型号	电阻值/Ω		电阻型号	额定工作电流/A	型号	电阻值/Ω		电阻型号	额定工作电流/A
	总电阻值	每级值（5 级）				总电阻值	每级值（5 级）		
ZX37-0.1	0.1	0.02	ZH-1-1	237	ZX37-2	2.0	0.4	ZH-3-1	53
ZX37-0.14	0.14	0.028	ZH-1-2	200	ZX37-2.5	2.5	0.5	ZH-3-2	47
ZX37-0.20	0.20	0.04	ZH-1-3	167	ZX37-3.3	3.3	0.66	ZH-3-3	41
ZX37-0.28	0.28	0.056	ZH-1-4	141	ZX37-4	4.0	0.8	ZH-3-4	37
ZX37-0.4	0.40	0.08	ZH-1-5	118	ZX37-5	5.0	1.0	ZH-3-5	34
ZX37-0.56	0.56	0.112	ZH-1-6	100	ZX37-6.6	6.6	1.32	ZH-3-6	29
ZX37-0.8	0.80	0.16	ZH-1-7	84	ZX37-7	7.0	1.4	ZH-3-7	28
ZX37-1.1	1.1	0.22	ZH-1-8	71	ZX37-9	9.0	1.8	ZH-3-8	25
ZX37-1.6	1.6	0.32	ZH-1-9	59	ZX37-11	11.0	2.2	ZH-3-9	23
ZX37-2.2	2.2	0.44	ZH-2-1	50	ZX37-14.5	14.5	2.9	ZH-3-10	20
ZX37-3.0	3.0	0.60	ZH-2-2	42	ZX37-19.5	19.5	3.9	ZH-3-11	17
ZX37-4.2	4.2	0.84	ZH-2-3	37	ZX37-28	28	5.6	ZH-3-12	14
ZX37-5.6	5.6	1.12	ZH-2-4	32	ZX37-35	35	7.0	ZH-3-13	13
ZX37-8.0	8.0	1.6	ZH-2-5	27	ZX37-44	44	8.8	ZH-3-14	11
ZX37-11	11	2.2	ZH-2-6	23	ZX37-58	58	11.6	ZH-3-15	9.8
ZX37-16	16	3.2	ZH-2-7	19	ZX37-80	80	16	ZH-3-16	8.4

（6）频敏变阻启动器

频敏变阻器型号的编制方法是：

BP	□	□	□	□□	/	□□□	□□
频敏变阻器	设计序号	适用载荷或电动机	铁芯编号	铁芯片数		线圈最大匝数	导线截面积（mm^2）

其中，适用载荷或电动机：Y—YZR 系列电动机，R—JZR 系列电动机；G—重载型（无“G”时为轻载）。

① BP1 系列频敏变阻器（表 2-132）　作为 50Hz 三相交流绕线型，容量自 22kW 至 2240kW 电动机的启动、反接之用。

表 2-132　BP1 系列频敏变阻器的型号和技术数据

<table>
<tr><th>型　号</th><th>匹配电动机
容量/kW</th><th>匹配电动机转子
额定电流/A</th><th>负载类别</th></tr>
<tr><td>BP1-205/10005
BP1-205/8006
BP1-205/6308
BP1-205/5010</td><td>22～28</td><td rowspan="2">51～63
64～80
81～100
101～125</td><td>轻载</td></tr>
<tr><td>BP1-206/10005
BP1-206/8006
BP1-206/6308
BP1-206/5010</td><td>29～35</td><td>中载</td></tr>
<tr><td>BP1-204/16003
BP1-204/12504
BP1-204/10005
BP1-204/8006
BP1-208/10005</td><td rowspan="2">36～
45</td><td rowspan="2">51～63
64～80
81～100
101～125</td><td>轻载</td></tr>
<tr><td>BP1-208/8006
BP1-208/6308
BP1-208/5010</td><td>中载</td></tr>
<tr><td>BP1-205/12504
BP1-205/10005
BP1-205/8006
BP1-205/6308
BP1-210/8006</td><td rowspan="2">46～55</td><td rowspan="2">64～80
81～100
101～125
126～160</td><td>轻载</td></tr>
<tr><td>BP1-210/6308
BP1-210/5010
BP1-210/4012</td><td>中载</td></tr>
<tr><td>BP1-206/6308
BP1-206/5010
BP1-206/4012
BP1-206/3216
BP1-212/4012</td><td rowspan="2">56～70</td><td rowspan="2">126～160
161～200
201～250
251～315</td><td>轻载</td></tr>
<tr><td>BP1-212/3216
BP1-212/2520
BP1-212/2025</td><td>中载</td></tr>
<tr><td>BP1-208/5010
BP1-208/4012
BP1-208/3216
BP1-208/2520
BP1-305/5016</td><td rowspan="2">71～90</td><td rowspan="2">161～200
201～250
251～315
316～400</td><td>轻载</td></tr>
<tr><td>BP1-305/4020
BP1-305/3225
BP1-305/2532</td><td>中载</td></tr>
</table>

续表

<table>
<tr><th>型　号</th><th>匹配电动机容量/kW</th><th>匹配电动机转子额定电流/A</th><th>负载类别</th></tr>
<tr><td>BP1-210/5010
BP1-210/4012
BP1-210/3216
BP1-210/2520</td><td rowspan="2">91～115</td><td rowspan="2">161～200
201～250
251～315
316～400</td><td>轻载</td></tr>
<tr><td>BP1-306/5016
BP1-306/4020
BP1-306/3225
BP1-306/2532</td><td>中载</td></tr>
<tr><td>BP1-212/4012
BP1-212/3216
BP1-212/2520
BP1-212/2025</td><td rowspan="2">120～140</td><td rowspan="2">201～250
251～315
316～400
401～500</td><td>轻载</td></tr>
<tr><td>BP1-308/4020
BP1-308/3225
BP1-308/2532
BP1-308/2040</td><td>中载</td></tr>
<tr><td>BP1-305/6312
BP1-305/5016</td><td rowspan="2">145～180</td><td rowspan="2">201～250
251～315
316～400
401～500</td><td>轻载</td></tr>
<tr><td>BP1-305/4020
BP1-305/3225
BP1-310/4020
BP1-310/3225
BP1-310/2532
BP1-310/2040</td><td>中载</td></tr>
<tr><td>BP1-306/6312
BP1-306/5016</td><td rowspan="2">185～225</td><td rowspan="2">201～250
251～315
316～400
401～500</td><td>轻载</td></tr>
<tr><td>BP1-306/4020
BP1-306/3225
BP1-312/4020
BP1-312/3225
BP1-312/2532
BP1-312/2040</td><td>中载</td></tr>
<tr><td>BP1-308/6312
BP1-308/5016
BP1-308/4020</td><td rowspan="2">230～280</td><td rowspan="2">201～250
251～315
316～400
401～500</td><td>轻载</td></tr>
<tr><td>BP1-308/3225
BP1-316/4020
BP1-316/3225</td><td>中载</td></tr>
</table>

续表

型　号	匹配电动机容量/kW	匹配电动机转子额定电流/A	负载类别
BP1-316/2532 BP1-316/2040 BP1-310/5016 BP1-310/4020 BP1-310/3225 BP1-310/2532	285～355	251～315 316～400 401～500 501～630	轻载
BP1-310/6312 BP1-310/5016 BP1-310/4020 BP1-310/3225			中载
BP1-312/5016 BP1-312/4020 BP1-312/3225	360～450	251～315 316～400 401～500 501～630	轻载
BP1-312/2532 BP1-312/6312 BP1-312/5016 BP1-312/4020 BP1-312/3225			中载
BP1-316/4020 BP1-316/3225 BP1-316/2532 BP1-316/1040	460～560	316～400 401～500 501～630 631～800	轻载
BP1-316/5016 BP1-316/4020 BP1-316/3225 BP1-316/2532			中载
BP1-310/4020 BP1-310/3225 BP1-310/5016 BP1-310/4020	570～710	316～400 401～500 501～630 631～800	轻载
BP1-310/5016 BP1-310/4020 BP1-310/3225 BP1-310/2532			中载
BP1-312/3225 BP1-312/2532 BP1-312/4020 BP1-312/3225	720～900	401～500 501～630 631～800 801～1000	轻载

续表

型 号	匹配电动机容量/kW	匹配电动机转子额定电流/A	负载类别
BP1-312/6312 BP1-312/5016 BP1-312/4020 BP1-312/3225	720～900	401～500 501～630 631～800 801～1000	中载
BP1-316/3225 BP1-316/2532 BP1-316/4020 BP1-316/3225	900～1120	401～500 501～630 631～800 801～1000	轻载
BP1-316/4020 BP1-316/3225 BP1-316/5016 BP1-316/4020			中载
BP1-310/4020 BP1-310/3225 BP1-310/2532	1130～1400	631～800 801～1000 1001～1250 1251～1600	轻载
BP1-310/2040 BP1-316/6312 BP1-316/5012 BP1-316/4020 BP1-316/3225			中载
BP1-316/5016 BP1-316/4020 BP1-316/3225 BP1-316/2532	1410～1800	801～1000 1001～1250 1251～1600 1601～2000	轻载
BP1-316/3225 BP1-316/2532 BP1-316/2040 BP1-316/1650			中载
BP1-316/4020 BP1-316/3225 BP1-316/2532 BP1-316/2040	1810～2240	801～1000 1001～1250 1251～1600 1601～2000	中载
BP1-316/3225 BP1-316/2532 BP1-316/4020 BP1-316/3225			轻载

② BP2 系列频敏变阻器（表 2-133） 作为 50Hz 三相交流卷线型，容量自 22～2240kW 电动机的启动、反接用。

表 2-133　BP2 系列频敏变阻器的型号和技术参数

型号	外形尺寸(长×宽×高)/mm	安装尺寸(长×宽)/mm	质量/kg
BP2-406	500×262×442	280×145	70
BP2-408	500×292×442	280×175	100
BP2-410	500×322×442	280×205	120
BP2-412	500×352×442	280×235	140
BP2-604	350×190×278	200×87	12
BP2-608	350×218×278	200×115	20
BP2-612	350×246×278	200×143	25
BP2-616	350×274×278	200×171	35
BP2-620	350×302×278	200×199	45
BP2-624	350×330×278	200×227	55
BP2-628	350×358×278	200×255	65
BP2-701	360×260×220	200×106	25
BP2-702	360×258×220	200×158	45
BP2-703	360×306×220	200×206	65
BP2-704	360×358×220	200×285	85

线圈号	抽头				线圈号	抽头			
	1	2	3(主)	4		1	2	3(主)	4
16××	0	3	16.5	21.5	47××	0	8	47.5	62.5
18××	0	3	18.5	24.5	54××	0	10	54.5	72.5
21××	0	3	21.5	27.5	62××	0	10	62.5	82.5
24××	0	4	24.5	31.5	72××	0	13	72.5	95.5
27××	0	5	27.5	36.5	82××	0	14	82.5	109.5
31××	0	5	31.5	41.5	95××	0	16	95.5	125.5
36××	0	6	36.5	47.5	109××	0	19	109.5	144.5
41××	0	7	41.5	54.5	125××	0	22	125.5	166.5

③ BP3 系列频敏变阻器　适用于 2.2～125kW，JZR 系列绕线型异步感应电动机频繁操作情况下的启动，一般不另装短接装置。BP3 系列频敏变阻器与电机组合见表 2-134，其外形及安装尺寸见表 2-135。

表 2-134 BP3 系列频敏变阻器与电机组合

电机型号	电机转子电流/A	电机功率/kW	启动 100～400 次/h		启动 400～600 次/h		启动 600～1000 次/h	
			型号 BP3-	每组台数	型号 BP3-	每组台数	型号 BP3-	每组台数
JZR11-6	12.8	2.2	—	—	003/11203	1	005/8003	1
JZR12-6	12.2	3.5	003/11203	1	005/10004	1	008/8003	1
JZR21-6	20.6	5	005/10004	1	008/8004	1	012/6304	1
JZR22-6	21.6	7.5	008/10004	1	012/8004	1	510/6304	1
JZR31-6	35.5	11	506/6308	1	510/5008	1	406/6306	1
JZR2-31-8	7.5	27	008/8006	1	012/6303	1	510/5006	1
JZR2-41-8	11	50	506/5010	1	510/4010	1	406/5010	1
JZR2-42-8	16	49	508/5010	1	512/4010	1	408/5010	1
JZR2-43-8	22	66	512/3216	1	408/4016	1	412/3216	1
JZR2-52-8	30	68	406/6316	1	410/4016	1	408/6308	2
JZR2-61-10	30	135	406/3225	1	410/2525	1	408/4012	2
JZR2-62-10	45	147	410/3225	1	406/5012	2	412/4012	2
JZR2-63-10	60	160	412/2532	1	410/4016	2	408/3216	4
JZR2-71-10	80	176	408/5016	2	412/4016	2	410/3216	4
JZR2-72-10	100	177	410/5016	2	408/4016	4	412/3216	4
JZR2-73-10	125	168	412/5016	2	410/4016	4	408/3216	8
JZR2-11-6	11.8	2.2	003/11203	1	003/11203	1	005/8003	1
JZR2-12-6	12.1	3.5	005/10004	1	005/10003	1	008/8003	1
JZR2-21-6	17.7	5	008/10004	1	008/8004	1	012/6304	1
JZR2-22-6	18.9	7.5	506/8006	1	012/8004	1	510/8006	1
JZR2-31-6	32.2	11	008/8006	1	510/6306	1	406/8006	1
JZR2-32-6	27.2	7.5	506/5010	1	012/6306	1	510/6306	1
JZR2-41-8	49.2	11	506/5010	1	510/4010	1	406/5010	1
JZR2-42-8	49	16	512/4012	1	512/6310	1	408/8010	1
JZR2-51-8	66	22	406/6312	1	408/5012	1	412/4012	2
JZR2-52-8	68	30	406/3232	1	410/5012	1	408/8006	2
JZR2-61-10	135	30	408/3232	1	410/2532	1	408/3216	2
JZR2-62-10	147	45	410/2532	1	412/2032	2	412/3216	2
JZR2-63-10	160	60	412/3232	1	408/4016	2	408/3216	4
JZR2-71-10	176	80	408/5016	2	408/4016	2	410/3216	4
JZR2-72-10	177.2	100	410/5016	2	408/4016	4	412/3216	4
JZR2-73-10	168	125	412/5016	2	410/4016	4	408/3216	6

表 2-135　BP3 系列频敏变阻器外形及安装尺寸

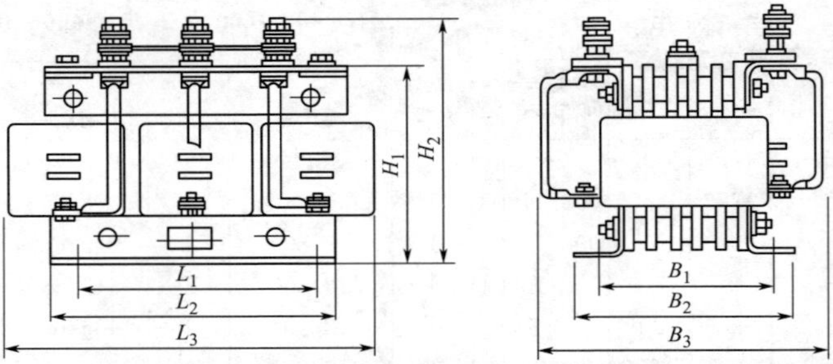

型号	铁芯编号	外形及安装尺寸/mm							
		L_1	L_2	L_3	H_1	H_2	B_1	B_2	B_3
BP3-003 BP3-005 BP3-008 BP3-012	0	150	195	230	181	221	82 108 147 199	112 138 177 229	272 298 337 389
BP3-406 BP3-408 BP3-410 BP3-412	4	320	440	510	365	410	165 209 255 301	203 249 295 341	363 409 455 506
BP3-506 BP3-508 BP3-510 BP3-512	5	220	290	355	215	160	158 194 230 166	195 234 270 306	358 394 430 466

④ BP4 系列频敏变阻器　用于三相交流 50Hz，容量 40～1000kW 的绕线型电动机，接于电动机转子回路中，作为偶尔启动。BP4 系列频敏变阻器外形及安装尺寸见表 2-136。

表 2-136　BP4 系列频敏变阻器外形及安装尺寸

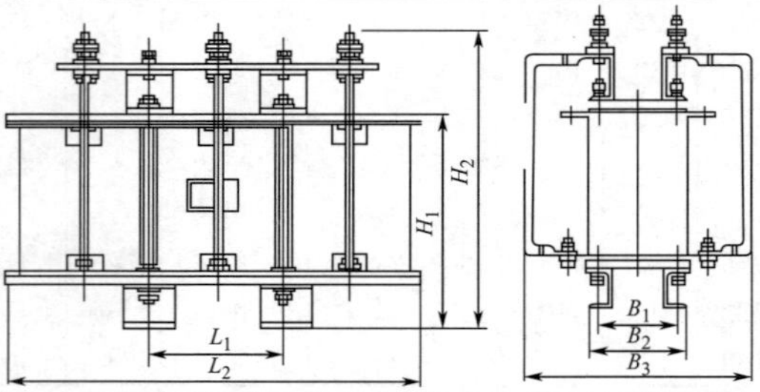

续表

铁芯编号	外形及安装尺寸/mm						
	L_1	L_2	H_1	H_2	B_1	B_2	B_3
1#	128	387	173	263	89	126	286
2#	144	435	173	263	105	142	302
3#	144	435	204	294	105	142	302
4#	160	485	204	294	136	165	325
5#	160	485	233	323	136	165	325
6#	186	558	233	323	136	165	325
7#	186	558	263	353	139	182	342
8#	202	610	293	423	157	200	360
9#	202	610	333	453	157	200	360
10#	239	717	333	453	196	239	399
11#	239	717	393	512	196	239	399
12#	271	818	393	513	233	276	436
13#	271	818	463	583	233	276	436

启动性能	轻载	中载	重载	满载
负载系数	0.4	0.7	0.85	1.0
启动电流/额定电流	1.6	2.0	2.5	2.5
启动力矩/额定力矩	0.5	0.8	1.0	1.2
允许连续启动时间/s	60	90	90	90

⑤ BP6 系列频敏变阻器　用作三相交流 50Hz 绕线式异步电动机的重载启动设备。BP6 系列频敏变阻器的基本数据见表 2-137。

表 2-137　BP6 系列频敏变阻器的基本数据

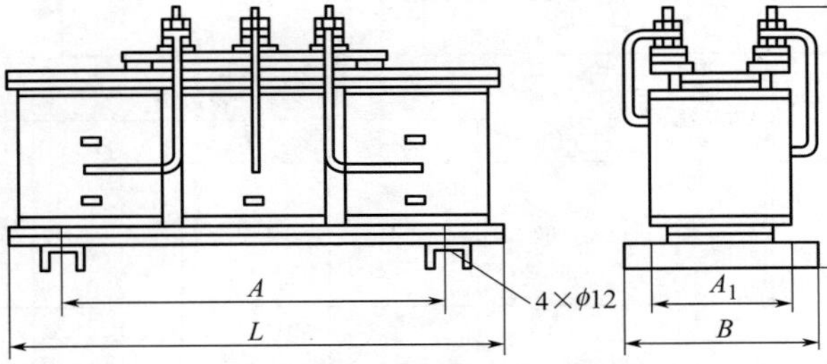

电动机功率/kW	转子电压/V / 转子电流/A	不同转子电流的变阻器型号				组数及接法
		200～250A	251～315A	316～400A	401～500A	
80～160	0.32～0.50			BP6-1/4040		1组Y接
	0.51～0.80		BP6-1/5032	BP6-1/5040		
	0.81～1.25	BP6-1/6325	BP6-1/6332			
	1.26～2.0	BP6-1/8025				

续表

电动机功率/kW	转子电压/V 转子电流/A	不同转子电流的变阻器型号				组数及接法
		200～250A	251～315A	316～400A	401～500A	
61～315	0.40～0.63				BP6-2/3250	1组Y接
	0.64～1.0			BP6-2/4040	BP6-2/4050	
	1.01～1.60		BP6-2/5032	BP6-2/5040		1组Y接
	1.61～2.5		BP6-2/6332			

型　号	外形及安装尺寸/mm					质量/kg
	L	B	H	A	A_1	
BP6-1	600	250	360	500	210	102
BP6-2	600	376	360	500	336	200

⑥ BP8Y系列频敏变阻器　用于电动机的启动，由于等值阻抗随转子电流频率减小而自动下降，从而只需一级变阻器。BP8Y系列频敏变阻器外形及安装尺寸见表2-138。

表2-138　BP8Y系列频敏变阻器外形及安装尺寸

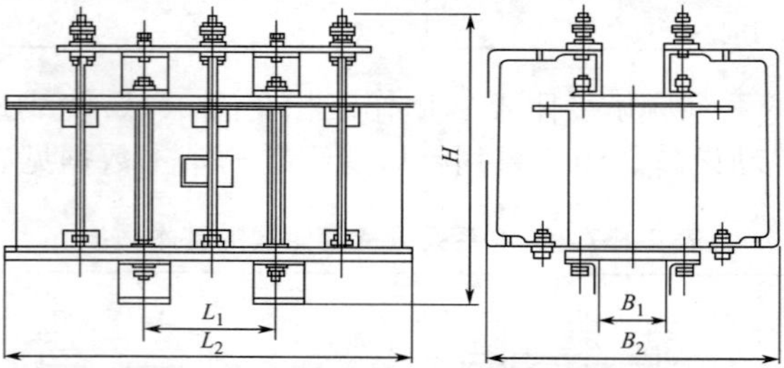

型　号	铁芯编号	外形及安装尺寸				
		L_1	L_2	H	B_1	B_2
BP8Y-104 BP8Y-106 BP8Y-108 BP8Y-110	1#	160	230	181	125 151 177 203	225 251 277 303
BP8Y-804 BP8Y-806 BP8Y-808 BP8Y-810 BP8Y-812	8#	230	355	215	122 158 194 230 166	322 358 394 430 466
BP8Y-906 BP8Y-908 BP8Y-910 BP8Y-912	9#	330	510	365	163 209 255 301	363 409 455 506

表 2-139　SMC-2 软启动器的技术数据

型号		150-A05	150-A09	150-A16	150-A24	150-A35	150-A54	150-A68	150-A97
型号	SMC-2 为 150	150-A05	150-A09	150-A16	150-A24	150-A35	150-A54	150-A68	150-A97
	NC380～480V NB500～600V	150-A05-NB(NC)	150-A09-NB(NC)	150-A16-NB(NC)	150-A24-NB(NC)	150-A35-NB(NC)	150-A54-NB(NC)	150-A68-NB(NC)	150-A97-NB(NC)
	NA—有软停止	150-A05-NB-NA	150-A09-NB-NA	150-A16-NB-NA	150-A24-NB-NA	150-A35-NB-NA	150-A54-NB-NA	150-A68-NB-NA	150-A97-NB-NA
额定电流/A		5	9	16	24	35	54	88	97
控制电机的额定功率/kW	380～480V	2.2	4	7.5	11	18.5	22	37	45
	500～600V	2.2	4	7.5	11	18.5	22	37	45
最大热损耗/W		32	45	70	80	120	170	215	285
控制电源功率/V·A		15							
启停时间选择	可选启动时间/s	2,5,10,20,25,30							
	限流时间/s	15,30							
	全压启动时间/s	1～10							
	软停止时间/s	5,10,15,25,35,45,55,110							
质量/kg		2	2.25	3.15	4.5	4.5	6.8	6.8	10.5
外形尺寸(无附件时)/mm	宽	122	122	154	214	214	244	244	248
	高	127	180	180	250	250	290	290	336
	厚	134	134	160	160	160	190	190	230

注：具有软启动、限流启动、全压启动、电动机制动、带制动的低速运行、软停止、准确停车、节能运行、相平衡等控制和故障诊断功能。

表 2-140　SMC-PLUS 软启动控制器的技术数据

型　号 (SMC-PLUS 为 150)		150-A24 NBD	150-A35 NBD	150-A54 NBD	150-A97 NBD	150-A135 NBD	150-A180 NBD	150-A360 NBD	150-A500 NBD	150-A650 NBD	150-A720 NBD	150-A850 NBD	150-A1000 NBD
额定电流/A		24	35	54	97	135	180	360	500	650	720	850	100
控制电机的功率	480V/kW	11	18.5	22	45	75	90	200	250	355	400	475	531
	600V/kW	15	22	37	55	90	110	250	356	450	500	600	710
功率损耗	最大热损耗/W	110	150	200	285	490	660	170	1400	2025	2250	2400	276
	控制功率/V·A	30	30	30	30	30	30	30	30	30	30	30	30
可选的启动时间控制	全压启动/s	1/4											
	软启动/s	2,5,10,20,25,30											
	限流启动/s	50%～500%满载电流											
质量/kg		4.5	6.8	11.3	10.4	11.8	25	30	40.8	167.8	167.8	167.8	167.8
外形尺寸	宽/mm	155	215	245	248	248	273	273	508	813	813	813	813
	高/mm	180	240	290	336	336	560	560	609.6	1524	1524	1524	1524
	厚/mm	160	170	200	230	230	268	268	304.8	395	395	395	395

（7）软启动器

软启动器是一种集电机软启动、软停车、轻载节能和多种保护功能于一体的新颖电机控制装置，采用三相反并联晶闸管作为调压器，将其接入电源和电动机定子之间。两种软启动器的技术数据见表 2-139、表 2-140，软启动器常见故障及对策见表 2-141。

用途：有软停止，泵控，智能电机制动，预置低速控制，低速制动，准确停车等特殊功能，广泛应用于纺织、冶金、水处理、食品和保健品加工、采矿和机械装备等行业。

表 2-141 软启动器常见故障及对策

故 障	原 因	对 策
启动报缺相	采用带电方式时,操作顺序有误	应为先送主电源,后送控制电源
	电源缺相,软启动器保护动作	检查电源
	输出端未接负载	输出端接上负载
启动完毕,旁路接触器不吸合	保护装置因整定偏小出现误动作	重新整定保护装置
	软启动器的参数设置不合理	重新设置参数
	控制线路接触不良	检查控制线路
偶尔跳空气开关	空气开关长延时的整定值过小或选型和电机不配	适量放大空气开关参数或重新选型
	软启动器的起始电压参数设置过高或者启动时间过长	根据负载情况适当调小起始电压或适当缩短启动时间
	电网电压波动比较大软启动器发出错误指令,有提前旁路现象	不要同时启动大功率的电机
	启动时满负载启动	启动时尽量减轻负载
显示屏无显示或显示乱码	因外部元件所产生的振动使软启动器内部连线振松	打开软启动器的面盖,重新插紧显示屏连线
	软启动器控制板故障	联系更换控制板
启动时报故障,电机没有反应	电机缺相	检查电机和外围电路
	软启动器内主元件晶闸管短路	检查电机以及电网电压是否有异常。和厂家联系更换晶闸管
	滤波板击穿短路	更换滤波板
启动超时,电机自由停车	参数设置不合理	重新整定参数,起始电压适当升高,时间适当加长
	启动时满负载启动	启动时应尽量减轻负载

续表

故　障	原　　因	对　　策
启动过程中电流不稳定且偏大	电流表指示不准确或者与互感器不相匹配	更换新的电流表
	电网电压波动较大，引起软启动器误动作	更换控制板
	软启动器参数设置不合理	重新整定参数
重复启动	外围保护元件动作，接触器不能吸合	检查外围元件和线路
过热故障灯亮	启动频繁，导致温度过高	每小时启动次数不能超过6次
	保护元件动作，使接触器不能旁路	检查外围电路
	负载过重启动时间过长	启动时要尽量减轻负载
	软启动器设置的时间过长，起始电压过低	升高起始电压
	软启动器的散热风扇损坏	更换风扇
晶闸管损坏	启动时，过电流将软启动器击穿	检查软启动器功率与电机的功率是否匹配，电机是否带载启动
	软启动器的散热风扇损坏	更换风扇
	启动频繁，高温将晶闸管损坏	控制启动次数
	滤波板损坏	更换损坏元件

（8）液体电阻软启动器

为改善大中型绕线式交流异步电动机的启动性，在电机转子回路串入液体电阻，自动无级调整电阻阻值使其从大变小最后为零，实现电机无冲击平滑启动。适用于建材、冶金、化工、制糖等行业的球磨机、风机、轧机、破碎机、水泵等70～6000kW电动机的重载启动。KRQ液体电阻软启动器技术数据见表2-142。

表2-142　KRQ液体电阻软启动器技术数据

型号	适合电机容量/kW	启动时间/s	启动温升</℃	外形规格(长×宽×高)/mm	安装尺寸(长×宽)/mm
KRQ6-0.2	200以下	15～25	5	700×700×1800	500×640
KRQ6-0.4	200～350	15～25	5	800×800×2000	600×640
KRQ6-0.6	350～600	15～30	5	800×800×2000	600×640
KRQ6-1	600～1250	15～30	8	1100×960×2000	800×840
KRQ6-2	1250～2500	20～40	10	1200×1000×2000	800×840

续表

型号	适合电机容量/kW	启动时间/s	启动温升<\/℃	外形规格(长×宽×高)/mm	安装尺寸(长×宽)/mm
KRQ6-3	2500～3000	30～50	10	1300×1060×2000	980×900
KRQ6-4	3000～4000	30～50	10	1400×1060×2200	980×900
KRQ6-6	4000～6000	30～50	12	1500×1260×2200	1300×1000

用途：广泛用于水泥、冶金、化工、造纸、制药、煤炭等行业的笼型异步电动机。

(9) 软启动柜

交流低压电动机软启动柜的技术数据见表2-143。

(10) 可编程控制器

可编程控制器（PLC）是一种以电气控制技术和计算机技术为基础的，以微处理器为核心，将自动化技术、计算机技术、通信技术融为一体的新型工业控制装置。它采用可编程的存储器存储程序，执行逻辑运算、顺序控制、定时、计数与算术操作等面向用户的指令，并通过数字或模拟式输入/输出控制各种类型的机械或生产过程的设备，由电源、CPU、存储器、编程器、输入输出接口电路和功能模块、通信模块组成。PLC可取代传统的继电器控制系统，实现逻辑控制和顺序控制，无论是在电动机控制，还是在机床电气控制、汽车、化工、造纸、轧钢自动生产线的控制等方面，都有广泛的应用。

CPU是PLC的核心，输入单元与输出单元是连接现场输入输出设备与CPU之间的接口电路，通信接口用于与编程器、上位计算机等外设连接。PLC分整体式和组合式两种，整体式PLC的所有部件都装在同一机壳内，其组成框图如图2-16(a)所示；组合式PLC的各部件独立封装成模块，各模块通过总线连接，安装在机架或导轨上，其组成框图如图2-16(b)所示。无论是哪种结构类型的PLC，都可根据用户需要进行配置与组合。

1) PLC可编程控制器的主要性能指标

① 存储容量　是指用户程序存储器的容量。用户程序存储器的容量大，可以编制出复杂的程序。一般来说，中小型PLC的用户存储器容量为8KB，而大型机的用户存储器容量为256KB～

表 2-143　交流低压电动机软启动柜的技术数据

一次方案	控制电动机容量/kW	JK 柜		PGL 柜		GCK 柜		GDL 柜	
		产品型号 JKR-	外形尺寸（宽×深×高）/mm	产品型号 PCR-	外形尺寸（宽×深×高）/mm	产品型号 GCR-	外形尺寸（宽×深×高）/mm	产品型号 GDR-	外形尺寸（宽×深×高）/mm
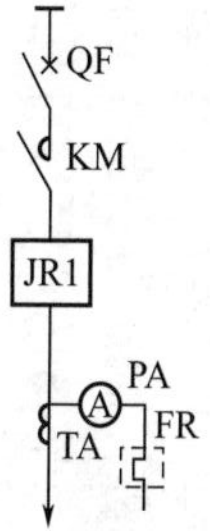 （方案编号 01）	30	01/30	600×650×1600	01/30	600×600×2200	01/30	800×500×2200	01/30	440×1000×2220
	37	01/37		01/37		01/37		01/37	
	45	01/45		01/45		01/45		01/45	
	55	01/55		01/55		01/55		01/55	
	75	01/75		01/75		01/75		01/75	
	90	01/90		01/90		01/90		01/90	660×1000×2220
	110	01/110		01/110		01/110		01/110	
	132	01/132	800×650×1800	01/132		01/132		01/132	
	150	01/150		01/150		01/150		01/150	
	185	01/185		01/185		01/185		01/185	
	220	01/220		01/220		01/220		01/220	
	280	01/280		01/280		01/280		01/280	
	315	01/315		01/315		01/315		01/315	

续表

一次方案	控制电动机容量/kW	JK柜		PGL柜		GCK柜		GDL柜	
		产品型号JKR-	外形尺寸（宽×深×高）/mm	产品型号PCR-	外形尺寸（宽×深×高）/mm	产品型号GCR-	外形尺寸（宽×深×高）/mm	产品型号GDR-	外形尺寸（宽×深×高）/mm
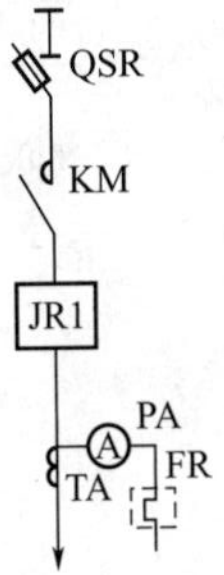（方案编号02）	30	02/30	600×630×1600	02/30	600×600×2200	02/30	800×500×2200	02/30	440×1000×2220
	37	02/37		02/37		02/37		02/37	
	45	02/45		02/45		02/45		02/45	
	55	02/55		02/55		02/55		02/55	
	75	02/75		02/75		02/75		02/75	
	90	02/90		02/90		02/90		02/90	660×1000×2220
	110	02/110		02/110		02/110		02/110	
	132	02/132	800×650×1800	02/132		02/132		02/132	
	150	02/150		02/150		02/150		02/150	
	185	02/185		02/185	800×600×2200	02/185		02/185	
	220	02/220		02/220		02/220		02/220	
	280	02/280		02/280		02/280		02/280	
	315	02/315		02/315		02/315		02/315	

续表

一次方案	控制电动机容量/kW	JK柜		PGL柜		GCK柜		GDL柜	
		产品型号 JKR-	外形尺寸(宽×深×高)/mm	产品型号 PCR-	外形尺寸(宽×深×高)/mm	产品型号 GCR-	外形尺寸(宽×深×高)/mm	产品型号 GDR-	外形尺寸(宽×深×高)/mm
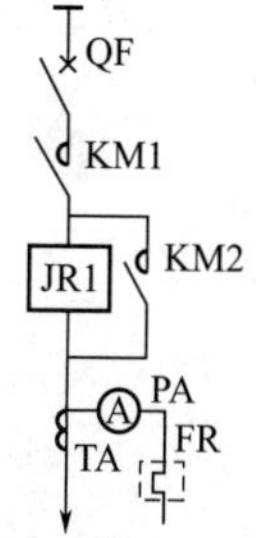 (方案编号 03)	30	03/30	600×650×1600	03/30	600×600×2200	03/30	800×500×2200	03/30	440×1000×2220
	37	03/37		03/37		03/37		03/37	
	45	03/45		03/45		03/45		03/45	
	55	03/55		03/55		03/55		03/55	
	75	03/75		03/75		03/75		03/75	
	90	03/90	800×650×1600	03/90	800×600×2200	03/90		03/90	660×1000×2220
	110	03/110		03/110		03/110		03/110	
	132	03/132		03/132		03/132		03/132	
	150	03/150		03/150		03/150		03/150	
	185	03/185		03/185		03/185		03/185	
	220	03/220		03/220		03/220		03/220	
	280	03/280		03/280		03/280		03/280	
	315	03/315		03/315		03/315		03/315	

续表

一次方案	控制电动机容量/kW	JK 柜		PGL 柜		GCK 柜		GDL 柜	
		产品型号 JKR-	外形尺寸（宽×深×高）/mm	产品型号 PCR-	外形尺寸（宽×深×高）/mm	产品型号 GCR-	外形尺寸（宽×深×高）/mm	产品型号 GDR-	外形尺寸（宽×深×高）/mm
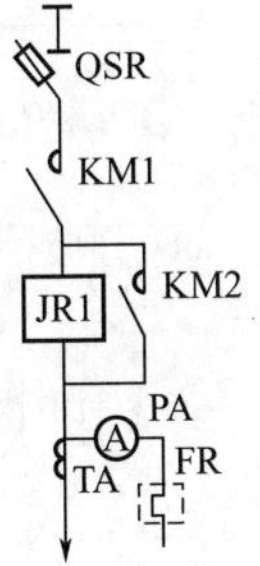 （方案编号 04）	30	04/30	600×650×1600	04/30	600×600×2200	04/30	800×500×2200	04/30	440×1000×2220
	37	04/37		04/37		04/37		04/37	
	45	04/45		04/45		04/45		04/45	
	55	04/55		04/55		04/55		04/55	
	75	04/75		04/75		04/75		04/75	
	90	04/90	800×650×1600	04/90	800×600×2200	04/90		04/90	600×1000×2220
	110	04/110		04/110		04/110		04/110	
	132	04/132	800×650×1800	04/132		04/132		04/132	
	150	04/150		04/150		04/150		04/150	
	185	04/185	800×650×2200	04/185		04/185		04/185	
	220	04/220		04/220		04/220		04/220	
	280	04/280		04/280		04/280		04/280	
	315	04/315		04/315		04/315		04/315	

续表

一次方案	控制电动机容量/kW	JK 柜 产品型号 JKR-	JK 柜 外形尺寸（宽×深×高）/mm	PGL 柜 产品型号 PCR-	PGL 柜 外形尺寸（宽×深×高）/mm	GCK 柜 产品型号 GCR-	GCK 柜 外形尺寸（宽×深×高）/mm	GDL 柜 产品型号 GDR-	GDL 柜 外形尺寸（宽×深×高）/mm
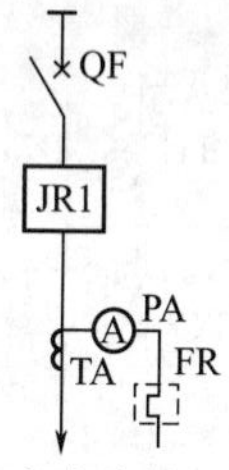（方案编号 05）	30	05/30	600×650×1600	05/30	600×600×2200	05/30	800×500×2200	05/30	440×1000×2220
	37	05/37		05/37		05/37		05/37	
	45	05/45		05/45		05/45		05/45	
	55	05/55		05/55		05/55		05/55	
	75	05/75		05/75		05/75		05/75	
	90	05/90		05/90		05/90		05/90	660×1000×2220
	110	05/110		05/110		05/110		05/110	
	132	05/132	800×650×1600	05/132		05/132		05/132	
	150	05/150		05/150		05/150		05/150	
	185	05/185	800×650×1800	05/185	800×600×2200	05/185		05/185	
	220	05/220		05/220		05/220		05/220	
	280	05/280		05/280		05/280		05/280	
	315	05/315		05/315		05/315		05/315	
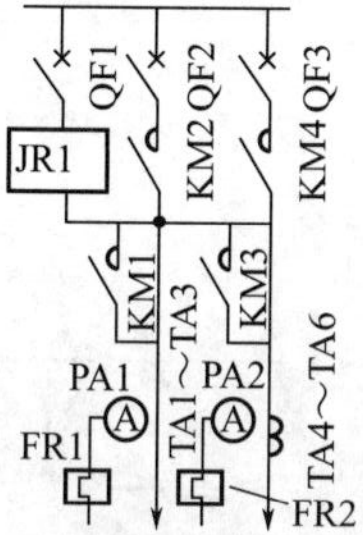（方案编号 06）	2×30	06/30	2×（600×650×2200）	2×30	2×（600×600×2200）	2×30	2×（800×400×2200）	2×30	2×（440×1000×2200）
	2×37	06/37		2×37		2×37		2×37	
	2×45	06/45		2×45		2×45		2×45	
	2×55	06/55		2×55		2×55		2×55	
	2×75	06/75		2×75		2×75		2×75	

注：额定电压 380V。

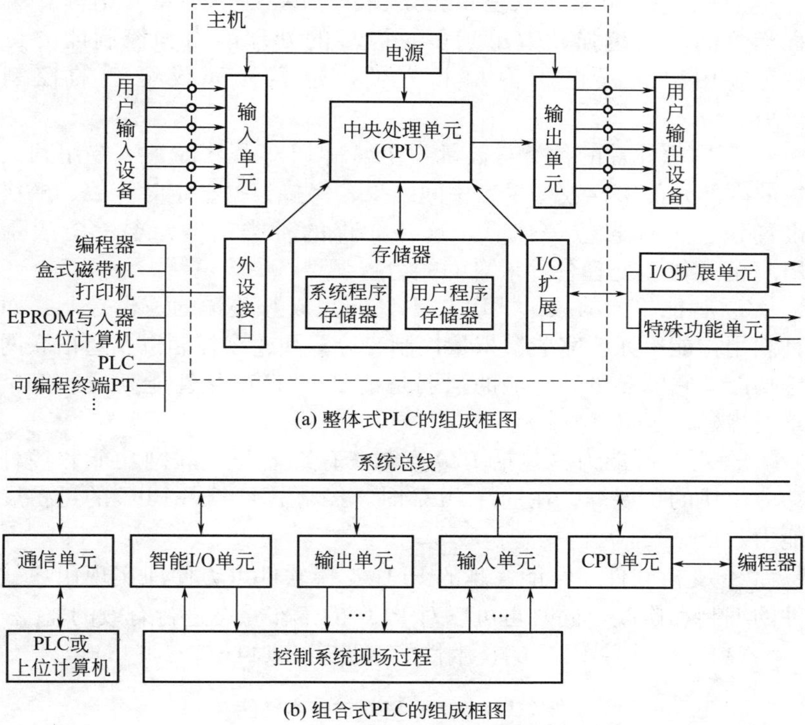

图 2-16　整体式和组合式 PLC 的组成框图

2MB。存储器分系统程序存储器、用户程序存储器和工作数据程序存储器。

② 输入/输出 I/O 点数　是指 PLC 的 I/O 接口所能接受的输入信号个数和输出信号个数的总和，是选择 PLC 的重要依据之一。点数越多，外部可接的输入设备和输出设备就越多，控制规模就越大。点数不够时，可通过 PLC 的 I/O 扩展接口对系统进行扩展。

③ 扫描速度　是指 PLC 执行用户程序的速度，是衡量 PLC 性能的重要指标。一般以扫描 1KB 用户程序所需的时间来衡量扫描速度，通常以 ms/KB 为单位。PLC 用户手册一般给出执行各条指令所用的时间，可以通过比较各种 PLC 执行相同的操作所用的时间，来衡量扫描速度的快慢。

④ 指令的功能与数量　也是衡量PLC性能的重要指标。编程指令的功能越强、数量越多，PLC的处理能力和控制能力也越强，用户编程也越简单和方便，越容易完成复杂的控制任务。

⑤ 内部元件的种类与数量　在编制PLC程序时，需要用到大量的内部元件来存放变量、中间结果、保持数据、定时计数、模块设置和各种标志位等信息。这些元件的种类与数量越多，表示PLC的存储和处理各种信息的能力越强。

⑥ 智能单元的数量　PLC不仅能完成开关量的逻辑控制，而且利用智能单元能完成模拟量控制、位置和速度控制以及通信联网等功能。它的多少和功能的强弱是衡量PLC产品性能高低的一个重要指标。

⑦ 可扩展能力　包括I/O点数、存储容量、联网功能和各种功能模块的扩展等。在选择PLC时，经常需要考虑PLC的可扩展能力。

⑧ 支持软件　性能优越的PLC支持软件可方便地实现用户软件的编制和修改，同时也可以对PLC的工作状态进行有效的监控。

2）常见几种PLC的技术性能（见表2-144～表2-146）。

表2-144　常见PLC的技术性能

生产公司名称	型号	最大开关量I/O	最大模拟量I/O	扫描速度/(ms/千步)	程序存储容量/KB	数据存储容量/KB	高级语言	运动控制	PID功能
A-B	SLC-500	72	4	8	1	4		△	
	PLC-2/02	128	128	12.5	2	2	△	△	△
	PLC-3	8192	4096	2.5	2000	2000	△	△	△
	PLC-5/10	512	256	2	6	6	△	△	△
	PLC-5/40	2048	2048	0.5	48	48	△	△	△
	PLC5-/250	4096	4096	1	384	384	△	△	△
GEFANUC（通用电气）	GE ONE/E	112	24	12	1.7	—			
	GE-90 20/211	28	—	18	1	0.256			
	GE-90 30/311	80	96	18	3	0.512			△
	GE-90 30/331	512	192	0.4	8	2	△		△
	GE-90 70/771	2048	1024	0.1	256	16	△	△	△
	GE-90 70/781	12000	4000	0.4	256	16	△	△	△

续表

生产公司名称	型号	最大开关量I/O	最大模拟量I/O	扫描速度/(ms/千步)	程序存储容量/KB	数据存储容量/KB	高级语言	运动控制	PID功能
MITSUBISHI（三菱）	F1	120		12	1	128		△	
	FX2	256		0.74	8	3308		△	
	A1S	256		1	8	—		△	
	A2C	512		1.25	8	—		△	
	A3M	2048		0.2	30	—	△	△	△
	A3A	2046		0.15	60	—		△	△
MODICON	Micro984	112	12	5	6	2	△		
	984-130	256	64	5	4	2	△	△	△
	984-380	256	64	5	6	2	△	△	△
	984-480	1024	448	5	8	2	△	△	△
	984-680	1024	1920	3	16	4	△	△	△
	984B	16384	4006	0.75	64	12	△	△	△
OMRON（欧姆龙）	C20H	140	36	0.75	2.8	2		△	△
	C40H	160	36	0.75	2.8	2		△	△
	C200H	384	40	0.75	6.9	2		△	△
	C500	512	64	5	6.6	0.512		△	△
	C1000H	1024	64	0.4	32	4		△	△
	C2000H	2048	64	0.4	32	66		△	△
SIEMENS（西门子）	S5-90U	168	—	2	—	1	△		
	S5-95U	32	9	2	—	8	△		
	S5-100U	256	32	1.6	20	20	△		△
	S5-115U	2048	128	18	42	42	△	△	△
	S5-135U	2048	192	1.1	64	64	△	△	△
	S5-155U	10000	384	1.4	2000	2000	△	△	△
7E（TELEMECA-NIQUE）	TSX47-30	512	32	0.4	56		△	△	△
	TSX47-40	1024	32	0.5	112		△	△	△
	TSX67-10	2018	128	0.5	224		△	△	△
	TSX87-40	2048	256	0.32	352		△	△	△
	TSX107-40	2048	256	0.32	352		△	△	△
TI（得州仪器）	TI510	40	—	16.7	0.256				
	TI330	168	24	8	3.7		△		
	TI435	640	40	0.49	—		△		
	TI565	8192	8192	2.2	384		△	△	△
WESTING-HOUSE	PC-1100	128	16	7	3.5	1.796			△
	PC-503	256	32	2	10	2.0	△		△
	PC-700	512	64	7	8	1.796			△
	HPPC-1700	8192	512	1	224	32			△

注：△表示具有相应功能。

表 2-145　信捷电子 FC 系列 PLC 技术参数

<table>
<tr><td rowspan="10">一般规格</td><td>工作电源</td><td colspan="5">AC 80～260V/DC 21～27V</td></tr>
<tr><td>消耗功率</td><td colspan="5">小于 12W</td></tr>
<tr><td>传感器电源</td><td colspan="5">DC 24V 最大 400mA</td></tr>
<tr><td>抗噪声</td><td colspan="5">1000V 1μs 脉冲 1min</td></tr>
<tr><td>环境温度</td><td colspan="5">0～60℃</td></tr>
<tr><td>环境湿度</td><td colspan="5">5%～95%</td></tr>
<tr><td>通信口 1</td><td colspan="5">RS-232C，连接上位机、人机界面编程或调试</td></tr>
<tr><td>通信口 2</td><td colspan="5">RS-232C/RS-485，连接智能仪表、变频器等</td></tr>
<tr><td>安装</td><td colspan="5">螺钉固定或导轨安装</td></tr>
<tr><td>外形尺寸</td><td colspan="5">140mm×84mm×70mm</td></tr>
<tr><td rowspan="10">性能规格</td><td>程序执行方式</td><td colspan="5">循环扫描方式</td></tr>
<tr><td>编程方式</td><td colspan="5">梯形图、流程并用</td></tr>
<tr><td>指令种类</td><td colspan="5">130 条</td></tr>
<tr><td>处理速度</td><td colspan="5">1μs</td></tr>
<tr><td>停电保持</td><td colspan="5">使用 FlashROM 及锂电池</td></tr>
<tr><td>程序容量</td><td colspan="5">2560 步</td></tr>
<tr><td>内部线圈点数</td><td colspan="5">384 点</td></tr>
<tr><td>数据寄存器</td><td colspan="5">2048B</td></tr>
<tr><td>I/O 点数</td><td colspan="5">本体最大输入 18 点/输出 14 点</td></tr>
<tr><td>口令保护</td><td colspan="5">8 位长度</td></tr>
<tr><td rowspan="6">型号构成</td><td colspan="4">型　号</td><td rowspan="3">输入点数
(DC 24V)</td><td rowspan="3">输出点数
(R,T)</td></tr>
<tr><td colspan="2">AC 电源</td><td colspan="2">DC 电源</td></tr>
<tr><td>继电器输出</td><td>晶体管输出</td><td>继电器输出</td><td>晶体管输出</td></tr>
<tr><td>FC-16R-E</td><td>FC-16T-E</td><td>FC-16R-C</td><td>FC-16T-C</td><td>10 点</td><td>6 点</td></tr>
<tr><td>FC-24R-E</td><td>FC-24T-E</td><td>FC-24R-C</td><td>FC-24T-C</td><td>14 点</td><td>10 点</td></tr>
<tr><td>FC-32R-E</td><td>FC-32T-E</td><td>FC-32R-C</td><td>FC-32T-C</td><td>18 点</td><td>14 点</td></tr>
</table>

表 2-146　信捷电子 XC-20RA-E 触摸屏型 PLC 技术参数

一般规格	绝缘电压	DC 500V 2MΩ 以上
	抗噪声	1000V 1μs 脉冲 1min
	环境温度	0～60℃
	环境湿度	5%～95%
	通信口 1	RS-232C 口，连接上位机、人机界面编程或调试
	通信口 2	RS-485，联网或连接智能仪表、变频器等
	通信口 3	CAN 总线
	安装	螺钉固定或导轨安装
	接地	第三种接地(不可与强电系统公共接地)

续表

性能规格	本体类型		14 点	24/32 点	48/60 点
	程序执行方式		循环扫描方式、定时扫描方式		
	编程方式		指令、梯形图并用		
	处理速度		0.5μs		
	停电保持		使用 FlashROM 及锂电池		
	用户程序容量		30000 步		
	本体最大 I/O 点数		输入 8 点/输出 6 点	输入 14 点/输出 18 点	输入 28 点/输出 36 点
	系统最大 I/O 点数		1024 点		
	内部线圈点数		8000 点(M0～M7999)		
	定时器(T)	点数	620 点(T0～T619)		
	定时器(T)	规格	100ms 定时器:设置时间 0.1～3276.7s(T0～T99)、带记忆(T100～T199) 10ms 定时器:设置时间 0.01～327.67s(T200～T299)、带记忆(T300～T399) 1ms 定时器:设置时间 0.01～327.67s(T400～T499)、带记忆(T500～T599) 精确定时(T600～T619)		
	计数器(C)	点数	634 点(C0～C633)		
	计数器(C)	规格	16 位计数器:设置值 K0～32767(C0～C299) 32 位计数器:设置值 K0～2147483647(C300～C599)		
	数据寄存器(D)		8000B(D0～D7999)		
	FlashROM 寄存器(D)		1792B (FD0～FD1791)	5120B (FD0～FD5119)	5120B (FD0～FD5119)
	殊线圈(M)		512 点(M8000～M8511)		
	高速计数器/外部中断		3 种高速计数方式(单相、双相、AB 相)、2 种外部中断(上升沿、下降沿)		
	定时扫描间隔设定		0～99ms		
	日历时钟		年/月/日/时/分/秒/星期		
	高速计数器/中断		最大 6 路 200K/24 段		
	口令保护		6 位长度 ASCII		
	自诊断功能		上电自检、监控定时器、语法检查		

注：最大 I/O 点数 1024 点，程序容量 30K，两路高速计数，最高频率 200kHz，2～5 路脉冲输出，最大脉冲输出系数 400K，支持 CAN 总线，TCP/IP 以太网。

3）PLC 等效电路　图 2-17 是三相异步电动机单向运行常规控制系统，QF 是断路器，KM 是接触器，FR 是热继电器，SB2 是启动按钮，SB1 是停止按钮，其主触点接通或断开主电路电动机定子绕组的电源，自锁触点在启动后实现自锁。如果此控制功能要由PLC去完成，主电路仍为左图所示，而将右图的控制电路改成PLC控制的电路（即I/O配线）则如图2-18所示。

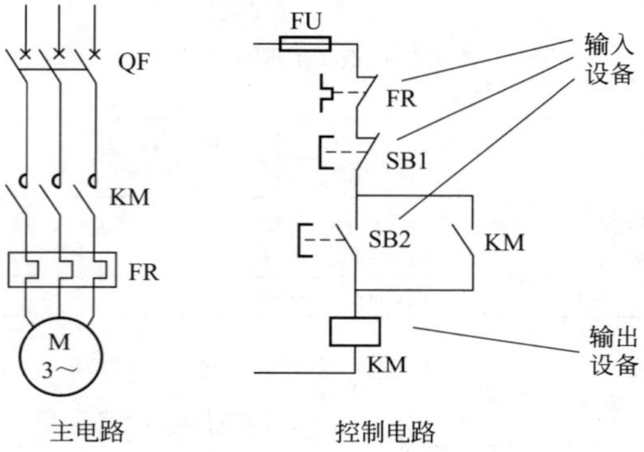

图2-17 三相异步电动机单向运行常规控制电路原理图

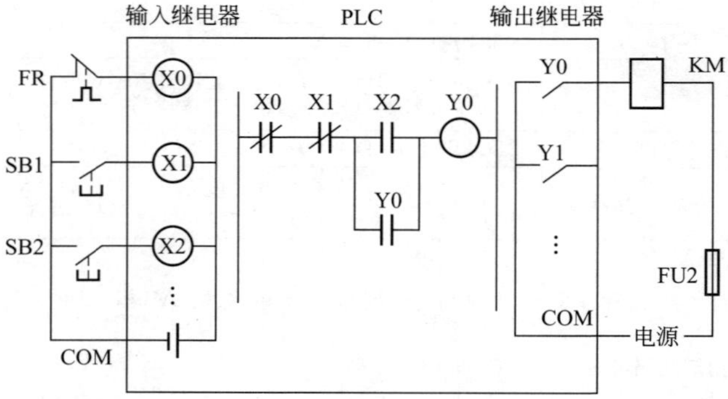

图2-18 PLC控制三相异步电动机单向运行系统

2.6.5 电动机的控制

（1）三相异步电动机单向点动控制

三相异步电动机单向点动控制，如图2-19所示，当按下按钮SB时，电动机就单向启动运转；当松开按钮时，电动机就停止。

（2）三相异步电动机单向连续运转控制

三相异步电动机单向连续运转，如图2-20所示，当按下启动

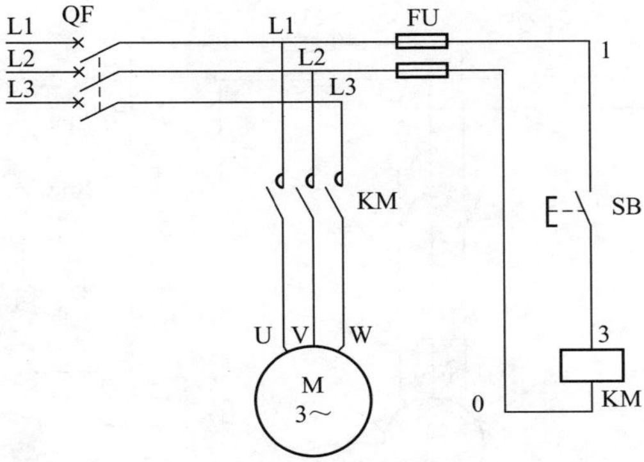

图 2-19　三相异步电动机单向点动控制电路原理图

按钮 SB1 时，电动机就启动连续运转：当按下停止按钮 SB2 时，电动机就停止运行。一般情况下，单向连续运转电路采用热继电器 FR 作为电动机的过载保护。

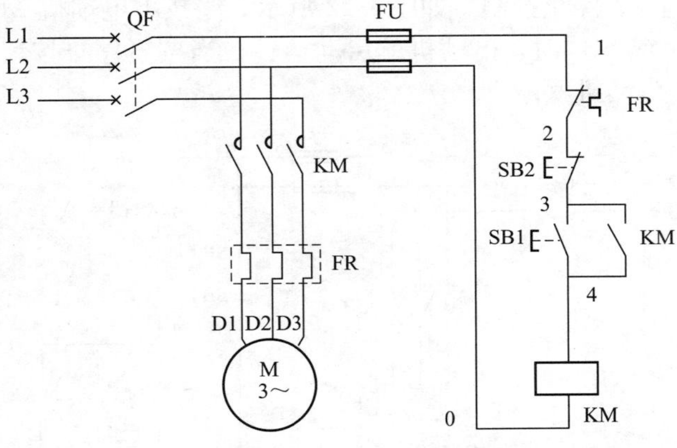

图 2-20　三相异步电动机单向连续运转控制电路原理图

（3）三相异步电动机单向连续带点动控制电路

三相异步电动机单向连续带点动控制电路，可使电动机既可单向连续运转，又可单向点动运转。如图 2-21 所示，当按下单向连续运转启动按钮 SB1 时，电动机 M 就启动连续运转；当按下点动按钮 SB2 时，电动机 M 就点动运转（即松开 SB2 时，电动机停止）。

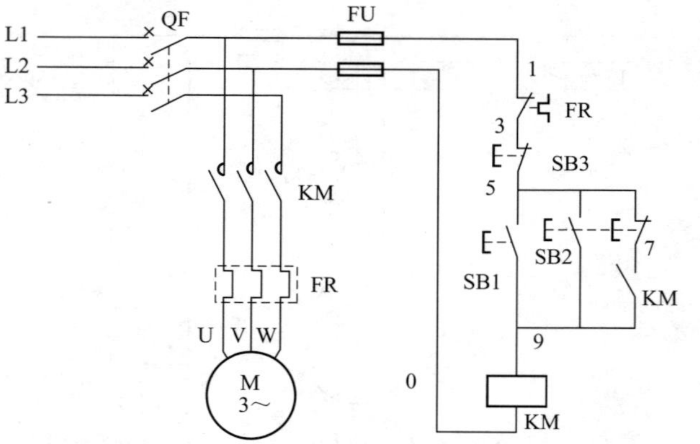

图 2-21　三相异步电动机单向连续带点动控制电路原理图

（4）三相异步电动机两地控制

三相异步电动机两地控制电路可使操作人员能够在两地对电动机进行启动、停止控制。如图 2-22 所示，当按下电动机 M 的启动按钮 SB1 或 SB2 时，电动机就启动运转；当按下停止按钮 SB3 或 SB4 时，电动机就停止。

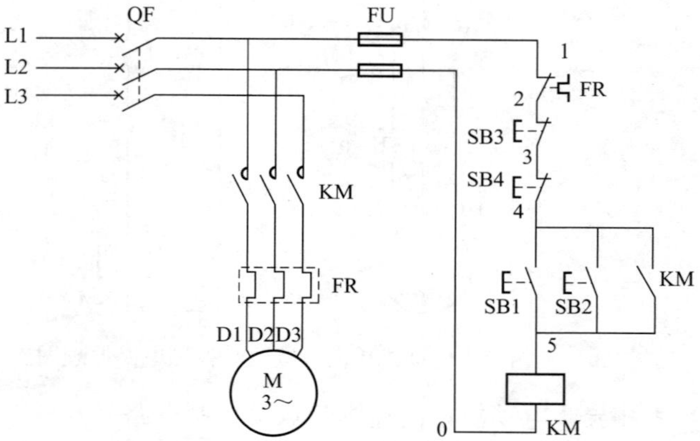

图 2-22　三相异步电动机两地控制电路原理图

（5）正反转控制电路

正反转控制电路有简单的正反转控制电路和带电气互锁的正反

转控制电路。

1）简单的正反转控制电路

① 正向启动过程　如图 2-23 所示，按下启动按钮 SB1，接触器 KM1 线圈通电，与 SB1 并联的 KM1 的辅助常开触点闭合，以保证 KM1 线圈持续通电，串联在电动机回路中的 KM1 的主触点持续闭合，电动机连续正向运转。

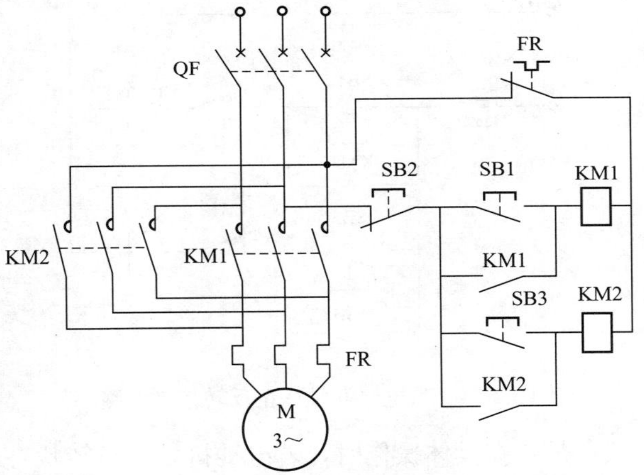

图 2-23　简单的正反转控制电路

② 停止过程　按下停止按钮 SB2，接触器 KM1 线圈断电，与 SB1 并联的 KM1 的辅助触点断开，以保证 KM1 线圈持续失电，串联在电动机回路中的 KM1 的主触点持续断开，切断电动机定子电源，电动机停转。

③ 反向启动过程　按下启动按钮 SB3，接触器 KM2 线圈通电，与 SB3 并联的 KM2 的辅助常开触点闭合，以保证线圈持续通电，串联在电动机回路中的 KM2 的主触点持续闭合，电动机连续反向运转。

简单的正反转控制电路的缺点是：KM1 和 KM2 线圈不能同时通电，因此不能同时按下 SB1 和 SB3，也不能在电动机正转时按下反转启动按钮 SB3，或在电动机反转时按下正转启动按钮 SB1。如果操作错误，将引起主回路电源短路。

2）带电气互锁的正反转控制电路　如图 2-24 所示，这种电路将接触器 KM1 的辅助常闭触点串入 KM2 的线圈回路中，将接触器 KM2 的辅助常闭触点串入 KM1 的线圈回路中，因而保证接触器的辅助常闭触点 KM1 和 KM2 两个接触器线圈不能同时通电，这种控制方式称为互锁或者联锁。

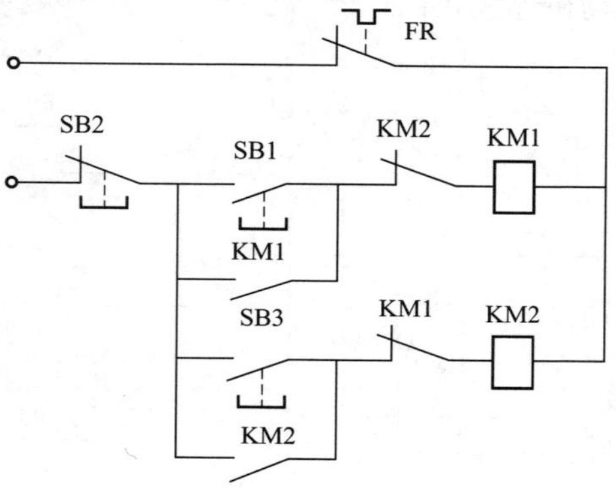

图 2-24　带电气互锁的正反转控制电路

它的缺点是：在具体操作时，若电动机处于正转状态，要反转时必须先按停止按钮 SB2，使互锁触点 KM1 恢复闭合后，按下反转启动按钮 SB3 才能使电动机反转，若电动机处于反转状态要正转时必须先按停止按钮 SB2，使互锁触点 KM2 恢复闭合后，按下正转启动按钮 SB1 才能使电动机正转。

3）同时具有电气互锁和机械互锁的正反转控制电路　如图 2-25 所示，采用复式按钮，将 SB1 按钮的常闭触点串接在 KM2 的线圈电路中；将 SB2 的常闭触点串接在 KM1 的线圈电路中。这样，无论何时，只要按下反转启动按钮，在 KM2 线圈通电之前就首先使 KM1 断电，从而保证 KM1 和 KM2 不同时通电，从反转到正转的情况也是一样。这种由机械按钮实现的互锁也叫机械或按钮互锁。

4）有正反转功能变频器控制电动机正反转的电路　如图 2-26 所示，要正转时，按下按钮 SB1，继电器 K1 吸合并自锁，其常开触头闭合，FR-COM 连接，电动机正转。要停止时按下按钮 SB3，继电器 K1 失电，电动机停止。

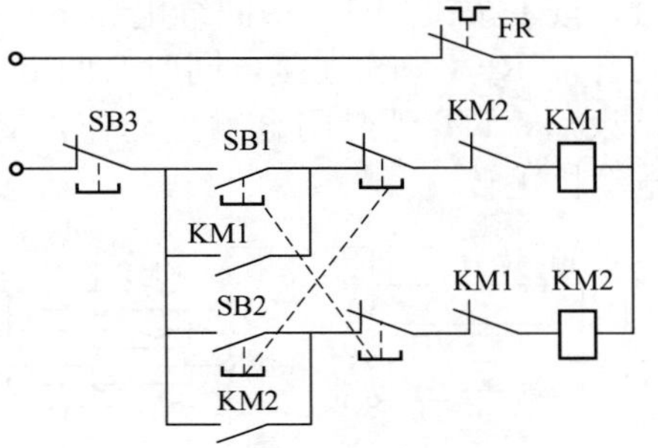

图 2-25　具有电气互锁和机械互锁的正反转控制电路

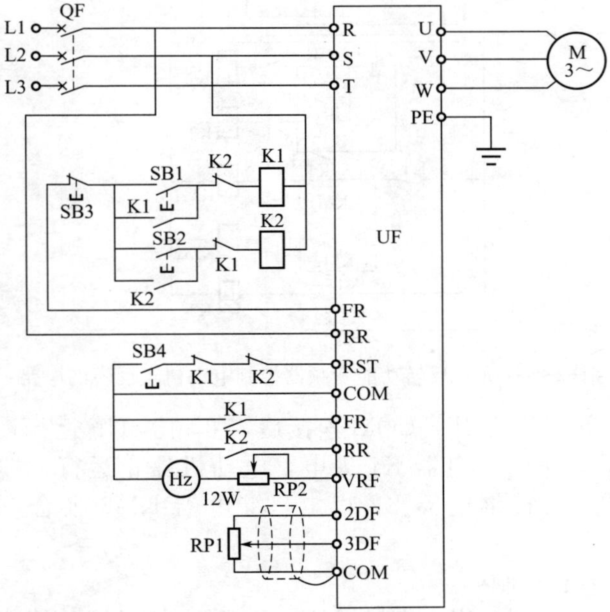

图 2-26　有正反转功能变频器控制电动机正反转的电路

要反转时，按下按钮 SB2，继电器 K2 吸合并自锁，其常开触头闭合，RR-COM 连接，电动机反转。要停止时按下按钮 SB3，继电器 K2 失电，电动机停止。

5）无正反转功能变频器控制电动机正反转的电路　如图 2-27

所示，要正转时，按下按钮 SB1，中间继电器 K1 吸合并自锁，其两副常开触头闭合，IRF-COM 连接，同时时间继电器 KT 进入延时状态，延时结束后，KT 延时闭合触点动作，交流接触器 KM1 吸合并自锁，电动机正转。

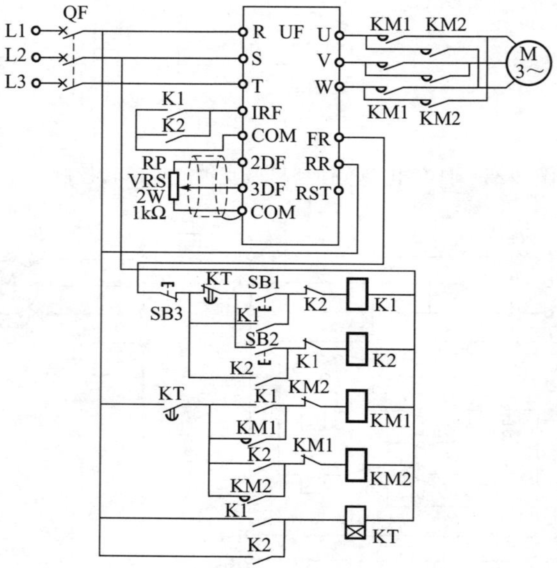

图 2-27　无正反转功能变频器控制电动机正反转的电路

要反转时，在 IRF-COM 连接后，变频器 UF 运行，按下按钮 SB3 后，中间继电器 K1 失电，电动机停止运行。按下反转按钮 SB2，反转继电器 K2 得电，继电器 KM2 吸合，电动机反转。

（6）行程控制

① 限位控制　当生产机械的运动部件到达预定的位置时，压下行程开关的触杆，将常闭触点断开接触器线圈断电，使电动机断电而停止运行，其电路如图 2-28 所示。

② 行程往返控制　如图 2-29 所示，按下正向启动按钮 SB1，电动机正向启动运行，带动工作台向前运动。当运行到 ST2 位置时，挡块压下 ST2，接触器 KM1 断电释放，KM2 通电吸合，电

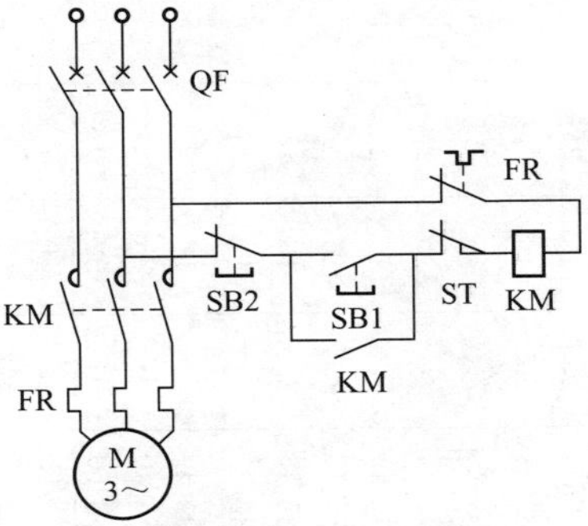

图 2-28　限位控制电路

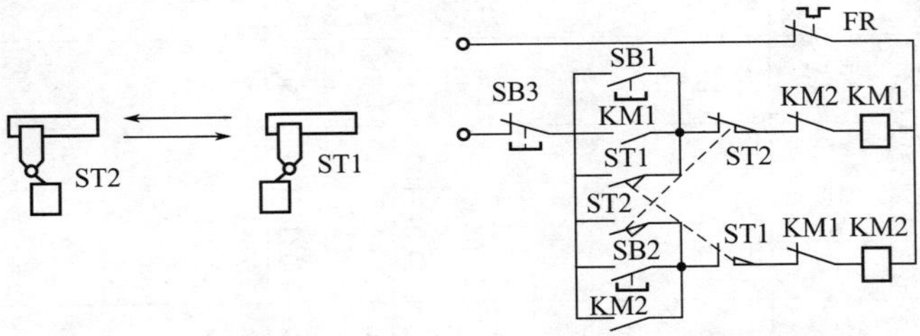

(a) 往返运动图　　(b) 自动往返控制电路

图 2-29　行程往返控制电路

动机反向启动运行，使工作台后退。工作台退到 ST1 位置时，挡块压下 ST1，KM2 断电释放，KM1 通电吸合，电动机又正向启动运行，工作台又向前进，如此一直循环下去直到需要停止时按下 SB3，KM1 和 KM2 线圈同时断电释放，电动机脱离电源停止转动。

③ Y 系列电动机的控制电器及连接导线选用　可参见表 2-147。

2.6.6　电动机的调速

交流异步电动机转速的计算公式是：$n=60f(1-s)/p$。其中，p 为异步电动机的定子极对数，s 为电磁转差率，f 为定子电源的频率，所以可以知道其调速的方法就是三个：改变频率 f、极对数 p 和电磁转差率 s。变转差率可以通过定子调压、转子串电阻和串级调速等实现。三者之中以改变频率最常用。另外还有液力耦合器调速，它们的优缺点和适用场合见表 2-148。

表 2-147　Y 系列三相异步电动机的控制电器及连接导线选用

电动机					熔断器			控制电器				导线与铁管			
型号	额定功率/kW	额定电流/A	启动电流倍数	启动电流/A	RTO	RLI	RCIA	断路器		CJ20系列交流接触器	JR20系列热继电器	20℃		40℃	
								型号	电流/A			导线截面积/mm²	管径/mm	导线截面积/mm²	管径/mm
Y801-2	0.75	1.8	7	12.6	—	15/6	10/6	DZ5-20/330	2.3	6.3	6.3/2.5	2.5	16	2.5	16
Y802-2	1.1	2.5	7	17.5	—	15/10	10/6	—	4.5	10	6.3/4	2.5	16	2.5	16
Y90S-2	1.5	3.4	7	23.8	—	15/15	15/10	—	4.5	10	6.3/4	2.5	16	2.5	16
Y90L-2	2.2	4.7	7	32.9	—	15/15	15/10	—	6.5	10	10/6.4	2.5	16	2.5	16
Y100L-2	3.0	6.4	7	44.8	—	60/20	30/15	—	6.5	16	16/10	2.5	16	2.5	16
Y112M-2	4.0	8.2	7	57.4	—	60/20	30/15	—	10	16	16/10	2.5	16	2.5	16
Y132S1-2	5.5	11	7	77.0	100/40	60/30	30/20	—	15	25	25/16	2.5	16	2.5	16
Y132S2-2	7.5	15	7	105	100/50	60/40	30/25	—	20	32	25/16	2.5	16	4	19
Y160M1-2	11.0	22	7	154	100/60	60/50	60/30	DZ10-100	30	40	32/25	4	19	4	19
Y160M2-2	15.0	29	7	203	100/80	100/60	60/40	—	30	40	63/40	6	19	10	25
Y160L-2	18.5	36	7	252	100/100	100/80	60/50	—	40	63	63/40	10	25	10	25
Y180M-2	22.0	42	7	294	200/120	200/100	200/80	DZ10-100	50	63	63/60	16	32	16	32
Y801-4	0.55	1.15	6.5	9.8	—	15/6	10/4	DZ5-20/330	2	6.3	6.3/2.5	2.5	16	2.5	16
Y802-4	0.75	2.0	6.5	13	—	15/10	15/6	—	3	6.3	6.3/2.5	2.5	16	2.5	16
Y90S-4	1.0	2.8	6.5	18.2	—	15/10	15/8	—	3	6.3	6.3/4	2.5	16	2.5	16
Y90L-4	1.5	3.7	6.5	24.1	—	15/15	15/10	—	4.5	10	6.3/4	2.5	16	2.5	16
Y100L1-4	2.2	5.0	7	35.0	—	15/15	15/10	—	6.5	10	10/6.4	2.5	16	2.5	16
Y100L2-4	3.0	6.8	7	47.6	—	60/20	30/20	—	10	10	16/10	2.5	16	2.5	16
Y112M-1	4.0	8.8	7	61.6	—	60/25	30/25	DZ5-20/330	10	16	16/10	2.5	16	2.5	16
Y132S-4	5.5	11	7	77.01	100/40	60/30	60/40	—	15	25	25/16	2.5	16	2.5	16

续表

电动机					熔断器			控制电器				导线与铁管			
								断路器		CJ20系列交流接触器	JR20系列热继电器	20℃		40℃	
型号	额定功率/kW	额定电流/A	启动电流倍数	启动电流/A	RTO	RLI	RCIA	型号	电流/A			导线截面积/mm²	管径/mm	导线截面积/mm²	管径/mm
Y132M-4	7.5	15	7	05	100/50	60/40	60/50	DZ10-100	20	32	25/16	2.5	16	4	16
Y160M-4	11.0	23	7	161	100/60	100/60	100/50	—	25	40	32/25	4	19	4	16
Y160L-4	15.0	30	7	210	100/80	100/80	—	—	40	63	63/40	4	19	10	25
Y180M-4	18.5	36	7	252	100/100	100/80	100/80	—	40	63	63/45	10	25	10	25
Y180L-4	22	43	7	301	200/120	200/100	200/100	—	50	63	63/45	10	25	25	38
Y200L-4	30	57	7	399	200/150	200/125	200/120	—	60	63	63/63	25	38	35	38
Y90S-6	0.75	2.3	6	13.8		15/10	10/6	DZ5-20-300	3	6.3	6.3/2.5	2.5	16	2.5	16
Y90L-6	1.1	3.2	6	19.2		15/10	10/10	—	4	10	6.3/4	2.5	16	2.5	16
Y100L-6	1.5	4.0	6	24.0		15/15	15/10	—	6	10	10/6.4	2.5	16	2.5	16
Y112M-6	2.2	5.6	6	33.6		60/20	15/15	—	6	10	10/6.4	2.5	16	2.5	16
Y132S-6	3.0	7.2	6.5	46.8		60/25	30/20	—	10	16	16/10	2.5	16	2.5	16
Y132M1-6	4.0	9.4	6.5	61.1		60/30	30/25	—	10	16	16/10	2.5	16	2.5	16
Y132M2-6	5.5	13	6.5	84.5	100/40	60/35	60/30	—	15	25	25/16	2.5	16	2.5	16
Y160M-6	7.5	17	6.5	110.5	100/50	60/40	60/40	DZ10-100	20	32	32/25	2.5	16	4	19
Y160L-6	11	25	6.5	162.5	100/60	60/50	60/50	—	30	40	63/40	4	19	6	19
Y180L-6	15	31	6.5	201.5	100/80	60/50	60/50	—	40	63	63/40	6	19	10	25
Y200L1-6	18.5	38	6.5	247.0	100/1001	100/60	100/60	—	40	63	63/45	10	25	16	32
Y200L2-6	22	45	6.5	292.0	200/120	100/80	100/80	—	50	63	63/60	16	32	25	38

注：1. 表中熔断器数据的分子部分为熔断器额定电流（A）；分母部分为熔体额定电流（A）。

2. 表中 CJ20 系列交流接触器数据为额定电流（A）。

3. 表中 JR20 系列热继电器数据的分子部分为热继电器额定电流（A）；分母部分为热元件额定电流（A）。

表 2-148　三相异步电动机调速方法

调速方法		优　点	缺　点	适用场合
改变定子极对数 p（改变定子绕组的接线方式）		具有较硬的机械特性，稳定性良好；无转差损耗，效率高；控制电路简单、控制方便、易维修，价格低	有级调速，级差较大，不能获得无级平滑调速（可以与调压调速、电磁转差离合器配合使用，获得较高效率的平滑调速特性），调速范围有限	适用于不需要无级调速的生产机械，如金属切削机床、升降机、起重设备、风机、水泵等。主要用于笼型异步电动机
改变电动机定子电源的频率 f（采用变频电机，在电源部分安装变频器）		效率高，节能，调速范围大，特性硬，精度高，可用于笼型异步电动机	要安装交流—直流—交流变频器（常用）或交流-交流变频器，技术复杂，成本高，维护检修困难	适用于要求精度高、调速性能较好场合和低负载运行时间较多，或启停运行较频繁的场合
改变电动机定子电压（加装一个能提供电压变化的电源，目前常用的调压方式有串联饱和电抗器、自耦变压器以及晶闸管调压等几种，以晶闸管调压方式为最佳）		线路简单，易实现自动控制；可以将调速过程中产生的转差能量加以回馈利用；效率高；装置容量与调速范围成正比，适用于70%～95%的调速	功率因数较低，有谐波干扰，正常运行时无制动转矩（转差功率消耗于转子电阻），单相电动机可为0～220V，三相电动机可为0～380V的某值。调速的有级与无级，取决于调压用变压器	适用于转子电阻值大的笼型电动机（如专供调压调速用的力矩电动机，或者在绕线式电动机上串联频敏电阻）和单象限运行的负载（100kW以下的生产机械）
改变电动机的转差率 s	电磁调速（通过电磁转差离合器调节定子电压、转子电阻或电压、定转子供电频率）	结构及控制线路简单，控制装置容量小，价格便宜；运行可靠，维修方便；无谐波干扰；调速平滑、无级	速度损失大，输出轴的最高转速仅为电机同步转运的80%～90%；调速过程中转差功率全部转化成热能形式的损耗，效率低	适用于中、小功率，要求平滑动、短时低速运行的生产机械
	串级调速（在绕线式电动机转子回路中串入可调节附加电势），有晶闸管（常用）、电机串级、机械串级三种形式	转差损耗可回馈到电网或生产机械上，效率较高；装置容量与调速范围成正比，投资省；调速装置有故障时可以切换至全速运行，避免停产	晶闸管串级调速功率因数偏低，谐波影响较大	适用于调速范围在额定转速70%～90%的生产机械（风机、水泵及轧钢机、矿井提升机、挤压机）上。主要用于绕线转子异步电动机

续表

调速方法	优　点	缺　点	适用场合
液力耦合器调速(由壳体、泵轮和涡轮组成,改变壳体中的充液率就能改变转速,可做到无级调速)	功率适应范围大;结构简单、工作可靠、使用及维修方便,且价格低;尺寸小;易于实现自动控制	损耗功率大,调速效率低	适用于风机、水泵的调速

2.6.7 电动机的制动

电动机的制动方法有机械制动和电气制动两种。前者是利用电磁铁操纵机械装置，使电动机在切断电源后迅速停止转动；电气制动是在电动机停止转动过程中产生相反的转矩使电动机迅速停止。电动机的制动方式见表 2-149。

表 2-149　电动机的制动方式

方　式		说　明	优　缺　点
机械制动		使电动机断开电源后,利用机械装置(如电磁抱闸、电磁离合器等)来卡住电动机主轴,使其减速并迅速停止	安全可靠,不会因突然断电而发生事故。缺点:电磁抱闸体积较大,制动器磨损严重,快速制动时会产生振动
电气制动	短接制动	将电动机的绕组短接,利用绕组自身的电阻消耗能量	由于绕组的电阻较小,虽然耗能很快,有可能烧毁电动机
	反接制动	将直流电动机的电源正负极反接(交流电动机改变相序),改变电枢电流的方向,使转速与转矩反向	制动力强,控制电路简单,设备投资少,但准确性差,冲击力强大,易损坏传动部件
	能耗制动	在电动机的绕组中串接电阻,电动机相当于发电机	制动时间可控,但制动力矩有波动,应用广泛
	直流制动	在电动机定子加直流电压,使转子切割磁场产生制动力矩,主要用于变频控制中	需要直流电源,低速时制动力矩小。电动机功率较大时,制动的直流设备投资大
	能量回馈制动	采用有源逆变技术控制电机,将制动时再生电能回送电网	经济性好,但应用范围不广
	并联电容制动	切断电源,并同时将充有电能的电容连接在控制电机绕组上,通过电机绕组放电,在电机内产生直流磁场制动电机	能量损耗小,温升小,设备简单,制动效果好,且便于现场更换,适用于制动频繁的场合

（1）电磁抱闸制动

电磁抱闸制动线路如图 2-30 所示，主要由制动电磁铁和闸瓦制动器两部分组成，电路原理是：当按下按钮 SB1，接触器 KM 线圈得电动作，电动机通电。电磁抱闸的线圈 ZJ 也通电，其铁芯吸引衔铁运动，衔铁克服弹簧拉力，使制动杠杆上移，制动器闸瓦与闸轮松开，电动机正常运转。当按下停止按钮 SB2 时，接触器 KM 线圈断电释放，电动机的电源被切断时，电磁抱闸的线圈也同时断电，衔铁释放，弹簧拉力使闸瓦紧抱住闸轮，电动机迅速被制动停转。这种制动在起重机械上广泛采用，可防止重物从空中掉下，也可将重物停留在空中某个位置。

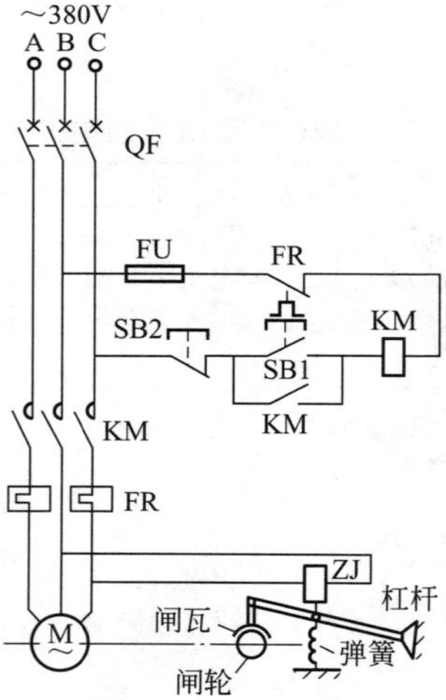

图 2-30　电磁抱闸制动线路原理图

（2）电动机能耗制动控制

电动机能耗制动控制电路见图 2-31。当按下停止按钮 SB2 时，KM1 断电，同时 SB2 常开触点闭合，KM2、KT 得电动作，将经桥式整流后的直流电接入电动机定子绕组，制动开始。达到规定时间后，KT 延时断开的常闭触点断开，KM2 断电，达到制动目的。

（3）单向运行反接制动线路

反接制动是在停机时切断电动机三相电源的同时，交换电动机

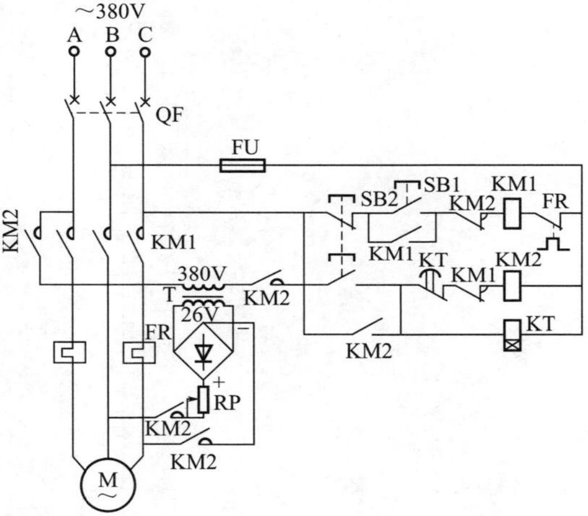

图 2-31　电动机能耗制动控制电路

定子绕组任意两相电源线的接线顺序，改变电动机定子电路的电源相序，产生了与转子旋转方向相反的制动转矩，使电动机迅速停机，其制动线路如图 2-32 所示。

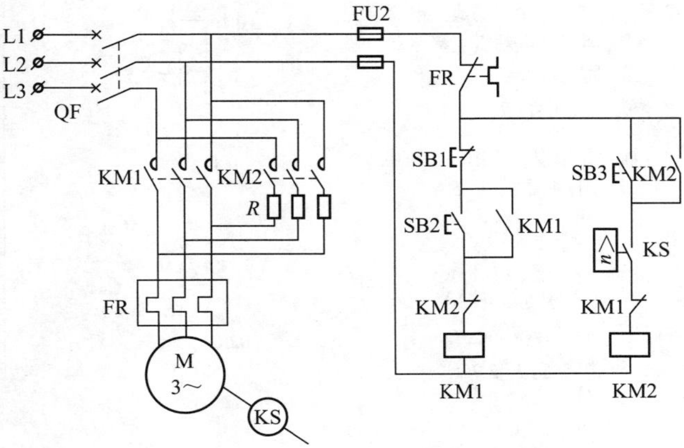

图 2-32　单向运行反接制动线路

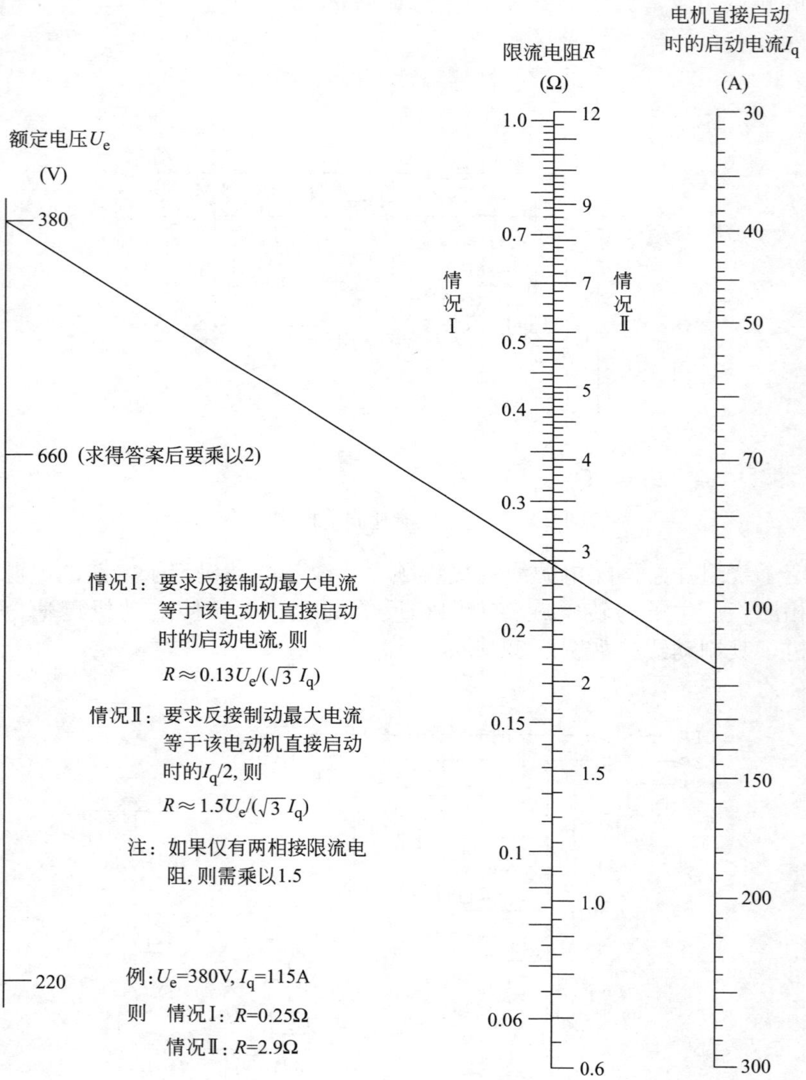

图 2-33 笼型异步电动机反接制动限流电阻计算图

当电动机启动后转速上升到120r/min以上时，速度继电器KS的触点闭合，为制动做好准备。停车时，电动机虽然脱离电源，但速度继电器KS的常开触点依然闭合，由于停止按钮SB1动作以及KM1的常闭触点的复位，使KM2线圈通电并自锁，接入反相序电源，定子绕组串接制动电阻开始制动。当电动机转速下降到小于100r/min时，KS的触点复位断开，KM2线圈断电，电动机及时脱离电源，制动结束。

由于在三相定子绕组中串接了制动电阻，可同时对制动电流和制动转矩进行限制。图示电路采用速度继电器来检测电动机转速变化，并自行及时切断电源。此种制动方法适用于10kW以下的小容量电动机，如中小型普通车床、铣床中的主轴电动机的制动。

笼型异步电动机反接制动限流电阻计算可用图2-33。

2.7 电动机的运行监视

年运行时间超过3000h、负载率大于60%的电动机，应优先选用能效指标符合节能评价值的节能（高效）电机。运行中的电动机要监视的项目有温度、电流、电压、振动、声音、气味等。

2.7.1 温度监视

工作中经常遇到“某级绝缘的极限工作温度为××℃，最高允许工作温度是××℃”之类的说明，其中的“极限工作温度”与“最高允许工作温度”含义不同，其原因在于温度的数值不仅与温度高低有关，还与测量温度的方法有关。不同的测量方法，其反映出的数值不同，含义也不一样。

① 温度计测温法：测量结果反映的是绕组绝缘的局部表面温度。这个数字平均比绕组绝缘的实际最高温度，即“最热点”低15℃左右。此法最简单，在中、小电机现场应用最广。

② 电阻测温法：测量结果反映的是整个绕组铜线温度的平均值。数值比实际最高温度按不同的绝缘等级降低5～15℃。它测出的是导体的冷态及热态电阻，按有关公式算出平均温升。

③ 埋置温度计法：试验时将铜或铂电阻温度计或热电偶埋置

在绕组、铁芯或其他需要测量预期温度最高的部件里。其测量结果反映出测温元件接触处的温度。大型电机常采用此法来监视电机的运行温度。

各种测量方法所测量到的温度与实际最高温度都有一定差值，因此需将绝缘材料的“极限工作温度”减去此差值才是“最高允许工作温度”。

另一个名词是“最大容许温升”。电动机中常用的绝缘材料，按其耐热能力，分为 A、E、B、F 和 H 五级。A 级绝缘采用经过浸渍或使用时浸于油中的棉纱、丝和纸等有机材料；E 级绝缘是聚酯树脂、环氧树脂及三醋酸纤维等制成的绝缘薄膜；B、F、H 级绝缘的基本材料均为云母、石棉及玻璃纤维，但浸渍用漆的耐热性能不同。

“最高允许温度”是指可以长期在该温度下使用。当工作温度超过最高允许温度时，使用寿命将迅速缩短。试验表明，对 A 级绝缘，若一直处于 90～95℃时，其使用寿命可达 20 年；当工作温度在 95℃以上时，温度每增高 8℃，绝缘的使用寿命就将减少一半；而一直工作在 110℃，寿命就只有 4～5 年。各级绝缘用温度计法和电阻法测量时的最高允许温度和最大容许温升见表 2-150，绕组、换向器和滑环的最大容许温升见表 2-151，电动机机壳温度与手感见表 2-152。

在环境温度为＋40℃时，电机外部温度最高允许温度不得超过 75℃（低压电动机）。在没有计量设备时，可以凭手感作初步评估，电动机机壳大致温度与手感的对照如表 2-152 所示。

2.7.2 电流监视

电动机铭牌所标定的额定电流值是指环境温度为＋40℃时的数值，要认真监视负荷电流不超过允许值。环境温度升降时，电动机的允许电流可有所增减，电动机铭牌上所注明的额定电流，是指周围空气温度 35℃（有些国家新系列电动机规定 40℃）时的，如果周围空气温度超过 35℃（或 40℃），由于电动机绝缘本身温度已较高，如果仍然带额定的负荷电流，势必造成温度升高而超过允许范围。此时必须低于额定电流运行，才不致缩短电动机的正常使用年

表 2-150　中小三相异步电动机的最高允许温度和最大容许温升（环境温度 40℃）

电动机部件名称		A 级绝缘				E 级绝缘				B 级绝缘				F 级绝缘				H 级绝缘			
		最高允许温度/℃		最大容许温升/℃		最高允许温度/℃		最大容许温升/℃		最高允许温度/℃		最大容许温升/℃		最高允许温度/℃		最大容许温升/℃		最高允许温度/℃		最大容许温升/℃	
		温度计法	电阻法	温度计法	电阻法	温度计法	电阻法	温度计法	电阻法	温度计法	电阻法	温度计法	电阻法	温度计法	电阻法	温度计法	电阻法	温度计法	电阻法	温度计法	电阻法
定子绕组		95	100	55	62	105	115	65	75	110	120	70	80	125	140	85	100	145	165	105	125
转子绕组	绕线型	95	100	55	60	105	115	65	75	110	120	70	80	125	140	85	100	145	165	105	125
	笼型	—	—	—	—	—	—	—	—	—	—	—	—	—	—	—	—	—	—	—	—
定子铁芯		100	—	60	—	115	—	75	—	120	—	80	—	140	—	100	—	165	—	125	—
滑环		100	—	60	—	110	—	70	—	120	—	80	—	130	—	90	—	140	—	100	—
滑动轴承		80	—	40	—	80	—	40	—	80	—	40	—	80	—	40	—	80	—	40	—
滚动轴承		95	—	55	—	95	—	55	—	95	—	55	—	95	—	55	—	95	—	55	—

表 2-151　绕组、换向器和滑环的最大容许温升

绝缘等级	峰值温度（按 GB/T 17211）/℃	最大容许温升/℃			
		绕组			换向器和滑环
		表面温度传感器法	电阻法	埋入式温度传感器法	
105(A)	140	55	60	65	60
120(E)	155	70	75	80	70
130(B)	165	75	80	90	80
155(F)	190	95	105	115	90
180(H)	220	115	125	140	100
200	235	130	145	160	未　定
220(C)	200	150	160	180	

注：1. 表面温度传感器法系指非埋入式传感器在绕组外表而可达到的最热点测温。

2. 一般来说，表面温度是最低的，而用电阻法测量的温度是绕组内各处温度的平均值，用埋入式热电偶可以测出绕组内的最高温度（热点）。

表 2-152 电动机机壳温度与手感

机壳温度/℃	手感	具体程度
30	稍冷	机壳温度比体温低，感到稍冷
40	稍温	机壳温度比体温高，感觉稍微暖和
45	温和	手掌触及时感觉暖和
50	稍热	触摸时间可稍长，较长后手掌会变红
55	较热	仅可接触 5～6s
60	热	仅可接触 3～4s
65	非常热	仅可接触 2～3s，放开后手掌还感到热
70		用指头仅可接触 3s
75	极热（设备可能烧坏）	用指头仅可接触 1～2s
80		难以触摸，有烧灼感
85～90		难以触摸，有强烈烧灼感

限。如果环境空气温度低于 35℃（或 40℃）时，允许温升大，负荷电流可以大于电动机的额定电流。环境温度变化时允许负荷变化的范围见表 2-153。

表 2-153 环境温度变化时允许负荷变化的范围

环境温度/℃	≤25	30	35	40	45	50
允许负荷变化/%	+10	+5	额定	−5	−10	−15

在运行中，还应注意电动机三相电流的不平衡程度不允许大于 10%，定子绕组有匝间短路、一相熔丝断开是导致三相电流明显不平衡的主要原因。三相电压不平衡，电动机绕组三相阻抗不等也会在一定程度上造成三相电流不平衡。

在较大型电动机上一般都装有负荷电流表，有的中型电机上也有。若没有时，可用钳形电流表定时检查三相电流是否平衡或超载。

2.7.3 电压监视

电源电压波动是影响电动机发热的原因之一。电源电压过高，电动机的励磁电流增大，铁芯将过热；电源电压过低，电动机的电磁转矩将减少（电压降低 10%，转矩将降低 19%）。若电动机的负载不变，转子电流和定子电流都将增大，定、转子绕组的发热将增加。因此，要求电动机的电源、电压偏移稳定在 +10%～−5% 的范围内。即对380V电源而言，电压应该在362～418V，切忌电动机在过低的电压下运行。

因为三相电压不对称会引起电动机的附加发热和个别相过热。所以运行中还要注意电源三相电压的不平衡程度。电动机在满负荷运行时，各相间电压的不平衡程度不应超过5%。

2.7.4 状态监视

电动机的状态包括振动、声音和气味等。表2-154是电动机的允许振幅，电动机振幅过大的原因和轴向窜动量见表2-155和表2-156。

表2-154 电动机的允许振幅

转速/(r/min)		3000	1500	1000	750
双振幅，≤/mm	中小型	0.05	0.085	0.10	0.12
	大型	0.03	0.045	0.065	0.088

表2-155 电动机振幅过大的原因

原　因	振幅过大的原因
基础方面	地基欠牢固、地脚螺钉松动
机械方面	带轮或联轴器有松动、电动机与拖动机械的轴心不在一条直线上、转子偏心、轴承缺油或钢球损坏、风扇叶片缺损等
电气方面	转子断条、定子绕组短路、断相、接线错误、个别支路断路等

表2-156 滑动轴承电动机轴向窜动量 mm

电动机功率/kW					轴颈直径ϕ >200mm
≤10	10～30	30～70	70～125	>125	
0.50	0.75	1.00	1.50	2.00	0.02ϕ

注：1. 本表数值为向一边的量，向两边的量要乘以2。

2. 滚动轴承电动机不允许有轴向窜动。

电动机正常运行时声音应均匀，无杂声和怪声；电动机过载或缺相运行时，将发出特大的“嗡嗡”声；轴承钢球损坏时会听到“咕噜咕噜”声；定、转子发生扫膛时会发出不均匀的碰擦声，同时由于局部过热而发出气味。

电动机长时间超负荷运行导致绕组过热时，可以嗅到一种呛人的绝缘漆气味，当发现电动机有异音和异味时，应停机查找原因。

2.8 电动机保护与维护

2.8.1 电动机保护器

几种常见电动机保护器的规格见表 2-157～表 2-161。

表 2-157　CD1 系列电子式电动机保护器的规格

型号	额定工作电压 U_e/V	额定绝缘电压 U_i/V	额定冲击耐受电压 U_{imp}/kV	脱扣等级/A	额定频率/Hz	$I_{\Delta n}$/mA	$I_{\Delta n0}$
CD1-32	400	690	6	10、20、30	50/60	100/300/500	0.5$I_{\Delta n}$
CD1-60	690	1000	8	10、20、30、40、50			
CD1-100							
CD1-200						300/500/1000	
CD1-450							

注：主要用于交流 50Hz、额定电压 400～690V、电流 0.8～450A 的交流电动机的保护。

表 2-158　HSD1 系列电动机保护器的规格

型　号	额定容量/kvar	额定电压/V	额定电流/A	连接方式	配接触器型号
HSD1-80/5	5	400	7.2	△	HSC1-25C
HSD1-80/8	8		11.5		
HSD1-80/10	10		14.4		
HSD1-80/12	12		17.3		
HSD1-80/14	14		20.2		
HSD1-80/15	15		21.7		
HSD1-80/16	16		23.7		HSC1-40C
HSD1-80/20	20		28.8		
HSD1-80/22	22		31.8		
HSD1-80/24	24		34.6		
HSD1-80/25	25		36.1		HSC1-63C
HSD1-80/26	26		37.5		
HSD1-80/28	28		40.4		
HSD1-80/29	29		41.9		
HSD1-80/30	30		43.3		
HSD1-80/32	32		46.2		
HSD1-80/40	40		57.7		HSC1-95C

注：杭州之江开关股份有限公司产品。

表 2-159 HSD2 系列电动机保护器的规格

项　目	数　据	项　目	数　据
保护器辅助电源	AC 100～220V，DC 110～250V	工作温度	－5～50℃
		储存温度	－20～75℃
电机额定工作电压	AC 400V，50Hz	相对湿度	5%～90%不结露
电机额定工作电流	6.3A(2.0～6.3A)	海拔高度	≤2500m
	25A(6.3～25A)	脱扣级别	10A(2～10s) 10A(4～10s) 20A(6～20s) 30A(9～30s)
	100A(25～100A)		
	250A(100～250A)		
额定负荷容量	AC 230V 2A，DC 30V 2A		
通信	RS-485MODBUS 协议	污染等级	3 级
电磁环境	A 级	防护等级	IP20

表 2-160 GT-JDG 系列电动机保护器的规格

型　号	整定电流/A	接线方式	触头容量
GT-JDG-16	0.2～0.8 0.5～2，1～4 2～8，4～16	接线式，35mm 导轨安装	AC 380V，3A
GT-JDG-20	0.2～0.8 0.5～2，1～4 2～8，5～20	组合安装，CJX2(LC1) 09、12、18、25、32	AC 380V，3A
GT-JDG-120	3～12，10～40 30～120	穿芯式，35mm 导轨安装	AC 380V，5A
GT-JDG-160	5～20，15～60 40～160	穿芯式	AC 380V，5A
GT-JDG-600	100～300 200～600	穿芯式	AC 380V，10A
GT-JDG5-200	2～20 10～200	穿芯式	AC 380V，5A
GT-JDG5-500	50～500		

表 2-161 GT-JDG6 系列微机监控电动机保护器的规格

型　号	整定电流范围/A	显示电流范围/A	安装接线方式
GT-JDG6-32	1～10	0.1～99.9	接线式，35mm 导轨安装，可分体安装
	4～32		
GT-JDG6-200	5～50 20～200	0.1～99.9 1～999	卡口式(互感器)一次性穿心，35mm 导轨安装，可分体安装
GT-JDG6-600	60～600	1～999	接线式，35mm 导轨安装，可分体安装

常用电动机电磁保护继电器的型号及主要技术参数见表 2-162。

表 2-162　常用电动机电磁保护继电器的型号及主要技术参数

型　号	保护功能	动作时间	工作电压	负载电流或负载功率	触点形式	触点容量	特点
JD-5BHQ-S-J	断相、过载	≤2s	AC 220V AC 380V AC 660V	1～80A 0.5～40kW	1组常闭（或1组常开，1组常闭）	AC 220V 3A阻性	电位器整定，断相、过载、发光二极管指示
JD-6BHQ-S-C	断相、过载	≤2s	AC 220V AC 380V AC 660V	63～400A 30～200kW			
JD-7CDJ11-80	断相及三相不平衡	≤2s	无需外接电源	0.5～5A 5～20A 20～80A	晶闸管输出	AC 380V 1A阻性	平面螺钉安装，LED指示或带数码管显示
JD-8CDJ11-80	过载、断相及三相不平衡	≤2s	无需外接电源	2～5A 4～10A 8～20A 16～40A 32～80A	晶闸管输出	AC 380V 1A阻性	平面螺钉安装，LED指示或带数码管显示
JD-9CDJ11-160	过载、断相及三相不平衡	≤2s	无需外接电源	32～80A 64～160A	可控硅输出	AC 380V 1A阻性	
BHQ-Y-J	断相	≤2s	AC 220V AC 380V	0.5～5A 2～20A	1组转换	AC 220V 3A阻性	可导轨安装
BHQ-Y-C				20～80A/ 10～400kW			平面螺钉安装

续表

型　号	保护功能	动作时间	工作电压	负载电流或负载功率	触点形式	触点容量	特点
JD-501	过载、断相及三相不平衡 JD-601S还有漏电保护功能	≤2s	AC 380V	1～50A 20～100A	1组常闭	AC 380V 3A阻性	LED 指示（带 S 的还有数码管显示）
JD-501S				1～20A 20～50A			
JD-601				10～200A 150～300A		AC 380V 5A阻性	
JD-601S				20～100A 100～200A			
XJ2XJ3-G(N)	断相乱相	≤0.1s	AC 380V ±38V		1组常开 1组常闭	AC 250V 3A/5A	装置式安装
XJ5(XJ3-S)	三相电压不对称						
XJ11(XJ3-D)	过压、欠压、断相、乱相	≤0.1s	AC 300～460V			AC 220V 3A阻性	导轨或底板安装

以下为几种电动机保护用高压限流熔断器。

① XRNM1 型单管高压限流熔断器（表 2-163） 适用于户内外 50Hz，额定电压 3.6kV 系统及 7.2kV 的系统，可与其他保护电器（开关、真空断路器等）配合使用，作为高压电动机及其他电力设备的过载或短路等的保护元件。其型号表示方法是：

XR	N	M	□ -	□ /	□ -	50
限流式熔断器	户内使用	电动机保护用	设计序号	额定电压（kV）	额定电流（A）	额定开断电流（kA）

表 2-163 XRNM1 型单管高压限流熔断器技术数据

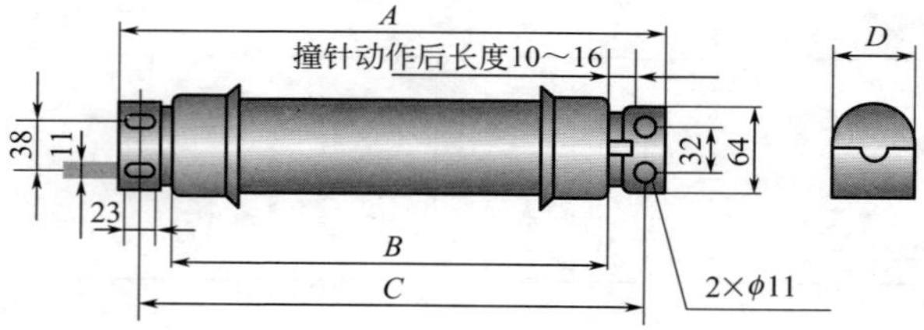

型号	额定电压 /kV	额定开断电流/kA	熔断器额定电流 /A	熔体额定电流/A	主要尺寸			
					A	B	C	D
XRNM1 -3.6	3.6	50	125 200 400	50,63,80,100,125 125,160,200 250,315,355,400	337 (390)	254 (312)	305 (340)	50 76
XRNM1 -7.2	7.2	50	160 315	25,31.5,40,50,63, 80,100,125,160 200,224,250,315	486 (500)	403 (461)	454 (150)	76

注：根据需要可将其并联得到双管或三管高压限流熔断器。

② 电动机保护用高压母线式限流熔断器 XRNT、XRNP、RN2 熔断器主要用于高压输电线路、电压变压器、电压互感器等电气设备的过载和短路保护。其结构一般包括熔丝管、接触导电部分、支持绝缘子等。电动机保护用高压母线式限流熔断器基本参数见表 2-164、表 2-165。

表 2-164　电动机保护用高压母线式限流熔断器基本参数

型号	额定电压/kV	额定电流/A	额定开断电流/kA
XRNT1-10SDL. J XRNT1-10SFL. J XRNT1-10SKL. J	12	1,2,3.15,6.3,10,16,20,31.5,40,50,63,70,80,100,125	31.5
XRN□-10FFL. J XRNT1-10		10,16,20,25,31.5,40,50,63,160,200	50

表 2-165　电动机保护用高压母线式及插入式限流熔断器基本参数

型　号	额定电压/kV	额定电流/A	额定开断电流/kA
XRNM1-3	3.6	50,63,80,100,125,125,160,200	50
		250,315,55,400	31.5
XRNM1-6		25,31.5,40,50,63,80,100,125,160,200,224,50,315	40
XRNM1-10		25,31.5,40,50,63,80,100,125,160,200,224	

0.55～30kW 三相异步电动机保护用的低压电器配套数据见表 2-166。

表 2-166　0.55～30kW 三相异步电动机保护用的低压电器配套数据

电动机额定功率/kW	自动空气开关型号(热元件额定电流)/A	电磁启动器型号④(热元件额定电流)/A	熔断器型号①(熔体额定电流)/A
0.55	DZ5-20/330(2)	QC10-1/6(2.4)	RL1-15(5)
0.75	DZ5-20/330(3)	QC10-1/6(2.4)	RL1-15(10)
1.1(1.0)	DZ5-20/330(3)	QC10-2/6(3.5)	RM10-15(10)
1.5(1.7)	DZ5-20/330(4.5)	QC10-2/6(5.0)	RM10-15(10)
2.2	DZ5-20/330(6.5)	QC10-2/6(7.2)	RM10-15(15)
3(2.8)	DZ5-20/330(10)	QC10-2/6(11、7.2)	RM10-60(20)
4(4.5)	DZ5-20/330(10)	QC10-2/6(11)	RM10-15(15)②
5.5	DZ5-20/330(15)	QC10-3/6(16)	RM10-15(10)②
7.5(7.0)	DZ5-20/330(20)	QC10-3/6(24、16)	RM10-60(20)②
11(10)	DZ5-50(30)	QC10-3/6(24)	RM10-60(30)②
13	DZ3-50(30)	QC10-4/6(35)	RM10-60(40)②
15(11)	DZ5-50(30)	QC10-4/6(35)	RM10-60(50)②
18.5(17)	DZ5-50(40)	QC10-4/6(50)	RM10-60(60)②
22(20)	DZ5-50(50)	QC10-4/6(50)	RM10-60(60)②
			RM10-60(100)②
30(28)	DZ10-100/330(60)	QC10-5/6(72)	RM10-100A/3(100)③

① 若不采用熔断器，亦可采用相应熔体的铁壳开关或胶盖瓷底刀开关。
② 指 Y-△启动。
③ 补偿器启动。
④ 11kW 以下，还可采用 Q273 系列及 Q267 系列。

Y 系列电动机启动保护设备及管线的选择见表 2-167。

表 2-167　Y 系列电动机启动保护设备及管线的选择

电动机				选用熔断器				封闭式负荷开关(铁壳开关)	QC8	QC10	QC12	低压断路器	25℃	30℃	35℃
型号	功率/kW	额定电流/A	启动电流/A	RC1A	RL1	RM10	RT0	HH3 或 HH4	电磁启动器等级 热元件额定电流/A			D25-20	BLV 导线截面积/mm² 钢管直径/mm		
				额定电流/A				额定电流/A				热脱扣器额定电流/A			
801-4	0.55	1.6	10	10/5	15/4	15/6	50/10	15/5	$\frac{2/6}{2.4}$	$\frac{2/6}{2.4}$	$\frac{2/H}{2.4}$	3	$\frac{2.5}{G15}$	$\frac{2.5}{G15}$	$\frac{2.5}{G15}$
801-2 802-4 90S-6	0.75	1.9 2.1 2.3	13 14 14	10/6	15/6	15/6	50/10	15/6	$\frac{2/6}{2.4}$	$\frac{2/6}{2.4}$	$\frac{2/H}{2.4}$	3			
802-2 90S-4 90L-6	11	2.6 2.7 3.2	18 18 19	10/10	15/10	15/10	50/10	15/10	$\frac{2/6}{3.5}$	$\frac{2/6}{3.5}$	$\frac{2/H}{3.5}$	4.5			
90S-2 90L-4 100L-6	15	3.4 3.7 4.0	24 24 24	15/10	15/10	15/10	15/10	15/10	$\frac{2/6}{5}$	$\frac{2/6}{5}$	$\frac{2/H}{5}$	4.5	$\frac{2.5}{G15}$	$\frac{2.5}{G15}$	$\frac{2.5}{G15}$
90L-2 100L1-4 112M-6 132S-8	2.2	4.7 5.0 5.6 5.8	33 35 34 32	15/15	15/15	15/15	50/15	15/15	$\frac{2/6}{7.2}$	$\frac{2/6}{7.2}$	$\frac{2/H}{7.2}$	6.5			
100L-2 100L2-4 132S-6 132M-8	30	6.4 6.8 7.2 7.7	45 48 47 43	15/15	60/20	60/20	50/20	15/15	$\frac{2/6}{11}$	$\frac{2/6}{11}$	$\frac{2/H}{11}$	10			

续表

电动机				选用熔断器				封闭式负荷开关(铁壳开关)	QC8	QC10	QC12	低压断路器	25℃	30℃	35℃
型号	功率/kW	额定电流/A	启动电流/A	RC1A	RL1	RM10	RT0	HH3 或 HH4	电磁启动器等级 热元件额定电流/A			D25-20	BLV 导线截面积/mm² 钢管直径/mm		
				额定电流/A				额定电流/A				热脱扣器额定电流/A			
112M-2	4.0	8.2	57	30/20	60/25	60/25	50/30	30/20	$\frac{2/6}{11}$	$\frac{2/6}{11}$	$\frac{2/H}{11}$	10	$\frac{2.5}{G15}$	$\frac{2.5}{G15}$	$\frac{2.5}{G15}$
112M-4		8.8	62												
132M1-6		9.4	61												
160M-8		9.9	59												
132S1-2	5.5	11	78	30/30	60/35	60/35	50/30	30/30	$\frac{3/6}{16}$	$\frac{3/6}{16}$	$\frac{3/H}{16}$	15			
132S-4		12	81												
132M2-6		13	82												
160M2-8		13	80												
132S2-2	7.5	15	105	60/40	60/50	60/45	50/40	60/40	$\frac{3/6}{24}$	$\frac{3/6}{24}$	$\frac{3/H}{22}$	20	$\frac{2.5}{G15}$	$\frac{2.5}{G15}$	$\frac{2.5}{G15}$
132M-4		15	108												
160M-6		17	111												$\frac{4}{G20}$
160L-8		18	97												
160M1-2	11	22	153	60/60	100/80	60/60	50/50	60/60	$\frac{4/6}{33}$	$\frac{4/6}{35}$	$\frac{4/H}{32}$	30	$\frac{4}{G20}$	$\frac{4}{G20}$	$\frac{6}{G20}$
160M-4		23	158												
160L-6		25	160												
180L-8		25	151												

续表

电动机				选用熔断器				封闭式负荷开关(铁壳开关)	QC8	QC10	QC12	低压断路器	25℃	30℃	35℃
型号	功率/kW	额定电流/A	启动电流/A	RC1A	RL1	RM10	RT0	HH3 或 HH4	电磁启动器等级/热元件额定电流/A			D25-20	BLV 导线截面积/mm²/钢管直径/mm		
				额定电流/A				额定电流/A				热脱扣器额定电流/A			
160M2-2	15	29	206	100/80	100/80	100/80	100/60	60/60	$\frac{4/6}{45}$	$\frac{4/6}{35}$	$\frac{4/H}{45}$	40	$\frac{10}{G25}$	$\frac{10}{G25}$	$\frac{10}{G25}$
160L-4		30	212												
180L-6		32	205							$\frac{4/6}{45}$					$\frac{16}{G25}$
200L-8		34	205												
160L-2	18.5	36	249	100/80	100/80	100/80	100/80	—	$\frac{4/6}{45}$	$\frac{4/6}{45}$	$\frac{4/H}{45}$	50	$\frac{16}{G25}$	$\frac{16}{G25}$	$\frac{16}{G25}$
180M-4		36	251												
200L1-6		38	245												
225S-8		41	248												
180M-2	22	42	295	100/100	100/100	100/80	100/80	—	$\frac{5/6}{57}$	$\frac{5/6}{50}$	$\frac{5/H}{63}$	50	$\frac{16}{G25}$	$\frac{10}{G25}$	$\frac{25}{G32}$
180L-4		43	298												
200L2-6		45	290											$\frac{25}{G32}$	
225M-8		48	280												
200L1-2	30	57	398	—	—	200/160	200/120	—	$\frac{5/6}{86}$	$\frac{5/6}{72}$	$\frac{5/H}{63}$	60	$\frac{25}{G32}$	$\frac{25}{G32}$	$\frac{25}{G40}$
200L-4		57	398												
225M-6		60	387												
250M-8		63	378												

续表

电动机				选用熔断器				封闭式负荷开关(铁壳开关)	QC8	QC10	QC12	低压断路器	25℃	30℃	35℃
型号	功率/kW	额定电流/A	启动电流/A	RC1A	RL1	RM10	RT0	HH3 或 HH4	电磁启动器等级 热元件额定电流/A			D25-20	BLV 导线截面积/mm² 钢管直径/mm		
				额定电流/A				额定电流/A				热脱扣器额定电流/A			
200L2-2	37	70	489	—	—	200/160	200/120	—	6/6 86	6/6 100	6/H 85	80	35 G40	35 G40	50 G50
225S-4		70	489												
250M-6		72	468												
280S-8		79	472												
225M-2	45	84	587	—	—	200/160	200/150	—	6/6 125	6/6 100	6/H 120	100	50 G50	50 G50	70 G70
225M-4		84	589												
280S-6		85	555												
280M-8		93	559												
315S-10		98	637												
250M-2	55	103	719	—	—	200/200	200/200	—	7/6 125	7/6 150	7/H 160	120	70 G70	70 G70	70 G70
250M-4		103	718												
280M-6		105	682									140			
315S-8		109	709												
315M-10		120	780												
280S-2	75	140	981	—	—	350/260	400/250	—	7/6 176	7/6 150	7/H 160	170	95 G70	95 G70	95 G70
280S-4		140	978												
315S-6		142	923												
315M-8		148	962							—				120 G70	120 G70
315L2-10		160	1040												

2.8.2 异步电动机继电保护

异步电动机继电保护方法见表 2-168，Y 系列电动机轻载全压启动保护设备及导线选择见表 2-169。

表 2-168 异步电动机继电保护方法

场合		方法
电压<1000V		用熔断器保护；在一台电动机短路时，断开几台电动机的公用断路器；用自动空气开关作为低电压保护
3～10kV	功率 150～2000kW	装设电流速断保护装置，灵敏度要求不能满足时改用纵联差动保护装置
	生产过程中易发生过负荷或启动、自启动等条件严重	装设过负荷保护装置
	单相接地电流大于 5A	装设单相接地保护。一般 5～10A 时可作用于信号，也可作用于跳闸；大于 10A 时作用于跳闸
3～35kV 网络的中性点不接地		在电动机母线上装设“绝缘监视”装置

注：电动机有必要装设低电压保护装置时，可采用在线电压上的低电压继电器将电动机断开；必要时可采用两个继电器进行低电压保护。

表 2-169 Y 系列电动机轻载全压启动保护设备及导线选择

电动机型号 Y 系列	功率 /kW	额定电流 /A	启动电流 /A	可选保护电器系列				
				NT	RT0	RL6	DZ20	T□(C45N-4)
				熔管电流/熔体电流/A			断路器电流/脱扣器电流/A	
801-2	0.75	1.51	10	0/0	50/10	25/6	100/16	100/15(40/3)
802-2	1.1	2.52	18	0/6	50/10	25/10	100/16	100/15(40/5)
90S-2	1.5	3.44	24	0/10	50/10	25/10	100/16	100/15(40/5)
90L-2	2.2	4.74	33	0/10	50/15	25/10	100/16	100/15(40/10)
100L-2	3.0	6.39	45	0/16	50/20	25/16	100/16	100/15(40/10)
112M-2	4.0	8.17	57	0/16	50/20	25/20	100/16	100/15(40/15)
132S1-2	5.5	11.1	78	0/20	50/30	25/25	100/16	100/20(40/15)
132S2-2	7.5	15.0	105	0/32	50/40	63/50	100/16	100/30(40/20)
160M1-2	11	21.8	133	0/36	50/50	63/63	100/32	100/40
160M2-2	15	29.4	206	0/50	100/60	100/80	100/32	100/50
160L-2	18.5	35.5	249	0/63	100/80	100/10	100/40	100/60
180M-2	22	42.2	295	0/63	100/80	200/125	100/50	100/75
200L1-2	30	56.9	398	0/80	100/100	200/125	100/63	100/100

续表

电动机型号 Y系列	功率/kW	额定电流/A	启动电流/A	可选保护电器系列				
				NT	RT0	RL6	DZ20	T□(C45N-4)
				熔管电流/熔体电流/A			断路器电流/脱扣器电流/A	
200L2-2	37	69.8	487	0/100	200/120	200/125	100/80	225/125
225M-2	45	83.9	587	0/125	200/150	200/160	200/100	225/150
250M-2	55	103	721	0/160	200/200	200/160	200/125	225/175
280S-2	75	140	980	0/160	400/250	200/200	200/160	225/200
801-4	0.55	1.51	10	0/0	50/5	25/6	100/16	100/15(40/3)
802-4	0.75	2.01	13	0/0	50/10	25/6	100/16	100/15(40/3)
90S-4	1.1	2.75	18	0/6	50/10	25/10	100/16	100/15(40/5)
90L-4	1.5	3.65	24	0/10	50/10	25/10	100/16	100/15(40/5)
100L1-4	2.2	5.03	33	0/10	50/15	25/16	100/16	100/15(40/10)
100L2-4	3.0	6.82	48	0/16	50/20	25/20	100/16	100/15(40/10)
112M-4	4.0	8.77	61	0/20	50/20	25/25	100/16	100/15(40/15)
132S-4	5.5	11.6	81	0/20	50/30	63/35	100/16	100/20(40/15)
132M-4	7.5	15.4	108	0/32	50/40	63/50	100/16	100/30(40/20)
160M-4	11.0	22.6	158	0/36	50/50	63/63	100/32	100/40
160L-4	15.0	30.3	212	0/50	100/60	100/80	100/32	100/50
180M-4	18.5	35.0	251	0/63	100/80	100/100	100/40	100/60
180L-4	22	42.5	298	0/63	100/80	200/125	100/50	100/75
200L-4	30	56.8	398	0/80	100/100	200/125	100/63	100/100
225S-4	37	69.8	487	0/100	200/120	200/125	100/80	225/125
225M-4	45	84.2	589	0/125	200/150	200/160	200/100	225/150
250M-4	55	103	721	0/160	200/200	200/160	200/125	225/175
280S-4	75	140	980	0/160	400/250	200/200	200/160	225/200
90S-6	0.75	2.25	14	0/0	50/10	25/6	100/16	100/15(40/3)
90L-6	1.1	3.15	19	0/6	50/10	25/10	100/16	100/15(40/5)
100L-6	1.5	3.97	24	0/10	50/10	25/10	100/16	100/15(40/5)
112M-6	2.2	5.61	34	0/10	50/15	25/16	100/16	100/15(40/10)
132S-6	3.0	7.23	47	0/16	50/20	25/20	100/16	100/15(40/10)
132M1-6	4.0	9.40	61	0/20	50/30	25/25	100/16	100/15(40/15)
132M2-6	5.5	12.6	82	0/20	50/30	63/35	100/16	100/20(40/15)
160M-6	7.5	17.0	111	0/32	50/40	63/50	100/20	100/30(40/20)
160L-6	11	24.6	160	0/36	50/50	63/63	100/32	100/40
180L-6	15	31.4	204	0/50	100/60	100/80	100/32	100/50
200L1-6	18.5	37.7	245	0/63	100/80	100/100	100/40	100/60
200L2-6	22	44.6	290	0/63	100/80	220/125	100/50	100/75
225M-6	30	59.5	387	0/80	100/100	200/125	100/63	100/100
250M-6	37	72.0	468	0/100	200/120	200/125	100/80	225/125
280S-6	45	85.4	555	0/125	200/150	200/160	200/100	225/150
280M-6	55	104	676	0/125	200/200	200/160	200/125	225/175
315S-6	75	141	912	0/160	400/250	200/200	200/160	225/200

续表

电动机型号 Y系列	可选保护电器系列 MSB	CJ20/JR20	QC10/JR20	BLV型铝芯500V绝缘导线/mm^2	碳钢电线套管TC(DG)/mm	镀锌焊接钢管SC(G)/mm
	(磁力启动器类型)/热继电器额定电流/A					
801-2	(B9,T16)/2.4	10/2.4	2/6 /2.4	3×2.5	16	15
802-2	(B9,T16)/3.0	10/3.5	2/6 /3.5	3×2.5	16	15
90S-2	(B9,T16)/4.0	10/3.5	2/6 /3.5	3×2.5	16	15
90L-2	(B9,T16)/6.0	10/5.0	2/6 /5.0	3×2.5	16	15
100L-2	(B9,T16)/7.5	10/7.2	2/6 /7.2	3×2.5	16	15
112M-2	(B9,T16)/11	10/11	2/6 /11	3×2.5	16	15
132S1-2	(B16,T16)/13	16/16	2/6 /16	3×2.5	16	15
132S2-2	(B16,T16)/17.6	16/16	3/6 /16	3×25	16	15
160M1-2	(B30,T25)/27	25/22	4/6 /24	3×4	19	15
160M2-2	(B37,T25)/32	40/32	4/6 /33	3×6	19	15
160L-2	(B45,TSA45)/45	63/45	4/6 /45	3×10	25	25
180M-2	(B45,TSA45)/45	63/45	5/6 /50	3×16	32	25
200L1-2	(B65,T85)/70	63/63	5/6 /72	3×25	38	32
200L2-2	(B85,T85)/100	100/85	6/6 /72	3×35	51	40
225M-2	(B105,T85)/100	100/120	6/6 /100	3×50	51	51
250M-2	(B170,T105)/115	160/120	6/7 /120	3×70	64	65
280S-2	(B170,T170)/160	160/160	6/7 /160	3×95	76	80
801-4	(B9,T16)/1.8	10/1.6	2/6 /2.4	3×2.5	16	15
802-4	(B9,T16)/2.4	10/2.4	2/6 /2.4	3×2.5	16	15
90S-4	(B9,T16)/3	10/3.5	2/6 /3.5	3×2.5	16	15
90L-4	(B9,T16)/4	10/5.0	2/6 /5.0	3×2.5	16	15
100L1-4	(B9,T16)/6	10/7.2	2/6 /7.2	3×2.5	16	15
100L2-4	(B9,T16)/7.5	10/7.5	2/6 /7.2	3×2.5	16	15
112M-4	(B12,T16)/11	10/11	2/6 /11	3×2.5	16	15
132S-4	(B16,T16)/13	16/16	3/6 /16	3×2.5	16	15
132M-4	(B16,T16)/17.6	16/16	3/6 /16	3×2.5	16	15
160M-4	(B30,T25)/27	40/32	4/6 /24	3×6	19	15
160L-4	(B37,T25)/32	40/32	4/6 /33	3×6	19	15
180M-4	(B45,TSA45)/4	63/45	4/6 /45	3×10	25	25
180L-4	(B45,TSA45)/4	63/45	5/6 /50	3×16	32	25
200L-4	(B65,T85)/70	63/63	5/6 /72	3×25	38	32
225S-4	(B85,T85)/100	100/85	6/6 /72	3×35	51	40
225M-4	(B105,T85)/100	100/120	6/6 /100	3×50	51	51
250M-4	(B170,T105)/115	160/120	7/6 /120	3×70	64	65
280S-4	(B170,T170)/160	160/160	7/6 /160	3×95	76	80

续表

电动机型号 Y 系列	可选保护电器系列 MSB	CJ20/JR20	QC10/JR20	BLV 型铝芯 500V 绝缘导线 /mm²	碳钢电线套管 TC(DG) /mm	镀锌焊接钢管 SC(G) /mm
	(磁力启动器类型)/热继电器额定电流/A					
90S-6	(B9,T16)/2.4	10/2.4	2/6 /2.4	3×2.5	16	15
90L-6	(B9,T16)/4	10/3.5	2/6 /3.5	3×2.5	16	15
100L-6	(B9,T16)/4	10/5.0	2/6 /5.0	3×2.5	16	15
112M-6	(B9,T16)/6	10/7.2	2/6 /7.2	3×2.5	16	15
132S-6	(B9,T16)/7.5	10/11	2/6 /11	3×2.5	16	15
132M1-6	(B12,T16)/11	10/11	2/6 /11	3×2.5	16	15
132M2-6	(B16,T16)/13	16/16	3/6 /6	3×2.5	16	15
160M-6	(B25,T25)/20	25/22	3/6 /24	3×4	19	15
160L-6	(B30,T25)/27	40/32	4/6 /33	3×6	19	15
180L-6	(B37,T25)/32	40/32	4/6 /33	3×6	19	15
200L1-6	(B45,TSA45)/45	63/45	4/6 /45	3×10	25	25
200L2-6	(B45,TSA45)/45	63/45	5/6 /50	3×16	32	25
225M-6	(B65,T85)/70	63/63	5/6 /72	3×25	38	32
250M-6	(B105,T85)/100	10/85	6/6 /100	3×35	51	40
280S-6	(B105,T85)/100	100/120	6/6 /100	3×50	51	51
280M-6	(B170,T105)/115	160/120	7/6 /120	3×70	64	65
315S-6	(B170,T170)/160	160/160	7/6 /120	3×95	76	80

Y 系列电动机降压启动时的电气设备选型见表 2-170。

表 2-170 Y 系列电动机降压启动时的电气设备选型

电动机容量/kW		5.5	7.5	11	15	18.5
设备名称	型号	规格				
闸刀开关	HK1	30/3	30/3	60/3	60/3	60/3
熔体额定电流/A		15	20	30	40	50
Y-△启动器	QX1(QK3)	13kW	13kW	13kW	15kW	30kW
闸刀开关	HK1(HH3)	30/3	30/3	60/3	60/3	60/3
熔体额定电流/A		25～30	25～30	30～40	40～50	50～60
自耦降压启动器	QJ10	11kW	11kW	11kW	15kW	20kW
断路器	DZ5	25/330	25/300	50/330	50/330	50/330
热元件额定电流/A		16	20	25	40	40
Y-△启动器	QX1	13kW	13kW	13kW	15kW	30kW
电流表	4216-A	20A	30A	30A	30A	50A
绝缘导线/mm²	BLX BLV	2.5	2.5	4	6	10
钢管直径/mm		G15	G15	G20	G20	G25

续表

电动机容量/kW		22	30	37	45	55	75
设备名称	型号	规　　格					
闸刀开关 熔断器/A 熔体额定电流/A Y-△启动器	HD13 RT0 QX4	100/31 100 30 30kW	100/31 100 80 30kW	200/31 100 100 55kW	200/31 200 110 55kW	200/31 200 120 55kW	200/31 200 150 125kV
断路器 热元件额定电流/A Y-△启动器	TH、TS (H) QX1(QX3)	100/330 50 30kW	100/330 72 30kW	200/330 110 QX4-55	200/330 110 QX4-55	200/330 110 QX4-55	200/330 160 QX4-75
铁壳形状 熔体额定电流/A 自耦降压启动器	HH3 QJ10	100/3 60～80 28kW	100/3 80～100 40kW	200/3 125～ 160 40kW	200/3 140～ 160 50kW	200/3 160～ 200 55kW	200/3 160～ 200 55kW
闸刀开关 熔断器/A 熔体额定电流/A 自耦降压启动器	HD13 RM10 QJ10	100/30 60 40～60 30kW	100/30 100 80～100 40kW	200/30 200 125～ 160 40kW	200/30 200 140～ 160 50kW	200/30 200 160～ 200 55kW	400/30 350 200～ 260 75kW
电流表	4216-A	75 75/5A	100 100/5A	150 150/5A	150 150/5A	200/5A	200/5A
电流互感器	LQG-0.5	75/5A	100/5A	150/5A	150/5A	200/5A	200/5A
绝缘导线/mm^2	BLX BLV	16	25	35	35	50	95
钢管直径/mm		G25	G32	G40	G40	G50	G75

2.8.3 异步电动机的保护电路

(1) 短路保护电路

由于电动机控制系统的绝缘损坏、控制电器及线路出现故障等原因，往往会导致电流从非正常路径流过而造成短路，使瞬时电流达到电动机额定电流的许多倍，如果不能及时切断电源，则有可能造成电动机不可修复的损坏，甚至可能导致触电、火灾等危险。

短路保护必须在很短的时间内切断电源，且当电动机正常启动、制动时，保护装置不产生误动作。

常用的短路保护装置有熔断器短路保护电路和自动开关短路保护电路，见图 2-34。

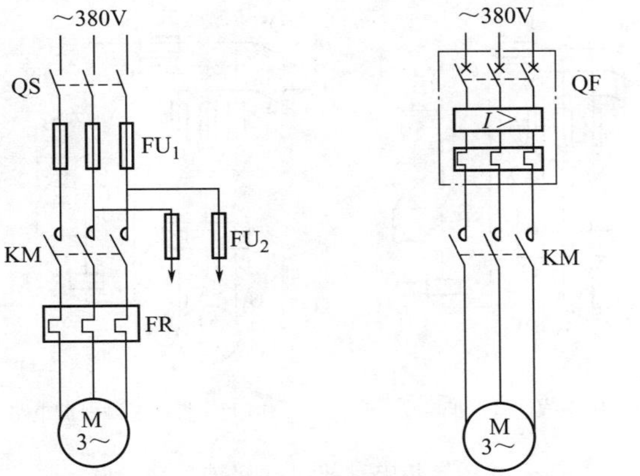

(a) 熔断器短路保护电路　(b)自动开关短路保护电路

图 2-34　异步电动机短路保护电路一例

（2）过载保护电路

电动机负载的突然增加、电源电压降低、缺相运行和电动机轴承磨损等，可能会使其工作电流超过额定值致使绕组过热。若电动机长期过载运行，其绕组的温升将超过允许值而使绝缘材料变脆、老化，严重时会使电动机损坏。

过载保护装置要求具有反时限特性，且不会受电动机短时过载冲击电流或短路电流的影响而瞬时动作，所以通常用热继电器作过载保护，当有 6 倍以上额定电流通过热继电器时，需经 5s 后才动作，这样在热继电器未动作前，可能使热继电器的发热元件先烧坏，所以在使用热继电器作过载保护时，还必须装有熔断器或低压断路器的短路保护装置。异步电动机过载保护电路参见图 2-35。

（3）过电流保护电路

过电流是指电动机的工作电流超过其额定值（6 倍以下），如果时间久了，就会使电动机过热而损坏，因此需要采取保护措施。由于负载过大、启动不正确，或是频繁启动和正反转、重复短时工作时的电动机，经常会出现这种情况。

过电流保护也要求保护装置能瞬时动作，所以一般采用过电流继电器与接触器配合使用，即将过电流继电器线圈串接在被保护电

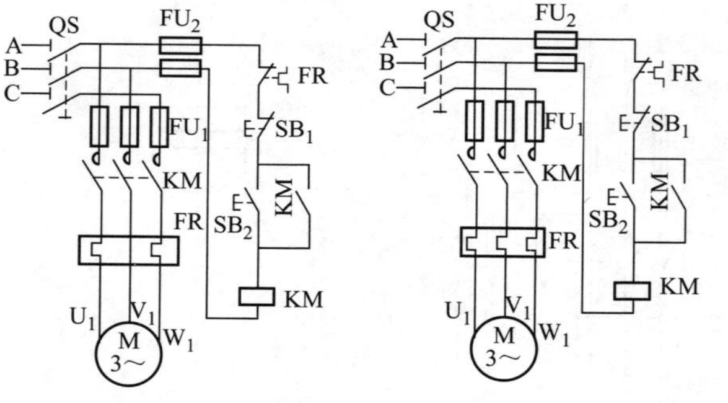

(a) 无中性线过载保护电路　　(b) 有中性线过载保护电路

图 2-35　异步电动机过载保护电路一例

路中，当电路电流达到其整定值时，过电流继电器动作，而过电流继电器常闭触点串接在接触器线圈电路中，使接触器线圈断电释放，接触器主触点断开来切断电动机电源，这种过电流保护器常用于三相绕线转子异步电动机和直流电动机的控制电路中。异步电动机过电流保护电路参见图 2-36。

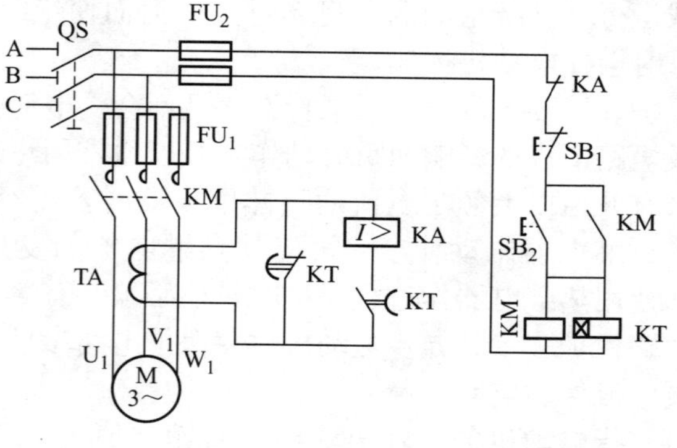

图 2-36　异步电动机过电流保护电路一例

（4）失压保护

如果由于某种原因，电动机在正常工作时电网突然断电，操作人员未及时拉下电源开关时，那么当电源电压恢复，电动机就可能自行启动，电气元件自行投入工作，造成人身或机械设备事故，并引起电网过电流和瞬间网络电压下降。为防止这种情况发生而设置的保护，称为失压保护。其方法是采用接触器和按钮控制电动机的启动。因为一旦电网电压消失，接触器会自动释放而切断电动机电源；当电源电压恢复时，由于接触器自锁触点已断开，不会自行启动（如果采用不能自动复位的手动开关、行程开关来控制接触器，必须采用专门的零电压继电器）。失压保护电路参见图 2-37。

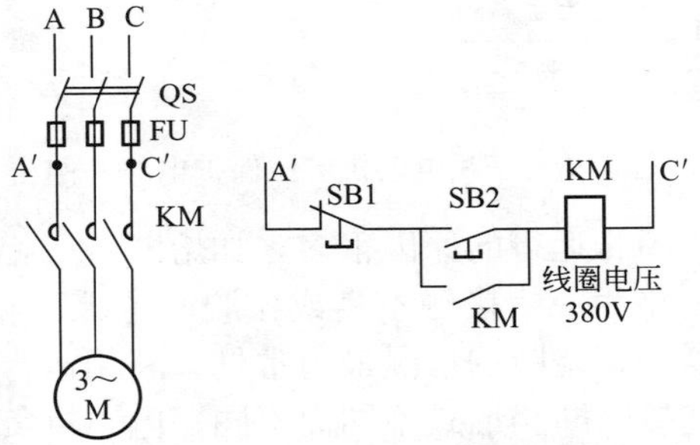

(a) 主电路线路图　(b) 控制电路线路图

图 2-37　三相电动机失压保护电路一例

（5）欠压保护

在电网电压降低时，由于电动机的主磁通下降、电流增强，其转速、转矩都要降低，甚至堵转，时间过长将会使电动机过热损坏，同时欠压还会导致一些电气元件释放，使线路不能正常工作。因此，当电网电压降到额定电压的 60%～80%时，就要求能自动切除电源而停止工作，这种保护称为欠电压保护。

除了利用接触器本身的欠电压保护作用之外，还可以采用低压断路器或专门的电磁式电压继电器来进行欠电压保护，其方法是将电压继电器线圈跨接在电源上，其动合触头串接在接触器控制回路中。当电网电压低于指定值时，电压继电器动作使接触器释放。欠压保护电路参见图 2-38。

（6）断相保护

异步电动机在正常运行时，如果电源任一相突然断路，就处于断相运行，即在单相电源下运行，电动机定子电流会增大，转速要下降甚至会堵转，时间一长就会烧坏电机，因此应进行断相保护。

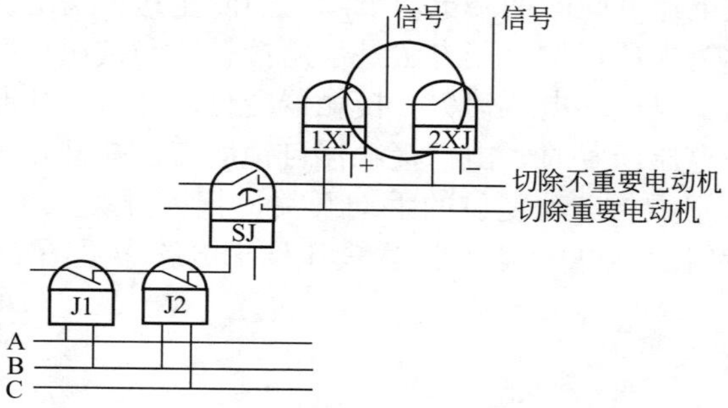

图 2-38　三相电动机欠压保护电路一例

引起电动机断相运行的原因很多，如熔断器一相熔体烧断，电动机绕组一相断路、一相接触不良或松脱，电源一相线路断开等，其中尤以熔断器一相烧断的情况最为常见。断相运行时，线路电流和电动机绕组连接因断相形式不同而不同；电动机负载越大，故障电流也越大。断相运行时，通常可以根据电流或电压发生的变化特征检测出断相信号来构成断相保护装置。

图 2-39 是 Y 形接法电动机断相保护电路。

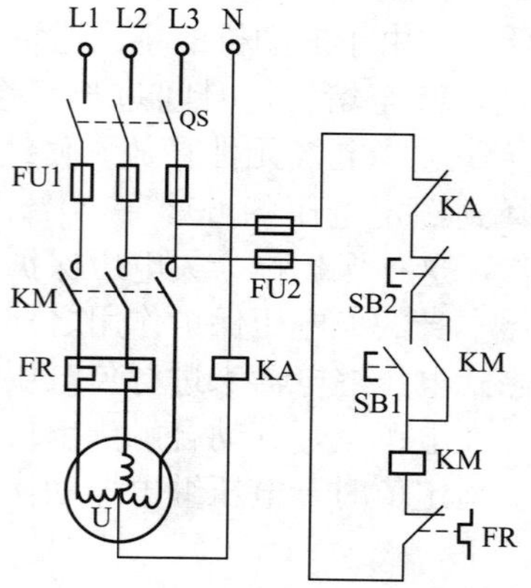

图 2-39　Y 形接法电动机断相保护电路一例

（7）相序保护

一般情况下，电动机工作的接线顺序是有规定的，如果由于某种原因，导致相序发生错乱，电动机将无法正常工作甚至损坏。相序保护就是为了防止这类事故发生。

相序保护可采用相序继电器，当电路中相序与指定相序不符时，相序继电器将触发动作，切断控制电路的电源从而达到切断电动机电源、保护电动机的目的。图 2-40 是电动机的相序保护电路。

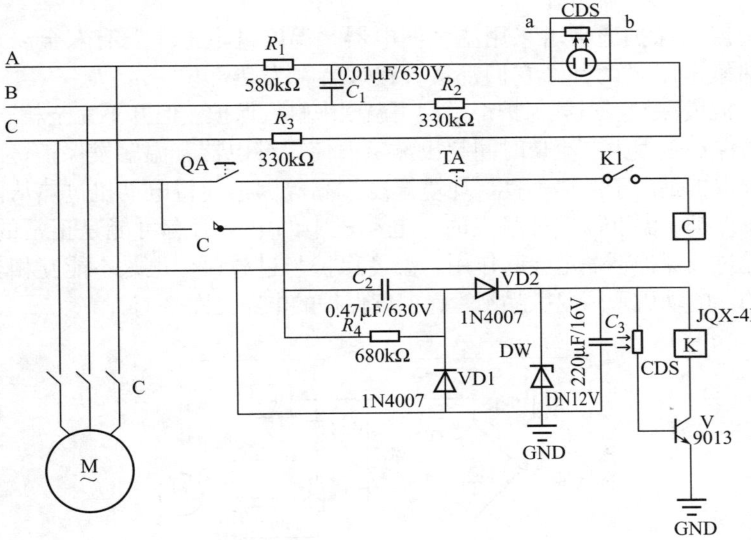

图 2-40　电动机的相序保护电路一例

工作原理：由电阻 $R_1 \sim R_3$、电容 C_1 和氖泡组成三相交流电相序检测电路。由于 C_1 的移相作用，当电源按图中 A、B、C 相序接入时，氖泡发光，而逆相序如 A、C、B 接入时，氖泡则不亮。当按下启动按钮 QA 时，交流电经 C_2 降压、VD1 和 VD2 整流、DW 稳压及 C_3 滤波后得到 12V 直流电压，加在由继电器 K、光敏电阻 CDS 和开关管 V 组成的保护执行电路上。如果此时相序为 A、B、C 顺序，则氖泡发光，与氖泡封装在一起的 CDS 受光照后呈现很低的阻抗，V 便得到基极偏流而导通，K 吸合，K1 接通交流接触器 C 的控制回路，C 吸合，电动机启动运转。反之，如为逆相序，则氖泡不亮，K 不吸合，K1 断开，电动机便不能被启动。

由此而达到保护目的。

（8）温度保护

在电动机电流没有超过额定值时，由于通风不良、环境温度过高、启动次数过于频繁等原因，电动机也会过热。这种情况下用以上的过流保护或过载保护都不能解决问题，因此需要直接反映温度变化的热保护器。

温度保护通常可采用温度继电器。温度继电器主要有双金属片和热敏电阻式两种，它们都被直接埋置在发热部位。

温度保护与过载保护都是利用温度来触发保护，但并不完全相同。过载保护是因为电流长时间超出额定值使得继电器升温触发保护；而温度保护是由于散热不良，环境温度过高等因素使得电动机过热从而触发保护。温度保护被触发时，电动机中的电流值有可能是正常的，因此过载保护不一定会起作用。温度保护与过载保护也是不能互相替代的。电动机采用温敏晶闸管作温度保护的电路见图 2-41。

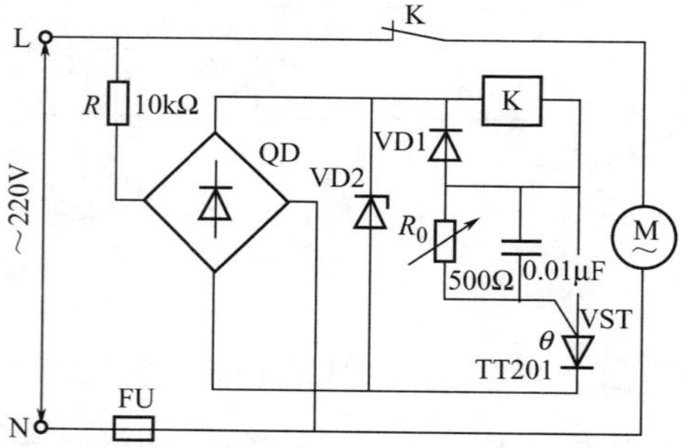

图 2-41　电动机采用温敏晶闸管作温度保护的电路一例

（9）过压保护

当由于某种原因使得电动机电源电压超过其额定值时，电动机的定子电流增大，使电动机发热增多，时间久了就会造成电动机损坏。如果电压比额定值高很多，则电动机定子电流就会超出额定值许多而可能烧坏电动机。因此，需要进行过电压保护。

最常见的过电压保护装置是过电压继电器。电源电压一旦过高，过电压继电器的常闭触头就立即动作，从而控制接触器及时断开电源。过电压继电器的动作电压整定值一般可为电动机额定电压的 1.05～1.2 倍。

(10) 漏电保护

为了防止直接和间接接触电击事故，防止电气线路或电气设备接地故障引起电气火灾和电气设备损坏事故，低压配电系统应该具有漏电保护装置。

电动机继电保护的配置见表 2-171。

表 2-171　电动机继电保护的配置

<table>
<tr><th rowspan="2">电动机种　类</th><th rowspan="2">容量/kW</th><th colspan="7">保　护　装　置　名　称</th></tr>
<tr><th>电流速断保护</th><th>纵联差动保护</th><th>过负荷保　护</th><th>单相接地保护</th><th>低电压保　护</th><th>失步保护①</th><th>防止非同步冲击的断电失步保护②</th></tr>
<tr><td rowspan="2">异步电动机</td><td><2000</td><td>装设</td><td>当电流速断保护不能满足灵敏性要求时装设</td><td rowspan="4">生产过程中易发生过负荷时，或启动、自启动条件困难时应装设</td><td rowspan="4">单相接地电流>5A 时装设，≥10A 时一般动作于跳闸，5～10A 时可动作于跳闸或信号</td><td rowspan="2">根据需要装设</td><td rowspan="2"></td><td rowspan="2"></td></tr>
<tr><td>≥2000</td><td></td><td>装设</td></tr>
<tr><td rowspan="2">同步电动机</td><td><2000</td><td>装设</td><td>当电流速断保护不能满足灵敏性要求时装设</td><td rowspan="2"></td><td rowspan="2">装设</td><td rowspan="2">根据需要装设</td></tr>
<tr><td>≥2000</td><td></td><td>装设</td></tr>
</table>

① 下列电动机可以利用反映定子回路的过负荷保护兼作失步保护：短路比≥0.8，且负荷平稳的同步电动机，负荷变动大的同步电动机（应增设失磁保护）。

② 大容量同步电动机当不允许非同步冲击时，宜装设防止电源短时中断恢复时造成非同步冲击的保护。

(11) JDB-80C 电动机综合保护器

上面介绍了电动机的保护线路，不过现在已经有一些保护器成品供应，其中应用得较多的是 JDB-80C 电动机综合保护器。

本系列保护器适用于交流 50Hz，电压为 380/660/1140V，电流至 400A 的电力电路中，作保护电动机用。保护功能有过载、短路、断相、漏电闭锁等综合保护功能，适宜与各种真空接触器组成矿用隔爆型真空电磁启动器。JDB-80C 电动机综合保护器技术数据见表

2-172，JDB 系列电动机保护器整定调整见表 2-173。

表 2-172　JDB 系列电动机综合保护器技术数据

型号、规格		JDB-80C	JDB-80A	JDB-120	JDB-225	ABD8-250	ABD8-315	ABD8-400
额定电压/V		380,660				660,1140		
额定电流范围/A		5.5～80	5～80	3～120	55～220	40～250	40～315	40～400
过载保护动作时间	1.05 倍	长期不动作						
	1.2 倍	5～20min						
	1.5 倍	1～3min						
	6 倍	8～16s						
短路保护特性		短路保护动作时间性(8～10 倍):0.2～0.4s						
漏电闭锁动作值		380V:7kΩ+20%;660V:22kΩ+20%;1140V:40kΩ+20%						
备注		分体式	一体式，有过载漏试功能	带各种状态显示装置		采用数字电路，性能稳定可靠		

表 2-173　JDB 系列电动机保护器整定调整

JDB-80C

分挡电流/A	粗调倍率	细调刻度电流/A									
		0	1	2	3	4	5	6	7	8	9
5.5～10	×1	5.5	6	6.5	7	7.5	8	8.5	9	9.5	10
10～20	×2	11	12	13	14	15	16	17	18	19	20
22～40	×3	22	24	26	28	30	32	34	36	38	40
44～80	×4	44	48	52	56	60	64	68	72	76	80

JDB-120、JDB-225

型号	分挡电流/A	电流刻度/A										
		1	2	3	4	5	6	7	8	9	10	11
JDB-120	30～60	30	33	36	39	42	45	48	51	54	57	60
	60～120	60	66	72	78	84	90	96	102	108	114	120
JDB-225	55～110	55	60	65	70	75	80	85	90	95	100	110
	110～220	110	120	130	140	150	160	170	180	190	200	220

2.8.4　单台电动机的无功补偿容量

因为空载时电动机消耗的无功功率最小，而补偿后满载时的功率因数会滞后，所以单台三相电动机补偿量，应把电动机空载时的功率因数补偿至 1.0 为原则，如以满载时作依据，空载时必为过补偿。计算公式是：

$$Q=\sqrt{3}UI_0$$

式中 U——电动机的额定电压，kV；

I_0——电动机的空载电流，A；

Q——无功补偿容量，kvar。

无功补偿容量亦可按表 2-174 求出。

表 2-174 单台电动机的无功补偿容量

电动机容量/kW	电动机转速/(r/min)					
	3000	1500	1000	750	600	500
	电容器容量/kvar					
7.5	2.5	3.0	3.5	4.5	5.0	7.0
10	3.5	3.0	4.5	6.5	7.5	9.0
14	5.0	4.0	6.0	7.5	8.5	11.5
17	6.0	5.0	6.5	8.5	10.0	14.5
22	7.0	7.0	8.5	10.0	12.5	15.5
30	8.5	8.5	10.0	12.5	15.0	18.5
40	11.0	11.0	12.5	15.0	18.0	23.0
45	13.0	13.0	15.0	18.0	22.0	26.0
55	17.0	17.0	18.0	22.0	27.0	33.0
75	21.5	22.0	25.0	29.0	33.0	38.0
100	25.0	26.0	29.0	33.0	40.0	45.0
115	32.5	32.5	33.0	36.0	45.0	52.5
145	40.0	40.0	42.5	45.0	55.0	65.0

2.9 电动机的故障与对策

2.9.1 三相异步电动机常见故障及对策(表 2-175)

表 2-175 三相异步电动机常见故障及对策

故障现象		产生原因	对策
电动机不转	无声音	两相或两相以上断路	检查并修复线路
		三相电压不平衡	检查三相绕组是否有断点，若有应修理
		电源不通	修复电源开关、熔丝及接线盒断点
		蓄电池亏电过多	检修电池
		电机导线、动触桥、电刷与整流子接触不良	检修相应项目
		控制线路接错	重接控制线路
		电源线或定子绕组接地	消除接地

续表

故障现象		产生原因	对策
电动机不转	有较沉重的“嗡嗡”声	严重过载	若三相电压平衡且为额定值，减小载荷；若三相电压平衡且高于额定值，为机械部分卡死或扫膛，修复
		长期超载致使线圈烧毁	另换线圈
		定转子绕组或电源有一相断开	检查熔断器、开关触点及引出线，并接好线路
		绕组引出线首末端接错	检查绕组引出线并纠正错误
		电源回路接点或接线柱松动	紧固松动点螺钉，并加以修复
		电源电压过低	检查电源导线是否过细或绕组接法错误
		控制线路接线错误或过电流限值调得太小	校正接线或将过电流限值调至适当值
	电磁开关铁芯来回窜动	电池存电量不足	充电
		保持线圈断路	检修
电动机转动无力		转轴振动	两相运转（一相电流为零，另两相过大），检查绕组或电路
		电池存电量不足	对电池充电
		电动机电路电阻增大	检修
		电枢或磁场线圈短路	检修
		轴承磨损，引起转子扫膛	更换轴承
电动机有噪声	发出忽高忽低且有沉重的电磁噪声	高低音间隔时间不变，属轴承磨损使定子与转子间气隙不均匀	更换轴承或调整定子与转子间气隙
		三相电流不平衡，若声音很沉闷，属电动机严重过载或缺相运行	检查三相绕组是否存在误接地、短路或接触不良等故障
		电动机在运行中振动，使铁芯固定螺栓松动，造成铁芯硅钢片松动	拧紧铁芯硅钢片，消除电动机振动原因
	运行时有机械噪声	定子、转子绝缘低	修理绝缘
		定子、转子相碰	重新装配或更换轴承
		定子、转子铁芯松动	检修定子、转子铁芯
		定子绕组断路或接错	消除故障

续表

故障现象	产生原因	对策
电动机有噪声：运行时有机械噪声	轴承磨损或槽内有砂砾等杂物	更换或修理轴承
	轴承缺油或钢球破碎	给轴承加油或更换钢球
	风道堵塞或风扇磨风罩	清理风道，重新安装风罩
	电源电压过高或转子不平衡	检测电源电压、消除不平衡
启动困难且在额定状态下转速低	电源电压过低	检测电源电压并校正
	三角形接法误接成星形接法	纠正接法
	接线不当或因碰壳通地短路而一相无电	断线头在外部时可焊并恢复绝缘层，否则需要另换线圈
	笼型转子开焊或断裂	查开焊或断点并修复
	电机过载或缺相运行	减载或纠正接法
	定子、转子局部线圈接线错误	纠正错误接法
三相空载电流相差很大	绕组首尾端接错	检查并校正
	绕组匝间断路、线间反接	消除故障
	三相电源电压不平衡	检测电源电压消除不平衡
	电源电压过高	检测电源电压并校正
	线圈漏电	烘干或重新浸漆
	气隙过大或不均匀	更换转子调整气隙
	星形接法误接成三角形	纠正接法
内部接触点和连接处变色、有烧痕	导体连接处接触不良或烧毁、个别线圈绝缘层破损，与维修有关	改善导体连接处接触环境或更换绕组
电刷与整流子间产生强烈火花	电刷过短，磨削不匀，使电刷与整流子接触不良	更换电刷
	电刷弹簧失效	更换弹簧
	整流子积污、氧化或磨损失圆	清洗积污，打磨或更换
	电枢导线短路	检修
	电枢线圈和整流子脱焊	焊接
传动机构发出连续而非忽高忽低的声音	周期性“啪啪”声，是皮带接头不平滑引起	修理或更换皮带
	周期性“咚咚”声，是联轴器或带轮与轴松动及键或键槽磨损	拧紧联轴器或带轮或换键
	不均匀的碰撞声，是转子风叶碰撞风扇罩引起	调整风叶和风扇罩的相对位置

续表

故障现象	产生原因	对策
驱动齿轮与飞轮齿圈不啮合有撞击声	齿轮端面与止推垫圈间的间隙调整不当	正确调整
	齿轮磨损严重	打磨或更换齿轮
	电磁开关动静触点间隙过小	调整间隙
	吸拉线圈断路，铁芯吸力不足	检修
启动后，驱动齿轮不能与飞轮齿圈脱离啮合	电磁开关的桥式触点粘连	检查线路，修整触点
	电磁开关调整不当，桥式触点不能断开	正确调整
	复位弹簧失效	更换弹簧
	齿面拉毛卡死	修整齿面
机座、端盖、转子不同轴心引起扫膛	因定、转子之间气隙很小，轴承超差及端盖内孔磨损或端盖止口与机座止口磨损变形	发现后应对轴承及时更换，对端盖进行更换或刷镀处理
有油漆或煳味、焦臭味	特殊的油漆味说明电动机内部温度过高	设法降温
	很重的煳味或焦臭味，是绝缘层被击穿或绕组已烧毁	更换相应构件
电动机过热或冒烟	风扇脱落、通风道堵塞或环境温度过高	修理风扇、疏通风道、清除积灰或降低环境温度
	电动机缺相运行	检查熔断器、开关触点
	定子绕组匝间短路或三相电压不平衡（不大于5%）	设法三相正常运行
	定子绕组短路	排除故障
	电动机表面污垢多	消除表面污垢
	过载使定子绕组过热	减载
	频繁启动或制动	控制启动或制动次数
	笼型转子断条	排除故障
	定转子铁芯相碰	调整转轴中心线
	电源电压超高（不能＞10%）	降低电源电压
	电源电压过低（不能＜90%）	提高电源电压或换粗线
电动机剧烈振动	磨损轴承间隙较大	检修或更换轴承
	气隙不均匀	调整气隙
	转子动平衡不好	校正转子动平衡
	定子绕组故障	修复定子绕组
	轴承不良或转轴弯曲	换轴承或校正转轴
	传动装置被卡住	消除卡住外因

续表

故障现象		产生原因	对策
电动机剧烈振动		铁芯变形或松动	校正铁芯
		联轴器、带轮中心未校正好	重新校正
		风扇不平衡	调整风扇
		机壳强度不够	进行加固
		地基不平或电动机固定不良	处理地基紧固地脚螺钉
		笼型转子开焊或断裂，绕线转子断路	修复转子绕组
电动机突然停止		保险丝熔断或某部件被卡住	换保险丝或排除部件卡住机械故障
轴承	轴承过热	润滑油油量不当（1/2～2/3为宜）	按规定加减润滑油
		油牌号不对或含杂质	更换适当润滑油或清洁润滑油
		轴承内孔偏心，与轴或端盖配合不当	调整配合
		轴承间隙过大或过小	调整间隙
		轴承损坏	更换轴承
		转轴弯曲	校正或更换转轴
	轴承噪声	轴承运转时有“吱吱”声	拆开轴承加注润滑脂
		滚珠转动时发出“唧哩”声	加注适量油脂
		轴承发出“喀喀”声或“嘎吱”声	更换轴承内滚珠或电动机润滑脂
	损坏	电动机长期超载、传动带过紧、装配不当、润滑油干固	更换轴承、减轻负载、定期加油
熔断器熔断或热继电器断开		单相启动	检查开关和保险丝
		开关和定子间接线短路	检查导线的绝缘性能
		电动机负载过大，或有机械部位卡住	减载或检查转子有无卡住现象
		保险丝太细	选择合适规格保险丝
机壳带电		引出线或接线盒的接头绝缘损坏碰地	套上绝缘套管或包扎绝缘布
		若卸下端盖后接地现象消失，则端部太长碰壳	在绕组端部刷绝缘漆并垫上绝缘纸
		嵌线时导体绝缘有机械损坏	拆开线圈接头后逐个检查，修理损坏绝缘
		外壳接地不当	可靠接地

2.9.2 电动机检修记录（表 2-176）

表 2-176 电动机检修记录

设备名称： 电机型号： 额定电压：

电机编号： 预定功率： 额定电流：

生产厂： 出厂日期： 额定转速：

一、电机安装、检修情况

检修项目	记录内容
轴承型号	风叶端
	靠背轮端
轴承间隙	风叶端
	靠背轮端
轴承是否装润滑油	
绝缘电阻	修 前
	修 后
直流电阻	U1-U2
	V1-V2
	W1-W2
电机接线桩头是否发热	
电缆接线鼻是否发热	
修后接线桩头是否牢靠	
运行空载电流	
轴承运行情况	
电机振动情况	
更换配件情况及原因	
更换电机情况及原因	

二、电缆绝缘测量

名 称	A 相对 C 相	A 相对 B 相	B 相对 C 相	A 相对零线	B 相对零线	C 相对零线

注：

负责人： 成员：

检修日期

2.10 常用电动机速算图

（1）电动机的频率、转速和极数速算图（图 2-42）

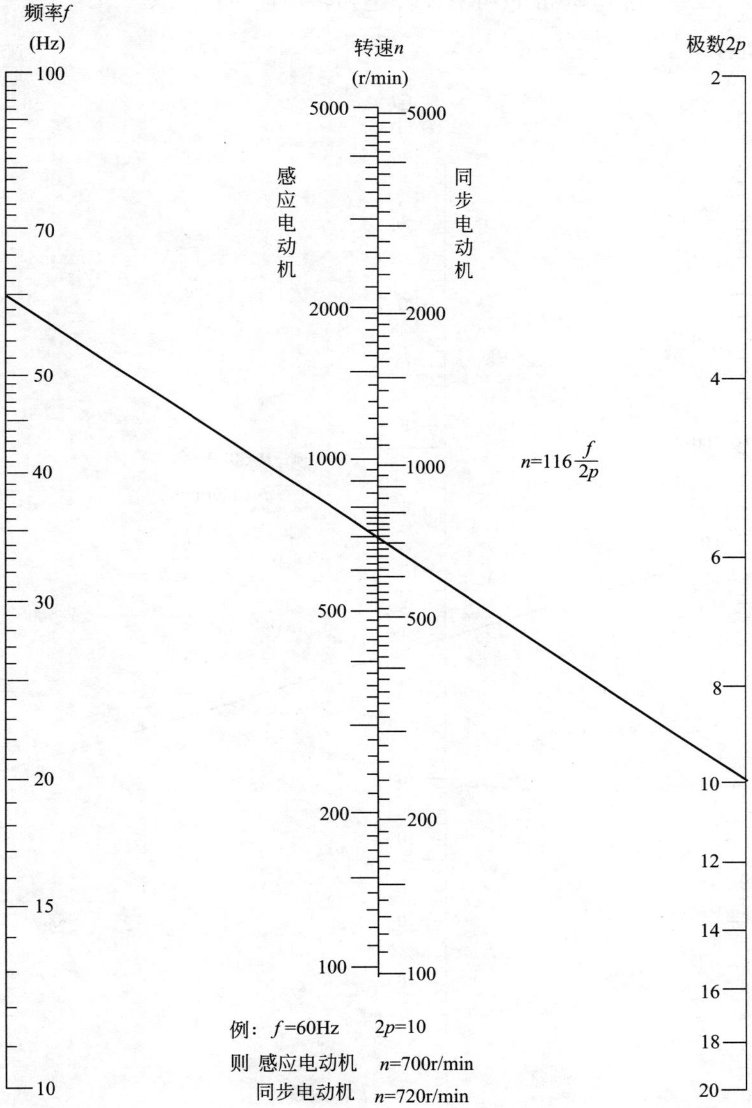

图 2-42 电动机的频率、转速和极数速算图

（2）交流电动机的功率、转速和转矩速算图（图 2-43）

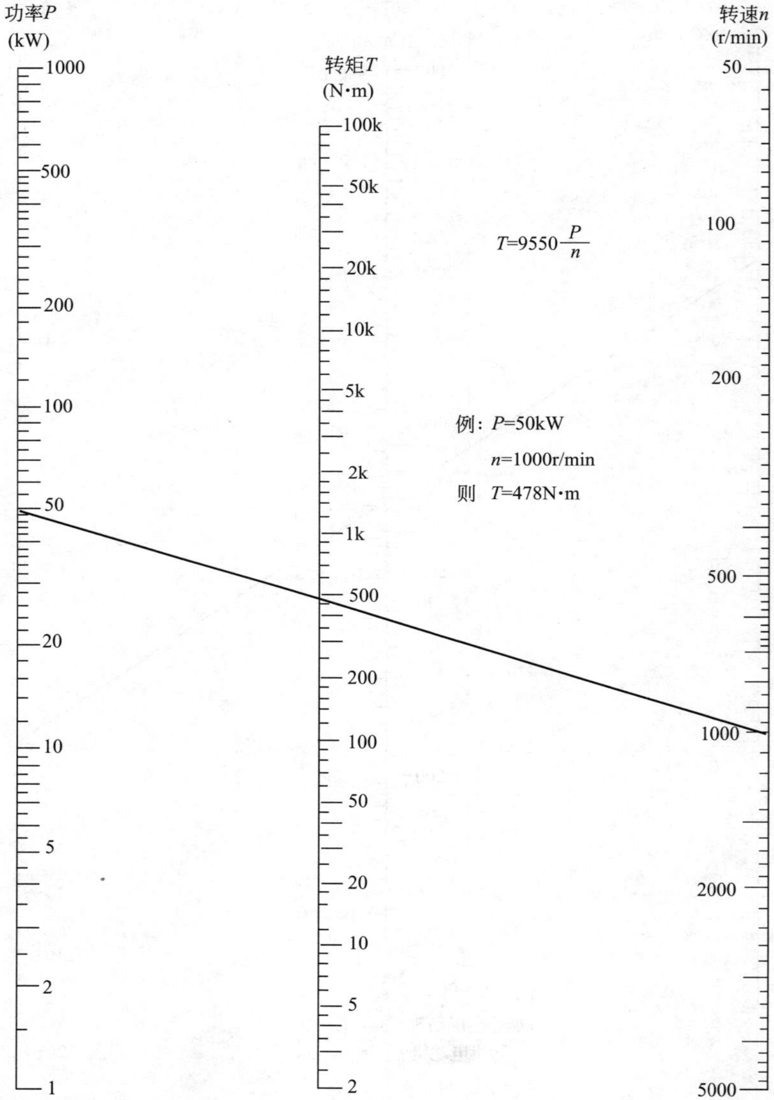

图 2-43　交流电动机的功率、转速和转矩速算图

（3）提高 380V 电动机功因数的补偿电容量速算图（图 2-44）

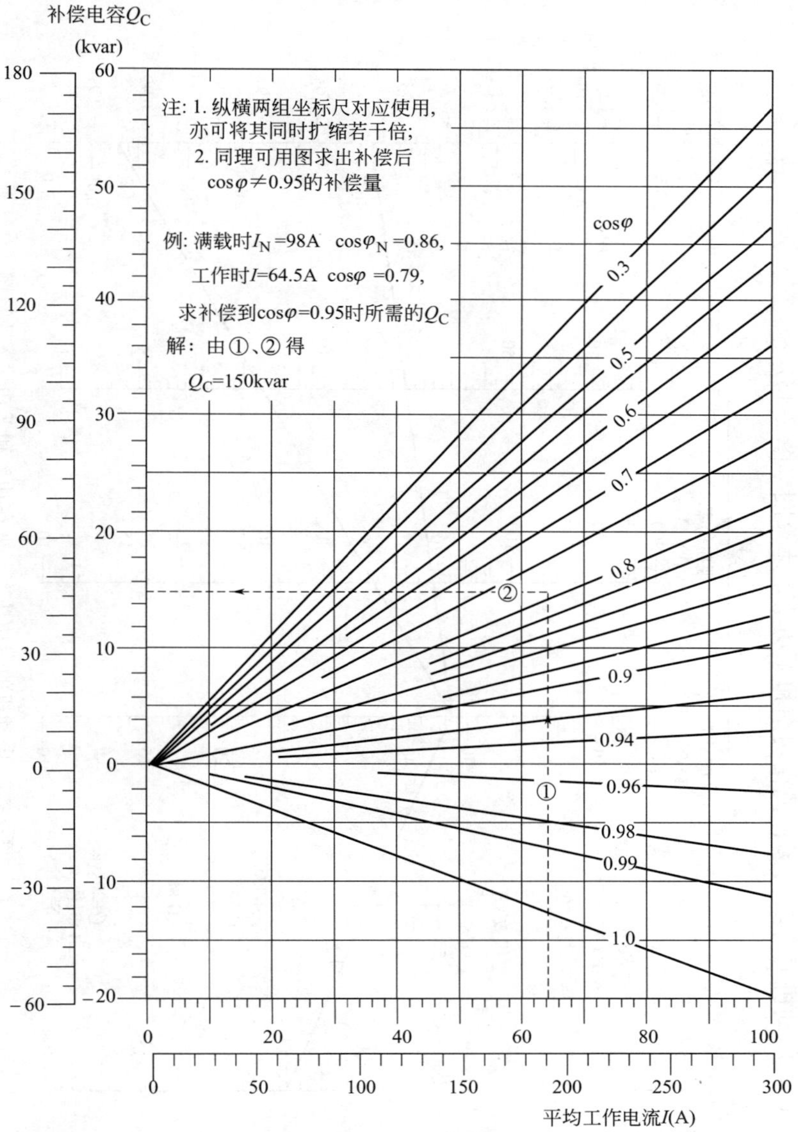

图 2-44　提高 380V 电动机功因数的补偿电容量速算图

（4）电动机的有功功率、视在功率和无功功率速算图（图 2-45）

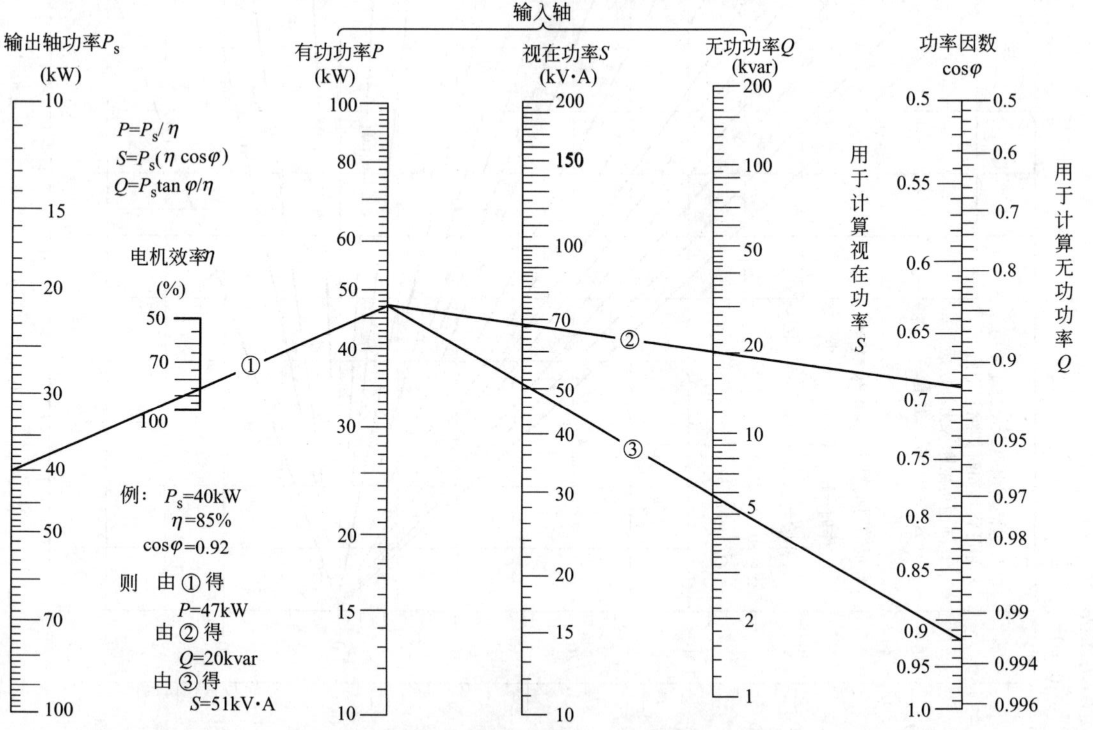

图 2-45　电动机的有功功率、视在功率和无功功率速算图

(5) 电动机 A 级绝缘电阻换算值速算图（图 2-46 和图 2-47）

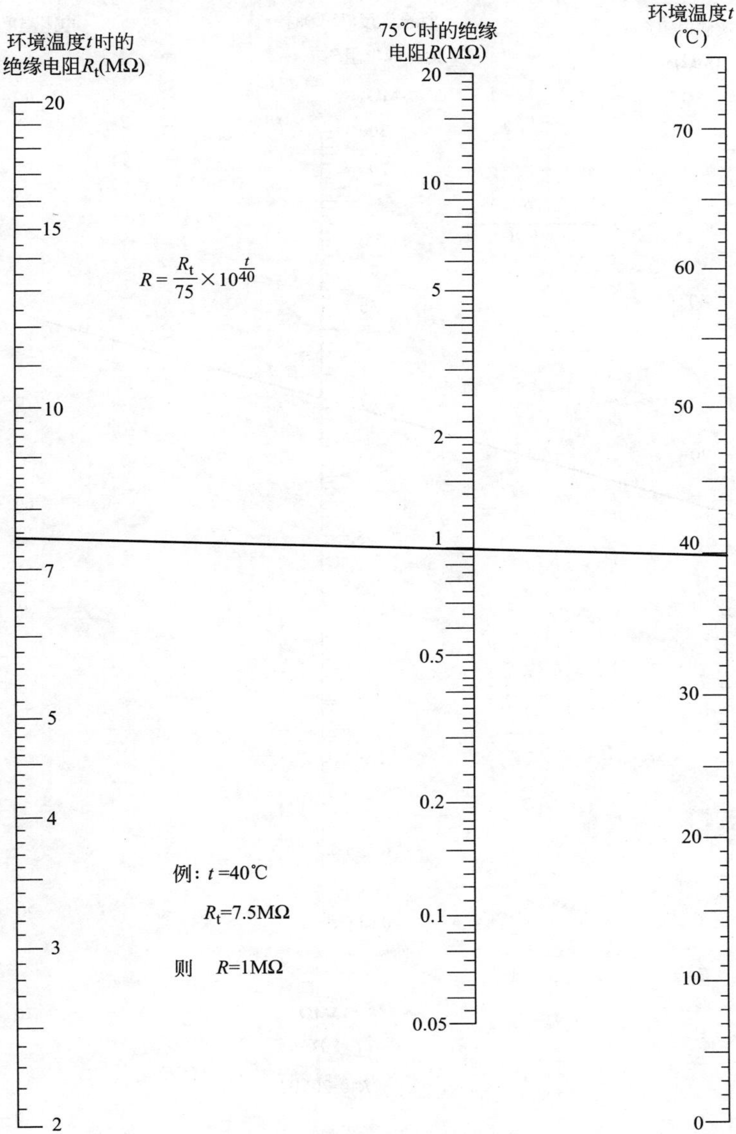

图 2-46 电动机 A 级绝缘电阻换算值速算图（Ⅰ）

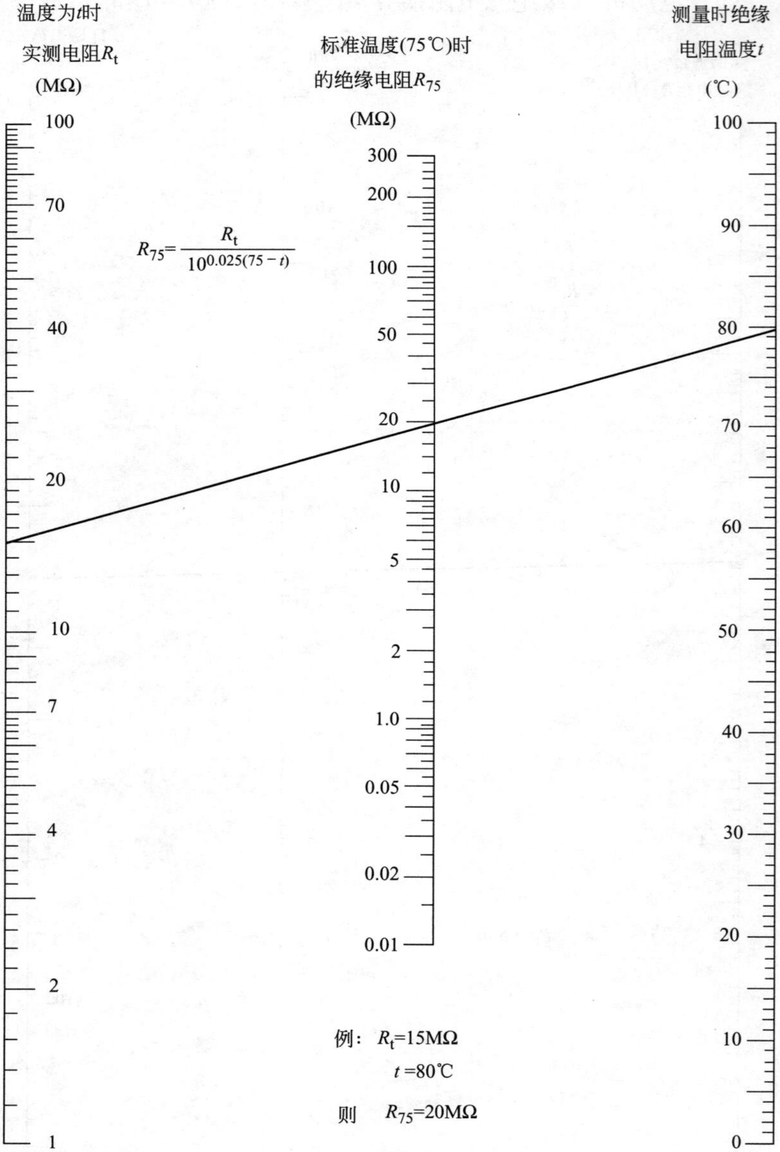

图 2-47　电动机 A 级绝缘电阻值换算值速算图（Ⅱ）

(6) 电动机B级绝缘电阻换算值速算图（图2-48和图2-49）

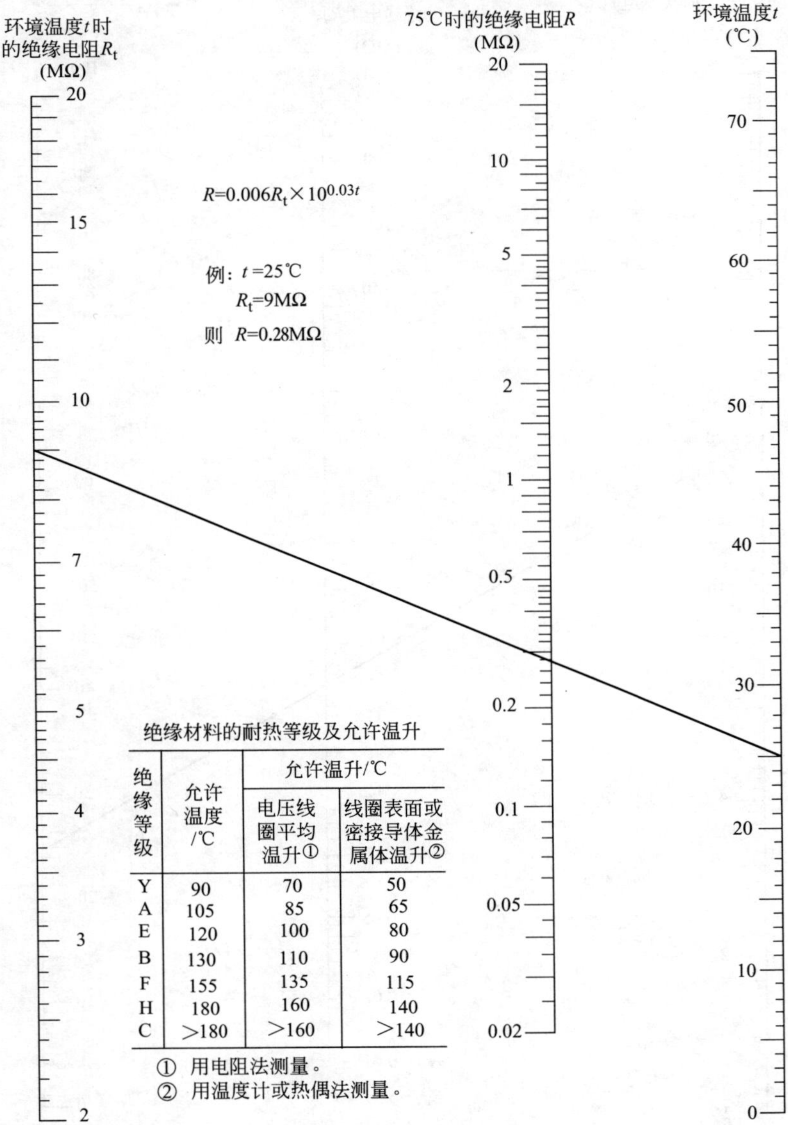

绝缘材料的耐热等级及允许温升

绝缘等级	允许温度/℃	允许温升/℃	
		电压线圈平均温升①	线圈表面或密接导体金属体温升②
Y	90	70	50
A	105	85	65
E	120	100	80
B	130	110	90
F	155	135	115
H	180	160	140
C	>180	>160	>140

① 用电阻法测量。
② 用温度计或热偶法测量。

图2-48　电动机B级绝缘电阻换算值速算图（Ⅰ）

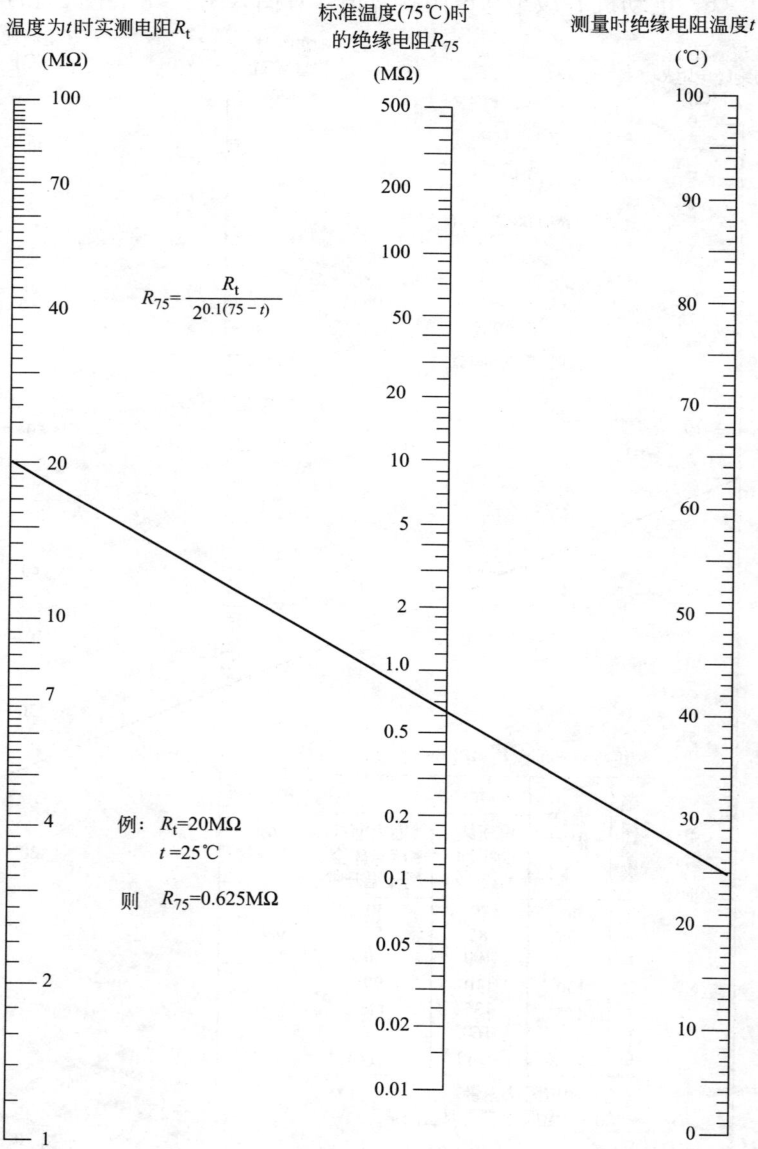

图 2-49 电动机 B 级绝缘电阻值换算值速算图（Ⅱ）

(7) Y 型电动机的额定电流选用导线和护线速算图（图 2-50）

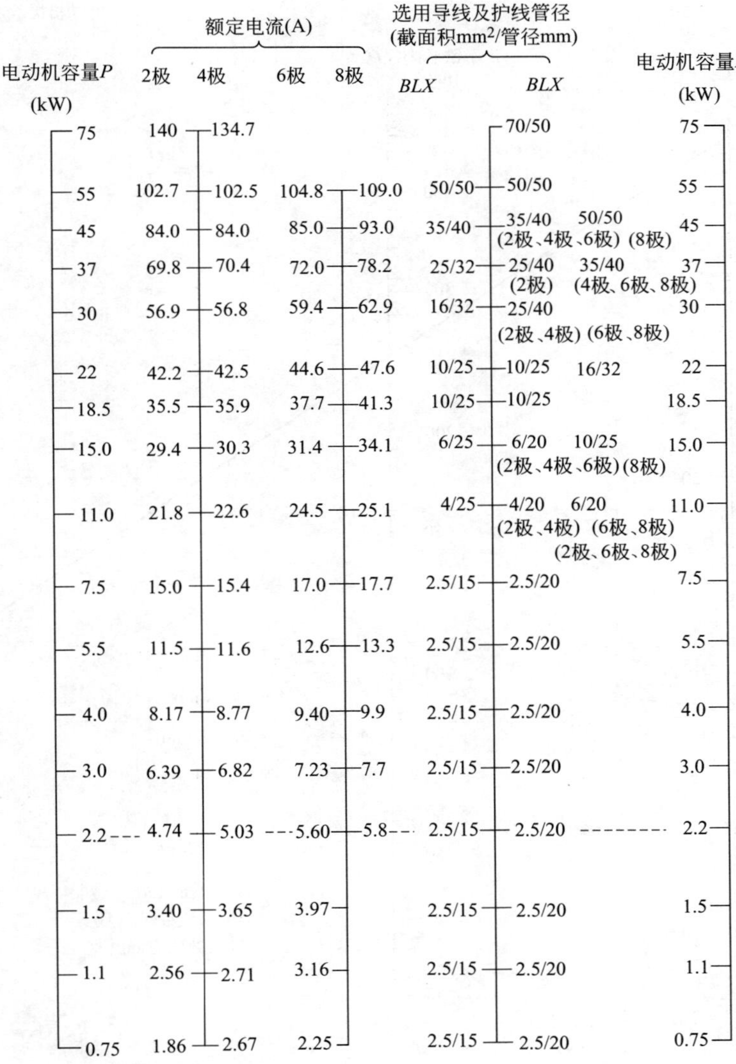

例：$P=2.2\mathrm{kW}$，$2p=4$，则 $I_e=5.03\mathrm{A}$，$A=2.5\mathrm{mm}^2$，$D=15\mathrm{mm}$

图 2-50　Y 型电动机的额定电流选用导线和护线速算图

(8) 确定无铭牌电动机极数的速算图（图 2-51）

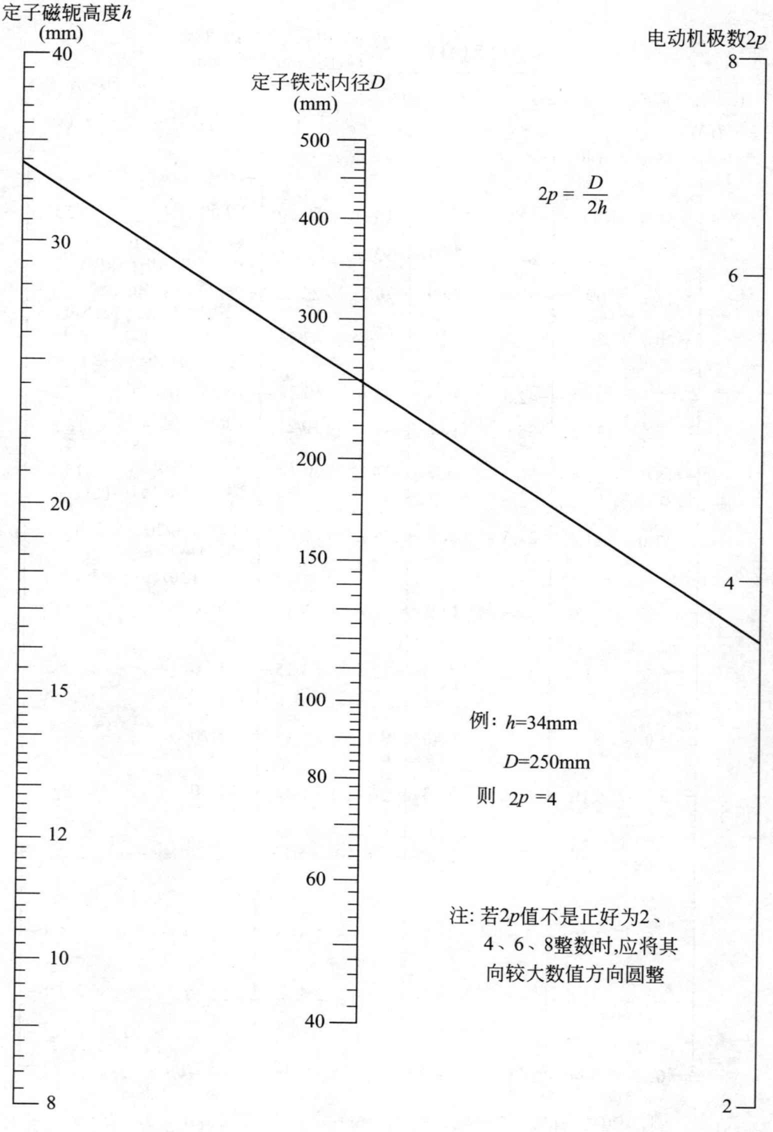

图 2-51 确定无铭牌电动机极数的速算图

(9) 三相异步电动机改压时绕组接线方法速算图（图 2-52）

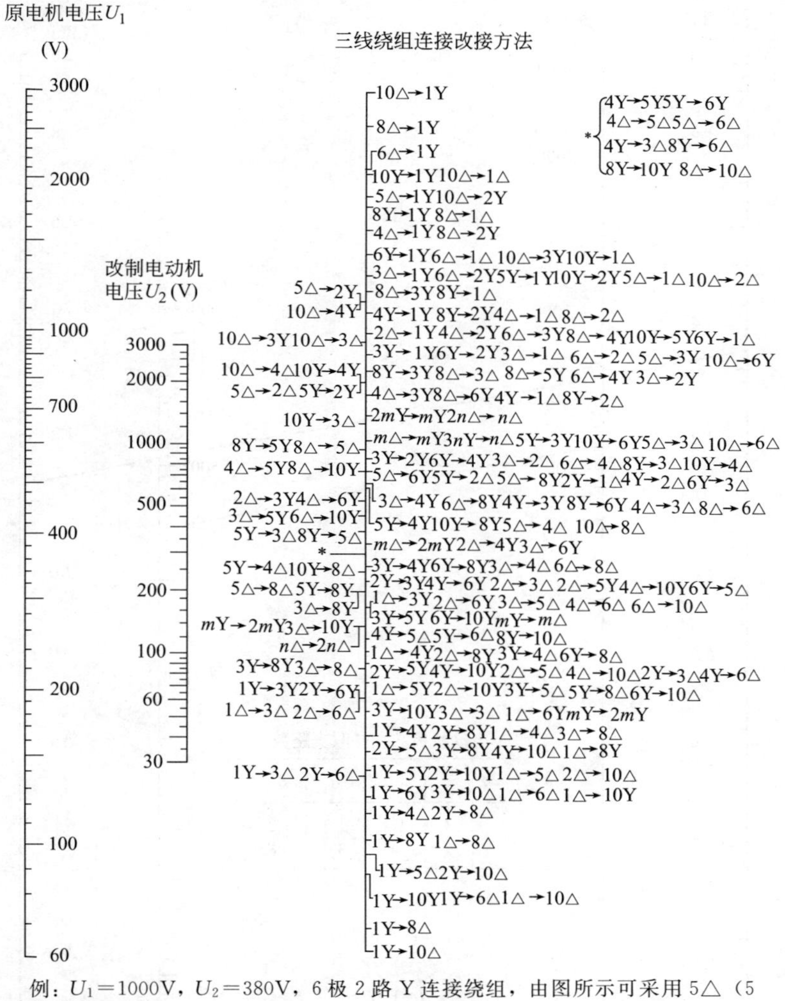

例：U_1＝1000V，U_2＝380V，6 极 2 路 Y 连接绕组，由图所示可采用 5△（5 路并联△连接）

注：1. 改制方法符号说明：2Y→3△表示 2 路并联 Y 连接改成 3 路并联△连接，其余以此类推；同理，m△→nY 表示 m 路并联△连接改成 n 路并联 Y 连接。

2. 由低压改高压时，要考虑原电动机的绝缘质量。

3. 当不能用改变连接方法满足改压要求时，就需要重绕。

图 2-52　三相异步电动机改压时绕组接线方法速算图

（10）三相异步电动机改压时绕组的导线直径速算图（图 2-53）

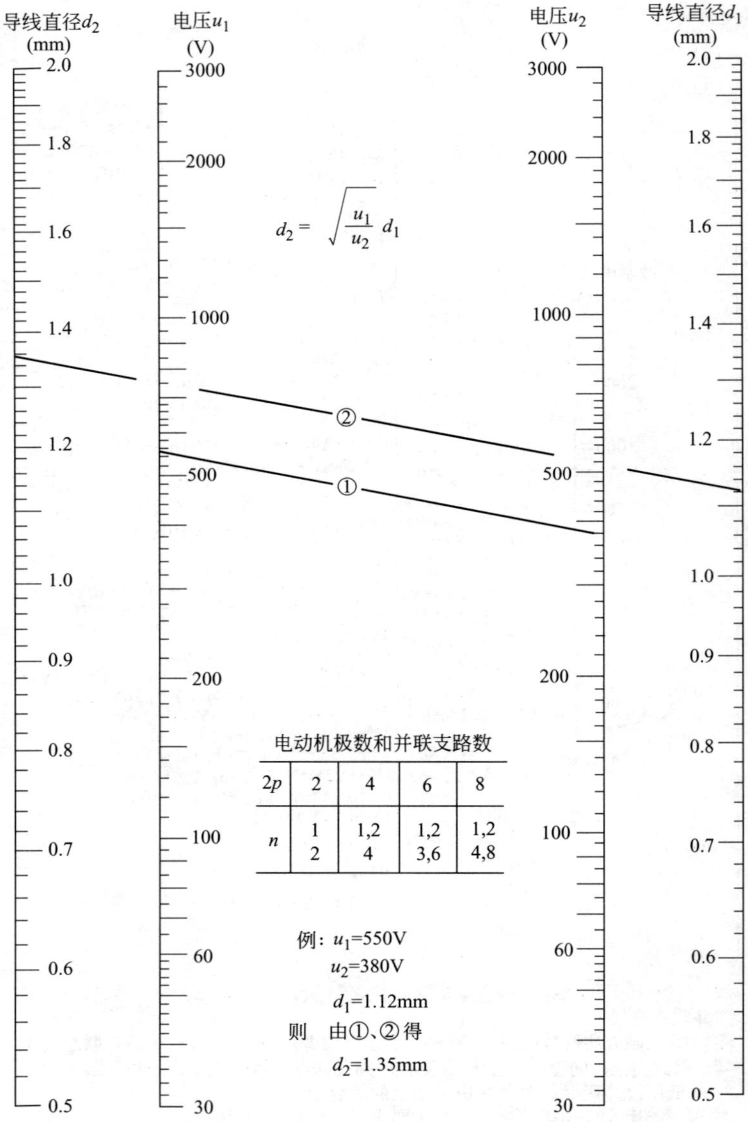

电动机极数和并联支路数

2p	2	4	6	8
n	1 2	1,2 4	1,2 3,6	1,2 4,8

图 2-53 三相异步电动机改压时绕组的导线直径速算图

(11) 三相异步电动机改极计算速算图（图 2-54～图 2-56）

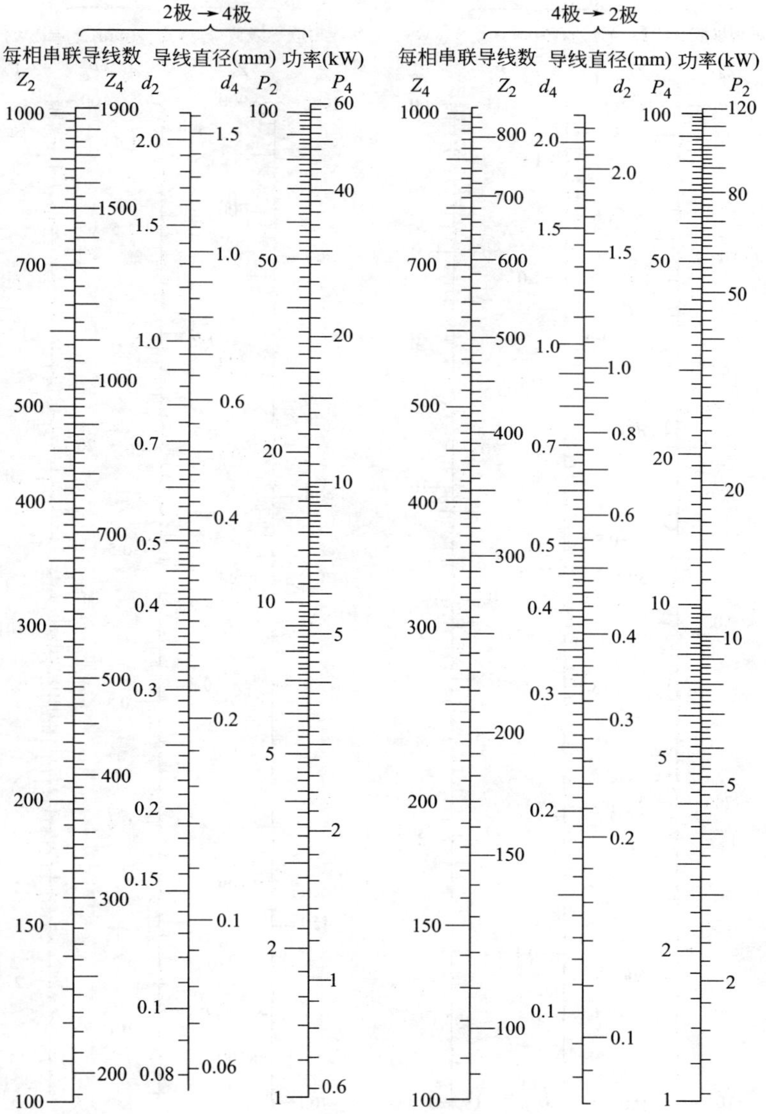

图 2-54　三相异步电动机改极计算速算图（Ⅰ）

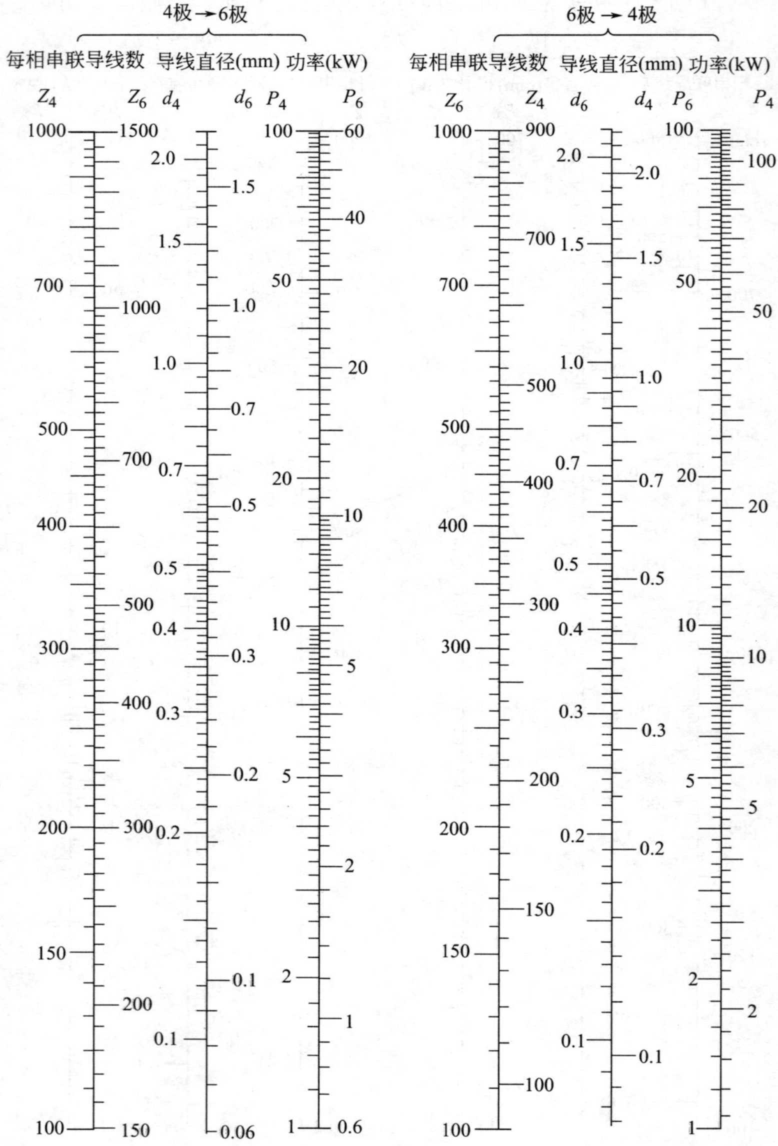

图 2-55　三相异步电动机改极计算速算图（Ⅱ）

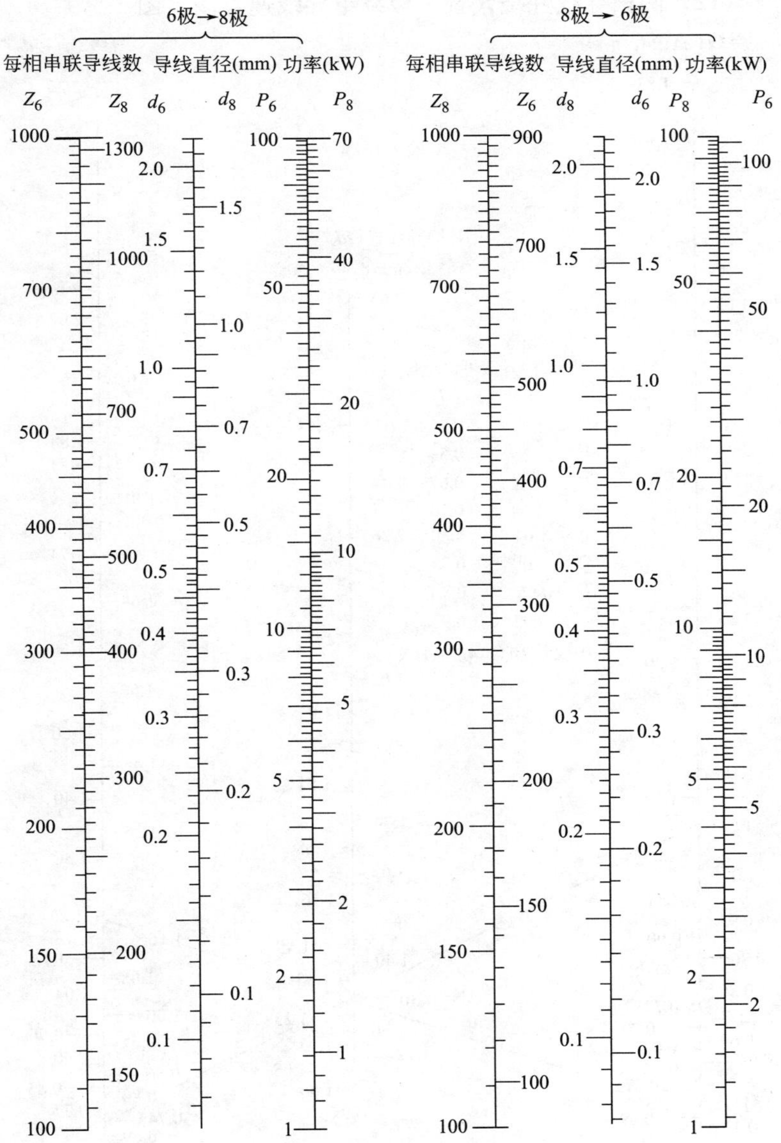

图 2-56　三相异步电动机改极计算速算图（Ⅲ）

（12）两根导线并绕代替一根绕组导线速算图（图 2-57）

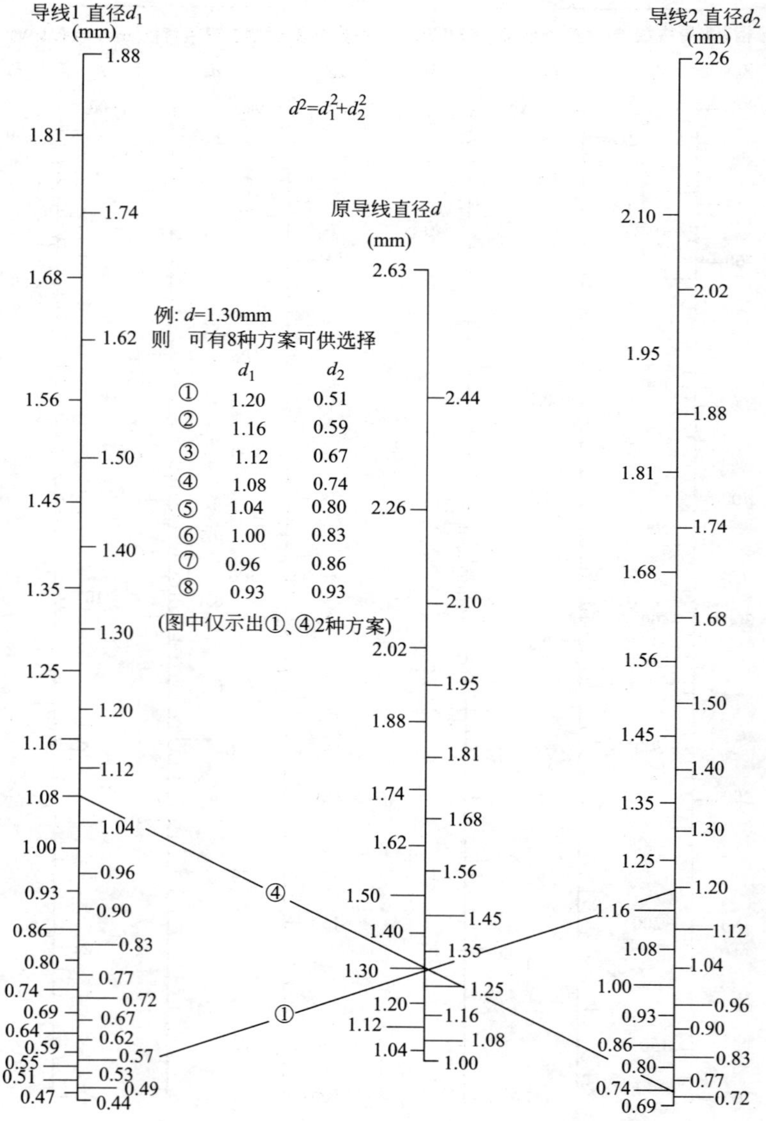

图 2-57 两根导线并绕代替一根绕组导线速算图

(13) 不同线径绕组导线的相互代用速算图（图 2-58）

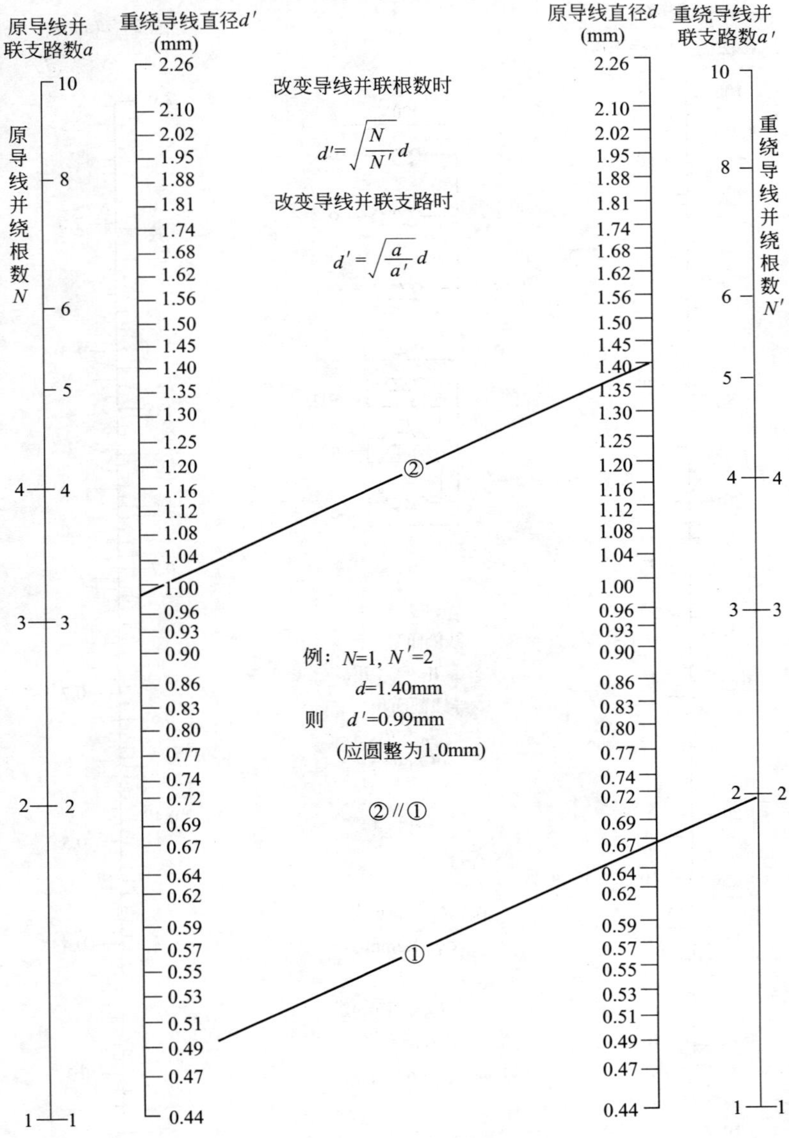

图 2-58 不同线径绕组导线的相互代用速算图

(14）不改变电动机性能而改变定子绕组接线速算图（图 2-59）

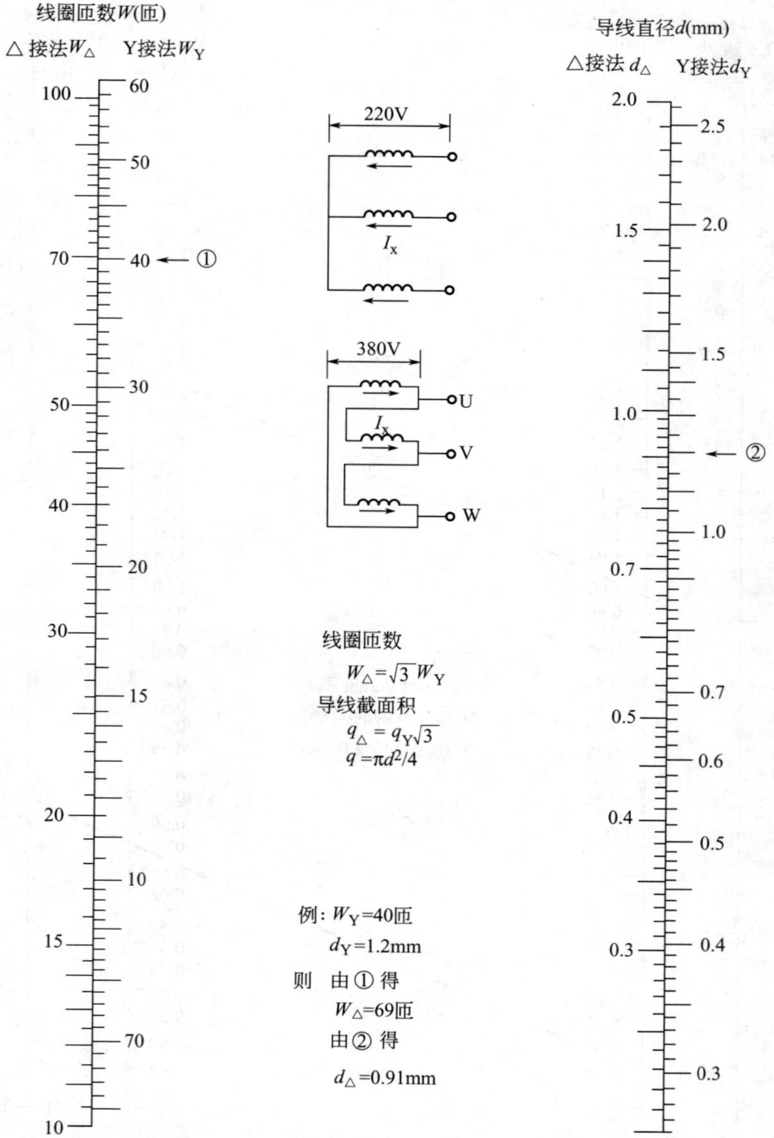

图 2-59　不改变电动机性能而改变定子绕组接线速算图

第3章

单相异步电动机

单相异步电动机结构简单、成本低廉、噪声小、运行可靠、维修方便，广泛应用在小容量（一般在750W以下）的场合，如家用电器（电风扇、电冰箱、洗衣机等）、空调设备、电动工具（如油泵、砂轮机）、医疗器械及轻工设备中。

单相异步电动机的结构和三相笼型异步电动机差不多，转子为笼型，但定子通常含有两个绕组，主绕组一直接在单相交流电源上，副绕组在不同的启动方式下的作用不同。当主、副两个绕组通电后，由于电容的作用使副绕组的电流超前于电压某个角度，从而产生一个圆形或椭圆形的旋转磁场，转子的笼条、切割磁力线而产生转矩，带动转子转动。

根据启动方式，常用的单相异步电动机分三种。

（1）“裂相”启动单相异步电动机

它又可分为电容裂相和电阻裂相两大类。“裂相”是指将单相电源分成两个相位不同的“两相”电源，它有两套绕组：工作绕组（主绕组）和启动绕组（副绕组）。

① 电容启动类：启动绕组串联一个电容器和一个离心开关（电机转子静止和未达到规定转速时触点是闭合的，转速达到和超过规定值后将在离心力的作用下使触点打开，从而断开启动绕组的电源）后与电源相连。电机启动完成后，启动绕组脱离电源，只剩下主绕组通电工作运行。

② 电容启动和运行类：只串联一个电容器后就和电源相接，所以在启动和运行时始终和电源相连。

③ 电容启动加电容运行类：启动绕组和两个并联的电容器相串联后接电源，其中一个电容器串联一个离心开关，启动完成后将与电源断开；另一个电容器始终与电源相接（这种类型是上述两种的组合．因为有两个电容器，所以被称为“双值电容单相电动机”）。

（2）“罩极”启动单相异步电动机

罩极式异步电动机的转子是笼式结构，定子铁芯多制成凸极式，由硅钢片叠压而成。每极上装有集中的绕组（主绕组），每极的极靴一边开有小槽，在小槽中嵌入短路铜环，将部分磁极罩起来。

（3）“串励”启动单相异步电动机

其转子绕组不是笼型的，而是像直流电机的电枢那样，转子和定子绕组通过电刷和换向器相连接。该类电动机也可使用直流电源供电，所以也被称为“交直流两用电机”。较常用于手动工具（如手电钻、电吹风等）、家用缝纫机上的动力。

单相异步电动机的外形见图 3-1，转子和定子见图 3-2。

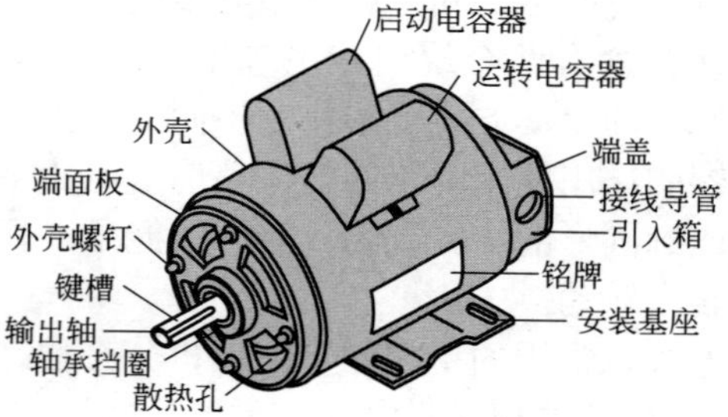

图 3-1　单相异步电动机外形

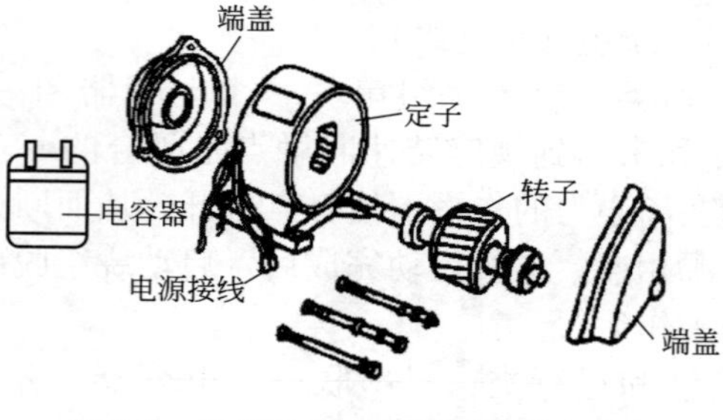

图 3-2　单相异步电动机的转子和定子

3.1 单相异步电动机的型号

3.1.1 型号标注方法

□ □ □□ □□ □

系列代号	设计序号	机座代号	特征代号	特殊环境代号
YU—电阻启动型 YC—电容启动型 YY—电容运行型 YL—双值电容型 YJ—罩极型		(用两位数字表示轴中心线高度,mm)	由两位组成,前位用1,2,3或S、M、L表示铁芯的短、中、长,后位是极数	H—船用 G—高原用 F—防腐用 TH—湿热带用

例：YJ70-06 表示单相罩极异步电动机，中心高 70mm，规格序号为 06。

YC90□□表示单相电容启动异步电动机（□□分别表示铁芯长度代号和极数）。

YU90L-2YU 表示单相电阻启动异步电动机（90 表示机座号中心高度为 90mm，L 表示长铁芯，2 表示极数）。

YJF-8 表示方形单相罩极异步电动机，输出功率为 8W。

3.1.2 额定功率与机座代号(表 3-1)

表 3-1 单相异步电动机额定功率与机座代号

机座代号	铁芯代号	YU 系列		YC 系列		YY 系列	
		转速 n_0/(r/min)					
		3000	1500	3000	1500	3000	1500
		额定功率/W					
45	12					15 25	8 15
50	12					40 60	25 40
56	12	60 90	40 60			90 120	60 90
63	12	120 180 250	90 120 180	180 250	120 180	180	120 180
71	12	370	250 370	370 550	205 370		
80	12			750	550 750		

3.2 单相异步电动机的主要技术数据

3.2.1 YU 系列电阻启动异步电动机

YU 系列电阻启动异步电动机具有结构简单、运行安全可靠、维修方便及技术经济指标优异等特点，广泛用作小型机床、鼓风机、医疗器械、工业缝纫机、排风机等的驱动设备。YU 系列单相电阻启动异步电动机主要技术数据及外形和安装尺寸见表 3-2。

表 3-2　YU 系列单相电阻启动异步电动机主要技术数据及外形和安装尺寸

a. 主要技术数据

型　号	额定功率/kW	额定电压/V	额定电流/A	额定转速/(r/min)	效率/%	功率因数	堵转电流/A	堵转转矩/额定转矩	最大转矩/额定转矩
YU6312	0.09	220	1.09	2800	56	0.67	12	1.5	1.8
YU6322	0.12		1.36		58	0.69	14	1.3	
YU6332	0.18		1.89		60	0.72	17		
YU7112	0.18		1.89		60	0.72	17		
YU7122	0.25		2.40		64	0.74	22	1.1	
YU7132	0.37		3.36		65	0.77	30		
YU8012	0.37		3.36		65	0.77	30		
YU8016	0.18		3.30	910	50	0.50	19		
YU8022	0.55		4.65	2800	68	0.79	42	1.0	
YU8026	0.25		4.20	910	54	0.50	23	1.1	
YU8032	0.75		6.10	2800	70	0.80	55	0.8	
YU6334	0.12		1.88	1400	50	0.58	14	1.5	
YU90S-2	0.75		6.09	1400	70	0.80	55	0.8	
YU90L-2	1.1		8.68		72	0.80	90		
YU6314	0.06		1.23		39	0.57	19	1.6	
YU6324	0.09		1.64		43	0.58	12	1.6	
YU7114	0.12		1.88	1400	50	0.58	14	1.5	
YU7124	0.18		2.49		53	0.62	17	1.4	
YU7134	0.25		3.11		58	0.63	22	1.2	
YU8014	0.25		3.11		58	0.63	22	1.2	
YU8024	0.37		4.24		62	0.64	30	1.2	
YU8034	0.55		5.50		66	0.69	42	1.0	
YU90S-4	0.55		5.49		66	0.69	42		
YU90L-4	0.75		6.87		68	0.73	55		

b. 外形和安装尺寸

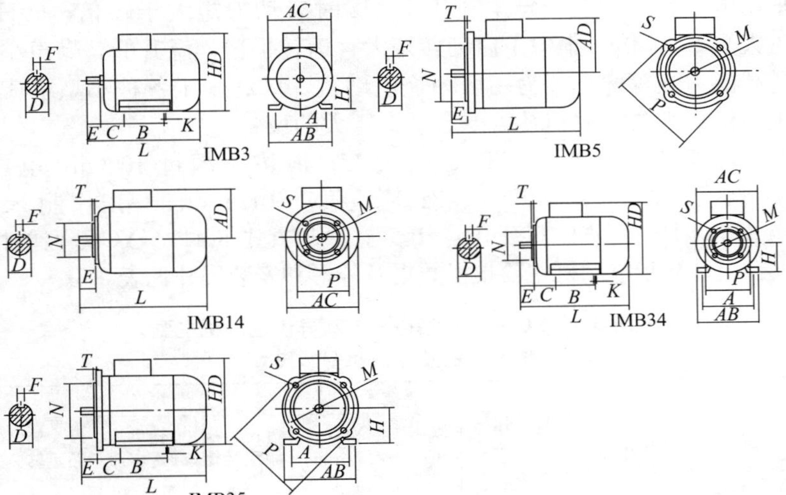

机座号	安装尺寸 /mm												
	A	B	C	D	E	F	H	K	IMB14、IMB34				
									M	N	P	S	T
50	80	63	32	9	20	3	50	5.8	55	40	70	M5	2.5
56	90	71	38	9	20	3	56	5.8	65	50	80	M5	2.5
63	100	80	40	11	23	4	63	7	75	60	90	M5	2.5
71	112	90	45	14	30	5	71	7	85	70	105	M6	2.5
80	125	100	50	19	40	6	80	10	100	80	120	M6	3
90S	140	100	56	24	50	8	90	10	115	95	140	M8	3
90L	140	125	56	24	50	8	90	10	115	95	140	M8	3

机座号	IMB5、IME35					外形尺寸 /mm				
	M	N	P	S	T	AB	AC	AD	HD	L
50						100	110	75	125	155
56						115	120	80	135	170
63	115	95	140	10	3.0	130	130	162	165	230
71	130	110	160	10	3.5	145	145	110	180	255
80	165	130	200	12	3.5	160	165	120	200	295
90S	165	130	200	12	3.5	180	185	130	220	310
90L	165	130	200	12	3.5	180	185	130	220	335

3.2.2 YC系列电容启动异步电动机

YC系列电动机为全封闭扇冷式，输出功率2.2kW及以下，采用电容启动，在额定电压下50Hz时启动力矩大于3倍，60Hz时大于2.75倍，集中了启动转矩大、运转平稳，温升低，噪声小，过载能力强等优点。为一般用途电动机，广泛用于各种小型机床、压缩机、水泵、冰箱及需要启动力矩大的设备。

环境空气温度$-15℃ \leqslant \theta \leqslant 40℃$；海拔不超过1000m；电压110V、115V、120V、220V、240V；频率50Hz/60Hz；工作制S1；绝缘等级B/F；防护等级IP44/IP54；冷却方式IC411。YC系列单相电容启动异步电动机主要技术数据及外形和安装尺寸见表3-3。

表3-3 YC系列单相电容启动异步电动机主要技术数据及外形和安装尺寸

a. 主要技术数据

型号	功率/kW	电流/A	功率因数	效率/%	转速/(r/min)	堵转转矩/额定转矩	堵转电流/额定电流	最大转矩/额定转矩
YC631-2	0.90	1.09	0.67	56	2800	3.0	7	1.8
YC632-2	1.20	1.36	0.69	58	2800	3.0	9	1.8
YC631-4	0.60	1.23	0.57	39	1400	3.0	5	1.8
YC632-4	0.90	1.64	0.58	43	1400	3.0	7	1.8
YC803-2	0.75	6.68	0.75	68.0	2850	3.0	6.5	2.0
YC90S-2	1.1	8.93	0.80	70.0	2850	2.8	7.0	2.0
YC90L-2	1.5	11.4	0.82	73.0	2870	2.8	7.0	2.0
YC100L-2	2.2	16.5	0.82	74.0	2900	2.5	7.0	2.0
YC112M1-2	3.0	21.4	0.84	76.0	2900	2.2	7.0	2.0
YC112M2-2	3.7	24.8	0.86	79.0	2900	2.2	7.0	2.0
YC711-4	0.12	1.9	0.58	48.0	1400	3.0	6.0	2.0
YC712-4	0.18	2.7	0.60	50.0	1400	3.0	6.0	2.0
YC801-4	0.25	3.52	0.62	52.0	1400	3.0	6.0	2.0
YC802-4	0.37	4.69	0.64	56.0	1400	3.0	6.0	2.0
YC80C-4	0.55	6.0	0.65	60.0	1400	3.0	6.0	2.0
YC90S-4	0.75	7.5	0.72	63.0	1400	2.8	6.5	2.0
YC90L-4	1.1	10.4	0.72	67.0	1420	2.8	6.5	2.0
YC100L-4	1.5	13.0	0.73	72.0	1440	2.8	6.5	2.0
YC112M-4	2.2	18.5	0.74	73.0	1450	2.5	6.5	2.0
YC132S1-4	3	22.4	0.80	76.0	1450	2.2	6.5	2.0
YC132S2-4	3.7	26.0	0.82	79.0	1450	2.2	6.5	2.0

b. 外形和安装尺寸/mm

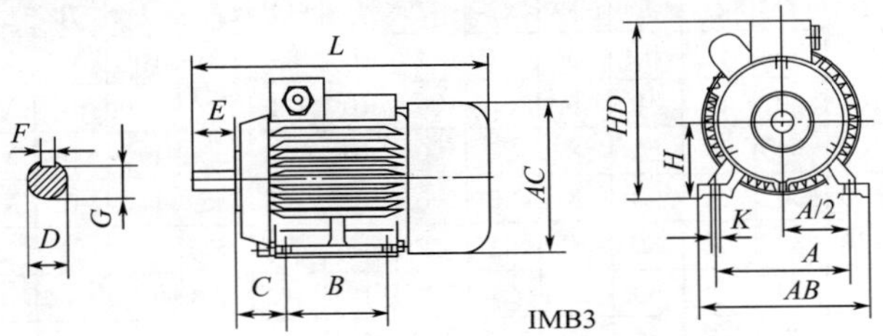

IMB3

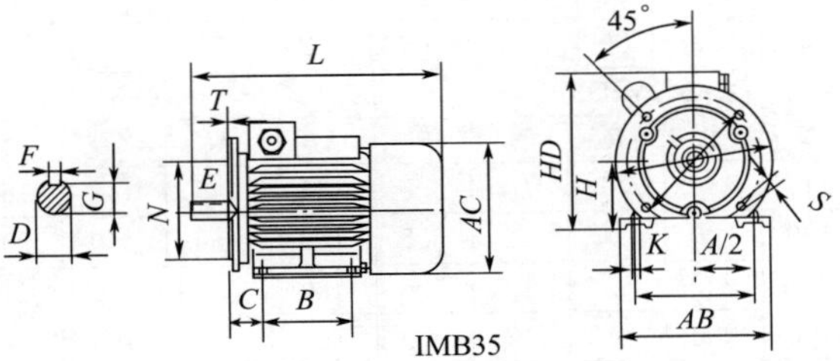

IMB35

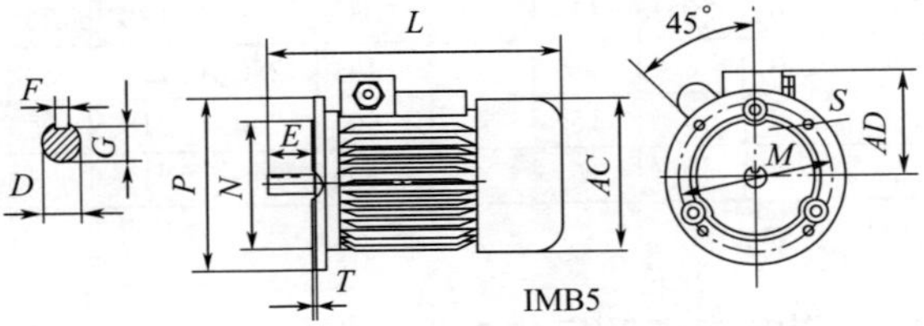

IMB5

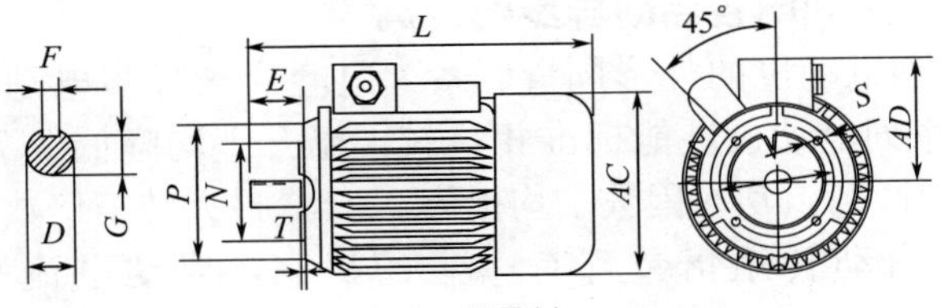

IMB14

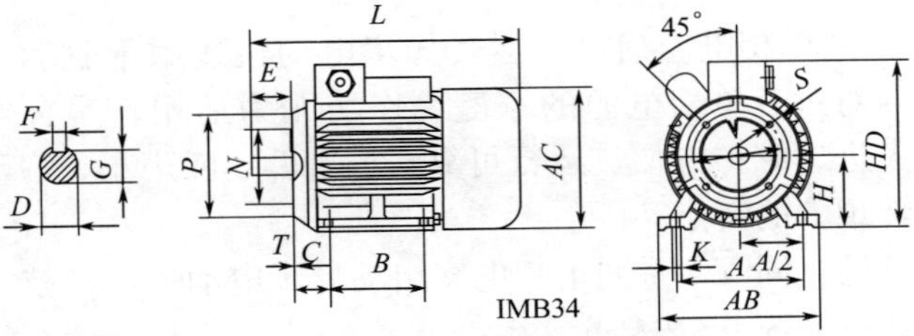

IMB34

续表

机座号	IMB3									IMB14、IMB34					
	A	*B*	*C*	*D*	*E*	*F*	*G*	*H*	*K*	*M*	*N*	*P*	*R*	*S*	*T*
71	112	90	45	14	30	5	11	71	7	85	70	105	0	M6	2.5
80	125	100	50	19	40	6	15.5	80	10	100	80	120	0	M6	3.0
90S	140	100	56	24	50	8	20	90	10	115	95	140	0	M8	3.0
90L	140	115	50	24	50	8	20	90	10	115	95	140	0	M8	3.0
100L	160	140	63	28	60	8	24	100	12						
112M	190	140	70	28	60	8	24	112	12						
132S	216	140	80	38	80	10	33	132	12						
132M	216	178	89	38	80	10	33	132	12						

机座号	IMB5、IMB35						外形尺寸				
	M	*N*	*P*	*R*	*S*	*T*	*AB*	*AC*	*AD*	*HD*	*L*
71	130	110	160	0	10	3.5	145	145	140	180	255
80	165	130	200	0	12	3.5	160	165	150	200	295
90S	165	130	200	0	12	3.5	180	185	160	240	370
90L	105	130	200	0	12	3.5	180	185	160	240	400
100L	215	180	250	0	15	4	205	200	180	260	430
112M	215	180	250	0	15	4	245	250	190	300	455
132S	265	230	300	0	15	4	280	290	210	350	525
132M	265	230	300	0	15	4	280	290	210	350	565

注：电压 220V，频率 50Hz。

3.2.3 YCL 系列电容启动异步电动机

YCL 系列电动机的外形同 YC 系列电容启动异步电动机，与同功率 YC 系列电动机性能标准相比较，温升平均降低 8.7K，效率平均提高 4.2%，功率因数平均提高 0.16，最大转矩倍数、最小转矩倍数和启动转矩倍数都有一定的提高，启动电流平均降低 1.81A。

YCL 系列单相电容启动、运转异步电动机适用于驱动小型车床、水泵，对只有单相电源的家庭、作坊尤为适用。具有外形美观、性能先进、维护方便、运行可靠、温升低、噪声小、启动电流小、启动转矩大的特点。

使用条件：同 YC 系列单相电容启动异步电动机。其技术数据和安装尺寸见表 3-4～表 3-6。

表 3-4　YCL 系列单相电容启动异步电动机技术数据（Ⅰ）

<table>
<tr><th rowspan="2">型号</th><th rowspan="2">额定功率/kW</th><th colspan="3">满载时</th><th rowspan="2">堵转电流/A</th><th rowspan="2">堵转转矩/额定转矩</th><th rowspan="2">最大转矩/额定转矩</th><th rowspan="2">噪声限值/dB(A)</th><th rowspan="2">振动/(mm/s)</th></tr>
<tr><th>电流/A</th><th>效率/%</th><th>功率因数</th></tr>
<tr><td>YCL711-2</td><td>0.18</td><td>1.81</td><td>60</td><td>0.72</td><td>12</td><td rowspan="2">3.0</td><td rowspan="12">1.7</td><td rowspan="2">70</td><td rowspan="12">2.8</td></tr>
<tr><td>YCL712-2</td><td>0.25</td><td>2.30</td><td>64</td><td>0.74</td><td>15</td></tr>
<tr><td>YCL801-2</td><td>0.37</td><td>3.20</td><td>65</td><td>0.77</td><td>21</td><td>2.8</td><td rowspan="3">75</td></tr>
<tr><td>YCL802-2</td><td>0.55</td><td>4.45</td><td>68</td><td>0.79</td><td>29</td><td>2.8</td></tr>
<tr><td>YCL90S-2</td><td>0.75</td><td>5.82</td><td>70</td><td>0.8</td><td>37</td><td>2.5</td></tr>
<tr><td>YCL90L-2</td><td>1.10</td><td>8.3</td><td>72</td><td>0.8</td><td>60</td><td>2.5</td><td>78</td></tr>
<tr><td>YCL711-4</td><td>0.12</td><td>1.80</td><td>50</td><td>0.58</td><td>9</td><td>3.0</td><td rowspan="3">65</td></tr>
<tr><td>YCL712-4</td><td>0.18</td><td>2.38</td><td>53</td><td>0.62</td><td>12</td><td>2.8</td></tr>
<tr><td>YCL801-4</td><td>0.25</td><td>2.97</td><td>58</td><td>0.63</td><td>15</td><td>2.8</td></tr>
<tr><td>YCL802-4</td><td>0.37</td><td>4.05</td><td>62</td><td>0.64</td><td>21</td><td>2.5</td><td rowspan="3">70</td></tr>
<tr><td>YCL90S-4</td><td>0.55</td><td>5.25</td><td>66</td><td>0.69</td><td>29</td><td>2.5</td></tr>
<tr><td>YCL90L-4</td><td>0.75</td><td>6.57</td><td>68</td><td>0.73</td><td>37</td><td>2.5</td></tr>
</table>

表 3-5　YCL 系列单相电容启动异步电动机技术数据（Ⅱ）

型号	功率/kW	电流/A	功率因数	效率/%	转速/(r/min)	堵转电流/额定电流	堵转转矩/额定转矩	最大转矩/额定转矩
YCL90S-2	1.1	7.2	0.95	73.2	2880	6.0	2.8	1.8
YCL90L-2	1.5	8.9	0.97	76.0	2900	7.0	2.8	1.8
YCL100L-2	2.2	13.2	0.96	78.8	2900	6.5	3.0	1.8
YCL90S-4	0.75	5.0	0.93	73.3	1450	6.5	2.8	1.8
YCL90L-4	1.1	7.8	0.90	75.0	1450	6.0	2.5	1.8
YCL100L-4	1.5	9.3	0.92	79.4	1450	7.0	2.8	1.8
YCL112M-4	2.2	13.6	0.90	81.6	1450	6.5	2.3	1.8
YCL132S1-4	3.0	18.2	0.90	83.2	1450	6.5	2.1	1.8
YCL132S2-4	3.7	22.0	0.90	84.9	1450	6.5	2.1	1.8
YCL132M1-4	5.5	32.5	0.90	85.0	1460	6.5	2.0	1.8
YCL132M2-4	7.5	40	0.90	85.5	1460	6.5	2.0	1.8

3.2.4　YY 系列电容运行异步电动机

YY 系列单相电容运转异步电动机的绝缘等级为 B 级，频率为 50Hz，冷却方式为 IC0141。接线盒位于电机顶部。具有高的功率因数和效率、体积小、重量轻、启动电流小、运行可靠、噪声低、维护方便等特点。可广泛用于家用电器、风扇、记录仪表及对启动要求不高的场合。YY 系列和 YYL 系列单相电容运行异步电动机主要技术数据见表 3-7 和表 3-8。

表 3-6　YCL 系列单相电容电动机安装尺寸及公差

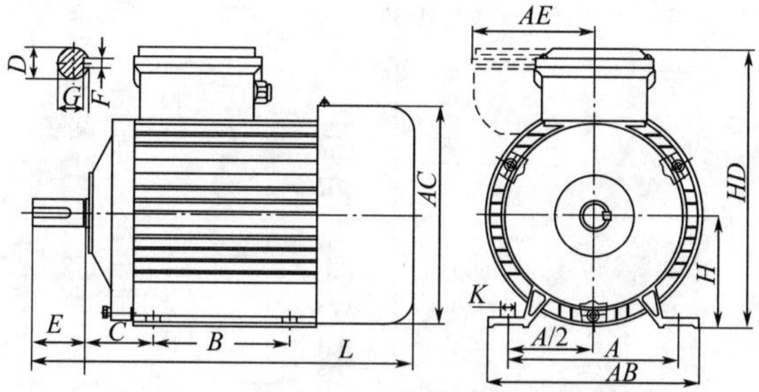

IMB3(IMV5、IMV6)

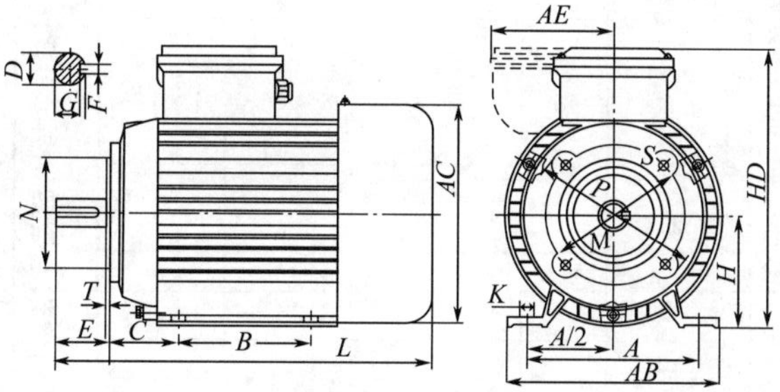

IMB14(IMV18、IMV19)/IMB34

机座号	安装尺寸及公差/mm															
	A		*B*	*C*		*D*		*E*		*F*		*G*		*H*	
	基本尺寸	极限偏差	基本尺寸	基本尺寸	极限偏差	基本尺寸	极限偏差	基本尺寸	极限偏差	基本尺寸	极限偏差	基本尺寸	极限偏差	基本尺寸	极限偏差
56	90	±0.40	71	36	±1.5	9	+0.007 −0.002	20	±0.260	3	−0.004 −0.029	7.2	−0.100 −0.20	56	0 −0.50
63	100	±0.50	80	40		11	+0.008 −0.003	23		4	−0.03 −0.036	8.5		63	
71	112	±0.50	90	45		14		30		5		11		71	
80	125	±1.0	100	50		19	+0.009 −0.004	40	±0.310	6		15.5		80	
90S	140		100	56		24		50		8		20		90	
90L	140		125												

机座号	安装尺寸及公差/mm									外形尺寸≤/mm				
	K		*M*	*N*		*S*		*T*		*AB*	*AC*	*AE*	*HD*	*L*
	基本尺寸	极限偏差	基本尺寸	基本尺寸	极限偏差	基本尺寸	位置度公差	基本尺寸	极限偏差					
56	5.8	+0.30 0	65	50	+0.011 −0.005	M5	ϕ0.4Ⓜ	2.5	0 −0.12	115	120	110	135	170
63	7	+0.36 0	75	60	+0.012 −0.007	M5				130	130	125	165	230
71			85	70		M6	ϕ0.5Ⓜ			145	145	140	180	255
80	10		100	80				3.0		160	165	150	200	295
90S			115	95	+0.013 −0.009	M8	ϕ1.0Ⓜ			180	185	160	220	310
90L														335

续表

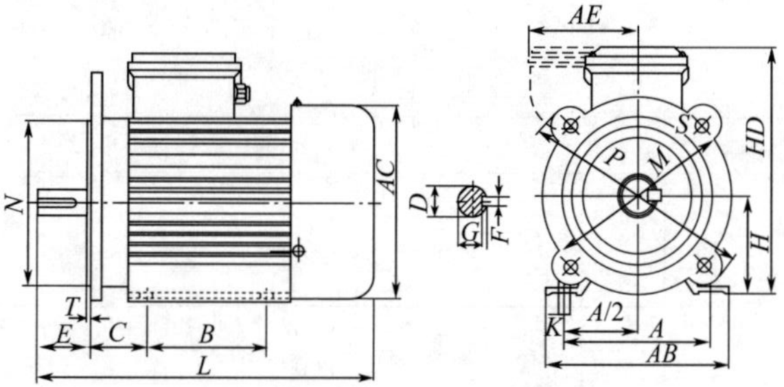

IMB5(IMV1、IMV3)/IMB35(IMV36)

续表

机座号	凸缘号	安装尺寸及公差/mm														
		A		*B*	*C*		*D*		*E*		*F*		*G*		*H*	
		基本尺寸	极限偏差	基本尺寸	基本尺寸	极限偏差	基本尺寸	极限偏差	基本尺寸	极限偏差	基本尺寸	极限偏差	基本尺寸	极限偏差	基本尺寸	极限偏差
63	FF115	100	±0.5	80	40	±1.5	11	+0.008 −0.003	23	±0.26	4	0 −0.30	8.5	0 −0.10	63	0 −0.50
71	FF130	112		90	45		14		30		5		11		71	
80	FF165	125	±1.0	100	50	±1.5	19	+0.009 −0.004	40	±0.31	6		15.5		80	
90S		140			56		24		50		8	0 −0.36	20	0 −0.20	90	
90L				125												

机座号	安装尺寸及公差/mm													外形尺寸≤/mm			
	K		*M*	*N*		*P*①	*R*②		*S*			*T*		*AC*	*HD*	*AE*	*L*
	基本尺寸	极限偏差	基本尺寸	基本尺寸	极限偏差	基本尺寸	基本尺寸	极限偏差	基本尺寸	极限偏差	位置度公差	基本尺寸	极限偏差				
63	77	+0.36 0	115	95	+0.013 −0.009	140	0	±1.5	10	+0.36 0	ϕ1.0 Ⓜ	3	0 0.12	130	125	85	250
71			130	110		160						3.5		145	140	95	275
80	10		165	130	+0.014 −0.011	200			12	+0.43 0				165	150	110	300
90S														185	160	120	335
90L																	360

① *P* 尺寸为最大极限值。

② *R* 为凸缘配合面至轴伸肩的距离。

表 3-7　YY 系列单相电容运行异步电动机主要技术数据

型号	功率/W	电流/A	电压/V	转速/(r/min)	效率/%	功率因数	堵转转矩/额定转矩	堵转电流/A	最大转矩/额定转矩
YY-4512	10	0.20	220	2800	35	0.90	0.6	1.0	1.8
YY-4522	16	0.26			40			1.2	
YY-4514	6	0.20		1400	24	0.85	0.55	0.8	
YY-4524	10	0.24			33			1.0	
YY5014	25	0.28		1400	38	0.85	0.55	1.2	
YY5024	40	0.36			45			1.5	
YY5012	40	0.38		2800	47	0.90	0.5		
YY5022	60	0.42			53			2.0	
YY5614	60	0.49		1400	50		0.45		
YY5624	90	0.64			52			2.5	
YY5612	90	0.57		2800	59	0.92	0.5		
YY5622	120	0.81			60			3.5	
YY6314	120	0.94		1400	57	0.90	0.40		
YY6324	180	1.17			59			2.0	
YY6312	180	0.91		2800	65	0.92			
YY6322	250	1.29			66			7.0	
YY7114	250	1.58		1400	61		0.65	7.0	1.7
YY7124	370	2.04			62			10	
YY7112	370	1.73		2800	67				
YY7122	550	3.88			70			15	
YY8014	550	3.88		1400	64				
YY8024	750	5.14			68		0.62	20	
YY8012	750	5.10		2800	72		0.33		
YY8022	1100	7.00			75	0.95		30	
YY90S-4	1100	7.41		1400	71		0.32		
YY90L-4	1500	9.83			73		0.30	45	
YY90S-2	1500	9.44		2800	76				
YY90L-2	2200	13.67			77			65	

注：YY 系列单相电容运行异步电动机外形和安装尺寸同表 3.2 中 b. YU 系列单相电阻启动异步电动机。

表 3-8　YYL 系列单相电容运行异步电动机主要技术数据

型号	额定功率/W	满载时			堵转电流/A	堵转转矩/额定转矩	最大转矩/额定转矩	噪声限值/dB(A)	振动/(mm/s)
		电流/A	效率/%	功率因数					
YYL6312	180	1.31	65	0.92	5	0.40	1.7	70	2.8
YYL6322	250	1.79	66	0.92	7	0.40			

续表

型号	额定功率/W	满载时 电流/A	满载时 效率/%	满载时 功率因数	堵转电流/A	堵转转矩/额定转矩	最大转矩/额定转矩	噪声限值/dB(A)	振动/(mm/s)
YYL7112	370	2.61	67	0.92	10	0.35			
YYL7122	550	3.71	68	0.92	15	0.35		75	
YYL8012	750	4.92	70	0.92	20	0.32			
YYL8022	1100	6.71	72	0.95	30	0.32		78	
YYL90S-2	1500	9.03	75	0.95	45	0.30		83	
YYL90L-2	2200	13.08	76	0.95	65	0.30			
YYL6314	120	1.02	77	0.90	3.5	0.50	1.7		2.8
YYL6324	180	1.47	57	0.90	5	0.40		65	
YYL7114	250	1.94	59	0.92	7	0.35			
YYL7124	370	2.82	61	0.92	10	0.35			
YYL8014	550	4.06	62	0.92	15	0.35		70	
YYL8024	750	5.21	68	0.92	20	0.32			
YYL90S-4	1100	7.09	71	0.95	30	0.32		73	
YYL90L-4	1500	9.40	73	0.95	45	0.30		78	

注：额定电压220～240V，频率50Hz。

3.2.5 YL系列双值电容异步电动机

YL系列单相双值电容异步电动机具有效率高、节能、启动转矩高、过载能力强、噪声低、振动小、可靠性高等特点。同一机座号单、三相异步电动机容量等级相同。适用于无三相电源的场合驱动各种设备（切削机床、泵及运输机械、农业机械、食品机械以及家用电器等）。YL和YLL系列单相双值电容异步电动机主要技术数据见表3-9和表3-10。

表3-9 YL系列单相双值电容异步电动机主要技术数据

型号	额定功率/kW	额定电流/A	额定转速/(r/min)	效率/%	功率因数	堵转电流/额定电流	堵转转矩/额定转矩	最大转矩/额定转矩
YL711-2	0.37	2.73		67	0.92			
YL712-2	0.55	3.9		70	0.92			
YL801-2	0.75	5.15		72	0.92			
YL802-2	1.1	7.11	2800	74	0.95	6.0	1.8	1.8
YL90S-2	1.5	9.44		76	0.95			
YL90L-2	2.2	13.67		77	0.95			
YL100L-2	3.0	18.4		78	0.95			

续表

型号	额定功率/kW	额定电流/A	额定转速/(r/min)	效率/%	功率因数	堵转电流/额定电流	堵转转矩/额定转矩	最大转矩/额定转矩
YL711-4	0.25	2.00		62	0.92			
YL712-4	0.37	2.82		65	0.92			
YL801-4	0.55	3.88		70	0.92			
YL802-4	0.75	5.15		72	0.92			
YL90S-2	1.1	7.21		73	0.95			
YL90L-2	1.5	9.57		75	0.95			
YL90S-4	1.1	7.11	1400	74	0.95	6.0	1.8	1.8
YL90L-4	1.5	9.57		75	0.95			
YL100L1-2	2.2	13.85		76	0.95			
YL100L2-2	3.0	18.64		77	0.95			
YL100L1-4	2.2	13.85		76	0.95			
YL100L2-4	3.0	18.2		79	0.95			
YL112M-4	3.7	21.6		82	0.95			

表 3-10　YLL 系列单相双值电容异步电动机主要技术数据

<table>
<tr><th>型号</th><th>额定功率/W</th><th>满载电流/A</th><th>满载效率/%</th><th>功率因数</th><th>堵转转矩/额定转矩</th><th>堵转电流/额定电流</th><th>最大转矩/额定转矩</th><th>噪声/dB(A)</th><th>振动/(mm/s)</th></tr>
<tr><td>YLL7112</td><td>370</td><td>2.53</td><td>67</td><td rowspan="6">0.95</td><td rowspan="6">1.8</td><td rowspan="5">5.5</td><td rowspan="6">1.7</td><td rowspan="4">75</td><td rowspan="6">1.8</td></tr>
<tr><td>YLL7122</td><td>550</td><td>3.60</td><td>70</td></tr>
<tr><td>YLL8012</td><td>750</td><td>4.70</td><td>73</td></tr>
<tr><td>YLL8022</td><td>1100</td><td>6.71</td><td>75</td></tr>
<tr><td>YLL90S-2</td><td>1500</td><td>9.03</td><td>76</td><td rowspan="2">78</td></tr>
<tr><td>YLL90L-2</td><td>2200</td><td>13.1</td><td>77</td><td rowspan="7">5.0</td></tr>
<tr><td>YLL7114</td><td>250</td><td>1.94</td><td>62</td><td rowspan="3">0.92</td><td rowspan="6">1.7</td><td rowspan="6">1.7</td><td rowspan="4">70</td><td rowspan="6">1.8</td></tr>
<tr><td>YLL7124</td><td>370</td><td>2.69</td><td>65</td></tr>
<tr><td>YLL8014</td><td>550</td><td>3.77</td><td>69</td></tr>
<tr><td>YLL8024</td><td>750</td><td>4.83</td><td>71</td><td rowspan="3">0.95</td></tr>
<tr><td>YLL90S-4</td><td>1100</td><td>6.99</td><td>72</td><td rowspan="2">73</td></tr>
<tr><td>YLL90L-4</td><td>1500</td><td>9.28</td><td>74</td></tr>
</table>

注：额定电压 220～240V，频率 50Hz。

3.2.6 YJ 系列罩极异步电动机

（1）YJ48 系列单相罩极异步电动机（表 3-11）

应用范围：广泛应用于暖风机散热、排风扇空气清新机、加湿器、足浴盆等。

表 3-11 YJ48 系列单相罩极异步电动机主要技术参数

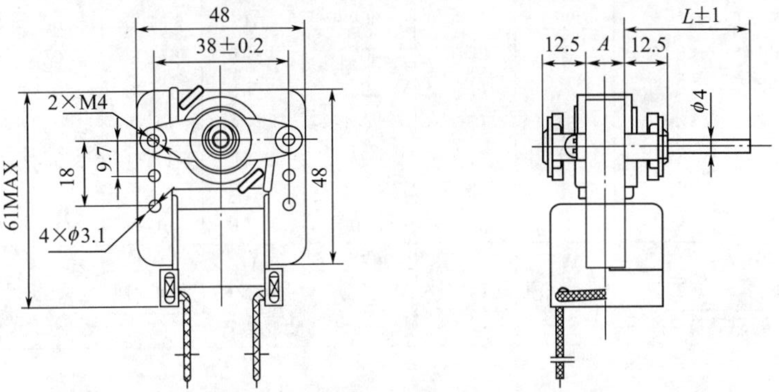

型号	电压/V	频率/Hz	尺寸 A/mm	空载性能			负载性能					
				输入电流/A	输入功率/W	转速/(r/min)	输入电流/A	输入功率/W	功率因数	转速/(r/min)	输出功率/W	额定转矩/N·cm
YJ48-10A/1	220/240	50	10	0.06	5	2600	0.07	7	0.46	2300	0.48	0.20
YJ48-10B/2	120	60	10	0.1	4	3300	0.11	6.5	0.5	2600	0.55	0.20
YJ48-12A/1	220/240	50	12	0.085	9	2650	0.09	11	0.48	2300	0.72	0.30
YJ48-12B/2	120	60	12	0.11	7	3350	0.125	8.5	0.55	2400	0.78	0.30
YJ48-16A/1	220/240	50	16	0.11	12	2700	0.135	15	0.51	2300	1.45	0.60
YJ48-16B/2	120	60	16	0.135	12.5	3400	0.16	16	0.55	2500	1.55	0.60
YJ48-20A/1	220/240	50	20	0.145	12.5	2800	0.155	16	0.56	2400	2.0	0.80
YJ48-20B/2	120	60	20	0.16	13	3400	0.19	19	0.6	2500	2.1	0.80

注：绝缘等级 E 级。

表 3-12　YJ58 系列单相罩极异步电动机主要技术参数

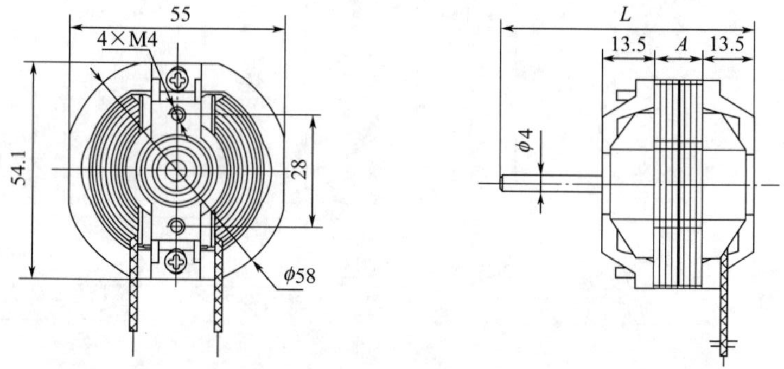

型号	电压/V	频率/Hz	定子叠后尺寸/mm	空载性能			负载性能					
				输入电流/A	输入功率/W	转速/(r/min)	输入电流/A	输入功率/W	功率因数	转速/(r/min)	输出功率/W	额定转矩/N·cm
YJ58-12A/1	220/240	50	12.5	0.10	12.5	2600	0.13	16	0.55	2400	1.50	0.60
YJ58-12B/2	120	60	12.5	0.16	12	3350	0.20	16.5	0.65	2500	1.55	0.60
YJ58-16A/1	220/240	50	16.5	0.11	13.5	2700	0.15	17	0.58	2350	1.95	0.80
YJ58-16B/2	120	60	16.5	0.17	14	3400	0.21	18	0.62	2400	2.0	0.80
YJ58-20A/1	220/240	50	20.5	0.115	13.5	2750	0.14	18	0.60	2400	2.5	1.00
YJ58-20B/2	120	60	20.5	0.175	15.5	3400	0.23	21	0.65	2500	2.6	1.00
YJ58-30A/1	220/240	50	30.5	0.145	15	2800	0.16	20	0.63	2450	3.0	1.20
YJ58-30B/2	120	60	30.5	0.19	17	3400	0.28	25	0.66	2500	3.15	1.20

注：绝缘等级 E 级。

表 3-13 YJ61-1 系列单相罩极异步电动机主要技术参数

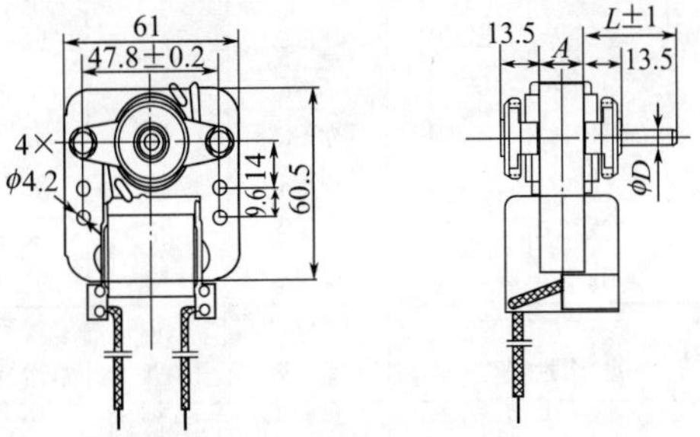

型号	电压/V	频率/Hz	定子叠后尺寸/mm	空载性能			负载性能					
				输入电流/A	输入功率/W	转速/(r/min)	输入电流/A	输入功率/W	功率因数	转速/(r/min)	输出功率/W	额定转矩/N·cm
YJ61-10B/1	220/240	50	10.5	0.12	12.5	2700	0.13	16	0.56	2400	2	0.80
YJ61-10B/2	120	60	10.5	0.16	15	3400	0.20	17	0.61	2600	2.17	0.80
YJ61-13A/3	220/240	50	13.5	0.14	14.5	2700	0.18	18	0.58	2450	3	1.20
YJ61-13B/4	120	60	13.5	0.18	18	3450	0.21	21	0.62	2700	3.3	1.20
YJ61-16A/5	220/240	50	16.5	0.18	18	2750	0.2	22	0.60	2500	3.9	1.50
YJ61-16B/6	120	60	16.5	0.21	21	3450	0.25	25	0.65	2700	4.2	1.50
YJ61-20A/7	220/240	50	20.5	0.22	22	2800	0.28	25	0.63	2450	5.1	2.00
YJ61-20B/8	120	60	20.5	0.32	28	3500	0.35	33	0.66	2800	5.8	2.00

注：绝缘等级 E 级。

表 3-14　YJ61-2 系列单相罩极异步电动机主要技术参数

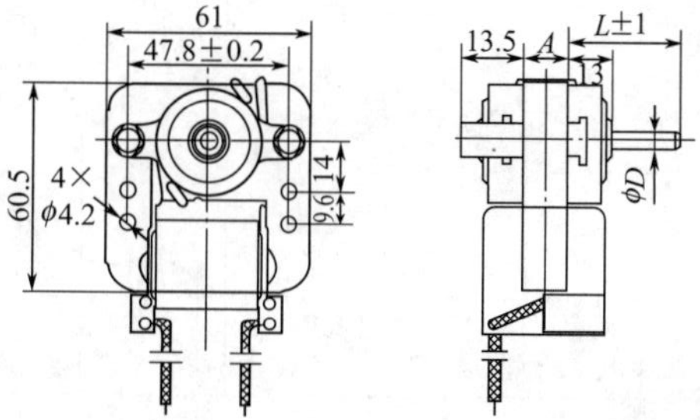

型号	电压/V	频率/Hz	定子叠后尺寸/mm	空载性能			负载性能					
				输入电流/A	输入功率/W	转速/(r/min)	输入电流/A	输入功率/W	功率因数	转速/(r/min)	输出功率/W	额定转矩/N·cm
YJ61-25A/9	220/240	50	25.5	0.26	25	2800	0.3	30	0.57	2450	6.4	2.50
YJ61-25B/10	120	60	25.5	0.3	28	3400	0.35	35	0.63	2600	6.8	2.50
YJ61-30A/11	220/240	50	30.5	0.29	33	2800	0.32	37	0.58	2450	7.7	3.00
YJ61-30B/12	120	60	30.5	0.32	31	3500	0.37	42	0.64	2700	8.4	3.00
YJ61-35A/13	220/240	50	35.5	0.32	37	2800	0.35	48	0.65	2500	10.5	4.00
YJ61-35B/14	120	60	35.5	0.35	44	3500	0.38	52	0.68	2700	11.3	4.00
YJ61-40A/15	220/240	50	40.5	0.40	51	2800	0.42	60	0.71	2500	13	5.00
YJ61-41B/16	120	60	40.5	0.35	43	3500	0.38	55	0.67	2800	14.6	5.00

注：绝缘等级 E 级。

（2）YJ58 系列单相罩极异步电动机（表 3-12）

应用范围：广泛用于暖风机、空气清新机、自动干手器、电暖器、加湿器和各种小型换气扇。

（3）YJ61-1 系列单相罩极异步电动机（表 3-13）

应用范围：广泛应用于暖风机散热、电冰箱、空调水泵、微波炉、搅拌机、水泵、割玻璃机、空气清新机、铅笔刨、风扇、排气扇、加湿机、抽湿机和医用器械等。

（4）YJ61-2 系列单相罩极异步电动机（表 3-14）

应用范围：应用于暖风机散热，电冰箱、空调水泵、微波炉、搅拌机、医用器械等装置。

3.2.7 G 系列单相串励电动机

G 系列单相串励电机，又称通用电动机，交直流两用，用于全自动洗衣机、吹风机、吸尘器、手电钻等。表 3-15 是其主要技术参数。

表 3-15 G 系列单相串励电动机主要技术参数

型号	额定功率/W	额定电流/A	效率/%	功率因数 $\cos\varphi$	启动电流/额定电流	启动转矩/额定转矩
转速 n=4000r/min						
G3614	8	0.14	32	0.83		1.5
G3624	15	0.22	38	0.83		1.5
G3634	25	0.32	44	0.81		1.5
G4514	40	0.45	50	0.81		1.7
G4524	60	0.64	53	0.80		1.7
G4534	90	0.91	56	0.80	2.5	1.7
G5614	120	1.15	59	0.80		2.0
G5624	180	1.70	61	0.79		2.0
G5634	250	2.32	63	0.78		2.0
G7114	370	3.32	65	0.78		2.0
G7124	550	4.92	66	0.77		2.0
G7134	750	6.70	67	0.76		2.C

续表

型号	额定功率/W	额定电流/A	效率/%	功率因数 cosφ	启动电流/额定电流	启动转矩/额定转矩
转速 n=6000r/min						
G3616	15	0.20	40	0.86	3.5	1.8
G3626	25	0.29	45	0.86		1.8
G3636	40	0.42	51	0.86		1.8
G4516	60	0.59	54	0.86		2.5
G4526	90	0.85	56	0.86		2.5
G4536	120	1.08	60	0.84		2.5
G5616	180	1.60	61	0.84		3.0
G5626	250	2.15	63	0.84		3.0
G5636	370	3.08	65	0.84		3.0
G7116	550	4.45	67	0.84		3.5
G7126	750	6.00	68	0.84		3.5
转速 n=8000r/min						
G3618	25	0.28	46	0.88	4.5	3.0
G3628	40	0.40	52			3.0
G3638	60	0.57	55			3.0
G4518	90	0.82	57			4.0
G4528	120	1.03	60			4.0
G4538	180	1.50	62			4.0
G5618	250	2.08	64			5.0
G5628	370	2.90	66			5.0
G5638	550	4.18	68			5.0
转速 n=10000r/min						
G36112	60	0.37	53	0.92	6.0	4.5
G36212	60	0.53	56			4.5
G36312	90	0.77	58			4.5
G45112	120	0.99	60			6.0
G45212	180	1.43	62			6.0
G45312	250	1.93	64			6.0

注：额定电压220V。

3.2.8 家电用单相电动机

（1）电风扇用单相电动机技术数据（表3-16）

（2）洗衣机用电动机的技术数据（表3-17）

表 3-16　电风扇用单相电动机技术数据

型号及规格/mm	频率/Hz	电压/V	主绕组		副绕组		电容器		铁芯长度/mm	线模尺寸/mm
			线径/mm	每线圈匝数	线径/mm	每线圈匝数	容量/μF	交流工作电压/V		
电容式台扇FT24-27 250	60	110	0.250	450	0.17	780	2	250	20	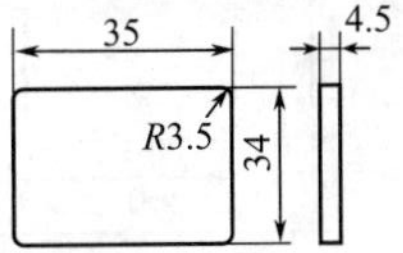
	60	110/120	0.250	467	0.17	760	2	250	20	
	50	110	0.250	455	0.19	710	2.5	250	20	
	50	190/200	0.190	825	0.17	980	1.2	400	20	
	50	220	0.170	935	0.15	1020	1	500	20	
	50	230	0.190	850	0.17	900	1	500	20	
	50	110/220	0.170	935	0.15	1020	1	500	20	
电容式台扇FT24-27 300	60	110	0.315	295	0.21	640	2	400	26	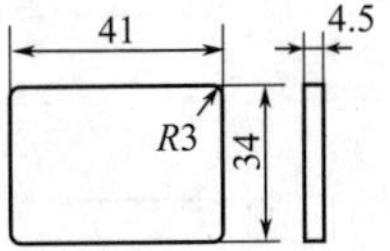
	60	110/120	0.315	305	0.21	640	2	400	26	
	50	110	0.315	295	0.21	640	2	400	26	
	50	190/200	0.170	634	0.19	620	2	400	26	
	50	220	0.170	634	0.19	620	1.5	400	26	
	50	230	0.210	680	0.17	684	1.2	400	26	
	50	110/220	0.170	634	0.19	620	1.5	400	26	
电容式台扇FT24-27 350	60	110	0.270	258	0.23	465	3	250	32	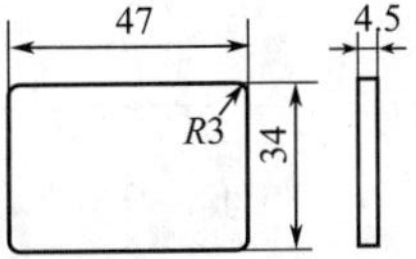
	60	110/120	0.270	275	0.23	465	3	250	32	
	50	110	0.315	280	0.23	560	3	250	32	
	50	190/200	0.250	490	0.19	700	1.5	400	32	
	50	220	0.230	560	0.19	790	1.2	400	32	
	50	230	0.230	600	0.19	810	1.2	400	32	
	50	110/220	0.230	560	0.19	790	1.2	400	32	

续表

型号及规格/mm	频率/Hz	电压/V	主绕组 线径/mm	主绕组 每线圈匝数	副绕组 线径/mm	副绕组 每线圈匝数	电容器 容量/μF	电容器 交流工作电压/V	铁芯长度/mm	线模尺寸/mm
电容式台扇FT24-27 400	60	110	0.345	232	0.25	415	3.0	250	32	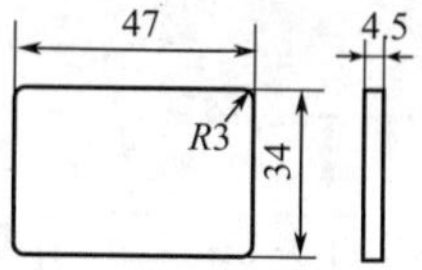
	60	110/120	0.345	230	0.25	410	3.5	250	32	
	50	110	0.345	243	0.23	479	3.5	250	32	
	50	190/220	0.250	475	0.19	790	1.5	400	32	
	50	220	0.230	530	0.17	890	1.2	400	32	
	50	230	0.230	560	0.19	850	1.2	400	32	
	50	110/220	0.230	530	0.17	890	1.2	400	32	
罩极式台扇FHT3 200	60	110	0.315	470					32	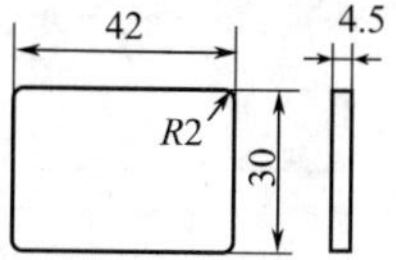
	50	110	0.190	1050 并联					32	
	50	190/220	0.210	930					32	
	50	220	0.190	1050					32	
	50	230	0.190	1100					32	
罩极式台扇FHT300	50	110	0.27	510 并联	无指示灯				32	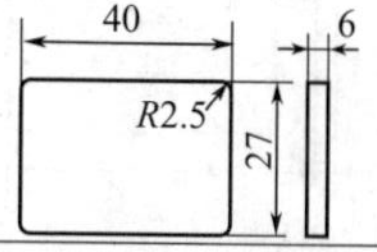
	50	220	0.97	510		简易式			32	
	50	220	0.27	490	有指示灯				32	
罩极式台扇FHT400	50	110	0.41	450	无指示灯				32	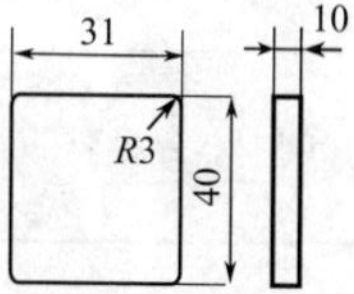
	50	220	0.41	450 并联	—				32	
	50	220	0.41	420	有指示灯				32	

续表

型号及规格/mm	频率/Hz	电压/V	主绕组		副绕组		电容器		铁芯长度/mm	线模尺寸/mm
			线径/mm	每线圈匝数	线径/mm	每线圈匝数	容量/μF	交流工作电压/V		
电容式台扇FT350	50	190/200	0.210	660	0.15	990	1.2	400	34	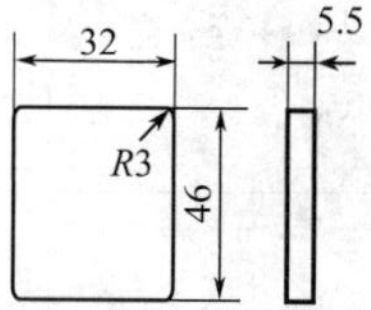
	50	230	0.190	685	0.15	976	1.0	500	34	
电容式台扇FT400	50	190/220	0.23	510	0.17	856	1.2	400	34	
	50	220	0.32	555	0.15	955	1.0	500	34	
	50	230	0.21	630	0.19	780	1.2	400	34	
罩极式吊扇FHC900	60	110/120	0.38	536并联					30	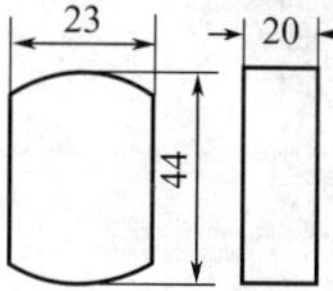
	50	110	0.38	550并联					30	
	50	190/200	0.41	490					30	
	50	220	0.38	550					30	
	50	230	0.38	575					30	
电容式台扇$FC_2$1200	50	190/220	0.29	220	0.25	300	2.4	400	25	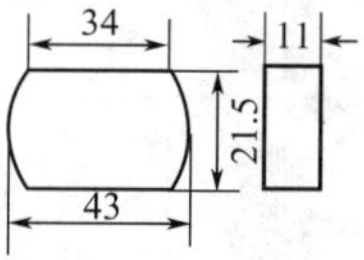
	50	220	0.27	280	0.25	328	2.0	400	25	
	50	110	0.41	120	0.27	290	3.5	250	25	
电容式吊扇$FC_2$1400	50	110	0.41	120	0.27	290	3.5	250	25	
	50	190/200	0.29	229	0.25	325	2.4	400	25	
	50	220	0.27	280	0.25	328	2.4	400	25	
	50	230	0.27	268	0.23	345	2.0	400	25	

表 3-17　洗衣机用电动机的技术数据

电动机型号	额定电压 /V	额定输出功率 /W	额定电流 /A	额定转速 /(r/min)	外形尺寸（长×宽×高） /mm	质量 /kg	电容 /μF
XDC-X-2	220	85	1.1	1350	200×120×179	3.65	8.5
XDC-T-2		20	0.6		192×160×137	2.25	3
JXX-90B		90	1.1	1400	190×126×155	3.6	8
XD-90		90	0.9	1400	190×130×170	4.3	8
XD-120		120	1.0		190×130×180	4.9	10
XD-180		180	1.5		190×130×190	6.3	12
XD-250		250	1.8		190×130×210	7.7	16

（3）电冰箱用压缩机电动机的技术数据（表 3-18）

表 3-18　电冰箱用压缩机电动机的技术数据

压缩机组(冰箱)型号	LD1-6	LD5801	QF-21-65	QF-21-75
额定电压/V	220	220	220	220
额定电流/A	1.1	1.4	0.7	0.9
输出功率/W	93	93	65	75
额定转速/(r/min)	2850	1450	2850	2850

压缩机组(冰箱)型号	QF-21-93	QF-21-100	QZD-3.4	5608-Ⅰ	5608-Ⅱ
额定电压/V	220	220	220	220	220
额定电流/A	1.2	0.8	0.6	1.6	1.6
输出功率/W	93	100	75(输入)	125	125
额定转速/(r/min)	2850	2850	2850	1450	1450

压缩机组(冰箱)型号	FB-505	FB-515	FB-516	FB-517(Ⅰ)	FB-517(Ⅱ)
额定电压/V	220	220	220	220	220
额定电流/A	0.7	1.2～1.5	1.3～1.7	1.3～1.7	1.1
输出功率/W	65	93	93	93	93
额定转速/(r/min)	2860	1450	1450	1450	2860

3.2.9　单相微型电动机

微型电动机，是指直径小于 160mm 或额定功率小于 750W 的电机。其门类繁多，大体可分为直流电动机、交流电动机、自整角电动机、步进电动机、旋转变压器、轴角编码器、交直流两用电动机、测速发电机、感应同步器、直线电机、压电电动机、电机机组、其他特种电机等。用于无特殊控制要求的驱动场合作为运动机械负载的动力源；办公自动化设备、计算机外部设备和工业自动化设备（如磁盘驱动器、复印机、数控机床、机器人等都应用了微电机）和音像设备（如盒式录像机、录音机等）中。

微型电机在结构上大体可分为三类。

电磁式：基本组成与普通电机相似，包括定子、转子、电枢绕组、电刷等部件，但结构格外紧凑。

非电磁式：外形结构与电磁式一样，如旋转类产品做成圆柱形，直线类产品做成方形，但内部结构因其工作原理不同而差别很大。

组合式：常见的有微电机与电子线路的组合，例如直流电动机与传感器的组合，X 方向与 Y 方向直线电动机的组合等。

BO、CO 和 DO 系列微型单相电容启动异步电动机技术数据见表 3-19～表 3-21。

表 3-19　BO 系列微型单相电容启动异步电动机技术数据

型号	额定功率/W	转速/(r/min)	额定电流/A	效率/%	功率因数 cosφ	最初启动电流 I_{st0}/A	启动转矩/额定转矩	最大转矩/额定转矩	最小转矩/额定转矩
BO7112	370	2800	3.5	65	0.74	30	1.1	1.8	0.8
BO6332	250		2.5	63	0.72	22	1.1		
BO6322	180		1.95	60	0.70	17	1.3		
BO6312	120		1.43	56	0.68	14	1.3		
BO5622	90		1.19	52	0.66	12	1.5		
BO5612	60		1.01	42	0.64	9	1.5		
BO7124	370	1400	4.17	63	0.64	30	1.2		
BO7114	250		3.05	60	0.62	22	1.2		
BO6334	180		2.44	56	0.60	17	1.4		
BO6324	120		1.85	50	0.59	14	1.4		
BO6314	90		1.60	44	0.58	12	1.6		
BO5624	60		1.28	38	0.55	9	1.6		
BO5614	40		1.05	32	0.54	8			

注：电压 220V，频率 50Hz。

表 3-20　CO 系列微型单相电容启动异步电动机技术数据

型号	额定功率/W	转速/(r/min)	额定电流/A	效率/%	功率因数 $\cos\varphi$	最初启动电流 I_{st0}/A	启动转矩/额定转矩	最大转矩/额定转矩	最小转矩/额定转矩
CO8012	750	2800	6.24	70	0.78	37	2.5	1.8	0.8
CO7122	550		4.83	68	0.76	29			
CO7112	370		3.50	65	0.74	21			
CO6332	250		2.50	63	0.72	15	2.8		
CO6322	180	1400	1.95	60	0.70	12			
CO8024	750		7.00	68	0.69	37	2.5		
CO8014	550		5.65	65	0.66	29			
CO7124	370		4.17	62	0.63	21	2.5		
CO7114	250		3.05	58	0.61	15	2.8		
CO6334	180		2.44	52	0.59	12	2.8		
CO6324	120		1.85	48	0.58	9			

注：电压 220V，频率 50Hz。

表 3-21　DO 系列微型单相电容启动异步电动机技术数据

型号	额定功率/W	转速/(r/min)	额定电流/A	效率/%	功率因数 $\cos\varphi$	最初启动电流 I_{st0}/A	启动转矩/额定转矩	最大转矩/额定转矩	最小转矩/额定转矩
DO6312	180	2800	1.010	65	0.9	7	0.35	1.6	0.35
DO5622	120		0.705	62		5			
DO5612	900		0.579	58		3.2			
DO5022	60		0.422	53	0.9	2.5	0.5		0.5
DO5012	40		0.318	48	0.85	2			
DO4522	25		0.228	42	0.85	1.5	0.6		0.6
DO4512	15		0.163	36		1			
DO5024	40	1400	0.392	40	0.82	2	0.5		0.5
DO5014	25		0.280	35		1.5			

注：电压 220V，频率 50Hz。

3.3 常见故障及对策

单相异步电动机常见故障及对策见表 3-22。

表 3-22　单相异步电动机常见故障及对策

现　象	故障原因	对　策
无法启动	①电源电压不正常 ②定子绕组断路 ③电容器损坏 ④离心开关触点接触不良 ⑤转子卡住 ⑥过载	①检查电源电压是否过低 ②用万用表检查定子绕组是否完好,接线是否良好 ③用万用表检查电容器的好坏 ④修理或更换 ⑤检查轴承是否灵活,定转子是否相碰,传动机构是否受阻 ⑥检查所带负载是否正常
通电后没反应	①主绕组断线 ②电源故障	①重绕主绕组或修复 ②检查电源电压
通电后有嗡声,外力不能推动	①绕组接错 ②机械故障	①重绕绕组 ②排除变形、异物、松动、缺油等故障
启动缓慢,转速过低	①电源电压偏低 ②绕组匝间短路 ③电容器击穿或容量减小 ④电机负载过重	①找出原因提高电源电压 ②修理或更换绕组 ③更换电容器 ④检查轴承及负载情况
通电后有嗡声,需要外力推动才能转动,转向不定	①启动绕组内部开路 ②离心开关损坏 ③启动电容失效 ④罩极电动机短路环开路	①重新绕线或将启动绕组接好 ②更换或修复离心开关 ③更换电容 ④更换或修复短路环
电动机过热	①绕组短路或接地 ②工作绕组与启动绕组相互接错 ③离心开关触点无法断开,启动绕组长期运行 ④主副绕组接错	①找出故障处、修理或更换 ②调换接法 ③修理或更换离心开关 ④重新接线
运行中温升过高	①负载过重 ②电压过低 ③绕组轻微短路 ④机械故障	①减轻负载 ②提高电源电压 ③重绕绕组或修复 ④排除变形、异物、松动、缺油等故障
电动机噪声和振动过大	①绕组短路或接地 ②轴承损坏或缺润滑油 ③定子与转子的气隙中有杂物 ④电风扇风叶变形 ⑤离心开关损坏 ⑥转子断条 ⑦机械故障	①故障点多有烧灼痕迹,修理或更换 ②更换轴承或加润滑油 ③清除杂物 ④修理或更换 ⑤修复或更换离心开关 ⑥更换转子或排除转子断条故障 ⑦排除变形、异物、松动、缺油等故障

第4章 同步电动机

同步电动机属于交流电机，可分为电励磁同步电动机、永磁体励磁同步电动机、开关磁阻同步电动机和磁滞同步电动机四种。同步电动机的型号编制方法是：

TK	□	□ -	□ /	□
同步电动机	K—空气压缩机用 M—矿山球磨机用 L—立式泵用；G—高速 （一般用途不标）	额定功率 （kW）	极数	定子铁芯外径 （mm）

同步电动机的特点和用途见表 4-1，基本参数见表 4-2，常用的启动方法见表 4-3，一些同步电动机的机座号与转速和功率的对应关系见表 4-4。

表 4-1　同步电动机的特点和用途

类　别	特　点	用　途
电励磁同步电动机	需降压启动（用变频器或软启动器等）	带动大型破碎机和球磨机等
永磁体励磁同步电动机	结构简单、体积小、重量轻、损耗小、效率高、功率因数高	主要用于要求响应快速、调速范围宽、定位准确的高性能伺服传动系统和直流电机的更新替代电机
开关磁阻同步电动机	转子开设有与定子相数相对应的反应凸极（仅有凸极，无励磁绕组和永久磁铁），结构简单，成本低廉	广泛应用于工农业生产、交通运输、国防、商业及家用电器、医疗电气设备等领域。磁阻式同步电动机分为单相电容运转式、单相电容启动式和单相双值电容式等多种类型

续表

类　别	特　点	用　途
磁滞同步电动机	结构简单，运转可靠，启动转矩大，不需要加装任何启动装置	主要应用无线电通信、自动记录、传真及遥控装置等，其中50W以下小功率的应用最为广泛

表 4-2　同步电动机的基本参数

项目	大型交流三相四极同步电动机	大型三相同步电动机 YK 系列
外壳防护等级	IP44(除集电环外)	IP00
冷却方法	IC37 或 IC91W	IC01
结构及安装形式	IM7311	根据压缩机的配套要求，可制成IM7311 及 IM5710 两种
定额	S1 工作制	S1 工作制
额定频率	50Hz	50Hz
额定电压	6kV 或 10kV，额定转速为1500r/min	6kV 或 10kV
额定功率/kW	1250、1600、2000、2500、3200、4000、5000、6300	250、280、315、355、400、450、500、560、630、710、800、900、1000、1120、1250、1400、1600、1800、2000、2240、2500、2800、3150、3550、4000、4500、5000、5600、6300、7100、8000
项目	**高效三相永磁同步电动机**	**超高效三相永磁同步电动机**
外壳防护等级	IP55	IP50(GB/T 4942.1—2006)
冷却方法	IC411	IC411(GB/T 1993—1993)
结构及安装形式	IMB3、IMB5、IMB35、IMVI	IMB3、IMB5，IMB35、IMV1(GB/T 997—2008)
定额	连续工作制(S1)为基准的连续定额	以连续工作制(S1)为基准的连续定额
额定频率	50Hz	50Hz
额定电压	380V，Y 接	380V，Y 接
额定功率/kW	2.2、3、4、5.5、7.5、11、15、18.5、22、30、37、45、55	2.2、3、4、5.5、7.5、11、15、18.5、22、30、37、45、55
项目	**矿山球磨机用大型交流三相同步电动机**	**纺织专用高效率永磁同步电动机**
外壳防护等级	IP00	IP55
冷却方法	IC01	IC411
结构及安装形式	IM7311	IMB3、IMB5、IMB6、IMB7、IMB8、IMB35、IMV1、IMV3、IMV5、IMV6、IMV15 和 IMV35

续表

项目	矿山球磨机用大型交流三相同步电动机	纺织专用高效率永磁同步电动机
定额	S1	S1
额定频率	50Hz	50Hz
额定电压	6kV或10kV	380V,Y接法,4极
额定功率/kW	400、500、630、800、1000、1250	1.1、1.5、2.2、3、4、5.5、7.5、11、15、18.5、22、30、37、45

表4-3 同步电动机常用的启动方法

方法	辅助电动机启动法	变频启动法	异步启动法
简介	选用一台与同步电动机极数相同的小型异步电动机作为辅助电动机,启动时,先启动辅助电动机将同步电动机拖动到同步转速,然后将同步电动机投入电网,加入励磁,利用同步转矩把同步电动机转子牵入同步,同时切除辅助电动机电源	启动前将转子加入直流,利用变频电源使频率从零缓慢升高,旋转磁场牵引转子缓慢同步加速,直至达到额定转速	在转子上加装启动绕组(其结构同异步机的笼型绕组)。启动时,先不给励磁绕组励磁,同步电动机定子绕组接电源,通过启动绕组作用,产生启动转矩,使同步电动机自行启动,当转速达95%同步转速左右后,给同步电动机的励磁绕组通入直流,转子自动牵入同步
适用场合	同步电动机的空载启动	多用于大型同步电动机的启动	一般同步电动机的启动

表4-4 一些同步电动机的机座号与转速和功率的对应关系

机座号	超高效三相永磁同步电动机			高效三相永磁同步电动机		纺织专用高效永磁同步电动机	
	转速/(r/min)			转速/(r/min)		机座号	额定功率/kW
	1500①	1000	750	1000	750		
	功率/kW			功率/kW			
132M1	7.5	4	3	4	3	90L	1.5
132M2	—	5.5	3	5.5	3	100L1	2.2
160M1	11	7.5	4	7.5	4	100L2	3
160M2	—	7.5	5.5	7.5	5.5	112M	4
160L	15	11	7.5	11	7.5	132S	5.5
180L	22	15	11	15	11	132M	7.5
200L1	30	18.5	15	18.5	15	160M	11
200L2	—	22	15	—	—	160L	15
225S	37	—	18.5	18.5	18.5	180M	18.5

续表

机座号	超高效三相永磁同步电动机			高效三相永磁同步电动机		纺织专用高效永磁同步电动机	
	转速/(r/min)			转速/(r/min)		机座号	额定功率/kW
	1500①	1000	750	1000	750		
	功率/kW			功率/kW			
225M	45	30	22	30	22	180L	22
250M	55	37	30	37	30	200L	30
280S	75	45	37	45	37	225S	37
280M	90	55	45	55	45	225M	45

① 转速 1500r/min 的还有：80M1 0.55kW，80M2 0.75kW，90S 1.1kW，90L 1.5kW，100L1 2.2kW，1100L23kW，112M 4kW，132S1 5.5kW，180M 18.5kW。

注：S、M 和 L 后面的数字 1、2 分别代表同一机座号和转速下不同的功率。

4.1 电励磁同步电动机

除转子结构以外，电励磁同步电动机的定子铁芯和定子绕组与异步电动机的完全一样。同步电动机的转子结构分凸极（转子激励绕组绕在磁极上）和隐极（转子结构与定子相仿）两种（图 4-1）。前者适用于转速低于 1000r/min、极对数 $p \geqslant 3$ 的电动机，后者适用于转速高于 1500r/min，极对数 $p \leqslant 2$ 的电动机。

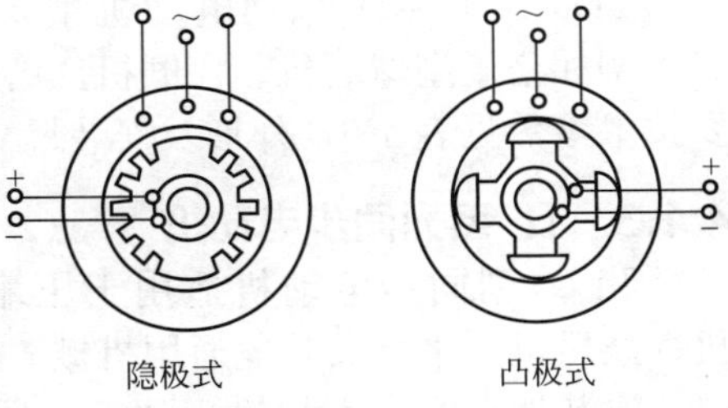

图 4-1 电励磁同步电动机转子的结构

4.1.1 TK、TDK 系列同步电动机

TK、TDK 系列同步电动机是专为空压机、二氧化碳压缩机等配套的。

电动机的外壳防护等级为 IP00，冷却方法为 IC01。根据压缩机的配套要求，电动机的基本结构和安装形式可制成 IM7311 及 IM5710 两种，额定电压为 6kV 或 10kV（此四项均可根据用户的要求另议）。

电动机的额定功率因数为 0.9（超前）。额定功率等级为 250，280，315，355，400，450，500，560，630，710，800，900，1000，1120，1250，1400，1600，1800，2000，2240，2500，2800，3150，3550，4000，4500，5000，5600，6300，7100，8000（kW）。

电动机的额定转速等级：250，273，300，333，375，428，500，600（r/min）。

TK、TDK 系列同步电动机主要技术数据见表 4-5。

4.1.2 TDMK 系列三相大型同步电动机

TDMK（TM）系列电动机适应于在海拔不超过 1000m，冷却介质温度不超过 40℃，少尘埃、无蒸汽、酸、碱等腐蚀性气体的室内环境中工作。本系列电动机的额定电压为 6kV，允许电压的偏差范围为±5%，额定电源频率为 50Hz，额定功率因数为 0.9（超前）。电动机采用晶闸管励磁装置。允许全电压直接启动（也可采用降压启动）。定子引出线有六个出线头，分别为 U1、V1、W1、U2、V2、W2。

TDMK（TM）系列电动机主要用于拖动矿山球磨机、破碎机，例如格子型球磨机、棒磨机、磨煤机和其他用途的磨机。其主要技术参数见表 4-6，外形及安装尺寸见表 4-7。

4.1.3 TL 系列同步电动机

TL 系列同步电动机适用于压缩机、破碎机、球磨机、轧钢机、鼓风机、水泵及其他通用机械，也可用作调相机。

安装地点海拔不超过 1000m，环境温度不超过 40℃，不低于 −15℃，对带滑动轴承稀油润滑和空-水冷却的电机不低于 5℃. 月平均最高相对湿度为 90%，同时该月月平均最低温度不高于 25℃，电动机周围不允许存在有害的灰尘、盐雾及其他腐蚀性气体，不允许有白蚁和其他小动物进入电动机，电动机一般只允许在房间户内使用。

电动机外壳防护等级为 IP20、IP21，冷却方式为 IC01、IC21、IC21W，结构及安装形式为 IM8421、IM8425，也可采用用户要求的其他方式。

表 4-5　TK、TDK 系列同步电动机主要技术数据

型号	结构	额定值			功率因数超前	效率/%	堵转电流/额定电流	堵转转矩/额定转矩	牵入转矩/额定转矩	失步转矩/额定转矩	接法	转动惯量/kg·m²	励磁装置型号	质量/t
		功率/kW	电压/V	电流/A										
TK220-10/990	悬	220	3000	51.2	0.9	91.0	6.5	0.9	0.8	1.8	Y	60	KGLF11-200/50	2.19
TK220-10/990	悬	220	6000	25.6	0.9	91.0	6.5	0.9	0.8			60		2.19
TK250-10/990	悬	250	380	456.3	0.9	91.0	6.5	0.9	0.7			55		2.21
TK250-10/990	悬	250	6000	29.1	0.9	91.0	7.0	0.9	0.7			55		2.27
TK250-10/990A	悬	250	10000	17.5	0.9	90.5	7.0	0.9	0.7			55		2.75
TK250-10/990C	单	250	10000	17.5	0.9	90.5	7.0	0.9	0.7			55		3.55
TK280-10/990	悬	280	380	519.5	0.9	91.0	6.0	0.9	0.7			55		2.21
TK280-10/990	悬	280	6000	32.5	0.9	91.0	6.5	0.9	0.7			55		2.26
TK315-10/1180	悬	315	6000	37	0.9	91.0	6.0	1.0	0.5		Y	85	KGLF11-200/75	2.67
TK355-10/1180	悬	355	10000	25	0.9	91.0	6.5	0.9	0.7			100		3.03
TDK118/30-10	悬	450	6000	52	0.9	92.0	6.0	1.0	0.5	1.8	Y	125	半导体复励励磁	3.00
TDK118/30-10	单	450	6000	52	0.9	92.0	6.0	1.0	0.5					4.00
TK220-12/1180	悬	220	6000	26.0	0.9	90.5	6.0	1.0	0.5	1.8	Y	87.5	KGLF11-200/75	2.55
TK250-12/1180	悬	250	380	464	0.9	91.0	6.0	1.0	0.5					2.68
TK250-12/1180A	单	250	380	464	0.9	91.0	6.0	1.0	0.6					4.00
TK250-12/1180	双	250	380	464	0.9	91.0	6.0	1.0	0.5					4.00
TK350-12/1180A	悬	350	3000	81.4	0.9	91.0	6.0	1.0	0.5		2Y	125	KGLF11-200/75	3.69
TK350-12/1180A	悬	350	6000	40.7		91.0	6.0	1.0	0.5		Y	125		3.69

续表

型号	结构	额定值			功率因数超前	效率/%	堵转电流/额定电流	堵转转矩/额定转矩	牵入转矩/额定转矩	失步转矩/额定转矩	接法	转动惯量/kg·m²	励磁装置型号	质量/t
		功率/kW	电压/V	电流/A										
TK350-14/1430	悬	350	6000	41.1		91.0	6.0	0.9	0.8		Y	250		4.58
TK500-14/1430A	单	500	6000	58.1		92.0	6.0	0.9	0.8		Y	325		8.52
TK600-14/1430	单	600	6000	67.8		92.5	6.0	0.9	0.7		Y	275		8.16
TK300-16/1430	悬	300	6000	35.3	0.9	91.0	6.0	0.8	0.7	1.8	Y	200	KGLF11-200/75	4.49
TK315-16/1430	悬	315	6000	37.0		91.0	6.0	0.8	0.7		Y	200		4.51
TK320-16/1430	单	320	6000	37.4		91.0	6.5	0.7	0.9		—	250		8.21
TK400-16/1430	单	400	6000	46.2		92.5	5.5	0.7	0.9		Y	275		7.76
TK320-14/1430	单	320	6000	37.6		90.5	6.5	0.9	0.7		—	225		7.65
TK800-16/1430	双	800	6000	90.5		93.0	6.0	0.9	0.6		Y	375		11.95
TK800-14/1730	单	800	6000	91.0		92.0	6.5	0.9	0.8		Y	625	KGLF11-200/110	11.70
TK1700-14/1730	双	1700	6000	189.1		95.0	6.5	0.8	0.8		—	900		16.30
TK550-16/1730B	悬	550	6000	63.9		92.0	6.0	0.7	0.8		Y	525		5.47
TK630-14/1730	单	630	6000	71.7	0.9	92.0	6.5	0.9	0.8	1.8	Y	500		11.10
TK550-16/1730C	单	550	6000	63.9		92.0	6.0	0.7	0.8		Y	660	KGLF11-200/75	10.85
TK710-16/1730	单	710	10000	49.5		92.0	6.5	0.7	0.8		Y	750		10.76
TK1000-16/1730	单	1000	6000	113.2		93.0	6.5	0.9	0.7		Y	750	KGLF11-200/110	13.00
TK550-20/1730	悬	550	10000	38.4		92.0	6.5	0.9	0.7		Y	875		7.71

续表

型号	结构	额定值			功率因数超前	效率/%	堵转电流/额定电流	堵转转矩/额定转矩	牵入转矩/额定转矩	失步转矩/额定转矩	接法	转动惯量/kg·m²	励磁装置型号	质量/t
		功率/kW	电压/V	电流/A										
TK300-18/1730	悬	300	6000	35.4		90.5	6.0	0.9	0.7		Y	450		5.49
TK400-18/1730	悬	400	6000	46.2		91.5	6.5	0.9	0.7		—	500		5.73
TK400-18/1730	悬	400	10000	28.0		91.5	6.0	0.9	0.7		Y	450		6.24
TK450-18/1730	单	450	10000	31.5		91.0	6.0	1.8	0.9		Y	700		11.48
TK500-18/1730	悬	500	10000	34.9		92.0	6.0	0.9	0.7		Y	550		6.81
TK550-18/1730A	悬	550	6000	63.9	0.9	92.0	6.0	0.9	0.7	1.8	Y	550	KGLF11-200/75	6.58
TK550-18/1730	悬	550	10000	38.4		92.0	6.0	0.9	0.7		Y	550		6.81
TK550-18/1730	单	550	6000	63.2		92.0	6.5	0.9	0.7		—	550		11.40
TK550-18/1730	单	550	10000	38.4		92.0	6.0	0.9	0.7		Y	550		6.81
TK630-20/1730	悬	630	10000	43.9		92.0	6.5	0.9	0.7		Y	875		7.71
TK630-20/1730B	单	630	6000	73.2		92.0	6.0	0.9	0.7		Y	875		10.95
TK1000-14/2150	单	1000	6000	113.7		93.5	6.5	1.0	0.8		Y	750		14.60
TK1000-14/2150	单	1000	10000	68.0		93.0	7.0	1.0	0.8		Y	1250		15.56
TK1250-14/2150	单	1250	6000	141.5		94.0	6.0	1.1	0.8		Y	750		15.00
TK800-16/2150	单	800	6000	91.5		92.5	6.5	1.0	0.6		—	1500		13.60
TK1000-16/2150	单	1000	10000	68.1	0.9	92.5	6.5	1.0	0.8	1.8	—	2000	KGLF11-300/75	13.90
TK1250-16/2150	单	1250	6000	141.5		94.5	6.0	1.1	0.9		Y	1250		15.10
TK1250-16/2150A	单	1250	6000	141.5		94.5	6.0	1.1	0.9		Y	1250		15.10
TK1250-16/2150	单	1250	10000	84.7		94.5	7.0	1.1	0.9		Y	1250		15.90
TK1250-16/2150A	单	1250	10000	84.7		94.5	7.0	1.1	0.9		—	1250		15.90

续表

型号	结构	额定值			功率因数超前	效率/%	堵转电流/额定电流	堵转转矩/额定转矩	牵入转矩/额定转矩	失步转矩/额定转矩	接法	转动惯量/kg·m²	励磁装置型号	质量/t
		功率/kW	电压/V	电流/A										
TK1500-16/2150	单	1500	6000	169.7		94.5	6.0	1.1	0.9		Y	1500	KGLF11-300/110	16.45
TK2800-16/2150	单	2800	6000	311.8		95.0	6.5	0.9	0.8		—	2000		21.60
TK1250-18/2150A	单	1250	6000	142.2		94.0	6.0	1.0	0.7		Y	2000	KGLF11-300/75	16.14
TK1250-18/2150	单	1250	10000	85.3		94.0	6.5	1.0	0.7		Y	2000		16.34
TK630-20/2150	单	630	6000	74.0		91.0	6.0	0.9	0.8		Y	1625	KGLF11-200/110	13.38
TK750-20/2150	单	750	6000	87.2	0.9	92.0	6.0	0.9	0.8	1.8	Y	1625		13.88
TK800-20/2150	单	800	10000	55.8		92.0	6.5	0.9	0.8		Y	1650	KGLF11-300/75	15.25
TK1000-20/2150	双	1000	10000	69.0		93.0	6.5	0.9	0.8		Y	2000		15.51
TK1250-20/2150	单	1250	6000	140.7		93.5	6.5	0.9	0.8		Y	2000		16.30
TK2800-20/2150	单	2800	6000	309.7		95.0	6.5	1.0	0.8		Y	3750	KGLF11-300/110	24.10
TK2000-20/2600	单	2000	6000	224		94.5	6.5	0.8	0.8		—	5000		25.20
TK2800-16/2600	单	2800	10000	188.2		94.0	6.5	1.0	0.8		Y	2000	KGLF11-300/140	27.00
TK3100-16/2600	双	3100	6000	348.9		95.0	6.0	1.0	0.7		Y	4000		26.23
TK3200-16/2600	双	3200	6000	360.1		95.0	6.5	1.0	0.7		Y	2000		27.53
TK2800-18/2600	单	2800	6000	313.0	0.9	95.0	6.0	0.9	0.8	1.8	Y	4000		27.20
TK3000-18/2600	单	3000	6000	334.3		95.0	6.5	1.1	0.9		Y	4000		27.80
TK3000-18/2600	单	3000	10000	201.0		95.0	6.0	1.1	0.9		Y	4000		29.10
TK3200-18/2600	单	3200	6000	360.1		95.0	6.5	1.0	0.7		Y	4000		28.45

表 4-6　**TDMK**(TM)系列大型交流三相同步电动机主要技术参数

型号	产品号	额定功率/kW	额定电压/V	额定电流/A	额定转速/(r/min)	启动转矩/额定转矩	牵入转矩/额定转矩	最大转矩/额定转矩	启动电流/额定电流	质量/kg
TDMK350-32	T121	350	6000	41	187.5	2.04	1.1	3.56	6.72	10750
TDMK400-32①	T112A	400	6000	47.6	187.5	2.1	1.14	3.66	7.0	12400
TDMK400-32②	T102L	400	6000	47	187.5	2.115	1.132	4.06	6.542	11370
TDMK400-32	T116A	400	10000	28	187.5	1.9	1.09	3.213	6.67	12170
TDMK400-32	T102K	400	6000	47	187.5	2.167	1.167	3.9	6.7896	11370
TDMK400-32	T102	400	6000	47	187.5	2.167	1.167	3.9	6.79	11370
TDMK500-36	T103A	500	6000	58	167	1.7	1.04	3.0	6.27	12710
TDMK500-36	T103B	500	6000	58	167	2.03	1.07	3.1	6.67	13400
TDMK500-40	T125	500	10000	35	150	1.74	1.13	3.98	6.87	16360
TDMK500-32	T129	500	10000	35	187.5	1.71	1.03	3.5	6.24	13700
TDMK570-36	T127	570	6000	67	167	2.0	1.08	3.09	6.67	15880
TDMK600-24	T110B	600	6000	69	250	1.74	1.003	2.93	5.87	10600
TDMK630-36	T104D	630	6000	74	167	1.73	1.02	2.9	6.13	13200
TDMK630-36	T104E	630	6000	74	167	1.73	1.02	2.9	6.13	13170
TDMK800-36	T105H	800	6000	93	167	1.7	1.0	2.7	5.9	16000
TDMK800-36	T105G	800	6000	93	167	1.7	1.0	2.7	5.9	16000
TDMK800-36	T105F	800	6000	93	167	1.77	1.0	2.71	5.7	18300
TM800-32③	T128	800	6000	184	225	178	1.08	3.49	6.56	13500
TDMK800-36	T105F	800	6000	93	167	1.73	1.0	2.78	5.75	15800

续表

型号	产品号	额定功率/kW	额定电压/V	额定电流/A	额定转速/(r/min)	启动转矩/额定转矩	牵入转矩/额定转矩	最大转矩/额定转矩	启动电流/额定电流	质量/kg
TM800-48②	T124	800	6000	92	125	1.83	1.016	4.024	6.34	29300
TDMK800-36	T122	800	10000	558	167	1.93	1.08	3.47	6.67	16850
TDMK900-36	T132	800	6000	103	167	1.77	1.01	2.98	6.14	15660
TDMK1000-36	T106H	900	6000	114	167	0.69	0.65	2.11	3.36	15100
TDMK1000-36	T130	1000	10000	69	167	1.0	1.0	2.6	5.0	17750
TDMK1000-36	T106F	1000	6000	115	167	1.8	1.0	3.0	6.1	16000
TDMK1000-36	T1060	1000	6000	116.2	167	2.16	1.05	2.66	6.71	17080
TDMK1000-36	T1061	1000	6000	116	167	1.8	1.0	3.0	6.1	15450
TDMK1000-36	T106E	1000	6000	116	167	1.8	1.0	3.0	6.1	16000
TDMK1250-40	T107	1250	6000	143	150	1.7	1.01	3.36	6.17	29800
TDMK1250-40	T107E	1250	6000	143	150	1.7	1	3.36	6.17	32000
TDMK1600-36	T118	1600	6000	181	167	1.87	1.19	2.98	6.7	31000
TDMK1800-32	T131	1800	6000	203	200	0.873	0.891	2.13	4.37	18500
TM2000-16/4250	—	2000	6000	228.7	100	1.216	1.081	2.992	6.23	42200

① IP23。

② 轴打孔。

③ 双轴伸。

表 4-7　**TDMK**（TM）系列大型交流三相同步电动机外形及安装尺寸

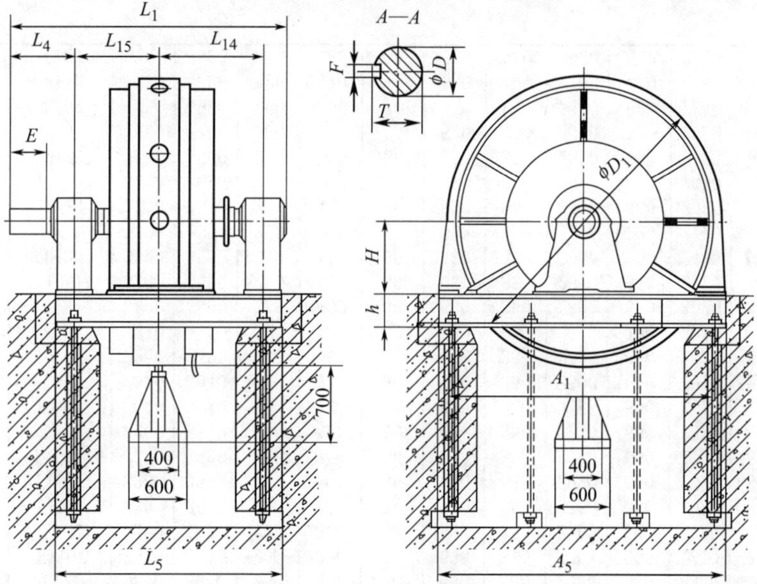

型　　号	产品号	A_1	A_5	ϕD	E	F	H	h	L_1	L_4	L_5	L_{14}	L_{15}	T	ϕD_1
TDMK350-32	T121	2750	3040	200	350	45	630	350	2270	500	1810	800	650	210	2700
TDMK400-32	T1021	2750	3040	200	350	45	630	350	2250	590	1810	800	650	209.7	2700
TDMK400-32①	T112A	2930	3240	200	350	45	630	350	2880	590	2360	1200	800	210	2900
TDMK400-32/2150G②	T116A	2750	3040	200	350	45	630	350	2450	590	2010	900	750	210	2700
TDMK400-32/2150	T102K	2750	3040	200	350	45	630	350	2330	590	1810	800	650	210	2700
TDMK400-32	T102	2750	3040	200	350	45	630	350	2250	500	1810	800	650	210	2700

续表

型　号	产品号	A_1	A_5	ϕD	E	F	H	h	L_1	L_4	L_5	L_{14}	L_{15}	T	ϕD_1
TDMK500-36/2600	T103B	3200	3590	200	350	50	630	350	2410	620	1920	800	700	231	3200
TDMK500-36	T130A	3200	3590	220	350	50	630	350	2360	620	1920	800	700	231	3200
TDMK500-32/2150G	T129	2750	3590	220	350	50	630	350	2650	610	2170	950	800	231	2700
TDMK500-40/2600	T125	3200	3590	250	410	56	630	350	2660	670	2170	950	800	262	3200
TDMK570-36	T127	3640	3940	220	350	50	630	350	2960	620	2520	1250	850	231	3500
TDMK600-24	T110B	2850	3140	200	320	45	630	350	2255	595	1810	750	700	210	2700
TDMK630-36	T104D	3200	3590	220	350	50	630	350	2360	620	1920	800	700	231	3200
TDMK630-36/2600	T104E	3200	3590	220	350	50	630	350	2360	620	1920	800	700	321	3200
TDMK800-36	T105G	3200	3590	250	400	56	630	350	2920	660	2020	850	750	262	3200
TDMK800-38	T105H	3200	3590	250	400	56	630	350	2550	660	2020	850	750	262	3200
TDMK800-36	T122	3200	3509	250	400	55	630	350	2740	660	2220	950	850	262	3200
TDMK800-36	T105F	3640	3940	250	400	56	630	350	3185	660	2670	1350	900	262	3500
TDMK800-32	T128	2570	3040	220	350	50	630	350	2500	610	2070	950	700	230	2700
TDMK800-36③	T105E	3200	3590	250	400	56	630	350	2520	660	2020	850	750	262	3200
TDMK800-48/3250G	T124	4230	4590	280	400	63	630	400	3370	720	2840	1200	1150	292	4000
TDMK900-36/2600①	T132	3200	3590	250	400	56	630	350	2500	660	2020	850	750	262	15660
TDMK1000-36/2600	T106H	3200	3590	250	400	56	630	350	2550	660	2020	850	750	262	3200
TDMK1000-36/2600G	T130	3200	3590	250	400	56	630	350	5980	700	2440	1050	900	262	3200
TDMK1000-36	T106I	1300	3590	250	400	55	630	350	2715	725	2170	900	850	265	3200
TDMK1000-36/2600	T106F	3200	3590	250	400	56	630	350	2570	660	2020	850	750	262	3200
TDMK1000-36/2600G	T106D	3200	3590	250	400	55	630	350	2520	660	2020	850	750	261.7	3200
TDMK1000-36	T106E	3200	3590	250	400	56	630	350	2570	660	2020	850	750	262	3200
TDMK1250-40/3250	T107E	4400	4760	280	500	63	630	400	3670	820	2990	1450	1050	292	4200
TDMK1250-40	T107	4230	4590	280	500	70	630	350	3450	820	2840	1200	1150	292.4	4000
TDMK1600-36/3250	T118	4230	4590	320	470	70	630	400	3100	770	2540	1100	950	334	4000
TDMK1800-32/2600G	T131	3200	3590	250	580	56	630	350	2930	840	2220	950	850	262	3200

① 轴打孔。
② IP23。
③ 双轴伸。

电动机的额定功率等级：500、630、710、800、900、1000、1250、1600、2000、2240、2500、2800、3000、3150、3550、4000、4500、5000（kW）。额定转速等级：600、500、375、333、300、250、214、150、125、100（r/min）。

TL 系列同步电动机的技术参数和安装尺寸见表 4-8。

表 4-8　TL 系列同步电动机的技术参数和安装尺寸

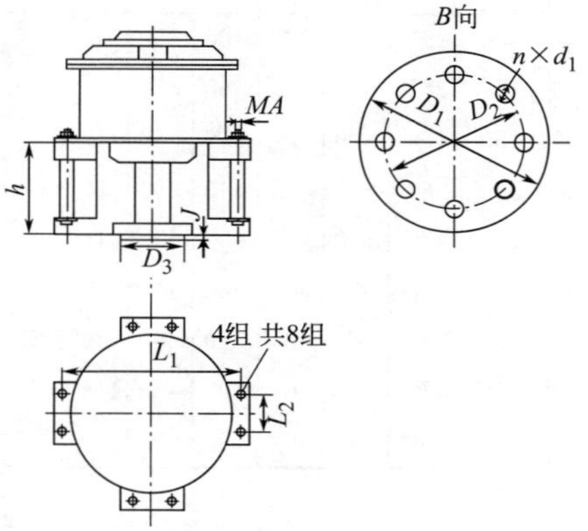

型号	功率/kW	转速/(r/min)	地脚螺栓尺寸/mm			法兰尺寸/mm						法兰端至基础板面高 h/mm
			螺孔距		螺栓直径 A	孔中心直径 D_2	止口		孔径 d_1	孔径	外径 D_1	
			L_1	L_2			直径 D_3	厚度 J				
TL500-10/1430	500	600	2200	320	30	360	125	15	45	8	420	1280
TL500-12/1430	500	500	2200	320	30	360	125	15	45	8	420	1280
TL500-16/1730	500	375	2520	350	42	380	200	12	32	12	500	1280
TL630-16/1730	630	375	2000	300	36	460	520	10	50	8	545	1055
TL630-18/1730	630	333	2150	200	42	（ϕ>180mm 圆柱轴伸带键）						890
TL630-24/2150	630	250	2900	350	42	325	200	12	38	8	400	1000
TL720-16/1730①	720	375	2060	300	36	460	520	10	50	8	545	1055
TL800-20/2150	800	300	2900	350	42	420	340	9	45	8	500	1280
TL800-24/2150	800	250	2900	350	42	420	340	9	45	8	500	1280
TL900-24/2150	900	250	3260	350	42	450	290	15	45	10	540	1575
TL1000-12/1730	1000	500	2520	350	42	420	340	9	45	8	500	950
TL1000-28/2150	1000	214	2900	350	42	420	340	9	45	8	500	1280

续表

型号	功率/kW	转速/(r/min)	地脚螺栓尺寸/mm			法兰尺寸/mm						法兰端至基础板面高 h/mm
			螺孔距		螺栓直径	孔中心直径	止口		孔径	孔径	外径	
			L_1	L_2	A	D_2	直径 D_3	厚度 J	d_1		D_1	
TL1250-16/2150	1250	375	2900	350	42	480	220	15	32	12	550	1280
TL1250-28/2600	1250	214	3540	500	42	460	350	8	45	8	540	1910
TL1600-20/2150	1600	300	2900	350	42	460	350	8	45	8	540	1280
TL1600-24/2600	1600	250	3540	500	42	460	350	8	45	8	540	1350
TL1600-40/3250	1600	150	4300	800	48	510	360	12	55	12	635	1900
TL2000-20/2600	2000	300	3600	800	42	440	280	10	50	10	540	1280
TL2000-48/3250	2000	125	4700	600	48	600	450	15	70	12	740	1660
TL2200-40/3250①	2200	150	4700	600	48	600	450	15	70	12	740	1660
TL2800-40/3250	2800	150	3600	380	48	510	360	20	55	12	635	1900
TL3000-40/3250	3000	150	4700	600	48	600	450	15	70	12	740	1660
TL5000-60/5500	5000	100	6630	450	48	790	500	30	95	12	985	1770

① 额定功率为非标准值。

4.1.4 大型三相同步电动机的故障和对策

大型三相同步电动机的故障和对策见表 4-9。

表 4-9 TDMK、TL 系列大型三相同步电动机的故障和对策

故　障	产生原因	处理对策
轴承发热及声音不正常	润滑脂、油不足或过多	补充润滑脂、油或清除过多的润滑脂、油
	润滑脂、油变质或含异物	清洗轴承或轴瓦、轴颈，更换润滑脂、油
	轴承、轴瓦磨损烧坏	更换轴承或轴瓦
	负载过大，转轴弯斜	检查轴线对准情况，是否存在轴向推力负荷，校正转轴，降低载荷
	滑动轴承绝缘垫老化或损坏，进油温度高	更换绝缘垫，降低进油温度
	轴承内外圈或轴瓦松动	紧固螺栓、止动螺钉或螺母、轴承套、转轴、端盖或轴瓦磨损时，应修理或更换

续表

故　障	产生原因	处理对策
轴承漏油	密封件之间的间隙过大或变质、损坏	加厚密封件或更换密封件
	润滑脂、油过多	清除过多的润滑脂、油
	润滑脂变质、稀化	清洗轴承,更换润滑脂
	压力润滑油压或油量过大	调整油压或油流量
	轴承发热	排除轴承发热故障
电动机振动、噪声大	转子不平衡	若电动机卸载后仍振动,则要再校转子动平衡
	安装不紧固或基础不好	重新拧紧螺栓,检查垫片,加强安装基础刚度
	转轴弯曲,轴颈振动	校直转轴,校正轴伸档、轴承档、铁芯档的同轴度或轴颈不圆度
	转子阻尼条和阻尼环断裂	更换或补焊转子阻尼条、阻尼环或整个转子
	联轴器不平衡或配合不良	联轴器重校动平衡,校正联轴器的配合
	机组轴心线未对准	机组重新对中心线,对准机组轴线
	轴承或轴瓦损坏	更换轴承或轴瓦
	底板不均匀下沉	增加安装基础刚度
	底板刚度不够	加强底板刚度
	被拖动机械工作不良	按被拖动机械的使用说明书修好被拖动机械
	机组轴向窜动过大	修理或更换被磨损或损坏的转轴、轴承装置零部件
转轴断裂	机组轴线没有对准	更换转轴的损坏的零部件,对准机组轴线
	冲击负载超过外形图允许的最大转矩	更换转轴和损坏的零部件,尽量减少冲击负荷,采取措施杜绝超标冲击负荷
	机组突然逆转	更换转轴和损坏的零部件,采取措施杜绝突然逆转事故发生
	电机使用年限过长,转轴疲劳断裂	更换转轴和损坏的零部件,或更换整台电机
启动故障：电动机完全不动	至少有两根电源线开路	查保险丝、电源进线及引线端子,接通线路
	无电压,接线错误	查对电源进线

续表

故障		产生原因	处理对策
启动故障	电动机有交流声，但不能启动	定子一相开路	查对电源进线及修理断路器，若电动机外部线路无断路处，则应检查电动机内部定子线圈、定子连接线，若定子连接线断路，接好即可，若是定子线圈断路，则需更换定子线圈，最好送制造厂修理，以保证质量
	不能带负载启动，有正常电磁噪声	负载转矩或静转矩过大，超过电动机的启动力矩	检查负载是否有故障，有无卡死现象，如果没有，脱开负载，电动机作空载运行，若电机启动正常，则说明电机启动力矩过小，需要更换电机或减少降压数值
	达不到同步转速或牵入同步转速困难	电源电压太低或降压过多	提高电源电压，使与额定电压的偏差不超过±5%
		电压低，负载转矩大	检查电源电压是否太低，机械负载是否过大
		牵入转矩小，转子线圈开路或灭磁电阻太大	检查转子线圈是否开路，减小灭磁电阻
		没有励磁电流或投励时间不对	检查励磁柜是否有电流输出，调整投励时间（一般在转子感应的电流频率为 2.5Hz 时投励）
电动机过热	电动机空转时过热	定子绕组连接错误（例如将星形接法接成三角形接法）	按正确规定重新接线
		主电源电压太高	检查主电源电压及空载电流，调整电源电压至与额定电压偏差不超过±5%
		通风道堵塞	清扫通风道
		单向旋转电动机风扇旋转方向错误	核对风扇及旋转方向
	电动机负载时过热	电动机过负载	核对额定电流，降低负荷使额定电流不超过铭牌上的数值，若实际负荷需要超过，则属选型不当，需要更换大功率电动机
		电源电压太高或太低	核对电压，使电源电压与额定电压的偏差不超过±5%

续表

故障		产生原因	处理对策
电动机过热	电动机负载时过热	电动机单相运行	查出电源进线或定子接线的断开处接好
		冷却器堵塞或不清洁	清理冷却器
		冷却水进水温度过高	降低冷却水进水温度至33℃以下
		冷却空气或周围温度超过铭牌数值	降低冷却空气或周围环境温度
		冷却水水压过低或水量不足	提高水压或加大水量，达到外形图上的规定
		冷却空气不足或风压过低	清除进出风口或通风管道的杂物，或增加强迫通风机的风量和风压
	定子局部过热，某些线圈过热，并有“嗡嗡”声	定子线圈匝间短路	更换被烧坏的线圈或整台定子，最好送制造厂修理以保证质量
	转子局部过热	转子线圈匝间短路，接头或极间连接头没有焊好，接触电阻大	仔细检查接头焊接处是否焊牢，若焊接质量不好，需要补焊，更换或修复匝间短路的线圈
绝缘损坏		电源电压过高	连接线绝缘损坏时，将损坏的绝缘剥掉，包上新的绝缘层，涂漆后烘干，线圈绝缘损坏时，需要更换线圈，若只是线圈端部局部击穿或机械碰伤，可以不更换线圈，将损坏处重新包扎绝缘，涂漆烘干即可。修理的同时，排除造成绝缘损坏的原因
		周围空气中有腐蚀性气体或盐雾	
		储存室的温度低于3℃	
		周围环境湿度超过规定	
		电动机超负荷运行，线圈发热超过规定的允许值	
		线圈端部绑扎松动，振动磨损或有机械碰伤	
		沉积大量灰尘、油污等	清洁绝缘层表面
		冷却器漏水，水分浸入绝缘层	拆开电动机，烘干绝缘层
绝缘电阻低		周围环境湿度大	加强通风，降低周围环境湿度
		绝缘层表面不干净	清理绝缘层表面沉积的灰尘、油污等
		环境温度变化大，绝缘层表面凝露	烘干处理，烘烤的温度不能超过允许温度
		绝缘损坏或老化	更换定子或转子

续表

故　障	产生原因	处理对策
绝缘电阻低	冷却器漏水，水分浸入绝缘层	排除漏水现象
	电动机停止运行后，没有采取防潮措施	电动机停止运行时，采取必要的防潮措施，如使用电动机本身的加热器
	空间加热器发生故障	修理或更换加热器
水-空气冷却器漏水	冷却水水质不符合要求，腐蚀了冷却管	净化冷却水，使达到工业自来水标准要求，并更换损坏的冷却管(修理后进行250MPa水压试验)
	冷却水进水压力过高	控制冷却进水压力在100～200MPa范围内
	冷却器内的密封垫损坏	更换新密封垫
	紧固件松动，造成密封不良	旋紧紧固件，压紧密封垫
	冷却管损坏	更换冷却管或整个冷却器
	冷却管松动	挤压冷却管管口，使管口与端板紧密贴紧
电刷冒火花	电刷与集电环接触面太小	重磨电刷，保证电刷与集电环的接触面不小于80%
	电刷在刷盒内卡住	调整电刷在刷盒内的位置和压力，使电刷在刷盒内能上下自由滑动
	集电环和电刷表面有污垢	清除表面污垢，使电刷与集电环接触良好
	集电环跳动量偏大	校正集电环圆柱度和与转轴轴承档的同轴度，集电环表面光刀，保证集电环跳动量不超过0.2mm
	电刷压力不够	调整电刷压力，正常工作压力为0.0143～0.0255MPa
	电刷牌号不对	更换电刷
	导电板和电刷的连接线接触不良	旋紧紧固电刷连接线的紧固件
	电刷数量不足或截面积太小	增加电刷数量
	集电环表面不光	用00号细砂布加油轻轻擦表面污垢，严重时可进行集电环表面光刀
	电机振动大	参照“电动机振动、噪声大”一项

续表

故障	产生原因	处理对策
集电环间跳弧	集电环和刷握机件染上电刷的粉末	清除集电环和刷握机件上的电刷粉末
	周围环境太潮湿	采取加强通风等措施，使环境湿度符合规定
	周围环境空气中含有酸碱等腐蚀气体和盐雾	清除周围环境空气中的腐蚀性气体或盐雾
	集电环的绝缘损坏	更换集电环间的绝缘
转子线圈连接头外开焊	转子失磁而损坏电机	采用银铜焊，以保证有足够的焊接面积和焊接质量
阻尼环极间连接处冒火花	阻尼环极间连接片松动，致使接触不良	将阻尼环与连接片锉平，清除氧化层或绝缘层，保证良好的接触面，并搪上锡，将连接螺栓拧紧，把制动垫片锁紧
功率因数波动大	励磁电流输出不正常	需进行调整，以免电动机过热

4.2 永磁体励磁同步电动机

永磁同步电动机是用永磁体取代其转子直流绕组的同步电动机，具有结构简单、体积小、重量轻、损耗小、效率高、功率因数高等优点，主要用于要求响应快速、调速范围宽、定位准确的高性能伺服传动系统和直流电机的更新替代电机。

4.2.1 自启动永磁同步电动机

(1) 高效三相永磁同步电动机

高效三相永磁同步电动机适用于油田游梁式抽油机及类似高启动转矩负载，极数为6极、8极，转子带笼型启动绕组。高效三相永磁同步电动机的保证值见表4-10，各种机座安装时的电动机外形及安装尺寸见表4-11～表4-14。GB 30253—2013中规定的能效等级和限定值见附录。

(2) THE系列高效三相永磁同步电动机

电动机的外壳防护等级：IP55，冷却方法：IC411，电动机的结构及安装形式：IMB3、IMB5、IMB6、IMB7、IMB8、IMB14、IMB34、IMB35，IMV1、IMV3、IMV5、IMV6、IMV15、IMV18和IMV36。

表 4-10　高效三相永磁同步电动机的保证值（机座号 132～280）

<table>
<tr><th rowspan="3">功率/kW</th><th colspan="2">效率/%</th><th colspan="2">堵转电流/额定电流</th><th colspan="2">堵转转矩/额定转矩</th></tr>
<tr><th colspan="2">转速/(r/min)</th><th colspan="2">转速/(r/min)</th><th colspan="2">转速/(r/min)</th></tr>
<tr><th>1000</th><th>750</th><th>1000</th><th>750</th><th>1000</th><th>750</th></tr>
<tr><td>2.2</td><td>—</td><td>85.4</td><td>—</td><td rowspan="12">9.0</td><td>—</td><td rowspan="5">2.8</td></tr>
<tr><td>3.0</td><td>85.6</td><td>85.4</td><td rowspan="12">9.5</td><td rowspan="12">2.8</td></tr>
<tr><td>4.0</td><td>87</td><td>86.3</td></tr>
<tr><td>5.5</td><td>88</td><td>87.5</td></tr>
<tr><td>7.5</td><td>89.5</td><td>88.5</td></tr>
<tr><td>11</td><td>90.5</td><td>90.1</td><td rowspan="7">2.7</td></tr>
<tr><td>15</td><td>91.5</td><td>91.5</td></tr>
<tr><td>18.5</td><td>92.2</td><td>92.2</td></tr>
<tr><td>22</td><td>92.5</td><td>92.5</td></tr>
<tr><td>30</td><td>92.9</td><td>92.9</td></tr>
<tr><td>37</td><td>93.6</td><td>93.6</td></tr>
<tr><td>45</td><td>94.0</td><td>94.0</td></tr>
<tr><td>55</td><td>94.5</td><td>—</td><td>—</td><td>—</td></tr>
</table>

由于其具有高效节能的特点，故特别适宜应用在工作时间较长的纺织机械，如倍捻机、细纱机和印染机上。其参数保证值见表 4-15，安装在各种电动机机座上的外形及安装尺寸见表 4-16～表 4-21。

4.2.2 正弦波控制永磁同步电动机

（1）TDY 型永磁同步电动机

TDY 型永磁同步电动机是一种无需齿轮减速装置直接获得低转速高转矩的新颖同步电动机，电动机为全封闭结构，其性能主要为转速恒定、振动小、噪声低和启动转矩大，电动机在负荷、启/停、正/反转和堵转时其电流变化小。该电动机具有一定的自锁转矩，如电机采用直流励磁，可大幅度的增加自锁转矩。该电动机能瞬间启/停、正/反转和堵转，被广泛地使用在工业自动化、电动阀门执行机构、机床进给、医疗机械、包装印刷、纺织机械和热交换等场合。各种直径 TDY 型同步电动机的主要技术参数见表 4-22～表 4-26。

表 4-11　机座带底脚、端盖上无凸缘（带通孔）的电动机外形及安装尺寸

mm

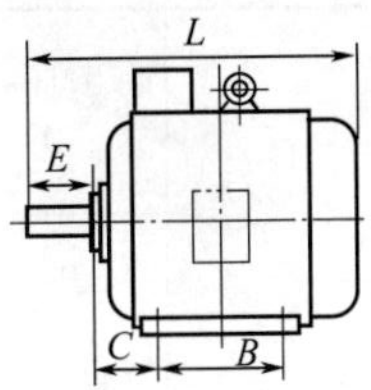

机座号132

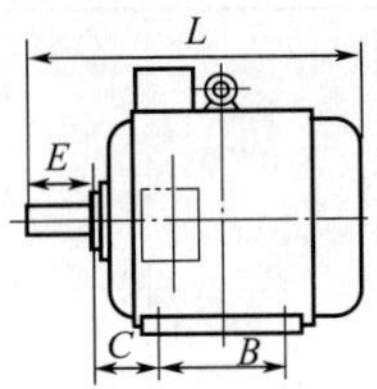

机座号160～280

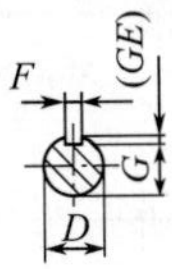

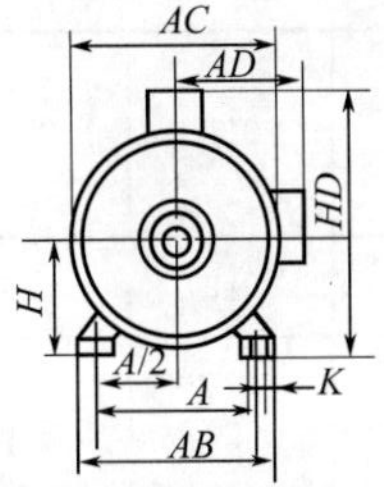

机座号132～280

机座号	安装尺寸及公差											
	A	B	C		D		E		F		G①	
	基本尺寸	基本尺寸	基本尺寸	极限偏差	基本尺寸	极限偏差	基本尺寸	极限偏差	基本尺寸	极限偏差	基本尺寸	极限偏差
132S	216	140	89	±2.0	38	+0.018 +0.002	80	±0.37	10	0 −0.036	33	0 −0.20
132M		178										
160M	254	210	108	±3.0	42		110	±0.43	12	0 −0.043	37	
160L		254										
180L	279	279	121		48				14		42.5	
200L	318	305	133		55	+0.030 +0.011			16		49	
225S	356	286	149	±4.0	60		140	±0.50	18		53	
225M		311										
250M	406	349	168		65						58	
280S	457	368	190		75				20	0 −0.052	67.5	
280M		419										

续表

机座号	安装尺寸及公差					外形尺寸				
	H		K②			AB	AC	AD	HD	L
	基本尺寸	极限偏差	基本尺寸	极限偏差	位置度公差					
132S	132	0 −0.5	12	+0.43 0	ϕ1.0 Ⓜ	270	275	210	345	470
132M										510
160M	160		14.5		ϕ1.2 Ⓜ	320	330	255	420	615
160L										670
180L	180					355	380	280	455	740
200L	200		18.5	+0.52 0		395	420	305	505	770
225S	225					435	470	335	560	820
225M										845
250M	250		24		ϕ2.0 Ⓜ	490	510	370	615	910
280S	280	0 −1.0				550	580	410	680	985
280M										1035

① $G=D-GE$。GE 的极限偏差为$^{+0.20}_{0}$。

② K 孔的位置度公差以轴伸的轴线为基准。

表 4-12　机座带底脚、端盖上有凸缘（带通孔）的电动机外形及安装尺寸

mm

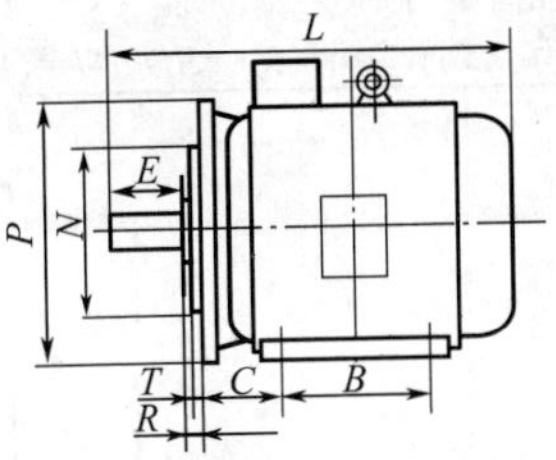

机座号132

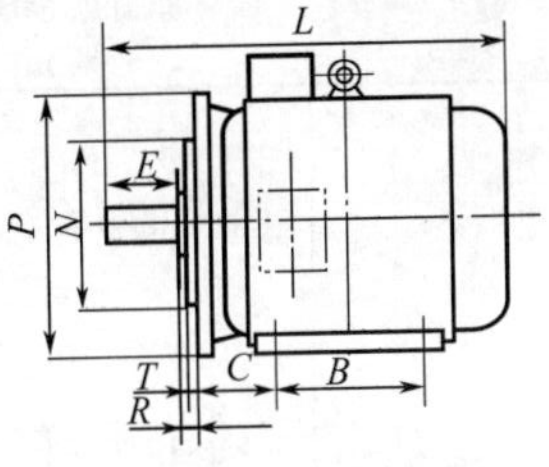

机座号160～280

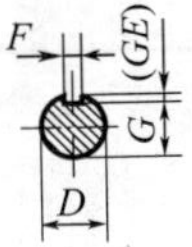

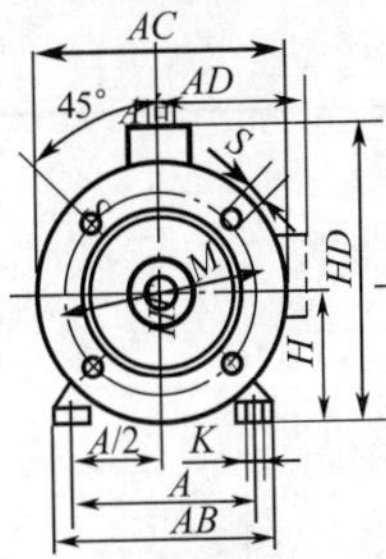

机座号132～200

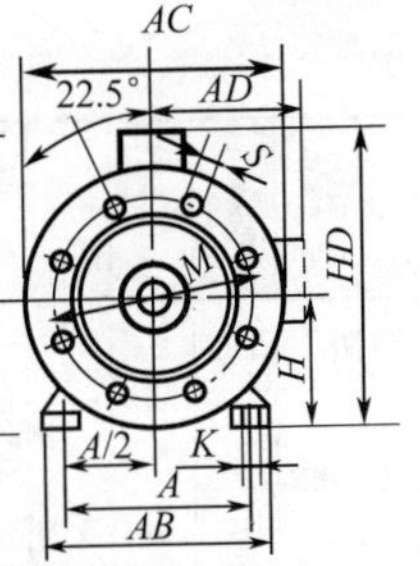

机座号225～280

机座号	凸缘号	极数	安装尺寸及公差														
			A	A/2	B	C		D		E		F		G①		H	
			基本尺寸	基本尺寸	基本尺寸	基本尺寸	极限偏差	基本尺寸	极限偏差	基本尺寸	极限偏差	基本尺寸	极限偏差	基本尺寸	极限偏差	基本尺寸	极限偏差
132S	FF265	6,8	216	108	140	89	±2.0	38	+0.018 −0.002	80	±0.37	10	0 −0.036	33	0 −0.20	132	0 −0.5
132M					178												
160M	FF300		254	127	210	108	±3.0	42		110	±0.43	12		37		160	
160L					254												
180L			279	139.5	279	121		48				14	0 −0.043	42.5		180	
200L	FF350		318	159	305	133		55				16		49		200	
225S	FF400	8	356	178	286	149	±4.0	60		140	±0.50	18		53		225	
225M		6,8			311									58		250	
250M			406	203	349	168		65	+0.030 +0.011								
280S	FF500		457	228.5	368	190		75				20	0 −0.052	67.5		280	0 −1.0
280M					419												

续表

<table>
<tr><th rowspan="3">机座号</th><th colspan="15">安装尺寸及公差</th><th colspan="5">外形尺寸</th></tr>
<tr><th colspan="3">K②</th><th rowspan="2">M</th><th colspan="2">N</th><th rowspan="2">P③</th><th colspan="2">R④</th><th colspan="3">S②</th><th colspan="2">T</th><th rowspan="2">凸缘孔数</th><th rowspan="2">AB</th><th rowspan="2">AC</th><th rowspan="2">AD</th><th rowspan="2">HD</th><th rowspan="2">L</th></tr>
<tr><th>基本尺寸</th><th>极限偏差</th><th>位置度公差</th><th>基本尺寸</th><th>极限偏差</th><th>基本尺寸</th><th>极限偏差</th><th>基本尺寸</th><th>极限偏差</th><th>位置度公差</th><th>基本尺寸</th><th>极限偏差</th></tr>
<tr><td>132S</td><td rowspan="2">12</td><td rowspan="5">+0.43
0</td><td rowspan="2">φ1.0Ⓜ</td><td rowspan="2">265</td><td rowspan="2">230</td><td rowspan="5">+0.016
−0.013</td><td rowspan="2">300</td><td rowspan="11">0</td><td rowspan="2">±2.0</td><td rowspan="2">14.5</td><td rowspan="2">+0.43
0</td><td rowspan="11">φ1.2Ⓜ</td><td rowspan="2">4</td><td rowspan="11">0
−0.12</td><td rowspan="5">4</td><td rowspan="2">270</td><td rowspan="2">275</td><td rowspan="2">210</td><td rowspan="2">345</td><td>470</td></tr>
<tr><td>132M</td><td>510</td></tr>
<tr><td>160M</td><td rowspan="3">14.5</td><td rowspan="5">φ1.5Ⓜ</td><td rowspan="3">300</td><td rowspan="3">250</td><td rowspan="3">350</td><td rowspan="3">±3.0</td><td rowspan="9">18.5</td><td rowspan="9">+0.52
0</td><td rowspan="9">5</td><td rowspan="2">320</td><td rowspan="2">330</td><td rowspan="2">255</td><td rowspan="2">420</td><td>615</td></tr>
<tr><td>160L</td><td>670</td></tr>
<tr><td>180L</td><td>355</td><td>380</td><td>280</td><td>455</td><td>740</td></tr>
<tr><td>200L</td><td rowspan="3">18.5</td><td rowspan="6">+0.52
0</td><td>350</td><td>300</td><td>±0.016</td><td>400</td><td rowspan="6">±4.0</td><td rowspan="6">8</td><td>395</td><td>420</td><td>305</td><td>505</td><td>770</td></tr>
<tr><td>225S</td><td rowspan="2">400</td><td rowspan="2">350</td><td rowspan="2">±0.018</td><td rowspan="2">450</td><td rowspan="2">435</td><td rowspan="2">470</td><td rowspan="2">335</td><td rowspan="2">560</td><td>820</td></tr>
<tr><td>225M</td><td>845</td></tr>
<tr><td>250M</td><td rowspan="3">24</td><td rowspan="3">φ2.0Ⓜ</td><td rowspan="3">500</td><td rowspan="3">450</td><td rowspan="3">±0.020</td><td rowspan="3">550</td><td>490</td><td>510</td><td>370</td><td>615</td><td>910</td></tr>
<tr><td>280S</td><td rowspan="2">550</td><td rowspan="2">580</td><td rowspan="2">410</td><td rowspan="2">680</td><td>985</td></tr>
<tr><td>280M</td><td>1035</td></tr>
</table>

① $G=D-GE$，GE 的极限偏差为 $^{+0.20}_{0}$。
② K、S 孔的位置度公差以轴伸的轴线为基准。
③ P 尺寸为最大极限值。
④ R 为凸缘配合面至轴伸肩的距离。

表 4-13　机座不带底脚、端盖上有凸缘（不带通孔）的电动机外形及安装尺寸

mm

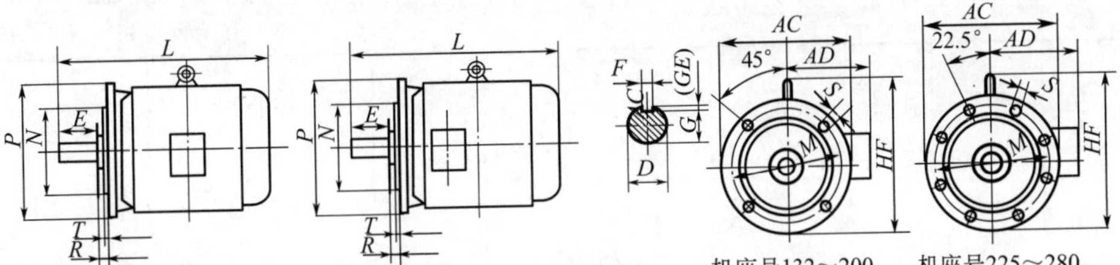

机座号132　　机座号160～280　　机座号132～200　　机座号225～280

机座号	凸缘号	极数	安装尺寸及公差											
			D		E		F		G①		M	N		P②
			基本尺寸	极限偏差	基本尺寸	极限偏差	基本尺寸	极限偏差	基本尺寸	极限偏差		基本尺寸	极限偏差	
132S	FF265	6,8	38	+0.018 +0.002	80	±0.37	10	0 −0.036	33	0 −0.20	265	230	+0.016 −0.013	300
132M														
160M	FF300		42		110	±0.43	12	0 −0.043	37		300	250		350
160L														
180L			48				14		42.5					
200L	FF350		55	+0.030 +0.011			16		49		350	300	±0.016	400
225S	FF400	8	60		140	±0.50	18		53		400	350	±0.018	450
225M		6,8												
250M			65						58		500	450	±0.020	550
280S			75				20	0 −0.052	67.5					
280M														

续表

机座号	安装尺寸及公差								外形尺寸			
	R③		凸缘孔数	S④			T					
	基本尺寸	极限偏差		基本尺寸	极限偏差	位置度公差	基本尺寸	极限偏差	**AC**	**AD**	**HF**	**L**
132S	0	±2.0	4	14.5	$^{+0.43}_{0}$	ϕ1.2 Ⓜ	4	$^{0}_{-0.12}$	275	210	315	470
132M												510
160M		±3.0		18.5	$^{+0.52}_{0}$		5		330	255	385	615
160L												670
180L									380	280	430	740
200L									420	305	480	770
225S		±4.0	8						470	335	535	820
225M												845
250M									510	370	595	910
280S									580	410	650	985
280M												1035

① $G=D-GE$。GE 的极限偏差为$^{+0.20}_{0}$。

② P 尺寸为最大极限尺寸。

③ R 为凸缘配合面至轴伸肩的距离。

④ S 孔的位置度公差以轴伸的轴线为基准。

表 4-14 立式安装、机座不带底脚、端盖上有凸缘（带通孔）、轴伸向下的电动机外形及安装尺寸 mm

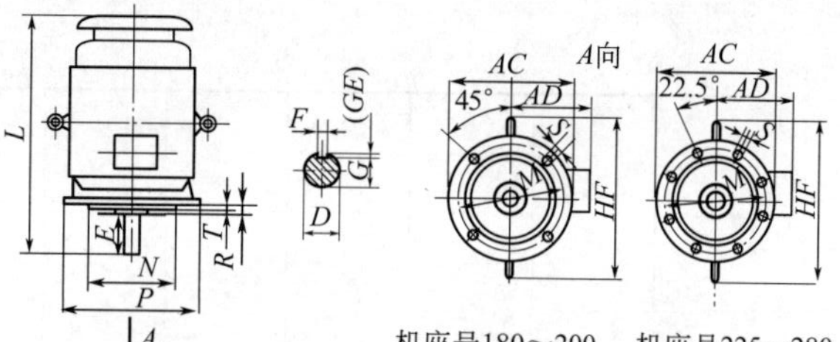

机座号180～200　机座号225～280

机座号	凸缘号	极数	安装尺寸及公差											
			D		*E*		*F*		*G*①		*M*	*N*	
			基本尺寸	极限偏差	基本尺寸	极限偏差	基本尺寸	极限偏差	基本尺寸	极限偏差		基本尺寸	极限偏差
180L	FF300	6,8	48	+0.018 +0.002	110	±0.430	14	0 −0.043	42.5	0 −0.20	300	250	+0.016 −0.013
200L	FF350		55	+0.030 +0.011			16		49		350	300	±0.016
225S	FF400	8	60		140	±0.500	18		53		400	350	±0.018
225M	FF500	6,8											
250M			65						58		500	400	±0.020
280S			75				20	0 −0.52	67.5				
280M													

续表

机座号	安装尺寸及公差									外形尺寸			
	P②	R③		S④			T		凸缘孔数	AC	AD	HF	L
		基本尺寸	极限偏差	基本尺寸	极限偏差	位置度公差	基本尺寸	极限偏差					
180L	350		±3.0						4	380	280	500	800
200L	400									420	305	550	840
225S	450									475	335	610	910
225M		0	±4.0	18.5	+0.52 0	ϕ1.2 Ⓜ	5	0 −0.12	8				935
250M										510	370	650	1015
280S	550									580	410	720	1110
280M													1150

① $G=D-GE$。GE 的极限偏差为 $^{+0.20}_{0}$。

② P 尺寸为最大极限值。

③ R 为凸缘配合面至轴伸肩的距离。

④ S 孔的位置度公差以轴伸的轴线为基准。

表 4-15 THE 系列高效三相永磁同步电动机参数的保证值

（机座号 132～280）（转速为 1500r/min）

功率/kW	效率保证值/%	功率因数 cosφ	堵转转矩/额定转矩	堵转电流/额定电流
0.75	85.6	0.94	2.3	10
1.1	87.4			
1.5	88.1			
2.2	89.7			
3	90.3			
4	90.9	0.96		
5.5	92.1			
7.5	92.6			
11	93.6	0.96	2.2	
15	94.0			
18.5	94.3			
22	94.7			
30	95.0			
37	95.3			
45	95.6			
55	95.8			
75	96.0			
90	96.2			

注：青岛天一集团红旗电机有限公司产品，下同。

表 4-16 机座带底脚、端盖上无凸缘的电动机外形及安装尺寸 mm

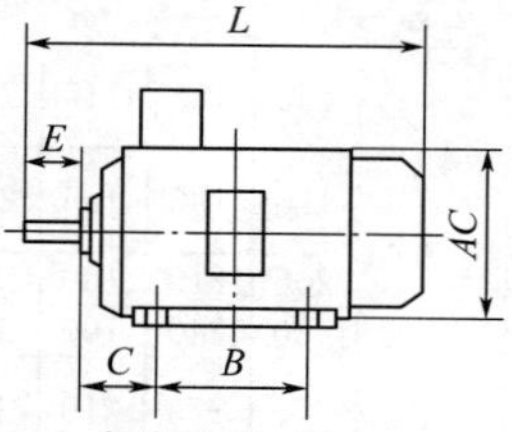

机座号80～90

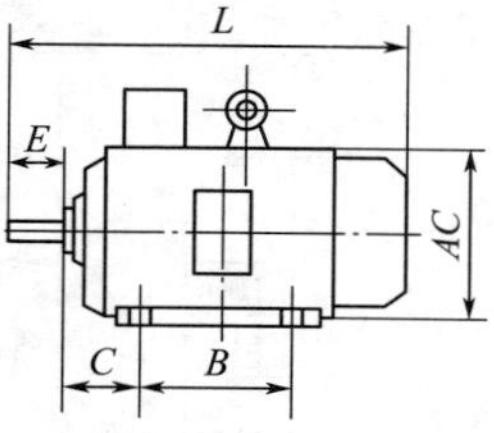

机座号100～132

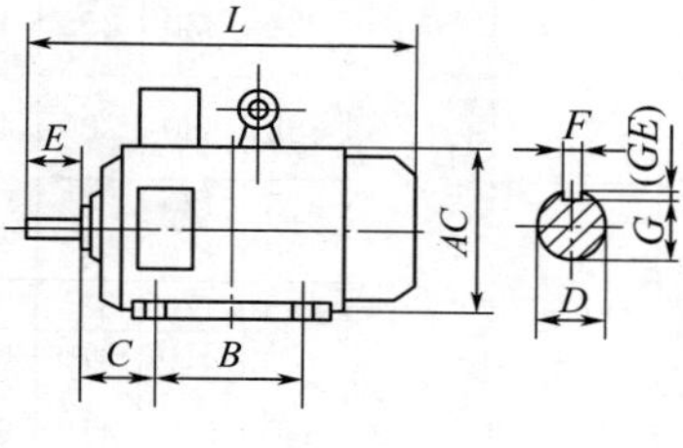

机座号160～355

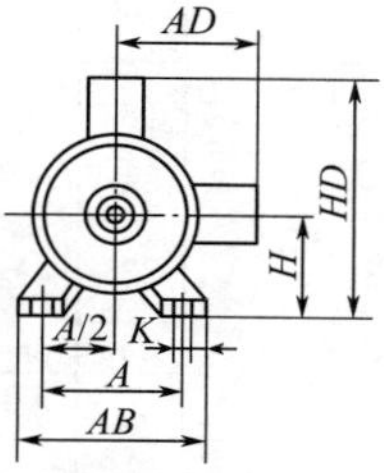

机座号80～355

续表

机座号	安装尺寸及公差										
	A	*A*/2	*B*	*C*		*D*		*E*		*F*	
	基本尺寸	基本尺寸	基本尺寸	基本尺寸	极限偏差	基本尺寸	极限偏差	基本尺寸	极限偏差	基本尺寸	极限偏差
80M	125	62.5	100	50	±1.5	19	+0.009 −0.004	40	±0.310	6	0 −0.030
90S	140	70		56		24		50		8	0 −0.036
90L			125								
100L	160	80	140	63	±2.0	28		60	±0.370		
112M	190	95		70							
132S	216	108		89		38	+0.018 +0.002	80		10	
132M			178								
160M	254	127	210	108	±3.0	42		110	±0.430	12	0 −0.043
160L			254								
180M	279	139.5	241	121		48				14	
180L			279								
200L	318	159	305	133		55	+0.030 +0.011			16	
225S	356	178	286	149	±4.0	60		140	±0.500	18	
225M			311								
250M	406	203	349	168	±4.0	65				20	0 −0.052
280S	457	228.5	368	190		75					
280M			419								

机座号	安装尺寸及公差							外形尺寸				
	G		*H*		*K*							
	基本尺寸	极限偏差	基本尺寸	极限偏差	基本尺寸	极限偏差	位置度公差	*AB*	*AC*	*AD*	*HD*	*L*
80M	15.5	0 −0.10	80	0 −0.5	10	+0.360 0	ϕ1.0 Ⓜ	165	175	145	220	295
90S	20	0 −0.20	90					180	195	155	250	320
90L												345
100L	24		100		12	+0.430 0		205	215	180	270	385
112M			112					230	240	190	300	400
132S	33		132					270	275	210	345	470
132M												510
160M	37		160		15		ϕ1.5 Ⓜ	320	330	255	420	615
160L												670
180M	42.5		180					355	380	280	455	700
180L												740
200L	49		200		19	+0.520 0		395	420	305	505	770
225S	53		225					435	470	335	560	815
225M								435	470	335	560	845
250M	58		250		24		ϕ2.0 Ⓜ	490	510	370	615	910
280S	67.5		280	0 −1.0				550	580	410	680	985
280M												1035

注：1. $G=D-GE$，GE 的极限偏差对机座号 80 及以下为$^{+0.10}_{0}$，其余为$^{+0.20}_{0}$。

2. *K*、*S* 孔的位置度公差以轴伸的轴线为基准。

表 4-17　机座带底脚、端盖上有凸缘的电动机外形及安装尺寸　　mm

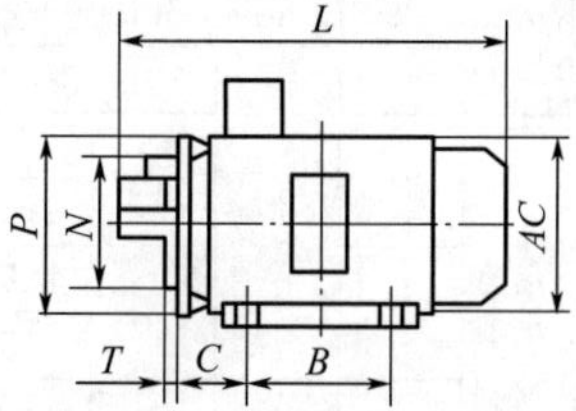

机座号80～90

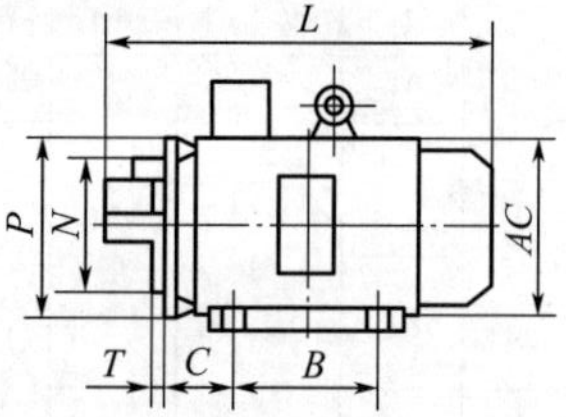

机座号100～132

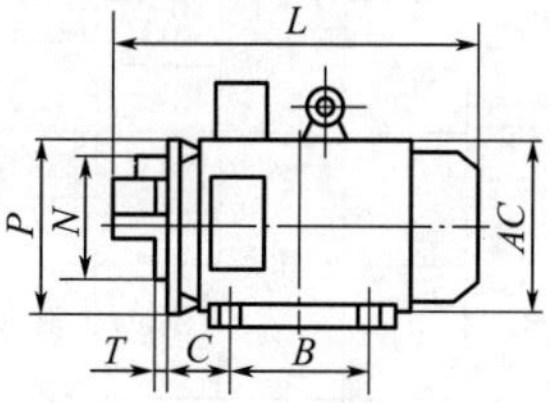

机座号160～355

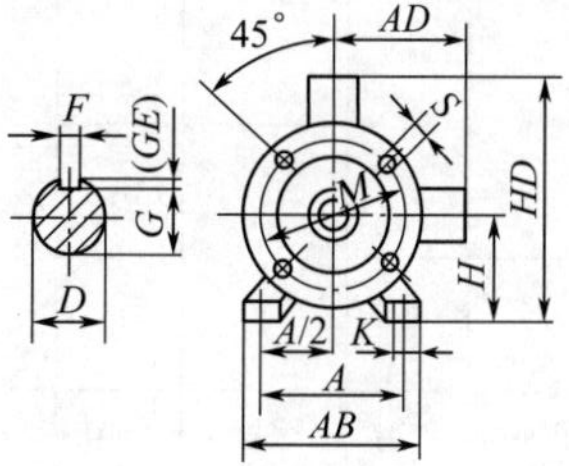

机座号80～200

续表

机座号	凸缘号	安装尺寸及公差														
		A	A/2	B	C		D		E		F		G		H	
		基本尺寸	基本尺寸	基本尺寸	基本尺寸	极限偏差	基本尺寸	极限偏差	基本尺寸	极限偏差	基本尺寸	极限偏差	基本尺寸	极限偏差	基本尺寸	极限偏差
80M	FF165	125	62.5	100	50	±1.5	19	+0.009 −0.004	40	±0.310	6	0 −0.030	15.5	0 −0.10	80	0 −0.5
90S		140	70		56		24		50		8	0 −0.036	20	0 −0.20	90	
90L				125												
100L	FF215	160	80	140	63	±2.0	28		60	±0.370			24		100	
112M		190	95		70										112	
132S	FF265	216	108		89		38	+0.018 +0.002	80		10		33		132	
132M				178												
160M	FF300	254	127	210	108	±3.0	42		110	±0.430	12	0 −0.043	37		160	
160L				254												
180M		279	139.5	241	121		48				14		42.5		180	
180L				279												
200L	FF350	318	159	305	133		55	+0.030 +0.011			16		49		200	
225S	FF400	356	178	286	149	±4.0	60		140	±0.500	18		53		225	
225M	FF400	356	178	311	149	±4.0	60	+0.030 +0.011	140	±0.500	18	0 −0.043	53	0 −0.20	225	0 −0.5
250M	FF500	406	203	349	168		65						58		250	
280S		457	228.5	368	190		75				20	0 −0.052	67.5		280	0 −1.0
280M				419												

续表

机座号	凸缘号	安装尺寸及公差															外形尺寸				
		K			M	N		P	R		S			T		凸缘孔数					
		基本尺寸	极限偏差	位置度公差		基本尺寸	极限偏差		基本尺寸	极限偏差	基本尺寸	极限偏差	位置度公差	基本尺寸	极限偏差		AB	AC	AD	HD	L
80M	FF165	10	+0.360 0	φ1.0 Ⓜ	165	130	+0.014 −0.011	200	0	±1.5	12	+0.430 0	φ1.0 Ⓜ	3.5	0 −0.120	4	165	175	145	220	295
90S																	180	195	155	250	320
90L																					345
100L	FF215	12	+0.430 0		215	180		250		±2.0	15		φ1.5 Ⓜ	3.5			205	215	180	270	385
112M														4			230	240	190	300	400
132S	FF265				265	230	+0.016 −0.013	300									270	275	210	345	470
132M																					510
160M	FF300	15		φ1.5 Ⓜ	300	250		350		±3.0	19	+0.520 0		5			320	330	255	420	615
160L																					670
180M																	355	380	280	455	700
180L																					740
200L	FF350	19	+0.520 0		350	300	±0.016	400									395	420	305	505	770
225S	FF400				400	350	±0.018	450		±4.0						8	435	470	335	560	815
225M	FF400	19	+0.520 0		400	350	±0.018	450		±4.0	19		φ1.5 Ⓜ		0 −0.120		435	470	335	560	845
250M	FF500	24		φ2.0 Ⓜ	500	450	±0.020	550									490	510	370	615	910
280S												+0.520 0		5			550	580	410	680	985
280M																					1035

注：1. $G=D-GE$，GE 的极限偏差对机座号 80 及以下为$^{+0.10}_{0}$，其余为$^{+0.20}_{0}$。

2. K、S 孔的位置度公差以轴伸的轴线为基准。

3. P 尺寸为最大极限值。

4. R 为凸缘配合面至轴伸肩的距离。

表 4-18　机座不带底脚、端盖上有凸缘（带通孔）的电动机外形及安装尺寸　　mm

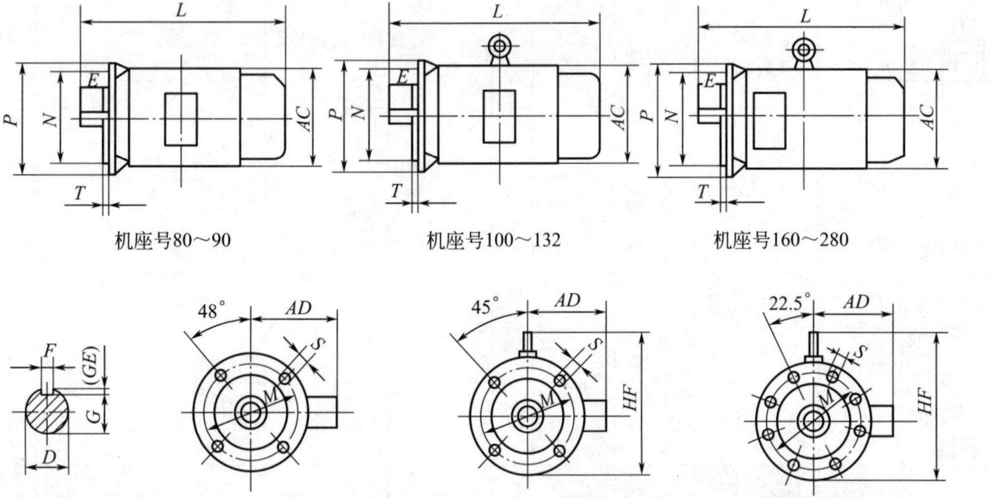

机座号80～90　　机座号100～132　　机座号160～280

机座号80～90　　机座号100～200　　机座号225～280

续表

机座号	凸缘号	安装尺寸及公差										
		D		*E*		*F*		*G*		*M*	*N*	
		基本尺寸	极限偏差	基本尺寸	极限偏差	基本尺寸	极限偏差	基本尺寸	极限偏差		基本尺寸	极限偏差
80M	FF165	19	+0.009 −0.004	40	±0.310	6	0 −0.030	15.5	0 −0.10	165	130	+0.014 −0.011
90S		24		50		8	0 −0.036	20	0 −0.20			
90L												
100L	FF215	28		60	±0.370			24		215	180	
112M												
132S	FF265	38	+0.018 −0.002	80		10		33		265	230	+0.016 −0.013
132M												
160M	FF300	42		110	±0.430	12	0 −0.043	37		300	250	
160L												
180M		48				14		42.5				
180L												
200L	FF350	55	+0.030 −0.011			16		49		350	300	±0.016
225S	FF400	60		140	±0.500	18		53		400	350	±0.018
225M												
280S	FF500	65						58		500	450	±0.020
280M		75				20	0 −0.052	67.5				

续表

机座号	安装尺寸及公差									外形尺寸			
	P	*R*		*S*			*T*		凸缘孔数				
		基本尺寸	极限偏差	基本尺寸	极限偏差	位置度公差	基本尺寸	极限偏差		*AC*	*AD*	*HF*	*L*
80M	200	0	±1.5	12	$^{+0.430}_{0}$	ϕ1.0 Ⓜ	3.5	$^{0}_{-0.120}$	4	175	145	185	295
90S										195	155	195	320
90L													345
100L	250		±2.0	15		ϕ1.5 Ⓜ	4			215	180	245	385
112M										240	190	265	400
132S	300									275	210	315	470
132M													510
160M	350		±3.0	19	$^{+0.520}_{0}$		5			330	255	385	615
160L													670
180M										380	280	430	700
180L													740
200L	400									420	305	480	770
225S	450		±4.0						8	470	335	535	815
225M													845
280S	550									510	370	595	910
280M										580	410	650	985 1035

注：1. $G=D-GE$，GE 的极限偏差对机座号 80 及以下为$^{+0.10}_{0}$，其余为$^{+0.20}_{0}$。

2. *P* 尺寸为最大极限值。

3. *R* 为凸缘配合面至轴伸肩的距离。

4. *S* 孔的位置度公差以轴伸的轴线为基准。

表 4-19　机座带底脚、端盖上有凸缘（带螺孔）的电动机外形及安装尺寸

mm

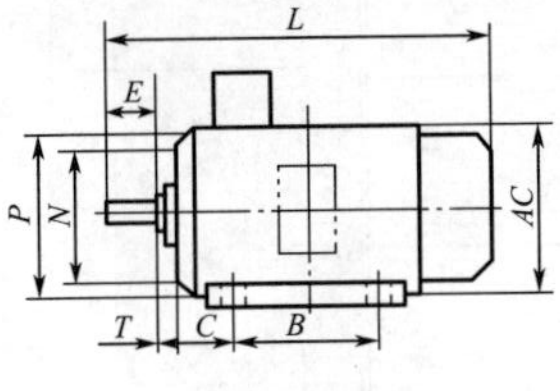

机座号80～90

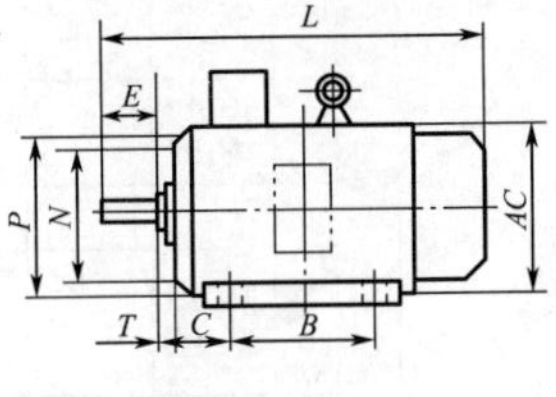

机座号100～112

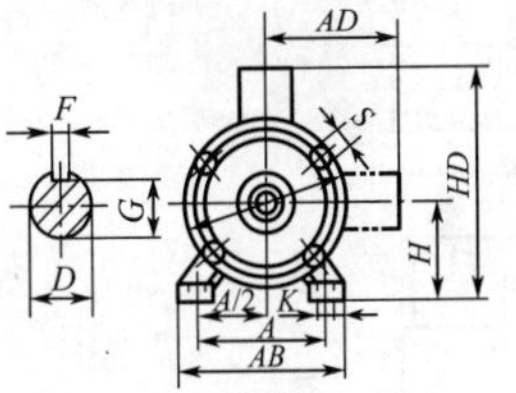

机座号80～112

机座号	凸缘号	A 基本尺寸	A/2 基本尺寸	B 基本尺寸	C 基本尺寸	C 极限偏差	D 基本尺寸	D 极限偏差	E 基本尺寸	E 极限偏差	F 基本尺寸	F 极限偏差	G 基本尺寸	G 极限偏差	H 基本尺寸	H 极限偏差	K 基本尺寸	K 极限偏差	K 位置度公差
80M	FT100	125	62.5	100	50	±1.5	19	+0.009 −0.004	50	±0.310	6	0 −0.030	15.5	0 −0.10	80	0 −0.5	10	+0.360 0	ϕ1.0Ⓜ
90S	FT115	140	70		56		24				8	0 −0.036	20	0 −0.20	90				
90L				125															
100L	FT130	160	80	140	63	±2.0	28		60	±0.370			24		100		12	+0.430 0	
112M		190	95		70										112				

机座号	M	N 基本尺寸	N 极限偏差	P	R 基本尺寸	R 极限偏差	S 螺孔	S 位置度公差	T 基本尺寸	T 极限偏差	凸缘孔数	AB	AC	AD	HD	L
80M	100	80	+0.012 −0.007	120	0	±1.5	M6	ϕ0.5Ⓜ	3.0	0 −0.100	4	165	175	145	214	295
90S	115	95	+0.013 −0.009	140			M8	ϕ1.0Ⓜ				180	195	155	250	320
90L																345
100L	130	100		160					3.5	0 −0.120		205	215	180	270	385
112M												230	240	190	300	400

注：1. $G=D-GE$，GE 的极限偏差对机座号 80 及以下为$^{+0.10}_{0}$，其余为$^{+0.20}_{0}$。

2. K、S 孔的位置度公差以轴伸的轴线为基准。

3. P 尺寸为最大极限值。

4. R 为凸缘配合面至轴伸肩的距离。

表 4-20　机座不带底脚、端盖上有凸缘（带螺孔）的电动机外形及安装尺寸

mm

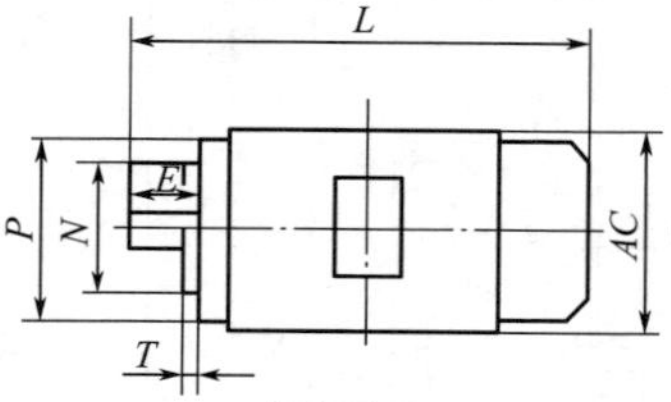

机座号80～90

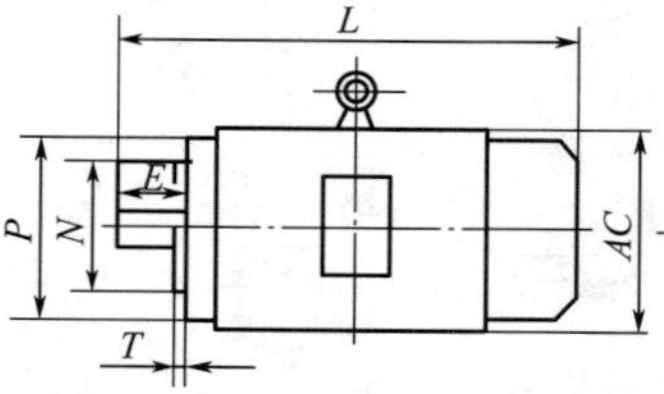

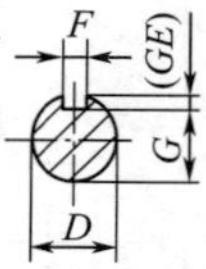

机座号100～112

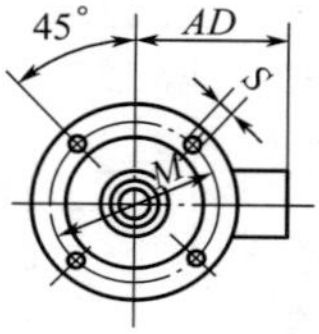

机座号80～90

机座号	凸缘号	安装尺寸及公差										
		D		E		F		G		M	N	
		基本尺寸	极限偏差	基本尺寸	极限偏差	基本尺寸	极限偏差	基本尺寸	极限偏差		基本尺寸	极限偏差
80M	FT100	19	+0.009 −0.004	40	±0.310	6	0 −0.030	15.5	0 −0.10	100	80	+0.012 −0.007
90S	FT115	24		50		8	0 −0.036	20	0 −0.20	115	95	+0.013 −0.009
90L												
100L	FT130	28		60	±0.370			24		130	110	
112M												

机座号	安装尺寸及公差							凸缘孔数	外形尺寸			
	P	R		S		T			AC	AD	HF	L
		基本尺寸	极限偏差	螺孔	位置度公差	基本尺寸	极限偏差					
80M	120	0	±1.5	M6	φ0.5 Ⓜ	3.0	0 −0.100	4	175	145	185	295
90S	140			M8	φ1.0 Ⓜ				195	155	195	320
90L												345
100L	160					3.5	0 −0.120		215	180	245	385
112M									240	190	265	400

注：1. $G=D-GE$，GE 的极限偏差对机座号 80 及以下为$^{+0.10}_{0}$，其余为$^{+0.20}_{0}$。
2. P 尺寸为最大极限值。
3. R 为凸缘配合面至轴伸肩的距离。
4. S 孔的位置度公差以轴伸的轴线为基准。

表 4-21　立式安装、机座不带底脚、端盖上有凸缘（带通孔）、轴伸向下的电动机外形及安装尺寸　　mm

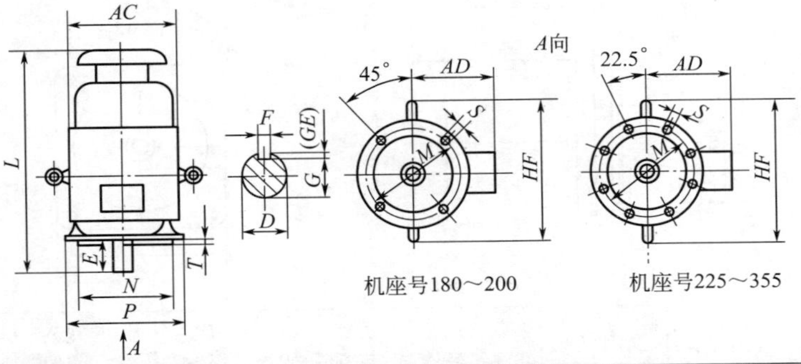

机座号180～200　　机座号225～355

机座号	凸缘号	D 基本尺寸	D 极限偏差	E 基本尺寸	E 极限偏差	F 基本尺寸	F 极限偏差	G 基本尺寸	G 极限偏差	M	N 基本尺寸	N 极限偏差
180M	FF300	48	+0.018 +0.002	110	±0.430	14		42.5		300	250	+0.016 −0.013
180L												
200L	FF350	55						49		350	300	±0.016
225S	FF400	60	+0.030 +0.011	140	±0.500	16	0 −0.043	53	0 −0.20	400	350	±0.018
225M						18 16		49 53				
250M	FF500	65				18		58		500	450	±0.020
280S		75										
280M						20	0 −0.052	67.5				

机座号	P	R 基本尺寸	R 极限偏差	S 基本尺寸	S 极限偏差	S 位置度公差	T 基本尺寸	T 极限偏差	凸缘孔数	AC	AD	HF	L
180M	350	0	±3.0	19	+0.520 0	ϕ1.5 Ⓜ	5	0 −0.120	4	380	280	500	760
180L													800
200L	400									420	305	550	840
225S	450		±4.0						8	470	335	610	905
225M													910 935
250M	550									510	370	650	1015
280S										580	410	720	1110
280M													1150

注：1. $G=D-GE$，GE 的极限偏差对机座号 80 及以下为$^{+0.10}_{0}$，其余为$^{+0.20}_{0}$。

2. P 尺寸为最大极限值。

3. R 为凸缘配合面至轴伸肩的距离。

4. S 孔的位置度公差以轴伸的轴线为基准。

表 4-22　55TDY 型同步电动机主要技术参数

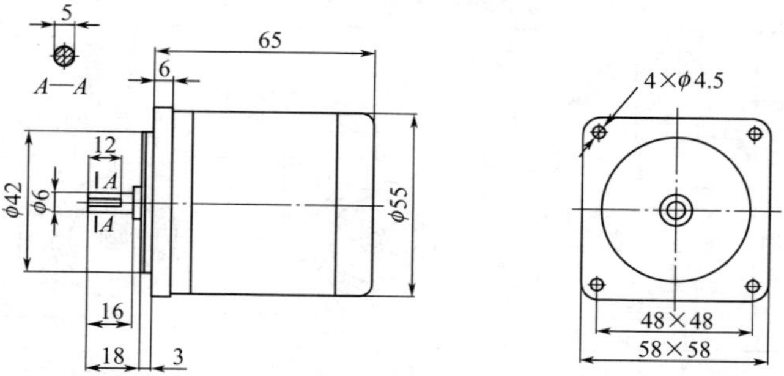

型 号	电压/V	频率/Hz	相数	电流/A	输入功率/W	同步转速/(r/min)	最大转矩/mN·m	额定转矩/mN·m	启动转矩/mN·m	质量/kg	电容/(μF/V)	电阻/(Ω/W)
55TDY060	220	50	1	0.075	16	60	400	300	200	0.7	0.47/500	1000/8
55TDY115	220	50	1	0.075	16	115	300	240	180	0.7	0.47/500	1000/8
55TDY060-3A	380	50	3	0.05	16	60	400	340	220	0.7	无	无
55TDY115-3A	380	50	3	0.45	16	115	450	400	270	0.7	无	无

表 4-23　70TDY 型同步电动机主要技术参数

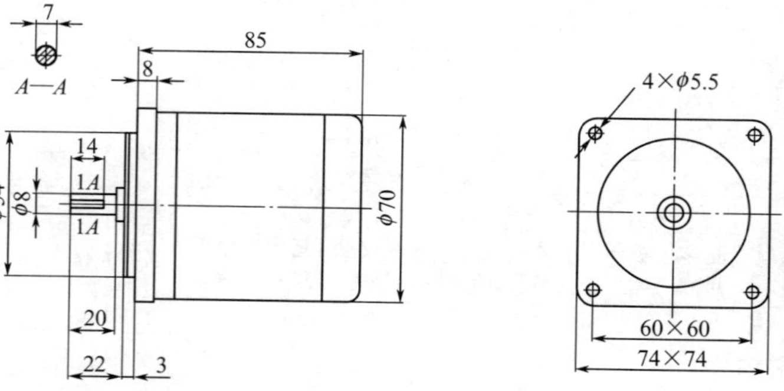

型 号	电压/V	频率/Hz	相数	电流/A	输入功率/W	同步转速/(r/min)	最大转矩/mN·m	额定转矩/mN·m	启动转矩/mN·m	质量/kg	电容/(μF/V)	电阻/(Ω/W)
70TDY060	220	50	1	0.12	24	60	950	800	480	1.6	0.8/500	1500/16
70TDY060-3A	380	50	3	0.1	20	60	1200	1000	600	1.6	—	—
70TDY060-3B	220	50	3	0.18	20	60	1050	890	530	1.6	—	—

续表

型号	电压/V	频率/Hz	相数	电流/A	输入功率/W	同步转速/(r/min)	最大转矩/mN·m	额定转矩/mN·m	启动转矩/mN·m	质量/kg	电容/(μF/V)	电阻/(Ω/W)
70TDY115	220	50	1	0.15	28	115	750	600	360	1.6	0.8/500	1500/16
70TDY115-3A	380/220	50	3	0.25/0.15	45	115	1200	1100	500	1.8	—	—

表 4-24　90TDY 型同步电动机主要技术参数

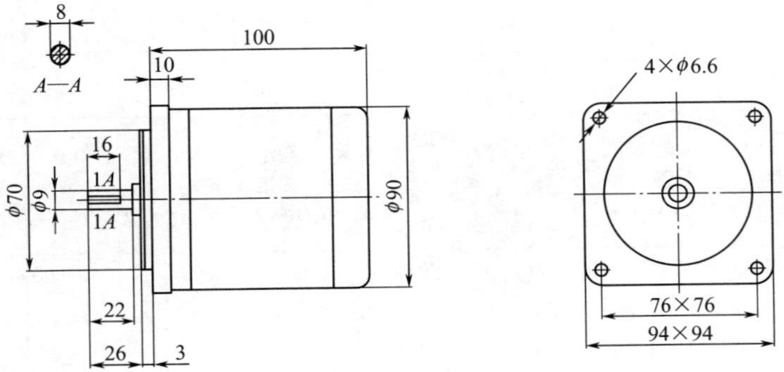

型号	电压/V	频率/Hz	相数	电流/A	输入功率/W	同步转速/(r/min)	最大转矩/mN·m	额定转矩/mN·m	启动转矩/mN·m	质量/kg	电容/(μF/V)	电阻/(Ω/W)
90TDY060	220	50	1	0.38	70	60	2400	2000	1400	3.2	2.2/500	820/50
90TDY060-3A	380	50	3	0.2	70	60	3600	3100	1700	3.2	—	—
90TDY060-3B	220	50	3	0.35	70	60	3100	2600	1600	3.2	—	—
90TDY100	220	50	1	0.35	70	100	2300	2100	1100	3.2	2.7/500	680/50
90TDY115	220	50	1	0.44	88	115	2200	1800	1000	3.2	3.0/500	560/50
90TDY115-3A	380	50	3	0.2	70	115	3000	2500	1500	3.2	—	—
90TDY136	220	50	1	0.4	80	136	2000	1700	950	3.2	2.7/500	680/50
90TDY214	220	50	1	0.35	70	214	2300	1000	400	3.2	4.0/500	—
90TDY300	220	50	1	0.65	120	300	1300	1100	300	3.2	5.0/500	450/100

表 4-25　110TDY 型同步电动机主要技术参数

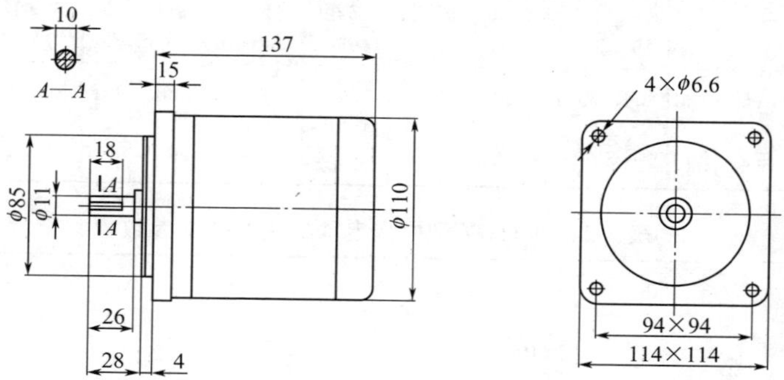

型　号	电压/V	频率/Hz	相数	电流/A	输入功率/W	同步转速/(r/min)	最大转矩/mN·m	额定转矩/mN·m	启动转矩/mN·m	质量/kg	电容/(μF/V)	电阻/(Ω/W)
110TDY060	220	50	1	0.56	110	60	4500	3600	2300	6	4.0/500	450/100
110TDY060-3A	380	50	3	0.35	80	60	6900	5800	3400	6	无	无
110TDY060-3B	220	50	1	0.52	80	60	5800	4900	2700	6	无	无
110TDY115	220	50	1	0.56	110	115	3500	3000	1500	6	4.0/500	560/100
110TDY115-3A	380	50	3	0.4	130	115	5500	4400	2000	6	无	无

表 4-26　130TDY 型同步电动机主要技术参数

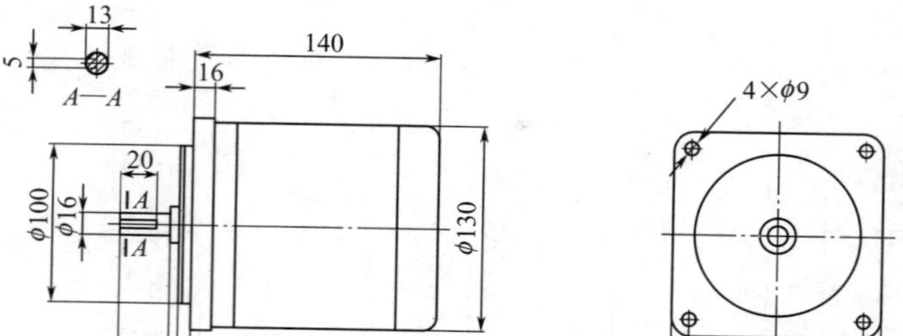

续表

型 号	电压/V	频率/Hz	电流/A	输入功率/W	同步转速/(r/min)	最大转矩/mN·m	额定转矩/mN·m	启动转矩/mN·m	质量/kg	电容/(μF/V)	电阻/(Ω/W)
130TDY060	220	50	0.8	150	60	7500	6000	3800	9	6.0/500	360/100
130TDY115	220	50	0.8	150	115	4500	3600	1700	9	6.0/500	360/100
130TDY060-3A	380	50	0.55	150	60	10000	8000	4000	9	无	无

(2) TDY-C 型齿轮减速式同步电动机

各种直径齿轮减速式同步电动机的主要技术参数见表 4-27～表 4-31。

表 4-27 55 型 TDY-C 同步电动机主要技术参数

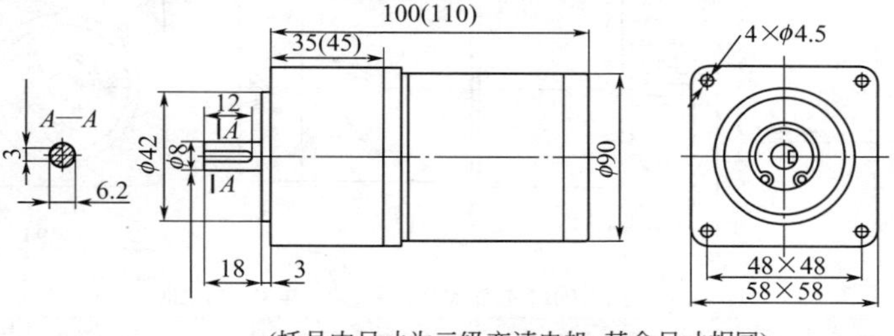

(括号内尺寸为三级变速电机,其余尺寸相同)

电压/V	频率/Hz	输入电流/A	输入功率/W	同步转速/(r/min)	最大转矩/mN·m	额定转矩/mN·m	启动转矩/mN·m	电容/(μF/V)	电阻/(Ω/W)
220	50	0.075	16	60	400	300	200	0.47/500	1000/8

齿轮箱转速/(r/min)	三级变速后转速/(r/min)				二级变速后转速/(r/min)							
	1.2	**2**	**3**	**4**	**5**	**6**	**8**	**10**	**12**	**15**	**20**	**30**
转矩/N·m	15.2	9.1	6.1	4.6	4.1	3.4	2.6	2.1	1.7	1.4	1.0	0.7

表 4-28 70 型 TDY-C 同步电动机主要技术参数

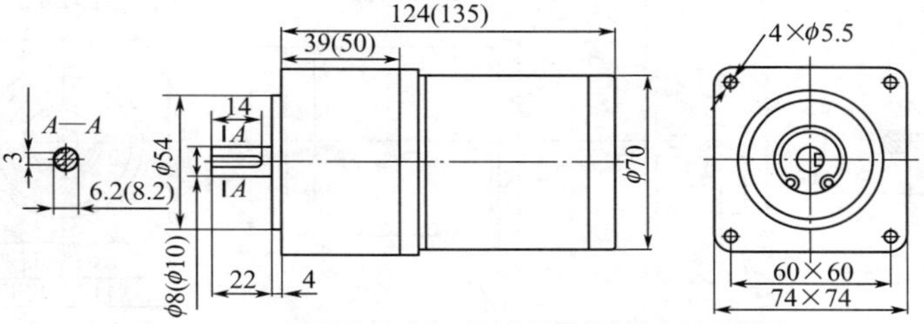

(括号内尺寸为三级变速电机,其余尺寸相同)

续表

电压/V	频率/Hz	输入电流/A	输入功率/W	同步转速/(r/min)	最大转矩/mN·m	额定转矩/mN·m	启动转矩/mN·m	电容/(μF/V)	电阻/(Ω/W)
220	50	0.12	24	60	950	300	480	0.8/500	1500/16

齿轮箱转速/(r/min)	三级变速后转速				二级变速后转速							
	1.2	2	3	4	5	6	8	10	12	15	20	30
转矩/N·m	36	21.6	14.4	10.8	9.7	8.1	6.1	4.9	4.1	3.2	2.4	1.6

表 4-29　90 型 TDY-C 同步电动机主要技术参数

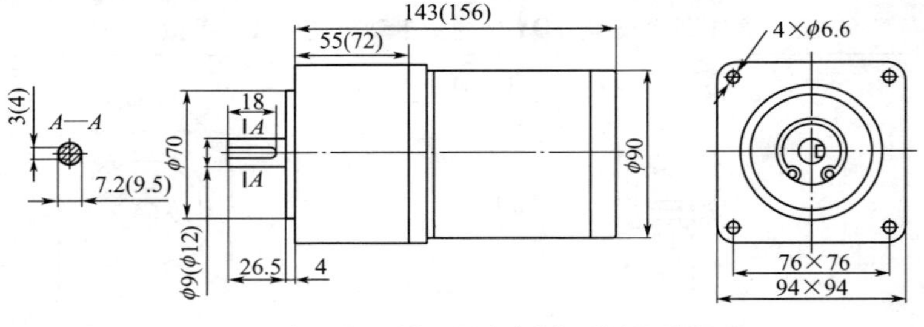

(括号内尺寸为三级变速电机,其余尺寸相同)

电压/V	频率/Hz	输入电流/A	输入功率/W	同步转速/(r/min)	最大转矩/mN·m	额定转矩/mN·m	启动转矩/mN·m	电容/(μF/V)	电阻/(Ω/W)
220	50	0.38	70	60	2400	2000	1400	2.7/500	680/50

齿轮箱转速/(r/min)	三级变速后转速				二级变速后转速							
	1.2	2	3	4	5	6	8	10	12	15	20	30
转矩/N·m	112	75.6	44.8	33.6	30.2	25.2	18.9	15.1	12.6	10.1	7.6	5

表 4-30　110 型 TDY-C 同步电动机主要技术参数

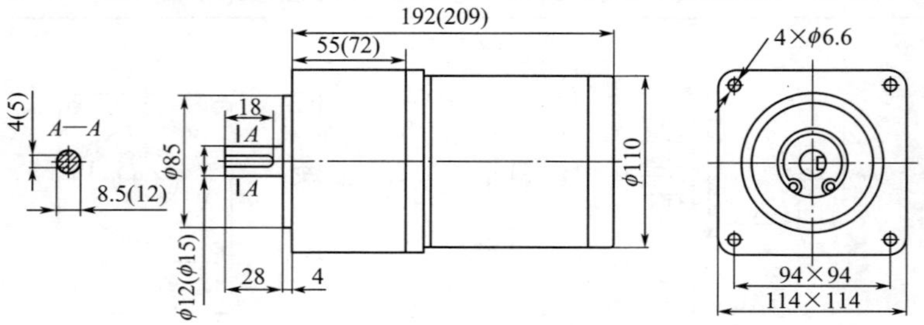

(括号内尺寸为三级变速电机,其余尺寸相同)

续表

电压/V	频率/Hz	输入电流/A	输入功率/W	同步转速/(r/min)	最大转矩/mN·m	额定转矩/mN·m	启动转矩/mN·m	电容/(μF/V)	电阻/(Ω/W)
220	50	0.56	110	60	4500	3600	2300	4.0/500	450/100

齿轮箱转速/(r/min)	三级变速后转速				二级变速后转速							
	1.2	2	3	4	5	6	8	10	12	15	20	30
转矩/N·m	192	115.2	76.8	57.6	51.8	43.2	32.4	25.9	21.6	17.3	13	8.6

表 4-31　130 型 TDY-C 同步电动机主要技术参数

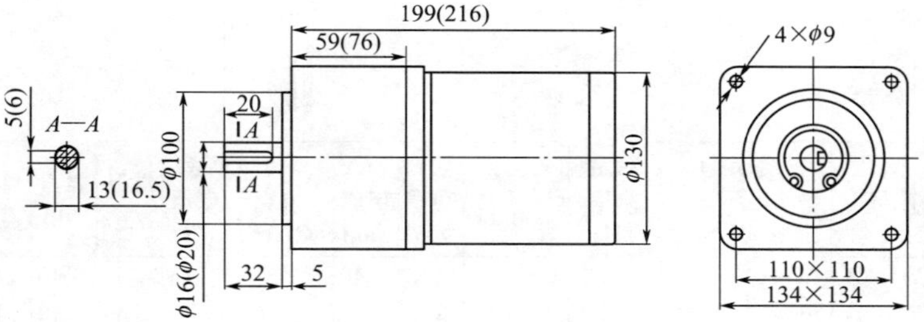

(括号内尺寸为三级变速电机,其余尺寸相同)

电压/V	频率/Hz	输入电流/A	输入功率/W	同步转速/(r/min)	最大转矩/mN·m	额定转矩/mN·m	启动转矩/mN·m	电容/(μF/V)	电阻/(Ω/W)
220	50	0.80	150	60	7500	6000	3800	6.0/500	360/100

齿轮箱转速/(r/min)	三级变速后转速				二级变速后转速							
	1.2	2	3	4	5	6	8	10	12	15	20	30
转矩/N·m	352	211.2	140.8	105.6	95	79.2	59.4	47.5	39.6	31.7	23.8	15.8

4.2.3 微型永磁同步电动机

(1) TYC 型齿轮减速式同步电动机（表 4-32）

主要适用于电暖气、电风扇、圣诞树、空调、按摩器、动感画、灯饰、工艺品、爆米花机等产品。

表 4-32　TYC50-B 型永磁齿轮减速式同步电动机的主要技术参数

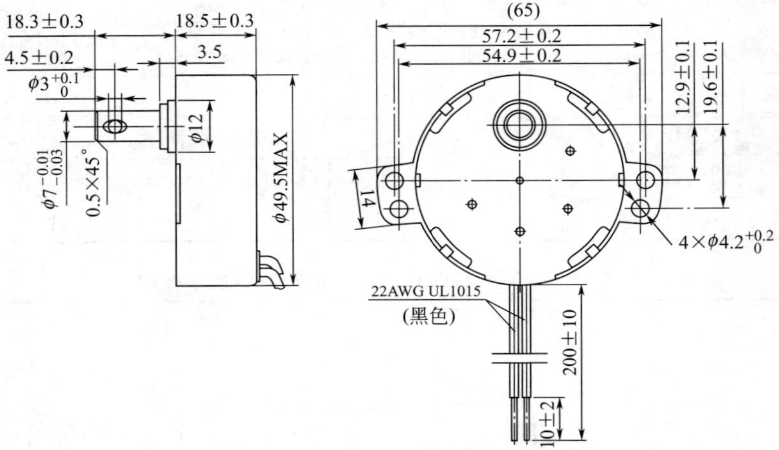

型 号	额定电压/V	额定频率/Hz	转速/(r/min)	输入功率/W	输入电流/mA	输出力矩/N·cm	启动电压/V	温升/K	噪声/dB	绝缘等级
TYC50B	AC 110～120V	50/60	1～100	≤4	≤40	≥30	≤88	≤65	≤40	A
TYC50B	AC 220～240V	50/60	1～100	≤4	≤20	≥50	≤176	≤65	≤40	E

注：佛山市南海俊泰电机有限公司产品。外形尺寸：50mm×18.5mm；效率：99%；电机额定电压、转速、转向、输出轴尺寸、力矩、电源线等参数可按客户要求生产。

（2）TYJ 型高转矩同步电动机

型号标注方法：

```
□□        -        TYJ            □□        /        □
│                   │              │                  │
机座号        T—同步电动机        铁芯长               极数
                Y—永磁            度代码
               J—高转矩
```

TYJ 型同步电动机主要技术参数见表 4-33～表 4-39。

① 42TYJ 型　采用可控正反方向旋转设计，主要应用于电壁炉、旋转电视天线、旋转灯具、舞台灯光、电动餐桌、电动模特、电动广告、电动货架、洗碗机、科教仪器、医疗器械、监视器及自动化仪表上等。

表 4-33　42TYJ 型同步电动机主要技术参数

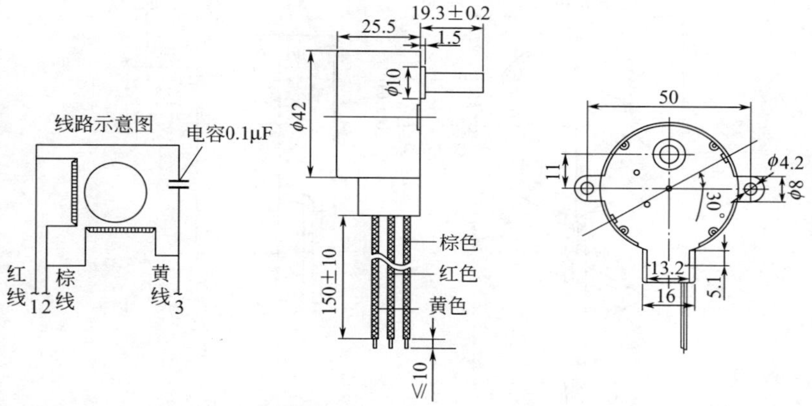

项　目	数　据	项　目	数　据
额定电压	100V,120V,220/240V	绝缘强度	1500V AC/min
空载功率	<4W	噪声	<35dB/A
空载电流	<25mA	温升	60K
额定频率	50/60Hz	绝缘等级	E
转速	15～18r/min	耐压	1800V/1s
转矩	>20N·cm	转向	双向
绝缘电阻	>100MΩ		

② 42TYJ-G 型　常用在山水画、灯光画、动感画、圣诞树、海景转灯、舞台灯、走马灯、光导纤维转灯等旋转工艺品上。

③ 49TYJ-B 型　主要用于电风扇的导风机构、摇头机构、取暖器摆角以及各类工艺品、灯具、玩具等用具上。

④ 49TYJ-C-1 型　主要用于电风扇的导风机构、摇头机构、取暖器摆角以及各类工艺品、灯具、玩具等用具上，以及各类空调的风向电机和微波炉的转盘电机。

⑤ 49TYJ-C-2 型　主要用于电风扇的导风机构、摇头机构，取暖器、暖风机、小太阳摆角，各类工艺品、灯具、玩具等用具以及各类空调的风叶导向电机和微波炉的转盘电机。

表 4-34　42TYJ-G 型同步电动机主要技术参数

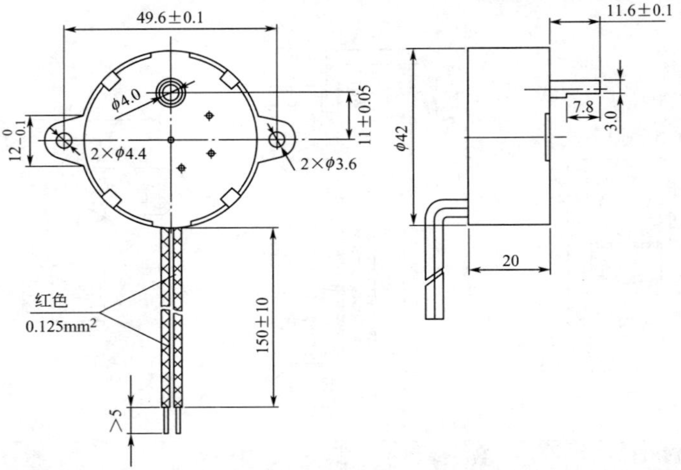

项　目	数　据	项　目	数　据
额定电压	12V,24V,36V,100V,110V,220V	绝缘强度	1500V AC/min
空载功率	<2.5W	噪声	<45dB
空载电流	<25mA	温升	60K
额定频率	50/60Hz	绝缘等级	E
转速	5r/min,7.5r/min,10r/min,15r/min	耐压	1800V/1s
转矩	0.1N·m	转向	正、反转或万向
绝缘电阻	>100MΩ		

表 4-35　49TYJ-B 型同步电动机主要技术参数

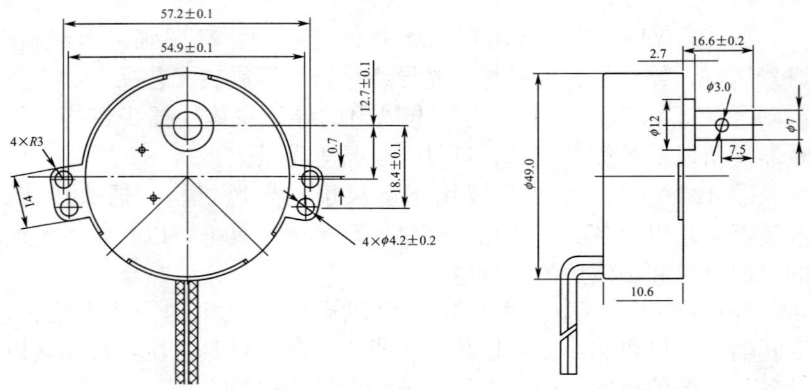

续表

项　目	数　据	项　目	数　据
额定电压	24V,36V,100V,120V,220/240V	绝缘电阻	>100MΩ
空载功率	<4W	绝缘强度	1500V AC/min
空载电流	<25mA	噪声	<45dB
额定频率	50/60Hz	温升	60K
转速	2.5/3r/min，5/6r/min，10r/min,15r/min,33/40r/min	绝缘等级	E
转矩	100N·cm,50N·cm,30N·cm,20N·cm,13N·cm	耐压	1800V/1s
		转向	正、反转或万向

注：1. 慈溪市九菱电器有限公司产品。

2. 引出导线颜色、规格及长度可按用户要求生产

3. 工作电压、频率及输出轴可按用户要求生产。

表 4-36　49TYJ-C-1 型同步电动机主要技术参数

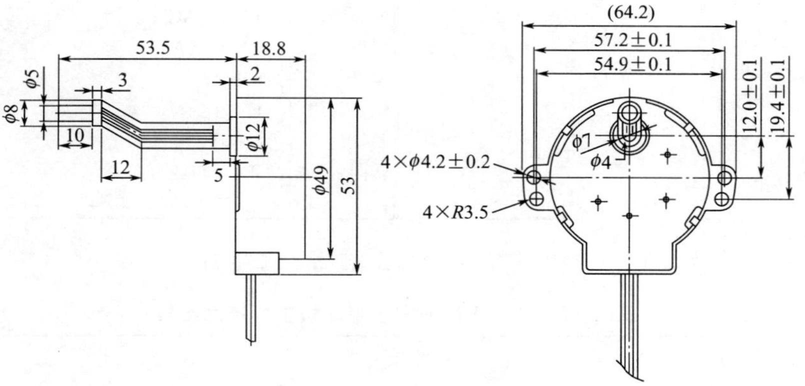

项　目	数　据	项　目	数　据
额定电压	12V，24V，36V，100V，110V，220/240V	绝缘电阻	>100MΩ
		绝缘强度	1500V AC/min
空载功率	<4W	噪声	<40dB(A)
空载电流	<25mA	温升	60K
额定频率	50/60Hz	绝缘等级	E
转速	2.5/3r/min,5/6r/min,10r/min,15r/min,33/40r/min	耐压	1800V/1s
转矩	100N·cm,50N·cm,30N·cm,20N·cm,13N·cm	转向	正、反转或万向

表 4-37 49TYJ-C-2 型同步电动机主要技术参数

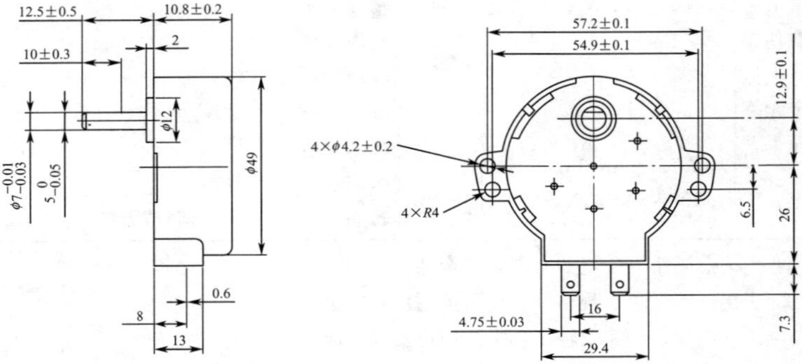

项　目	数　据	项　目	数　据
额定电压	12V，24V，36V，100V，120V，220/240V	绝缘电阻	＞100MΩ
空载功率	＜4W	绝缘强度	1500V AC/min
空载电流	＜25mA	噪声	＜40dB(A)
额定频率	50/60Hz	温升	60K
转速	2.5/3r/min，5/6r/min，10r/min，15r/min，33/40r/min	绝缘等级	E
转矩	100N·cm，50N·cm，30N·cm，20N·cm，13N·cm	耐压	1800V/1s
		转向	正、反转或万向

⑥ 49TYJ-D 型　常应用于冰淇淋器、咖啡机。

表 4-38 49TYJ-D 型同步电动机主要技术参数

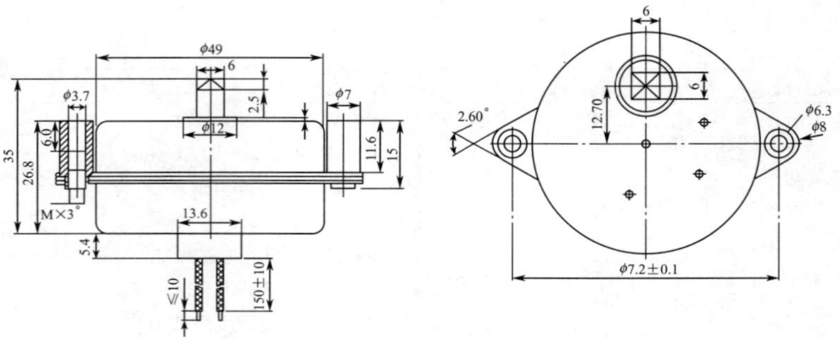

续表

项　目	数　据	项　目	数　据
额定电压	12V，24V，36V，100V，120V，220/240V AC	绝缘电阻	＞100MΩ
空载功率	＜4W	绝缘强度	1500V AC/min
空载电流	＜25mA	噪声	＜45dB
额定频率	50/60Hz	温升	60K
转速	13.2/16r/min	绝缘等级	F
转矩	100N·cm，50N·cm，30N·cm，20N·cm，13N·cm	耐压	1800V/1s
		转向	正、反转或万向

⑦ 49TYJ-E-2 型　常应用电烤炉、烤箱、烤肉叉转动器。具有输出力矩大、性能稳定、噪声低、寿命长的特点。

表 4-39　49TYJ-E-2 型同步电动机主要技术参数

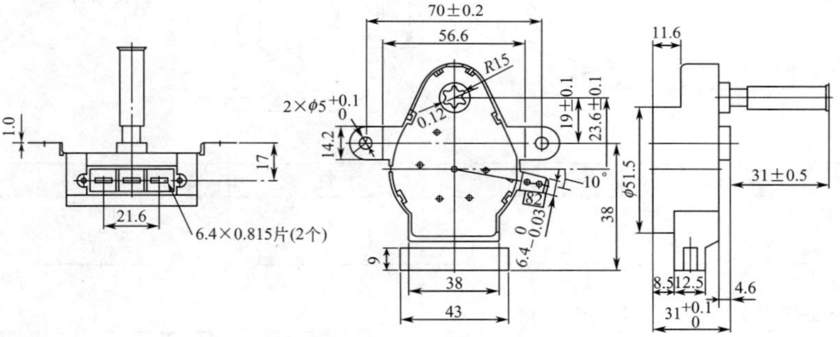

项　目	数　据	项　目	数　据
额定电压	100V，120V，220/240V	绝缘强度	1500V AC/min
空载功率	＜4W	噪声	＜45dB
额定电流	＜25mA	温升	60K
额定频率	50/60Hz	绝缘等级	F
转速	2r/min	耐压	1800V/1s
输出转矩	＞1.2N·cm	转向	万向
绝缘电阻	＞100MΩ		

（3）TYZ 系列爪极式永磁同步电动机

TYZ 型永磁同步电动机主要技术参数见表 4-40～表 4-44。

① 41TYZ 型　具有功耗低、输出力矩大、噪声小、运转灵

活、齿轮减速箱寿命长等优点；电动机的零部件全部由公司设计生产；电动机电压（6V、12V），转速（1～30r/min）、引出线长短、输出轴、转向，可根据客户要求定做。广泛应用于光纤圣诞礼品、装潢闪光灯具及各种电动工艺品等动态旋转形式的恒速动力源的装置中。

表 4-40　41TYZ 型永磁同步电动机主要技术参数

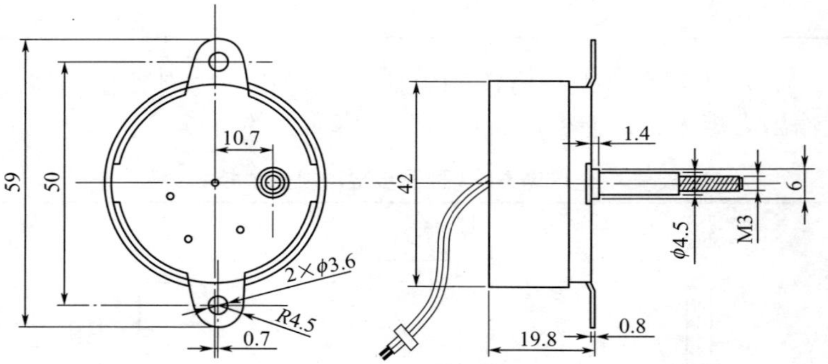

项　目	单位	性　能　参　数					
额定电压	V	～6			～12		
空载电流	mA	≤280			≤160		
额定频率	Hz	50/60					
空载输入功率	W	≤2					
额定转速	r/min	3/4	5	8	12	20	30
转矩	N·cm	≥7	≥4.5	≥3	≥1.6	≥1	≥0.6
旋转方向	—	正转、反转或万向					
温升	℃	≤60					
噪声	dB(A)	<35					
环境温度适应范围	℃	−10～+45					
绝缘电阻	MΩ	≥100					
绝缘强度	—	800V/min					
绝缘等级	—	E					

② 42TYZ 型　具有功耗低、输出力矩大、噪声小、运转灵活、齿轮减速箱寿命长等优点；电动机的零部件全部由公司设计生产；电动机电压（6V、12V、220V），转速（1～30r/min）、引出

线长短、输出轴、转向，可根据客户要求定做。广泛应用于光纤圣诞礼品、装潢闪光灯具及各种电动工艺品等动态旋转形式的恒速动力源的装置中。

表 4-41　42TYZ 型永磁同步电动机主要技术参数

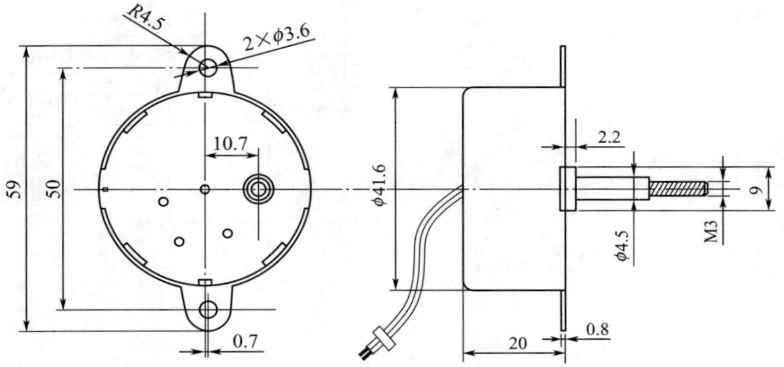

项　目	单位	性　能　参　数				
额定电压	V	～6			～12	
空载电流	mA	≤420			≤250	
额定频率	Hz	50/60				
空载输入功率	W	≤3				
额定转速	r/min	4.5	7	11	16	27
转矩	N·cm	≥32	≥18	≥12	≥7	≥4.5
旋转方向	—	正转、反转或万向				
温升	℃	≤60				
噪声	dB(A)	<35				
环境温度适应范围	℃	－10～＋45				
绝缘电阻	MΩ	≥100				
绝缘强度	—	800V/min				
绝缘等级	—	E				

③ 49TYZ 型　具有功耗低、输出力矩大、噪声小、运转灵活、齿轮减速箱寿命长等优点；电动机的零部件全部由公司设计生产；电动机电压（6～240V），转速（1～200r/min）、引出线长短、输出轴转向，可根据客户要求定做。广泛应用于微波炉、空调、取暖器、电风扇等家用电器及其他恒速传动装置中。

表 4-42　49TYZ 型永磁同步电动机主要技术参数

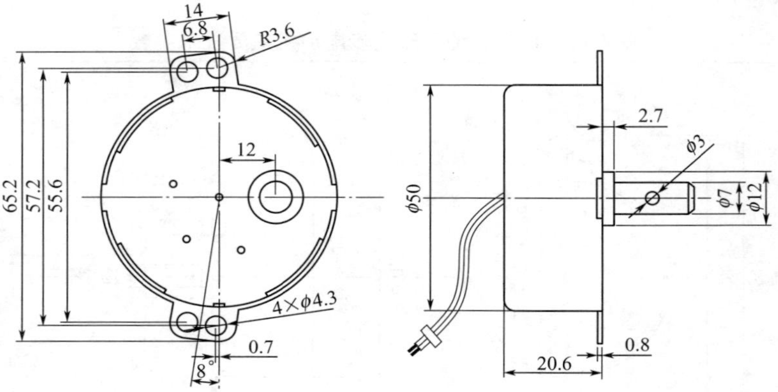

项　目	单位	性　能　参　数						
额定电压	V	～12		～110	～120	～127	～220	
空载电流	mA	≤325		≤40	≤45	≤35	≤20	
额定频率	Hz	50/60						
空载输入功率	W	≤4						
额定转速	r/min	2.5	5	8	10	12	18	30
转矩	N·cm	≥98	≥60	≥45	≥30	≥28	≥18	≥10
旋转方向	—	正转、反转或万向						
温升	℃	≤60						
噪声	dB(A)	<35						
环境温度适应范围	℃	−10～+45						
绝缘电阻	MΩ	≥100						
绝缘强度	—	1500V/min						
绝缘等级	—	E						

④ 50TYZ 型　具有功耗低、输出力矩大、噪声小、运转灵活、齿轮减速箱寿命长等优点；电动机的零部件全部由公司设计生产；电动机电压（6～240V）、转速（1～200r/min）、引出线长短、

输出轴、转向，可根据客户要求定做。广泛应用于光纤圣诞礼品、装潢闪光灯具、电风扇摇头、活动闪光度、暖风机摇头、空调摆叶及各种电动工艺品等动态旋转形式的恒速动力源的装置中。

表 4-43　50TYZ 型永磁同步电动机主要技术参数

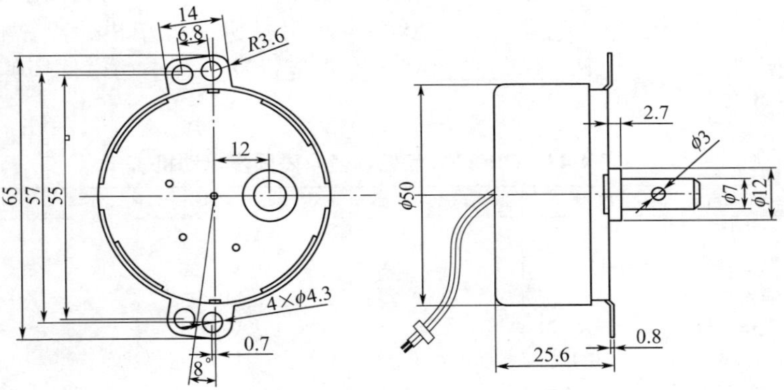

项　目	单位	性　能　参　数						
额定电压	V	～12		～110	～120	～127	～220	
空载电流	mA	≤325		≤40	≤45	≤35	≤20	
额定频率	Hz	50/60						
空载输入功率	W	≤4						
额定转速	r/min	2.5	5	8	10	12	18	30
转矩	N·cm	≥108	≥70	≥50	≥35	≥30	≥20	≥12
旋转方向	—	正转、反转或万向						
温升	℃	≤60						
噪声	dB(A)	<35						
环境温度适应范围	℃	-10～+45						
绝缘电阻	MΩ	≥100						
绝缘强度	—	1500V/min						
绝缘等级	—	E						

⑤ 60KTYZ同步电动机　本产品是由永磁同步电动机和减速机构合成一体的可控制正反的同步电动机。具有功耗小、力矩大、噪声低、体积小、重量轻、使用方便的特点。在额定频率下电动机转速不受电压影响，保持稳定不变。电动机在负载时如果过载或堵转，电动机线圈不会烧毁。

主要应用：监控器云台、电动器械、冷暖通阀门、自动化仪器仪表、电动模特、电动广告、麻将桌、银幕机、过塑机、点钞机、烧烤设备、展示柜、热狗机、电动传票装置及所有小功率低恒速运行设备。

表 4-44　60KTYZ 齿轮减速永磁同步电动机

项　目	单位	参　　数									
电压	V	220									
额定频率	Hz	50/60									
输入功率	W	≤14									
工作电流	mA	≤45									
噪声	dB	35									
绝缘等级	—	E									
型　号	转速/(r/min)	3	5	7.6	10	15	21	30	50	60	100
A	输出力矩/N·dm	31	26	20	16	10	7.5	5	3	2.5	1.5
B		40	37	27	21	14	11	7	4.2	3.5	2
C		45	40	30	23	15.5	12.5	8	5	4	2.5
A1		45	37	27	21	14	11	7	4.2	3.5	2
B1		40	55	41	31	30	20	10	6	5	3.8
C1		45	60	48	40	36	25	14	7.5	6.8	4.8

注：1. 无锡龙腾微电机有限公司产品。

2. 工作电压可根据客户要求设计从 12～20V AC。

3. A1/B1/C1 型为间断使用电动机，即每次电动机工作时间不超过 15min。

4. 有中心输出轴和偏心输出轴两种形式供选择。

4.3 磁阻同步电动机

磁阻电动机是一种连续运行的电气传动装置，它不依靠定、转子绕组电流所产生磁场的相互作用而产生转矩，而是依靠“磁阻最小原理”产生转矩。

开关磁阻电动机，是磁阻电动机的另一种形式。按用途分有实验用、工业用、电动车用和洗衣机用开关磁阻电动机等。其技术参数见表 4-45～表 4-48。

表 4-45 实验用开关磁阻电动机的技术参数

机座号	恒功率输出		恒转矩输出	
	转速范围	功率/kW	转速范围	扭矩/N·m
63	>1500 r/min	0.25	0～1500 r/min	1.59
71		0.37		2.39
80		0.55		3.5
		0.75		4.7
90		1.1		7.0
		1.5		9.5
100		2.2		14
		3.0		19
112		4.0		25.5
132		5.5		35.5
		7.5		47.7
160		11		70
		15		95.5
180		18.5		117.8

机座号	恒功率输出		恒转矩输出	
	转速范围	功率/kW	转速范围	扭矩/N·m
180	>1500 r/min	22	0～1500 r/min	140
200		30		191
225		37		235.5
		45		286.5
250		55		350
280		75		477.5
		90		573
315		110		700
		132		840
		160		1060
		200		1273
355		250		1591
		315		2005

注：1. 无锡市新业防爆电气有限公司产品。

2. 调速比为 1∶20。

表 4-46 工业用开关磁阻调速电动机的技术参数

型号	基座	调速比	功率/kW	电压/V	转矩/N·m	恒转矩范围/(r/min)	恒功率范围/(r/min)
SR-71L	71	20∶1	0.37	220	2.39	100～1500	1500～2000
SR-80a	80		0.55	220	3.5		
SR-80L	80		0.75	220	4.77		
SR-90a	90		1.1	220	7.0		
SR-90L	90		1.5	220	9.55		
SR-100a	100		2.2	380	14.0		
SR-100L	100		3.0	380	19.1		
SR-112L	112		4.0	380	25.5		
SR-132a	132		5.5	380	35.0		
SR-132L	132		7.5	380	47.75		

表 4-47 电动车用开关磁阻调速电动机的技术参数

功率/kW	电压/V	额定电流/A	启动电流/A	工作电流/A	调速范围/(r/min)
1.5	48	39	20	9.55	
3	60	62.5	31	19.1	
4	72	70	35	25.5	100～3500
5.5	72	96	48	35.0	
7.5	96	98	50	47.75	

表 4-48 洗衣机用开关磁阻调速电动机的技术参数

功率/kW	转速/(r/min)	恒转矩输出		恒功率输出		串励输出特性/(r/min)	电流/A
		r/min	N·m	r/min	kW		
0.37	75～3500	100～1500	2.35	1500～2000	0.37	200～3500	3.4

4.4 磁滞同步电动机

磁滞同步电动机是利用磁滞材料产生磁滞转矩而工作的同步电动机。它分为内转子式磁滞同步电动机、外转子式磁滞同步电动机和单相罩极式磁滞同步电动机。

型号编制方法是：

45	TZ□	4	2	1	A
机座号 用电动机机座外圆直径表示(mm)	产品名称代号 TZI—内转子式 TZW—外转子式 TZS—双速，TZD—多速 TZC—磁阻式，TZY—永磁式	频率代号 4—400Hz 5—500Hz 10—1000Hz (50/60Hz 不标)	相数代号	极对数	派生代号 A,B,…表示 (I、O 字母除外)

电机的额定频率和额定电压等级见表 4-49，引出线和接线板的标记方法见表 4-50。

表 4-49 电机的额定频率和额定电压等级

额定频率/Hz	电压/V	额定频率/Hz	电压/V
50	12,36,110,220,380	400	26,36,115

表 4-50　引出线和接线板的标记方法

绕组形式	接线板数字	引出线颜色
三相绕组	1、2、3	红、黑、蓝
两相绕组	1、2 3、4	红、黑 蓝、白
单相绕组 （三相或两相绕组电容分相）	三相　1、2、3 两相　1、2　3、4	红、黑、蓝 红、黑 蓝、白
双连绕组	1、2、3 4、5、6	红、黑、蓝 白、绿、黄

图 4-2 是磁滞电动机的接线。

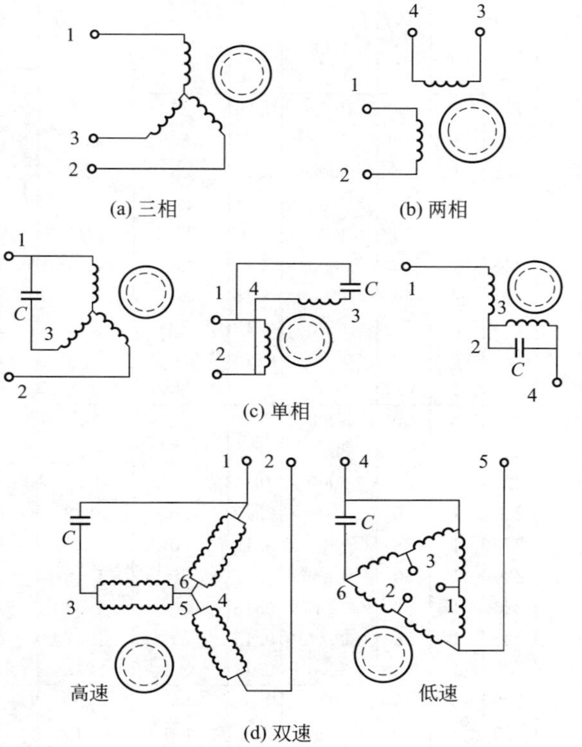

图 4-2　磁滞电动机的接线

磁滞电动机的基本参数和技术数据见表 4-51。

表 4-51　磁滞电动机的基本参数和技术数据

型号	额定电压/V	相数	频率/Hz	同步转速/(r/min)	参考电流/A	参考输入功率/W	启动转矩/N·mm	输出功率/W	质量/kg
28TZ511	12	1	50	3000	0.5	4.0	1.27	0.4	0.14
28TZ511A	10	1	50	3000	0.3	2.5	0.63	0.2	0.11
36TZ412	115	1	400	12000	0.1	7.0	2.3	3.0	0.2
36TZ413	115	1	400	8000	0.2	15	3.04	2.5	0.2
36TZ414	115	1	400	8000	0.45	20	4.3	3.5	0.2
36TZ531	110	3	50	3000	0.1	12	4.8	1.5	0.2
36TZ521	110	2	50	3000	0.13	12	4.8	1.5	0.2
36TZ511	110	1	50	3000	0.13	12	4.8	1.5	0.2
36TZ532	110	3	50	1500	0.1	10	4.4	0.7	0.2
36TZ522	110	2	50	1500	0.1	10	4.4	0.7	0.2
36TZ512	110	1	50	1500	0.1	10	4.4	0.7	0.2
45TZ412	115	1	400	12000	0.35	22	6.4	8.0	0.4
45TZ412A	115	1	400	12000	0.35	25	8.8	11	0.4
45TZ413	115	1	400	8000	0.35	25	7.2	6.0	0.4
45TZ531	220	3	50	3000	0.1	20	16	5.0	0.4
45TZ521	220	2	50	3000	0.1	20	14.7	4.5	0.4
45TZ511	220	1	50	3000	0.12	20	12.7	4.0	0.4
45TZ532	110	2	50	1500	0.18	20	.16	2.5	0.4
45TZ522	110	2	50	1500	0.18	20	12.7	2.0	0.4
45TZ512	110	1	50	1500	0.18	20	12.7	2.0	0.4
45TZ4G2A	90	1	400	1000	0.4	25	8.8	11	0.4
55TZ531	220	3	50	3000	0.2	35	38.2	12	0.9
55TZ521	220	1	50	3000	0.2	32	31.9	10	0.9
55TZ511	220	1	50	3000	0.2	32	31.9	10	0.9
55TZ532	220	1	50	1500	0.19	30	38.2	6.0	0.9
55TZ512	220	1	50	1500	0.19	30	31.9	5.0	0.9
55TZ512A	220	1	50	1500	0.12	20	15.9	2.5	0.9
55TZS511/2	220	1	50	3000/1500	0.15	30	14.4	5/2.5	0.9
55TZS512/4	220	1	50	1500/750	0.15	32	16.7	2.6/1.3	0.9
55TZ5C-1	100	1	50	3000	0.44	32	22.8	7.0	0.9
70TZ531	220	3	50	3000	0.45	65	89	26	1.7
70TZ521	220	2	50	3000	0.45	64	64	20	1.7
70TZ511	220	1	50	3000	0.45	60	64	20	1.7
70TZ511A	220	1	50	3000	0.5	70	76.5	24	2.0
70TZ532	220	3	50	1500	0.4	60	83	13	1.77

续表

型号	额定电压/V	相数	频率/Hz	同步转速/(r/min)	参考电流/A	参考输入功率/W	启动转矩/N·mm	输出功率/W	质量/kg
70TZ522	220	3	50	1500	0.4	60	64	10	1.7
70TZ512	220	1	50	1500	0.4	60	64	10	1.7
70TZS511/2	220	1	50	3000/1500	0.3	45	31.8	10/5	1.7
70TZS512/4	220	1	50	1500/750	0.3	45	31.8	5/2.5	1.7
70TZ5G3	220	1	50	1500	0.5	60	95	15	2
90TZ531	220	3	50	3000	0.8	120	0.192	60	3.5
90TZ521	220	2	50	3000	0.8	120	0.160	50	3.5
90TZ511	220	1	50	3000	0.7	100	0.144	45	3.5
90TZ532	220	3	50	1500	0.8	110	0.255	40	3.5
90TZ522	220	2	50	1500	0.8	110	0.192	30	3.5
90TZ512	220	1	50	1500	0.8	100	0.192	30	3.5
90TZS511/2	220	1	50	3000/1500	0.6	80	0.0767	24/12	3.5
90TZS512/4	220	1	50	1500/750	0.45	80	0.096	15/7.5	3.5
110TZ531	220	3	50	3000	1.75	220	0.384	120	7
110TZ521	220	2	50	3000	1.75	220	0.317	100	7
110TZ511	220	1	50	3000	1.75	220	0.287	90	7
110TZ532	220	3	50	1500	1.3	180	0.510	80	7
110TZ522	220	2	50	1500	1.3	180	0.446	70	7
110TZ512	220	1	50	1500	1.0	150	0.384	60	7
110TZS511/2	220	1	50	3000/1500	1.0	150	0.147	46/23	7
110TZS512/4	220	1	50	1500/750	0.7	100	0.192	30/15	7

注：额定同步转矩等于启动转矩。

第5章 直流电动机

5.1 直流电动机简述

5.1.1 直流电动机的分类和构造

直流电机是可输入或输出直流电能的装置：作电动机运行时是直流电动机，将电能转换为机械能；作发电机运行时是直流发电机，将机械能转换为电能。直流电机主要作为直流电动机、电解、电镀、电冶炼、充电及交流发电机的励磁等。其优点是调速性能优越，易平滑调速，过载能力较强，启动和制动转矩较大；缺点是换向困难，还会产生火花，寿命短，要经常维护，价格较贵。

直流电动机的结构（图 5-1）包括定子（运行时静止不动）和

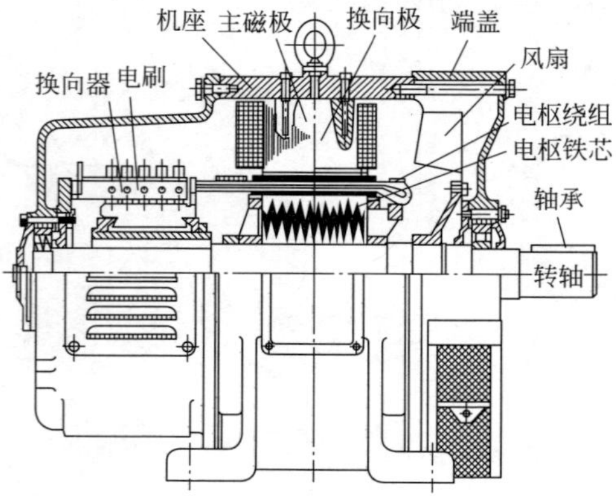

图 5-1 直流电动机的构造

转子（运行时转动）及支承部件三大部分。定子由主磁极、换向极和电刷等组成，主要作用是产生磁场。转子由转轴、电枢铁芯、电枢绕组、换向器和风扇等组成，主要作用是产生电磁转矩和感应电动势；支承部件包括机座、端盖、轴承等。

根据其功能、构造和励磁方式的不同，直流电动机可分为下列几种类型（表 5-1）。

表 5-1　直流电动机的类型和用途

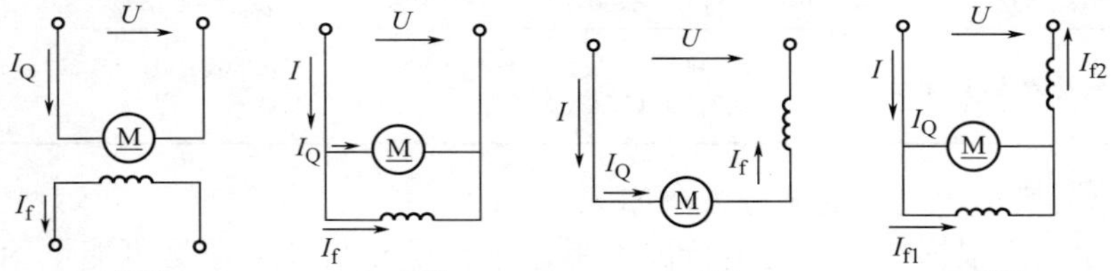

(a) 他励　(b) 并励　(c) 串励　(d) 复励

分类	说　明
按构造	直流有刷电动机和直流无刷电动机
按励磁方式	他励直流电动机:励磁绕组与电枢绕组无连接关系,而由其他直流电源对励磁绕组供电的直流电动机称为他励直流电动机
	并励直流电动机:并励直流电机的励磁绕组与电枢绕组相并联;并励发电机用电机本身发出来的端电压为励磁绕组供电;并励电动机励磁绕组与电枢共用同一电源
	串励直流电动机:串励直流电动机的励磁绕组与电枢绕组串联后,再接于直流电源,其励磁电流就是电枢电流
	复励直流电动机:有并励和串励两个励磁绕组

类　别	型号	主要用途
直流电动机	Z	基本系列,一般工业应用
广调速直流电动机	ZT	用于大范围恒功率调速应用场合
冶金起重直流电动机	ZZJ	冶金辅助传动机械、矿山提升设备等
直流牵引电动机	ZO	电力传动机车,工矿电机车和蓄电池车
船用直流电动机	ZH	各种船舶辅助机械用,也可制成轴流风机
精密机床用直流电动机	ZJ	磨床、坐标镗床等精密机床用
汽车启动机	ST	汽车、拖拉机、内燃机的启动动力
挖掘机用直流电动机	ZKJ	冶金矿山挖掘机用
龙门刨床直流电动机	ZU	龙门刨床用
无槽直流电动机	ZW	快速动作伺服系统中的执行元件
防爆增安型直流电动机	ZA	矿井和有易燃气体场所用
力矩直流电动机	ZLJ	作为速度和位置伺服系统的执行元件
直流测功机	CZ	测定原动机效率和输出功率用,也可测量转矩

5.1.2 直流电动机的功率和电压等级

直流电动机的功率和电压等级见表 5-2。

表 5-2 直流电动机的功率和电压等级

项 目	数 值
功率等级/kW	0.37,0.55,0.75,1.1,1.5,2.2,3,4,5.5,7.5,10,13,17,22,30,40,55,75,100,125,160,200,250,320,400,500,630,800,1000,1250,1600,2050,2600,3300,4300,5350,6700
电压等级/V	6,12,24,36,48,60,72,110,160,(330),440,630(660),800,1000
转速等级/(r/min)	3000,1500,1000,750,600,500,400,320,250,200,160,125,100,80,63,50,40,32,25

直流电动机的选择方法如下。

① 根据电动机的运行成本考虑选择电动机类型，尽可能选用结构简单、运行可靠、造价低廉的电动机。

② 要从负载的要求出发，考虑工作条件、负载性质、生产工艺、供电情况等因素，尽量满足直流电动机的机械特性。

③ 选择电动机类型时，电动机的机械特性与工作机械特性配合要适当，电动机的最高转速、转速变化率、稳速、调速、变速等性能均能适应工作机械运行要求。典型生产机械选用直流电动机实例见表 5-3。

表 5-3 典型生产机械选用直流电动机实例

类型	机械特性	优 点	缺 点	范 例
他励、并励	硬(电枢串电阻后变软)	调速平滑、范围宽、启动转矩大	需要直流电源，结构复杂，价贵，可靠性较差	大型机床、可逆轧钢机、造纸机、印刷机等
串励、复励	软、较软	启动转矩大、负载变化时能自动调节转速		电车、电动机车、起重机、卷扬机、剪床、冲床等

5.1.3 直流电动机的基本方程式和运行特性

直流电动机的基本方程式见表 5-4，直流电动机的运行特性见表 5-5。

表 5-4 直流电动机的基本方程式

基本计算式名称		电 路 图	计算式及说明
电压方程	他励直流电动机	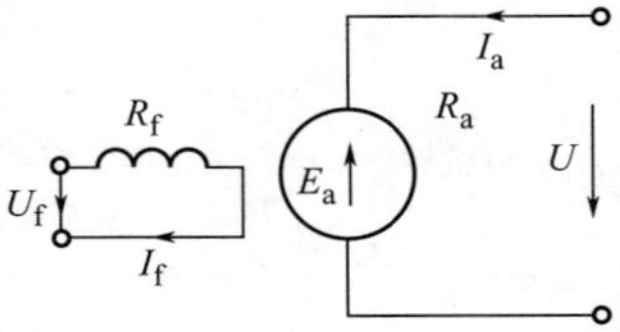	$U_f = I_f R_f$ $U = E_a + I_a R_a$ I_a,R_a——电枢回路电流和电阻； I_f,R_f——励磁回路电流和电阻
	并励直流电动机	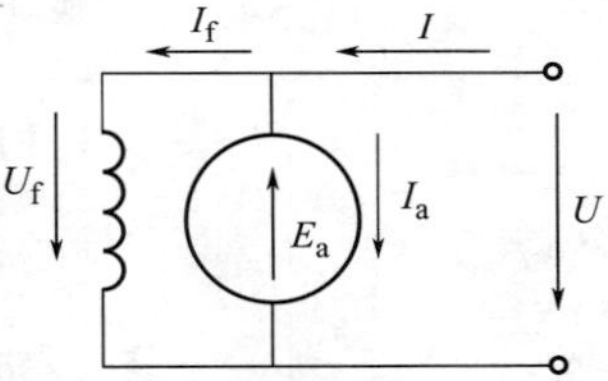	$U_f = U$(电压方程与他励同) $I = I_a + I_f$ I_a——电枢电流； I_f——励磁回路电流
	串励直流电动机	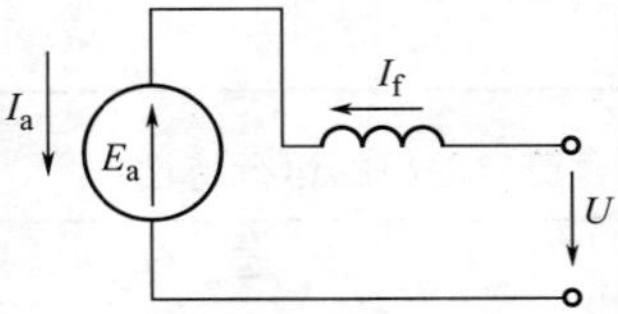	$I = I_a = I_f$ I_f——串励绕组中励磁电流
转矩方程		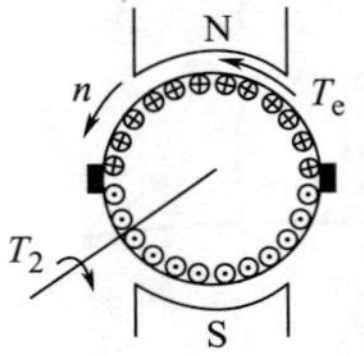	$T_e = T_0 + T_2$ T_0——电动机本身机械阻力转矩； T_2——电动机轴上负载转矩
功率方程		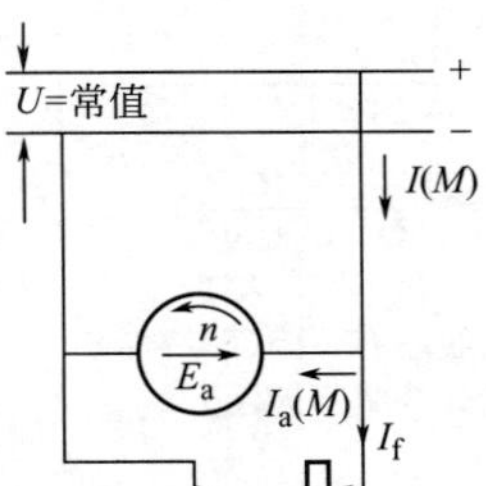	$T_e\Omega = T_0\Omega + T_2\Omega$ Ω——角速度，$\Omega = 2\pi n/60$ 也可写成： $P_e = P_0 + P_2$ P_0——克服机械损耗和铁损的功率； P_2——电动机输出的机械功率

续表

基本计算式名称	电 路 图	计算式及说明
电动机功率	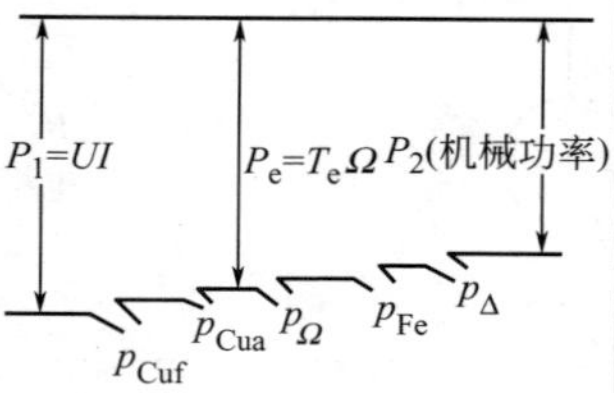	P_1——电路输入总功率，$P_1=UI$； p_{Cuf}——励磁绕组铜损； p_{Cua}——电枢绕组铜损； P_e——电磁功率，$P_e=T_e\cdot\Omega$； p_{Fe}——铁损； p_{Ω}——机械损耗； p_{Δ}——其他损耗
电枢电动势	$E_a=C_e\Phi n$ $C_e=\dfrac{pN}{60a}$	E_a——电枢电动势，V； C_e——电动势常数； p——电动机极对数； N——绕组导体数； a——绕组支路数； Φ——每极磁通，Wb； n——电枢转速，r/min

表 5-5 直流电动机的运行特性

电动机类别	电 路 图	运 行 特 性	
		转矩转速特性	工作特性
并励直流电动机	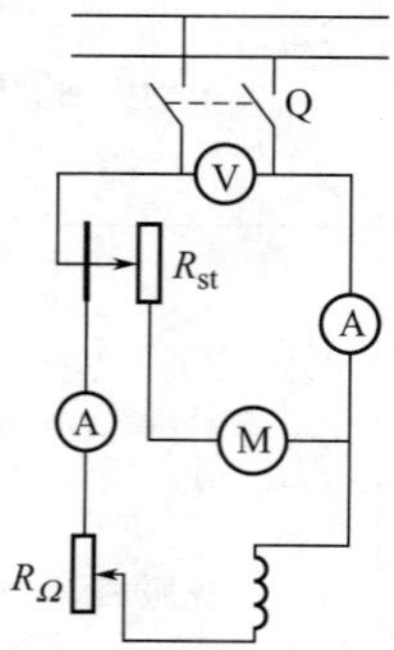	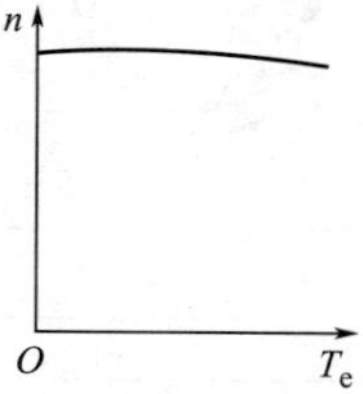$n=\dfrac{U}{C_e\Phi}-\dfrac{R_a}{C_TC_e\Phi^2}T_e$ 当最后一项接近 0 时，曲线略有下降(硬特性)，励磁绕组不能断开	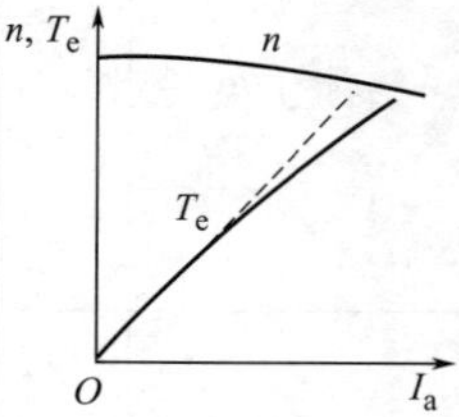$n=\dfrac{U}{C_e\Phi}-\dfrac{R_a}{C_e\Phi}I_a$ $T_e=C_T\Phi I_a$ $\Delta n=(n_0-n_N)/n_0$ (=3%～8%) n_N——额定转速； n_0——空载转速

续表

电动机类别	电路图	运行特性	
		转矩转速特性	工作特性
串励直流电动机	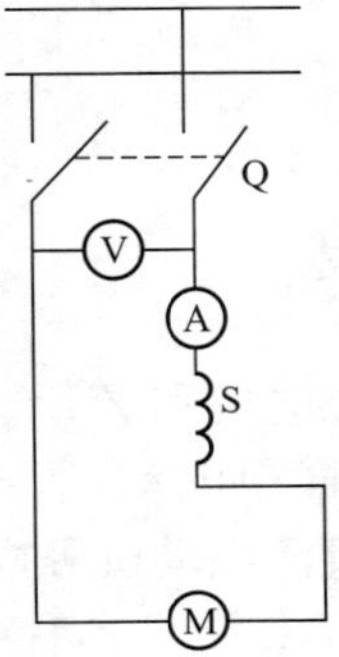	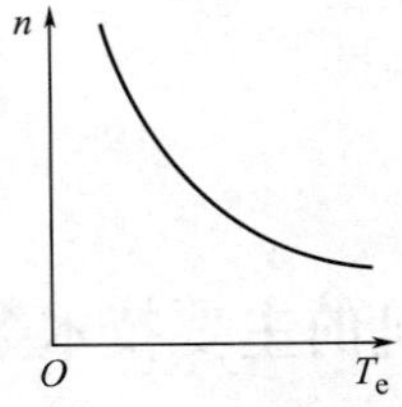 $n=\frac{1}{C_eK_s}\left[\sqrt{\frac{C_TK_s}{T_e}}U-(R_a+R_s)\right]$ 转速随转矩的增加而迅速下降(软特性),不能空载运行	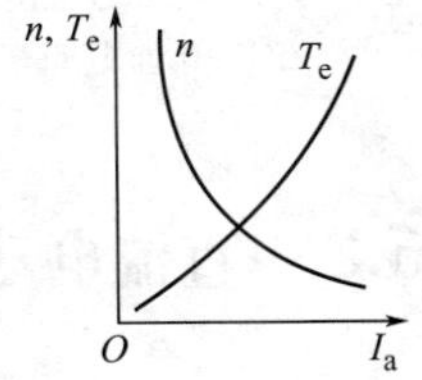 $n=\frac{U}{C_eK_sI_a}-\frac{R_a+R_s}{C_eK_s}$ $T_e=C''_TI_a$ $\Delta n=(n_{1/4}-n_N)/n_0$ $n_{1/4}$——$1/4P_N$ 时的转速
复励直流电动机	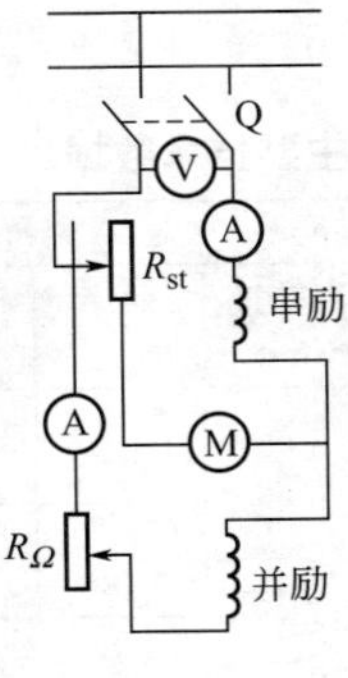	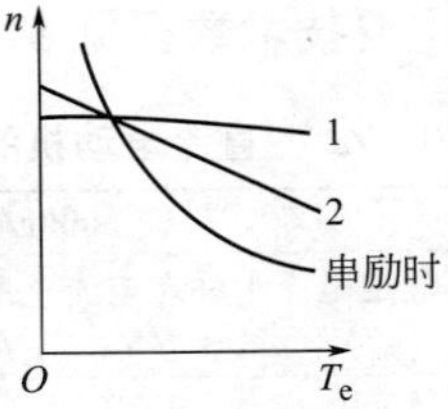 当励磁磁动势以并励(串励)磁动势为主时,其稳态特性接近并励(串励)电动机,不会出现飞车现象	转矩特性取决于并励绕组与串励绕组的安匝比,介于并励电动机与串励电动机之间

5.1.4 直流电动机的型号

国产电机型号一般采用大写的拼音字母和阿拉伯数字表示，其格式为：

□	□	□	□	□
产品代号 Z—一般用途，ZY—永磁型， ZJ—精密机床用，ZT—广调速， ZQ—直流牵引，ZH—船用型， ZA—防爆型，ZKJ—挖掘机用， ZZJ—冶金起重机用	设 计 序 号	机座号(数字) 或电动机中心 高度(mm)	铁芯长度代号 1—短铁芯 2—中铁芯 3—长铁芯	前端盖代号 1—短端盖 2—中端盖 3—长端盖 (不分长短时不标)

5.2 直流电动机的主要技术数据

直流电动机有 Z2、Z3、Z4 小型直流电机和 ZD2、ZF2 系列中型直流电动机，SZ、SL、SY 系列直流伺服电动机，M 系列永磁直流电动机和 ZZJ-800 系列轧机辅传动直流电动机等，其技术数据分列于后。

5.2.1 Z2型直流电动机

Z2 系列小型直流电动机共分 11 个机座号，每个机座号有两种铁芯长度，适用于一般正常的工作环境。电动机作一般传动用。Z2 型直流电动机的主要技术数据见表 5-6。

表 5-6 Z2 型直流电动机的主要技术数据

额定转速 3000r/min							
型号	额定功率/kW	额定电压/V	额定电流/A	最高转速/(r/min)	效率/%	飞轮矩/$kg\cdot m^2$	质量/kg
Z2-11	0.8	110	9.83	3000	74	0.012	30
	0.8	220	4.85		75		
Z2-12	1.1	110	12.9		77.5	0.015	35
	1.1	220	6.41		78		
Z2-21	1.5	110	17.5		78	0.045	50
	1.5	220	8.64		79		
Z2-22	2.2	110	24.7		81	0.055	55
	2.2	220	12.35		81		
Z2-31	3	110	33.2		82	0.085	67
	3	220	16.52		82.5		
Z2-32	4	110	43.8		83	0.105	79
	4	220	21.65		84		

续表

型号	额定功率/kW	额定电压/V	额定电流/A	最高转速/(r/min)	效率/%	飞轮矩/kg·m²	质量/kg
额定转速 3000r/min							
Z2-41	5.5	110	60.6	3000	82.5	0.15	85
	5.5	220	30.3		82.5		
Z2-42	7.5	110	81.6		83.5	0.18	100
	7.5	220	40.8		83.5		
Z2-51	10	221	53.8		84.5	0.35	144
Z2-52	13	222	68.7		86	0.40	156
Z2-61	17	223	88.9		87	0.56	180
Z2-62	22	224	114.2		87.5	0.65	200
Z2-71	30	225	158.5		86	1.00	265
Z2-72	40	226	210		86.5	1.20	300
额定转速 1500r/min							
Z2-11	0.4	110	5.35	3000	68	0.012	30
	0.4	220	2.68		68		
Z2-12	0.6	110	7.68		71	0.015	35
	0.6	220	3.82		71.5		
Z2-21	0.8	110	9.84		74	0.045	50
	0.8	220	4.92		74		
Z2-22	1.1	110	13		77	0.055	55
	1.1	220	6.5		77		
Z2-31	1.5	110	17.6		77.5	0.085	67
	1.5	220	8.7		78.5		
Z2-32	2.2	110	25		80	0.105	79
	2.2	220	12.35		81		
Z2-41	3	110	34		80	0.15	85
	3	220	17		80		
Z2-42	4	110	44.6		81.5	0.18	100
	4	220	22.3		81.5		
Z2-51	5.5	110	60.5	2400	82.5	0.35	144
	5.5	220	30.3		82.5		
Z2-52	7.5	110	82.2		83	0.40	156
	7.5	220	40.8		83.5		
Z2-61	10	110	107.6		84.5	0.56	180
	10	220	53.8		84.5		
Z2-62	13	110	139		85	0.65	200
	13	220	69.5		85		

续表

额定转速 1500r/min							
型号	额定功率/kW	额定电压/V	额定电流/A	最高转速/(r/min)	效率/%	飞轮矩/kg·m²	质量/kg
Z2-71	17	110	180.6	2250	85.5	1.00	265
	17	220	90		86		
Z2-72	22	110	232.6		86	1.20	300
	22	220	115.4		86.5		
Z2-81	30	110	315.5		86.5	2.80	405
	30	220	156.9		87		
Z2-82	40	220	208		87.5	3.20	430
Z2-91	55	220	284	2000	88	5.90	650
Z2-92	75	220	385		88.5	7.00	685
Z2-101	100	220	511	1800	89	10.30	950
Z2-102	125	220	635		89.5	12.00	1085
Z2-111	160	220	808	1500	90	20.40	1265
Z2-112	200	220	1010		90	23.00	1510

额定转速 1000r/min							
型号	额定功率/kW	额定电压/V	额定电流/A	最高转速/(r/min)	效率/%	飞轮矩/kg·m²	质量/kg
Z2-21	0.4	110	5.51	2000	66	0.045	50
	0.4	220	2.755		66		
Z2-22	0.6	110	7.68		71	0.055	55
	0.6	220	3.79		72		
Z2-31	0.8	110	10		72.5	0.085	67
	0.8	220	4.95		73.5		
Z2-32	1.1	110	13.33		75	0.105	79
	1.1	220	6.58		76		
Z2-41	1.5	110	17.8		76.5	0.15	85
	1.5	220	8.9		76.5		
Z2-42	2.2	110	25.32		79	0.18	100
	2.2	220	12.66		79		
Z2-51	3	110	34.3		79.5	0.35	144
	3	220	17.2		79.5		
Z2-52	4	110	45.2		80.5	0.40	156
	4	220	22.3		81.5		
Z2-61	5.5	110	60.6		82.5	0.56	180
	5.5	220	30.3		82.5		
Z2-62	7.5	110	82.6		82.5	0.65	200
	7.5	220	41.3		82.5		
Z2-71	10	110	110.2		82.5	1.00	265
	10	220	54.8		83		
Z2-72	13	110	142.3		83	1.20	300
	13	220	70.7		83.5		

续表

额定转速 1000r/min							
型号	额定功率/kW	额定电压/V	额定电流/A	最高转速/(r/min)	效率/%	飞轮矩/kg·m²	质量/kg
Z2-81	17 17	110 220	185 92	2000	83.5 84	2.80	405
Z2-82	22 22	110 220	238 118.2		84 84.5	3.20	430
Z2-91	30 30	110 220	319 158.5		85.5 86	5.90	650
Z2-92	40 40	110 220	423 210		86 86.5	7.00	685
Z2-101	55	220	285.5	1500	87.5	10.30	945
Z2-102	75	220	385		88.5	12.00	1085
Z2-111	100	220	511		89	20.40	1265
Z2-112	125	220	635		89.5	23.00	1510
额定转速 750r/min							
型　号	额定功率/kW	额定电压/V	额定电流/A	最高转速/(r/min)	效率/%	飞轮矩/kg·m²	质量/kg
Z2-31	0.6 0.6	110 220	7.91 3.9	1500	69 70	0.085	67
Z2-32	0.8 0.8	110 220	10 4.95		72.5 73.5	0.105	79
Z2-41	1.1 1.1	110 220	13.8 6.9		72.5 72.5	0.15	85
Z2-42	1.5 1.5	110 220	18.2 9.16		74.5 74.5	0.18	100
Z2-51	2.2 2.2	110 220	26.2 13		76.5 77	0.35	144
Z2-52	3 3	110 220	35 17.4		78 78.5	0.40	156
Z2-61	4 4	110 220	46.4 23		78.5 79	0.56	180
Z2-62	5.5 5.5	110 220	62.2 31.1		80.5 80.5	0.65	200
Z2-71	7.5 7.5	110 220	85.2 42.1		80 81	1.00	265
Z2-72	10 10	110 220	112.1 55.8		81 81.5	1.20	300

续表

额定转速 750r/min							
型　号	额定功率/kW	额定电压/V	额定电流/A	最高转速/(r/min)	效率/%	飞轮矩/kg·m²	质量/kg
Z2-81	13 13	110 220	145 72.1	1500	81.5 82	2.80	405
Z2-82	17 17	110 220	187.2 93.2		82.5 83	3.20	430
Z2-91	22 22	110 220	239.5 119		83.5 84	5.90	650
Z2-92	30 30	110 220	323 160.5		84.5 85	7.00	685
Z2-101	40 40	110 220	425 212		85.5 86	10.30	945
Z2-102 Z2-111	55 75	220 220	289 387		86.5 88	12.00 20.40	1085 1265
额定转速 600r/min							
型　号	额定功率/kW	额定电压/V	额定电流/A	最高转速/(r/min)	效率/%	飞轮矩/kg·m²	质量/kg
Z2-91	17 17	110 220	193 95.5	1200	80 81	5.90	650
Z2-92	22 22	110 220	242.5 119.7		82.5 83.5	7.00	685
Z2-101	30 30	110 220	324.4 161.5		84 84.5	10.30	945
Z2-102	40 40	110 220	431 214		84.5 85	12.00	1080
Z2-111	55	220	289		86.5	20.40	1265

5.2.2 Z3型直流电动机

Z3 是 Z2 直流电动机的改进型，定子采用铝线，基本适用晶闸管供电，体积小、重量轻、用料省、技术经济指标较高。Z3 型直流电动机的主要技术数据见表 5-7。

表 5-7　Z3 型直流电动机的主要技术数据

型号	功率/kW	电压/V	电流/A	转速/(r/min)	励磁方式	极数 主极	极数 换向极	换向片数	惯量矩/kg·m²
		110	7.14		并				
	0.55	160	4.50	3000	他				
Z3-11		220	3.52		并	2	1	56	0.002
		110	3.00		并				
	0.25	160	2.20	1500	他				
		220	1.85		并				
		110	9.20		并				
	0.75	160	5.90	3000	他				
Z3-12		220	4.55		并	2	1	56	0.0025
		110	5.17		并				
	0.37	160	3.08	1500	他				
		220	2.57		并				
		110	13.2		并				
	1.1	160	8.65	3000	他				
Z3-21		220	6.50		并	2	1	72	0.0055
		110	7.10		并				
	0.55	160	4.44	1500	他				
		220	3.52		并				
		110	17.7		并				
	1.5	160	11.6	3000	他				
		220	8.74		并				
		110	9.34		并				
Z3-22	0.75	160	5.85	1500	他	2	1	72	0.0065
		220	4.64		并				
		110	5.17		并				
	0.37	160	3.00	1000	他				
		220	2.54		并				
		110	25.3		并				
	2.2	160	10.8	3000	他				
		220	12.5		并	4	4	75	
		110	13.15		并				
Z3-31	1.1	160	8.60	1500	他				0.0123
		220	6.54		并	2	1	72	
		110	7.04		并				
	0.55	160	4.50	1000	他	4	4	75	
		220	3.50		并				

续表

型号	功率/kW	电压/V	电流/A	转速/(r/min)	励磁方式	极数		换向片数	惯量矩/kg·m²
						主极	换向极		
Z3-32	3	110	34.7	3000	并	4	4	75	0.0143
		160	23.0		他				
		220	17.1		并				
	1.5	110	17.6	1500	并				
		160	11.6		他		2		
		220	8.68		并	2	1	72	
Z3-33	0.75	110	9.40	1000	并	4	4	75	0.0143
		160	6.00		他				
		220	4.64		并				
	0.55	110	7.25	750	并				
		160	4.55		他				
		220	3.57		并				
Z3-34	4.0	110	45.4	3000	并	4	4	75	0.0183
		160	30.3		他				
		220	22.4		并				
	2.2	110	25.0	1500	并				
		160	16.5		他				
		220	12.3		并	2	1	72	
	1.1	110	13.3	1000	并	4	4	75	0.0183
		160	8.46		他				
		220	6.60		并				
	0.75	110	9.40	750	并				
		160	5.84		他				
		220	4.64		并				
Z3-41	5.5	110	61.3	3000	并	4	4	75	0.025
		220	30.5		并				
	3	110	34.3	1500	并				
		160	22.1		他				
		220	17.0		并				
	15	110	18.0	1000	并	4	4	75	0.025
		160	11.5		他				
		220	8.90		并				
	1.1	110	14.2	750	并				
		160	8.90		他				
		220	7.00		并				
	2.2	115	19.2	1450	复				
		230	9.60		复				

续表

型号	功率/kW	电压/V	电流/A	转速/(r/min)	励磁方式	极数 主极	极数 换向极	换向片数	惯量矩/kg·m²
Z3-42	7.5	110	83.0	3000	并	4	2	75	0.033
		220	41.3		并				
	4	110	44.8	1500	并				
		160	29.0		他				
		220	22.3		并				
	2.2	110	25.8	1000	并	4	2	75	0.033
		160	16.7		他				
		220	12.8		并				
	1.5	110	18.8	750	并				
		160	11.8		他				
		220	9.25		并				
		115	26.2	1450	复				
		230	13.1		复				
Z3-51	10	220	54.8	3000	并	4	2	81	0.053
	5.5	110	61.0	1500	并				
		220	30.3		并				
		440	14.1		他			135	
	3	110	34.5	1000	并			81	
		160	22.4		他				
		220	17.2		并				
	2.2	110	26.5	750	并	4	2	81	0.053
		160	17.2		他				
		220	13.0		并				
	4.2	115	36.5	1450	复				
		230	18.3		复				
Z3-52	13	220	70.7	3000	并	4	4	81	0.065
	7.5	110	82.1	1500	并				
		220	40.8		并				
		440	19.5		他			135	
	4	110	45.2	1000	并			81	
		160	29.6		他				
		220	22.3		并				
	3	110	35.2	750	并	4	4		0.065
		160	22.7		他				
		220	17.4		并				

续表

型号	功率/kW	电压/V	电流/A	转速/(r/min)	励磁方式	极数 主极	极数 换向极	换向片数	惯量矩/kg·m²
Z3-52	2.2	110	26.7	600	并	4	4	81	0.065
		160	16.8		他				
		220	13.3		并				
	6	115	52.2	1450	复				
		230	76.1		复				
Z3-61	17	220	92.0	3000	并	4	4	93	0.103
	10	110	108.2	1500	并				
		220	53.8		并				
		440	25.7		他				
	5.5	110	61.4	1000	并				
		160	30.3		他				
		220	14.5		并			123	
	4	110	48.6	750	并	4	4	93	0.103
		160	30.2		他				
		220	23.0		并				
	3	110	35.9	600	并				
		160	23.3		他				
		220	17.8		并				
	8.5	115	74.0	1450	复				
		230	37.0		复				
Z3-62	22	220	117.6	3000	并	4	4	93	0.125
	13	110	140.0	1500	并				
		220	69.5		并				
		440	33.3		他			155	
	7.5	110	83.2	1000	并			93	
		160	41.4		他				
		220	20.7		并			155	
	5.5	110	62.8	750	并	4	4	93	0.125
		160	31.2		他				
		220	11.8		并			155	
	4	110	17.6	600	并			93	
		160	30.8		他				
		220	23.6		并				
	11	115	95.6	1450	复				
		230	47.8		复				

续表

型号	功率/kW	电压/V	电流/A	转速/(r/min)	励磁方式	极数 主极	极数 换向极	换向片数	惯量矩/kg·m²
Z3-71	17	220	89.8	1500	并	4	4	93	0.233
		440	44.8		他			155	
	10	110	110.3	1000	并			1450	
		220	54.8		并				
		440	26.3		他			155	
	7.5	110	85.3	750	并	4	4	93	0.233
		220	42.1		并				
		440	21.1		他			155	
	5.5	115	64.5	600	并			93	
		230	31.9		并				
	14	115	124.7	1450	复			135	
		230	60.8		复			93	
Z3-72	22	220	115.7	1500	并	4	4	145	0.275
		440	57.9		他				
	13	110	142.5	1000	并			105	
		220	70.8		并				
		440	35.4		他			155	
	10	110	112.2	750	并	4	4	145	0.275
		220	55.8		并				
		440	27.9		他			155	
	7.5	115	86.9	600	并			87	
		230	42.9		并			93	
	19	115	165.2	1450	复				
		230	82.7		复				
Z3-73	30	220	155.6	1500	并	4	4	105	0.35
		440	76.0		他			155	
	17	220	92.0	1000	并			81	
		440	46.0		他			155	
	13	110	145	750	并	4	4	105	0.35
		220	72.2		并				
		440	36.1		他			155	
	10	110	114.3	600	并			93	
		220	56.8		并				
	26	230	113	1450	复			135	

续表

型号	功率/kW	电压/V	电流/A	转速/(r/min)	励磁方式	极数 主极	极数 换向极	换向片数	惯量矩/kg·m²
Z3-81	40	220 440	208.0 102.2	1500	并 他	4	4	45	0.63
	22	220 440	118.5 58.1	1000	并 他			111 145	
	17	220 230	93.1 44.5	750	并 他	4	4	145	
	13	220	73.4	600	并			185	
	35	230	152.2	1450	复			99	
Z3-82	55	220	284.0	1500	并	4	4	105	0.78
	30	220 440	158.5 77.7	1000	并 他			81 155	
	22	220 440	119.0 58.2	750	并 他	4	4	105 145	
	17 48	220 230	95.4 208.2	600 1450	并 复			129	
Z3-83	75	220 440	386 190.7	1500	并 他	4	4	81 165	0.95
	40	220	210.0	1000	并			123	
	30	220 440	160.4 78.3	750 750	并 他			81 155	
	22	220	120	600	并			105	
	67	230	291	1450	复			99	
Z3-91	100	220 440	510 252	1500	并 他	4	4	152 155	1.83
	55	220	286	1000	并			177	
	40	220 440	211 103	750	并 他			155 155	
	30	220	161	600	并			99	
	90	230	391	1450	复			93	
Z3-92	125	220	635	1500	并	4	4	114	2.18
	75	220 440	385.2 188	1000	并 他			93 185	
	55	220 440	289 139	750	并 他			111 225	
	40	220	214	600	并			155	
	115	230	500	1450	复			138	

续表

型号	功率/kW	电压/V	电流/A	转速/(r/min)	励磁方式	极数		换向片数	惯量矩/kg·m²
						主极	换向极		
Z3-101	160	220	808	1500	并	4	4	100	3.48
	100	220	511	1000	并			150	
	75	220	387	750	并			105	
	55	220	289	600	并			129	
	145	230	631	1450	复			126	
	160	440	402	1500	他			200	
	100	440	254	1000	他			147	
	200	220	1010	1500	并			84	
Z3-102	125	230	635	1000	并	4	4	126	3.95
	18	230	783	1450	复			100	
	200	440	500	1500	他			168	

5.2.3 Z4型直流电动机

Z4系列小型直流电动机外壳防护等级为IP21S、冷却方法为IC06、安装形式为IMB3、IMB35。适用于静止电力变流器或机组供电。Z4型直流电动机的主要技术数据见表5-8和表5-9。

表5-8 Z4型直流电动机的主要技术数据（Ⅰ）

型号	额定功率/kW	额定转速/(r/min)			电枢电流/A	励磁功率/W	电枢回路电阻(20℃)/Ω	电枢回路电感/mH	效率/%	惯量矩/kg·m²	质量/kg
		160V	400V	440V							
Z4-100-1	2.2	149			17.9	315	1.19	11.2	67.8	0.044	72
	1.5	955			13.3		2.17	21.4	58.5		
	4		263		12		2.82	26	78.9		
	4			296	10.7				80.1		
	2		131		6.6		9.12	86	68.4		
	2.2			148	6.5				70.6		
	1.4		860		5.1		16.76	163	60.3		
	1.5			990	4.77				63.2		
Z4-112/2-1	3	154			24	320	0.785	7.1	69.1	0.072	100
	2.2				19.6		1.498	14.1	62.1		
	5.5		263		16.4		1.933	17.9	79.9		
	5.5			294	14.7				81.1		
	2.8		134		9.1		6	59	71.2		
	3			150	8.6				72.8		
	1.9		855		6.9		11.67	110	61.1		
	2.2			965	7.1				63.5		

续表

型号	额定功率/kW	额定转速/(r/min)			电枢电流/A	励磁功率/W	电枢回路电阻(20℃)/Ω	电枢回路电感/mH	效率/%	惯量矩/kg·m²	质量/kg
		160V	400V	440V							
Z4-112/2-2	4	145			31.3	350	0.567	6.2	72.6	0.088	107
	3	107			24.8		0.934	10.3	66.8		
	7		266		20.4		1.305	14	82.4		
	7.5			298	19.7				83.5		
	3.7		132		11.7		4.24	48.5	74.1		
	4			150	11.2				76.0		
	2.6		895		9		7.62	83	65.1		
	3			101	9.1				67.3		
Z4-112/4-1	5.5	152			42.5	500	0.38	3.85	73.0	0.128	106
	4				33.7		0.741	7.7	64.9		
	10		2680		29		0.89	9	82.7		
	11			295	28.8				83.3		
	5		134		15.7		3.01	30.5	74.3		
	5.5			148	15.4				75.7		
	3.7		855		13		5.78	60	65.2		
	4			980	12.2				68.7		
Z4-112/4-2	5.5	109			43.5	570	0.441	5.1	69.5	0.156	114
	13		274		37		0.574	6.4	84.4		
	15			303	38.6				85.4		
	6.7		133		20.6		2.12	24.1	76.8		
	7.5			148	20.6				78.4		
	5		955		16.1		3.46	40.5	71.1		
	5.5			102	15.7				71.9		

表 5-9　Z4 型直流电动机的主要技术数据（Ⅱ）

型号	额定功率/kW	额定转速/(r/min)		电枢电流/A	励磁功率/W	电枢回路电阻(20℃)/Ω	电枢回路电感/mH	效率/%	惯量矩/kg·m²	质量/kg
		400V	440V							
Z4-132-1	18.5	2610		52.2	650	0.368	5.3	85	0.32	140
	18.5		2850	47.1				85.9		
	10	1330		30.1		1.309	18.9	79.4		
	11		1480	29.6				80.9		
	7	865		22.7		2.56	37.5	71.9		
	7.5		975	21.4				74.5		

续表

型号	额定功率/kW	额定转速/(r/min)		电枢电流/A	励磁功率/W	电枢回路电阻(20℃)/Ω	电枢回路电感/mH	效率/%	惯量矩/kg·m²	质量/kg
		400V	440V							
Z4-132-2	20	2800		55.4	730	0.226	3.65	87.8	0.4	160
	22		3090	55.3				88.3		
	15	1360		44.5		0.811	13.5	81.2		
	15		1510	39.5				83.4		
	10	905		31.1		1.565	26	75.6		
	11		995	30.5				77.7		
Z4-132-3	27	2720		74.5	800	0.1905	3.4	88.2	0.48	180
	30		3000	75				88.6		
	18.5	1390		53.2		0.531	9.8	83.6		
	18.5		1540	47.6				84.7		
	13.5	945		40.5		0.976	19.4	79.4		
	15		1050	40.5				80.5		
Z4-160-11	33	2710		93.4	820	0.1835	3.15	87.4	0.64	220
	37		3000					88.5		
	19.5			58.8		0.593	10.4	80.4		
	22		1500					82.6		
Z4-160-21/22	40.5			113	920	0.1426	2.7	88.2	0.76	242
	45		3000					89.1		
	16.5			50.5		0.862	17.7	77.9		
	18.5		1000					79.4		
Z4-160-32/31	49.5	2710		137	1050	0.097	2.07	89.1	0.88	268
	55		3010					90.2		
	27	1350		77.8		0.376	8.3	84.7		
	30		1500					85.7		
	19.5	900	2000	67.5		15.2	6.3	79.1		
	22							81.7		
Z4-180-11	33	1350		95.4	1200	0.29	5.8	84.7	1.52	326
	37		1500					86.5		
	16.5	670		51.4		0.947	17.6	75.5		
	18.5		750					78.1		
	13	540		42.4		1.264	25	73		
	15		600					74.1		

续表

型号	额定功率/kW	额定转速/(r/min)		电枢电流/A	励磁功率/W	电枢回路电阻(20℃)/Ω	电枢回路电感/mH	效率/%	惯量矩/kg·m²	质量/kg
		400V	440V							
Z4-180-22/21	67	2710		185	1400	0.0555	1.16	89.5	1.72	350
	75		3000					90.7		
	40.5	1350		115		0.2125	4.65	85.8		
	45		1500					87		
	27	900		79		0.419	9.3	82.2		
	30		1000					83.7		
	19.5	670		61		0.756	15.7	77.3		
	22		750					79.7		
	16.5	540		52		1.003	21.9	73.8		
	18.5		600					76.8		
Z4-180-31	33	900		97	1500	0.332	7.7	82.8	1.92	380
	37		1000					83.6		
	19.5	540		62		0.801	19	74.8		
	22		600					76.6		
Z4-180-42/41	81	2710		221	1700	0.051	1.16	91	2.2	410
	90		3000					91.3		
	50	1350		139		0.1417	3.2	87.5		
	55		1500					87.7		
	27	670		80		0.459	10.4	80.4		
	30		750					81.1		
Z4-200-12/11	99	2710		271	1400	0.0373	0.83	90.2	3.68	485
	110		3000					91.6		
	40.5	900		118		0.2653	8.4	83.4		
	45		1000					85.5		
	33	670		99		0.369	10.6	90.2		
	37		750					82.9		
	19.5	450		64		0.93	21.9	72.2		
	22		500					77.4		
Z4-200-21	67	1350		188	1500	0.0885	2.8	88.7	4.2	530
	75		1500					89.6		
	27	540		82		0.535	14	78.8		
	30		600					80.4		

续表

型号	额定功率/kW	额定转速/(r/min)		电枢电流/A	励磁功率/W	电枢回路电阻(20℃)/Ω	电枢回路电感/mH	效率/%	惯量矩/kg·m²	质量/kg
		400V	440V							
Z4-200-32/31	119	2710		322	1750	0.0266	0.79	91.7	4.8	580
	132		3000					92.4		
	81	1350		224		0.0771	2.6	88.7		
	90		1500					90		
	49.5	900		141		0.1751	4.8	85.6		
	55		1000					87.4		
	40.5	670		119		0.283	8.5	82.5		
	45		750					84.1		
	33	540		101		0.42	12.2	79.6		
	37		600					82		
	27	450		44		0.598	17.1	77.5		
	30		500					79.5		
Z4-225-11	99	1360		276	2300	0.0664	2.1	87.9	5	680
	110		1500					89.4		
	67	900		193		0.1406	4.9	84.4		
	75		1000					86.5		
	49	680		146		0.2433	8.7	81.2		
	55		750					84		
	40	540		123		0.356	9.5	78.2		
	45		600					80.8		
	33	450		103		0.476	15.2	76.5		
	37		500					78.8		
Z4-225-21	49	540		148	2470	0.2648	9.5	79.3	5.6	740
	55		600					82.4		
	40	450		125		0.397	13.7	76.6		
	45		500					78.9		
Z4-225-31	119	1360		327	2580	0.0454	1.5	89.3	6.2	800
	132		1500					90.5		
	81	900		227		0.093	3.4	86.9		
	90		1000					88		
	67	680		197		0.167	5.1	82.5		
	75		750					85.1		

续表

型号	额定功率/kW	额定转速/(r/min)		电枢电流/A	励磁功率/W	电枢回路电阻(20℃)/Ω	电枢回路电感/mH	效率/%	惯量矩/kg·m²	质量/kg
		400V	440V							
Z4-250-12/11	144	1360		399	2500	0.0444	1.3	88.8	8.8	890
	160		1500					89.9		
	99	900		281		0.0911	2.4	86.2		
	110		1000					88.1		
Z4-250-21	167	1360		459	2750	0.0325	0.91	89.8	10	970
	185		1500					90.5		
	81	680		234		0.1306	3.9	83.2		
	90		750					85.2		
Z4-250-31	180	1360		493	2850	0.0281	0.87	90.4	11.2	1070
	200		1500					91.5		
	119	900		334		0.0668	1.7	87.4		
	132		1000					89.1		
	67	540		204		0.202	4.0	80.8		
	75		600					84.6		
	49	450		152		0.305	7.3	78.5		
	55		500					82.4		
Z4-250-42/41	198	1360		539	3000	0.0237	0.93	91	12.8	1180
	220		1500					91.7		
	144	900		401		0.0485	1.9	88.0		
	160		1000					89.2		
	99	680		283		0.0192	2.6	85.8		
	110		750					87.4		
	81	540		236		0.141	4.7	83.4		
	90		600					85		
	67	450		201		0.195	5.1	80		
	75		500					83.4		
Z4-280-11	226	1355		614	3100	0.02134	0.69	90.9	16.4	1280
	250		1500					91.6		
Z4-280-22/21	253	1355		684	3500	0.01796	0.77	91.5	18.4	1400
	280		1500					92.1		
	180	900		498		0.0373	1.2	89.1		
	200		1000					90.1		
	119	675		333		0.0662	2.3	87.1		
	132		750					88.6		
	99	540		281		0.093	3.1	84.7		
	110		600					86		

续表

型号	额定功率/kW	额定转速/(r/min)		电枢电流/A	励磁功率/W	电枢回路电阻(20℃)/Ω	电枢回路电感/mH	效率/%	惯量矩/kg·m²	质量/kg
		400V	440V							
Z4-280-32/31	284	1360		768	3600	0.01493	0.59	91.7	21.2	1550
	315		1500					92.6		
	198	900		545		0.0314	1.1	89.7		
	220		1000					90.6		
	144	675		402		0.0543	2	87.8		
	160		750					89.1		
	118	540		339		0.0839	2.6	85.4		
	132		600					86.8		
	80	450		234		0.1377	5.3	84.1		
	90		500					85.4		
Z4-280-42/41	225	900		616	4000	0.02545	0.96	90.2	24	1700
	250		1000					91.1		
	166	675		464		0.0457	1.7	88.1		
	185		750					89.4		
	98	450		282		0.0993	0.39	85.1		
	110		500					86.9		
Z4-315-12	321	1360		865	3850	0.015	0.39	92.2	21.2	1890
	355		1500					92.8		
	253	900		690		0.02355	0.46	90.4		
	280		1000					91.6		
	180	680		500		0.04371	0.83	88.4		
	200		750					89.4		
Z4-315-11	144	540		409	3850	0.06919	1.3	86.4	21.2	1890
	160		600					87.4		
	118	450		344		0.1	2.3	84.4		
	132		500					86.3		
	98	360		294		0.1415	2.9	81.7		
	110		400					84.3		
Z4-315-22	284	900		772	4350	0.02034	0.49	91	21.2	1890
	315		1000					91.5		
	225	680		624		0.03392	0.74	88.7		
	250		750					89.6		
Z4-315-21	166	540		468		0.05382	1.2	87.2		
	185		600					88.5		
	143	450		413		0.076	1.5	84.7		
	160		500					86		

续表

型号	额定功率/kW	额定转速/(r/min)		电枢电流/A	励磁功率/W	电枢回路电阻(20℃)/Ω	电枢回路电感/mH	效率/%	惯量矩/kg·m²	质量/kg
		400V	440V							
Z4-315-32	320	900		867	4650	0.01658	0.39	91.0	24	2080
	355		1000					92.0		
	252	680		698		0.03043	0.82	89.1		
	280		750					89.8		
	180	540		501		0.04536	0.95	88.2		
	200		600					89.4		
Z4-315-31	118	360		344		0.1002	2.1	83.2		
	132		400					85.3		
Z4-315-42	361	900		971	5200	0.01302	0.33	92.1	30.8	2520
	400		1000					92.7		
	284	680		778		0.02364	0.67	90		
	315		750					90.7		
	225	540		626		0.03554	0.87	88.3		
	250		600					89		
Z4-315-41	166	450		468		0.055	1.4	87.3		
	185		500					88.3		
	143	360		416		0.0803	1.8	84		
	160		400					85.3		
Z4-355-12	406	900		1094	4700	0.01259	0.36	91.8	42	2890
	450		1000					92.8		
	321	680		877		0.02087	0359	90.4		
	355		750					91.2		
Z4-355-11	253	540		697		0.02952	0.91	89.2		
	280		600					90.2		
	180	450		506		0.052	1.5	87.6		
	200		500					88.9		
	166	360		478		0.066	1.8	84.9		
	185		400					85.9		
Z4-355-22	361	680		978	5600	0.01583	0.44	90.8	46	3170
	400		750					91.7		
	284	650		783		0.02676	0.81	89.5		
	315		600					90.5		
	225	450		624		0.03462	1.0	88.4		
	250		500					89.5		
Z4-355-21	180	360		511		0.05642	1.6	86.3		
	200		400					87.5		

续表

型号	额定功率/kW	额定转速/(r/min)		电枢电流/A	励磁功率/W	电枢回路电阻(20℃)/Ω	电枢回路电感/mH	效率/%	惯量矩/kg·m²	质量/kg
		400V	440V							
Z4-355-32	406	680		1098	6000	0.01362	3.39	91.3	52	3490
	450		750					92.1		
	220	540		877		0.02153	0.7	89.9		
	355		600					91		
	284	450		789		0.0293	0.81	88.3		
	315		500					99.5		
Z4-355-31	197	360		559		0.04957	1.3	86.6		
	220		400					88.4		
Z4-355-42	361	540		985	6500	0.01836	0.64	90.5	60	3840
	400		600					91.2		
	320	450		882		0.02361	0.76	88.9		
	355		500					89.2		
	225	360		627		0.0358	1.2	87.5		
	250		400					88.8		
Z4-400-21	435	680		1175	5700	0.0139	0.33	90.8	74	4500
	480		750					92		
	235	360		675		0.0497	1.0	84.8		
	260		400					86.3		
	180	270		537		0.0804	1.6	81.8		
	200		300					83.1		
Z4-400-32	500	680		1340	6400	0.0112	0.3	91.2	84	4900
	550		750					92.5		
	400	540		1083		0.0162	0.35	89.9		
	440		600					91.1		
	344	450		852		0.0248	0.58	88.1		
	380		500					89.5		
	270	360		768		0.03821	0.82	86		
	300		400					87.5		
	208	270		611		0.0659	1.5	82.8		
	230		300					84		

续表

型号	额定功率/kW	额定转速/(r/min)		电枢电流/A	励磁功率/W	电枢回路电阻(20℃)/Ω	电枢回路电感/mH	效率/%	惯量矩/kg·m²	质量/kg
		400V	440V							
Z4-400-41	435	540		1175	7100	0.0134	0.32	90.8	94	5300
	480		600					92		
	390	450		1070		0.0201	0.47	88.6		
	430		500					92		
	316	360		800		0.0274	0.73	87.7		
	350		400					89		
	235	270		676		0.0508	1.2	84		
	260		300					85.4		
Z4-450-22	472	540		1286	6500	0.0133	0.29	90.8	138	5600
	520		600					92.1		
	408	450		1114		0.0159	0.41	90		
	450		500					91.3		
	362	360		1010		0.0232	0.61	88.1		
	400		400					89.4		
	253	270		720		0.0415	1.0	85.8		
	280		300					87.1		
Z4-450-32	500	540		1358	7100	0.0134	0.39	90.8	156	6000
	550		600					92		
	453	450		1228		0.0145	0.32	90		
	500		500					91.4		
	408	360		1130		0.0205	0.53	88.5		
	450		400					89.7		
	309	170		875		0.0342	0.83	85.9		
	450		300					87.1		
	200	180		595		0.0751	1.9	81.3		
	220		200					82.6		
Z4-450-42	545	540		1492	7800	0.0134	0.51	90.3	174	6700
	600		600					91.5		
	500	450		1367		0.0145	0.43	90		
	550		500					91.4		
	453	360		1254		0.0178	0.42	88.9		
	500		400					90		
	345	270		972		0.0275	0.81	86.8		
	380		300					88.1		
	235	180		698		0.0612	1.7	81.7		
	260		200					83		

5.2.4 ZD2系列中型直流电动机

ZD2 系列直流电动机由直流发电机供电，适用于传动需要广泛调速的机械，如轧机及轧机的辅助机构，中型和大型金属切削机床及煤矿、竖井、高炉等设备。ZD2 系列中型直流电动机主要技术数据见表 5-10。

表 5-10 ZD2 系列中型直流电动机主要技术数据

型 号	功率/kW	电压/V	电流/A	转速/(r/min)
ZD2-112-1	75	220	381	500/1200
	100	220	506	600/1200
	125	220	624	750/1500
	160	220	795	1000/1500
ZD2-121-1B	100	220	514	500/1200
		440	254	
ZD2-122-1B	75	220	392	320/1200
	100	220	517	400/1200
ZD2-122-1B	100	440	255	400/1200
	125	440	314	500/1200
ZD2-122-2B	125	220	628	500/1200
ZD2-123-1B	125	440	316	400/1200
	100	220	520	320/1200
ZD2-123-1B	100	440	257	320/1200
	160	440	398	500/1200
ZD2-123-2B	125	220	635	400/1200
	160	200	800	500/1200
ZD2-131-1B	125	220	656	320/1200
		440	326	
	160	220	822	400/1200
		440	408	
	200	440	500	500/1200
	370	330	1120	1000
ZD2-131-2B	200	220	1010	500/1200
ZD2-132-1B	160	440	410	320/1200
	200	440	502	400/1200
ZD2-132-2B	160	220	827	320/1200
	200	220	1012	400/1200
	250	220	1245	500/1200
		440	618	

续表

型　号	功率/kW	电压/V	电流/A	转速/(r/min)
ZD2-151-1B	200	220 440	1040 510	320/1000
	250	220 330	1260 845	100/1000 400/1000
	320	220	1605	500/1000
	580	330	1755	1000
ZD2-152-1B	250	220 330	1268 845	320/1000
	320	220 440 440	1610 797 795	400/1000 500/1000 400/1000
	400	330 440	1325 992	500/1000
ZD2-153-1B	320	220 440	1610 798	320/1000
	400	330	1320	400/1000
	500	330 440 660	1640 991 816	500/1000 400/1000 500/1000
ZD2-172-1B	500	330 440	1660 1240	400/1000
	630	330	2080	500/1000
ZD2-172-1B	630	660	1032	500/1000
ZD2-173-1B	500 630 800	440 660 660	1240 1030 1300	320/1000 400/1000 500/1000
ZD2-174-1B	630 800 1000	660 660 660	1035 1303 1630	320/1000 400/1000 500/1000

5.2.5 ZF2系列中型直流电动机

ZF2 系列中型直流电动机主要技术数据见表 5-11。

表 5-11　ZF2 系列中型直流电动机主要技术数据

型号	功率/kW	电压/V	电流/A	转速/(r/min)
ZF2-111-1	190 190	460 230	413 826	1500
ZF2-111-1B	190	230 460	825 413	1500

续表

型号	功率/kW	电压/V	电流/A	转速/(r/min)
ZF2-112-1	145	230	630	1000
	240	230	1043	1500
		460	522	
ZF2-112-1B	240	160	522	1500
		230	1043	
ZF2-121-1	190	460	413	1000
ZF2-121-1B	75	220	390	400/1200
	190	460	413	1000
ZF2-121-1B	55	220	292	320/1200
ZF2-121-2	190	230	826	1000
	300	230	1304	1500
		460	652	1500
ZF2-121-2B	190	230	826	1000
	300	230	1304	1500
ZF2-121-2B	300	330	910	1000
		460	652	1500
ZF2-122-1 ZF2-122-1B	240	230	1042	1000
ZF2-122-2 ZF2-122-2B		460	522	1000
ZF2-123-2	300	230	1304	1000
		460	652	
ZF2-123-2B	300	330	910	1000
		330	1304	
		460	652	
ZF2-131-2B	370	460	805	1000
ZF2-131-3B	370	230	1610	
ZF2-132-2B	470	460	1020	
		660	712	
ZF2-132-3B	470	330	1425	1000
ZF2-151-1B	580	460	1260	
ZF2-152-1B	580	660	879	
ZF2-152-2B	730	330	2210	
		660	1105	1000
ZF2-171-1B	920	660	1394	
	1150	660	1745	
ZF2-172-1B	400	330	1335	320/1000
		440	1000	

5.2.6 SZ系列直流控制电动机

SZ 系列微型直流控制电动机广泛应用于自动控制等系统中用作执行元件，也可用作驱动元件。按励磁方式本系列电动机分为他励（并励）、串励、复励三种；按使用环境条件本系列电动机分为普通型和湿热带型两类。

型号编制方法：

□	SZ	□	□	□
机座号	电磁式	产品规格序号	励磁方式	结构特征代号
36、45、55、70、90、110、130（对应于机座外径，mm）	直流控制电动机	01～49— 短铁芯 51～99— 长铁芯 101～149— 特长铁芯	C— 串励式 （他励式不注）	

SZ 系列直流控制电动机的安装结构形式见表 5-12，电动机的技术参数见表 5-13～表 5-16。

表 5-12　SZ 系列直流控制电动机的安装结构形式

安装结构形式	安装结构形式代号		机座号
	单轴伸	双轴伸	
机壳外圆安装	A5	AA5	36～130
端盖凸缘安装	A3	AA3	36～130
底脚安装	A1	AA1	90～130

表 5-13　55SZ 系列直流控制电动机技术参数

型号	转矩/mN·m	转速/(r/min)	功率/W	电压/V		电流≤/A		允许顺逆转速差/(r/min)	转动惯量≤/mN·m·s²
				电枢	励磁	电枢	励磁		
55SZ01	65	3000	20.0	24	24	1.55	0.430	200	0.014
55SZ02				27	27	1.37	0.420		
55SZ03				48	48	0.79	0.220		
55SZ04				110	110	0.34	0.090		
55SZ05	55	6000	35.0	24	24	2.70	0.430	300	0.014
55SZ06				27	27	2.30	0.420		
55SZ07				48	48	1.34	0.220		
55SZ08				110	110	0.54	0.090		
55SZ09	42	8000—10000	40.0	110	110	0.66	0.090	400	0.014
55SZ10/H4	55	6000	35.0	27	27	2.30	0.320	300	0.014
55SZ11/H5①	22	4500	10.0	12	12	2.50	2.50	—	0.014

续表

型号	转矩/mN·m	转速/(r/min)	功率/W	电压/V		电流≤/A		允许顺逆转速差/(r/min)	转动惯量≤/mN·m·s²
				电枢	励磁	电枢	励磁		
55SZ51	91	3000	29.0	24	24	2.25	0.490	200	0.019
55SZ51/H2 55SZ51/H7				24	24	2.25	0.490		
55SZ52				27	27	2.00	0.440		
55SZ53				48	48	1.15	0.240		
55SZ54				110	110	0.46	0.097		
55SZ55	78	6000	50.0	24	241	3.45	0.490	300	0.019
55SZ51/H2 55SZ51/H7	91	3000	29.0	24	24	2.25	0.490	200	0.019
55SZ52				27	27	2.00	0.440		
55SZ53				48	48	1.15	0.240		
55SZ54				110	110	0.46	0.097		
55SZ55	78	6000	50.0	24	24	3.45	0.490	300	0.019
55SZ56 55SZ56/H1				27	27	3.10	0.440		
55SZ57				48	48	1.74	0.240		
55SZ58				110	110	0.74	0.097		
55SZ59/H3				27	27	3.10	0.440		
55SZ60	66	4200	29.0	48	48	1.25	0.490	250	0.019
55SZ61C/H1②	150	3500	55.0	110	110	1.20	1.20	350	0.019
55SZ62C③	65	3000	20.0	48	48	1.10	1.10	200	
55SZ63C③				110	110	0.50	0.50		
55SZ64C③				24	24	2.20	2.20		

① 串励。

② 串励场控，短时 20s，休息 10s，连续 3 次后冷至室温。

③ 串励场控。

表 5-14　70SZ 系列直流控制电动机技术参数

型号	转矩/mN·m	转速/(r/min)	功率/W	电压/V		电流≤/A		允许顺逆转速差/(r/min)	转动惯量≤/mN·m·s²
				电枢	励磁	电枢	励磁		
70SZ01	127	3000	40.0	24	24	3.00	0.500	200	0.058
70SZ02				27	27	2.60	0.440		
70SZ03				48	48	1.60	0.250		
70SZ04				110	110	0.60	0.110		

续表

型号	转矩/mN·m	转速/(r/min)	功率/W	电压/V		电流≤/A		允许顺逆转速差/(r/min)	转动惯量≤/mN·m·s²
				电枢	励磁	电枢	励磁		
70SZ05	108	6000	68.0	24	24	4.80	0.500	300	0.058
70SZ06				27	27	4.40	0.440		
70SZ06/H1				27	27	4.40	0.440		
70SZ07				48	48	2.40	0.250		
70SZ08				110	110	1.00	0.110		
70SZ09F①	108	1800	20.0	220	220	0.23	0.030	300	0.058
70SZ51	176	3000	55.0	24	24	4.00	0.570	200	0.070
70SZ52				27	27	3.50	0.500		
70SZ53				48	48	1.90	0.310		
70SZ54				110	110	0.80	0.130		
70SZ55	147	6000	92.0	24	24	6.00	0.570	300	0.070
70SZ56				27	27	5.40	0.500		
70SZ57				48	48	3.00	0.310		
70SZ58				110	110	1.20	0.130		
70SZ59	93	8000～10000	88.0	110	110	1.32	0.130	400	0.070
70SZ61/H3	176	3000	55.0	27	27	3.50	0.490	200	0.070
70SZ62/H2②	398	6000	250.0	28	28	18.00	0.500		0.070
70SZ63/H3	147	6000	92.0	24	24	6.00	0.600	300	0.070
70SZ64	127	3000	40.0	160	175	0.48	0.900	200	0.070
70SZ65/H5	176	4500	83.0	36	36	3.50	0.320	250	0.070
70SZ101 70SZ101/H4	167	7500～9500	148.0	110	110	1.95	0.120	400	
70SZ103③	294	2750	85.0	48	24	3.00	0.720	180	
70SZ104/H1④	392	10000	410.0	27	27	30.00	0.600	500	
70SZ101/H4	167	7500～9500	148.0	110	110	1.95	0.120	400	
70SZ103③	294	2750	85.0	48	24	3.00	0.720	180	
70SZ104/H1④	392	10000	410.0	27	27	30.00	0.600	500	
70SZ105/H2⑤	539	6000	338.0	28	28	22.00	0.420	500	
70SZ106	150	7000	110.0	200	200	0.75	0.083	350	

① 复励。

② 复励负载 4min，空载 6min，冷却至室温。

③ 短时工作 30min。

④ 短时工作 2min。

⑤ 复励负载 4min，空载 6min，冷却至室温。

表 5-15　90SZ、110SZ 系列直流控制电动机技术参数

型号	转矩 /mN·m	转速 /(r/min)	功率 /W	电压 /V		电流 ≤/A		允许顺逆转速差 /(r/min)	转动惯量 ≤ /mN·m·s²
				电枢	励磁	电枢	励磁		
90SZ01	323	1500	50.0	110	110	0.66	0.200	100	0.180
90SZ02				220	220	0.33	0.110		
90SZ03	294	3000	92.0	110	110	1.20	0.200	200	0.180
90SZ03/H2				110	110	1.20	0.200		
90SZ04				220	220	0.60	0.110		
90SZ05				24	24	6.10	0.800		
90SZ10				180	200	0.75	0.110		
90SZ11				36	36	4.00	0.520		
90SZ12/H5	294	3300	100.0	27	27	6.10	0.900	220	0.180
90SZ13	323	1000	34.0	180	200	0.33	0.120	80	>0.180
90SZ14	323	1500	50.0	180	200	0.44	0.120	100	0.180
90SZ15	294	2250	69.0	180	200	0.56	0.120	150	0.180
90SZ16	323	1500	50	48	48	1.5	—	—	—
90SZ49/T1	294	3000	92	27	—	5.5	—	—	—
90SZ51	510	1500	80.0	110	110	1.10	0.230	100	0.250
90SZ52				220	220	0.55	0.130		
90SZ53	480	3000	150.0	110	110	2.00	0.230	200	0.250
90SZ54				220	220	1.00	0.130		
90SZ54/H8				220	220	1.00	0.130		
90SZ55	510	1500	80.0	24	24	5.00	1.000	100	0.250
90SZ57①	319	15000	500.0	120	220	3.70	0.130	700	0.250
90SZ58①				55	56	16.00	0.470		
90SZ60①	824	1500	130.0	60	60	4.00	0.520	100	0.250
90SZ61/H1	294	3000	92.0	48	48	2.90	0.490	200	0.250
90SZ62/H4	510	3000	160.0	36	36	6.70	0.620	200	0.250
90SZ64	510	1000	54.0	180	200	0.48	0.140	70	0.250
90SZ65	510	1500	80.0	180	200	0.68	0.140	100	0.250
90SZ66	480	2250	113.0	180	200	0.90	0.140	150	0.250
90SZ67	480	3000	150.0	180	200	1.25	0.140	200	0.250
90SZ68C/H7②	176	13000	240.0	24	24	18.0	18.0		0.250
90SZ69	245	6000	150.0	220	220	1.10	0.130	300	0.250
90SZ71	480	3000	150.0	42	42	4.90	0.630	200	0.250
110SZ01	784	1500	123.0	110	110	1.80	0.270	100	0.560
110SZ02				220	220	0.90	0.130		
110SZ03	637	3000	200.0	110	110	2.80	0.270	200	0.560
110SZ04				220	220	1.40	0.130		

续表

型号	转矩/mN·m	转速/(r/min)	功率/W	电压/V		电流≤/A		允许顺逆转速差/(r/min)	转动惯量≤/mN·m·s²
				电枢	励磁	电枢	励磁		
110SZ07③	477	10000	500.0	110	110	7.20	0.420	500	0.560
110SZ10/H5	686	500	36.0	12	12	4.80	2.500	30	0.560
110SZ12	637	3000	200.0	160	190	1.80	0.140	200	0.560
110SZ13C/H10④	318	6000	200.0	110	110	2.80	2.80	—	0.560
110SZ14	784	1000	82.0	180	200	0.67	0.140	70	0.560
110SZ15	784	1500	123.0	180	200	0.98	0.140	100	0.560
110SZ16	637	2250	150.0	180	200	1.20	0.140	150	0.560
1110SZ49F/H13⑤	477	3000	150.0	48	48	4.80	0.150	—	—
110SZ51	1177	—	—	110	110	2.50	0.320	100	0.760
110SZ51/H7									
110SZ52				220	220	1.25	0.160		
110SZ52/H8									
110SZ53	980	3000	308.0	110	110	4.00	0.320	200	0.760
110SZ53/H1									
110SZ53/H4									
110SZ53/H6									
110SZ54				220	220	2.00	0.160		
110SZ55				24	24	16.50	1.300		
110SZ55/H11									
110SZ56	1177	1000	123.0	110	110	1.70	0.320	100	0.760
110SZ56/H3				110	110	1.70	0.320		
110SZ57	824	1450	125.0	54	54	3.24	0.540	—	0.760
110SZ57⑥	824	2000	172.0	54	54	4.50	0.540	—	0.760
110SZ59⑦	1274	3000	400.0	96	96	5.50	0.270	200	0.760
110SZ59/H2⑦									
110SZ60	980	3000	308.0	110	110	4.00	0.320	200	0.760
110SZ61	843	1700	150.0	12	12	17.00	2.100	120	0.760
110SZ62	980	3000	308.0	220	250	1.80	0.130	200	0.760
110SZ63/H12	574	3000	180.0	48	48	5.40	0.660	200	0.760
110SZ63FL/H12⑤						5.00	—	—	0.760
110SZ64	1177	1500	185.0	180	220	1.32	0.180	100	0.760
110SZ65	980	2250	230.0	180	200	1.65	0.180	150	0.760
110SZ66	980	3000	308.0	180	200	2.15	0.180	200	0.760
110SZ67	1177	1000	123.0	180	200	0.85	0.180	100	0.760

① 短时，2min。
② 串励，短时，1h。
③ 短时，10min。
④ 串励。
⑤ 复励。
⑥ 借调小磁场电流实现。
⑦ 短时，1h。

表 5-16　130SZ 系列直流控制电动机技术参数

型号	转矩/mN·m	转速/(r/min)	功率/W	电压/V		电流≤/A		允许顺逆转速差/(r/min)	转动惯量≤/mN·m·s²
				电枢	励磁	电枢	励磁		
130SZ01	2256	1500	355	110	110	4.40	0.280	100	1.960
130SZ02				220	220	2.20	0.180		
130SZ03	1912	3000	600	110	110	7.60	0.280	200	1.960
130SZ04				220	220	3.80	0.180		
130SZ05F/H1①	1275	3000	400	110	110	5.40	0.230	—	1.960
130SZ06	2256	750	177	110	110	2.30	0.280	75	1.960
130SZ07M/H1	1593	1500	250	220	220	1.60	0.160	100	1.960
130SZ08M/H1				180	180	1.80	0.280		
130SZ09/H3②	1912	2000	400	24	24	24.00	0.820	130	1.960
130SZ11	2256	1500	355	180	180	3.00	0.140	100	1.960
130SZ12	1912	3000	600	180	200	5.00	0.140	200	1.960
130SZ13C③	1912	2500	500	160	160	5.00	5.00	150	1.960
130SZ14C④	1912	1500	300	180	180	2.50	2.50	—	1.960
130SZ16/H10	1470	2000	300	90	220	4.70	0.170	130	1.960
130SZ17F/H12①	1912	2000	400	24	24	2.50	0.550	—	1.960
130SZ18	2256	1000	236	180	200	1.90	0.160	100	1.960
130SZ19/H3⑤	2256	750	177	80	80	3.30	0.420	50	1.960
130SZ22/H23⑥	1147	2500	300	48	48	8.50	0.520	150	1.960
130SZ61/H20	2867	2500	750	160	180	6.00	0.240	150	1.960
130SZ49F/T1①	2256	1500	355	48	48	4.80	0.220	—	—
130SZ61/H21	2867	2500	750	160	180	6.00	0.240	180	—
130SZ80/T1	2867	1500	450	220	220	2.80	0.031	—	—

① 复励。
② 并励。
③ 串励场控。
④ 串励。
⑤ 带制动器，制动力矩为 1.2N·m。
⑥ 短时，30min。

电动机各种安装形式时的外形及安装尺寸见表 5-17～表 5-19。

表 5-17　电动机 A1、AA1 安装时的外形及安装尺寸

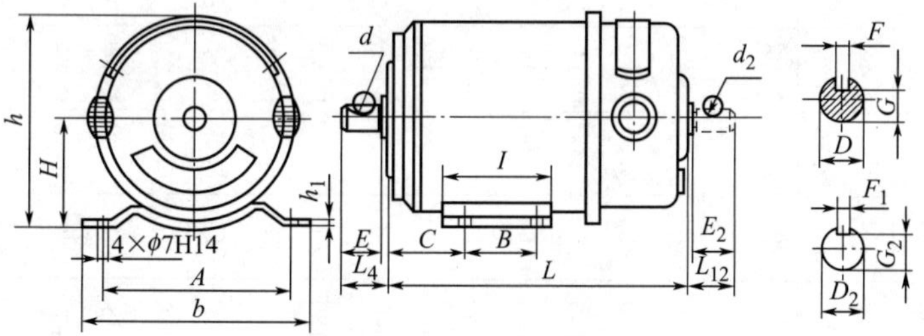

型号	H	h	h_1	A	b	C	B	I	L	D	E	L_4	F	G	d	D_2	E_2	L_{12}	F_1	G_2	D_2	质量
	—	—	—	±0.25	—	—	±0.25	—	—	h6	—	—	$^{+0.005}_{-0.015}$	h11	H11	h6	—	—	$^{+0.005}_{-0.015}$	h11	H11	≤ /kg
90SZ01-49 90SZ51-99	$50_{-0.4}^{0}$	97.5	3	100	116	25.5 40.5	44	64	127 147	8	16	18	2	5.2	10	6	14	16	2	4.3	7	3.0 3.8
110SZ01-49 110SZ51-99	$63_{-0.5}^{0}$	120.5	4	115	130	32 47	70	85	164 194	10	20	22	3	7.3	10	8	16	18	2	5.2	10	6.1 7.9

表 5-18　电动机 A3、AA3 安装时的外形及安装尺寸

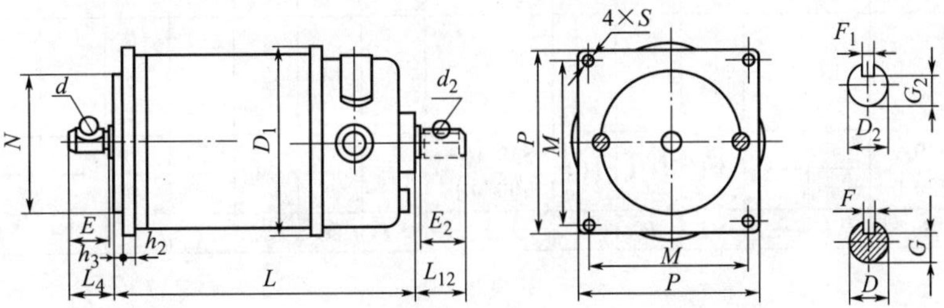

型号	N	h_2	h_3	M	P	S	D_1	L	D	E	L_4	F	G	d	D_2	E_2	L_{12}	F_1	G_2	d_2	质量≤/kg
	h2	—	h12	±0.15	—	H14	—	—	h6	—	—	+0.005 −0.015	h11	H11	h6	—	—	+0.005 −0.015	h11	H11	
70SZ01-49 70SZ51-99 70SZ101-149	54	5	3	60	72	5.5	74	114 124 136	6	14	16	2	4.3	7	5	12	13.5	2	3.3	7	1.5 1.7 2
90SZ01-49 90SZ51-99	70	6	3	76	92	6.6	96	127 147	8	16	18	2	5.2	10	6	14	16	2	4.3	7	2.8 3.8
110SZ01-49 110SZ51-99	85	7	4	94	112	9	11 5	164 194	10	20	22	3	7.3	10	8	16	18	2	5.2	10	5.8 7.6

表 5-19　电动机 A5、AA5 安装时的外形及安装尺寸

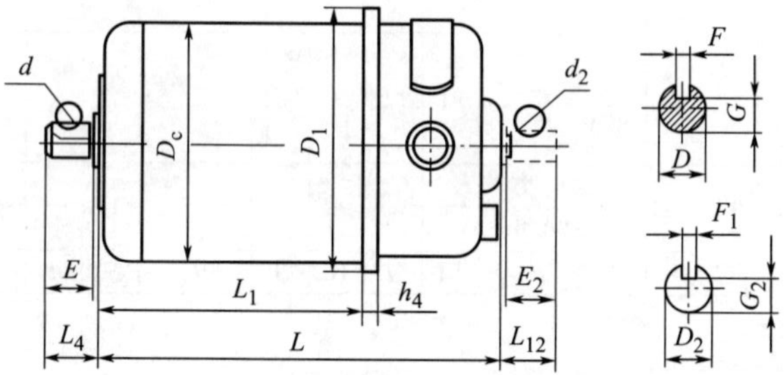

型号	D_c	D_1	h_4	L_1	L	D	E	L_4	F	G	d	D_2	E_2	L_{12}	F_1	G_2	d_2	质量≤/kg
	—	—	—	—	—	h6	—	—	+0.005 −0.015	h11	H11	h6	—	—	+0.006 −0.015	h11	H11	
70SZ01-49 70SZ51-99 70SZ101-149	70	74	5	72 82 94	114 124 136	6	14	16	2	4.3	7	5	12	13.5	2	3.3	7	1.5 1.7 2.0
90SZ01-49 90SZ51-99	90	95	6.5	79.5 99.5	127 147	8	16	18	2	5.2	10	6	14	16	2	4.3	7	2.8 3.6
110SZ01-49 110SZ51-99	110	115	7	109 139	164 194	10	20	22	3	7.3	10	8	16	18	2	5.2	10	5.8 7.6

5.2.7 SL、SY 系列直流伺服电动机

SL、SY 系列直流伺服电动机的技术数据见表 5-20～表 5-22。

表 5-20 SL 系列笼型转子两相伺服电动机的技术数据

型号	电压/V		频率/Hz	堵转电流/A		堵转输入功率/W		堵转转矩/mN·m	输出功率/W	空载转速/(r/min)
	励磁	控制		励磁	控制	励磁	控制			
J28SL007	36	36/18	400	≤0.4	≤0.4	≤12	≤12	5.886	—	≥6000
J36SL010	115	36/18		0.17	0.559	9	9	11.756	1.8	4800
36SL012	36	36		0.65	0.65	≤14	≤14	11.76	1.4	4800
45SL008	115	115		0.35	0.35	≤14	≤14	15.86	2.5	4800
45SL009	115	115		≤0.42	≤0.42	≤18	≤18	24.525	4	4600
45SL010	115	36/18		≤0.42	≤1.2	≤18	≤18	21.582	4	4800

表 5-21 SY 系列永磁直流伺服电动机的技术数据

型号	额定电压/V	额定转速/(r/min)	额定转矩/mN·m	额定电流/A	额定功率/W	备注
36SY003	28	5500	21.56	0.95	12.4	启动电压 2V，机电时间常数 20ms
36SY004	24	5500	21.56	1.1	12.4	启动电压 2V
J40SY272A	27	5150	115	3.5	62	—
45SY001	27	3000	68	1.2	20	空载转速 3400r/min，空载电流 0.15A
45SY003	27	6000	39.2	1.6	24	空载转速 6600r/min，空载电流 0.35A
90SY008	40	850	39.2	1.2	35	—

表 5-22 SYK 系列空心杯电枢永磁直流伺服电动机的技术数据

型号	额定电压/V	额定转速/(r/min)	额定转矩/mN·m	额定电流/A	额定功率/W	空载转速/(r/min)	堵转转矩/mN·m	堵转电流/A
J20SYK004	27	6000	6.38	500	4	11000	15.7	750
J25SYK271	27	6000	3.94	2200	2.47	6650	29.43	1200
J28SYK003	24	3250	34.3	2200	11.67	—	98.1	—

5.2.8 M 系列精密永磁直流电动机

M 系列精密永磁直流电动机的技术数据见表 5-23。

表 5-23 M 系列精密永磁直流电动机的技术数据

型号	额定电压/V	额定转速/(r/min)	额定转矩/10^{-4}N·m	额定电流≤/A	额定功率/W	最初启动转矩倍数≥
M20-231	6	3000	10	0.20	0.30	9
M20-232			20	0.33	0.61	9
M20-261		6000	10	0.35	0.60	3
M20-262			20	0.65	1.20	3
M20-291		9000	8	0.5	0.74	4
M20-292			16	0.75	1.48	4
M28-361	9	6000	50	0.82	3.0	3
M28-362			100	1.50	6.0	3
M28-391		9000	40	1.05	3.7	4
M28-392			80	1.85	7.3	4
M20-331		3000	12	0.15	0.37	2
M20-332			25	0.25	0.77	2
M28-492	12	9000	80	1.35	7.40	4
M28-331		3000	50	0.45	1.54	2.5
M28-332			100	0.80	3.0	2.5
M36-431		3000	155	0.90	4.9	3
M36-432			245	1.30	7.7	3
M36-461		6000	160	1.65	9.8	3.5
M36-462			245	2.35	15.4	3.5
M36-491		9000	135	2.20	13.0	4
M36-492			215	3.20	20.3	4
M28-861	24	6000	50	0.30	3.0	3
M28-862			100	0.55	6.0	3
M28-891		9000	40	0.37	3.7	4
M28-892			80	0.65	7.4	4
M45-831		3000	360	0.90	11.3	3
M45-832			540	1.25	17.0	3
M45-861		6000	360	1.70	22.6	4
M45-862			540	2.40	34.0	4
M45-891		9000	290	2.10	27.7	5
M45-892			430	2.80	40.6	3
M20-862		6000	25	0.18	1.54	3
M20-892		9000	20	0.22	1.84	3.5

5.2.9 ZZJ-800 系列轧机辅传动直流电动机

ZZJ-800 系列轧机辅传动直流电动机技术数据见表 5-24，其安装和外形尺寸见表 5-25。

表 5-24 ZZJ-800 系列轧机辅传动直流电动机技术数据

机座号	外通风式连续工作制(S1)或全封闭 60min 定额工作制(S2)						全封闭式串励(S2) 30min 工作制		全封闭式断续周期性工作制(S3)③ 负载持续率 $FC=30\%$					
	功率/kW	额定电压时的转速/(r/min)					功率/kW	额定电压时转速/(r/min)	串励		复励		并励	
		串励	复励	并励，他励					功率/kW	转速/(r/min)	功率/kW	转速/(r/min)	功率/kW	转速/(r/min)
				基速	弱磁调速②									
					220V	440V								
802A①	3.75	900	1025	1025	1025/2050	1025/2050	5	750	4.1	840	3.75	1080	3.75	1130
802B①	5.6	800	900	900	900/1800	900/1800	7.5	675	6	780	5.6	950	5.6	1000
802C①	7.5	800	900	900	900/1800	900/1800	10	675	7.5	800	7.1	940	6.7	1000
803	11.2	725	800	800	800/2000	800/1600	14.1	620	11.2	725	10.8	840	10.5	880
804	15	650	725	725	725/1800	725/1450	19.5	580	15	650	13.8	775	12.7	800
806	22.4	575	650	650	650/1950	650/1300	29	500	22.4	575	21.2	690	18.6	715
808	37.3	525	575	575	575/1725	575/1150	48.5	450	30	570	28	625	26	630
810	52	500	550	550	550/1650	550/1100	67	440	45	550	39	615	33.5	600
812	75	475	515	515	515/1300	515/1050	100	420	63.5	525	56	580	45	565
814	112	460	500	500	500/1250	500/1000	149	400	86	515	82	565	63.5	560
816	150	450	480	480	480/1200	480/960	200	400	112	500	104	540	82	535
818	186	410	435	435	435/1100	435/870	243	360	138	485	123	490	97	470

续表

机座号	通风		最大启动转矩④/N·m			最大运行转矩⑤/N·m			电枢最大惯性矩 GD⑥ /kg·m²	最大安全转速 /(r/min)	励磁功率 /kW	质量 /kg
	风量 /(m³/s)	风压 /Pa	串励	复励	并励	串励	复励	并励				
802A①	0.052	190	198	157	125	158	123	102	0.5	3600	0.27	250
802B①	0.052	190	330	270	216	268	210	177	0.72	3600	0.52	260
802C①	0.076	250	450	360	237	360	280	220	0.72	3600	0.55	260
803	0.094	320	740	610	400	600	470	360	1.3	3300	0.6	390
804	0.12	320	1100	880	590	880	685	530	2.15	3000	0.7	490
806	0.16	380	1870	1500	980	1490	1170	880	4.15	2600	0.9	770
808	0.2	380	3400	2800	1860	2700	2150	1650	8.6	2300	1.5	930
810	0.25	440	5000	4000	2700	4000	3100	2450	12.6	2200	2	1370
812	0.35	500	7450	6250	4150	6000	900	3750	23	1900	2.2	1690
814	0.42	560	1600	9600	6400	9300	7500	5800	39	1700	2.5	2500
816	0.57	630	16000	13300	8900	12600	10400	8000	58	1600	3.8	3050
818	0.75	750	17000	18400	12300	17400	14400	11000	88	1500	4.2	4050

① 802 机座有三种规格，电动机安装尺寸均相同，但电磁设计不同。

② 为获得这些转速范围，允许附加少量串励稳定绕组。

③ 断续周期性工作（S3）意指在周期 5min 之内，负载时间 1.5min，不通电停转时间 3.5min，负载持续率 $FC=30\%$ 的反复负载连续使用定额，并励磁场连续励磁。

④ 考虑其他性能规定，可达到的最大数值。不适用于升压或弱磁工况。

⑤ 额定电压 220V 的电机可在额定电流不变的条件下升压至 440V 运行。

⑥ 表中 GD 为计算值。

表 5-25　ZZJ-800 系列轧机辅传动直流电动机安装和外形尺寸

mm

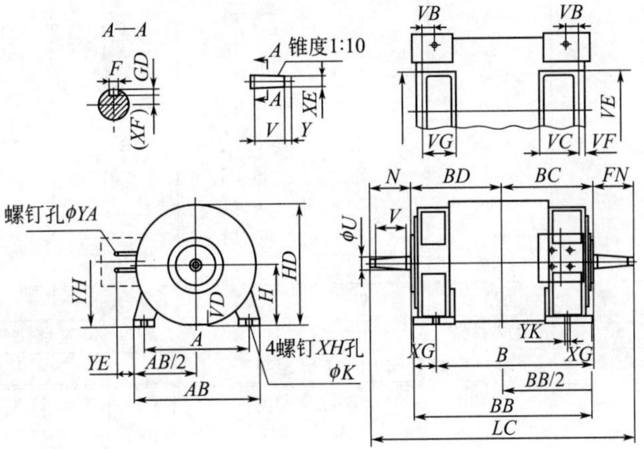

机座号	AB	BB	LC①	H		A	B	XG	K①	XH①	BC BD	HD	风道凸缘表面						电动机引出线②			
													VB	VF	VD	VE	VC	VG	YA	YE	YH	YK
802	381	521	831	193.5	0 −0.1	318	419	95	22	20	304.5	400	22	10	10	184	121	56	10	127	219	76
803	432	597	932	215.8		356	457	114	22	20	342.5	444	44	13	10	216	127	83	10	127	241	76
804	457	648	983	228.5		381	483	127	22	20	368.5	470	57	13	10	229	140	70	10	127	254	76

续表

机座号	AB	BB	LC①	H		A	B	XG	K①	XH①	BC BD	HD	风道凸缘表面						电动机引出线②			
													VB	VF	VD	VE	VC	VG	YA	YE	YH	YK
806	508	698	1073	254.0		419	533	127	26	24	393.5	521	54	13	10	260	152	86	10	127	279	76
808	578	794	1200	285.5		476	629	130	33	30	444.5	584	51	13	19	292	165	89	10	178	318	76
810	622	826	1274	311.0		521	660	146	33	30	476.0	635	54	13	19	305	178	92	10	178	343	76
812	686	914	1388	339.5	$_{-1.0}^{0}$	572	724	159	33	30	521.0	692	64	16	19	349	210	124	10	178	371	76
814	762	1054	1538	374.5		635	813	184	39	36	590.5	762	86	16	19	387	235	140	10	229	413	76
816	826	1187	1703	406.2		686	889	216	39	36	660.5	829	114	25	19	406	279	168	10	229	444	114
818	914	1264	1795	450.1		762	991	203	45	42	698.5	918	98	25	19	457	305	181	10	229	489	114

机座号	锥度为1∶10的圆锥形轴伸								
	轴伸尺寸				轴伸螺纹			键	
	N	U	V	(XF)	Y	XE	S(螺距)	F	GD
802	111	45	82	15.4	28	M30	2	12	8
803	123.5	50	82	17.9	28	M36	3	12	8
804	123	50	82	17.9	28	M36	3	12	8
806	143	65	105	23.9	35	M42	3	16	10
808	155.5	75	105	27.9	35	M48	3	18	11
810	161	85	90	31.7	40	M56	4	20	12
812	173	95	90	35.2	40	M64	4	22	14
814	178.5	110	120	41.9	45	M80	4	25	14
816	191	120	120	45.9	45	M90	4	28	16
818	199	130	150	50.0	40	M100	4	28	16

① 锥度1∶10。

② 电动机的引出线仅对不装出线盒而言。

注：冷却风机的电动机均为三相，380V，50Hz。

5.3 直流电动机的启动、调速和制动

5.3.1 直流电动机的启动

直流电动机有全压启动、变阻器启动和降压启动（现在常见的调压调速、斜坡启动）三种方法。由于直流电机直接启动操作简便，不需要其他设备，但因电流过大，只能用于小型电机（如家用电器中的直流电动机）。

变阻器启动是在电枢回路中串接一个可变电阻。为了在启动过程中始终保持足够大的启动转矩，一般将启动器设计为多级，随着转速的增大，串在电枢回路的启动电阻逐级切除，进入稳态后全部切除。这种方法所需设备简单，价格较低，但启动过程有能量损耗，仅适用于小功率直流电动机。

降压启动时，加在电动机电枢的端电压开始时调得很低，随着转速的上升，逐步增高电枢电压，以使电枢电流限制在一定范围以内。为使励磁电流不受电枢电压调节的影响，电动机应采用他励。采用这种方法时，启动过程基本不损耗能量，但需要专用调压电源，价较较贵，适用于起重机、运输机械等。

图 5-2 是并励直流电动机电枢回路串电阻二级启动控制线路图。其中，KA1 为欠电流继电器，作为励磁绕组的失磁保护，以免励磁绕组因断线或接触不良引起“飞车”事故；KA2 为过电流

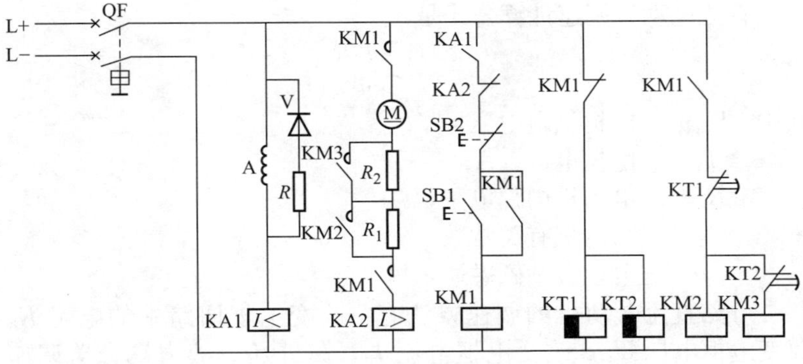

图 5-2　并励直流电动机电枢回路串电阻二级启动控制线路一例

继电器，对电动机进行过载和短路保护，R 为电动机停转时励磁绕组的放电电阻；V 为续流二极管，使励磁绕组正常工作时电阻 R 上没有电流流入。

图 5-3 为他励直流电动机启动控制线路。该线路采用时间继电器控制两级电阻启动。启动时先合上开关 QS1 和 QS2，这时励磁绕组 F1、F2 首先得弱励磁电流，接着时间继电器 KT1、KT2 相继得电，它们的常闭触点断开，使并接在接触器 KM2、KM3 上的启动电阻全部串入电枢回路，按下启动按钮 SB1 即自动进行降压启动。

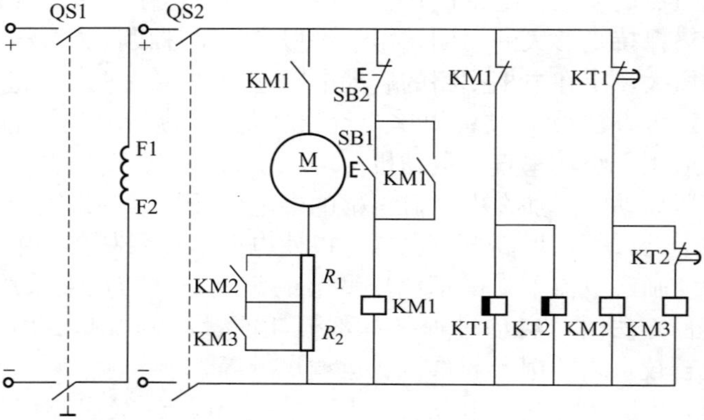

图 5-3　他励直流电动机启动控制线路一例

5.3.2　直流电动机的调速

直流电动机调速计算公式是：

$$n=\frac{U_a-I_aR_a}{C_E\Phi}$$

式中　U_a——电枢供电电压，V；

I_a——电枢电流，A；

R_a——电动机内部电阻，Ω；

C_E——与电机有关常数；

Φ——电动机励磁磁通，Wb。

可见直流电动机的调速方法有：改变电枢回路中的电阻 R_a，改变电枢电压 U_a，改变电枢电流 I_a；另外还有液力耦合器调速。它们的优缺点和适用场合如表 5-26。

表 5-26　直流电动机调速方法的优缺点和适用场合

调速方法		电路或结构图	优　缺　点	适用场合
改变电枢回路中的电阻(用接触器或主令开关)		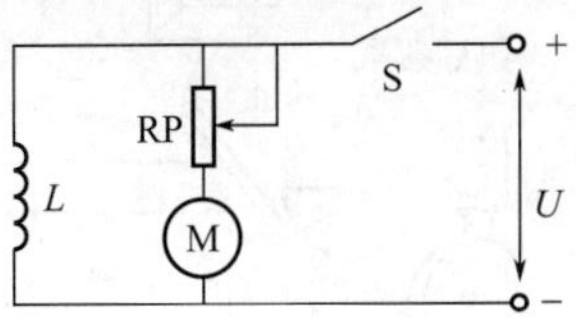	优点：简单易行、设备制造方便、价格低廉。缺点：有级调速，效率低、机械特性软，调速性能不够宽和平滑	适用在一些小功率且调速范围要求不大的场合
改变电枢电压 U_a	发电机-电动机组系统	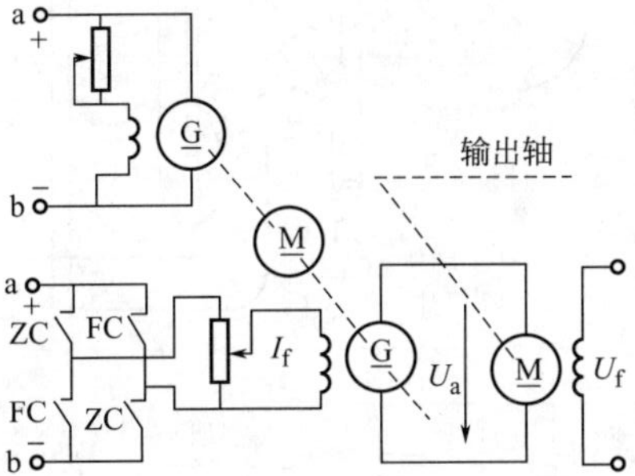	优点：调速平滑，范围较宽、转速变化率较小。缺点：系统重量大、占地多、效率低及维修困难	已被更经济、可靠的晶闸管变流装置所取代
改变电枢电压 U_a	晶闸管变流器供电的直流电动机	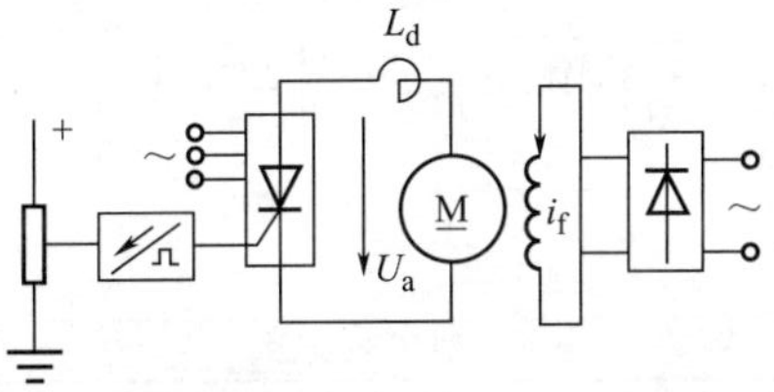	优点：体积小、控制方便、快速性好、效率高、经济性好；调速性能也远远地超过了发电机-电动机调速系统(不论在高速还是低速下，电动机都能输出额定转矩，如果采用反馈控制系统，调速范围可达 50∶1～150∶1)，且精度、动态性能、可靠性有了更大的提高；IGBT 等大功率器件的发展正在取代晶闸管	不可逆直流调速适用于不要求或不经常要求改变电动机转向，同时能快速停车的场合(车床、镗床等)；可逆直流调速适用于要求电动机既能频繁正反转又能快速启动、制动的场合(龙门刨床、可逆轧钢机等)

续表

调速方法	电路或结构图	优　缺　点	适用场合
改变电枢电流 I_a	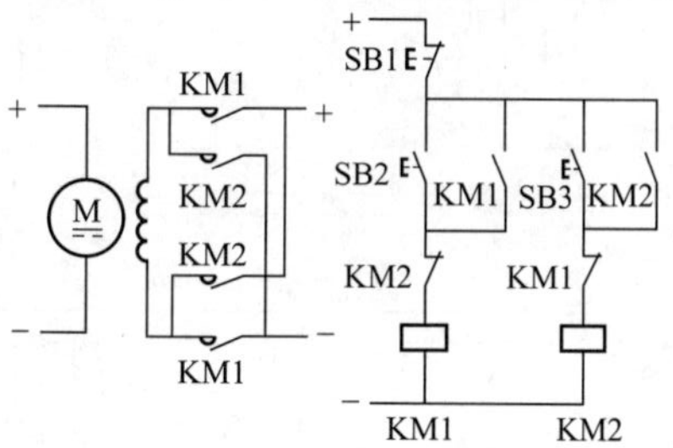	优点：调速电路简单，只要在励磁绕组上加一个独立可调的电源供电；调速范围一般为1.5∶1～3∶1，特殊电动机可达到5∶1	通常只用于电动机基速以上调速
液力耦合器调速（一般由置于充入一定量工作液体的密封壳体中的泵轮和涡轮组成，改变充液率就可以改变耦合器的涡轮转速，做到无级调速）	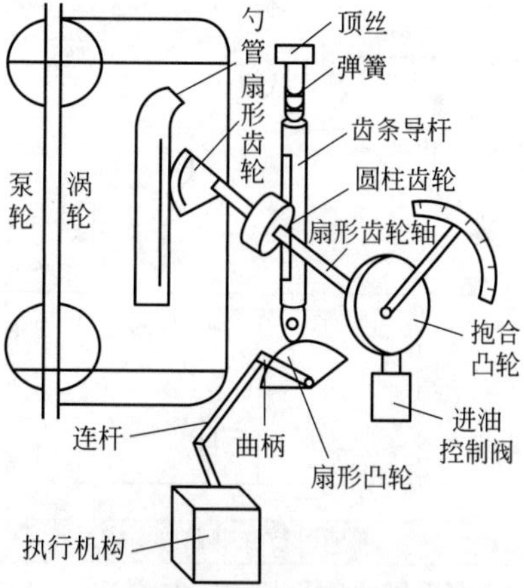	优点：功率适应范围大（10kW～10MW）；结构简单，工作可靠，使用及维修方便，价格便宜；尺寸小，能容大；控制调节方便，易于自动控制。 缺点：节能效率低，在低速时能量浪费大；大容量的设备要加水冷系统；液压油老化后要定时更换	适用于风机、水泵的调速

图 5-4 是用调压器加二极管控制他励直流电动机的调速线路图，线路简单，工作可靠，适用于单台或多台直流电动机调速。合上 QF，电源接通控制线路，按下开关 SB_1 按钮，交流接触器 KM 线圈吸合，三相调压器输入端接通三相交流电源，三相调压器调好后即开始输出交流电，经 6 只整流二极管，把交流电压整流成直流电供直流电动机用。另外，线路中还有热继电器过流保护，在电枢主回路中串联了 75mV 的分流器，在电枢的两端线路中装有直流电压表。直流电动机的励磁线圈电压是经单相 220V 交流电源，由 4 只二极管整流供给。

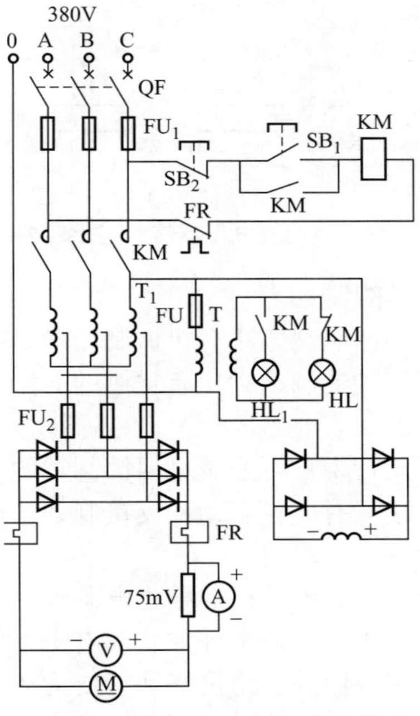

图 5-4　用调压器加二极管控制他励直流电动机的调速线路一例

5.3.3　直流电动机的反转

直流电动机实现反转有两种方法：一是电枢反接法，二是励磁反接法。由于后者绕组匝数少，电感小，在进行反接时电流无突变，电动机及电器绝缘安全性高；同时励磁绕组在断开时电枢电流小，因此被普遍采用。在将电枢绕组反接的同时必须连同换向极绕组一起反接，以达到改善换向的目的。图 5-5 是并励直流电动机电枢反接法正反转控制电路一例。

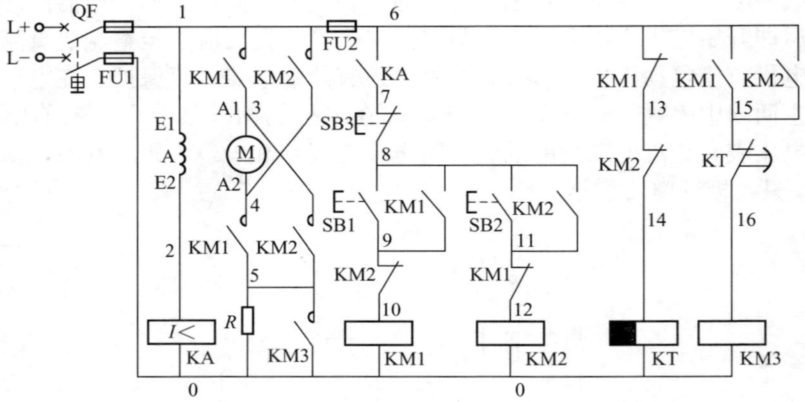

图 5-5　并励直流电动机电枢反接法正反转控制电路一例

5.3.4　直流电动机的制动

并励直流电动机的制动方法有机械制动和电力制动。前者常用的方法是电磁抱闸制动器制动；后者常用的方法有能耗制动、反接制动和回馈制动三种（表 5-27）。由于串励电动机的理想空载转速趋于无穷大，所以运行中不可能满足回馈制动的条件，因此，串励电动机电力制动方法只有能耗制动和反接制动两种。

（1）能耗制动

能耗制动是维持直流电动机的励磁电源不变，只切断直流电动机电枢绕组的电源，再接入一个外加制动电阻，使电枢绕组与外加制动电阻串接构成闭合回路，将机械动能变为热能消耗在电枢和制动电阻上，迫使电动机迅速停转。图 5-6 是并励直流电动机能耗制动控制电路一例。

（2）反接制动

反接制动是把运转的直流电动机电枢两端突然反接，通过改变电枢电流或励磁电流的方向，来改变电磁转矩方向，形成制动力矩，迫使电动机迅速停转。

表 5-27　直流电动机的制动方法比较

制动方法	电　路　图	优　缺　点	适用场合
能耗制动	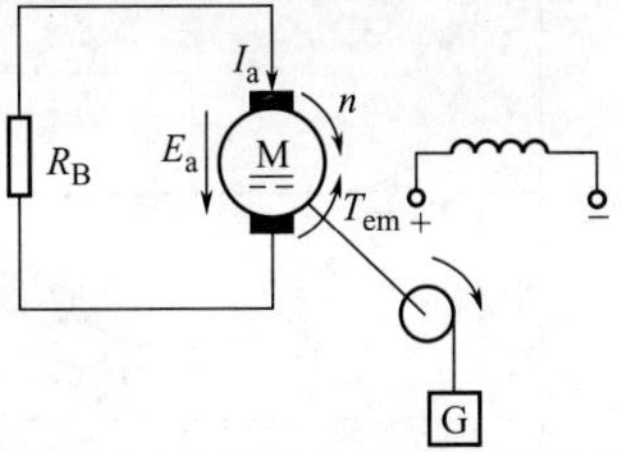	优点：操作简便，制动转矩可以进行调节，可使生产机械准确地停在某一位置 缺点：低速时制动转矩小，拖长了制动时间(可在低速时，再加上机械制动)	适用于要求迅速反转的场合
反接制动	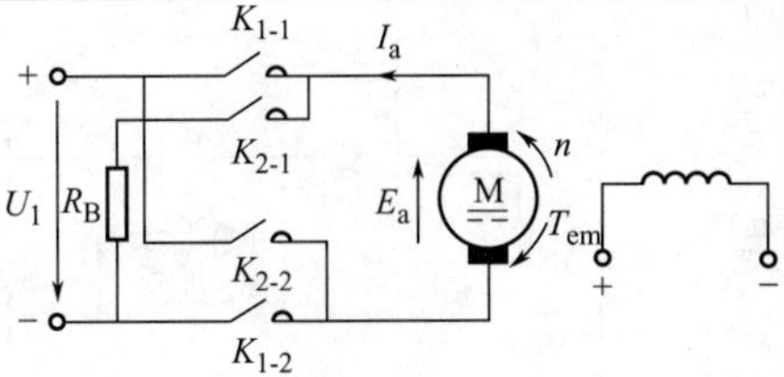	优点：制动转矩较恒定，制动较强烈，效果好 缺点：需要从电网中吸收大量电能；电源反接制动转速为零时，如不及时切断电源，会自行反向加速	倒拉反接制动一般用于慢速下放重物的场合
回馈制动	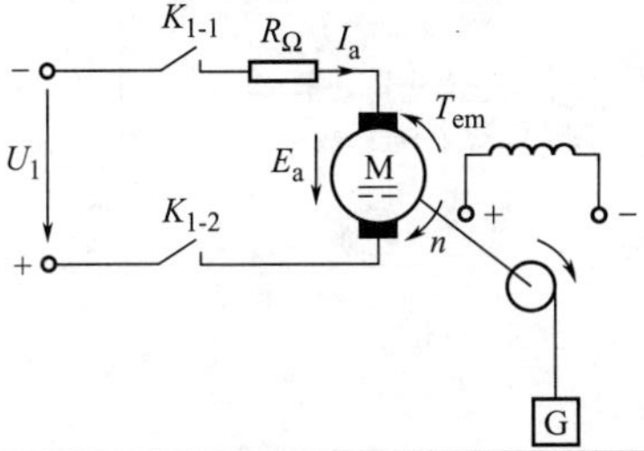	优点：不需要改接线路即可从电动状态自行转化到制动状态，电能可反馈回电网，简单 缺点：制动只能用在 $n>n_0$ 时，应用范围较小	一般用于电车下坡或起重机快速下放重物

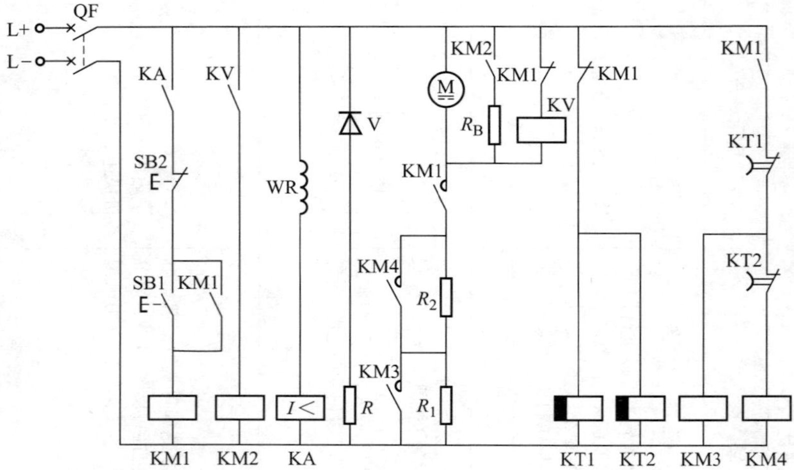

图 5-6　并励直流电动机能耗制动控制电路一例

图 5-7 为并励直流电动机反接制动控制线路。反接制动时，在断开电枢绕组电源后首先接入制动电阻 RB 以限制反接制动电流，然后再实现电枢绕组的反接；当电动机转速降低接近为零时，电枢中的反电动势也接近于零，电压继电器 KV 因其线圈两端电压较低

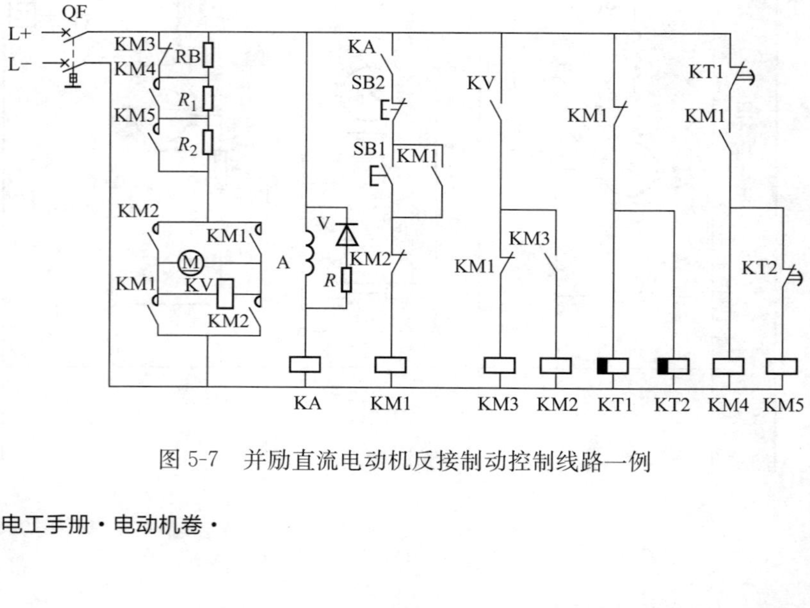

图 5-7　并励直流电动机反接制动控制线路一例

而释放，使接触器 KM2、KM3 断电释放，断开电枢回路的电源，避免电动机反转。

图 5-8 为他励直流电动机反接制动控制线路。在反接制动时，先断开正转接触器 KM1，并闭合反转接触器 KM2，于是直流电源反接到电枢两端。由于电枢电流方向的变化，转矩也因此反向，使电动机处于制动状态。

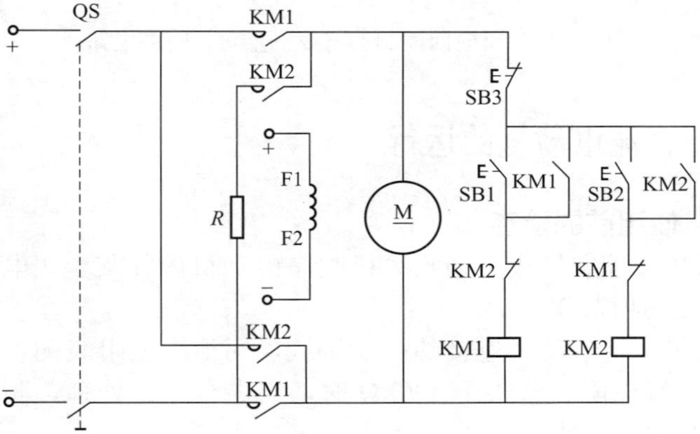

图 5-8　他励直流电动机反接制动控制线路一例

（3）回馈制动

回馈制动只适用于当电动机的转速大于理想空载转速的场合。此时电动机处于发电机状态运行，将发出的电能回馈给电网，电动机处于发电制动状态。正向回馈制动（提升重物）和反向回馈制动（放下重物）时的电路分别见图 5-9 和图 5-10。

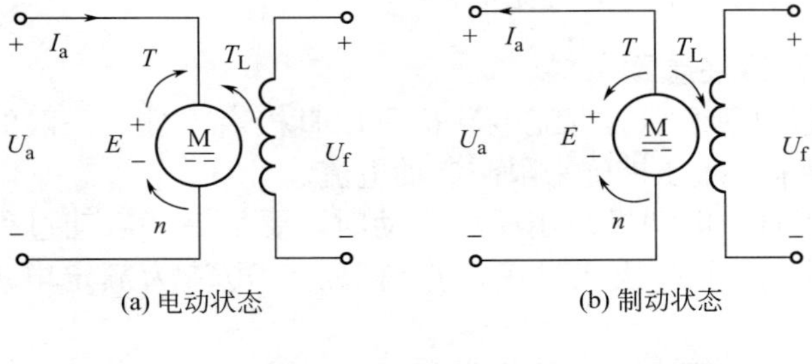

图 5-9　正向回馈制动（提升重物）时的电路

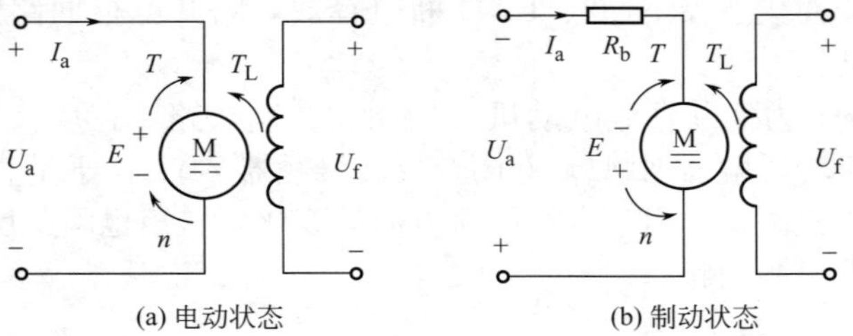

图 5-10 反向回馈制动（放下重物）时的电路

5.4 直流电动机的运行

5.4.1 使用前的检查

① 用压缩空气或手动吹风机吹净电动机内部灰尘、电刷粉末等，清除污垢杂物。

② 拆除与电动机连接的一切接线，用绝缘电阻表测量绕组对机座的绝缘电阻。若小于 500kΩ 时，应进行烘干处理，测量合格后再将拆除的接线恢复。

③ 检查换向器的表面是否光洁，如发现有机械损伤或火花灼痕，应进行必要的处理。

④ 检查电刷是否严重损坏，刷架的压力是否适当，刷架的位置是否位于标记的位置。

⑤ 根据电动机铭牌检查直流电动机各绕组之间的接线方式是否正确，电动机额定电压与电源电压是否相符，电动机的启动设备是否符合要求，是否完好无损。

5.4.2 运行注意事项

① 除功率很小的直流电动机可以直接启动外，一般的直流电动机都要采取减压措施来限制启动电流。

② 当直流电动机采用减压启动时，要掌握好启动过程所需的时间，不能启动过快或过慢，并确保启动电流为额定电流的 1～2 倍。

③ 在电动机启动时就应做好相应的停车准备，一旦出现意外

情况时应立即切除电源，并查找故障原因。

④ 在直流电动机运行时，应观察电动机转速是否正常；有无噪声、振动等；有无冒烟或发出焦臭味等现象，如有应立即停机查找原因。

⑤ 注意观察直流电动机运行时电刷与换向器表面的火花情况。在额定负载工况下，一般直流电动机只允许有不超过 1½级的火花（表 5-28）。

表 5-28　电刷下火花的等级

等级	电刷下火花程度	换向器及电刷的状态	允许运行方式
L	无火花	换向器上没有黑痕，电刷上没有灼痕	允许长期连续运行
1¼	电刷边缘仅小部分有微弱的点状火花或有非放电性的红色小火花		
1½	电刷边缘大部分或全部有轻微的火花	换向器上有黑痕出现，用汽油可以擦除；在电刷上有轻微灼痕	
2	电刷边缘大部分或全部有较强烈的火花	换向器上有黑痕出现，用汽油不能擦除；电刷上有灼痕。短时出现这一级火花，换向器上不出现灼痕，电刷不致烧焦或损坏	仅在短时过载或有冲击负载时允许出现
3	电刷的整个边缘有强烈的火花，即环火，同时有大火花飞出	换向器上有黑痕且相当严重，用汽油不能擦除；电刷上有灼痕。如在这一级火花短时运行，则换向器上将出现灼痕，电刷将被烧焦或损坏	仅在直接启动或逆转的瞬间允许出现但不得损坏换向器及电刷

⑥ 串励电动机不允许空载启动，不允许用带轮或链条传动；并励或他励电动机的励磁回路绝对不允许开路，以免因电动机转速过高而导致严重后果的发生。

5.4.3 直流电动机的故障与对策

直流电动机的故障与对策见表 5-29。

表 5-29 直流电动机的故障与对策

现象	原因	对策
不能启动	电源无电压或未接入合适的电压	检查电源及熔断器
	励磁回路断路	用万用表电阻挡测励磁绕组通断，检查启动器
	电刷接触不良	用细砂纸磨平接触面，并调整电刷压力
	启动时通入直流电动机的电流过小	检查线路情况，并核对启动设备与直流电动机是否配套
	负载过重	若电动机负载过重或卡死，应予以机械修复；若轴承损坏，应予以更换
转速异常	转速过高	检查电源电压是否过高，主磁场是否过弱，电动机负载是否过轻
	转速过低	检查电枢绕组是否有断路、短路、接地等故障；检查电刷压力及电刷位置；检查电源电压是否过低及负载是否过重；检查励磁绕组回路是否正常
转速异常，并有剧烈的火花	电刷位置偏移	用感应法调整电刷或重新按原来刻记的位置配电刷
	励磁线圈回路电阻过大	若线圈回路的接头有氧化层，用砂纸磨平接好；若磁场线芯电阻过大，应打开电动机测量实际通入磁场的电压值，不正确时要从配电线路上查找原因
	电枢及磁场绕组有短路或断路点	分开接线连接头，分别测量磁场绕组的电阻，查找每组线圈的短路点，并局部更换线圈或修复
	串励电动机负载过轻	电动机线路无问题时，要适当增加电动机的负载
	串励磁场绕组接反	检查串励磁场绕组接线情况，并按正确方法重新接线

续表

现　　象	原　　因	对　　策
运行时出现振荡	电枢电压波动	断开电枢电压，接上电枢负载，从配电设备上查找电枢电压波动原因对症处理
	电刷不在零线上	用感应法调整电刷或重新按原来刻记的位置配电刷
	励磁电流过小或励磁电路短路	适当增加励磁电流，或断开电源，检查励磁线路中有无短路点或断路处，线路短路严重时，要更换线圈
	串励绕组或换向极绕组接反	对照铭牌上的接线，重新连接换向绕组
	机械负载在转动时波动太大	检查机械磨损情况，是否有瞬间过载，并更换机械磨损严重部件
运行中电刷火花过大	电刷与换向器接触不良	用细砂纸研磨电刷接触面，并用干净布擦磨电刷与换向器接触处，装好电刷通入电压在低转速下空转 1h
	电刷与刷架配合过紧，在里面卡死	用细砂纸轻微磨小电刷，使电刷在刷架内上下活动自如
	电刷过度磨损或新更换的电刷尺寸与性能和原来的不一致	更换合适电刷
	电刷分布不均或电刷之间电流分布不均	重新调整电刷分布位置
	换向极绕组接反或有短路点	按正确的方向重新连接换向极绕组的接线，并用 500V 兆欧表测绝缘，线圈短路严重时应更换线圈
	电枢绕组与换向器脱焊	察看电枢绕组换向器脱焊点，并重新焊接
	电刷位置不在零线上或刷架松动移动	调整刷杆座至原位或用感应方法重新找出电刷中性线位置
	电刷压力不适当或不均匀	用弹簧秤校正电刷压力至 150～250kPa
	换向器面有污垢，接触电阻太大，或云母片凸出	擦磨换向器不洁处，适当消除云母绝缘物，下刻云母槽

续表

现　　象	原　　因	对　　策
运行中电刷火花过大	转子动平衡未校正好	重新校正转子动平衡
	电源电压过高	降低电源电压
	机械负载过重	若电动机负载过重或卡死，应予以机械修复；若轴承损坏，应予以更换；电动机容量不适当时应更换一台容量大的
配电柜冒烟	电动机过载时间较长	断开电动机电源，查找机械负载故障原因
	电动机的换向器或电枢短路	观察换向器内有无异物或金属屑，清扫后用毫伏表检查电枢绕组短路情况，较轻微者应修复并加绝缘漆；不能修复的重新绕制线圈
	反向运转频繁或直接高速启动	使用配套的配电柜，并调整启动操作方法，延长正、反转换接时间；避免不必要的正、反转
	端电压过低或过高	检查配电设备，用万用表测量电枢电压并调到正常值
	轴承损坏	更换同型号质量较好的轴承
	定子与转子内有铁锈杂物	抽出转子，清除铁锈杂物；气隙不均匀时应更换轴承
换向片每隔一片烧焦，清刷后使用情况照旧	烧焦发黑的换向片均压线与电枢绕组连接之间有脱焊、断路故障	重新焊接断路均压线，检查与电枢绕组之间脱焊处并重新焊接
	连接到这些烧焦发黑的换向片上的电枢绕组有短路点	检查电枢绕组短路处并加以修复；如短路严重，要更换电枢绕组
并励电动机启动时反转，启动后又变成正转	串励绕组接反	调换串励绕组两根出线的引出线接头
机壳带电	电动机进水或有导电杂质进入电动机	清洗后加以烘干，然后用500V兆欧表摇测电动机每相绕组及对地绝缘，达到要求方能再使用电动机
	电动机引出线某处与电动机外壳接触	更换接触外壳的引出线或绝缘性能差的导线

续表

现　　象	原　　因	对　　策
机壳带电	电动机接地线断路或电动机绕组对外壳绝缘电阻太小	用多股铜导线重新接好电动机保护接地线；绝缘性能差的电动机要刷绝缘漆并烘干
	电动机绕组绝缘损坏，与外壳连接	更换电动机绝缘损坏的绕组
电动机振动异常	基础不牢	重新安装电动机基础
	固定螺钉不紧或滑丝	紧固电动机地脚螺栓或重给地脚孔攻螺纹
	轴承损坏	更换同型号的电动机轴承
	电动机和机械轮不同心	松开电动机地脚螺栓，重新校正电动机轮与机械负载轮，使其同心对正

第6章

控制电机

控制电机按用电种类可分为直流控制电机和交流控制电机两种；按其功能可分为控制电动机、测速发电机、自整角机、旋转变压器和步进电动机。一般它们功率都比较小，主要是作为执行元件使用，把被控元件的运动从圆的轨迹到直线，甚至各种曲线轨迹，而且还能执行得非常精确，可以精确到 μ 级弧度或米。

6.1 控制电机的分类和额定电压

6.1.1 控制电机的分类和结构形式

控制电机的分类和结构形式见表 6-1。

表 6-1　控制电机的分类和结构形式、特点及用途

分类		代号	结构形式	特点	用途
交流控制电动机	笼型伺服电机	SL	转子为笼型，电阻大和转动惯量小。定子上装有两个位置互差 90°的绕组（励磁绕组和控制绕组）	体积小、工作可靠；低速运转时不够平滑	用于小功率自动控制系统中
	齿轮减速笼型	SL-J	鼠笼结构，带有齿轮减速器	与笼型相同，可直接与负载相连接	用于小功率自动控制系统中
	非磁性杯型	SK	用非磁性金属铝、紫铜等制成杯形转子，杯的内外由内、外定子构成磁路	转子惯量小；运转平滑，无抖动；励磁电流和体积较大	用于要求运行平滑的系统，如积分电路等
	带有定位装置笼型	SL-D	鼠笼结构，带有定位装置	仅能单方向旋转	用于定位自控制系统中

续表

分　类		代号	结构形式	特　点	用　途
直流控制电动机	有槽电枢（电磁或永磁）	SY	同一般直流电动机的结构相似，但电枢铁芯长度与直径之比值大，气隙较小	有下降的机械特性和线性的调节特性，响应快	用于一般直流控制系统
	无槽电枢（电磁或永磁）	SY	电枢铁芯为光滑的圆柱体，电枢绕组用耐热环氧树脂固定在铁芯表面，气隙大	除具有一般直流控制电动机的特性外，其转动惯量小，机电时间常数小，换向良好	用于需快速动作，功率较大的控制系统
	齿轮减速永磁式	SY-J	带有齿轮减速器	可直接与负载连接	用于需快速动作，功率较大控制系统
	空心杯型电枢（永磁式）	SYK	电枢绕组用环氧树脂浇注成杯形，空心杯电枢内外两侧均有铁芯构成磁路	时间常数小，换向好，低速运转平滑	用于需要快速动作的控制系统
	直线控制电动机（永磁式）	SZX	可动部分为动圈，亦称音圈电机	作直线运动	用作直线运动的控制电机
	印刷绕组电枢（永磁式）	SN	磁极轴向安装，具有扇形面的极靴。电枢为圆盘绝缘薄板，上面印制裸露的绕组，电枢没有铁芯，定子采用铝镍钴磁钢或铁氧体磁钢，一般不另设换向器，而由电刷与电枢绕组表面一层的直线部分直接滑动接触	电机转矩平滑，无齿槽效应，火花小，脉冲转矩大，散热性能好，机电时间常数小，低速运转性能好	用于低速和启动反转频繁的系统
	无刷电枢（永磁式）	—	没有机械换向器和电刷，它以电子换向装置代替一般直流电动机的机械换向装置。它由电动机本体、位置传感器及电子换向开关电路三个基本部分组成	调速性能平稳范围宽，噪声低，可靠性高，寿命长，无换向火花，对无线电无干扰	用于宇宙飞船，人造卫星，低噪声摄影机，精密仪器仪表的驱动装置等

6.1.2 控制电机的额定电压和频率

控制电机的额定电压和频率见表 6-2。

表 6-2 控制电机的额定电压和频率

频率/Hz	额定电压/V
50	6,12,24,36,110,220,380
400,1000	6,12,20,26,36,60,115,200,220
直流	1.5,3,4.5,6,9,12,24,27,36,48,60,110,220,380,400

6.2 控制电动机的型号

控制电动机的型号标注由 4 部分组成：

□	□	□	□
机座号 [机壳外径尺寸(mm), 见表6-3；军用品应在前加J]	产品名称代号 (表6-4～表6-15)	性能参数代号 (表6-16～表6-25)	派生代号 (除I和O以外的字母)

6.2.1 控制电动机的机座号

控制电动机的机座号见表 6-3。

表 6-3 控制电动机的机座号

机座号	12	16	20	24	28	32	36	40	45	55
机壳外径/mm	12.5	16	20	24	28	32	36	40	45	55
机座号	70	90	110	130	160	200	250	320	400	500
机壳外径/mm	70	90	110	130	160	200	250	320	400	500

注：装置此部分不是机座号而是装置类别代号。

6.2.2 控制电动机的产品名称代号

（1）自整角机产品名称代号（表 6-4）

表 6-4 自整角机产品名称代号

产 品 名 称	代号	产 品 名 称	代号
多极自整角变压器	ZBD	力矩式差动自整角接收机	ZCJ
双通道自整角变压器	ZBS	双通道差动自整角发送机	ZCS
控制式无刷自整角变压器	ZBW	多极自整角发送机	ZFD
多极差动自整角发送机	ZCD	双通道自整角发送机	ZFS
力矩式差动自整角发送机	ZCF	力矩式无刷自整角发送机	ZFW

续表

产品名称	代号	产品名称	代号
力矩式自整角接收机发送机	ZJF	控制力矩式自整角发送机	ZKL
力矩式无刷自整角接收机	ZJW	控制式无刷自整角发送机	ZKW
控制式自整角变压器	ZKB	力矩式自整角发送机	ZLF
控制式差动自整角发送机	ZKC	力矩式自整角接收机	ZLJ
控制式自整角发送机	ZKF		

注：表中代号来自产品名称中黑体字拼音首字母，下同。

例：28ZKB43 表示机座外径为 28mm、频率为 400Hz、额定电压为 12V 的控制式自整角变压器；

J36ZLJ44B 表示机座外径为 36mm、频率为 400Hz、额定电压为 16V 的军用力矩式自整角接收机的第二次派生产品。

（2）旋转变压器产品名称代号（表 6-5）

表 6-5　旋转变压器产品名称代号

产品名称	代号	产品名称	代号
旋转变压器	XB	无刷双通道旋转发送机	XFSW
多极旋转变压器	XBD	比例式旋转变压器	XL
无刷多极旋转变压器	XBDW	无刷比例式旋转变压器	XLW
双通道旋转变压器	XBS	特种函数旋转变压器	XT
无刷双通道旋转变压器	XBSW	磁阻式旋转变压器	XU
旋转差动发送机	XC	磁阻式多极旋转变压器	XUD
单绕组线性旋转变压器	XDX	线性旋转变压器	XX
双通道旋转发送机	XES	无刷线性旋转变压器	XXW
旋转发送机	XF	正余弦旋转变压器	XZ
多极旋转发送机	XFD	带补偿绕组的正余弦旋转变压器	XZB
无刷多极旋转发送机	XFDW	无刷正余弦旋转变压器	XZW

例：45XZ026 表示机座外径为 45mm、开路输入阻抗为 200Ω、变压比为 0.65 的正余弦旋转变压器。

110XFS3243 表示机座外径为 110mm、频率为 400Hz、励磁电压为 36V 的 32 对极双通道旋转发送机。

（3）感应移相器产品名称代号（表 6-6）

表 6-6　感应移相器产品名称代号

产品名称	代号	产品名称	代号
感应移相器	YG	多极感应移相器	YD
带补偿绕组的感应移相器	YGB	无刷多极感应移相器	YDW

续表

产品名称	代号	产品名称	代号
无刷感应移相器	YW	双通道感应移相器	YS
带补偿绕组的无刷感应移相器	YBW	无刷双通道感应移相器	YSW

例：28YG104A 表示机座外径为 28mm、开路输入阻抗为 1000Ω、额定频率为 4000Hz 的感应移相器第一次派生品种；

110YD322 表示机座外径为 110mm、频率为 2000Hz 的 32 对极多极感应移相感器。

(4) 感应同步器产品名称代号（表 6-7）

表 6-7　感应同步器产品名称代号

产品名称	代号	产品名称	代号
旋转式感应同步器	GX	直线式感应同步器	GZ

(5) 轴角编码器产品名称代号（表 6-8）

表 6-8　轴角编码器产品名称代号

产品名称	代号	产品名称	代号
电容式轴角编码器	MR	接触式轴角编码器	MJ
自整角机型轴角编码器	MAZ	涡流式轴角编码器	MW
旋转变压器型轴角编码器	MAX	磁栅式轴角编码器	MC
双通道旋转变压器型轴角编码器	MAS	光栅式轴角编码器	MG

例：J110MAZ218A 表示机座外径为 110mm、二进制编码、分辨率为 18 的自整角机型轴角编码器第一次派生产品。

(6) 测速发电机产品名称代号（表 6-9）

表 6-9　测速发电机产品名称代号

产品名称	代号	产品名称	代号
电磁式直流测速发电机	CD	空心杯转子异步测速发电机	CK
脉冲测速发电机	CM	空心杯转子低速异步测速发电机	CKD
永磁式测速发电机	CY	感应子式测速发电机	CG
永磁式低速测速发电机	CYD	直线测速发电机	CX
笼型转子异步测速发电机	CL	无刷直流测速发电机	CW

例：55CK31 表示机座外径为 55mm、励磁电压为 36V、性能

参数序号为 1 的空心杯转子异步测速发电机。

（7）控制电动机产品名称代号（表 6-10）

表 6-10　控制电动机产品名称代号

产品名称	代号	产品名称	代号
电磁式直流控制电动机	SZ	空心杯电枢永磁式直流控制电动机	SYK
永磁式直流控制电动机	SY	无槽电枢电磁式直流控制电动机	SWC
无刷直流控制电动机	SW	线绕盘式电枢直流控制电动机	SXP
直线控制电动机	SZX	印制绕组直流控制电动机	SN
永磁式直流控制电动机	ST-(正弦波驱动)① SF-(方波驱动)①	笼型转子两相控制电动机	SL

① 永磁式直流控制电动机的产品名称代号为两部分，在短划线后为传感器代号：C 表示测速发电机；M 表示编码器；X 表示旋转压器；SW 表示速度位置传感器。

例：55SL42 表示机座外径为 55mm、性能参数序号为 42 的笼型转子两相控制电动机。

（8）步进电动机的产品名称代号（表 6-11）

表 6-11　步进电动机的产品名称代号

产品名称	代号	产品名称	代号
永磁式步进电动机	BY	印刷绕组步进电动机	BN
感应永磁式步进电动机	BYG	直线步进电动机	BX
磁阻式步进电动机	BC	滚切步进电动机	BG

例：70BC340 表示机座外径为 70mm、转子 40 个齿的三相磁阻式步进电动机。

（9）力矩电动机的产品名称代号（表 6-12）

表 6-12　力矩电动机的产品名称代号

产品名称	代号	产品名称	代号
电磁式直流力矩电动机	LD	笼型转子交流力矩电动机	LL
永磁式力矩电动机	LY	空心杯转子交流力矩电动机	LK
无刷直流力矩电动机	LW	有限转角力矩电动机	LXJ

例：320LYX01 表示机座外径为 320mm、性能参数序号为 1 的稀土磁钢力矩电动机。

（10）磁滞同步电动机的产品名称代号（表 6-13）

表 6-13 磁滞同步电动机的产品名称代号

产品名称	代号	产品名称	代号
外转子式磁滞同步电动机	TZ	多速磁滞同步电动机	TZD
内转子式磁滞同步电动机	TZN	磁阻式磁滞同步电动机	TZC
双速磁滞同步电动机	TZS	永磁式磁滞同步电动机	TZY

例：55TZ523 表示机座外径为 55mm、额定频率为 50Hz 的二相三对极磁滞同步电动机。

（11）摆动电动机的产品名称代号（表 6-14）

表 6-14 摆动电动机的产品名称代号

产品名称	代号	产品名称	代号
永磁式摆动电动机	DB	永磁感应子式摆动电动机	DBG

例：J45DBG01A 表示机座外径为 45mm、性能参数序号为 1 的永磁感应子式摆动机的第一次派生品种。

（12）机组的产品名称代号（表 6-15）

表 6-15 机组的产品名称代号

产品名称	代号	产品名称	代号
自整角旋变机组	Z-X	交流控制力矩机组	S-L
交流控制测速机组	S-C	直流控制力矩机组	L-C
直流控制测速机组	SZ-C		

例：70/55S-C52-11 表示控制电动机的机座外径为 70mm，测速机机座外径为 55mm、额定频率为 50Hz、电源电压为 115V 的交流控制测速机组。

6.2.3 控制电动机的性能参数代号

（1）自整角机的性能参数代号（表 6-16）

表 6-16 自整角机的性能参数代号

第一位数代号	5	4	0	1	2	7
电源频率/Hz	50	400	500	1000	2000	混频

续表

第二位数代号		1	2	3	4	5	6	7
额定电压和最大输出电压组合	发送机，接收机/V	20/9	26/12	36/16	115/16	115/90	110/90	220/90
	差动式/V	9/9	12/12	10/16	90/90	—	—	—
	控制变压器/V	9/18	12/20	12/26	16/32	16/58	90/58	—

（2）旋转变压器的性能参数代号（表 6-17）

表 6-17　旋转变压器的性能参数代号

前面两位数字		表示开路输入阻抗（标称值），用其欧姆数的 1% 表示；若带小数，则取近似的整数，数值小于 10 时，前面冠以“0”						
后面 1/2 位数字	代号	1	4	5	6	7	10	20
	变压比	0.15	0.45	0.56	0.65	0.78	1	2

（3）多极和双通道旋转变压器的性能参数代号（表 6-18）

表 6-18　多极和双通道旋转变压器的性能参数代号

前 2 位数字表示极对数								
04	08	15	16	20	30	36	64	28
4	8	15	16	20	30	36	64	128
第 3 位数字表示电源频率/Hz						第 4 位数字表示励磁电压/V		
5	4	0	1	2	7	1	2	3
50	400	500	1000	2000	混频	12	26	36

（4）感应移相器的性能参数代号（表 6-19）

表 6-19　感应移相器的性能参数代号

第 1 位数字	3				5			1			2			
开路输入阻抗/Ω	300				500			1000			2000			
后 3 位数字	005	013	027	04	1	2	4	10	20	40	75	150	300	500
额定频率/kHz	0.05	0.135	0.27	0.4	1	2	4	10	20	40	75	150	300	500

（5）多极和双通道感应移相器的性能参数代号（表 6-20）

表 6-20　多极和双通道感应移相器的性能参数代号

前 2 位数字	04	08	15	16	20	30	36	64	28
极对数	4	8	15	16	20	30	36	64	128

后 3 位数字	005	013	027	04	1	2	4	10	20	40	75	150	300	500
额定频率/kHz	0.05	0.135	0.27	0.4	1	2	4	10	20	40	75	150	300	500

（6）感应同步器的性能参数代号（表 6-21）

表 6-21 感应同步器的性能参数代号

前三位数字	表示极对数
后一位数字	表示性能参数，用 1～9 表示

（7）轴角编码器的性能参数代号（表 6-22）

表 6-22 轴角编码器的性能参数代号

第一位数字	表示码制，1 表示十进制，2 表示二进制
第二、三位数字	表示分辨率，其数值为输入轴每旋转一周所计编码数的 10（十进制）或 2（二进制）的最高幂次，若此数小于 10，则前面冠“0”

（8）测速发电机的性能参数代号（表 6-23）

表 6-23 测速发电机的性能参数代号

交流测速发电机	第 1 位数字表示励磁电压：2—26V，3—36V，1—115V。后 2 位数字表示性能参数序号，用 1～9 表示
电磁式直流测速发电机	由 3～4 位数字组成，前两位数字表示励磁电压：06—6V，09—9V，12—12V，24—24V，27—27V，48—48V，60—60V，11—110V，22—220V；后 1 位或 2 位数字表示性能参数序号，用 01～99 表示
永磁式直流测速发电机	用 01～99 表示

（9）控制电动机的性能参数代号（表 6-24）

表 6-24 控制电动机的性能参数代号

交流控制电动机	性能参数序号，用 01～99 表示
直流控制电动机	由 3～4 位数字组成，前两位数字表示电源电压：06—6V，09—9V，12—12V，24—24V，27—27V，48—48V，60—60V，11—110V，22—220V；后 1 位或 2 位数字表示性能参数序号，用 01～99 表示

（10）步进电动机、力矩电动机和摆动电动机等的性能参数代号（表 6-25）。

表 6-25 步进电动机、力矩电动机和摆动电动机等的性能参数代号

步进电动机	由 2～4 位数字组成，第 1 位数字表示相数，后面的数字表示转子齿数或极对数

续表

力矩电动机	由2位(稀土磁钢)或3位(铝镍钴磁钢)数字组成,铝镍钴磁钢电动机的第1位数字5表示5类磁钢,8表示8类磁钢;后面的数字及稀土磁钢电机的两位数字为序号,用01～99表示
摆动电动机	用01～99表示
磁滞同步电动机	由3位数字组成,第一位数字表示电源频率:5—50Hz,4—400Hz,0—500Hz,1—1000Hz,2—2000Hz,7—混频;第二位数字表示相数,第三位数字表示极对数
机组	由单机的性能参数代号间加"－"构成

6.3 控制电动机的技术数据

6.3.1 直流控制电动机

(1) SZ系列微型直流伺服电动机

SZ系列微型直流伺服电动机广泛应用于自动控制等系统中用作执行元件，也可用作驱动元件。按励磁方式本系列电动机分为并励、串励、复励三种。按使用环境条件分为普通型和湿热带型两类。直流控制电动机的技术数据见表6-26。

表6-26 直流控制电动机的技术数据

型号	电压/V		电流≤/A		功率/W	转速/(r/min)	转矩/gf·cm	允许顺逆转差/(r/min)	备注
	电枢	励磁	电枢	励磁					
90SZ01	110		0.66	0.20	50	1500	3300	100	
90SZ02	220		0.33	0.11	50	1500	3300	100	
90SZ03	110		1.20	0.20	92	3000	3000	200	
90SZ04	220		0.60	0.11	92	3000	3000	200	
90SZ05	24		6.10	0.80	92	3000	3000	200	
90SZ51	110		1.10	0.23	80	1500	5200	100	
90SZ52	220		0.55	0.13	80	1500	5200	100	
90SZ53	110		2.00	0.23	150	3000	4900	200	
90SZ54	220		1.00	0.13	150	3000	4900	200	
90SZ55	24		5.00	1.00	80	1500	5200	100	
90SZ57	220		3.70	0.13	500	15000	3250	700	短时,2min

续表

型号	电压/V		电流≤/A		功率/W	转速/(r/min)	转矩/gf·cm	允许顺逆转差/(r/min)	备注
	电枢	励磁	电枢	励磁					
110SZ01	110		1.8	0.27	123	1500	8000	100	
110SZ02	220		0.9	0.13	123	1500	8000	100	
110SZ03	110		2.8	0.27	200	3000	6500	200	
110SZ04	220		1.4	0.13	200	3000	6500	200	
110SZ07	110		7.2	0.42	500	10000±750	4870	500	短时,10min
110SZ51	110		2.50	0.32	185	1500	12000	100	对应于2000r/min借调小磁场电流实现
110SZ52	220		1.25	0.16	185	1500	12000	100	短时,1h
110SZ53	110		4.0	0.32	308	3000	10000	200	短时,1h
110SZ53h1	110		4.0	0.32	308	3000	10000	200	
110SZ54	220		2.0	0.16	308	3000	10000	200	
110SZ56	110		1.7	0.32	123	1000	12000	100	
110SZ56h3	110		1.7	0.32	123	1000	12000	100	
110SZ57	54		3.24	0.54	125	1450	8400	—	
110SZ57	54		4.5	0.54	172	2000	8400	—	
110SZ59	96		5.5	0.27	400	3000	13000	200	
110SZ59h2	96		5.5	0.27	400	3000	13000	200	
110SZ60	110		4.0	0.32	300	3000	9750	200	
130SZ01	110		4.4	0.28	355	1500	23000	100	加校动平衡
130SZ02	220		2.2	0.18	355	1500	23000	100	加校动平衡
130SZ03	110		7.6	0.28	600	3000	19500	200	复励
130SZ03m	110		7.6	0.28	600	3000	19500	200	
130SZ04	220		3.8	0.18	600	3000	19500	200	
130SZ04m	220		3.8	0.18	600	3000	19500	200	
130SZ06	110		2.3	0.28	177	750	23000	75	
130SZ05m	100		5.4	0.23	400	3000	13000	—	

注：1. 本溪微分电机有限责任公司产品。
2. 转速允差为±10%。

(2) 直流永磁式控制电动机

直流永磁式控制电动机是采用铝镍钴永磁材料励磁，封闭自冷式的微型永磁式直流伺服电动机，可作执行元件，亦可作驱动元件。直流永磁式控制电动机的技术数据见表 6-27。电动机的外形及安装尺寸见表 6-28 和表 6-29。

表 6-27　直流永磁式控制电动机的技术数据

型号	电压/V	电流/A	转矩/N·mm	转速/(r/min)	功率/W	允许正反转速差/(r/min)
20SY01	9	0.5	1.96	6000	1.2	300
20SY02	9	0.65	1.96	9000	1.8	400
20SY03	12	0.36	1.96	6000	1.2	300
20SY04	12	0.45	1.96	9000	1.8	400
24SY01	9	0.54	2.94	6000	1.8	300
24SY02	9	0.75	2.94	9000	2.8	400
24SY03	12	0.40	2.94	6000	1.8	300
24SY04	12	0.57	2.94	9000	2.8	400
28SY01	9	0.60	4.90	3000	1.5	200
28SY02	9	0.95	4.90	6000	3.1	300
28SY03	9	1.3	4.90	9000	4.6	400
28SY04	12	0.45	4.90	3000	1.5	200
28SY05	12	0.7	4.90	6000	3.1	300
28SY06	12	0.9	4.90	9000	4.6	400
28SY07	27	0.2	4.90	3000	1.5	200
28SY08	27	0.32	4.90	6000	3.1	300
28SY09	27	0.40	4.90	9000	4.6	400
28SY51	9	0.9	7.84	3000	2.5	200
28SY52	9	1.3	7.84	6000	4.9	300
28SY53	9	1.8	7.84	9000	7.4	400
28SY54	12	0.65	7.84	3000	2.5	200
28SY55	12	1.0	7.84	6000	4.9	300
28SY56	12	1.3	7.84	9000	7.4	400
28SY57	27	0.27	7.84	3000	2.5	200
28SY58	27	0.42	7.84	6000	4.9	300
28SY59	27	0.58	7.84	9000	7.4	400
36SY01	12	0.85	11.76	3000	3.7	200
36SY02	12	1.4	11.76	6000	7.4	300
36SY03	12	1.8	11.76	9000	11	400
36SY04	27	0.35	11.76	3000	3.7	200
36SY03	27	0.65	11.76	6000	7.4	300
36SY06	27	0.9	11.76	9000	11	400

续表

型号	电压/V	电流/A	转矩/N·mm	转速/(r/min)	功率/W	允许正反转速差/(r/min)
36SY51	12	1.4	19.61	3000	6.2	200
36SY52	12	1.9	19.61	6000	12	300
36SY53	12	2.9	19.61	9000	19	400
36SY54	27	0.6	19.61	3000	6.2	200
36SY55	27	0.85	19.61	6000	12	300
36SY56	27	1.3	19.61	9000	19	400
45SY01	12	1.6	29.41	3000	9	200
45SY02	12	3.0	29.41	6000	19	300
45SY03	12	3.8	29.41	9000	28	400
45SY04	27	0.73	29.41	3000	9	200
45SY05	27	1.2	29.41	6000	19	300
45SY06	27	1.8	29.41	9000	28	400
45SY51	12	2.0	39.22	3000	12	200
45SY52	12	3.6	39.22	6000	25	300
45SY53	12	5.0	39.22	9000	37	400
45SY54	27	0.9	39.22	3000	12	200
45SY55	27	1.6	39.22	6000	25	300
45SY56	27	2.2	39.22	9000	37	400

注：1. 额定数据在电动机冷态时检查。

2. 电动机输出以转矩为准，功率供参考。

3. 转速允差 20SY～28SY 为±20%；36SY～45SY 为±15%。

表 6-28　直流永磁式控制电动机（K1 型）的外形及安装尺寸

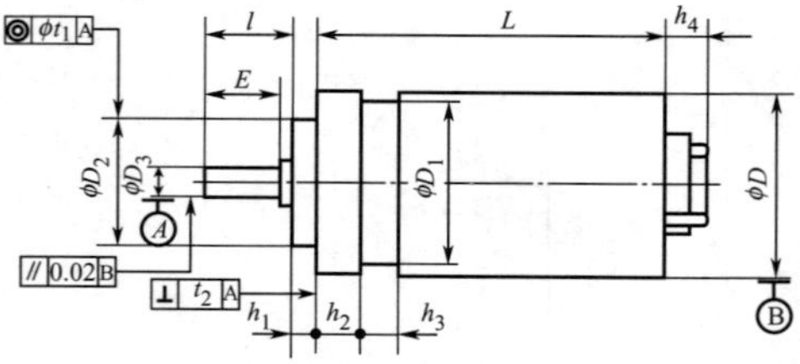

续表

型号	D	D_1	D_2	D_3	l	E	h_1	h_2	h_3	h_4	L_{max}	t_1	t_2	质量≤/g
		公差					公差							
		h11	h6	f7			±0.1	±0.1	$^{+0.2}_{0}$					
	基本尺寸/mm													
20SY01-04	20	18.5	13	2.5	9	8	1.2	1.2	1.2	5	51	0.03	0.04	60
24SY01-04	24	22.5	15	3	10	—	1.5	1.5	1.5	5	54	0.04	0.06	95
28SY01-09 28SY51-59	28	26.5	26	3	10	9	3	1.5	1.5	5	56 63			130 155
36SY01-06 36SY51-56	36	34	32	4	12	11	4	2	2	6	71 77	0.04	0.06	270 310
45SY01-06 45SY51-56	45	42	41	4	12	11	4	2	2	6	81 83	0.05	0.08	490 550

表 6-29　直流永磁式控制电动机（K5 型）的外形及安装尺寸

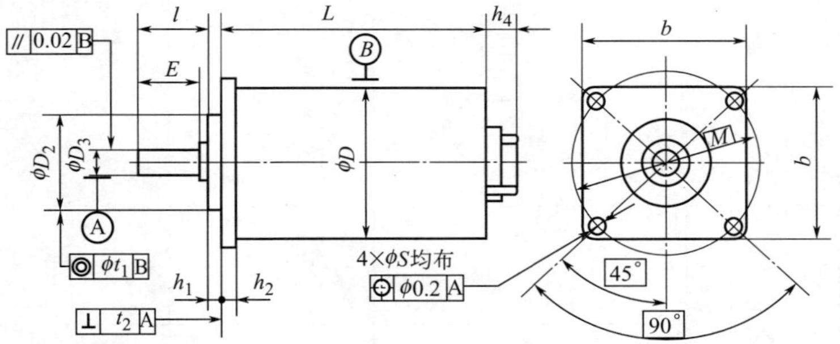

型　号	D	D_2	D_3	E	l	h_1	h_2	h_4	S	M	b	L_{max}	t_1	t_2	质量≤/g
		公差													
		h6	f7												
	基本尺寸/mm														
36SY01-06 36SY51-56	36	22	4	11	12	2	3	6	3.4	44	38	71 77	0.06	0.12	280 320
45SY01-06 45SY51-56	45	25	4	11	12	2.5	4	6	4.5	53	48	81 88	0.06	0.12	510 570

（3）SL 系列两相交流控制电动机

SL 系列电动机为笼型转子两相控制电动机，系执行元件，可将电信号转变为轴上的机械转矩。该电动机技术数据见表 6-30。

表 6-30 SL 系列两相交流控制电动机技术数据

型号	极数	频率/Hz	电压/V		堵转力矩>/N·mm	堵转电流</A		每相输入功率</W	额定输出功率/W	空载转速/(r/min)	电动机时间常数/ms
			励磁	控制		励磁	控制				
12SL-01	6	400	26	26	0.59	0.11	0.11	2	0.16	9000	20
20SL01	6	400	26	26	1.47	0.15	0.15	2.5	0.25	6000	15
20SL02	6		36	36	1.47	0.11	0.11		0.25	6000	15
20SL03	6		36	26	1.47	0.11	0.15		0.25	6000	15
20SL04	4		26	26	1.17	0.15	0.15		0.32	9000	20
20SL05	4		36	36	1.17	0.11	0.11		0.32	9000	20
20SL06	4		36	26	1.17	0.11	0.15		0.32	9000	20
28SL01	6	400	36	36	4.90	0.33	0.33	6.5	1.0	6000	20
28SL02	6		115	115	4.90	0.10	0.10				
28SL03	6		115	36	4.90	0.10	0.33				
36SL01	8	400	36	36	9.80	0.55	0.55	8.5	1.6	4800	20
36SL02	8		115	115	9.80	0.17	0.17		1.6	4800	20
36SL03	8		115	36	9.80	0.17	0.55		1.6	4800	20
36SL04	6		36	36	6.86	0.48	0.48		2.0	9000	35
36SL05	6		115	115	6.86	0.15	0.15		2.0	9000	35
36SL06	6		115	36	6.86	0.15	0.48		2.0	9000	35
45SL01	8	400	36	36	17.0	0.9	0.9	14	2.5	4800	20
45SL02	8		115	115	17.0	0.28	0.28	14	2.5	4800	20
45SL03	8		115	36	17.0	0.28	0.9	14	2.5	4800	20
45SL04	4		36	36	14.7	1.0	1.0	18	4	9000	30
45SL05	4		115	115	14.7	0.32	0.32	18	4	9000	30
45SL06	4		115	36	14.7	0.32	1.0	18	4	9000	30

续表

型号	极数	频率/Hz	电压/V		堵转力矩 > /N·mm	堵转电流</A		每相输入功率</W	额定输出功率/W	空载转速/(r/min)	电动机时间常数/ms
			励磁	控制		励磁	控制				
55SL01	8	400	115	115	41	0.6	0.6	25	6.3	4800	25
55SL02	8			36	41	0.6	1.9	25	6.3	4800	25
55SL03	4			115	32	0.57	0.57	32	10	9000	50
55SL04	4			36	32	0.57	1.8	32	10	9000	50
70SL01	8	400	115	115	98	1.1	1.1	55	16	4800	25
70SL02	4				64				20	9000	55
20SL51	2	50	20	20	1.5	0.18	0.18	2.5	0.1	2500	15
28SL51	2	50	36	36	3.1	0.09	0.09	2.5	0.25	2500	15
28SL52					4.9	0.13	0.13	3.5	0.4		
36SL51	2	50	36	36	9.8	0.21	0.27	5.5	0.8	2700	15
36SL52			110	110		0.07	0.07				
36SL53			110	36		0.07	0.21				
45SL51	4	50	36	36	26	0.30	0.30	7	1	1200	15
45SL52	4		110	110	26	0.10	0.10	7	1	1200	15
45SL53	4		110	36	26	0.10	0.30	7	1	1200	15
45SL54	2		36	36	18	0.33	0.33	8	1.6	2700	30
45SL55	2		110	110	18	0.11	0.11	8	1.6	2700	30
45SL56	2		110	36	18	0.11	0.33	8	1.6	2700	30
45SL57	2		36	36	29	0.50	0.50	12	2.5	2700	30
45SL58	2		110	110	29	0.17	0.17	12	2.5	2700	30
45SL59	3		110	36	29	0.17	0.50	12	2.5	2700	30

续表

型号	极数	频率/Hz	电压/V		堵转力矩>/N·mm	堵转电流</A		每相输入功率</W	额定输出功率/W	空载转速/(r/min)	电动机时间常数/ms
			励磁	控制		励磁	控制				
55SL51	4		110	110	67	0.26	0.26	8	2.5	1200	15
55SL52	4		220	220	67	0.13	0.13	8	2.5	1200	15
55SL53	4		220	110	67	0.13	0.26	8	2.5	1200	15
55SL54	2		110	110	38	0.18	0.18	12	3.2	2700	20
55SL55	2	50	220	220	38	0.09	0.09	12	3.2	2700	20
55SL56	2		220	110	38	0.09	0.18	12	3.2	2700	20
55SL57	2		110	110	75	0.32	0.32	22	6.3	2700	20
55SL58	2		220	220	75	0.16	0.16	22	6.3	2700	20
55SL59	2		220	110	75	0.16	0.32	22	6.3	2700	20
70SL51	4		110	110	160	0.68	0.68	40	6.3	1200	15
70SL52	4		220	220	160	0.34	0.34	40	6.3	1200	15
70SL53	4	50	220	110	160	0.34	0.68	40	6.3	1200	15
70SL54	2		110	110	120	0.48	0.48	12	10	2700	20
70SL55	2		220	220	120	0.24	0.24	12	10	2700	20
70SL56	2		220	110	120	0.24	0.48	12	10	2700	20
90SL51	4		110	110	390	1.4	1.4	80	16	1200	20
90SL52	4		220	220	390	0.7	0.7	80	16	1200	20
90SL53	4	50	220	110	390	0.7	1.4	80	16	1200	20
90SL54	2		110	110	290	1.1	1.1	70	25	2700	30
90SL55	2		220	220	290	0.55	0.55	70	25	2700	30
90SL56	2		220	110	290	0.55	1.1	70	25	2700	30

6.3.2 直流测速发电机

测速发电机按输出信号的形式，可分为交流测速发电机和直流测速发电机两大类。交流测速发电机又分同步和异步两种。前者的输出电压虽然也与转速成正比，但输出电压的频率也随转速而变化，所以只作指示元件用；后者是目前应用最多的一种，尤其是空心杯转子异步测速发电机性能较好。直流测速发电机有电磁式和永磁式两种。

（1）ZYS 系列测速发电机

ZYS 系列测速发电机系永磁式直流发电机，用以测量旋转体的转速，亦可作速度信号的传送器。在自动控制系统及计算解答装置中作为测量元件之用。

型号表示方法：

Z	Y	S	(H)	□	□
直流	永磁式	测速	船用	输出功率的10倍倍数	输出电压(V)

ZYS 系列直流测速发电机技术数据见表 6-31，其外形及安装尺寸见图 6-1。

表 6-31 ZYS 系列直流测速发电机技术数据

型 号	额定电压/V	额定电流/mA	额定功率/W	额定转速/(r/min)	负载电阻/Ω	质量/kg
ZYS 231/110-19	110	210	23.1	0～1900	500	7.5
ZYS 132/110-19	110	120	13.2	0～1900	920	7.5
ZYS 44/55-19	55	80	4.4	0～1900	700	7.5
ZYSH 231/110-19	110	210	23.1	0～1900	500	13
ZYSH 132/110-19	110	120	13.2	0～1900	920	13
ZYSH 44/55-19	55	80	4.4	0～1900	700	13
ZYS 231/110-30	110	210	23.1	0～3000	500	7.5
ZYS 231/110-36	110	210	23.1	0～3600	500	7.5

注：本溪微分电机有限责任公司产品，下同。

（2）ZCF 系列直流测速发电机

ZCF 系列直流测速发电机系封闭自冷式具有换向器的他励直

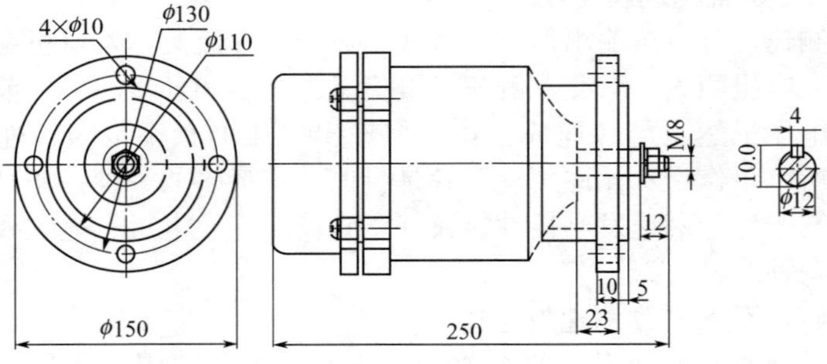

(a) 端盖凸缘式

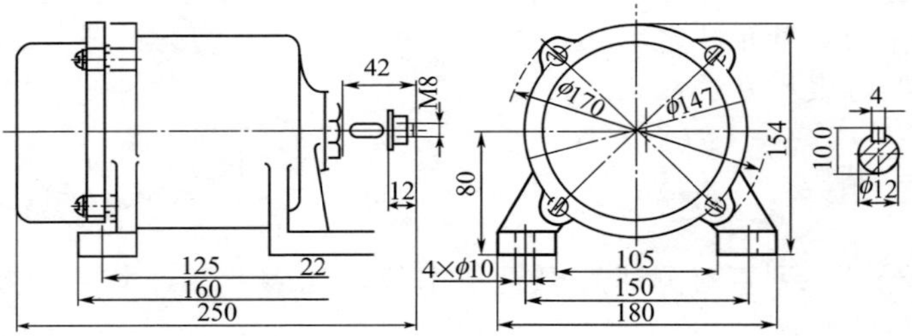

(b) 机座底脚式

图 6-1　ZYS 系列直流测速发电机的外形及安装尺寸

流发电机，在恒定的励磁电流下，电枢电压与电枢转速成正比。按使用环境分为普通型和温热带型两类。

本系列发电机为连续工作制。具有线性误差小，运行可靠，尺寸小，重量轻等特点，用于自动控制系统及计算解答装置中，作为测速和反馈等元件。安装方式为机壳外圆式。

型号表示方法：

ZC	F	□	□	□ —	A
直流测速	发电机	机座号	铁芯长度代号	设计代号	双轴伸
		1—机座外径50mm	2—短铁芯		
		2—机座外径70mm	6—长铁芯		
		3—机座外径85mm			

ZCF 系列直流测速发电机技术数据见表 6-32，其外形及安装尺寸见表 6-33。

表 6-32　ZCF 系列直流测速发电机技术数据

型　号	电枢电压/V	励　磁		转速/(r/min)	负载电阻/Ω	输出电压不对称度≤/%	输出电压线性误差/%	质量≤/kg
		电流/A	电压/V					
ZCF121	50±2.5	0.09	—	3000	2000	1	±1	0.44
ZCF121A	50±2.5	0.09	—	3000	2000	1	±1	0.44
ZCF221	51±2.5	0.30	—	2400	2000	1	±1	0.9
ZCF221A	51±2.5	0.30	—	2400	2000	1	±1	0.9
ZCF221C	51±2.5	0.30	—	2400	2000	1	±1	0.9
ZCF222	74±3.7	0.06	—	3500	2500	2	±3	0.9
ZCF321	100±5	—	110	1500	1000	3	±3	1.7
ZCF361	106±5	0.30	—	1100	10000	1	±1	2.0
ZCF361C	174±8.7	0.30	—	1100	9000	1	±1	2.0

表 6-33　ZCF 系列直流测速发电机外形及安装尺寸

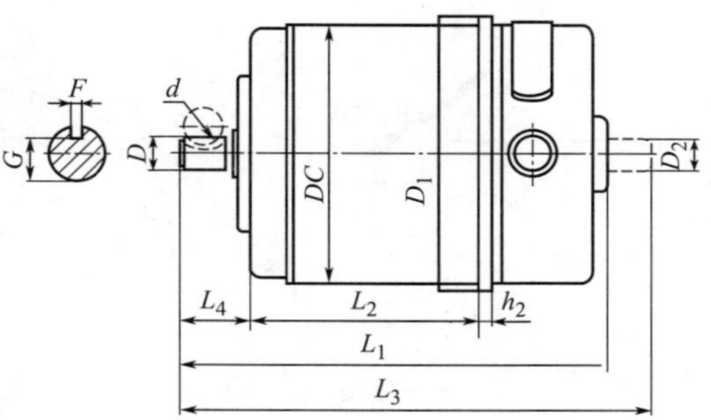

<table>
<tr><th rowspan="3">电机型号</th><th colspan="12">尺寸和公差/mm</th></tr>
<tr><th>L_1</th><th>L_2</th><th>L_3</th><th>D_1</th><th>DC</th><th>L_4</th><th>D</th><th>d</th><th>D_2</th><th>h_2</th><th>F</th><th>G</th></tr>
<tr><th>—</th><th>—</th><th>—</th><th>—</th><th>f9</th><th>—</th><th>h6</th><th>H11</th><th>f9</th><th>—</th><th>N9</th><th>H11</th></tr>
<tr><td>ZCF221</td><td rowspan="3">107</td><td rowspan="3">59</td><td>—</td><td rowspan="3">74</td><td rowspan="3">70</td><td rowspan="3">95</td><td rowspan="3">6</td><td rowspan="3">7</td><td>—</td><td rowspan="3">4</td><td rowspan="3">2</td><td rowspan="3">42</td></tr>
<tr><td>ZCF221A
ZCF221AD
ZCF221C</td><td>1135</td><td>6</td></tr>
<tr><td>ZCF222</td><td rowspan="3">—</td><td>—</td></tr>
<tr><td>ZCF321</td><td>124</td><td>665</td><td rowspan="2">89</td><td rowspan="2">85</td><td rowspan="2">13</td><td rowspan="2">8</td><td rowspan="2">10</td><td rowspan="2">—</td><td rowspan="2">5</td><td rowspan="2">2</td><td rowspan="2">51</td></tr>
<tr><td>ZCF361
ZCF361C</td><td>134</td><td>765</td></tr>
</table>

（3）CY 系列永磁式直流测速发电机

具有使用简便，精度高，重量轻，体积小等特点，用以测量旋转体的转速，亦可作速度信号的传送器，在自动控制系统及计算解答装置中作测速反馈元件用。可用于替代一些国外进口设备配套产品。安装方式为端盖凸缘式。

型号表示方法：

□	C	Y	□	□
机座号	测速发电机	永磁式	D—低速 T—电梯用	灵敏度 (V.s/rad)

CY 系列永磁式直流测速发电机技术数据见表 6-34；CYT 系列永磁式直流测速发电机技术数据见表 6-35，其外形及安装尺寸见表 6-36。

表 6-34　CY 系列永磁式直流测速发电机技术数据

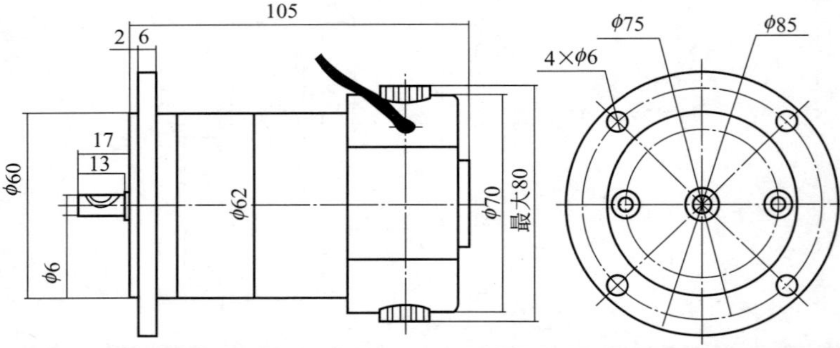

型号	额定电压/V	额定电流/mA	额定功率/W	额定转速/(r/min)	负载电阻/Ω
55CY01	360	30.5	11	0～9000	11780
55CY02	5	20	0.1	0～1000	250
55CY03	120	20	2.4	0～6000	6000
55CY04	5	4	0.02	0～300	1250
55CY05	20	20	0.4	0～1000	1000
55CY06	110	200	22	0～2000	550
55CY07	55	80	4.4	0～2000	687
55CY08	60	30	1.8	0～1500	2000
55CY09	36	360	13	0～2000	100
55CY11	36	30	1.08	0～1500	1200
55CY12	60	73	4.4	0～1000	820

续表

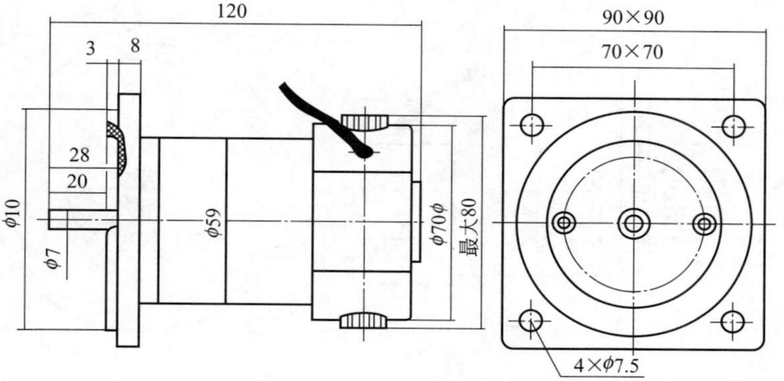

型号	额定电压/V	额定电流/mA	额定功率/W	额定转速/(r/min)	负载电阻/Ω
55CY10	80	20	1.6	0～1000	4000

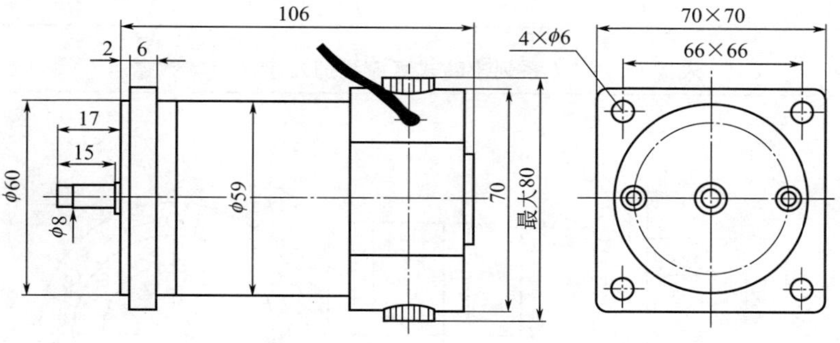

型号	额定电压/V	额定电流/mA	额定功率/W	额定转速/(r/min)	负载电阻/Ω
55CY13	30	20	0.6	0～1000	1500

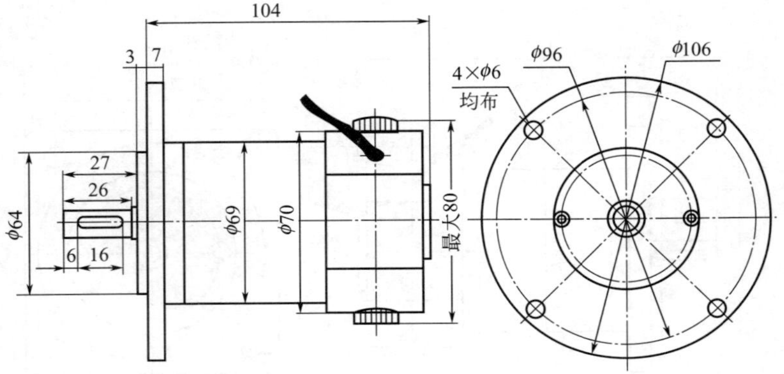

型号	额定电压 /V	额定电流 /mA	额定功率 /W	额定转速 /(r/min)	负载电阻 /Ω
60CY01	55	5.5	0.3	0～2000	10000
60CY02	28	2.8	0.1	0～4000	
60CY03	110	11	1.2	0～2000	
60CY04	48	4.8	0.3	0～4000	
60CY05	96	9.6	1.0	0～4000	
60CY06	110	11	1.2	0～3000	
60CY07	100	10	1.0	0～1000	

表 6-35　CYT 系列永磁式直流测速发电机技术数据

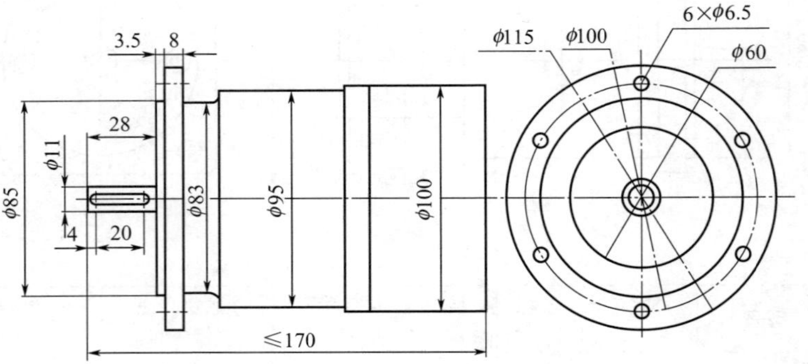

续表

型号	额定电压/V	额定电流/mA	额定功率/W	额定转速/(r/min)	负载电阻/Ω
CYT54/30-50T	300	180	54	0～5000	1667
CYT8/24-30T	240	33	8	0～3000	7200
CYT66/12-60T	120	550	66	0～6000	218
CYT30/30-50T	300	100	30	0～5000	3000
CYT4/20-25T	200	20	4	0～2500	10000
CYT36/18-90T	180	200	36	0～9000	900
CYT42/60-40T	600	70	42	0～4000	8570
CYT11/15-50T	150	70	11	0～5000	2140
CYT23/25-40	250	92	23	0～4000	2720
CYT23/23-36	230	100	23	0～3600	2300
CYT23/11-36	110	209	23	0～3600	526
CYT23/11-30	110	209	23	0～3000	526
CYT23/11-20	110	209	23	0～2000	526
CYT23/11-10	110	209	23	0～1000	526
CYT23/11-15	110	209	23	0～1500	526
CYT23/23-15	230	100	23	0～1500	2300
CYT14/11-30	110	127	14	0～3000	870
CYT14/11-20	110	127	14	0～2000	870
CYT14/11-15	110	127	14	0～1500	870
CYT14/11-10	110	127	14	0～1000	870
CYT14/24-40	240	58	14	0～4000	4140
CYT10/11-5	110	90	10	0～5000	1220
CYT2/2-50	20	100	2	0～5000	200
CYT4.5/5.5-30	55	81.8	4.5	0～3000	670
CYT4.5/5.5-20	55	81.8	4.5	0～2000	670
CYT4.5/5.5-15	55	81.8	4.5	0～1500	670
CYT4.5/5.5-10	55	81.8	4.5	0～1000	670

注：额定电压允差为±5%。

表 6-36 CYT 系列永磁式直流测速发电机外形及安装尺寸

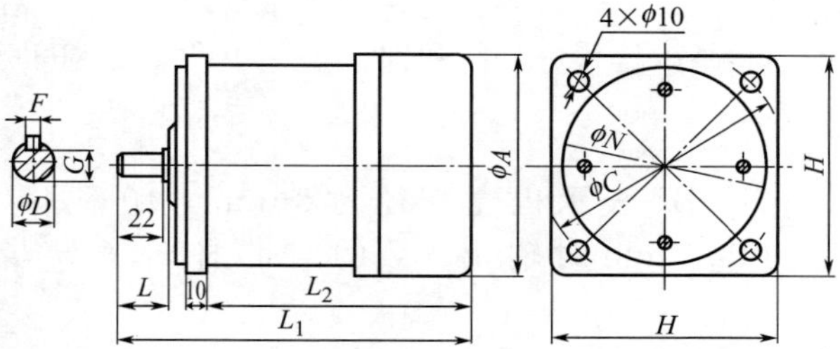

续表

型号	尺寸和公差/mm									
	ϕA	ϕD	ϕC	L_1	L_2	L	G	H	F	ϕN
	—	±0.005	—	—	—	—	−0.1	—	−0.03	−0.07
主型号	100	15	121	182	134	27	12	110	5	100
其他型号	91	12	110	169	123	29	9.5	102	4	95

注：主型号有CYT23/11-10、CYT23/11-15、CYT14/11-10、CYT14/11-15、CYT23/23-15、CYT10/11-5。

6.3.3 交流测速发电机

交流测速发电机是一种测量转速或转速信号的元件，广泛用于各种速度或位置控制系统。在自动控制系统中作为检测速度的元件，以调节电动机转速或通过反馈来提高系统稳定性和精度。由内、外定子，非磁性材料制成的杯形转子等部分组成。定子上放置两个在空间相互垂直的单相绕组，一个为励磁绕组，另一个为输出绕组。

交流测速发电机优点是不需要电刷和换向器，构造简单，维护方便，运行可靠；无滑动接触，输出特性稳定，精度高；摩擦力矩小，惯量小；不产生干扰无线电的火花；正、反转输出电压对称。缺点是存在相位误差和剩余电压；输出斜率小；输出特性随负载性质改变（电阻性、电感性、电容性）。

型号表示方法是：

□	CK	□	□	□
机座代号 用机壳外径 表示(mm)	产品代号 C—测速 K—空心杯	频率代号 4—400Hz 5—50 Hz	电压代号 B—115V C—110V E—36V G—20V	灵敏度代号 表示1000r/min时 的输出电压(V)

例：36CK4B2表示机壳外径为36mm，频率400Hz，电压115V，1000r/min时输出2V的空心杯转子异步测速发动机。

CK系列交流测速发电机技术数据见表6-37。

表 6-37 CK 系列交流测速发电机技术数据

机座号	型　号	励磁电压/V	频率/Hz	励磁电流/A	励磁功率/W	灵敏度(1000r/min)/V	剩余电压/mV		同相线性误差/%	最大线性工作转速/(r/min)
							Ⅰ级	Ⅱ级		
20	20CK4G0.4 20CK4E0.4	20 36	400	0.2	2.2	0.4	15 20	15 20	0.5	3600
28	28CK4BG0.8 28CK4B2.5 28CK4B2.75 28CK4B3	115	400	0.07	4.5	0.8 2.5 2.75 3	20 60 40 40	20 60 60 80	0.1 0.1 0.5 0.3	3600
28	28CK4E0.8 28CK4E2 28CK4E3.5 28CK4E4	36	400	0.2 0.08 0.08 0.08	4.5	0.8 2 3.5 4	15 60 60 80	30 120 120 80	0.5 0.5 0.5 0.3	3600
36	36CK48B2 36CK4B3 36CK4E1	115 115 36	400	0.07 0.07 0.2	5.0	2 3 1	50 40 15	70 80 40	0.2	3600
45	45CK4E1 45CK4B2 45CK4B3 45CK5C2 45CK5C3	36 115 115 110 110	400 400 400 50 50	0.15 0.06 0.1 0.04 0.04	6.0	1 2 3 2 3	40 70 40 40 60	80 70 80 40 60	0.15 0.5 0.2 0.5 0.5	3600 3600 3600 2000 2000
55	55CK5C3 55CK5C5	110	50	0.09 0.05	7.0	3 5	60 10	60 60	0.5 0.5	2000

6.3.4 自整角机

自整角机是利用自整步特性将转角变为交流电压或转角的感应式微型电机，用于测量角度的位移和实现角度信号的远距离传输、变换、接收和指示。两台或多台电机通过电路的联系，使机械上互不相连的两根或多根转轴自动地保持相同的转角变化或同步旋转。产生信号和接收信号的自整角机分别称为发送机和接收机。自整角机按用途分为力矩式和控制式（变压器式）两种，前者用于同步指示系统，后者用作测角元件。

（1）自整角机的分类、功能和精度等级（表 6-38 和表 6-39）

表 6-38　自整角机的分类和功能

分　类		代号	功　　能
力矩式	发送机	ZLF	将转子转角变换成电信号输出
	接收机	ZLJ	接收力矩发送机的电信号，变换成转子的机械能输出
	差动发送机	ZCF	串接于力矩发送机和接收机之间，将发送机转角及自身转角的和（或差）转变为电信号输送到接收机
	差动接收机	ZCJ	串接于两个力矩发送机之间，接收其电信号，并使自身转子转角为两发送机转角的和（或差）
控制式	发送机	ZKF	将转子转角变换成电信号输出
	变压器	ZKB	接收控制式发送机的信号，变换成与失调角成正弦关系的电信号
	差动发送机	ZKC	串接于发送机与变压器之间，将发送机转角及自身转角的和（或差）转变为电信号输送到变压器

表 6-39　自整角机的精度等级

自 整 角 机 种 类	精度等级		
	0 级	1 级	2 级
力矩式发送机和差动发送机/(′)	3	10	20
力矩式接收机/(′)	0.5	1.2	2
控制式发送机、差动发送机和控制式变压器/(′)	5	10	20

（2）自整角变压器技术数据（表 6-40、表 6-41）

表 6-40　ZKB 控制式自整角变压器的技术数据

型　号	频率/Hz	励磁电压/V	励磁功率/W	最大输出电压/V
20ZKB002	400	16	0.12	36
28ZKB008	400	90	0.5	58
28ZKB009	400	16	0.25	32
36ZKB003	400	90	0.6	58
36ZKB005	400	90	0.6	58
J36ZKB006	50	16	0.5	32
45ZKB002	50	90	1.2	58
45ZKB006	50	90	1.2	58
J45ZKB007	400	90	0.5	58
型　号	**频率/Hz**	**励磁电压/V**	**励磁电流/mA**	**最大输出电压/V**
28ZKB002	400	16	20	36
36ZKB006	50	16	50	32
45ZKB001	400	90	150	58
45ZKB004	50	90	35	58

续表

型　号	频率/Hz	励磁电压/V	励磁电流/mA	最大输出电压/V
45ZKB006	50	90	35	58
J45ZKB007	400	90	10	58
55ZKB003	50	90	35	58
J57ZKB001	400	16	10	32
J62ZKB001	330	120	500	175

表 6-41　ZKW 无接触控制式自整角变压器技术数据

型　号	频率/Hz	励磁电压/V	励磁电流/mA	励磁功率/W	最大电压/V	电气误差/(′)
J28ZKW45	400	60	45	1.7	47	3
J36ZKW45	400	115	100	4.5	90	5、10
J36ZKW58	50	36	100	4	36	10、20
36ZKW001	400	115	30	2	90	—

(3) 自整角发送机技术数据（表 6-42～表 6-46）

表 6-42　ZKW 无刷控制式自整角发送机技术数据

型　号	频率/Hz	励磁电压/V	励磁功率/W	最大电压/V
J36ZKW58	50	25	4	36
J36ZKW45A	400	115	4	90

表 6-43　ZKC 控制式差动自整角发送机技术数据

型　号	频率/Hz	励磁电压/V	励磁功率/W	最大输出电压/V
36ZKC001	400	90	1.1	90
55ZKC001	400	90	6	90

表 6-44　ZKF 系列控制式自整角发送机技术数据

型　号	频率/Hz	励磁电压/V	励磁功率/W	最大输出电压/V
J20ZKF002	400	36	0.9	16
28ZKF005	400	26	0.5	12
28ZKF007	400	26	0.5	12
28ZKF010	400	115	0.7	90
28ZKF011	400	36	1.5	16
36ZKF004	400	115	2	90
36ZKF005	400	115	2	90
J36ZKF007	50	36	1.2	16
45ZKF003	50	110	2	90

续表

型　号	频率/Hz	励磁电压/V	励磁功率/W	最大输出电压/V
45ZKF005	400	115	1.5	90
45ZKF4A	400	115	5	90

表 6-45　ZLF 力矩式自整角发送机技术数据

型　号	频率/Hz	励磁电压/V	励磁电流/mA	励磁功率/W	最大输出电压/V
28ZLF006	400	36	—	2	16
36ZLF003	400	115	180	3.5	90
36ZLF005	400	115	180	3.5	90
36ZLF007	50	110	80	4	90
45ZLF001	400	115	500	7	90
45ZLF002	50	110	160	—	90
45ZLF003	50	110	160	5	90
55ZLF002	50	110	250	—	90
70ZLF002	50	110	500	—	90
90ZLF005	50	110	3000	—	90

表 6-46　ZCF 力矩式差动自整角发送机技术数据

型　号	频率/Hz	励磁电压/V	励磁功率/W	最大输出电压/V
36ZCF002	400	90	2	90
45ZCF001	50	90	7.5	90

（4）多极双通道旋变发送机技术数据（表 6-47 和表 6-48）

表 6-47　XFS 系列多极双通道装配式旋变发送机技术数据

型号	极对数		励磁频率/Hz		励磁电压/V		输出电压/V		输入阻抗/Ω		电气误差	
	粗机	精机	粗机	精机	粗机	精机	粗机	辅机	粗机	精机	粗机/(′)	粗机/(″)
J58XFS1622	1	16	2000	2000	26	26	11.8	11.8	1200	600	±20	±30
J58XFS001	1	16	400	400	26	26	11.8	11.8	1580	450	±30	±35
70XFS003	1	30	400	400	36	36	14.8	14.8	5000	140	±30	±20
J70XFS011	1	16	400	400	36	36	11.8	11.8	3000	200	±30	±25
110XFS008	1	32	400	400	26	26	8.0	8.0	2000	190	±30	±15
110XFS013	1	36	400	400	36	36	11,8	11.8	2500	200	±30	±15
J110XFS3642A	1	36	400	400	26	26	11.8	11.8	1300	100	±30	±15
110XFS019	1	32	400	400	26	26	11.8	11.8	2000	190	±30	±15

表 6-48 XFS 系列多极双通道分装式旋变发送机技术数据

型号	极对数		励磁频率/Hz		励磁电压/V		输出电压/V		输入阻抗/Ω		电气误差	
	粗机	精机	粗机	精机	粗机	精机	粗机	辅机	粗机	精机	粗机/(′)	粗机/(″)
J49XFS001	1	16	1000	1000	6	6	3	3	700	80	±30	±45
J50XFS001	1	8	400	400	26	26	11.8	11.8	2400	130	±30	±30
J60XFS161	1	16	1000	1000	26	26	11.8	11.8	1400	310	±30	±30
J70XFS1641	1	16	400	400	26	26	11.8	11.8	1800	150	±30	±20
J72XFS3642	1	36	400	400	26	26	11.8	11.8	1000	200	±30	±30
J78XFS1643	1	16	400	400	36	36	11.8	11.8	2230	180	±30	±20
J82XFS001	1	32	500	500	26	26	11.8	11.8	2000	200	±20	±20
J110XFS027	1	32	400	400	26	26	11.8	11.8	1500	180	±20	±15
J200XFS3641	1	36	400	400	12	12	4.6	4.6	1500	160	±20	±10
J250XFS001	1	64	400	1000	26	26	8.0	8.0	3500	170	±30	±12
320XFS002	1	64	400	400	26	26	12	12	5000	200	±20	±10
J390XFS642	1	64	400	400	26	26	12	12	3000	300	±30	±10
J550XFS001	1	64	1000	1000	12	12	4.7	4.7	1000	140	±20	±7

（5）自整角接收机技术数据（表 6-49）

表 6-49 ZLJ 力矩式自整角接收机技术数据

型 号	频率/Hz	励磁电压/V	励磁电流/mA	最大输出电压/V
20ZLJ002	400	36	145	16
28ZLJ004	400	115	50	90
36ZLJ003	400	115	250	90
36ZLJ005	400	115	250	90
36ZLJ006	50	110	80	90
45ZLJ003	50	110	160	90
45ZLJ001	400	115	500	90
42ZLJ001	330	110	160	145/208
55ZLJ002	50	110	250	90
70ZLJ002	50	110	500	90
90ZLJ002	50	110	850	90

6.3.5 步进电动机

步进电动机是通过机械方法将电脉冲信号变换成角位移以控制转子转动的微特电机，在自动控制装置中作为执行元件，有机电

表 6-50　BF/BC 系列步进电动机技术参数

型号		26BF	28BF	45BF			70BF							70BC
		3-6	3-6	3-3B	3-3A	3-3C	3-3	3-3A	3-3B	3-3C	3-3J	3-3CT	5-3	450
相数		3	3	3	3	3	3	3	3	3	3	3	5	4
步距角度/(°)		6/3	6/3	3/1.5	3/1.5	3/1.5	3/1.5	3/1.5	3/1.5	3/1.5	3/1.5	3/1.5	3/1.5	1.8/0.9
电压/V		27	27	27	27	27	60/12	60/12	27	27	110	27	60/12	27
静态电流/A		0.2	0.2	0.35	2	0.35	5	5	3	3	0.4	3	3.5	3
保持转矩/mN·m		9.8	9.8	49	98	78.4	490	882	392	881	539	882	294	784
空载启动频率/pps		1400	1400	1200	2500	1000	2000	1500	1800	1500	1000	1400	3000	2000
空载运行频率/pps		—	—	—	—	—	—	—	—	—	—	—	16000	—
负载启动频率	mN·m/pps	1.67/1000	1.67/1000	14.7/1000	24.5/1500	14.7/800	98/1500	147/1000	117.6/1000	147/1000	176.4/500	147/1000	44.1/2500	50/1000
负载运行频率	mN·m/pps	0	—	—	—	—	196/4000	137.2/8000	—	—	—	—	196/8000	—
启动矩频特性	mN·m/pps	0	3.43/50	39.2/50	50.8/50	39.2/40	196/50	441/50	294/50	509.6/50	196/400	451/200	176.4/50	590/50
		0	2.94/200	34.3/200	44.1/200	34.3/150	176.4/200	441/200	137.2/200	450.8/200	176.4/500	294/500	176.4/200	470/200
		0	2.45/500	29.4/500	34.3/500	29.4/400	156.8/500	441/500	166.6/500	294/500	147/600	275/500	137.2/500	350/500
		0	2.06/700	27.4/750	27.4/750	27.4/650	117.6/1000	441/750	117.6/1000	274.4/750	127.4/700	147/1000	88.2/1000	270/1000
		0	1.67/1000	15.7/1000	39.2/2000	15.7/800	98/1500	147/1000	49/1500	147/1000	98/900	—	44.1/2500	240/1500
运行矩频特性	mN·m/pps	—	—	—	—	—	294/2000	392/2000	—	—	—	—	294/2000	—
		—	—	—	—	—	196/4000	196/4000	—	—	—	—	254.8/4000	—

续表

型号		26BF	28BF	45BF			70BF							70BC
		3-6	3-6	3-3B	3-3A	3-3C	3-3	3-3A	3-3B	3-3C	3-3J	3-3CT	5-3	450
运行矩频特性	$\frac{mN\cdot m}{pps}$	—	—	—	—	—	$\frac{98}{8000}$	$\frac{156.8}{6000}$	—	—	—	—	$\frac{196}{8000}$	—
		—	—	—	—	—	$\frac{49}{12000}$	$\frac{137.2}{8000}$	—	—	—	—	$\frac{117.6}{12000}$	—
启动惯频特性	$\frac{g\cdot mm}{pps}$	0	$\frac{0.4}{700}$	$\frac{1.4}{800}$	$\frac{1.4}{2100}$	$\frac{1.4}{700}$	$\frac{13}{1200}$	$\frac{13}{1200}$	$\frac{13}{1500}$	$\frac{13}{1400}$	$\frac{13}{800}$	$\frac{13}{850}$	$\frac{13}{1200}$	$\frac{13}{1700}$
		0	$\frac{0.8}{400}$	$\frac{2.8}{600}$	$\frac{2.8}{1700}$	$\frac{2.8}{500}$	$\frac{26}{1000}$	$\frac{26}{1000}$	$\frac{26}{1100}$	$\frac{26}{1250}$	$\frac{29}{500}$	$\frac{26}{800}$	$\frac{26}{1000}$	$\frac{21}{1700}$
		0	$\frac{1.2}{300}$	$\frac{4.2}{550}$	$\frac{4.2}{1300}$	$\frac{4.2}{450}$	$\frac{39}{700}$	$\frac{39}{900}$	$\frac{39}{900}$	$\frac{39}{1200}$	$\frac{39}{300}$	$\frac{39}{750}$	$\frac{39}{700}$	$\frac{39}{1600}$
每相电感/mH		0	68	12.5	13	—	10	10	18	20	400	20	10	20
分配方式		0	1-2	1-2	1-2	1-2	1-2	1-2	1-2	1-2	1-2	1-2	2-3	1-2
质量/kg		0	0.1	0.29	0.29	—	1.2	1.5	1.2	1.5	1.1	1.9	1.2	1.2

型号		75BF		90BF			110BC	110BF			130BF	
		001	003	3-3	3-3A	5-1.5	380	3-1.5	5-1.5	5-1.5A	3-1.5	3-1.5A
相数		3	3	3	3	5	3	3	5	5	3	3
步距角度/(°)		3/1.5	3/1.5	3/1.5	3/1.5	1.5/0.75	1.5/0.75	1.5/0.75	1.5/0.75	1.5/0.75	1.5/0.75	1.5/0.75
电压/V		24	30	60/12	60/12	60/12	60～80	40	60/12	60/12	110/12	110/12
静态电流/A		3	4	5	5	5	6	6	7	7	10	8
保持转矩/mN·m		392	882	1960	1470	1568	9800	7840	2646	4410	13726	11760
空载启动频率/pps		1750	1250	1000	1000	2000	1100	1000	1700	1500	1200	1400
空载运行频率/pps		—	—	8000	8000	16000	6000	—	16000	16000	9000	9000
负载启动频率	$\frac{mN\cdot m}{pps}$	$\frac{17.6}{1000}$	$\frac{294}{800}$	$\frac{343}{750}$	$\frac{264.6}{750}$	$\frac{343}{750}$	$\frac{2550}{800}$	$\frac{2550}{500}$	$\frac{588}{1000}$	$\frac{686}{1000}$	$\frac{2700}{1000}$	$\frac{2350}{1100}$
负载运行频率	$\frac{mN\cdot m}{pps}$	—	—	$\frac{588}{5000}$	$\frac{176.4}{5000}$	$\frac{590.6}{6000}$	$\frac{1176}{1300}$	$\frac{1170}{3400}$	$\frac{980}{8000}$	$\frac{1176}{8000}$	$\frac{3500}{7000}$	$\frac{3900}{5000}$

续表

型号		75BF		90BF			110BC	110BF			130BF	
		001	003	3-3	3-3A	5-1.5	380	3-1.5	5-1.5	5-1.5A	3-1.5	3-1.5A
启动矩频特性	mN·m/pps	196/600	490/400	588/50	490/50	1078/50	3710/40	4990/200	3450/50	3430/50	5800/50	4700/50
		137.2/800	441/600	490/200	392/200	980/200	3430/200	3724/300	1960/200	2940/200	4400/200	3700/200
		117.61/000	294/800	343/500	343/500	637/500	2940/500	2548/400	1470/500	2450/500	3300/750	2700/750
		88.2/1300	240.1/1000	43/750	294/700	539/1000	1274/600	2750/700	980/750	1960/700	2700/1000	2750/1000
		58.8/1500	142.1/1200	176.4/1000	117.6/1000	343/1500	2550/800	980/800	580/1000	686/1000	1500/1500	1260/1500
运行矩频特性	mN·m/pps	—	—	980/2000	392/2000	833/2000	2450/1000	1960/1000	2450/2000	2940/2000	10300/2000	9800/2000
		—	—	784/4000	294/4000	637/4000	1370/3000	1176/1300	1470/4000	1960/4000	5900/4000	6200/4000
		—	—	392/6000	196/6000	509.6/6000	1170/3400	980/1500	1470/6000	1470/6000	3800/6000	4300/6000
		—	—	196/8000	98/8000	441/8000	880/4000	490/2000	980/8000	1176/8000	3500/7000	3900/7000
启动惯频特性	g·mm/pps	13/1200	13/1100	180/700	180/550	180/1000	240/900	240/700	240/800	240/1000	—	—
		26/1000	26/900	360/500	360/450	360/850	480/750	480/650	480/700	480/900	—	—
		39/800	39/700	540/450	540/350	540/650	700/700	700/600	700/600	700/800	—	—
每相电感/mH		19	35.5	25	13	9	35	30	8	8	13.4	17.8
分配方式		1-2	1-2	1-2	1-2	2-3	1-2	1-2	2-3	2-3	1-2	1-2
质量/kg		1.1	1.7	3.8	2.75	3.8	11	7.5	4.5	5.8	0	0

注：天津安全电机有限公司产品。

式、磁电式及直线式三种基本类型。由于它能保持其在两步之间的位置（和负载），而无需离合器或刹车，因此可以实行精确控制，广泛地应用于数字控制系统（如数模转换装置、数控机床、计算机外围设备和自动记录仪等）之中。

（1）BF/BC系列反应式步进电动机

BF、BC系列步进电动机是用脉冲信号进行控制的磁阻式步进电动机。主要用于各种控制系统，自动控制装置作执行元件。BF/BC系列步进电动机技术参数见表6-50。

（2）STH系列混合式步进电动机

STH系列混合式步进电动机具有较低的启动转矩，能促进电机平稳运行，且为电机微步进操作提供需要的良好定位功能。表6-51是STH系列步进电动机总体数据，各系列步进电动机技术数据见表6-52～表6-57。

表6-51　STH系列步进电动机总体数据

项　目	数　值	项　目	数　值
电阻精度	±10%	环境温度	20～50℃
绝缘等级	B	最小绝缘电阻	100MΩ 500V DC
步距角精度	±5%	最大温升	80℃
最大径向跳动	0.02mm	径向最大力	28N
电感精度	±20%	最大轴向间隙	0.08mm
轴向最大力	10N	绝缘强度	500V AC 50Hz 1mA

表6-52　28系列步进电动机技术数据

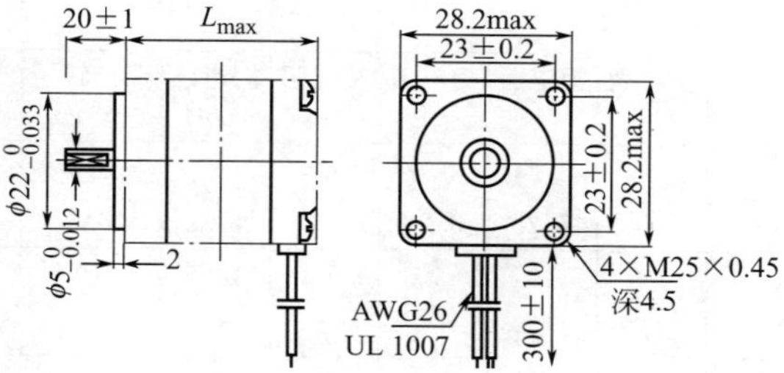

续表

型　号	步距角/(°)	相电压/V	相电流/A	相电阻/Ω	相电感/mH	保持转矩/gf·cm	质量/kg	长度/mm
28STH32-0956A	1.8/0.9	2.75	0.95	2.9	0.9	430	0.11	32
28STH32-0674A		3.88	0.67	5.8	3.2	600		
28STH45-0956A		3.4	0.95	3.4	1.2	750	0.17	45
28STH45-0674A		4.56	0.67	6.8	4.9	950		
28STH51-0956A		4.4	0.95	4.6	1.8	900	0.2	51
28STH51-0674A		6.2	0.67	9.2	7.2	1200		

注：常州市伟通机电制造有限公司产品，下同。

表 6-53　35 系列步进电动机技术数据

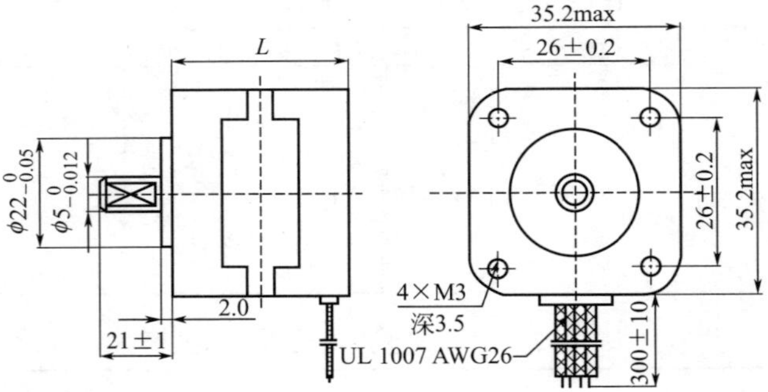

型　号	步距角/(°)	相电压/V	相电流/A	相电阻/Ω	相电感/mH	保持转矩/N·cm	质量/kg	长度/mm
35ST26-0604A	1.8/0.9	3.24	0.6	5.4	3.5	3.5	0.11	26
35ST26-0284A		7.28	0.28	26	19.2	6.5		
35ST28-0504A		10	0.5	20	13.5	10	0.13	28
35ST28-0406A		11.2	0.4	8	10	5		
35ST36-0704A		1.4	0.7	2	2.9	9.2	0.18	36
35ST36-1004A		2.7	1.0	2.7	4.3	14		

表 6-54　42 系列步进电动机技术数据

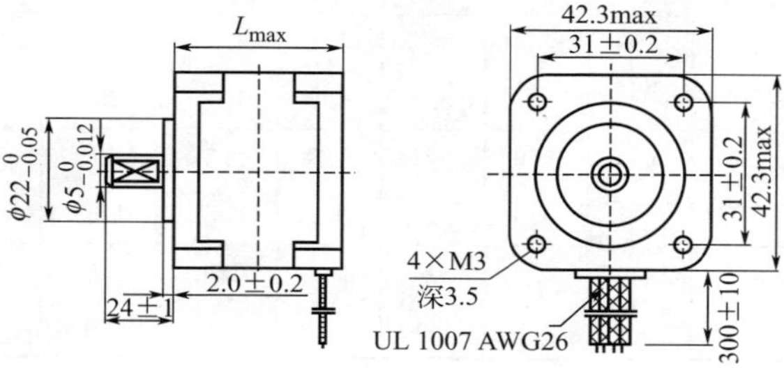

型　号	步距角 /(°)	相电压 /V	相电流 /A	相电阻 /Ω	相电感 /mH	保持转矩 /N·cm	质量 /kg	长度 /mm
42STH33-0956A	1.8/0.9	4	0.95	4.2	2.5	16	0.22	33
42STH33-1334A		2.8	1.33	2.1	2.5	22		
42STH38-1206A		4	1.2	3.3	3.2	26	0.28	38
42STH38-1684A		2.8	1.68	1.65	3.2	36		
42STH47-1206A		4	1.2	3.3	2.8	31.7	0.35	47
42STH47-1684A		2.8	1.68	1.65	2.8	44		

表 6-55　57 系列步进电动机技术数据

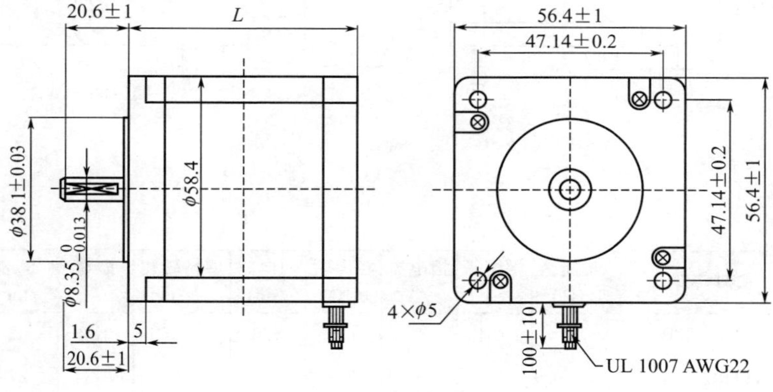

续表

型　号	步距角/(°)	相电压/V	相电流/A	相电阻/Ω	相电感/mH	保持转矩/N·cm	质量/kg	长度/mm
57STH41-2006A	1.8/0.9	2.8	2	1.4	1.4	50	0.45	41
57STH41-2804A		2	2.8	0.7	1.4	55		
57STH56-2006A		3.6	2	1.8	2.5	90	0.7	56
57STH56-2804A		2.5	2.8	0.9	2.5	126		
57STH76-2006A		4.5	2	2.25	3.6	189	1	76
57STH76-2804A		3.2	2.8	1.13	3.6	189		

表 6-56　60 系列步进电动机技术数据

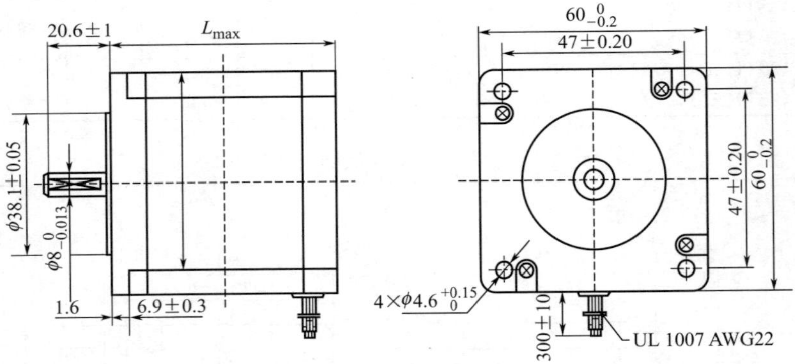

型　号	步距角/(°)	相电压/V	相电流/A	相电阻/Ω	相电感/mH	保持转矩/N·cm	质量/kg	长度/mm
60STH65-2008A	1.8/0.9	8.4	2	1.2	4.6	180	1.2	65
60STH87-3008A		3.9	3	1.3	3.2	220	1.34	87
60STH101-3004A		6	3	2	4	300	1.84	101

表 6-57　85 系列步进电动机技术数据

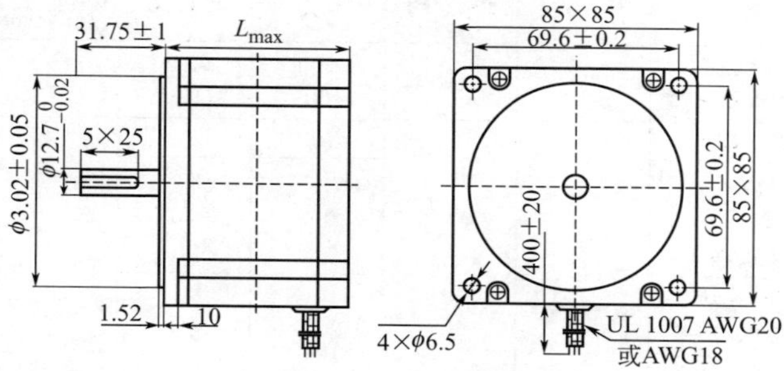

型　号	步距角 /(°)	相电压 /V	相电流 /A	相电阻 /Ω	相电感 /mH	保持转矩 /N·cm	质量 /kg	长度 /mm
85STH80-3004A	1.8/0.9	3.8	3	1.27	10.27	4.6	1.2	80
85STH80-4204A		3.18	4.2	0.75	3.4	4.6	1.2	80
85STH118-4204A		5.25	4.2	1.25	8.0	8.7	2.4	118
85STH156-6204A		4.65	6.2	0.75	9.0	12.2	5.4	156

6.3.6　旋转变压器

旋转变压器是一种电磁式传感器，它是一种测量角度用的小型交流电动机，用来测量旋转物体的转轴角位移和角速度，由定子和转子组成。其中定子和转子绕组分别作为变压器的原边和副边。励磁频率通常用 400Hz、3000Hz 及 5000Hz 等。旋转变压器一般有两极绕组和四极绕组两种结构形式。前者的定子和转子各有一对磁极，后者则各有两对磁极，主要用于高精度的检测系统。除此之外，还有多极式旋转变压器，用于高精度绝对式检测系统。

按输出电压与转子转角间的函数关系，主要分为正-余弦旋转变压器、线性旋转变压器和比例式旋转变压器三大类。

旋转变压器的型号编制方法是：

□	X	□	□	□
机座号 机壳外径 (mm)	旋转 变压器	Z—正-余弦 X—线性式 B—比例式	阻抗代号 为阻抗值的1/100	变压比代号 (约为变压比 的10倍)

（1）正-余弦旋转变压器（表 6-58）

表 6-58　正-余弦旋转变压器的技术参数

机座号	型　号	电压/V	频率/Hz	空载阻抗/Ω	电压比	摩擦力矩/mN·cm	质量/g
12	12XZ6-5	20	400	600	0.45	8	25
	12XZ10-10			1000	1.0		
20	20XZ4-5	26	400	400	0.65	78.2	60
	20XZ6-4			600	0.45		
	20XZ6-5				0.56		
	20XZ6-10				1.0		
	20XZ10-4			1000	0.45		
	20XZ10-5				0.56		
	20XZ10-7				0.78		
	20XZ10-10				1.0		
	20XZ20-4			2000	0.45		
	20XZ20-7				0.78		
	20XZ20-10				1.0		
	20XZ30-10			3000	1.0		
	20XZ40-10			4000	1.0		
	20XZ40-20				2.0		
28	28XZ4-1	36	400	400	0.15	78.2	150
	28XZ4-4				0.45		
	28XZ4-5				0.56		
	28XZ4-10				1.0		
	28XZ6-4			600	0.45		
	28XZ6-5				0.56		
	28XZ6-10				1.0		
	28XZ10-1			1000	0.15		
	28XZ10-4				0.45		
	28XZ10-5				0.56		
	28XZ10-10				1.0		
	28XZ20-5			2000	0.56		
	28XZ10-10				0.78		
	28XZ10-10				1.0		
	28XZ30-5			3000	0.56		
	28XZ30-7				0.78		
	28XZ30-10				1.0		
	28XZ30-20				2.0		
	28XZ40-5			4000	0.56		
	28XZ40-6				0.65		
	28XZ40-10				1.0		
	28XZ60-5			6000	0.56		
	28XZ60-10				1.0		

续表

机座号	型　号	电压/V	频率/Hz	空载阻抗/Ω	电压比	摩擦力矩/mN·cm	质量/g
36	36XZ2-4	36	400	200	0.45	98	250
	36XZ2-5				0.56		
	36XZ4-5			400	0.56		
	36XZ4-10				1.0		
	36XZ6-1			600	0.15		
	36XZ6-4				0.45		
	36XZ6-5				0.56		
	36XZ6-7				0.78		
	36XZ6-10				1.0		
	36XZ10-1			1000	0.15		
	36XZ10-4	60	400	1000	0.45	98	250
	36XZ10-5				0.56		
	36XZ10-10				1.0		
	36XZ20-1			2000	0.15		
	36XZ20-4				0.45		
	36XZ20-5				0.56		
	36XZ20-7				0.78		
	36XZ20-10				1.0		
	36XZ20-20				2.0		
	36XZ30-1			3000	0.15		
	36XZ30-5				0.56		
	36XZ30-10				1.0		
	36XZ40-5			4000	0.56		
	36XZ40-10				1.0		
	36XZ40-20				2.0		
	36XZ60-5			6000	0.56		
	36XZ60-10				1.0		
	36XZ100-5			10000	0.56		
45	45XZ4-1	115	400	400	0.15	98	500
	45XZ4-5				0.56		
	45XZ6-4			600	0.45		
	45XZ6-5				0.56		
	45XZ6-10				1.0		
	45XZ8-5			800	0.56		

续表

机座号	型　号	电压/V	频率/Hz	空载阻抗/Ω	电压比	摩擦力矩/mN·cm	质量/g
45	45XZ10-1 45XZ10-4 45XZ10-5 45XZ10-7 45XZ10-10	115	400	1000	0.15 0.45 0.56 0.78 1.0	98	500
	45XZ20-5 45XZ20-7 45XZ20-10			2000	0.56 0.78 1.0		
	45XZ30-5 45XZ30-10			3000	0.56 1.0		
	45XZ40-5 45XZ40-6 45XZ40-10 45XZ40-20			4000	0.56 0.65 1.0 2.0		
	45XZ60-10 45XZ100-5			6000 10000	1.0 0.56		

（2）XX系列线性旋转变压器（表6-59）

表6-59　线性旋转变压器技术数据

机座号	型号	电压/V	频率/Hz	空载阻抗/Ω	电压比	线性范围/(°)	摩擦力矩/mN·cm	质量/g
20	20XX4-5 20XX6-5 20XX10-5 20XX20-5 20XX40-5	26	400	400 600 1000 2000 4000	0.56	±60	78.2	60
28	28XX4-5 28XX6-5 28XX10-5 28XX20-5 28XX30-5 28XX40-5 28XX50-5	36	400	400 600 1000 2000 3000 4000 6000	0.56	±60	78.2	150
36	36XX2-5 36XX4-5 36XX6-5 36XX10-5 36XX20-5 36XX30-5 36XX40-5 36XX60-5 36XX100-5	36	400	200 400 600 1000 2000 3000 4000 6000 10000	0.56	±60	98	250

续表

机座号	型号	电压/V	频率/Hz	空载阻抗/Ω	电压比	线性范围/(°)	摩擦力矩/mN·cm	质量/g
45	45XX4-5 45XX6-5 45XX8-5 45XX10-5 45XX20-5 45XX30-5 45XX40-5 45XX100-5	115	400	400 600 800 1000 2000 3000 4000 10000	0.56	±60	98	500

(3) 比例式旋转变压器(表 6-60)

表 6-60 比例式旋转变压器技术数据

机座号	型号	电压/V	频率/Hz	空载阻抗/Ω	电压比	质量/g
20	20XB4-5 20XB6-4 20XB6-10 20XB10-4 20XB10-7 20XB10-10 20XB20-4	26	400	400 600 600 1000 1000 1000 2000	0.56 0.45 1.0 0.45 0.78 1.0 0.45	60
28	28XB4-1 28XB4-4 28XB4-5 28XB6-4 28XB6-5 28XB6-10 28XB10-1 28XB10-4 28XB10-5 28XB10-10 28XB20-5 28XB20-7 28XB20-10 28XB30-5 28XB30-7 28XB30-10 28XB30-20 28XB40-5 28XB40-7 28XB40-10 28XB60-5 28XB60-10	36	400	400 400 400 600 600 600 1000 1000 1000 1000 2000 2000 2000 3000 3000 3000 3000 4000 4000 4000 6000 6000	0.15 0.45 0.56 0.45 0.56 1.0 0.15 0.45 0.56 1.0 0.56 0.78 1.0 0.56 0.78 1.0 2.0 0.56 0.78 1.0 0.56 1.0	150

续表

机座号	型号	电压/V	频率/Hz	空载阻抗/Ω	电压比	质量/g
36	36XB4-5	36	400	400	0.56	250
	36XB4-10			400	1.0	
	36XB6-1			600	0.15	
	36XB6-4			600	0.45	
	36XB6-5			600	0.56	
	36XB6-10	60	400	600	1.0	250
	36XB10-1			1000	0.15	
	36XB10-4			1000	0.45	
	36XB10-5			1000	0.56	
	36XB10-10			1000	1.0	
	36XB20-4			2000	0.45	
	36XB20-5			2000	0.56	
	36XB20-7			2000	0.78	
	36XB20-10			2000	1.0	
	36XB20-20			2000	2.0	
	36XB30-1			3000	0.15	
	36XB30-5			3000	0.56	
	36XB30-10			3000	1.0	
	36XB40-5			4000	0.56	
	36XB40-10			4000	1.0	
	36XB40-20			4000	2.0	
	36XB60-5			6000	0.56	
	36XB60-10			6000	1.0	
	36XB100-5			10000	0.56	
45	45XB4-1	115	400	400	0.15	500
	45XB4-5			400	0.56	
	45XB4-10			400	1.0	
	45XB6-4			600	0.45	
	45XB6-5			600	0.56	
	45XB8-5			800	0.56	
	45XB10-4			1000	0.45	
	45XB10-5			1000	0.56	
	45XB10-7			1000	0.78	
	45XB10-10			1000	1.0	
	45XB20-5			2000	0.56	
	45XB20-10			2000	1.0	
	45XB30-5			3000	0.56	
	45XB40-5			4000	0.56	
	45XB40-6			4000	0.65	
	45XB40-10			4000	1.0	
	45XB60-10			6000	1.0	
	45XB100-5			10000	0.56	

第7章

专用和特种电动机

专用电动机是针对特定的行业特点而设计使用的电动机。常见的专用电动机有化工防腐蚀电动机，起重和冶金用电动机，磨煤机用电动机，纺织、水利、生化行业用电动机，潜水电动机和工业用微电机等。

7.1 Y-F、WF系列化工防腐蚀型三相异步电动机

7.1.1 型式和技术参数

① 电动机的外壳防护等级：不低于 IP54。

② 电动机的冷却方法：IC411。

③ 电动机的结构及安装型式：IMB3、IMB5、IMB6、IMB7、IMB8、IMB35、IMV1、IMV3、IMV5、IMV6、IMV15 和 IMV36（表 7-1）。

表 7-1 电动机的结构及安装型式

机座号	结构及安装代号(IM)
80～160	B3、B5、B6、B7、B8、B35、V1、V3、V5、V6、V15、V36
180～225	B3、B5、B35、V1
250～355	B3、B35、V1

④ 电动机的定额：以连续工作制（S1）为基准的连续定额。

⑤ 电动机的额定频率 50Hz，额定电压 380V，功率在 3kW 及

以下者为Y接法，其他功率均为△接法。

⑥ 电动机额定功率：0.55、0.75、1.1、1.5、2.2、3、4、5.5、7.5、11、15、18.5、22、30、37、45、55、75、90、110、132、160、(185)、200、(220)、250、(280) 和 315 (kW)(括号内数值为非优先推荐值)。

7.1.2 机座号与同步转速及功率的对应关系

机座号与同步转速及功率的对应关系见表 7-2。

表 7-2 电动机的机座号与同步转速及功率的对应关系

<table>
<tr><th rowspan="3">机座号</th><th colspan="5">同步转速/(r/min)</th></tr>
<tr><th>3000</th><th>1500</th><th>1000</th><th>750</th><th>600</th></tr>
<tr><th colspan="5">功率/kW</th></tr>
<tr><td>80M1</td><td>0.75</td><td>0.55</td><td rowspan="2">—</td><td rowspan="7">—</td><td rowspan="13">—</td></tr>
<tr><td>80M2</td><td>1.1</td><td>0.75</td></tr>
<tr><td>90S</td><td>1.5</td><td>1.1</td><td>0.75</td></tr>
<tr><td>90L</td><td>22</td><td>15</td><td>1.1</td></tr>
<tr><td>100L1</td><td rowspan="2">3</td><td>2.2</td><td rowspan="2">1.5</td></tr>
<tr><td>100L2</td><td>3</td></tr>
<tr><td>112M</td><td>4</td><td>4</td><td>2.2</td></tr>
<tr><td>132S1</td><td>5.5</td><td rowspan="2">5.5</td><td rowspan="2">3</td><td rowspan="2">2.2</td></tr>
<tr><td>132S2</td><td>7.5</td></tr>
<tr><td>132M1</td><td rowspan="2">—</td><td rowspan="2">7.5</td><td>4</td><td rowspan="2">3</td></tr>
<tr><td>132M2</td><td>55</td></tr>
<tr><td>160M1</td><td>11</td><td rowspan="2">11</td><td rowspan="2">75</td><td>4</td></tr>
<tr><td>160M2</td><td>15</td><td>5.5</td></tr>
<tr><td>160L</td><td>18.5</td><td>15</td><td>11</td><td>7.5</td><td rowspan="10">—</td></tr>
<tr><td>180M</td><td>22</td><td>18.5</td><td>—</td><td>—</td></tr>
<tr><td>180L</td><td>—</td><td>22</td><td>15</td><td>11</td></tr>
<tr><td>200L1</td><td>30</td><td rowspan="2">30</td><td>18.5</td><td rowspan="2">15</td></tr>
<tr><td>200L2</td><td>37</td><td>22</td></tr>
<tr><td>225S</td><td>—</td><td>37</td><td>—</td><td>18.5</td></tr>
<tr><td>225M</td><td>45</td><td>45</td><td>30</td><td>22</td></tr>
<tr><td>250M</td><td>55</td><td>55</td><td>37</td><td>30</td></tr>
<tr><td>280S</td><td>75</td><td>75</td><td>45</td><td>37</td></tr>
<tr><td>280M</td><td>90</td><td>90</td><td>55</td><td>45</td></tr>
<tr><td>315S</td><td>110</td><td>110</td><td>75</td><td>55</td><td>45</td></tr>
<tr><td>315M</td><td>132</td><td>132</td><td>90</td><td>75</td><td>55</td></tr>
</table>

续表

机座号	同步转速/(r/min)				
	3000	1500	1000	750	600
	功率/kW				
315L1	160	160	110	90	75
315L2	200	200	132	110	
355M1	(220)	(220)	160	132	90
355M2	250	250	(185)	160	110
355M3	—	—	200	—	—
355L1	(280)	(280)	(220)	(155)	132
355L2	315	315	250	200	

注：S、M、L 后面的数字 1、2 分别代表同一机座号和转速下的不同功率。

7.1.3 主要技术数据

（1）Y-F、Y-WF 系列户内、户外化工防腐蚀型

Y-F、Y-WF 系列 6kV 和 380V 三相异步电动机主要技术数据见表 7-3 和表 7-4。

表 7-3 Y-F、Y-WF 系列 6kV 三相异步电动机主要技术数据（H355～500）

型号	额定功率/kW	额定电流/A	额定转速/(r/min)	效率/%	功率因数	堵转电流/额定电流	堵转转矩/额定转矩	最大转矩/额定转矩	外形尺寸/mm		
									长	宽	高
Y355-4-F、WF	185	22.6	1480	92.8	0.85	6.5	0.8	1.8	2200	1000	1500
Y355-4-F、WF	200	24.4		92.9					2200	1000	1500
Y355-4-F、WF	220	26.8		93.0					2200	1000	1500
Y355-4-F、WF	250	30.4		93.1					2200	1000	1500
Y355-4-F、WF	280	33.6		93.2					2400	1120	1700
Y355-4-F、WF	315	37.8		93.3					2400	1120	1700
Y400-4-F、WF	355	42.5	1480	93.5	0.86	6.5	0.8	1.8	2400	1120	1700
Y400-4-F、WF	400	47.8		93.7							
Y400-4-F、WF	450	53.7		93.9							
Y450-4-F、WF	500	59.5	1480	94.0	0.86	6.5	0.8	1.8	2600	1260	1900
Y450-4-F、WF	560	66.5		94.2					2600	1260	1900
Y450-4-F、WF	630	74.7		94.4					2600	1260	1900
Y450-4-F、WF	710	84.0		94.6					2600	1260	1900
Y450-4-F、WF	800	93.3		94.8					3000	1420	2100

续表

型号	额定功率/kW	额定电流/A	额定转速/(r/min)	效率/%	功率因数	堵转电流/额定电流	堵转转矩/额定转矩	最大转矩/额定转矩	外形尺寸/mm 长	宽	高
Y500-4-F、WF	900	104.9	1480	94.9	0.87	6.5	0.7	1.8	3000	1420	2100
Y500-4-F、WF	1000	116.4		95.0							
Y500-4-F、WF	1120	130.3		95.1							
Y400-6-F、WF	185	23.5	990	94.2	0.82	6.0	0.8	1.8	2400	1120	1700
Y400-6-F、WF	200	25.3		92.6							
Y400-6-F、WF	220	27.8		92.8							
Y400-6-F、WF	250	31.5		93.0							
Y400-6-F、WF	280	35.2		93.3							
Y400-6-F、WF	315	39.5		93.5							
Y450-6-F、WF	355	43.9	990	93.7	0.83	6.0	0.8	1.8	2600	1260	1900
Y450-6-F、WF	400	49.4		93.8							
Y450-6-F、WF	450	55.4		94.1							
Y450-6-F、WF	500	61.5		94.3							
Y500-6-F、WF	560	68.0	990	94.4	0.84	6.0	0.7	1.8	3000	1420	2100
Y500-6-F、WF	630	76.4		94.5							
Y500-6-F、WF	710	85.8		94.8							
Y500-6-F、WF	800	96.6		94.9							
Y400-8-F、WF	185	24.7	740	92.5	0.78	5.5	0.8	1.8	2400	1120	1700
Y400-8-F、WF	200	26.6		92.7							
Y400-8-F、WF	220	29.2		92.9							
Y450-8-F、WF	250	32.7	740	93.0	0.79	5.5	0.8	1.8	2600	1260	1900
Y450-8-F、WF	280	36.6		93.2							
Y450-8-F、WF	315	41.1		93.4							
Y450-8-F、WF	355	46.2		93.5							
Y500-8-F、WF	400	51.3	740	93.7	0.80	5.5	0.8	1.8	3000	1420	2100
Y500-8-F、WF	450	57.7		93.8							
Y500-8-F、WF	500	63.8		94.2							
Y500-8-F、WF	560	71.4		94.4							
Y450-10-F、WF	185	25.2	592	91.7	0.77	5.5	0.8	1.8	2600	1260	1900
Y450-10-F、WF	200	27.2		91.9					2600	1260	1900
Y450-10-F、WF	220	29.9		92.1					2600	1260	1900
Y450-10-F、WF	250	33.8		92.3					2600	1260	1900
Y450-10-F、WF	280	37.8		92.5					2600	1260	1900
Y450-10-F、WF	315	42.4		92.8					3000	1420	2100
Y500-10-F、WF	355	47.1	592	93.0	0.78	5.5	0.8	1.8	3000	1420	2100
Y500-10-F、WF	400	52.9		93.3							
Y500-10-F、WF	450	59.4		93.4							

续表

型号	额定功率/kW	额定电流/A	额定转速/(r/min)	效率/%	功率因数	堵转电流/额定电流	堵转转矩/额定转矩	最大转矩/额定转矩	外形尺寸/mm		
									长	宽	高
Y450-12-F、WF	185	26.9	493	91.8	0.72	5.5	0.8	1.8	2600	1260	1900
Y450-12-F、WF	200	29.1		92.0							
Y500-12-F、WF	220	31.5	493	92.2	0.73	5.5	0.8	1.8	3000	1420	2100
Y500-12-F、WF	250	35.6		92.5							
Y500-12-F、WF	280	39.8		92.7							
Y500-12-F、WF	315	44.7		92.8							

注：额定电压 6000V。

表 7-4　Y-F、Y-WF 系列 380V 三相异步电动机主要技术数据

型号	额定功率/kW	额定电流/A	额定转速/(r/min)	效率/%	功率因数	堵转电流/额定电流	堵转转矩/额定转矩	最大转矩/额定转矩	外形尺寸/mm			质量/kg
									长	宽	高	
Y355M-2-F、WF	185	336	2980	94.0	0.89	6.8	1.2	2.2	1470	730	1010	1740
Y355M-2-F、WF	200	363		94.1	0.88				1470			1760
Y355M-2-F、WF	220	398		94.2	0.89				1470			1780
Y355M-2-F、WF	250	447		94.5	0.90				1470			1800
Y355M-2-F、WF	280	500		94.8	0.90				1540			1900
Y355M-2-F、WF	315	560		95.0	0.90				1540			1950
Y355M-4-F、WF	185	343	1488	94.2	0.87	6.8	1.3	2.2	1500	730	1010	1780
Y355M-4-F、WF	200	370		94.4								1800
Y355M-4-F、WF	220	408		94.6								1830
Y355M-4-F、WF	250	462		94.8								1850
Y355L-4-F、WF	280	516	1488	95.0	0.87	6.8	1.3	2.2	1570	730	1010	1900
Y355L-4-F、WF	315	580		95.2								1950
Y355M-6-F、WF	160	301	991	94.2	0.86	6.5	1.3	2.0	1500	730	1010	1780
Y355M-6-F、WF	185	347		94.3								1800
Y355M-6-F、WF	200	374		94.4								1830
Y355L-6-F、WF	220	412	991	94.6	0.86	6.5	1.3	2.0	1570	730	1010	1900
Y355L-6-F、WF	250	467		94.8								1950
Y355M-8-F、WF	132	261	742	93.8	0.82	6.0	1.4	2.0	1500	730	1010	1780
Y355M-8-F、WF	160	317		94.0								1800
Y355L-8-F、WF	185	365	742	94.3	0.82	6.0	1.4	2.0	1570	730	1010	1900
Y355L-8-F、WF	200	394		94.4								1950
Y355M-10-F、WF	90	185	594	92.8	0.76	5.8	1.4	2.0	1500	730	1010	1900
Y355L-10-F、WF	110	226	593	93.2	0.76	5.8	1.4	2.0	1570	730	1010	1950
Y355L-10-F、WF	132	267		93.4								2000

注：额定电压为 380V。

（2）YR-F、YR-WF 系列户内、户外化工防腐蚀型

YR-F、YR-WF 系列 6kV 三相异步电动机主要技术数据见表 7-5。

表 7-5　YR-F、YR-WF 系列 6kV 三相异步电动机主要技术数据（H355～500）

型号	额定功率/kW	额定电流/A	额定转速/(r/min)	效率/%	功率因数	转子		外形尺寸/mm		
						电压/V	电流/A	长	宽	高
YR355-4-F、WF	185	23.3	1480	92.0	0.83	198	407.9	2400	1400	1500
YR355-4-F、WF	200	25.1		92.2		204	427			
YR355-4-F、WF	220	27.6		92.4		215	444.7			
YR400-4-F、WF	250	30.9	1480	92.7	0.84	235	455.4	2600	1510	1700
YR400-4-F、WF	280	34.6		92.8		259	462.3			
YR400-4-F、WF	315	38.8		92.9		288	467.2			
YR400-4-F、WF	355	43.7		93.0		297	510			
YR400-4-F、WF	400	49.2		93.2		325	524			
YR450-4-F、WF	450	54.5	1480	93.4	0.85	346	546.1	2800	1630	1900
YR450-4-F、WF	500	60.5		93.6		371	564.7			
YR450-4-F、WF	560	67.5		93.9		402	573.2			
YR450-4-F、WF	630	75.7		94.2		440	589.1			
YR500-4-F、WF	710	84.2	1480	94.3	0.86	584	499.7	3200	1760	2100
YR500-4-F、WF	800	94.8		94.4		610	538.5			
YR500-4-F、WF	900	106.6		94.5		662	557			
YR500-4-F、WF	1000	118.3		94.6		723	566.7			
YR400-6-F、WF	185	23.6	960	91.9	0.82	174	470.3	2600	1510	1700
YR400-6-F、WF	200	25.5		92.1		187	472.1			
YR400-6-F、WF	220	28.0		92.3		197	491.8			
YR400-6-F、WF	250	31.7		92.5		222	494.9			
YR400-6-F、WF	280	35.5		92.6		232	529.8			
YR450-6-F、WF	315	39.4	960	92.8	0.83	244	558.7	2800	1630	1900
YR450-6-F、WF	355	44.3		93.0		272	563.6			
YR450-6-F、WF	400	49.7		93.3		307	560.8			
YR450-6-F、WF	450	55.9		93.4		402	481.3			
YR500-6-F、WF	500	61.2	990	93.6	0.84	519	408.4	3200	1760	2100
YR500-6-F、WF	560	68.4		93.8		553	428.4			
YR500-6-F、WF	630	76.7		94.1		598	429.9			
YR500-6-F、WF	710	86.3		94.3		660	452.7			

续表

型号	额定功率/kW	额定电流/A	额定转速/(r/min)	效率/%	功率因数	转子		外形尺寸/mm		
						电压/V	电流/A	长	宽	高
YR400-8-F、WF YR400-8-F、WF	185 200	24.9 26.8	740	91.8 92.0	0.78	241 272	357.4 341.6	2600	1510	1700
YR450-8-F、WF YR450-8-F、WF YR450-8-F、WF YR450-8-F、WF	220 250 280 315	29.1 33.0 36.9 41.4	740	92.2 92.3 92.5 92.6	0.79	325 352 384 423	309.8 324.7 332.6 339.3	2800	1630	1900
YR500-8-F、WF YR500-8-F、WF YR500-8-F、WF YR500-8-F、WF	355 400 450 500	46.1 51.7 58.1 64.3	740	92.7 93.0 93.1 93.5	0.8	402 443 493 528	396.9 404.5 408.5 422	3200	1760	2100
YR450-10-F、WF YR450-10-F、WF YR450-10-F、WF YR450-10-F、WF	185 200 220 250	25.4 27.4 30.1 34.1	592	90.9 91.1 91.3 91.5	0.77	298 321 348 379	295.7 296.1 299.8 312.1	2800	1630	1900
YR500-10-F、WF YR500-10-F、WF YR500-10-F、WF YR500-10-F、WF	280 315 355 400	37.6 42.3 47.6 53.2	592	91.8 91.9 92.1 92.8	0.78	399 438 488 524	326.7 334.4 337.5 351.5	3200	1760	2100
YR450-12-F、WF YR450-12-F、WF	185 200	27.3 29.4	493	90.6 90.8	0.72	283 321	334.0 317.7	2800	1630	1900
YR500-12-F、WF YR500-12-F、WF YR500-12-F、WF YR500-12-F、WF	220 250 280 315	31.9 36.1 40.3 45.1	493	91.0 91.3 91.7 92.0	0.73	297 321 349 384	371.7 389.5 399.5 407.1	3200	1760	2100

注：表内数据为标准值，额定电压 6000V；最大转矩/额定转矩＝1.8。

7.2 起重和冶金用电动机

7.2.1 YZ、YZR 系列

YZ 系列为笼型电动机，YZR 系列为绕线转子电动机，它们具有过载能力大和机械强度高的特点，特别适用于驱动各种类型的冶金及起重机械或其他类似设备。功率≤132kW 的定子绕组用 Y 接法，其余的用△接法。

电动机正常运行环境条件：冶金用电动机冷却介质温度不超过60℃，起重用电动机冷却介质温度不超过40℃；海拔不超过1000m；无经常的、显著的机械振动和冲击。

型号编制方法：

Y	Z	R	□	□	□	□
异步	起重和冶金用	绕线转子	轴中心高	机座长度 L—长机座 M—中机座 S—短机座	铁芯长度	极数

（1）电动机机座号和同步转速（表7-6）

表7-6　YZ、YZR系列电动机机座号和同步转速

机座号		同步转速/(r/min)			机座号		同步转速/(r/min)		
112M		1.5			250	M2	45	37	
132	M1	2.2			280	S	55	45	37
	M2	3.7				M	75	55	45
160	M1	5.5			315	S	90	75	55
	M2	7.5				M	110	90	75
	L	11	7.5		355	M		110	90
180L		15	11			L1		132	110
200L		22	15			L2		160	132
225M		30	22		400	L1		200	160
250	M1	37	30			L2		250	200

（2）电动机在额定功率下的相对参数保证值（表7-7和表7-8）

表7-7　基准工作制时，YZR系列电动机在额定功率下的最大转矩/额定转矩保证值

额定功率/kW	$\frac{最大转矩}{额定转矩}$	额定功率/kW	$\frac{最大转矩}{额定转矩}$	额定功率/kW	$\frac{最大转矩}{额定转矩}$
≤5.5	2.3	>5.5～11	2.5	>11	2.8

表7-8　基准工作制时，YZ系列电动机在额定功率下的相对转矩的保证值

额定功率/kW	$\frac{最大转矩}{额定转矩}$	$\frac{堵转转矩}{额定转矩}$	额定功率/kW	$\frac{最大转矩}{额定转矩}$	$\frac{堵转转矩}{额定转矩}$
≤5.5	2.0	2.0	>11	2.5	2.5
>5.5～11	2.3	2.3			

（3）电动机的转动惯量、转子开路电压和空载电流值（表7-9和表 7-10）

表 7-9　YZ 系列电动机基准工作制时转动惯量、转子开路电压和空载电流值

机座号		1000r/min		750r/min		质量单/复/kg
		转动惯量/kg·m²	空载电流/A	转动惯量/kg·m²	空载电流/A	
112M		0.022	2.5			58/60
132	M1	0.056	3.1			80/82
	M2	0.112	4.1			91.5/193.5
160	M1	0.114	6.5			118.5/120.5
	M2	0.143	9.3			131.5/133.5
	L	0.192	11.2	0.192	11.1	152/154
180L				0.352	12.2	205/208
200L				0.622	18.3	276/281
225M				0.820	24.3	347/352
250M1				1.432	33.0	462/472

表 7-10　YZR 系列电动机基准工作制时转动惯量、转子开路电压和空载电流值

机座号		1000r/min			750r/min			600r/min			质量单/复/kg
		转动惯量/kg·m²	转子开路电压/V	空载电流/A	转动惯量/kg·m²	转子开路电压/V	空载电流/A	转动惯量/kg·m²	转子开路电压/V	空载电流/A	
112	M1	0.03	100	2.7							76/78
132	M1	0.06	132	3.3							98/100
	M2	0.07	185	4.5							110/112
160	M1	0.12	138	7.5							140/142
	M2	0.15	185	10.5							150/152
	L	0.20	250	13.0	0.20	205	11.9				175/178
180L		0.39	218	18.8	0.39	172	14.8				232/235
200L		0.67	200	26.6	0.67	178	19.7				315/320
225M		0.84	250	32.3	0.82	232	28.3				385/390
250	M1	1.52	250	27.2	1.52	272	34.5				525/535
	M2	1.78	290	30.8	1.79	335	43.7				560/570

续表

机座号		1000r/min			750r/min			600r/min			质量单/复/kg
		转动惯量/kg·m²	转子开路电压/V	空载电流/A	转动惯量/kg·m²	转子开路电压/V	空载电流/A	转动惯量/kg·m²	转子开路电压/V	空载电流/A	
280	S	2.35	280	38.4	2.35	305	54.9	3.58	150	49.0	770/785
	M	2.86	370	51.9	2.86	360	55.9	3.98	172	59.0	830/845
315	S				7.22	302	69.1	7.22	242	74.2	1100/1115
	M				8.68	372	64.6	8.68	325	99.2	1245/1260
355	M							11.32	330	97.3	1530/1550
	L1							17.08	388	104.3	1770/1790
	L2							19.18	475	147.1	1890/1910
400	L1							21.52	395	111.0	2500
	L2							28.10	460	126.0	3000

(4) 电动机的安装型式（表 7-11）

表 7-11 YZ、YZR 系列电动机的安装型式

安装型式	代　号	制造范围(机座号)	备注
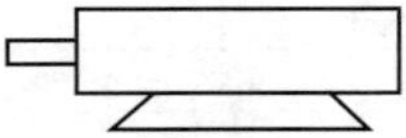	IM1001	112～160	圆柱轴伸
	IM1003	180～400	圆锥轴伸
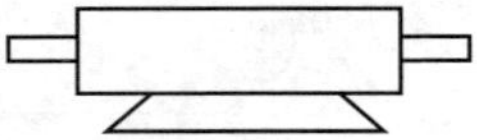	IM1002	112～160	圆柱轴伸
	IM1004	180～400	圆锥轴伸
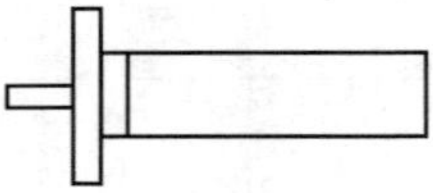	IM3001	112～160	圆柱轴伸
	IM3003	180	圆锥轴伸
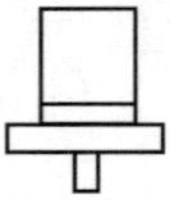	IM3011	112～160	圆柱轴伸
	IM3013	180～315	圆锥轴伸

(5) 电动机的工作方式及技术数据（表 7-12 和表 7-13）

表 7-12　YZ 系列电动机的工作方式及技术数据

工作方式	S3																				转动惯量 /kg·m²	质量 /kg
	每小时启动 6 次																					
CDF	15%			25%			40%								60%			100%				
项目	N /kW	I_1/A	n /(r/min)	N /kW	I_1/A	n /(r/min)	N /kW	I_1/A	n /(r/min)	T_M/T_N	T_{st}/T_N	I_{st}/T_N	η /%	cosφ	N /kW	I_1/A	n /(r/min)	N /kW	I_1/A	n /(r/min)		
机座号	1000r/min																					
112M	2.2	6.5	810	1.8	4.9	892	1.5	4.25	920	2.7	2.44	4.47	69.5	0.75	1.1	2.7	946	0.8	3.5	980	0.022	58
132M1	3	7.5	804	2.5	6.5	920	2.2	5.9	935	2.9	3.1	5.16	74	0.76	1.8	5.3	950	1.5	4.9	960	0.056	80
132M2	5	11.6	890	4.0	9.2	915	3.7	8.8	912	2.8	3.0	5.54	78	0.79	3.0	7.5	940	2.8	7.2	945	0.062	92
160M1	7.5	16.8	903	6.3	14.1	922	5.5	12.5	933	2.7	2.5	4.9	80	0.82	5.0	11.5	940	4.0	10	953	0.114	120
160M2	11	25.4	926	8.5	18.0	943	7.5	15.9	948	2.9	2.4	5.52	81	0.83	6.3	14.2	956	5.5	13	961	0.143	132
160L	15	32	920	13	28.7	936	11	24.6	953	2.9	2.7	6.17	83	0.84	9.0	20.6	964	7.5	18.8	972	0.192	152
机座号	750r/min																					
160L	11	27.4	675	9	21.1	694	7.5	18	705	2.7	2.5	5.1	80	0.76	6	15.6	717	5	14.2	724	0.192	152
180L	15	35.3	654	13	30	675	11	25.8	694	2.5	2.6	4.9	81	0.79	9	21.5	710	7.5	19.2	718	0.352	205
200L	22	47.5	686	18.5	40	697	15	33.1	710	2.8	2.7	1.1	82.5	0.80	13	28.1	714	11	26	720	0.622	276
225M	33	69	687	26	53.5	701	22	45.8	712	2.9	2.9	6.2	84	0.82	18.5	40	718	17	37.5	720	0.820	347
250M	42	89	663	35	74	681	30	63.3	694	2.54	2.7	5.47	85	0.84	26	56	702	22	45	717	1.432	462

表 7-13 YZR 系列电动机的工作方式及技术数据

(1)n=1000r/min

工作方式		S								S3							
										每小时 6 次							
CDF		30min				60min				15%				25%			
项目		N/kW	I_1/A	I_2/A	n/(r/min)	N/kW	I_1/A	I_2/A	n/(r/min)	N/kW	I_1/A	I_2/A	n/(r/min)	N/kW	I_1/A	I_2/A	n/(r/min)
机座号	112M	1.8	5.3	13.4	815	1.5	4.63	12.5	866	2.2	6.6	18.4	725	1.8	5.3	13.4	820
	132M1	2.5	6.5	12.9	892	2.2	6.05	12.6	908	3.0	8.0	16.1	855	2.5	6.5	12.9	890
	132M2	4.0	9.7	14.2	900	3.7	9.20	14.5	908	5.0	12.2	18.2	875	4.0	9.7	14.2	900
	160M1	6.3	16.4	29.4	921	5.5	15.0	25.7	930	7.5	18.5	35.4	910	6.3	16.4	29.4	921
	160M2	8.5	19.6	29.8	930	7.5	18.0	26.5	940	11	24.6	39.6	907	8.5	19.6	29.8	930
	160	13	28.6	31.6	943	11	24.5	27.6	957	16	34.7	39.0	920	13	28.6	31.6	943
	180	17	36.7	49.8	955	15	38.8	46.5	962	20	42.6	58.7	946	17	35.7	49.8	955
	200	26	56.1	82.4	956	22	49.1	69.9	964	33	62	68	942	26	55.1	82.4	956
	225	34	70	85	957	30	62.0	74.4	962	40	80	101	947	34	70	85.0	957
	250M1	42	80	103	960	37	70.5	91.5	965	50	99	123	950	42	80	103	960
	250M2	52	97	110	968	45	84.5	96.0	965	63	121	134	947	52	97	110	958
	280S	63	118	142	966	55	101.5	129.8	969	75	144	169.5	950	63	118	142	966
	280M	85	157	140	966	75	139	124.0	970	100	185	166	950	85	157	140	966

续表

工作方式		S3															
		每小时6次															
CDF		40%								60%				100%			
项目		N/kW	I_1/A	I_2/A	T_n/N·m	I_0/A	n/(r/min)	η/%	$\cos\varphi$	N/kW	I_1/A	I_2/A	n/(r/min)	N/kW	I_1/A	I_2/A	n/(r/min)
机座号	112M	1.5	4.63	12.5	2.5	3.37	866	66	0.77	1.1	3.8	7.32	912	0.8	3.5	5.16	940
	132M1	2.2	6.05	12.6	2.86	4.04	908	70	0.77	1.8	5.4	8.96	924	1.5	6.0	7.3	940
	132M2	3.7	9.20	14.5	2.61	5.58	908	75.5	0.78	3.0.	7.9	10.2	937	2.5	7.5	8.4	950
	160M1	5.5	15.0	25.7	2.66	7.95	930	75.6	0.78	5.0	14	22.9	935	4.0	2.5	18.2	944
	160M2	7.5	18.0	26.5	2.78	11.2	940	79	0.8	6.3	16	21.7	949	5.5	15	18.8	955
	160L	11	24.5	27.5	2.47	13.0	945	80	0.8	9	21	22.3	962	7.5	8.8	18.5	970
	180L	15	33.8	46.5	3.20	18.8	962	84	0.81	13	29.7	37.3	968	11	25.5	31.4	975
	200L	22	49.1	69.9	2.88	26.6	964	86	0.8	19	44.5	60.5	969	17	40.5	52.6	973
	225M	30	62.0	74.4	3.30	29.9	962	88	0.82	26	55	64.5	968	22	50	54.2	975
	250M1	37	70.5	71.5	3.13	26.5	965	89	0.89	32	61	79.0	970	28	55	69	975
	250M2	45	84.5	96	3.48	28.2	964	90	0.89	39	73	83.0	969	33	64	71	974
	280S	55	101.5	119	3.00	34.0	969	91	0.9	48	88	107.1	972	40	76	89	975
	280M	75	139	124	3.46	55.4	970	90	0.87	63	118	104	975	50	95.3	82	980

续表

工作方式		S4											
		每小时150次											
CDF		25%				40%				60%			
项目		N/kW	I_1/A	I_2/A	n /(r/min)	N/kW	I_1/A	I_2/A	n /(r/min)	N/kW	I_1/A	I_2/A	n /(r/min)
机座号	112M	1.6	4.75	11.3	845	1.3	4.2	8.9	890	1.0	3.8	5.8	920
	132M1	2.2	5.0	11.2	908	2.0	5.7	10.0	913	1.7	5.3	8.4	931
	132M2	3.7	9.7	13.1	915	3.5	9.2	11.2	925	2.8	8.5	9.6	940
	160M1	5.8	15.5	27.3	927	5.0	14.1	23.4	935	4.8	13.8	12.7	937
	160M2	7.5	18.0	27.5	940	7.0	17.1	25.6	945	5.0	15.6	21.8	954
	160	11	28.3	27.8	950	10	23.0	25.0	957	8.0	19.5	29.8	969
	180	15	33	43.7	950	13	29.5	37.7	965	12	28.0	34.5	969
	200	21	47	55.4	955	18.5	42.5	48.5	970	17	40.2	53.8	972
	225	28	58	70.0	965	25	53	62.2	969	22	50	54.5	972
	250M1	33	63	82.5	970	30	58	74.9	973	28	54	69.8	975
	250M2	42	78	90.5	957	37	70	79.3	971	33	63	70.5	975
	280S	52	95	116	970	45	83	100	974	42	80	93.6	975
	280M	70	130	115	972	62	114	102	975	55	90	104	978

续表

工作方式		S5												转子电压/V	转动惯量/kg·m²	质量/kg
		每小时300次								每小时600次						
CDF		40%				60%				100%						
项目		N/kW	I_1/A	I_2/A	n/(r/min)	N/kW	I_1/A	I_2/A	n/(r/min)	N/kW	I_1/A	I_2/A	n/(r/min)			
机座号	112M	1.2	4.0	8.0	900	0.9	3.7	5.87	930	0.7	3.4	4.5	946	100	0.03	74
	132M1	1.8	5.4	9.0	936	1.6	5.1	7.87	936	1.4	4.9	6.8	945	132	0.06	97
	132M2	3.3	9.4	11.9	925	2.7	8.5	9.65	940	2.3	6.0	7.5	950	187	0.07	108
	160M1	4.8	14.1	23.4	935	4.5	13.8	22.4	937	3.8	12.2	17.5	946	139	0.12	154
	160M2	6.0	15.6	21.8	954	5.5	14.8	19.8	959	4	13.0	14.2	970	185	0.15	160
	160L	9.0	19.5	29.8	969	7.5	18.7	28.5	971	6	16.7	14.2	978	252	0.20	174
	180L	12	34.6	34.5	969	11	26.6	31.7	972	9	23.6	22.9	978	218	0.39	230
	200L	17	52.6	52.6	972	15	37	40.0	975	11	31.6	28.5	981	199	0.67	320
	225M	22	64.5	64.5	973	20	46	49.4	977	15	39	36.8	982	251	0.84	398
	250M1	26	64.5	64.5	977	25	50	62.1	978	18	39	43.2	984	250	1.62	512
	250M2	31	66.1	66.1	976	30	58	63.9	977	24	49	50.9	981	292	1.78	559
	280S	40	89.0	79.0	977	37	71	82.2	978	30	64	66.5	980	278	2.36	747
	280M	52	85.5	85.5	979	47	92	77.3	981	37	78	61.0	982	370	2.86	848

续表

(2)n=750r/min

工作方式		S								S3 每小时6次							
CDF		30min				60min				15%				25%			
项目		N/kW	I_1/A	I_2/A	n/(r/min)	N/kW	I_1/A	I_2/A	n/(r/min)	N/kW	I_1/A	I_2/A	n/(r/min)	N/kW	I_1/A	I_2/A	n/(r/min)
机座号	160L	9	22.4	28.1	694	7.5	19.1	23.0	706	11	28	36	679	9	22.4	28.1	694
	180L	13	29.1	47.8	700	11	27.0	44.0	700	15	34	56	690	13	29.1	47.8	700
	200	18.5	40	57.2	701	15	33.5	53.5	712	22	48	81	690	18.5	40	67.2	701
	225M	26	56	71.2	708	22	46.9	59.1	715	33	70	91	696	26	55	71.2	708
	250M1	35	64	80	715	30	63.4	67.7	720	42	75	97	710	35	64	80	715
	250M2	42	86	79	716	37	78.0	70.0	720	52	103	98	706	42	86	79	716
	280S	52	108	106	712	45	97.0	92.0	717	63	129	130	704	52	108	106	712
	280M	63	126	110	722	55	110	92.5	725	75	150	132	715	63	126	110	722
	315S	85	155	178	722	75	147	156.7	725	100	200	162	715	85	165	178	722
	315M	100	190	184	715	90	172	160.9	720	125	250	232	717	100	190	184	716

工作方式		S3 每小时6次															
CDF		40%								60%				100%			
项目		N/kW	I_1/A	I_2/A	T_n/N·m	I_0/A	n/(r/min)	η/%	$\cos\varphi$	N/kW	I_1/A	I_2/A	n/(r/min)	N/kW	I_1/A	I_2/A	n/(r/min)
机座号	160L	7.5	19.1	23.0	27.2	12.7	706	78	0.72	6	16.4	18.2	712	5	14	15.0	724
	180L	11	27.0	44.0	27.2	14.8	700	81	0.77	9	21.9	32.1	720	7.5	19.6	26.6	726
	200	16	33.5	53.5	29.4	17.8	712	85	0.78	13	30	46.0	718	11	27	38.7	723
	225M	22	46.9	59.1	29.6	24.2	715	86	0.79	18	41	49.5	721	17	38	45.0	723
	250M1	30	63.4	68.8	26.4	31.4	720	87	0.80	26	52	59.1	725	22	46	49.7	729
	250M2	37	78.1	70.0	27.3	36.9	720	88	0.82	32	68	60.0	725	27	60	51.0	729
	280S	45	99.0	96.1	35.0	59.0	722	88	0.78	39	96	79.0	722	33	76	67.0	796
	280M	55	110	92.5	28.5	62.3	725	89	0.84	48	103	82.8	730	40	93	68.7	732
	315S	75	147	156.7	29.4	62.0	725	89	0.85	63	126	131	729	55	105	104	734
	315M	90	172	160.9	31.3	57.7	720	90	0.87	75	140	136	725	63	124	114	728

工作方式		S4											
		每小时 150 次											
CDF		25%				40%				60%			
项目		N/kW	I_1/A	I_2/A	n/(r/min)	N/kW	I_1/A	I_2/A	n/(r/min)	N/kW	I_1/A	I_2/A	n/(r/min)
机座号	160L	7.5	19	22.8	712	7	18.1	21.2	716	5.8	16.4	17.3	724
	180L	11	25	40.5	711	10	23.6	36.6	717	8.0	20.5	28.8	728
	200	15	34	64.1	713	13	30	46.6	718	12	28.2	46.0	720
	225M	21	45	56.8	718	18.5	41	49.7	721	17	38	45.6	724
	250M1	29	62	68.5	700	25	54	58.7	705	22	49	51.9	712
	250M2	33	70	62.5	723	30	64	55.5	727	28	61	52.8	728
	280S	42	91	86.0	719	37	83	76.0	723	33	76	67.0	726
	280M	52	104	90.2	727	45	93	77.7	730	42	89	72.4	732
	315S	64	118	133	731	60	110	124	733	55	106	116	733
	315M	76	142	136	725	72	136	131	725	65	126	118	727

工作方式		S5												转子电压/V	转动惯量/kg·m²	质量/kg
		每小时 300 次								每小时 600 次						
CDF		40%				60%				60%						
项目		N/kW	I_1/A	I_2/A	n/(r/min)	N/kW	I_1/A	I_2/A	n/(r/min)	N/kW	I_1/A	I_2/A	n/(r/min)			
机座号	160L	6	16.7	18.0	722	5.0	15.5	14.9	727	3.8	13.7	11.2	732	210	0.20	172
	180L	8	20.5	28.8	728	7.5	19.7	26.9	729	5.8	17.8	20.6	736	173	0.39	230
	200	12	28.2	43.0	720	11	27.0	39.1	727	9.0	23	28.1	731	178	0.67	317
	225M	17	38	45.6	724	15	35.1	40.0	724	11	31	29.1	733	234	0.82	390
	250M1	22	49	51.9	712	20	16	46.2	716	15	39	34.2	725	275	1.62	515
	250M2	26	58	48.9	730	25	57	47.0	731	18.5	45	34.4	736	330	1.79	563
	280S	31	74	64.0	728	30	72	62.0	732	24	64	49.0	733	305	2.36	747
	280M	42	89	72.4	732	37	83	63.5	735	30	73	51.4	737	361	2.86	848
	315S	52	100	107	735	48	94	98.8	736	35	80	71.7	740	303	7.22	1050
	315M	60	120	108	729	55	116	99.0	729	41	100	73.7	732	376	8.68	1170

续表

(3)n=600r/min

工作方式		S								S3 每小时6次							
CDF		30min				60min				15%				25%			
项目		N/kW	I_1/A	I_2/A	n /(r/min)	N/kW	I_1/A	I_2/A	n /(r/min)	N/kW	I_1/A	I_2/A	n /(r/min)	N/kW	I_1/A	I_2/A	n /(r/min)
机座号	280S	42	92	177	571	37	84.8	153	560	55	112	235	564	42	92	177	571
	280M	55	127	207	556	45	104	165	560	63	146	241	548	55	127	207	556
	315S	63	132	162	580	55	118	139	580	75	154	194	574	63	132	162	580
	315M	85	179	171	576	75	160	149	579	100	210	203	570	86	179	171	576
	355M	110	218	207	581	90	180	166	585	132	265	252	576	110	218	207	581
	355L1	122	257	213	576	110	217	172	582	160	314	261	571	132	275	213	578
	355L2	150	275	194	588	132	262	168	588	185	252	241	585	150	293	194	588
	400L1	190	390	290	585	160	338	244	587	220	445	330	581	185	383	286	584
	400L2	240	490	302	585	200	427	252	588	270	540	340	582	220	462	277	586

工作方式		S3 每小时6次															
CDF		40%								60%				100%			
项目		N/kW	I_1/A	I_2/A	T_n /N·m	I_0/A	n /(r/min)	η/%	$\cos\varphi$	N/kW	I_1/A	I_2/A	n /(r/min)	N/kW	I_1/A	I_2/A	n /(r/min)
机座号	280S	37	85	153	2.8	44.2	572	86	0.76	32	77	133	578	27	69	112	582
	280M	45	104	166	3.2	63.6	560	86	0.77	37	90	136	568	33	90	118	581
	315S	55	118	139	3.1	62.5	580	88	0.79	48	107	122	585	40	95	101	588
	315M	75	160	149	3.5	85.3	579	89	0.79	63	140	125	584	50	125	97	587
	355M	90	180	167	3.33	83	589	90	0.81	75	154	140	588	63	136	117	585
	355L1	110	217	172	3.10	90	582	91	0.82	90	181	143	586	75	157	119	585
	355L2	132	262	168	3.48	126	588	92	0.82	110	226	142	591	90	191	116	592
	400L1	160	238	244	3.0	175	587	91.5	0.79	132	292	204	589	110	262	171	591
	400L2	200	427	252	2.8	213	588	92.2	0.77	160	362	202	590	132	320	160	592

续表

工作方式		S4											
		每小时 150 次											
CDF		25%				40%				60%			
项目		N/kW	I_1/A	I_2/A	n /(r/min)	N/kW	I_1/A	I_2/A	n /(r/min)	N/kW	I_1/A	I_2/A	n /(r/min)
机座号	280S	33	79	142	578	30	74	125	579	28	71	116	580
	280M	42	99	154	565	37	90	136	569	33	84	118	573
	315S	50	110	128	583	45	100	115	585	42	96	107	586
	315M	65	144	129	584	63	136	119	588	55	130	109	586
	355M	80	160	150	587	72	156	135	588	65	140	121	589
	355L1	100	185	157	586	90	170	142	589	80	155	126	589
	355L2	120	250	150	588	110	230	138	589	95	210	123	591
	400L1	146	314	223	588	130	288	199	589	115	268	175	590
	400L2	185	396	223	590	165	355	262	589	145	332	183	592

工作方式		S5												转子电压 /V	转动惯量 /kg·m²	质量 /kg
		每小时 300 次								每小时 600 次						
CDF		40%				60%				60%						
项目		N /kW	I_1/A	I_2/A	n /(r/min)	N /kW	I_1/A	I_2/A	n /(r/min)	N /kW	I_1/A	I_2/A	n /(r/min)			
机座号	280S	26	68	108	582	25	66	103	583	17	56	69	588	151	3.58	767
	280M	31	82	110	574	28	78	98	577	22	72	75	582	173	3.98	840
	315S	40	94	102	587	37	90	94.5	587	30	84	76	589	244	7.22	1025
	315M	53	126	98.7	587	48	124	94.7	588	37	114	73	589	313	8.68	1156
	355M	60	130	112	590	55	124	102	590	41	104	76.2	591	330	14.3	1520
	355L1	75	160	119	590	70	145	111	591	50	120	78.4	594	389	17.1	1764
	355L2	90	206	116	591	80	190	130	592	60	165	77.1	594	476	19.2	1810
	400L1	110	260	168	591	97	247	148	592	75	220	114	594	410	24.5	2400
	400L2	142	324	176	592	123	298	156	592	96	265	122	594	480	28.1	2950

（6）YZ 系列电动机的外形及安装尺寸（表 7-14～表 7-16）

表 7-14　卧式安装（机座带底脚、端盖无凸缘）

及外形尺寸（YZ112～250）　　　mm

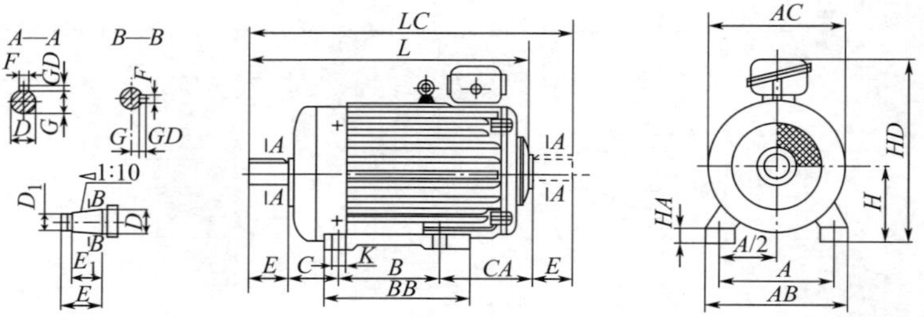

IM1001、IM1003及IM1002、IM1004卧式安装

机座号	安装尺寸及公差								
	A	**A/2**	**B**	**C**	**CA**	**D**	**D_1**	**E**	**E_1**
112M	190±0.7	95±0.5	140±0.7	70±2.0	135	$\phi32^{+0.018}_{+0.002}$	—	80±0.37	—
132M	2.16±0.7	108±0.5	178±0.7	89±2.0	15	$\phi38^{+0.018}_{+0.002}$	—		—
160M	254±1.05	127±0.75	210±1.05	108±3.0	180	$\phi48^{+0.018}_{+0.002}$	—	110±0.43	—
160L			254±1.05		180	$\phi48^{+0.018}_{+0.002}$	—		—
180L	279±1.05	139.5±0.75	279±1.05	121±3.0	180	$\phi55^{+0.046}_{+0}$	M36×3		82
200L	318±1.05	159±0.75	305±1.05	133±3.0	210	$\phi60^{+0.046}_{+0}$	M42×3	140±0.5	105
225M	356±1.05	178±0.75	311±1.05	149±4.0	258	$\phi65^{+0.046}_{+0}$			
250M	406±1.4	203±1.0	349±1.4	168±4.0	295	$\phi70^{+0.046}_{+0}$	M48×3		

机座号	安装尺寸及公差					外形尺寸						
	F	**C**	**H**	**K**	螺栓直径	**AB**	**AC**	**BB**	**HD**	**L**	**LC**	**HA**
112M	$10_{-0.2}^{0}$	$27_{-0.2}^{0}$	$112_{-0.5}^{0}$	$\phi12$	M10	250	250	235	330	420	505	18
132M		$33_{-0.2}^{0}$	$132_{-0.5}^{0}$			275	275	255	360	495	577	20

续表

机座号	安装尺寸及公差					外形尺寸						
	F	C	H	K	螺栓直径	AB	AC	BB	HD	L	LC	HA
160M	$14_{-0.043}^{\ 0}$	$42.5_{-0.2}^{\ 0}$	$160_{-0.5}^{\ 0}$	$\phi15$	M12	320	320	285	420	608	718	25
160L								330		650	762	
180L		$19.9_{-0.2}^{\ 0}$	$180_{-0.5}^{\ 0}$			360	360	380	460	685	800	
200L	$16_{-0.043}^{\ 0}$	$21.4_{-0.2}^{\ 0}$	$200_{-0.5}^{\ 0}$	$\phi19$	M16	405	405	400	510	780	928	28
225M		$23.9_{-0.2}^{\ 0}$	$225_{-0.5}^{\ 0}$			455	430	410	545	850	998	30
250M	$18_{-0.043}^{\ 0}$	$25.4_{-0.2}^{\ 0}$	$250_{-0.5}^{\ 0}$	$\phi24$	M20	515	480	510	604	935	1092	

表 7-15　卧式安装（机座不带底脚、端盖有凸缘、轴伸水平）**及外形尺寸**（YZ112～180）　　mm

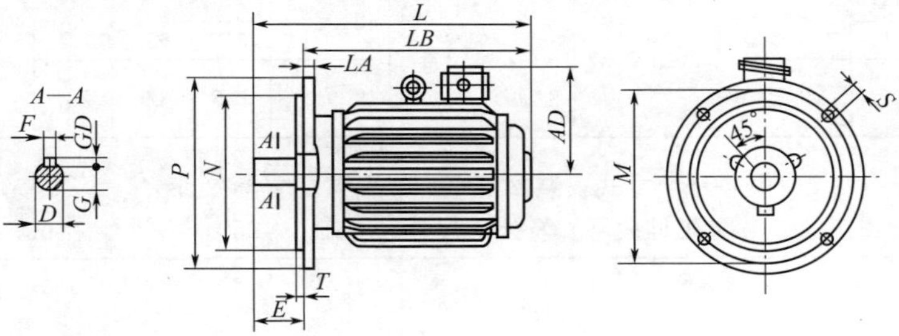

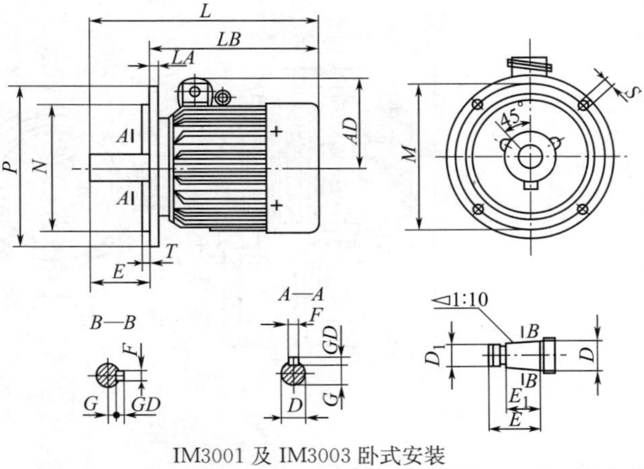

IM3001 及 IM3003 卧式安装

续表

机座号	凸缘代号	安装尺寸及公差						
		M	N	P	T	S	螺栓直径	D
112M	FF215	215	$180^{+0.014}_{-0.011}$	250	4	$15^{+0.043}_{+0}$	M12	$32^{+0.018}_{+0.002}$
132M	FF265	265	$230^{+0.016}_{-0.013}$	300				$38^{+0.018}_{+0.002}$
160M	FF300	300	$250^{+0.016}_{-0.013}$	350	5	$19^{+0.052}_{+0}$	M16	$48^{+0.018}_{+0.002}$
160L								
180L								$55^{+0.046}_{+0}$

机座号	安装尺寸及公差					外形尺寸			
	D_1	E	E_1	F	G	L	LB	AD	LA
112M	—	80±0.37	—	$10^{\ 0}_{-0.036}$	$27^{\ 0}_{-0.2}$	430	350	220	14
132M					$33^{\ 0}_{-0.2}$	495	415	230	
160M		110±0.37		$14^{\ 0}_{-0.043}$	$42.5^{\ 0}_{-0.2}$	700	590	250	18
160L						743	633		
180L	M36×3		82		$19.9^{\ 0}_{-0.2}$	735	625	280	

表 7-16　立式安装（机座不带底脚、端盖有凸缘、轴伸向下）**及外形尺寸**（YZ112～250）　　mm

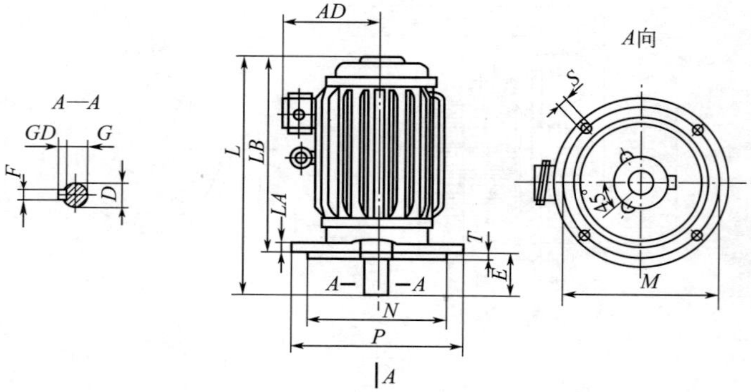

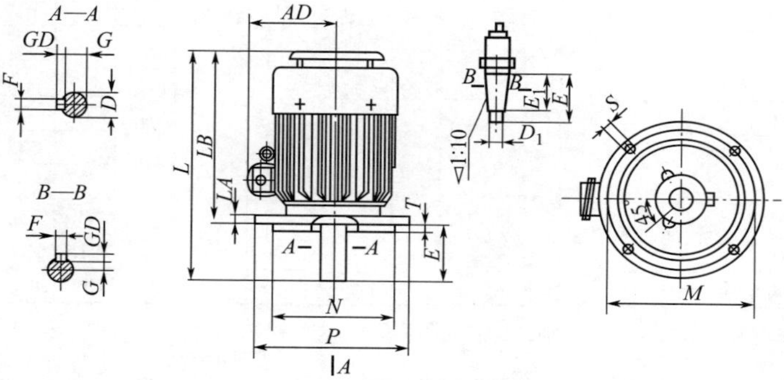

IM3011及IM3013立式安装

机座号	安装尺寸及公差							
	凸缘代号	*D*	*D*₁	*E*	*E*₁	*F*	*G*	*M*
112M	EF215	$\phi 32^{+0.018}_{+0.02}$	—	80	—	$10_{-0.036}^{0}$	$27_{-0.2}^{0}$	215
132M	EF265	$\phi 38^{+0.018}_{+0.02}$	—	80	—		$33_{-0.2}^{0}$	265
160M	EF300	$\phi 48^{+0.018}_{+0.02}$	—		—		$42.5_{-0.2}^{0}$	
160L	EF300	$\phi 48^{+0.018}_{+0.02}$	—	110	—	$14_{-0.043}^{0}$		300
180L	EF300	$\phi 55_{+0}^{0.046}$	M36×3		82		$19.9_{-0.2}^{0}$	
200L	EF400	$\phi 60^{+0.046}_{+0}$	M42×3			$16_{-0.043}^{0}$	$21.4_{-0.2}^{0}$	400
225M	EF400	$\phi 65^{+0.046}_{+0}$	M42×3	140	105		$23.9_{-0.2}^{0}$	
250M	EF500	$\phi 70^{+0.046}_{+0}$	M48×3			$18_{-0.043}^{0}$	$25.4_{-0.2}^{0}$	500

续表

机座号	安装尺寸及公差							外形尺寸			
	N	R	S	T	螺栓直径	P	孔数	AD	L	LB	LA
112M	$180^{+0.014}_{-0.011}$	0	$15^{+0.043}_{+0}$	4	M12	250	4	220	430	350	14
132M	$230^{+0.016}_{-0.013}$					300		230	495	415	
160M	$250^{+0.016}_{-0.013}$		$19^{+0.052}_{+0}$	5	M16	350		260	700	590	18
160L									743	633	
180L								280	735	625	
200L	$350^{+0.018}_{-0.018}$					450	8	320	855	715	20
225M									915	775	
250M	450±0.02					550		355	1005	865	22

注：*R* 为凸缘配合面至轴伸台阶的距离。

（7）YZ 系列电动机的外形及安装尺寸（表 7-17～表 7-19）

表 7-17　IM1001、IM1003 及 IM1002、IM1004 卧式安装
（机座带底脚、端盖无凸缘）(YZ112～400)　　mm

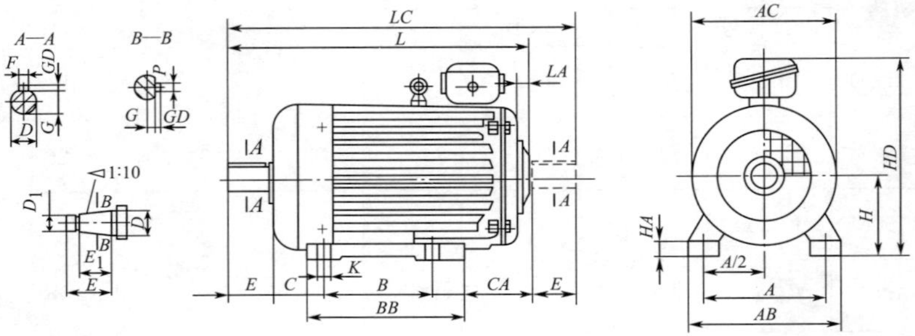

机座号	安装尺寸及公差							
	A	B	C	CA	D	D_1	E	E_1
112M	190±0.7	140±0.7	79±2.0	300	$32^{+0.018}_{+0.002}$	—	80±0.37	—
132M	216±0.7	178±0.7	89±2.0		$38^{+0.018}_{+0.002}$			

续表

机座号	安装尺寸及公差							
	A	*B*	*C*	*CA*	*D*	D_1	*E*	E_1
160M	254±1.05	210±1.05	108±3.0	330	$48^{+0.018}_{+0.002}$	—	110±0.43	—
160L	250±1.05	254±1.05						
180L	279±1.05	279±1.05	121±3.0	360	$55^{+0.046}_{+0}$	M36×3		82
200L	318±1.05	305±1.05	133±3.0	400	$60^{+0.046}_{+0}$	M42×3	140±0.5	105
225M	356±1.05	311±1.05	149±4.0	450	$65^{+0.046}_{+0}$			
250M	406±1.4	349±1.4	168±4.0	540	$70^{+0.046}_{+0}$	M48×3		105
280S	457±1.4	368±1.4	190±4.0		$85^{+0.054}_{+0}$	M56×4	170±0.5	130
280M		419±1.4						
315S	508±1.4	406±1.4	216±4.0	600	$95^{+0.054}_{+0}$	M64×4		130
315M		457±1.4						
355M	610±1.4	560±1.4	254±4.0	630	$110^{+0.054}_{+0}$	M80×4	210±0.58	165
355L		630±1.4						
400L	686±1.75	710±1.75	280±4.0		$130^{+0.063}_{+0}$	M100×4	250±0.58	200

机座号	安装尺寸及公差					外形尺寸						
	F	*G*	*H*	*K*	螺栓直径	*AB*	*AC*	*BB*	*LC*	*HD*	*L*	*LA*
112M	$10^{0}_{-0.036}$	$27^{0}_{-0.02}$	$112^{0}_{-0.5}$	12	M10	250	250	245	670	330	590	18
132M		$33^{0}_{-0.02}$	$132^{0}_{-0.5}$			275	275	285	727	360	645	20
160M	$14^{0}_{-0.043}$	$42.5^{0}_{-0.02}$	$160^{0}_{-0.5}$	15	M12	320	320	285	868	420	758	25
160L								330	912		800	
180M		$19.9^{0}_{-0.02}$	$180^{0}_{-0.5}$			360	360	380	980	460	870	25
200L	$16^{0}_{-0.043}$	$21.4^{0}_{-0.02}$	$200^{0}_{-0.5}$	19	M15	405	405	400	1118	510	975	29
225M		$23.9^{0}_{-0.02}$	$225^{0}_{-0.5}$			455	430	410	1190	545	1050	28
250M	$18^{0}_{-0.043}$	$25.4^{0}_{-0.02}$	$250^{0}_{-0.5}$	24	M20	515	480	510	1337	604	1195	30
280S	$20^{0}_{-0.052}$	$31.7^{0}_{-0.02}$	$280^{0}_{-1.0}$			575	535	530	1438	665	1265	34
280M								580	1489		1315	

续表

机座号	安装尺寸及公差					外形尺寸						
	F	*G*	*H*	*K*	螺栓直径	*AB*	*AC*	*BB*	*LC*	*HD*	*L*	*LA*
315S	$22_{-0.052}^{0}$	$35.2_{-0.02}^{0}$	$315_{-1.0}^{0}$	28	M24	640	620	580	1562	750	1390	37
315M								630	1613		1440	
355M	$25_{-0.052}^{0}$	$41.9_{-0.02}^{0}$	$335_{-1.0}^{0}$			740	710	730	1864	840	1650	38
355L								800	1934		1720	
400L	$28_{-0.052}^{0}$	$50_{-0.02}^{0}$	$400_{-1.0}^{0}$	35	M30	855	940	910	2120	950	1865	45

表 7-18　IM3011 及 IM3013 立式安装（机座不带底脚、端盖有凸缘、轴伸向下）（YZ112～315）　　mm

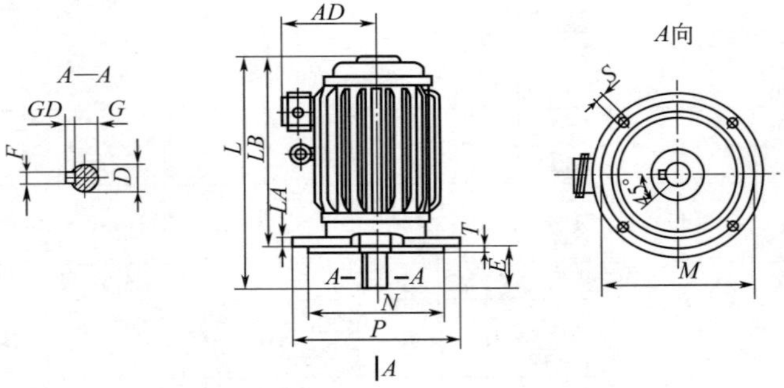

112M、132M

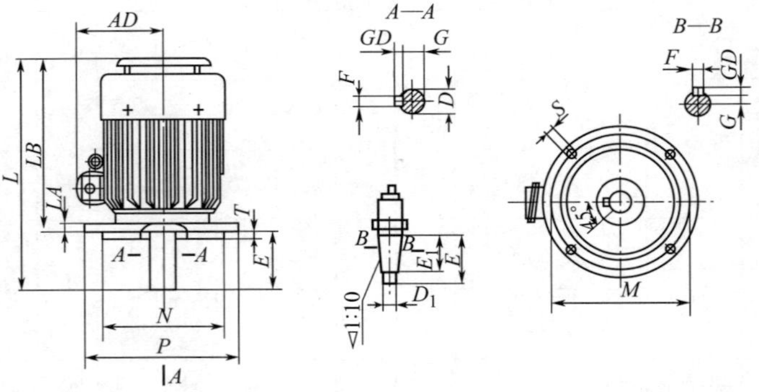

160M～315M

续表

机座号	安装尺寸及公差										
	凸缘代号	M	N	P	R	T	S	螺栓直径	孔数	D	D_1
112M	FF215	215	$180^{+0.014}_{-0.011}$	250	0	4	$15^{+0.43}_{0}$	M12	4	$32^{+0.018}_{+0.002}$	—
132M	FF265	265	$230^{+0.016}_{-0.013}$	300						$38^{+0.018}_{+0.002}$	
160M 160L	FF300	300	$250^{+0.016}_{-0.013}$	350		5	$19^{+0.52}_{0}$	M16		$48^{+0.018}_{+0.002}$	—
180L										$55^{+0.046}_{+0}$	M36×3
200L	FF400	400	$350^{+0.018}_{-0.018}$	450						$60^{+0.046}_{+0}$	M42×3
225M									8	$65^{+0.046}_{+0}$	
250M	FF500	500	450±0.02	550						$70^{+0.046}_{+0}$	M48×3
280S 280M										$85^{+0.054}_{+0}$	M56×3
315S 315M	FF600	600	550±0.02	660		6	$24^{+0.52}_{0}$	M20		$95^{+0.054}_{+0}$	M64×3

机座号	安装尺寸及公差					外形尺寸			
	E	E_1	F	G	GD	L	LA	AD	LB
112M	80±0.37	—	$10^{0}_{-0.036}$	$27^{0}_{-0.2}$	$8^{0}_{-0.09}$	595	14	220	515
132M				$33^{0}_{-0.2}$		645		230	565
160M	110±0.43	—	$14^{0}_{-0.043}$	$42.5^{0}_{-0.2}$	$9^{0}_{-0.09}$	828	18	260	718
160L						872			762
180L		82		$19.9^{0}_{-0.2}$		915		280	805
200L	140±0.5	105	$16^{0}_{-0.043}$	$21.4^{0}_{-0.2}$	$10^{0}_{-0.09}$	1050	20	320	910
225M				$23.9^{0}_{-0.2}$		1110			970
250M			$18^{0}_{-0.043}$	$25.4^{0}_{-0.2}$	$12^{0}_{-0.11}$	1266	22	355	1126
280S	170±0.5	130	$20^{0}_{-0.052}$	$31.7^{0}_{-0.2}$		1370		380	1200
280M						1420			1250
315S			$22^{0}_{-0.052}$	$35.2^{0}_{-0.2}$	$14^{0}_{-0.11}$	1475	25	435	1355
315M						1525			

表 7-19　IM3001 及 IM3003 卧式安装（机座不带底脚、端盖有凸缘、轴伸水平）（YZ112～180）　mm

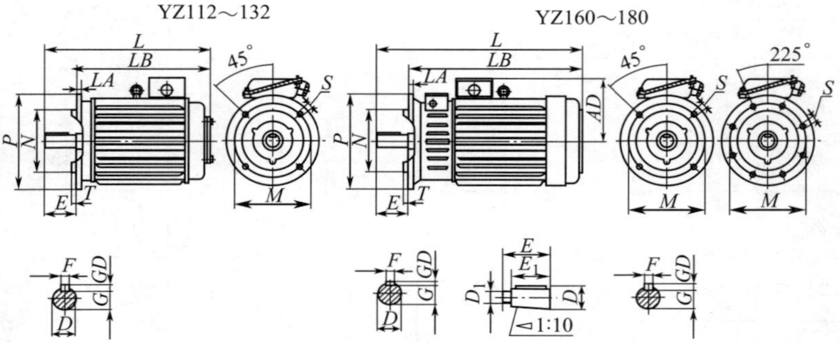

机座号	安装尺寸及公差								
	凸缘代号	*M*	*N*	*P*	*LA*	*T*	*S*	螺栓直径	*D*
112M	FF215	215	$180^{+0.014}_{-0.011}$	250	14	4	$15^{+0.43}_{0}$	M12	$32^{+0.018}_{+0.002}$
132M	FF265	265	$230^{+0.016}_{-0.013}$	300					$38^{+0.018}_{+0.002}$
160M	FF300	300	$250^{+0.016}_{-0.013}$	350	189	5	$19^{+0.52}_{0}$	M16	$48^{+0.018}_{+0.002}$
160L									
180L									$55^{+0.046}_{+0.002}$

机座号	安装尺寸及公差					外形尺寸		
	D_1	*E*	E_1	*F*	*G*	*L*	*LB*	*AD*
112M	—	80±0.37	—	$10^{0}_{-0.036}$	$27^{0}_{-0.2}$	595	515	220
132M	—		—		$33^{0}_{-0.2}$	645	565	230
160M	—	110±0.43	—	$14^{0}_{-0.043}$	$42.5^{0}_{-0.2}$	828	718	250
160L	—		—			972	762	
180L	M36×3		82		$19.9^{0}_{-0.2}$	915	805	280

7.2.2 YZB系列

YZB系列起重及冶金用变频调速三相异步电动机具有过载能力大、机械强度高、调速范围宽、运行稳定的特点，可使用于各种类型的起重及冶金机械或其他类似设备，及经常起重、制动、逆转的场合。

电动机正常运行条件：环境温度不超过40℃（一般环境用）、60℃（冶金环境用）；相对湿度≤90%；海拔不超过1000m；可频繁地启动、制动（电气或机械的）及逆转；可在5～100Hz范围内连续调速，YZB系列电动机不带强迫风冷，YZBF系列电动机带强迫风冷。基准工作制为S3-40%。电动机防护等级为IP44（或IP54），冷却风机防护等级为IP23。冷却方式为全封闭轴向风机冷却（IP416）。绝缘等级为F级（一般环境用）、H级（冶金环境用）；堵转转矩/额定转矩为5Hz时值，最大转矩/额定转矩为50Hz时值。

（1）电动机型号表示方法

YZ	B	(F)	(E)	□	M1	-	□
起重及冶金用异步电动机	变频调速	带风机	带制动	中心高(mm)	M机座1号铁芯长		极数

（2）电动机的安装尺寸及外形尺寸（表7-20～表7-22）

表7-20　IM1001及IM1003卧式安装、机座不带底脚、端盖无凸缘的电动机（YZB112～400）　mm

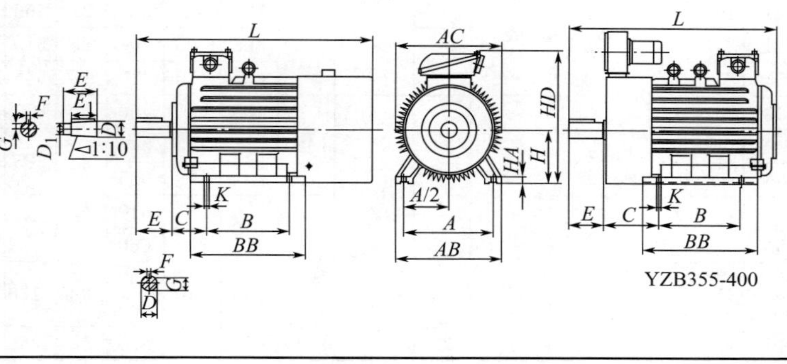

续表

机座号	A	A/2	B	C 基本尺寸	C 极限偏差	D 基本尺寸	D_1	E 基本尺寸	E 极限偏差	E_1 基本尺寸	F 基本尺寸	F 极限偏差
	安装尺寸及公差											
112M	190	95	140	70	±2.0	32		80	±0.37		10	0 −0.036
132M	216	108	178	89		38						
160M	254	127	210	108	±3.0	48		110	±0.43		14	
160L			254									
180L	279	139.5	279	121		55	M36×3			82		0 −0.043
200L	318	159	305	133		60	M42×3	140	±0.50	105	16	
225M	356	178	311	149	±4.0	65						
250M	406	203	349	168		70	M48×3				18	
280S	457	228.5	368	190		85	M56×4	170		130	20	
280M			419									
315S	508	254	406	216		95	M64×4				22	
315M			457									0 −0.052
355M	610	305	560	254		110	M80×4	210	±0.58	165	25	
355L			630									
400L	686	343	710	280		130	M100×4	250		200	28	

机座号	G 基本尺寸	G 极限偏差	H 基本尺寸	H 极限偏差	K 基本尺寸	K 极限偏差	螺栓直径	AB	AC	BB	HA	HD	L
	安装尺寸及公差							外形尺寸					
112M	27	0 −0.2	112	0 −0.5	12	+0.43 0	M10	250	245	235	15	330	590
132M	33		132					275	285	260	17	360	645
160M	42.5		160		15		M12	320	325	290	20	420	758
160L										335			800
180L	19.9		180					360	360	380	22	460	870
200L	21.4		200		19		M16	405	405	400	25	510	975
225M	23.9		225					455	430	410	28	545	1050
250M	25.4		250	0 −1.0	24	+0.52 0	M20	495	480	460	30	650	990
280S	31.7		280					545	535	535	32	685	1150
280M										585			1200
315S	35.2		315		28		M24	640	620	610	35	770	1270
315M										660			1320
355M	41.9		355			+0.62 0		740	710	730	38	1180	1370
355L										800			1430
400L	50		400		35		M30	810	840	820	45	1260	1580

表 7-21　IM3001 及 IM3003 卧式安装机座不带底脚端盖有凸缘的电动机（YZB112～225）

mm

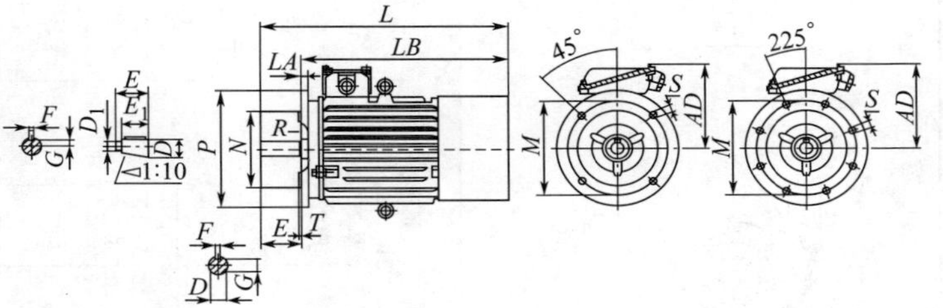

机座号	安装尺寸及公差											
	凸缘代号	D 基本尺寸	D 极限偏差	D_1	E 基本尺寸	E 极限偏差	E_1 基本尺寸	F 基本尺寸	F 极限偏差	G 基本尺寸	G 极限偏差	M
112M	FF215	32	+0.018 +0.002	—	80	±0.37	—	10	0 −0.036	27	0 −0.2	215
132M	FF265	38		—						33		265
160M	FF300	48		—	110	±0.43		14		42.5		300
160L												
180L		55		M36×3			82		0 −0.043	19.9		
200L	FF400	60		M42×3	140	±0.50	105	16		21.4		400
225M		65								23.9		

机座号	安装尺寸及公差										外形尺寸			
	N 基本尺寸	N 极限偏差	P	R 基本尺寸	R 极限偏差	S 基本尺寸	S 极限偏差	螺栓直径	T (max)	孔数	AD	L	LA	LB
112M	180	+0.014 −0.011	250	0	±2	15	+0.43 0	M12	4	4	220	590	14	510
132M	230		300								230	640		560
160M	250	+0.016 −0.013	350		±3	19		M16	5		250	820	18	710
160L												870		760
180L							+0.52 0				280	910		800
200L	350	±0.018	450							8	320	1050	20	910
225M					±4							1110		970

表 7-22　IM3011 及 IM3013 立式安装机座不带底脚端盖有凸缘的电动机（YZB112～315）　　mm

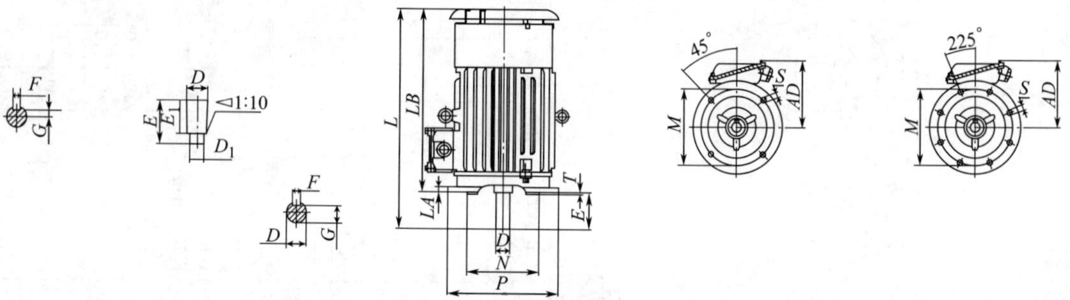

机座号	凸缘代号	D 基本尺寸	D 极限偏差	D_1	E 基本尺寸	E 极限偏差	E_1 基本尺寸	F 基本尺寸	F 极限偏差	G 基本尺寸	G 极限偏差	M	N 基本尺寸	N 极限偏差
112M	FF215	32	+0.018 +0.002	—	80	±0.37	—	10	0 −0.036	27	0 −0.2	215	180	+0.014 −0.011
132M	FF265	38								33		265	230	
160M	FF300	48			110	±0.43		14		42.5		300	250	+0.016 −0.013
160L														
180L		55		M36×3			82			19.9				
200L	FF400	60		M42×3	140	±0.50	105	16	0 −0.043	21.4		400	350	±0.018
225M		65								23.9				
250M	FF500	70		M48×3				18		25.4		500	450	±0.020
280S		85		M56×4	170		130	20	0 −0.052	31.7				
280M														
315S	FF600	95		M64×4				22		35.2		600	660	±0.022
315M														

续表

机座号	安装尺寸及公差								外形尺寸			
	P	R 基本尺寸	R 极限偏差	S 基本尺寸	S 极限偏差	螺栓直径	T (max)	孔数	AD	L	LA	LB
112M	250	0	±2	15	+0.43 0	M12	4	4	220	590	14	510
132M	300								230	640		560
160M	350		±3	19		M16	5		250	820	18	710
160L										870		760
180L									280	910		800
200L	450								320	1050	20	910
225M			±4		+0.52 0			8		1110		970
250M	550								385	1280	22	1140
280S									435	1380		1210
280M										1430		1260
315S	660			24		M20	6		520	1490	25	1320
315M										1540		1370

7.2.3 JZ2系列

JZ2 系列为笼型封闭自扇冷式三相异步电动机，可作为各种类型的起重和冶金辅助设备的驱动之用。电动机可安装于室内或室外，并能在多灰尘场所、冷却介质温度不超过 40℃、海拔不超过 1000m 的环境中正常运转。可在经常快速启动的逆转、经常的机械振动的冲击、经常的电气的机械制动条件下工作。其主要技术性能数据见表 7-23。

表 7-23 JZ2 系列起重及冶金用三相异步电动机主要技术性能数据

机座号	额定值						最大转矩倍数	堵转转矩倍数	堵转电流/A	空载电流/A	飞轮矩/N·m²	绝缘等级	温升限值/K
	功率/kW	电压/V	电流/A	转速/(r/min)	效率/%	cosφ							
11-6	2.2	380 Y	6.4	910	71	0.73	2.5	2.5	27	4.9	0.981	E/F	75/80
12-6	3.5		9.8	915	72	0.75	2.5	2.5	43	7.1	1.275		
21-6	5.0		12.6	925	76	0.79	2.5	2.5	62	7.8	2.158		
22-6	7.5		18.3	930	78	0.80	2.5	2.5	95	10.8	2.942		
31-6	11.0		26.0	945	81	0.79	2.8	2.8	160	15.3	5.590		
31-8	7.5		20.8	700	78	0.70	2.5	2.5	98	14.8	5.590		
41-8	11.0		28.6	705	79	0.74	2.8	2.8	160	19.6	11.28		
42-8	16.0		42.0	710	80	0.72	2.8	2.8	248	28.0	16.18		
51-8	22.0		52.0	720	84	0.75	2.8	2.8	315	30.0	24.52		
52-8	30.0		67.0	720	85	0.80	2.8	2.8	395	33.4	31.87		

7.2.4 JZR2系列

JZR2 系列为绕线型封闭自扇冷式三相异步电动机，可作为各种类型的起重和冶金辅助设备的驱动之用。电动机可安装于室内或室外，并能在多灰尘场所、冷却介质温度不超过 40℃、海拔不超过 1000m 的环境中正常运转。可在经常快速启动的逆转、经常的机械振动的冲击、经常的电气的机械制动条件下工作。其主要技术数据见表 7-24。

表 7-24　JZR2 系列起重及冶金用三相异步电动机主要技术性能数据

机座号	额定值						转子数据				最大转矩倍数	空载电流/A	绝缘等级	温升限值/K
	功率/kW	电压/V	电流/A	转速/(r/min)	效率/%	cosφ	接法	电压/V	电流/A	飞轮矩/N·m²				
11-6	2.2		7.0	900	68.0	0.70		138	12	1.08	2.5	5.8		
12-6	3.5		10.4	910	71.0	0.72		207	12	1.47	2.5	7.9		
21-6	5.0		13.2	925	75.5	0.76		190	19	2.45	2.5	8.9		
22-6	7.5		19.1	935	78.0	0.76		272	19	3.43	2.5	12.4		
31-6	11		27.0	950	81.0	0.76		226	33	7.35	2.8	16.9		
31-8	7.5		22.0	700	77.0	0.67		164	32	7.35	2.5	16.0	E/F	75/80
41-8	11		30.0	705	78.5	0.71		148	49	13.2	2.8	21.4		
42-8	16	380	44.0	710	80.0	0.69	Y	217	48	21.1	2.8	31.0		
51-8	22	Y	53.0	720	85.0	0.71		217	63	27.9	2.8	33.2		
52-8	30		67.0	720	86.0	0.79		272	72	36.8	2.8	37.1		
61-10	30		75.0	580	84.0	0.72		115	131	105.8	2.8	47.7		
62-10	45		100.0	580	87.0	0.78		198	145	148.0	2.8	62.1		
63-10	60		142.0	580	87.5	0.73		272	140	213.6	2.8	89.0	B	80
71-10	80		177.0	585	89.0	0.77		282	177	387.1	2.8	102.0		
72-10	100		220.0	585	90.5	0.76		354	176	444.9	2.8	128.0		
73-10	125		266.0	585	90.3	0.79		425	182	520.4	2.8	144.0		

7.2.5　YZRDW 系列

YZRDW（YZRSW）系列起重用涡流制动绕线转子双速三相异步电动机具有恒功率调速特性，定子采用单绕组变极绕组，8 根引出线；转子采用一套复合线圈绕组。低速极（8 极）设计可通过三个滑环外串阻抗，高速极（4 极）转子绕组内部已接成回路，可自动呈现高阻抗，此时相当笼型电机运行。由于在两种极数下转子都具有较高的阻抗，故既能保证较大的启动转矩和变极切换转矩，又能有效地限制启动电流和变极切换电流。这种电动机具有启动平稳、变极切换电流小、机械冲击小、结构简单、使用方便等特点。

本系列电动机的定、转子绕组及励磁绕组的绝缘等级为 F 级。F 级适用于环境空气温度不超过 40℃、海拔不超过 1000m 的一般场所。

额定电压为 380V，额定频率为 50Hz。涡流制动器的励磁绕组电流为直流，绕组励磁电压不超过 80V。

表 7-25　YZRDW 系列电动机的主要技术数据

机座号	YZRDW 系列绕线转子双速电动机(S3-40%)								涡流制动器(S3-15%)						质量/kg
	极数	功率/kW	额定电流/A	额定速度/(r/min)	转子电压/V	转子电流/A	最大转矩倍数	转动惯量/kg·m²	励磁电压/V	励磁电流/A	额定转速/(r/min)	额定转矩/N·m	限定力矩/N·m	转动惯量/kg·m²	
YZRDW 200L	4 8	15 15	35 39	1390 725	0 200	— 47	25 28	0.67	80	4.7	100	170	390	1.9	480
YZRDW 225M	4 8	24 24	54 55	1420 725	0 257	— 65	25 28	0.86	80	5.0	100	235	540	2.9	590
YZRDW 250M1	4 8	30 30	65 68	1420 725	0 304	— 70	25 28	16	80	3.2	100	390	785	5.3	750
YZRDW 250M2	4 8	34 34	72 75	1420 725	0 304	— 75	25 28	18	8	3.2	100	390	785	5.3	750
YZRDW 250L	4 8	37 37	76 88	1425 725	0 300	— 78	25 28	20	80	3.2	100	390	785	5.3	780
YZRDW 280M	4 8	55 55	108 117	1415 725	0 300	— 118	25 28	29	8	6.0	100	590	1176	8.8	870

（1）型号编制方法

Y	Z	R	D	W	□	□	8/4
异步电动机	起重及冶金用	绕线型转子	双速	涡流制动器	中心高	机座长短代号	极数

（2）主要技术数据（表 7-25）

（3）安装及外形尺寸（表 7-26）

表 7-26　YZRDW 系列电动机安装及外形尺寸　　mm

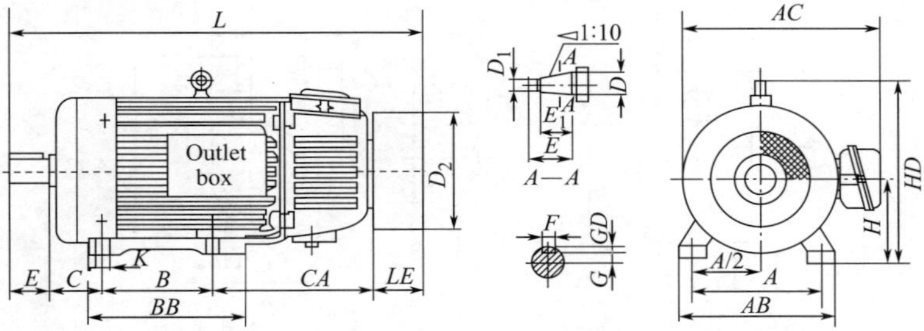

机座号	安装尺寸										
	A	**A/2**	**B**	**C**	**D**	**D_1**	**E**	**E_1**	**F**	**G**	**GD**
200L	318	159	305	133	60	M42×3	140	105	16	21.4	10
225M	356	178	311	149	65	M42×3	140	105	16	23.9	10
250M	406	203	349	168	70	M48×3	140	105	18	25.4	11
280M	457	228.5	419	190	85	M56×4	170	130	20	31.7	12

机座号	安装尺寸				外形尺寸						
	H	**CA**	**K**	螺栓直径	**BB**	**AB**	**AC**	**HD**	**L**	**D_2**	**LE**
200L	200	375	19	M16	400	405	505	470	1156	359	190
225M	225	425	19	M16	405	455	540	510	1335	445	225
250M、L	250	488	24	M20	510	515	600	570	1455	495	225
280M	280	630	24	M20	530	575	655	630	1655	555	250

7.2.6　YZTD 系列

该系列电动机是塔式起重机及其他建筑机械专用三速三相异步电动机，它具有堵转转矩大、堵转电流小、过载能力强、调速比大、温升低、性能可靠、机构简单、使用维护方便等特点。

（1）三速三相异步电动机（表 7-27、表 7-28）

表 7-27　YZTD 系列塔式起重用三速三相异步电动机技术数据

型　号	功率/kW	转速/(r/min)	堵转转矩/额定转矩	堵转电流/额定电流	额定电流/A
YZTD200L-4/6/24	15/15/4	1400/930/210	1.4/1.8/1.4	5/5/3	31/36/48

表 7-28　YZTD 系列塔式起重用三速三相异步电动机安装尺寸和外形尺寸

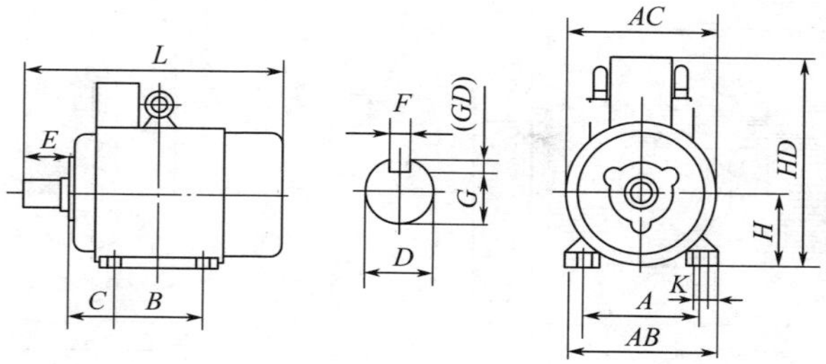

机座号	安装尺寸/mm									外形尺寸≤/mm			
	A	B	C	D	E	F	G	H	K	AB	AC	HD	L
YZTD200L	318	305	133	55	110	16	49	200	19	400	397	520	800

（2）变极变速三相异步电动机（表 7-29、表 7-30）

表 7-29　YZTD 系列塔式起重用变极变速三相异步电动机技术数据

型　号	极数	接法	功率/kW	转速/(r/min)	额定电流/A
$YZTD200L_2$-4/8/24	4 8 24	2Y/△/Y	15 15 4.0	1425 715 215	30 30 27
$YZTD200L_3$-4/8/24	4 8 24	△/2Y/Y	15 15 4.0	1425 715 215	30 32 25
$YZTD225L_2$-4/8/32	4 8 32	△/2Y/Y	24 24 5.4	1400 695 140	48 53 18

表 7-30 YZTD 系列塔式起重用变极变速三相异步电动机安装尺寸和外形尺寸

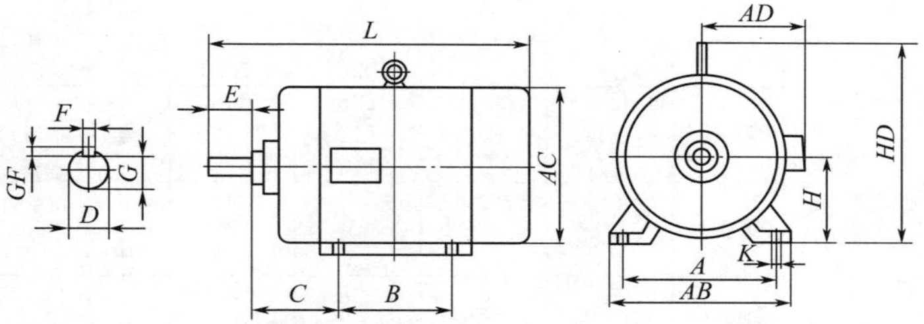

机座号	安装尺寸/mm									外形尺寸≤/mm			
	A	B	C	D	E	F	G	H	K	AB	AC	HD	L
200L	318	305	133	55	110	16	49	200	19	395	420	475	775
225L	356	311	149	65	140	18	58	225	19	435	475	530	911

7.2.7 ZZY 系列

ZZY 系列直流电动机有高速及低速两种。高速电动机用于各种起重机，如起获机、行车等，低速的一般适用于冶金辅助设备中。其技术数据见表 7-31。

表 7-31 ZZY 系列起重及冶金用直流电动机技术数据

类别	型号	额定功率/kW	额定电压/V	额定电流/A	额定转速/(r/min)	励磁方式	转动惯量/kg·m²
低速 $FC=25\%$	ZZY-12	3	220	20 19.5 19.5	1000 1200 1200	串励 复励 并励	0.054
	ZZY-21	4.5	220	25 27 27	900 1100 1100	串励 复励 并励	0.1235
	ZZY-22	6	220	36 34 36	800 950 1000	串励 复励 并励	0.1368
	ZZY-31	9	220	53 52 51	750 850 850	串励 复励 并励	0.705
	ZZY-32	12	220	68 66 65	650 750 750	串励 复励 并励	0.81

续表

类别	型号	额定功率/kW	额定电压/V	额定电流/A	额定转速/(r/min)	励磁方式	转动惯量/kg·m²
低速 FC=25%	ZZY-41	17	220	94	620	串励	0.9375
		16		87	690	复励	
		16		85	700	并励	
	ZZY-42	23	220	125	600	串励	1.2125
		21		112	650	复励	
		21		112	650	并励	
高速 FC=25%	ZZY-12	3.5	220	21	1300	串励	0.054
				21	1550	复励	
				21	1550	并励	
	ZZY-21	5.5	220	33	1200	串励	0.1235
				31.5	1410	复励	
				31	1450	并励	
	ZZY-22	8	220	46	1180	串励	0.1368
				44	1300	复励	
				43	1350	并励	
	ZZY-31	12	220	67	1130	串励	0.705
				65	1300	复励	
				64	1300	并励	
	ZZY-32	17	220	92	1000	串励	0.81
				93	1170	复励	
				85	1170	并励	
	ZZY-41	22	220	120	960	串励	0.9375
				115	1130	复励	
				114	1130	并励	
	ZZY-42	32	220	170	900	串励	1.2125
		31		165	1000	复励	
		30		155	1000	并励	

注：*FC* 为电动机负载持续率。

7.3 磨煤机用电动机

YTM 系列三相异步电动机为箱式结构，机座用钢板焊接而成，具有堵转转矩大、热容量大等特点。外壳防护等级均为 IP54，额定电压为 6kV，定子绕组 F 级绝缘。用于电站、矿山、冶金等行业的各种磨煤机配套，也可用于拖动等其他机械设备。现以沈阳电机有限公司产品为例介绍如下。

型号编制方法：

Y　□　□ - □

Y—异步笼型异步电动机

□—TM— 筒式磨煤机用

□—中心高

□—极数

7.3.1 磨煤机用三相异步电动机技术数据

磨煤机用三相异步电动机技术数据见表 7-32～表 7-34。

表 7-32 YTM 系列磨煤机用三相异步电动机技术数据

型号	额定功率/kW	额定电压/kV	同步转速/(r/min)	主要性能(设计值)				
				效率/%	功率因数	堵转转矩/额定转矩	堵转电流/额定电流	最大转矩/额定转矩
YTM500-6	560	6	1000	94.5	0.842	1.826	5.915	2.51
	630			94.5	0.842	1.788	5.748	2.43
	710			94.8	0.845	1.830	5.775	2.43
	800			94.82	0.838	1.896	5.930	2.65
YTM560-6	800			95.0	0.846	1.830	5.40	2.08
	900			95.21	0.850	1.846	5.41	2.08
	1000			95.33	0.848	1.915	5.44	2.09
YTM630-6	1120			95.46	0.900	2.08	6.58	2.48
YTM400-8	200		750	92.42	0.762	1.827	4.61	2.18
YTM450-8	280			93.3	0.807	1.848	5.73	2.77
	315			93.43	0.808	1.868	5.68	2.73
YTM51X-8	400			94.0	0.803	1.864	5.93	2.76
	450			94.1	0.809	1.875	5.92	2.72
	500			94.2	0.814	1.857	5.78	2.61
	560			94.3	0.816	1.953	5.96	2.50

表 7-33 YHP 系列磨煤机用三相异步电动机技术数据

型号	额定功率/kW	额定电压/kV	同步转速/(r/min)	主要性能(设计值)				
				效率/%	功率因数	堵转转矩/额定转矩	堵转电流/额定电流	最大转矩/额定转矩
YHP450-6	280	6	1000	93.00	0.79	3.00	7.31	3.22
	315			93.51	0.794	3.018	7.42	3.3
	355			93.6	0.799	2.985	7.31	3.23
	400			93.7	0.808	3.08	7.44	3.20
	450			93.98	0.811	3.00	7.23	3.08
YHP500-6	560			94.62	0.793	3.04	7.44	2.7
	630			94.7	0.792	3.10	7.44	2.67
	800			94.61	0.84	2.985	7.43	3.37
	900			94.70	0.843	3.03	7.47	3.36
YHP500-10	400		600	92.7	0.648	3.107	5.31	3.24
	450			92.8	0.643	3.14	5.28	3.23

表 7-34　YMPS 系列磨煤机用三相异步电动机技术数据

型　号	额定功率/kW	额定电压/kV	同步转速/(r/min)	主要性能(设计值)				
				效率/%	功率因数	堵转转矩/额定转矩	堵转电流/额定电流	最大转矩/额定转矩
YMPS450-6	280	6	1000	93.00	0.79	3.00	7.31	3.22
	315			93.51	0.794	3.02	7.42	3.30
	355			93.60	0.799	2.98	7.31	3.23
	400			93.70	0.808	3.08	7.44	3.20
	450			93.98	0.811	3.00	7.23	3.08
YMPS500-6	560			94.62	0.793	3.04	7.44	2.7
	630			94.70	0.792	3.10	7.44	2.67
	800			94.61	0.840	2.98	7.43	3.37
	900			94.70	0.843	3.03	7.47	3.36
YMPS500-10	400			92.7	0.648	3.11	5.31	3.24
	450			92.8	0.643	3.14	5.28	3.23

7.3.2　磨煤机用三相异步电动机外形及安装尺寸

磨煤机用三相异步电动机外形及安装尺寸见表 7-35。

表 7-35　YTM、YHP 和 YMPS 磨煤机用三相异步电动机外形及安装尺寸

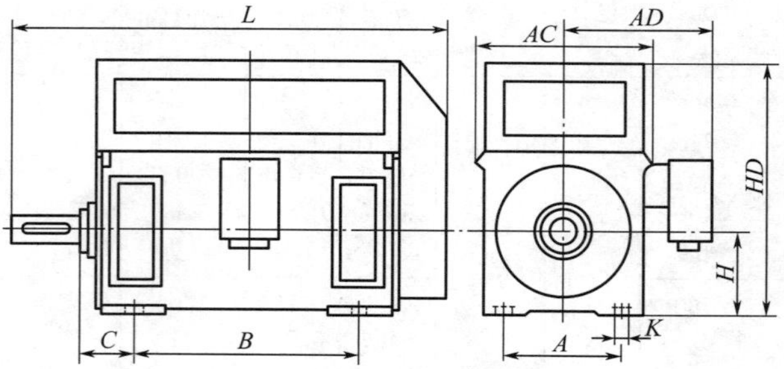

续表

<table>
<tr><th rowspan="3">机座号</th><th rowspan="3">极数</th><th colspan="10">安装尺寸及公差/mm</th><th colspan="4">外形尺寸/mm</th></tr>
<tr><th colspan="2">A</th><th colspan="2">B</th><th colspan="2">C</th><th colspan="2">H</th><th colspan="2">K</th><th rowspan="2">AC</th><th rowspan="2">AD</th><th rowspan="2">HD</th><th rowspan="2">L</th></tr>
<tr><th>基本尺寸</th><th>极限偏差</th><th>基本尺寸</th><th>极限偏差</th><th>基本尺寸</th><th>极限偏差</th><th>基本尺寸</th><th>极限偏差</th><th>基本尺寸</th><th>极限偏差</th></tr>
<tr><td>355</td><td rowspan="8">6～10</td><td>630</td><td>±1.40</td><td>900</td><td>±1.40</td><td>335</td><td rowspan="6">±4.0</td><td>335</td><td rowspan="6">0
−1.0</td><td>28</td><td>+0.52
0</td><td>560</td><td>900</td><td>1600
(2150)</td><td>2200
(2000)</td></tr>
<tr><td>400</td><td>710</td><td rowspan="2">±1.75</td><td>1000</td><td rowspan="2">±1.75</td><td>335</td><td>400</td><td>35</td><td rowspan="5">+0.62
0</td><td>630</td><td>950</td><td>1800
(2350)</td><td>2400
(2200)</td></tr>
<tr><td>450</td><td>800</td><td>1120</td><td>335</td><td>450</td><td>35</td><td>710</td><td>1000</td><td>2000
(2500)</td><td>2600
(2400)</td></tr>
<tr><td>500</td><td>900</td><td rowspan="3">±2.10</td><td>1250</td><td rowspan="3">±2.10</td><td>530</td><td>500</td><td>42</td><td>800</td><td>1050</td><td>2300
(2500)</td><td>3000
(2700)</td></tr>
<tr><td>560</td><td>1000</td><td>1400</td><td>560</td><td>560</td><td>42</td><td>900</td><td>1150</td><td>2500
(2550)</td><td>3300
(2900)</td></tr>
<tr><td>630</td><td>1120</td><td>1600</td><td>600</td><td>630</td><td>48</td><td>1000</td><td>1200</td><td>2800
(2850)</td><td>3600
(3150)</td></tr>
<tr><td>710</td><td>1400</td><td rowspan="2">±2.80</td><td>1800</td><td rowspan="2">±2.80</td><td>530</td><td rowspan="2">±4.2</td><td>710</td><td rowspan="2">0
−1.5</td><td>56</td><td rowspan="2">—</td><td colspan="4">—</td></tr>
<tr><td>800</td><td>1600</td><td>2000</td><td>530</td><td>800</td><td>56</td><td colspan="4">—</td></tr>
</table>

注：1. 括号中尺寸为采用 IC81W 冷却方法的电动机外形尺寸。

2. 当采用滑动轴承时，表中 *C* 尺寸的极限偏差不包括轴向窜动量。

7.4 纺织用三相异步电动机

7.4.1 FO 系列三相异步电动机

FO 系列三相异步电动机的定额是以连续工作制（S1）为基准的连续定额。外壳防护等级为 IP44，冷却方法为 IC0041，结构及安装形式为 IBM3；FO 系列三相异步电动机的额定频率为 50Hz，额定电压为 380V，Y 接法。FO 系列三相异步电动机主要规格及技术参数见表 7-36，其安装形式及外形尺寸见表 7-37。

表 7-36　FO 系列三相异步电动机主要规格及技术参数

型号	额定功率/kW	额定电流/A	转速/(r/min)	效率/%	功率因数($\cos\varphi$)	堵转转矩/额定转矩	最大转矩/额定转矩	堵转电流/额定电流
FO53-6	0.8	1.88	960	84	0.77	7	1.7	2.4
FO54-6	1.1	2.46	950	85	0.79	7	1.7	2.2

续表

型 号	额定功率 /kW	额定电流 /A	转速 /(r/min)	效率 /%	功率因数 (cosφ)	$\frac{堵转转矩}{额定转矩}$	$\frac{最大转矩}{额定转矩}$	$\frac{堵转电流}{额定电流}$
FO54-8	1.0	2.36	730	84	0.76	6.5	1.7	2.2
FO55-6	1.3	2.86	950	85	0.8	7	2	2.2
FOH56-6	1.5	3.5	950	87	0.8	7	2	2.2
FOH56-8	1.5	3.6	715	87	0.8	7	2	2.2

表 7-37　FO 系列三相异步电动机安装形式及外形尺寸

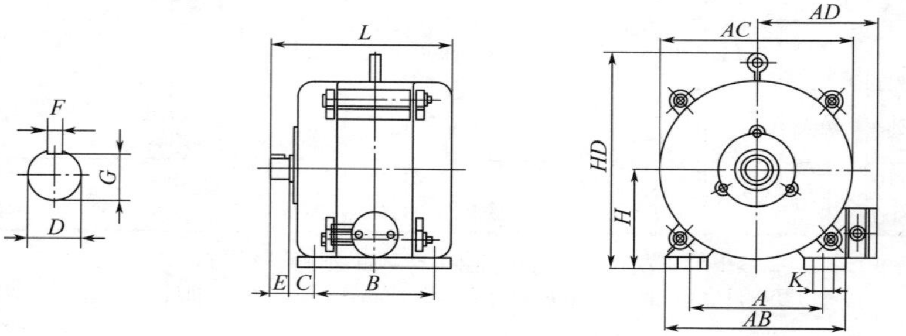

<table>
<tr><th rowspan="2">机座号</th><th colspan="9">安装尺寸/mm</th><th colspan="5">外形尺寸/mm</th></tr>
<tr><th>A</th><th>B</th><th>C</th><th>D</th><th>E</th><th>F</th><th>G</th><th>H</th><th>K</th><th>AB</th><th>AC</th><th>AD</th><th>HD</th><th>L</th></tr>
<tr><td>53</td><td rowspan="4">220</td><td rowspan="4">145</td><td>38</td><td rowspan="4">28</td><td rowspan="3">50</td><td rowspan="4">8</td><td rowspan="4">24</td><td rowspan="4">150</td><td>14</td><td rowspan="4">280</td><td rowspan="4">280</td><td rowspan="4">208</td><td rowspan="4">290</td><td>275</td></tr>
<tr><td>54</td><td rowspan="2">45</td><td rowspan="2">16</td><td rowspan="3">287</td></tr>
<tr><td>55</td></tr>
<tr><td>56</td><td>50</td><td>45</td><td>14</td></tr>
</table>

7.4.2　FO2 系列高力能指标三相异步电动机

FO2 系列高力能指标三相异步电动机适用于棉、毛、麻、丝及化学纤维等各种纺织机械；以连续工作制（S1）为基准的连续定额，采用 B 级绝缘，外壳防护等级为 IP44，冷却方法为 IC0041。额定频率为 50Hz，额定电压为 380V，安装形式为 IMB3。FO2 系列三相异步电动机主要规格及技术参数见表 7-38，其安装形式和外形尺寸见表 7-39。

表 7-38 FO2 系列三相异步电动机主要规格及技术参数

型　号	功率/kW	额定电流/A	转速/(r/min)	效率/%	功率因数(cosφ)	堵转电流/额定电流	最大转矩/额定转矩	堵转转矩/额定转矩
FO2-72-$^{4Z}_{4}$	3.3	6.34	1460	88.5	0.89	8	1.7	3.5
FO2-72-4Z	2.2	4.36	1460	86.5	0.85	9.5	1.7	3.5
FO2-72-$^{6Z}_{6}$	2.8	6.25	950	86.0	0.78	7	1.8	3.5
FO2-72-$^{4Z}_{4}$	5.5	10.5	1460	90.0	0.89	10.5	1.7	3.5

表 7-39 FO2 系列三相异步电动机安装形式和外形尺寸

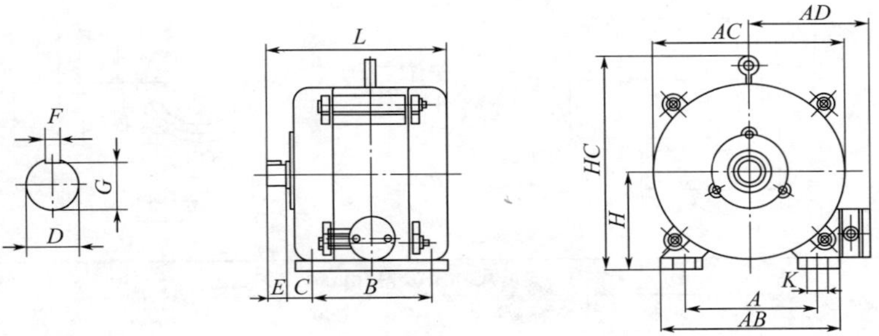

机座号	安装尺寸/mm										外形尺寸/mm			
	A	*B*	*C*	*D*	*E*	*F*	*G*	*H*	*K*	*HC*	*AB*	*AC*	*AD*	*L*
FO2-72-4、72A-4、72-6、74-4	300	185	32	35	65	10	30	15	180	401	350	348	237	308

7.4.3 FO3系列三相异步电动机

FO3 系列三相异步电动机适用于棉、毛、麻、丝及化学纤维等各种纺织机械；以连续工作制（S1）为基准的连续定额，采用 B 级绝缘，外壳防护等级为 IP44，冷却方法为 IC410。额定频率为 50Hz，额定电压为 380V，除 FO3-41-4/16 电动机中 4 极采用△接法外，其余均采用 Y 接法机。FO3 系列三相异步电动机主要规格及技术参数见表 7-40，其安装和外形尺寸见表 7-41。

表 7-40　FO3 系列三相异步电动机主要规格及技术参数

型　号	功率/kW	额定转速/(r/min)	效率/%	功率因数(cosφ)	堵转转矩/额定转矩	最大转矩/额定转矩	堵转电流/额定电流
FO3-40-4/12	0.75/0.37	1420/470	78/54	0.8/0.5	1.6/1.4		8/5.5
FO3-41-4/12	1.1/0.6	1420/470	76/68	0.82/0.57	1/1	2.2/1.8	7/5.5
FO3-41-4/16	0.75/0.37	1420/350	76/51	0.725/0.37	1.6/1.2		8/5.5
FO3-41-4	1.1	1445	85	0.82	2	2.2	7.5
FO3-42-4	1.5	1450	83	0.81	2	2.2	8

表 7-41　机座带底脚、端盖上无凸缘的电动机安装和外形尺寸（IMB3）

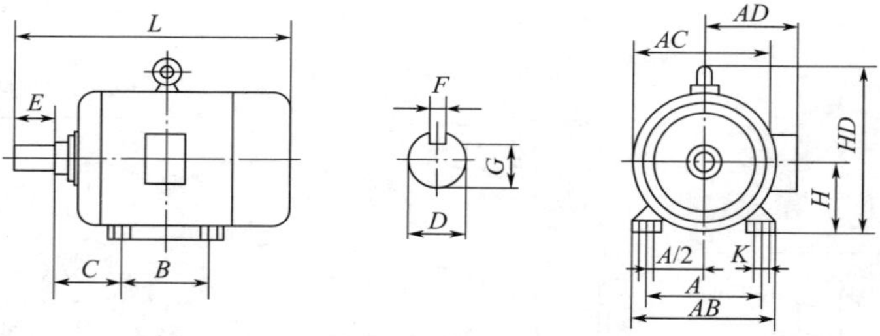

安装尺寸及公差/mm					
A	A/2	B	C	D	E
216±0.70	108±0.50	140±0.70	89±2.0	32	80±0.37

安装尺寸/mm				外形尺寸/mm				
F	G	H	K	AB	AC	AD	HD	L
10	27.5	132	12	275	270	187	315	397

7.4.4　JFO2、JFO3 系列三相异步电动机

JFO2、JFO3 系列三相异步电动机适用于棉、毛、麻、丝及化学纤维等各种纺织机械。JFO2 系列高力能指标三相异步电动机具有较一般电动机更有效的防纤维堵塞的能力和较高的过载能力，特别适用于在短纤维的环境中使用。

该系列电动机的定额是以连续工作制（S1）为基准的连续定额。外壳防护等级为 IP44，冷却方法 JFO2 系列为 IC014，JFO3 系列为 IC0141，安装型式 JFO2 系列为 IMB3、IMB5、IMB35、IMV1，JFO3 系列为 IMB3、IMB5、IMB35。用户有要求，可制成其他结构及安装型式。

该系列电动机的额定频率为 50Hz，额定电压为 380V。其中 JFO3 系列单速为 Y 接法，双速为 2Y/Y 或 Y/Y 接法，用户有特殊需求时可为△接法。JFO2、JFO3 系列三相异步电动机的技术数据见表 7-42，其外形尺寸和安装尺寸分别见表 7-43 和表 7-44。

表 7-42　JFO2、JFO3 系列三相异步电动机的技术数据

型　号	额定功率/kW	额定电流/A	转速/(r/min)	效率/%	功率因数(cosφ)	堵转电流/额定电流	堵转转矩/额定转矩	最大转矩/额定转矩
JFO3-61A-6/4	7/15	16.9/29.2	960/1460	82/88	0.76/0.88	6/7	1.1/1.7	2/2.2
JFO3-61B-6/4	9/17	21.6/33.3		86/88	0.72/0.88	7/7	1/1.5	1.7/2.2
JFO3-62-12/4	3.3/10	9.9/19.5		72/86.5	0.70/0.801	5/7.5	1/1.2	1.5/2
JFO3-62B-6/4	11/12	26.1/24.1		85/89.5	0.75/0.885	5/7	1/1.5	1.7/2.2
JFO3-63-12/4	5/15	14.4/29.2		74/87	0.71/0.89	5/7.5	1/1.2	1.5/2
JFO2-61-4	10	19.15	1450	89	0.89	7	1.7	2.2
JFO2-62-4	13	24.6		89.5	0.895	7	1.7	2.2
JFO2-62B-4	15	28.3		89.5	0.9	7	1.7	2.2
JFO2-61-6	7.5	18.5	960	88	0.85	6.5	1.7	2.2
JFO2-62-6	10	20.6		88.5	0.86	6.5	1.7	2.2
JFO2-51B-6	4.7	10.76	970	89.75	0.76	5.6	1.8	2.2
JFO2-52-6	5.5	12.6		87	0.77	5.5	1.9	2.2

表 7-43　JFO2 系列三相异步电动机的外形尺寸

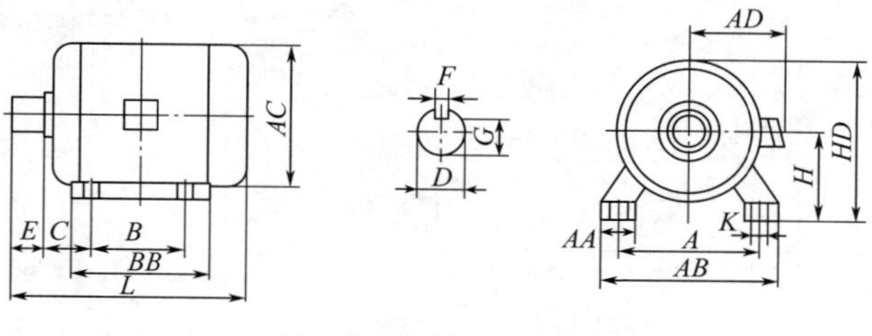

机座号	外形尺寸/mm						
	AB	AD	AC	AA	HD	BB	L
61	360	260	370	33	420	268	660
62						296	680
51B、52	324	265	335	70	385	314	575

续表

机座号	安装尺寸/mm								
	A	*B*	*C*	*D*	*E*	*F*	*G*	*H*	*K*
61 62	279	203 241	121	42	110	12	37	180	15
51B 52	254	178 210	108	38	80	12	33	160	15

表 7-44　JFO3 系列三相异步电动机的安装尺寸

机座号	安装尺寸/mm									外形尺寸/mm				
	A	*B*	*C*	*D*	*E*	*F*	*G*	*K*	*H*	*L*	*AB*	*AD*	*AC*	*HD*
61	279	241	121	48	110	14	43	15	180	单速 670 双速 685	339	370	255	417
62		279								单速 710 双速 723				
63														

注：外形图同表 7-43。

7.4.5　FXD 系列高效三相异步电动机

FXD 系列电动机具有高效率指标，节能效果好，主要适用于细纱机等纺织机械，还具有防纤维堵塞能力。FXD 系列高效三相异步电动机的技术数据见表 7-45，其安装和外形尺寸见表 7-46。

表 7-45　FXD 系列高效三相异步电动机的技术数据

型　号	极数	额定功率/kW	额定电流/A	额定转速/(r/min)	效率/%	功率因数 cosφ	堵转电流/额定电流	最大转矩/额定转矩	堵转转矩/额定转矩	接法	质量/kg
$FXD160M_2$-4/6	4	13	24.7	1480	92	0.87	7	1.7	2.2	2Y	
	6	6	15.9	965	88	0.65	7	1.0	2	Y	
$FXD160M_3$-4/6	4	15	28.2	1480	92	0.88	7	1.7	2.2	2Y	
	6	7	22	965	88	0.55	7	1.7	2	Y	
FXD_2-$160M_2$-4/6	4	13	24.5	1480	92.8	0.87	8	1.7	2.2	4Y	
	6	6	15.9	965	88	0.65	8	1.7	2	3Y	
$FXD180M_1$-4/6	4	15	28.1	1480	92	0.88	8.3	1.3	2.2	4Y	200
	6	7	21.7	965	89	0.55	9	1.7	2	3Y	
$FXD180M_2$-4/6	4	17	31.9	1480	92	0.88	8.3	1.3	2.2	4Y	215
	6	9	27.4	965	89	0.56	9	1.7	2	3Y	
$FXD180L_1$-4/6	4	18.5	34.7	1480	92	0.89	8.3	1.3	2.2	4Y	240
	6	11	33.5	965	89.5	0.56	9	1.7	2	3Y	

续表

型号	极数	额定功率/kW	额定电流/A	额定转速/(r/min)	效率/%	功率因数 cosφ	堵转电流/额定电流	最大转矩/额定转矩	堵转转矩/额定转矩	接法	质量/kg
$FXD180L_2$-4/6	4	22	41.3	1480	92	0.89	8.3	1.3	2.2	4Y	260
	6	11	33.5	965	89.5	0.56	9	1.7	2	3Y	
$FXD180L_3$-4/6	4	25	46.7	1480	92	0.89	8.3	1.3	2.2	4Y	235
	6	13	44.4	965	89.5	0.56	9	1.4	2	3Y	
FXD200L-4/6	4	30	57	1470	92	0.89	8.3	1.3	2.2	4Y	
	6	18.5	55	965	90	0.56	9	1.4	2	3Y	
FXD225S-4/6	4	37	67.5	1480	92.5	0.90	9	1.3	2.2	4Y	
	6	22	65.2	965	90	0.57	9	1.4	2	3Y	
$FXD225M_1$-4/6	4	32	62.2	1480	87	0.90	7	1.3	1.8	2Y	
	6	24	48.2	980	88	0.86	6.5	1.4	1.8	△	
$FXD225M_2$-4/6	4	37	71.8	1480	87	0.90	7	1.3	1.8	2Y	
	6	28	56.2	980	88	0.86	6.5	1.4	1.8	△	
$FXD160M_2$-6/8	6	11	24.2	975	90	0.80	8	1.7	2.2	2Y	
	8	7.5	20.3	720	87	0.64	7	1.7	2	△	
$FXD160M_3$-6/8	6	15	31.6	975	90	0.80	8	1.7	2.2	2Y	
	8	10	29.1	720	87	0.64	7	1.7	2	△	
FXD180L-6/8	6	15	31.1	980	90.5	0.81	8	1.7	2.2	2Y	
	8	10	27.0	730	88	0.64	7	1.7	2	△	

表 7-46　FXD 系列高效三相异步电动机的安装和外形尺寸

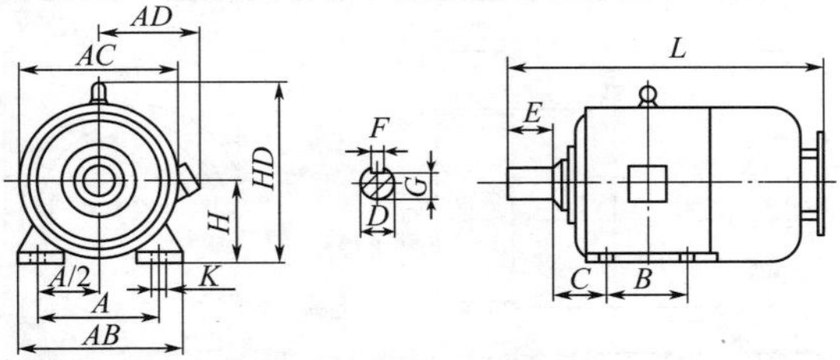

机座号	安装尺寸/mm									外形尺寸≤/mm				
	A	*B*	*C*	*D*	*E*	*F*	*G*	*H*	*K*	*AB*	*AC*	*AD*	*HD*	*L*
160M	254	210	108	42	110	12	37	160	15	330	355	260	390	635
180M	279	241	121	48	110	14	42.5	180	15	355	390	280	435	690
180L	279	279	121	48	110	14	42.5	180	15	355	390	280	435	730
200L	318	305	133	55	110	16	49	200	19	395	430	310	480	795
225S	356	286	149	60	140	18	53	225	19	435	480	345	535	840
225M	356	311	149	60	140	18	53	225	19	435	480	345	535	865

7.4.6 FYQQ系列喷气织机用主电机

FYQQ系列电动机是封闭自冷式笼型三相异步电动机，具有较高的启动转矩和良好的低频特性，特别适用于有冲击负荷的场合，比一般电机节电，为喷气织机用主电机，适用于引进日本津田驹技术生产的喷气织机，电动机启动时为△接法，启动完毕后换为Y接法，外壳防护等级为IP44，冷却方式为IC411，额定电压为380V，额定频率为50Hz。

结构及安装方式：IMB3型为卧式，机座带底脚，端盖无凸缘。无接线盒，采用出线板方式出线。

FYQQ系列喷气织机用主电机主要规格及技术参数见表7-47，其安装形式及外形尺寸见表7-48。

表7-47 FYQQ系列喷气织机用主电机主要规格及技术参数

型号	额定功率/kW	额定电流/A	转速/(r/min)	效率/%	功率因数 $\cos\varphi$	堵转转矩/额定转矩	最大转矩/额定转矩	堵转电流/额定电流
FYQQ 112M-4	2.7	6.2	1450	85	0.85	12	3	19
FYQQ 132M1-4	3.0	6.7	1440	85	0.82	12	3	19
FYQQ 132M2-4	3.7	8.6	1430	86	0.82	12	3	19

表7-48 FYQQ系列喷气织机用主电机安装形式及外形尺寸

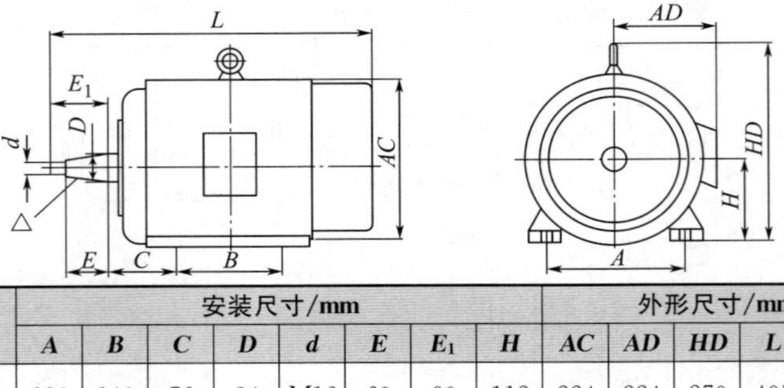

机座号	安装尺寸/mm								外形尺寸/mm				
	A	B	C	D	d	E	E_1	H	AC	AD	HD	L	△
FYQQ 112M-4	190	140	76	34	M16	60	90	112	224	224	270	405	1:6.3
FYQQ 132M1-4	216	178	87	34	M16	60	90	132	275	275	315	520	1:6.3
FYQQ 132M2-4	216	178	87	34	M16	60	90	132	275	275	315	520	1:6.3

7.4.7 YXJ 系列减速机电动机

YXJ 系列减速机电动机是与摆线针轮减速机配套而专门设计的产品，具有高效、节能、启动转矩高、噪声低、振动小、运行安全可靠等特点。该系列电动机除安装尺寸与 Y 系列电动机不同，其余部分均与 Y 系列电动机相同，具有较强的互换性和适用性。YXJ 系列减速机电动机主要规格及技术数据见表 7-49，其安装形式及外形尺寸见表 7-50。

表 7-49　YXJ 系列减速机电动机主要规格及技术数据

型　号	额定功率/kW	额定电流/A	额定转速(r/min)	效率/%	功率因数(cosφ)	堵转电流/额定电流	堵转转矩/额定转矩	最大转矩/额定转矩
YXJ801-4×2 YXJ801-4×3	0.55	1.51	1390	73	0.76	6	2.4	2.3
YXJ802-4×2 YXJ802-4×3 YXJ802-4×4	0.75	2.01	1390	74.5	0.76	6	2.3	2.3
YXJ90S-4×3 YXJ90S-4×4	1.1	2.75	1400	78	0.78	6.5	2.3	2.3
YXJ90L-4×3 YXJ90L-4×4 YXJ90L-4×5	1.5	3.65	1400	79	0.79	6.5	2.3	2.3
YXJ90S-4×5	1.1	2.75	1400	78	0.78	6.5	2.3	2.3
YXJ100L1-4×4 YXJ100L1-4×5 YXJ100L1-4×6	2.2	5.03	1430	81	0.82	7	2.2	2.3
YXJ100L2-4×4 YXJ100L2-4×5 YXJ100L2-4×6	3	6.82	1430	82.5	0.81	7	2.2	2.3
YXJ112M-4×4 YXJ112M-4×5 YXJ112M-4×6 YXJ112M-4×7	4	8.77	1440	84.5	0.82	7	2.2	2.3
YXJ132S-4×5 YXJ132S-4×6 YXJ132S-4×7	5.5	11.6	1440	85.5	0.84	7	2.2	2.3

续表

型　号	额定功率/kW	额定电流/A	额定转速(r/min)	效率/%	功率因数(cosφ)	堵转电流/额定电流	堵转转矩/额定转矩	最大转矩/额定转矩
YXJ132M-4×5 YXJ132M-4×6 YXJ132M-4×7	7.5	15.4	1440	87.0	0.85	7	2.2	2.3
YXJ160M-4×6 YXJ160M-4×7	11	22.6	1460	88	0.84	7	2.2	2.3

表 7-50　YXJ 系列减速机电动机安装形式及外形尺寸

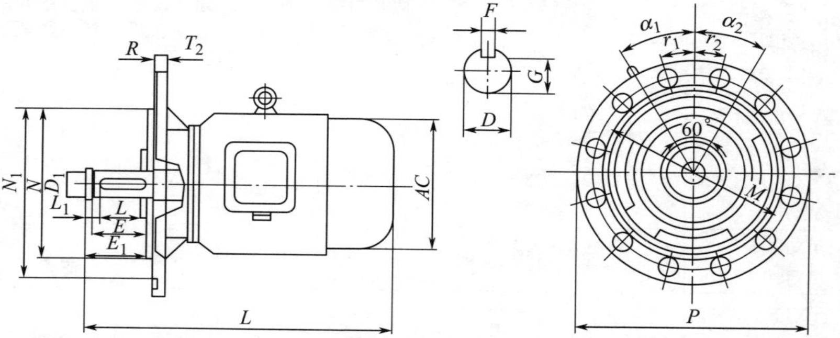

型号	安装尺寸																		
	D	D_1	E	E_1	F	G	L	L_1	M	N	N_1	P	R	T_2	n	α_1/(°)	α_2/(°)	r_1/(°)	r_2/(°)
X2	15	14	43	47	5	12	25	16.5	134	90	118	150	3	12	6	15	15	60	0
X3	22	21	38	42	6	18.5	28	5	180	120	159	200	1	15	6	15	15	60	0
X4	25	24	48	52	8	21	40	7	205	145	185	230	0	15	6	15	15	60	0
X5	35	33	56	61	10	30	45	6	270	190	243	300	8	15	6	15	15	30	30
X6	35	33	70	75	10	30	60	5	300	220	274	340	0	15	8	45	0	22.5	22.5
X7	10	38	74	80	12	35	56	7	330	250	305	360	2	18	8	45	0	22.5	22.5
X8	50	47	76	82	16	43.5	56	10	380	290	349	430	1	20	12	30	0	15	15

注：外形尺寸 L、P、AD 同相应电动机。除角度外其余尺寸单位为 mm。

7.5　YSL系列水利、生化行业用三相异步电动机

YSL 系列（中心高 H450～500）三相异步电动机是针对水利、生化行业专门设计制造的电动机，其充分吸取了 JSL 系列电动机、

Y系列电动机的特点，专门更新设计的专用电动机。

YSL系列三相异步电动机防护等级IP21、绝缘等级B级。YSL系列三相异步电动机具有启动转矩大、噪声低、结构适宜等特点。

本系列电动机安装尺寸采用以下方式：IMV1安装的（即水利使用的驱动水泵）完全与原JSL12＃、13＃端盖一致；IMV2安装一般采用方底座端盖，以便于电机与发酵设备之间距离调整。

本系列电动机供电电源为三相工频50Hz（或根据需要为60Hz）电源，电压等级380V。电动机接法为△接法；其工作环境为环境温度不超过40℃，海拔不超过1000m；工作方式为连续工作制（S1），具有高效、节能、低振动、低噪声、性能可靠、安装维护方便等特点。YSL系列水利、生化行业用三相异步电动机主要技术数据见表7-51，其安装和外形尺寸见表7-52和表7-53。

表7-51　YSL系列水利、生化行业用三相异步电动机主要技术数据

型号	额定功率/W	额定电压/V	频率/Hz	满载时			堵转电流/额定电流	堵转转矩/额定转矩	最大转矩/额定转矩	噪声限值/A	振动/(mm/s)
				电流/A	效率/%	cosφ					
YSL5622	120	380～415	50	0.37	67	0.71	6.0	2.3	2.3	70	1.8
YSL6312	180			0.5	69	0.75					
YSL6322	250			0.65	72	0.78					
YSL7112	370			0.91	73.5	0.8				75	
YSL7122	550			1.29	75.5	0.82					
YSL8012	750			1.67	76.5	0.85		2.2			
YSL8022	1100			2.44	77	0.85	7.0			78	
YSL90S-2	1500			3.28	78	0.85				83	
YSL90L-2	2200			4.61	80.5	0.86					
YSL5624	90			0.37	58	0.61	6.0	2.4	2.4	65	
YSL6314	120			0.46	60	0.63					
YSL6324	180			0.62	64	0.66					
YSL7114	250			0.795	67	0.68					
YSL7124	370			1.07	69.5	0.72				70	
YSL8014	550			1.49	73.5	0.73					
YSL8024	750			1.92	75.5	0.75	6.5	2.3		70	
YSL90S-4	1100			2.62	78	0.78				73	
YSL90L-4	1500			3.48	79	0.79				78	

表 7-52　YSL 电机的安装和外形尺寸（IMB3）　mm

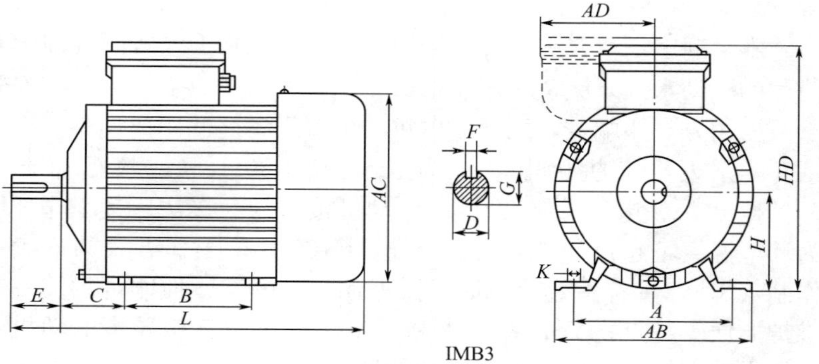

IMB3

机座号	A		B	C		D		E		F	
	基本尺寸	极限偏差	基本尺寸	基本尺寸	极限偏差	基本尺寸	极限偏差	基本尺寸	极限偏差	基本尺寸	极限偏差
56	90	±0.40	71	36	±1.5	9	+0.007 −0.002	20	±0.0260	3	+0.004 −0.029
63	100	±0.50	80	40		11	+0.008 −0.003	23		4	0 −0.03
71	112	±0.50	90	45		14		30		5	
80	125	±1.0	100	50		19	+0.009 −0.004	40	±0.310	6	
90S	140		100	56		24		50		8	0 −0.036
90L	140		125								

机座号	G		H		K		外形尺寸≤				
	基本尺寸	极限偏差	基本尺寸	极限偏差	基本尺寸	极限偏差	AB	AC	AD	HD	L
56	7.2	0 −0.100	56	0 −0.50	5.8	+0.30 0	115	120	110	135	170
63	8.5		63		7	+0.36 0	130	130	125	165	230
71	11		71				145	145	140	180	255
80	15.5		80		10		160	165	150	200	295
90S	20	0 −0.20	90				180	185	220	220	310
90L											335

表 7-53　YSL 电机的安装和外形尺寸尺寸（IMB5）

mm

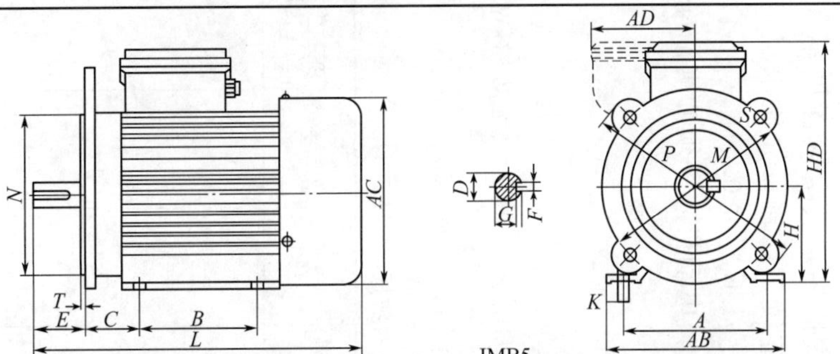

IMB5

机座号	安装尺寸及公差															
	凸缘号	*A*		*B*	*C*		*D*		*E*		*F*		*G*		*H*	
		基本尺寸	极限偏差	基本尺寸	基本尺寸	极限偏差	基本尺寸	极限偏差	基本尺寸	极限偏差	基本尺寸	极限偏差	基本尺寸	极限偏差	基本尺寸	极限偏差
63	FF115	100	±0.50	80	40	±1.5	11	+0.008 −0.003	23	±0.260	4	0 −0.030	8.5	0 −0.010	63	0 −0.050
71	FF130	112		90	45		14		30		5		11		71	
80	FF165	125	±1.0	100	50		19	+0.009 −0.004	40	±0.310	6		15.5		80	
90S		140			56		24		50		8	0 −0.036	20	0 −0.20	90	
90L		140		125												

机座号	安装尺寸及公差												外形尺寸≤			
	凸缘号	*K*		*M*	*N*		*P*	*S*			*T*		*AC*	*AB*	*AD*	*L*
		基本尺寸	极限偏差	基本尺寸	基本尺寸	极限偏差	基本尺寸	基本尺寸	极限偏差	位置度公差	基本尺寸	极限偏差				
63	FF115	7	+0.360	115	95	+0.013 −0.009	140	10	+0.360	ϕ1.0 Ⓜ	3	0 −0.12	130	125	85	250
71	FF130			130	110		160				3.5		145	140	95	275
80	FF165	10		165	130	+0.014 −0.011	200	12	+0.430				165	150	110	300
90S													185	160	120	335
90L																360

7.6 YQS系列井用潜水三相异步电动机

YQS 系列井用潜水三相异步电动机主要用于在深井中驱动潜水泵提取地下水，为工矿企业、农田、牧场和居民生活提供生产和生活用水。

使用条件：应完全潜入水中立式使用，其潜入深度不大于70m，最低位置离井底不少于 5m；连续工作制；介质水温不高于 20℃；水中固体杂质含量（质量比）不超过 0.01%；不含腐蚀性物质，pH 值在 6.5～8.5 范围内；电动机内必须冲满洁净的清水。

型号编制方法是：

Y QS □ - □

Y — 异步电动机

QS — 潜水运行

□ — 电动机机座号

□ — 电动机额定功率(kW)

YQS150 系列电动机技术数据见表 7-54～表 7-57。

表 7-54 YQS150 系列电动机技术数据（2 极 50Hz）

型　号	额定功率/kW	额定电压/V	额定电流/A	效率/%	功率因数	堵转电流/额定电流
YQS150-3	3	380	7.9	74.0	0.78	7.0
YQS150-4	4		10.3	75.0	0.79	
YQS150-5.5	5.5		13.7	76.0	0.80	
YQS150-7.5	7.5		18.5	77.0	0.80	
YQS150-9.2	9.2		22.1	78.0	0.81	
YQS150-11	11		26.3	78.5	0.81	
YQS150-13	13		30.9	79.0	0.80	
YQS150-15	15		35.6	79.0	0.80	

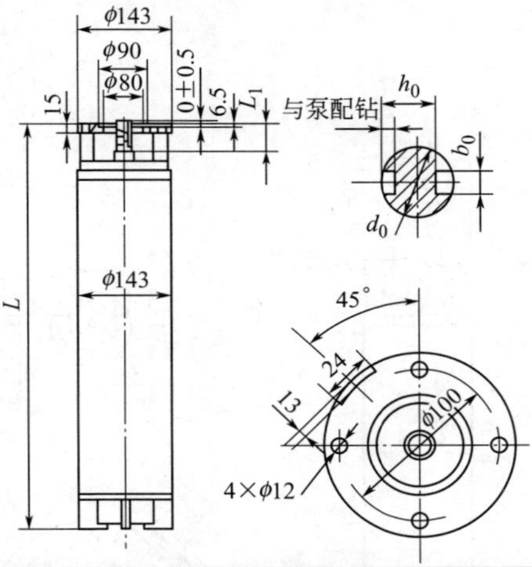

型　号	d_0/mm	b_0/mm	h_0/mm	L/mm	L_1/mm	质量/kg
YQS150-3	ϕ18	6	14.5	791	40	52
YQS150-4				851		—
YQS150-5.5				906		63
YQS150-7.5				976		70
YQS150-9.2	ϕ25	8	21	1021	50	75
YQS150-11				1071		80
YQS150-13				1131		86
YQS150-15				1131		86

注：上海倍源工贸有限公司产品，下同。

表 7-55　YQS175 系列电动机技术数据（2 极 50Hz）

型　号	额定功率/kW	额定电压/V	额定电流/A	效率/%	功率因数	堵转电流/额定电流
YQS175-7.5	7.5	380	18.4	77.5	0.80	7.0
YQS175-9.2	9.2		22.1	78.0	0.81	
YQS175-11	11		26.5	79.0	0.81	
YQS175-13	13		30.1	80.0	0.82	
YQS175-15	15		34.5	80.0	0.82	
YQS175-18.5	18.5		42.3	80.5	0.82	
YQS175-22	22		49.4	81.0	0.83	
YQS175-25	25		55.8	81.0	0.83	
YQS175-30	30		65.4	83.0	0.84	

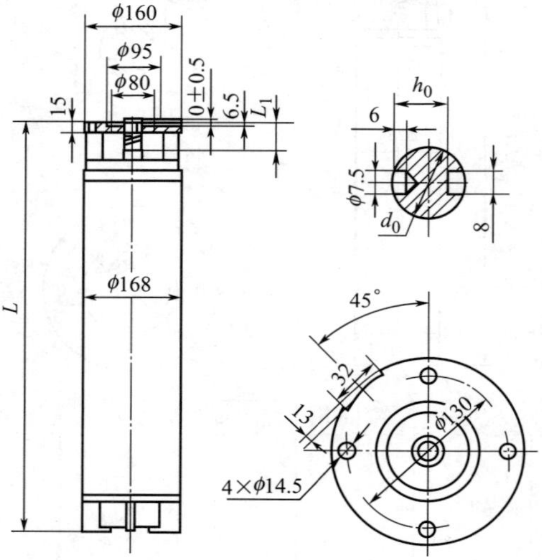

型　号	d_0/mm	h_0/mm	L/mm	L_1/mm	质量/kg
YQS175-7.5	φ25	21	740	45	69
YQS175-9.2			800		78
YQS175-11			835		83
YQS175-13			890		92
YQS175-15			920		96
YQS175-18.5	φ28	24	1010	55	108
YQS175-22			1060		115
YQS175-25			1130		126
YQS175-30			1280		148

表 7-56 YQS200 系列电动机技术数据（2 极 50Hz）

型 号	额定功率/kW	额定电压/V	额定电流/A	效率/%	功率因数	堵转电流/额定电流
YQS200-4	4	380	10.1	76.0	0.79	7.0
YQS200-5.5	5.5		13.5	77.0	0.80	
YQS200-7.5	7.5		18.0	78.0	0.81	
YQS200-9.2	9.2		21.7	78.5	0.82	
YQS200-11	11		25.7	79.0	0.82	
YQS200-13	13		29.6	80.0	0.83	
YQS200-15	15		33.8	81.0	0.83	
YQS200-18.5	18.5		41.6	81.5	0.83	
YQS200-22	22		48.2	82.0	0.84	
YQS200-25	25		54.5	82.5	0.84	
YQS200-30	30		65.4	83.0	0.84	
YQS200-37	37		79.7	84.0	0.84	
YQS200-45	45		96.9	84.0	0.84	6.5

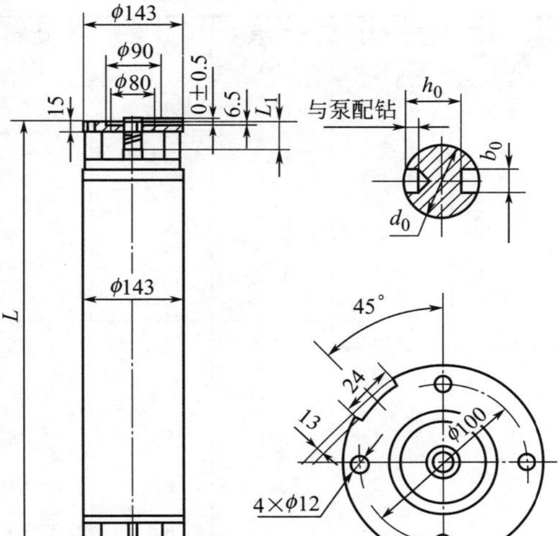

续表

型　　号	d_0/mm	h_0/mm	L/mm	L_1/mm	质量/kg
YQS200-4			801		75
YQS200-5.5			831		78
YQS200-7.5			850		80
YQS200-9.2	$\phi25_{-0.033}^{-0.020}$	21	866	25	82
YQS200-11			901		89
YQS200-13			941		96
YQS200-15			965		99
YQS200-18.5			1061		103
YQS200-22			1075		114
YQS200-25	$\phi28_{-0.33}^{-0.020}$	24	1141	30	123
YQS200-30			1246		147
YQS200-37			1355		155
YQS200-45			1465		161

表 7-57　YQS250 系列电动机技术数据（2 极 50Hz）

型　　号	额定功率/kW	额定电压/V	额定电流/A	效率/%	功率因数	堵转电流/额定电流
YQS250-18.5	18.5		41.0	82.0	0.84	
YQS250-22	22		48.0	83.0	0.84	
YQS250-25	25		54.0	84.0	0.84	7.0
YQS250-30	30		64.0	84.5	0.84	
YQS250-37	37		78.0	85.0	0.85	
YQS250-45	45	380	94.0	85.5	0.85	
YQS250-55	55		114.0	86.0	0.85	
YQS250-63	63		131.0	86.0	0.85	6.5
YQS250-75	75		152.0	87.0	0.86	
YQS250-90	90		183.0	87.0	0.86	
YQS250-100	100		203.0	87.0	0.86	

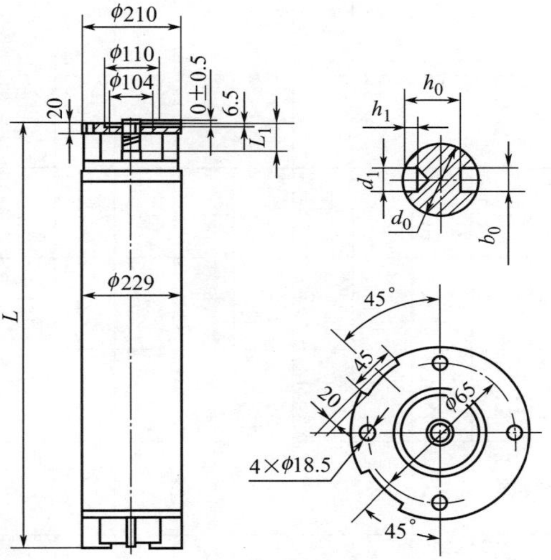

型　号	d_0/mm	d_1/mm	h_1/mm	h_0/mm	b_0/mm	L/mm	L_1/mm	质量/kg
YQS250-18.5	$\phi28_{-0.33}^{-0.020}$	7.5	6	24	8	1097	55	152
YQS250-22						1127		157
YQS250-25						1157		168
YQS250-30						1197		180
YQS250-37						1267		187
YQS250-45	$\phi38_{-0.33}^{-0.020}$	9.5	7	33	10	1337	70	210
YQS250-55						1467		221
YQS250-63						1567		250
YQS250-75						1677		282
YQS250-90						1807		310
YQS250-100						1887		329

7.7 JTD、YTD系列电梯专用电动机

JTD、YTD 系列电梯专用电动机技术数据见表 7-58。

表 7-58 JTD、YTD 系列电梯专用变极多速三相异步电动机技术性能、铁芯及绕组数据（380V、50Hz）

型号	极数	功率/kW	额定电流/A	接法	定子/mm 外径	定子/mm 内径	铁芯长度/mm	定子/转子槽数	节距/mm	每槽导体数	线规/mm	气隙/mm	cosφ	效率/%
JTD-430	24 6	— 6.4	— 21.5	Y 3Y	430	305	100	72/113	1—4 1—13	40 40	φ1.35 φ1.45	0.8	—	—
JTD-430	24 6	— 7.5	— 23.7	Y 3Y			125		1—4 1—13	32 32	φ1.56 φ1.56		—	—
JTD-430	24 6	— 11.2	— 35	Y 3Y			165		1—4 1—13	24 24	φ1.81 φ1.81		—	—
JTD-560	24 6	— 15	— 41.1	Y 2Y	560	410	135	72/113	1—4 1—13	22 14	φ1.81 2×φ1.81	0.8	—	—
JTD-560	24 6	— 19	— 51.3	Y 2Y			150		1—4 1—13	20 12	φ2.02 2×φ2.02		—	—
JTD-333	24 6	— 6.4	— 18	Y 2Y	340	230	100	72/86	1—10	36 36	φ1.56	0.7	—	—
JTD-333	24 6	— 7.5	— 21	Y 2Y			120			32	φ1.62		—	—
JTD-333	24 6	— 11.2	— 30	Y 2Y			175			22	2×φ1.40		—	—
JTD-430	24 6	— 15	— 41	Y 2Y	440	305	145	72/113	1—10	22	3×φ1.62	1.0	—	—
JTD-430	24 6	— 19	— 48.6	Y 2Y			165			20	3×φ1.74	0.8	—	—
YTD225M	24 6	1.5 7.5	22 17	Y 2Y	368	250	120	72/58		28	2×φ1.30	0.7	0.34 0.81	30 80
YTD225M2	24 6	2.3 11	32 24.8	Y 2Y			180			20	3×φ1.25		0.34 0.81	32 83

注：表内所列各型号电动机均为短时工作制。6 极定额 30min，24 极定额 3min。

7.8 工业用微电机

7.8.1 汽车用微电机

（1）ZD 系列汽车用微电机（表 7-59）

表 7-59　ZD 系列汽车用微电机技术数据

型　号	功率/W	电压/V	工作方式	电流/A		转速/(r/min)	
				空载<	负载<	空载>	负载>
ZD022	10	12		1.5	3.5	5500	2800
ZD022N	10	12		1.5	3.5	5500	2800
ZD022AN①	10	12		1.5	3.5	5500	2800
ZD022CN②	10	12		1.5	3.5	5500	2800
ZD026A③	10	12	连续	1.5	制动 9	2300	—
ZD1221	15	12		1.0	5.5	3100	2500
ZD1401	40	12		2.5	8.5	6500	2500
ZD2401	40	24		1.5	4.5	6500	2500
ZD1302N	30	12		1.5	3.5	3400	3400

型　号	旋转方向	引出线方式	励磁方式	驱动对象	质量/kg
ZD022	右	双	串	红旗牌轿车上暖风风扇	1.51
ZD022N	左	双	串	红旗牌轿车上暖风风扇	1.51
ZD022AN①	左	双	串	红旗牌轿车上暖风风扇	1.59
ZD022CN②	左	双	串	SH760BB 轿车上暖风风扇	1.51
ZD026A③	右	单	复	SH760A 轿车上的刮水装置	1.68
ZD1221	右	三	永磁	微型客货车暖风风扇，双速	1.0
ZD1401	右	双	串	红旗牌轿车上冷风风扇	1.96
ZD2401	右	双	串	F5 车式空调器中的风扇	1.96
ZD1302N	左	双	永磁	SH760A 轿车上冷风风扇	1.3

① 电动机带安装凸缘，轴伸无键槽。

② 电动机轴伸加长，无键槽。

③ 电动机制动力矩为 0.4N·cm。

注：旋转方向为从电动机驱动端视之。

（2）安乃达系列汽车用无刷电机（表 7-60、表 7-61）

表 7-60 安乃达系列电动汽车用无刷电机技术数据（Ⅰ）

参数	电机应用场合			
	燃料电池轿车主驱动电机	燃料电池轿车空气压缩机电机	四轮驱动车用电机	混合动力车主驱动电机
额定功率/kW	24	12	0.8～2.5	9
最大功率/kW	65	17	7.5	12
额定转矩/N·m	51	—	43	51
最大转矩/N·m	130	20	134	60
额定转速/(r/min)	4600	8000	550	2000
最大转速/(r/min)	11500	12000	1262	6000
峰值效率≥/%	95	95	90	90
电压范围/V	280～360	250～400	48～336	144～336
质量≤/kg	46	8.5	18	20
备注	转矩闭环控制	—	—	—

表 7-61 安乃达系列电动汽车用无刷电机技术数据（Ⅱ）

参数	电机应用场合			
	混合动力车用ISG启动电机	电动汽车空调压缩机电机	电动助力转向器用电机	混合励磁电机
额定功率/kW	3	3.2(最大转速时)	320/550	2.24
最大功率/kW	—	—	—	—
额定转矩/N·m	—	≥16	限流值 57/21(A)	—
最大转矩/N·m	52	—	—	11.8
额定转速/(r/min)	4500	—	3100	1800
最大转速/(r/min)	—	6000～7000	—	—
峰值效率≥/%	90	85	85	80
电压范围/V	280～392	250～360	9.5～16/42～50	(额定)325
质量≤/kg	10	—	—	—
备注	—	—	闭环控制	—

7.8.2 轻便电动车用电机系列

表 7-62 是安乃达轻便电动车用电机系列技术数据，图 7-1～图 7-3 分别是电动滑板车电机、电动助力车、摩托车电机和电动自行车电机外形图。

表 7-62　安乃达轻便电动车用电机系列技术数据

参数	类别			参数	类别		
	电动助力车、摩托车用电机	电动滑板车用电机	其他车用无刷电机		普通无刷电机	内置控制器无刷电机	智能型无刷电机
电压/V	24、36、48	24、36	24～120	电压/V	12、24、36、48		
功率/W	300～1500	100～250	50～3700	功率/W	140～500	140～250	
转速/(r/min)	330～1500	2000～3000	2000～6000	转速/(r/min)	160～680	160～680	
外形尺寸	图 7-2	图 7-1	图 7-3				

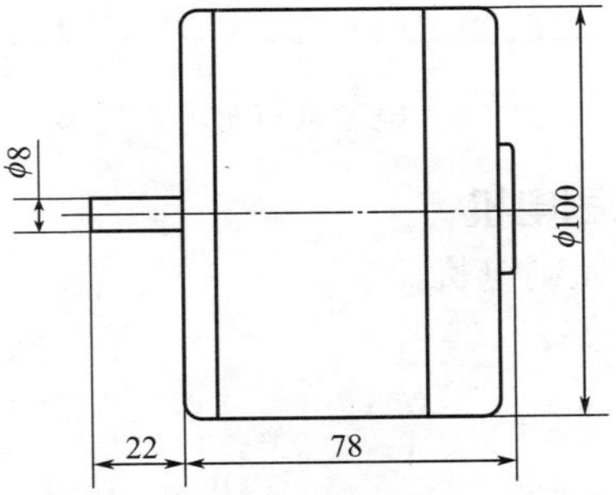

图 7-1　电动滑板车电机外形

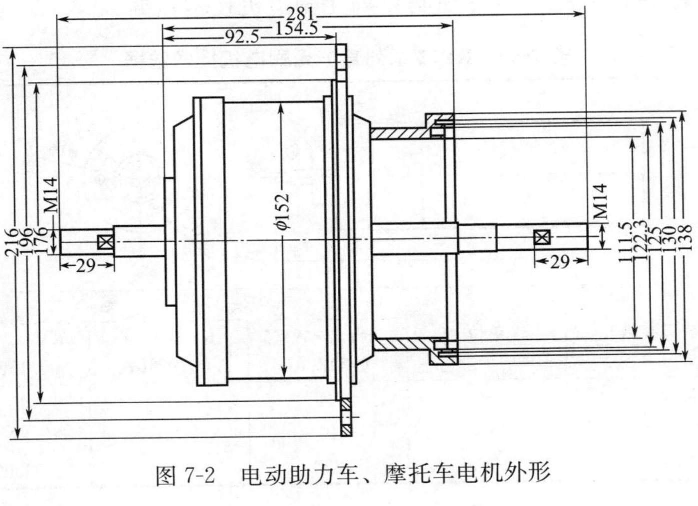

图 7-2　电动助力车、摩托车电机外形

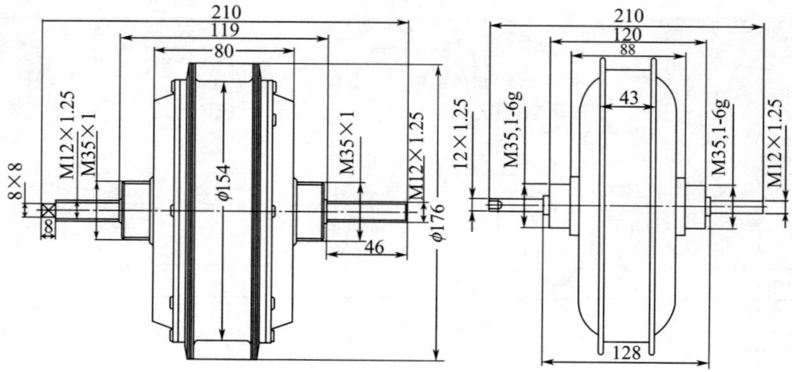

图 7-3　电动自行车电机外形

7.8.3　工业用无刷电机

（1）KY 系列无刷电机

型号编制方法是：

KY	□□	ZW□	015	010	□
凯旸电机	电机端盖外径(mm)	ZWX-稀土永磁 ZWT-铁氧体	额定功率 150W	额定转速 1000r/min	设计序号

表 7-63～表 7-76 是凯旸系列无刷电机技术数据。

表 7-63　KY22 系列直流无刷电机技术数据

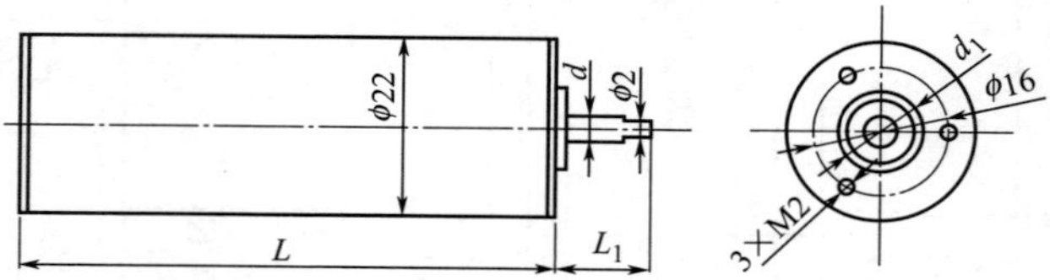

电机参数	单位	电机型号		
		KY22ZWX 00112001	KY22ZWX 00207001	KY22ZWX 00313001
额定电压	V	24	24	30
额定功率	W	10	20	30
额定转速	r/min	12000	7000	13000

续表

电机参数	单位	电机型号		
		KY22ZWX00112001	KY22ZWX00207001	KY22ZWX00313001
额定转矩	N•m	0.01	0.034	0.02
额定电流	A	0.4	1.654	0.953
极数	极	2	2	2
机身长度 L	mm	32	62	58
出轴长度 L_1	mm	8	10.8	2.5
出轴直径 d	mm	2	3	3.2
凸肩直径 d_1	mm	10	10	10

应用领域：电动螺丝刀、剪枝机等电动工具；电动牙钻、电动钻锯等医疗器械等。

表 7-64　KY24 系列直流无刷电机技术数据

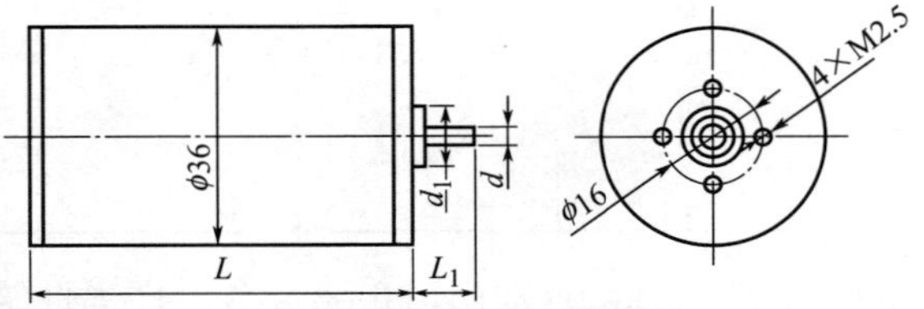

电机参数	单位	电机型号	
		KY24ZWX00024603	KY24ZWX00024604
额定电压	V	6	12
额定功率	W	2	2
额定转速	r/min	4600	4600
额定转矩	N•m	0.004	0.004
额定电流	A	0.33	0.16
极数	极	4	4
机身长度 L	mm	30.8	30.8
出轴长度 L_1	mm	6.5	6.5
出轴直径 d	mm	2	2
凸肩直径 d_1	mm	6.4	6.4

应用领域：电动工具、自动门、送风设备、广告灯箱、自助设备、自动化设备等。

表 7-65　KY28 系列直流无刷电机技术数据（Ⅰ）

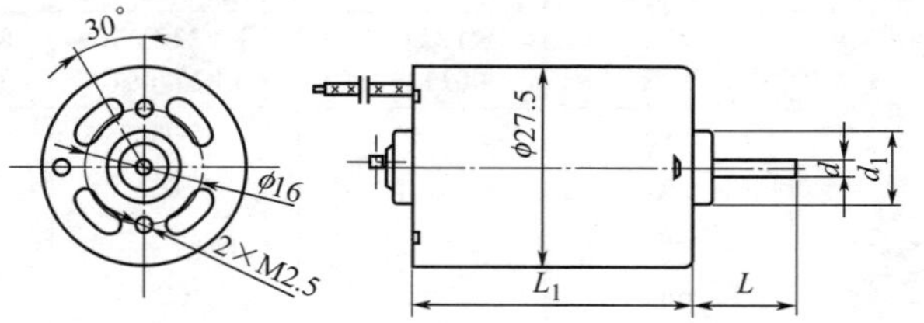

电机参数	单位	电　机　型　号		
		KY28ZWX 00102201	KY28ZWX 00102401	KY28ZWX 00105001
额定电压	V	24	12	6
额定功率	W	4	2	3
额定转速	r/min	2200	2400	5000
额定转矩	N·m	0.017	0.012	0.01
额定电流	A	0.17	0.25	0.6
极数	极	4	4	4
机身长度 L	mm	37.5	37.5	37.5
出轴长度 L_1	mm	14	14	14
出轴直径 d	mm	2.3	2.3	2.3
凸肩直径 d_1	mm	10	10	10

应用领域：电动工具、自动门、送风设备、广告灯箱、自助设备、自动化设备等。

表 7-66　KY28 系列直流无刷电机技术数据（Ⅱ）

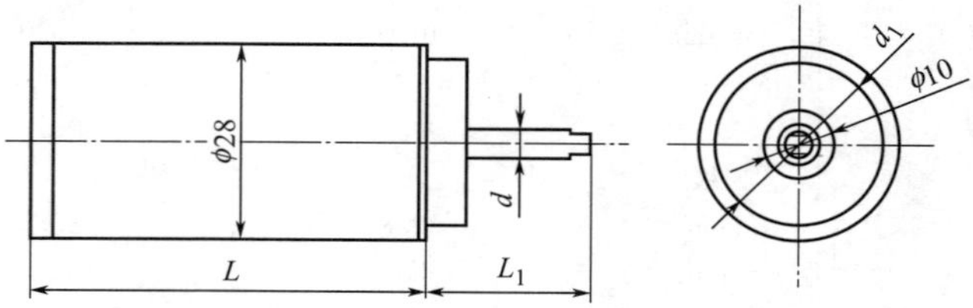

电机参数	单位	电　机　型　号		
		KY28ZWX 00205001	KY28ZWX 00310001	KY28ZWX 00612001
额定电压	V	30	30	30

续表

电机参数	单位	电机型号		
		KY28ZWX 00205001	KY28ZWX 00310001	KY28ZWX 00612001
额定功率	W	20	30	60
额定转速	r/min	5000	10000	12000
额定转矩	N•m	0.038	0.029	0.05
额定电流	A	0.8	0.85	2.93
极数	极	4	4	2
机身长度 L	mm	55	55	62
出轴长度 L_1	mm	25.4	20	6.4
出轴直径 d	mm	4	4	4
凸肩直径 d_1	mm	10	10	26.2

应用领域：电动螺丝刀、剪枝机、冲击钻等电动工具等。

表 7-67 KY31 系列直流无刷电机技术数据

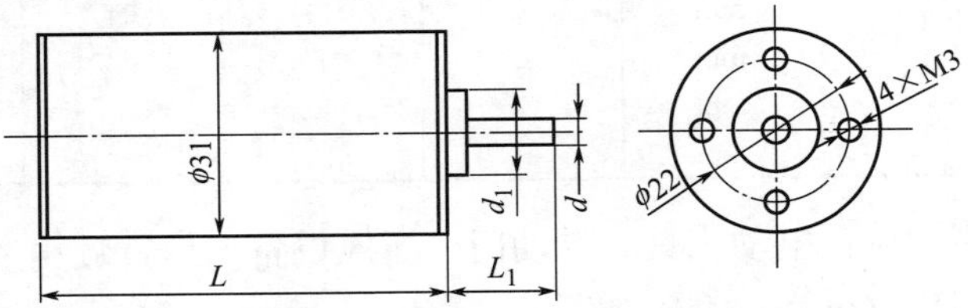

电机参数	单位	电机型号	
		KY31ZWX00103801	KY31ZWX00102501
额定电压	V	12	24
额定功率	W	10	10
额定转速	r/min	3800	2500
额定转矩	N•m	0.025	0.028
额定电流	A	0.8	0.46
极数	极	4	8
机身长度 L	mm	60	85
出轴长度 L_1	mm	29	13
出轴直径 d	mm	3	3.17
凸肩直径 d_1	mm	13	13

应用领域：自动门、送风设备、电动螺丝刀、冲击钻等。

表 7-68　KY36 系列直流无刷电机技术数据（Ⅰ）

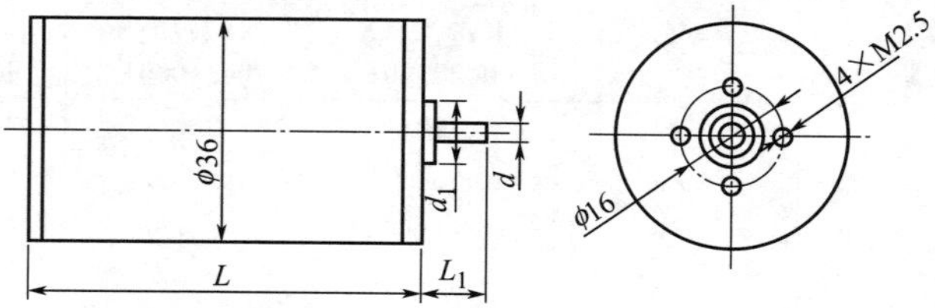

电机参数	单位	电机型号			
		KY36ZWX 00102403	KY36ZWX 00107001	KY36ZWX 00510001	KY36ZWX 00633001
额定电压	V	24	24	24	24
额定功率	W	10	10	50	30
额定转速	r/min	2400	7000	10000	30000
额定转矩	N·m	0.044	0.026	0.06	0.01
额定电流	A	0.8	0.87	2.7	1.5
极数	极	8	8	2	2
机身长度 L	mm	93	40	64	25
出轴长度 L_1	mm	45.7	7	8.5	11.5
出轴直径 d	mm	7	3	4	3
凸肩直径 d_1	mm	19	10	—	13

应用领域：电动工具、自动门、送风设备、广告灯箱、自助设备、自动化设备等。

表 7-69　KY36 系列直流无刷电机技术数据（Ⅱ）

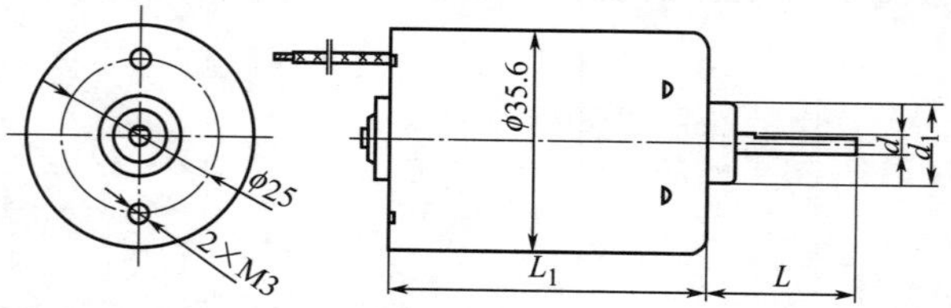

电机参数	单位	电机型号		
		KY36ZWX 00102901	KY36ZWX 00103701	KY36ZWX 00110001
额定电压	V	12	12	24
额定功率	W	4	6	10

续表

电机参数	单位	电 机 型 号		
		KY36ZWX 00102901	KY36ZWX 00103701	KY36ZWX 00110001
额定转速	r/min	2400	3400	10000
额定转矩	N•m	0.017	0.02	0.01
额定电流	A	0.5	0.66	0.52
极数	极	4	4	4
机身长度 L	mm	50	50	50
出轴长度 L_1	mm	23.5	23.5	15
出轴直径 d	mm	3.175	3.175	3.175
凸肩直径 d_1	mm	13	13	13

应用领域：电动工具、自动门、送风设备、广告灯箱、自助设备、自动化设备等。

表 7-70 KY42 系列直流无刷电机技术数据（Ⅰ）

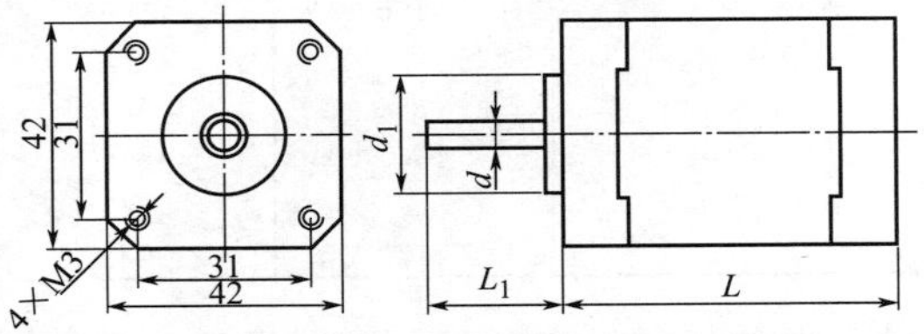

电机参数	单位	电 机 型 号	
		KY42ZWX00303001	KY42ZWX00503001
额定电压	V	24	24
额定功率	W	30	50
额定转速	r/min	3000	3000
额定转矩	N•m	0.100	0.170
额定电流	A	1.52	2.35
极数	极	4	4
机身长度 L	mm	60	80
出轴长度 L_1	mm	21	21
出轴直径 d	mm	5	5
凸肩直径 d_1	mm	22	22

应用领域：自动门、送风设备、自动化设备等。

表 7-71　KY42 系列直流无刷电机技术数据（Ⅱ）

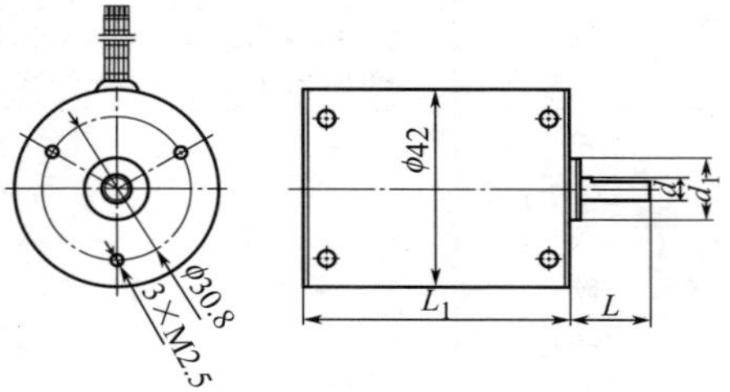

电机参数	单位	电机型号		
		KY42ZWX 00203601	KY42ZWX 00203602	KY42ZWX 00505501
额定电压	V	24	48	24
额定功率	W	15	15	50
额定转速	r/min	3600	3600	5500
额定转矩	N•m	0.04	0.04	0.086
额定电流	A	0.96	0.48	2.36
极数	极	2	2	4
机身长度 L	mm	55	55	73
出轴长度 L_1	mm	16.5	16.5	8.2
出轴直径 d	mm	5	5	3
凸肩直径 d_1	mm	13	13	10

应用领域：电动工具、自动门、送风设备、广告灯箱、自助设备、自动化设备等。

表 7-72　KY57 系列直流无刷电机技术数据

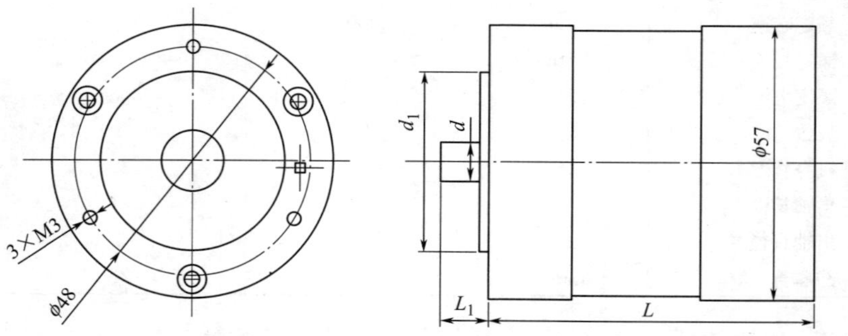

续表

电机参数	单位	电机型号			
		KY57ZWX 00303501	KY57ZWX 00504001	KY57ZWX 00803001	KY57ZWX 01003001
额定电压	V	24	24	24	24
额定功率	W	35	50	80	100
额定转速	r/min	3500	4000	3000	3000
额定转矩	N·m	0.132	0.120	0.267	0.334
额定电流	A	1.46	2.09	3.34	4.17
极数	极	4	4	4	4
机身长度 L	mm	62	66	100.5	100.5
出轴长度 L_1	mm	25	10	29.1	29.1
出轴直径 d	mm	6	8	8	8
凸肩直径 d_1	mm	21	37.4	25	25

应用领域：自动门、送风设备、自动化设备等。

表 7-73　KY60 系列直流无刷电机技术数据

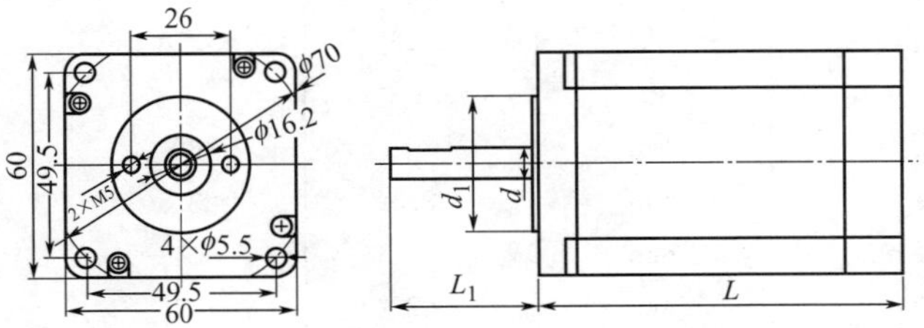

电机参数	单位	电机型号		
		KY60ZWX 02003010	KY60ZWX 03003010	KY60ZWX 04003010
额定电压	V	310	310	310
额定功率	W	200	300	400
额定转速	r/min	3000	3000	3000
额定转矩	N·m	0.667	1.0	1.34
额定电流	A	0.65	0.97	1.29
极数	极	8	8	8
机身长度 L	mm	104	104	104
出轴长度 L_1	mm	30	30	30
出轴直径 d	mm	14	14	14
凸肩直径 d_1	mm	50	50	50

应用领域：喷绘机、雕刻机、线切割机等自动化设备。

表 7-74　KY80 系列直流无刷电机技术数据

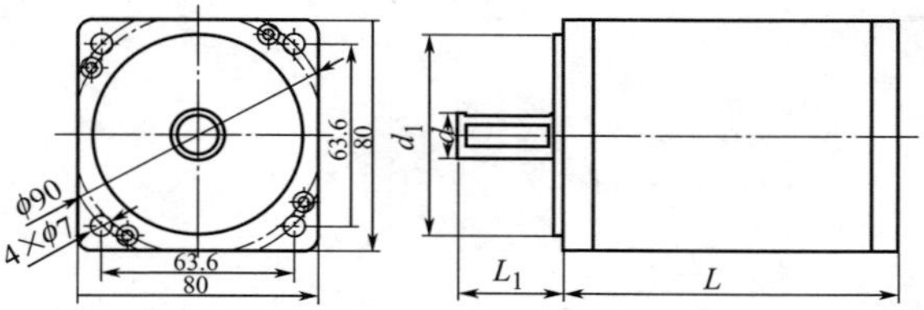

电机参数	单位	电机型号		
		KY80ZWX 04003010	KY80ZWX 05505010	KY80ZWX 07503010
额定电压	V	310	310	310
额定功率	W	400	550	750
额定转速	r/min	3000	5000	3000
额定转矩	N•m	1.34	1.10	2.5
额定电流	A	1.29	1.78	2.42
极数	极	4	4	4
机身长度 L	mm	82	82	104
出轴长度 L_1	mm	23.5	23.5	35
出轴直径 d	mm	16	14	16
凸肩直径 d_1	mm	62	62	70

应用领域：缝制设备、自动化设备等。

表 7-75　KY86 系列直流无刷电机技术数据

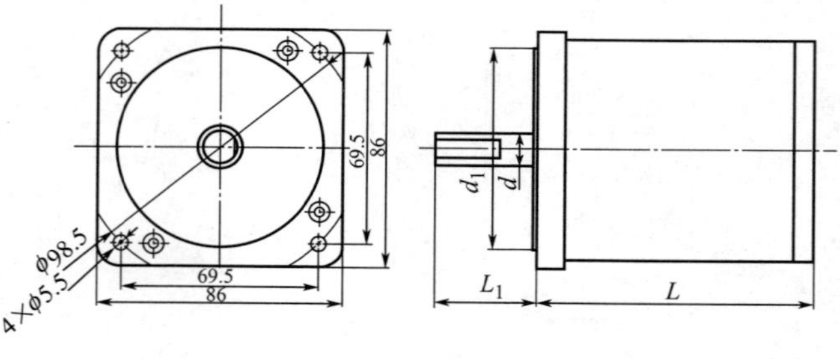

续表

电机参数	单位	电　机　型　号	
		KY86ZWX04002010	KY86ZWX04002010
额定电压	V	310	48
额定功率	W	400	400
额定转速	r/min	2000	2000
额定转矩	N·m	2.0	2.0
额定电流	A	1.29	8.33
极数	极	4	4
机身长度 L	mm	97	97
出轴长度 L_1	mm	60	36
出轴直径 d	mm	14	12
凸肩直径 d_1	mm	73	73

应用领域：缝制设备、自动化设备等。

表 7-76　KY90 系列直流无刷电机技术数据

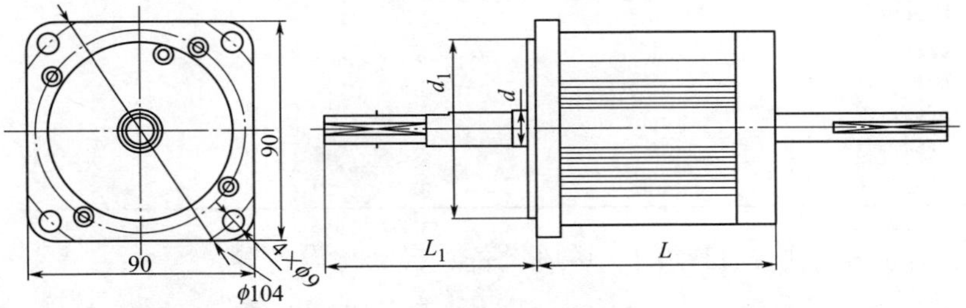

电机参数	单位	电　机　型　号		
		KY90ZWX 02003001	KY90ZWX 01206001	KY90ZWX 02506001
额定电压	V	48	310	310
额定功率	W	200	120	250
额定转速	r/min	3000	6000	6000
额定转矩	N·m	0.667	0.2	0.417
额定电流	A	4.17	0.387	0.807
极数	极	4	4	4
机身长度 L	mm	106.2	93.3	95.5
出轴长度 L_1	mm	40	80	84.8
出轴直径 d	mm	14	15	15
凸肩直径 d_1	mm	70	74	74

应用领域：绕线机、自动闸、机床等自动化设备。

（2）KY 系列伺服电机

表 7-77～表 7-80 是凯旸机电有限公司 KY 系列直流伺服电机技术数据。

表 7-77　KY57 系列直流伺服电机技术数据

电机参数	单位	电机型号	
		KY57ZWX01003002	KY57ZWX01303001
最高线电压	V	24	36
额定功率	W	100	130
额定转速	r/min	3000	3000
连续工作转矩	N•m	0.31	0.36
连续工作线电流	A	6.008	5.1
峰值转矩	N•m	0.93	1.08
峰值线电流	A	19.22	16.32
转矩常数	N•m/A	0.0495	0.0667
反电势常数	V/(kr/min)	5.18	6.98
直流线电阻(25℃)	Ω	0.419	0.816
线电感	mH	1.98	2.06
极数	极	4	4
机身长度 L	mm	108	110
出轴长度 L_1	mm	21	21
出轴直径 d	mm	8	8
凸肩直径 d_1	mm	38	38

应用领域：自动门、送风设备、自动化设备等。

表 7-78　KY60 系列直流伺服电机技术数据

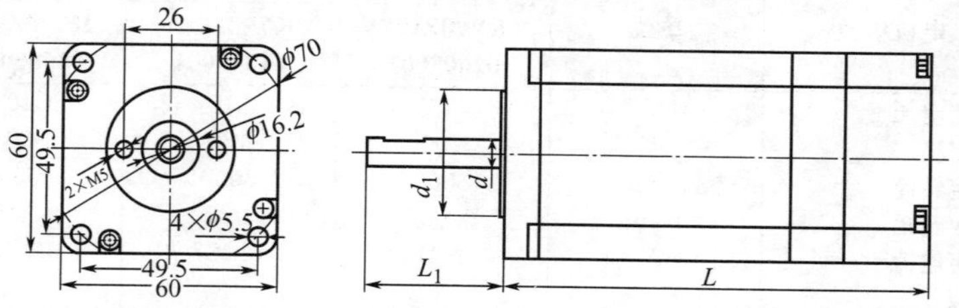

电机参数	单位	电机型号		
		KY60ZWX 01503001	KY60ZWX 03003001	KY60ZWX 03002403
最高线电压	V	300	300	300
额定功率	W	150	300	300

续表

电机参数	单位	电机型号		
		KY60ZWX 01503001	KY60ZWX 03003001	KY60ZWX 03002403
额定转速	r/min	3000	3000	2400
连续工作转矩	N•m	0.5	1.1	1.0
连续工作线电流	A	0.62	1.17	1.18
峰值转矩	N•m	1.5	3.3	3
峰值线电流	A	1.98	3.74	3.78
转矩常数	N•m/A	0.739	0.871	0.869
反电势常数	V/(kr/min)	77.4	91.2	91
直流线电阻(25℃)	Ω	40	15.3	18.4
线电感	mH	43	26.9	32.8
极数	极	8	8	8
机身长度 L	mm	84.5	119	133
出轴长度 L_1	mm	65	38.5	30
出轴直径 d	mm	12	8	14
凸肩直径 d_1	mm	50	36	50

应用领域：缝制设备、自动化设备等。

表 7-79　KY80 系列直流伺服电机技术数据

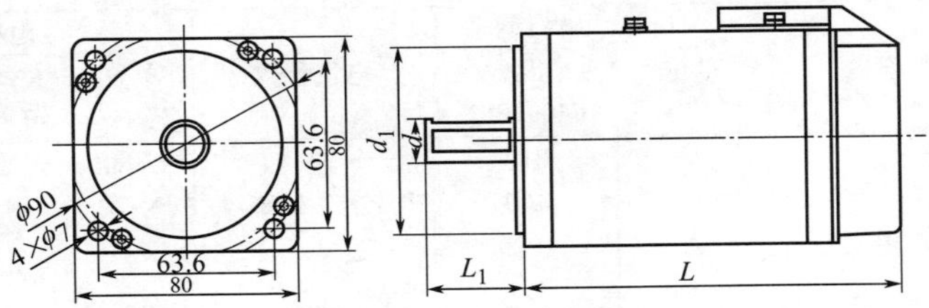

电机参数	单位	电机型号	
		KY80ZWX05505001	KY80ZWX07503001
最高线电压	V	310	310
额定功率	W	550	750
额定转速	r/min	5000	3000
连续工作转矩	N•m	1.1	2.5
连续工作线电流	A	2.3	3
峰值转矩	N•m	3	7.5
峰值线电流	A	7.4	9.6

续表

电机参数	单位	电机型号	
		KY80ZWX05505001	KY80ZWX07503001
转矩常数	N•m/A	0.43	0.8
反电势常数	V/(kr/min)	54.6	72.4
直流线电阻(25℃)	Ω	5.67	5.54
线电感	mH	54	20
极数	极	4	4
机身长度 L	mm	106	126.5
出轴长度 L_1	mm	23.5	35
出轴直径 d	mm	14	16
凸肩直径 d_1	mm	62	70

应用领域：缝制设备、自动化设备等。

表 7-80 KY86 系列直流伺服电机技术数据

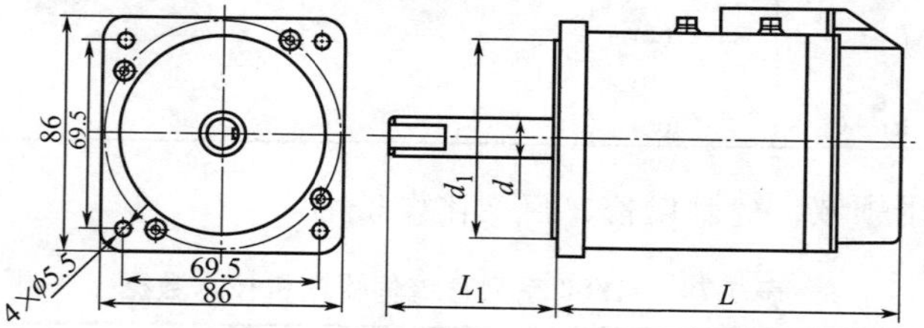

电机参数	单位	电机型号	电机参数	单位	电机型号
		KY86ZWX 04002001			KY86ZWX 04002001
最高线电压	V	310	额定转速	r/min	2000
额定功率	W	400	连续工作转矩	N•m	2.0
连续工作线电流	A	1.29	线电感	mH	57
峰值转矩	N•m	5.7	极数	极	4
峰值线电流	A	5.1	机身长度 L	mm	121.5
转矩常数	N•m/A	1.18	出轴长度 L_1	mm	60
反电势常数	V/(kr/min)	106	出轴直径 d	mm	14
直流线电阻(25℃)	Ω	18.17	凸肩直径 d_1	mm	73

应用领域：缝制设备、自动化设备等。

(3) ZW 系列无刷电动机

表 7-81～表 7-87 是 ZW 系列工业及家电用无刷电动机的技术数据。为淄博市科成电机电器有限公司产品。

表 7-81　ZW36 系列直流无刷电动机

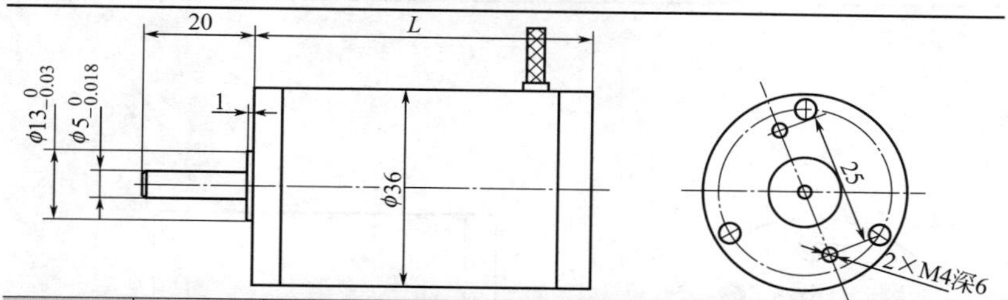

型　号	额定功率 /W	额定转速 /(r/min)	额定转矩 /N·m	额定电压 /VDC	最大转矩 /N·m	机身长 *L*/mm
ZW36-01	10	4000	0.025	12/24/38/48/300V 等	0.07	45
	17		0.042		0.12	55
	25		0.058		0.17	65

表 7-82　ZW60 系列直流无刷电动机

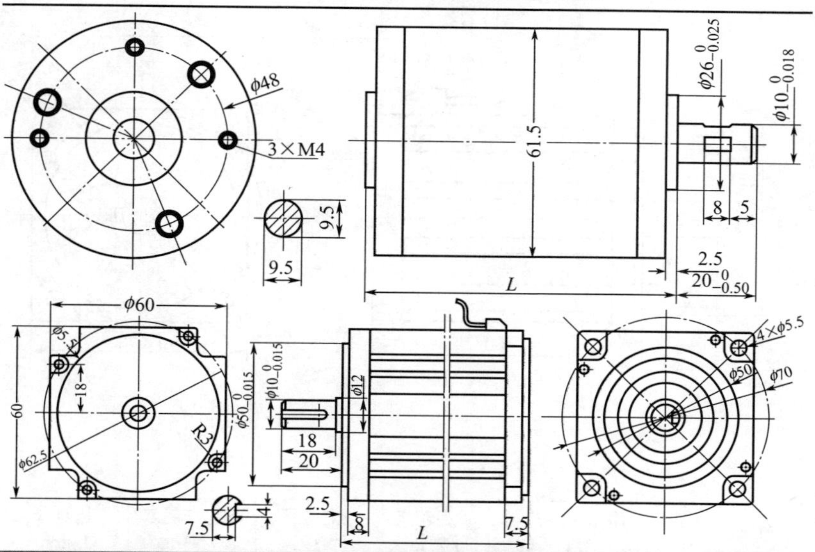

型　号	额定功率 /W	额定转速 /(r/min)	额定转矩 /N·m	额定电压 /VDC	最大转矩 /N·m	机身长 *L*/mm
ZW60-01	36	3000	0.12	12/24/38/48/300V 等	0.38	75(圆)
	50		0.16		0.48	80(方)
ZW60-02	70		0.24		0.72	95(圆)
	95		0.32		0.96	80(方)
ZW60-03	105		0.35		1.0	105(圆)
	145		0.48		1.5	100(方)

表 7-83　ZW70 系列直流无刷电动机

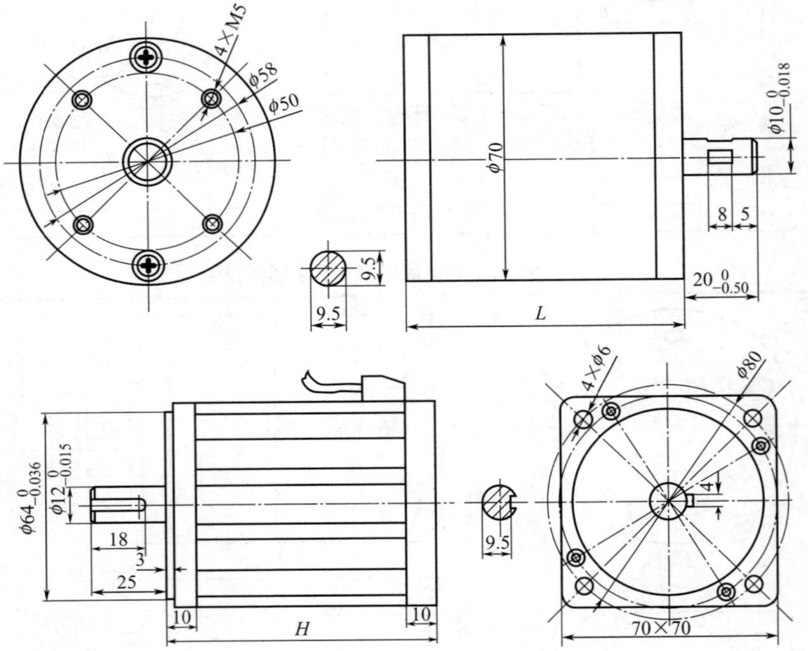

型号	额定功率/W	额定转速/(r/min)	额定转矩/N·m	额定电压/VDC	最大转矩/N·m	机身长 L/mm
ZW70-01	70	2000	0.35	12/24/38/48/300V 等	1.0	77(圆)
	150	6000	0.25		0.75	77(方)
ZW70-02	120	2000	0.60		1.8	92(圆)
	240	6000	0.40		1.2	92(方)
ZW70-03	180	2000	0.90		2.5	114(圆)
	400	6000	0.66		2.0	114(方)

表 7-84　ZW80 系列直流无刷电动机

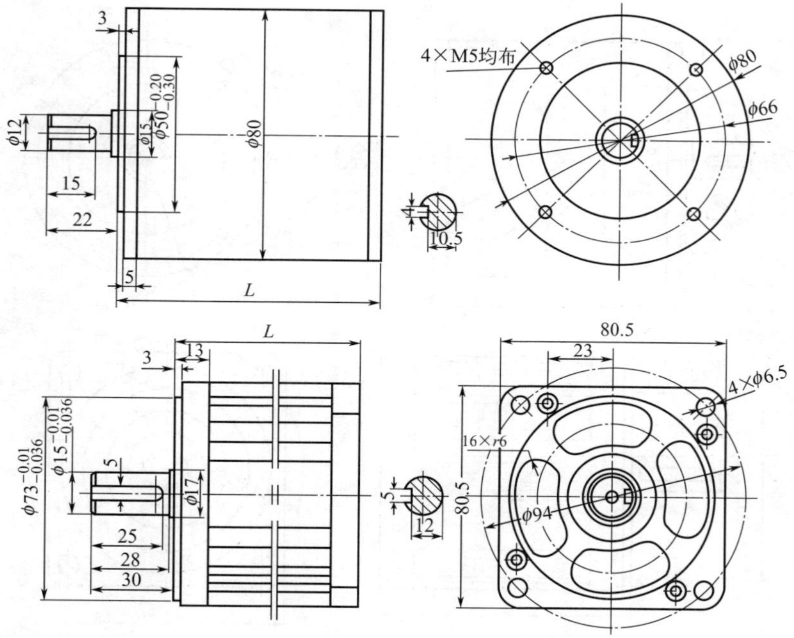

型号	额定功率/W	额定转速/(r/min)	额定转矩/N·m	额定电压/V DC	最大转矩/N·m	机身长 L/mm
ZW80-01	160	2000	0.8	12/24/38/48/300V 等	2.4	90(圆) 100(方)
	380	4500				
ZW80-02	200	2000	1.0		3.0	99(圆) 109(方)
	450	4500				
ZW80-03	300	2000	1.5		4.0	123(圆) 133(方)
	675	4500				
ZW80-04	400	2000	2.0		5.0	143(圆) 153(方)
	900	4500				

表 7-85　ZW90 系列直流无刷电动机

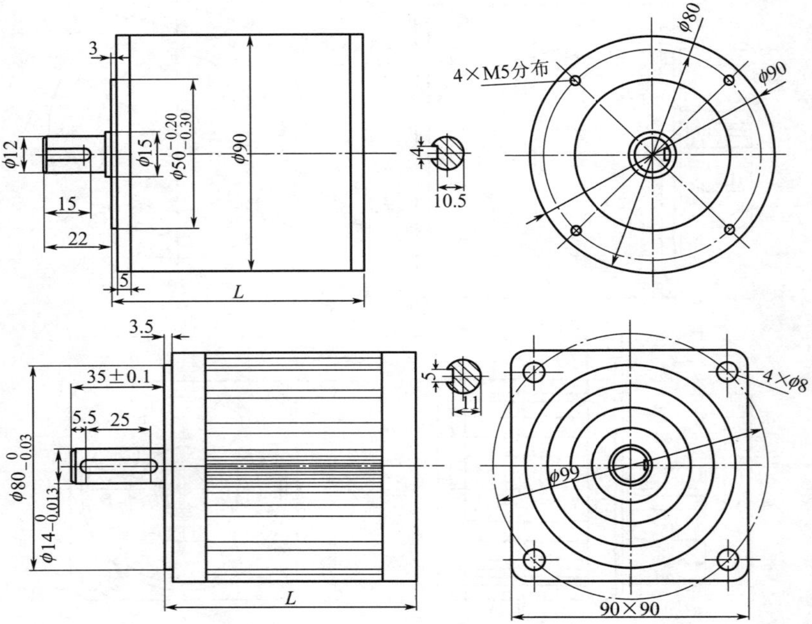

型号	额定功率/W	额定转速/(r/min)	额定转矩/N·m	额定电压/VDC	最大转矩/N·m	机身长 *L*/mm
ZW90-01	200	2000	1.0	12/24/38/48/300V 等	2.5	87(圆) 95(方)
	400	4000				
ZW90-02	400	2000	2.0		5.0	122(圆) 130(方)
	700	3500				
ZW90-03	500	2000	2.5		6.5	142(圆) 150(方)
	750	3000				
ZW90-04	450	1500	3.0		7.5	162(圆) 170(方)
	900	3000				

表 7-86　ZW110 系列直流无刷电动机

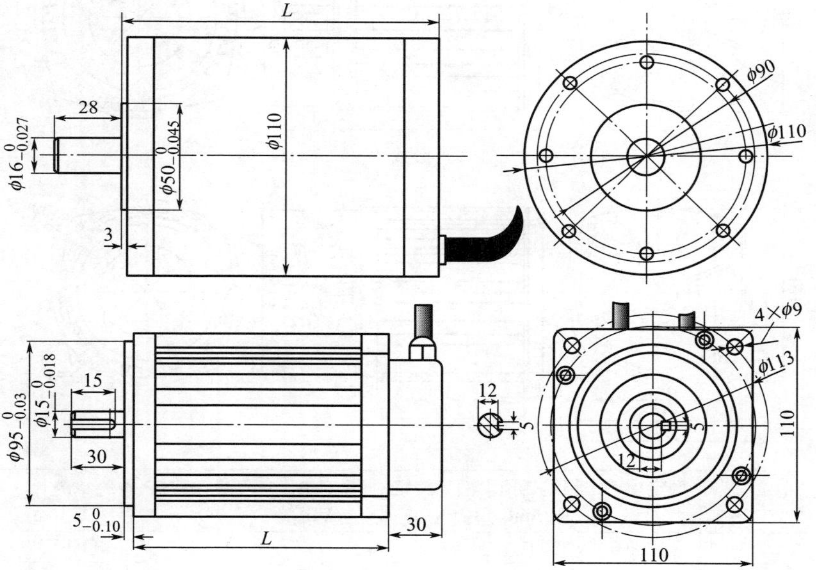

型号	额定功率 /W	额定转速 /(r/min)	额定转矩 /N·m	额定电压 /VDC	最大转矩 /N·m	机身长 L/mm
ZW110-01	900	3000	3.0	12/24/38/48/300V 等	7.5	132(圆) 137(方)
ZW110-02	1200	2000	4.0		10	157 (圆) 162(方)
ZW110-03	1000	2000	5.0		12	170(圆) 175 方)
ZW110-04	120	2000	6.0		15	195(圆) 200(方)

表 7-87　ZW160 系列直流无刷电动机

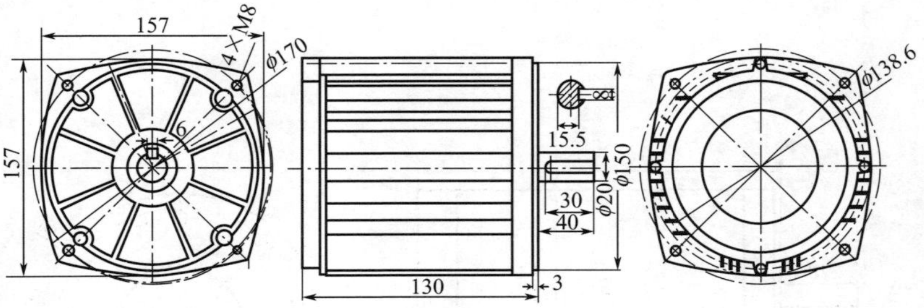

卧式

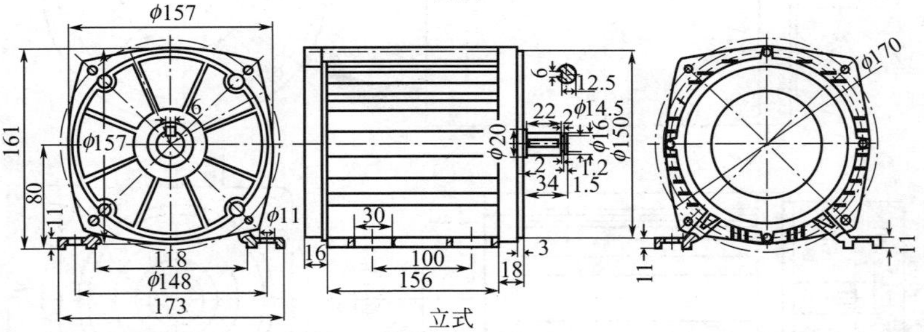

立式

型号	额定功率 /W	额定转速 /(r/min)	额定转矩 /N·m	额定电压 /VDC	最大转矩 /N·m	机身长 *L*/mm
ZW160-01	1200	3000	4.0	12/24/38/48/300V 等	8	130(卧、立)
ZW160-02	1800	3000	6.0		12	165(卧、立)
ZW160-03	2200	3000	7.5		15	180(卧、立)
ZW160-04	2400	2000	12		24	225(卧、立)

附录　GB 30253—2013 中规定的永磁同步电动机能效等级和效率限定值

（1）异步启动三相永磁同步电动机

表 1　1 级能效异步启动三相永磁同步电动机的效率

额定功率/kW	极数						
	2 极	4 极	6 极	8 极	10 极	12 极	16 极
0.55	83.9	84.5	82.4	—	—	—	—
0.75	84.9	85.6	86.8	—	—	—	—
1.1	86.7	87.4	88.2	—	—	—	—
1.5	87.5	88.1	89.4	—	—	—	—
2.2	89.1	89.7	90.5	90.0	—	—	—
3.0	89.7	90.3	91.5	91.0	—	—	—
4.0	90.3	90.9	92.4	91.8	91.8	—	—
5.5	91.5	92.1	93.1	92.6	92.6	—	—
7.5	92.1	92.6	93.7	93.2	93.2	93.2	
11	93.0	93.6	94.3	93.7	93.7	93.7	93.7
15	93.4	94.0	94.7	94.2	94.2	94.2	94.2
18.5	93.8	94.3	95.1	94.6	94.6	94.8	94.6
22	94.4	94.7	95.4	94.9	94.9	94.9	94.9
30	94.5	95.0	95.7	95.1	95.1	95.1	95.1
37	94.8	95.3	95.9	95.3	95.3	95.3	95.3
45	95.1	95.6	96.0	95.5	95.5	95.5	—
55	95.4	95.8	96.1	95.6	95.6	—	—
75	95.6	96.0	96.2	95.7	95.7	—	—
90	95.8	96.2	96.2	95.7	95.7	—	—
110	96.0	96.4	96.3	95.7	95.7	—	—
132	96.0	96.5	96.3	95.8	95.8	—	—
160	96.2	96.5	96.3	95.8	95.8	—	—
200	96.3	96.6	96.4	95.8	—	—	—
250	96.4	96.7	96.4	—	—	—	—
315	96.5	96.8	96.4	—	—	—	—
375	96.5	96.8	96.4	—	—	—	—

表 2　2 级能效异步启动三相永磁同步电动机的效率

额定功率/kW	极数						
	2 极	4 极	6 极	8 极	10 极	12 极	16 极
0.55	79.0	80.7	76.1	—	—	—	—
0.75	80.7	82.5	82.3	—	—	—	—
1.1	82.7	84.1	83.9	—	—	—	—
1.5	84.2	85.3	85.4	—	—	—	—
2.2	85.9	86.7	85.8	87.1	—	—	—
3.0	87.1	87.7	88.0	88.2	—	—	—
4.0	88.1	88.6	89.1	89.1	89.6	—	—
5.5	89.2	89.6	90.1	90.0	90.5	—	—
7.5	90.1	90.4	91.0	90.8	91.2	91.2	—
11	91.2	91.4	91.8	91.4	91.9	91.8	91.5
15	91.9	92.1	92.5	92.0	92.5	92.4	92.1
18.5	92.4	92.6	93.1	92.5	93.0	92.9	92.6
22	92.7	93.0	93.6	93.0	93.4	93.4	93.0
30	93.3	93.6	94.0	93.4	93.8	93.8	93.4
37	93.7	93.9	94.4	93.7	94.1	94.1	93.7
45	94.0	94.2	94.7	93.9	94.4	94.3	—
55	94.3	94.6	95.0	94.2	94.6	—	—
75	94.7	95.0	95.2	94.3	94.8	—	—
90	95.0	95.2	95.3	94.5	94.9	—	—
110	95.2	95.4	95.5	94.6	98.1	—	—
132	95.4	95.6	95.4	94.7	95.2	—	—
160	95.6	95.8	95.6	94.8	95.3	—	—
200	95.8	96.0	95.8	94.9	—	—	—
250	95.8	96.0	95.8	—	—	—	—
315	95.8	96.0	95.8	—	—	—	—
375	95.8	96.0	95.8	—	—	—	—

表 3　3 级能效异步启动三相永磁同步电动机的效率

额定功率/kW	极数						
	2 极	4 极	6 极	8 极	10 极	12 极	16 极
0.55	76.2	77.9	74.9	—	—	—	—
0.75	77.4	79.6	75.6	—	—	—	—
1.1	79.6	81.4	78.1	—	—	—	—
1.5	81.3	82.8	79.8	—	—	—	—
2.2	83.2	84.3	81.8	81.2	—	—	—
3.0	84.6	85.5	83.3	83.1	—	—	—

续表

额定功率/kW	极数						
	2极	4极	6极	8极	10极	12极	16极
4.0	85.8	86.6	84.6	84.0	83.9	—	—
5.5	87.0	87.7	86.0	85.0	84.9	—	—
7.5	88.1	88.7	87.2	87.3	87.2	87.1	
11	89.4	89.8	88.7	88.2	88.1	88.0	87.9
15	90.3	90.6	89.7	88.8	88.7	88.6	88.4
18.5	90.9	91.2	90.4	89.7	89.6	89.5	89.3
22	91.3	91.6	90.9	90.1	90.0	89.9	89.8
30	92.0	92.3	91.7	90.6	90.5	90.4	90.3
37	92.5	92.7	92.2	91.5	91.4	91.3	91.2
45	92.9	93.1	92.7	92.1	92.0	91.9	—
55	93.2	93.5	93.1	92.4	92.2	—	—
75	93.8	94.0	93.7	92.7	92.4	—	—
90	94.1	94.2	94.0	93.1	92.9	—	—
110	94.3	94.5	94.3	93.4	93.1	—	—
132	94.6	94.7	94.6	93.6	93.4	—	—
160	94.8	94.9	94.8	93.8	93.6	—	—
200	95.0	95.1	95.0	93.8	—	—	—
250	95.0	95.1	95.0	—	—	—	—
315	95.0	95.1	95.0	—	—	—	—
375	95.0	95.1	95.0	—	—	—	—

（2）变频驱动永磁同步电动机

表4　1级能效变频驱动永磁同步电动机的效率

额定功率/kW	转速/(r/min)					
	3000	2500	2000	1500	1000	500
0.55	87.3	87.3	87.3	85.6	85.9	81.8
0.75	88.6	88.6	88.6	85.6	87.4	82.3
1.1	89.8	89.8	89.8	87.4	88.7	83.3
1.5	90.9	90.9	90.8	88.1	89.9	84.5
2.2	91.8	91.8	91.8	89.7	90.9	85.3
3.0	92.6	92.6	92.6	90.3	91.8	86.1
4.0	93.3	93.3	93.3	90.9	92.7	87.6
5.5	94.0	94.0	93.9	92.1	93.4	88.4
7.5	94.5	94.5	94.4	92.6	94.0	88.9
11	95.0	95.0	94.9	93.6	94.5	90.9

续表

额定功率/kW	转速/(r/min)					
	3000	2500	2000	1500	1000	500
15	95.3	95.3	95.3	94.0	94.9	91.6
18.5	95.6	95.6	95.6	94.3	95.3	92.7
22	95.9	95.9	95.8	94.7	95.6	93.3
30	96.1	96.1	96.0	95.0	95.8	93.6
37	96.3	96.3	96.2	95.3	96.0	93.9
45	96.4	96.4	96.3	95.6	96.2	94.2
55	96.5	96.5	96.4	95.8	96.3	94.5
75	96.6	96.6	96.5	96.0	96.4	94.7
90	96.7	96.7	96.6	96.2	96.5	94.7

表5　2级能效变频驱动永磁同步电动机的效率

额定功率/kW	转速/(r/min)					
	3000	2500	2000	1500	1000	500
0.55	79.8	79.8	81.7	81.5	80.3	75.8
0.75	81.5	81.3	83.3	82.5	82.1	77.5
1.1	83.0	83.2	84.7	84.1	83.7	79.0
1.5	84.5	84.6	86.1	85.3	85.1	80.7
2.2	85.7	86.2	87.2	86.7	86.5	82.5
3.0	86.9	87.3	88.3	87.7	87.7	83.7
4.0	88.0	88.3	89.3	88.6	88.8	84.0
5.5	88.9	89.3	90.1	89.6	89.7	85.4
7.5	89.8	90.2	90.9	90.4	90.6	86.6
11	90.6	91.3	91.6	91.4	91.4	87.9
15	91.3	92.0	92.2	92.1	92.0	89.0
18.5	92.0	92.5	92.8	92.6	92.6	89.8
22	92.5	92.8	93.2	93.0	93.2	90.3
30	93.1	93.4	93.7	93.6	93.6	91.1
37	93.6	93.8	94.1	93.9	94.0	91.4
45	94.0	94.1	94.4	94.2	91.4	91.9
55	94.5	94.4	94.7	94.6	94.7	92.6
75	94.8	94.8	95.0	95.0	95.0	93.1
90	96.2	95.1	95.3	95.2	95.2	93.5

表 6　3 级能效变频驱动永磁同步电动机的效率

额定功率/kW	转速/(r/min)					
	3000	2500	2000	1500	1000	500
0.55	76.2	76.8	77.3	77.9	75.9	72.3
0.75	77.4	78.1	78.9	79.6	76.5	73.2
1.1	79.6	80.2	80.8	81.1	78.1	76.4
1.5	81.3	81.8	82.3	82.8	79.8	77.8
2.2	83.2	83.6	83.9	84.3	81.8	79.9
3.0	84.6	84.9	85.2	85.5	83.3	81.1
4.0	85.8	86.1	86.3	86.6	84.6	82.5
5.5	87.0	87.2	87.5	87.7	86.0	84.1
7.5	88.1	88.3	88.5	88.7	87.2	85.6
11	89.4	89.5	89.7	89.8	88.7	86.9
15	90.3	90.4	90.5	90.6	89.7	87.8
18.5	90.9	91.0	91.1	91.2	90.4	88.6
22	91.3	91.4	91.5	91.6	90.9	89.2
30	92.0	92.1	92.2	92.3	91.7	90.1
37	92.5	92.6	92.6	92.7	92.2	90.6
45	92.9	93.0	93.0	93.1	92.7	91.2
55	93.2	93.3	93.1	93.5	93.1	91.7
75	93.8	93.9	93.9	94.0	93.7	92.6
90	94.1	94.1	94.2	94.2	94.0	93.0

（3）电梯用永磁同步电动机

表 7　1 级能效电梯用永磁同步电动机的效率

额定功率/kW	转速/(r/min)						
	>750	>400～750	>250～400	>180～250	>140～180	>100～140	≤100
0.55	78.9	78.1	76.8	76.4	75.8	76.4	74.6
0.75	83.6	82.7	81.7	82.3	81.0	80.4	80.0
1.1	85.2	84.4	83.5	84.0	82.8	82.2	81.9
1.5	86.7	86.0	85.0	85.6	84.4	83.9	83.5
2.2	88.0	87.4	86.5	87.0	85.9	85.4	85.0
3.0	89.2	88.6	87.8	88.3	87.2	86.7	86.4
4.0	90.3	89.7	88.9	89.4	88.4	88.0	87.6
5.5	91.2	90.7	89.9	90.4	89.5	89.0	88.7
7.5	92.0	91.6	90.8	91.3	90.4	90.0	89.7
11	92.8	92.3	91.6	92.0	91.3	90.8	90.6
15	93.4	93.0	92.3	92.7	92.0	91.6	91.3

续表

额定功率/kW	转速/(r/min)						
	>750	>400～750	>250～400	>180～250	>140～180	>100～140	≤100
18.5	93.9	93.5	92.9	93.2	92.6	92.2	91.9
25	94.4	94.0	93.4	93.7	93.1	92.7	92.5
30	94.7	94.4	93.8	94.1	93.5	93.2	92.9
37	95.0	94.7	94.1	94.4	93.9	93.6	93.3
45	95.3	94.9	94.4	94.6	94.2	93.9	93.6
55	95.4	95.1	94.6	94.8	94.4	94.1	93.9
75	95.5	95.2	94.8	95.0	94.5	94.3	94.1
90	95.6	95.3	94.9	95.0	94.7	94.4	94.2
110	95.6	95.4	94.9	95.1	94.7	94.5	94.3

表 8　2 级能效电梯用永磁同步电动机的效率

额定功率/kW	转速/(r/min)						
	>750	>400～750	>250～400	>180～250	>140～1 80	>100～140	≤100
0.55	76.1	75.2	73.8	73.3	72.7	72.3	71.4
0.75	80.8	79.4	78.5	77.8	77.1	76.5	76.0
1.1	82.5	81.2	80.3	79.6	78.9	78.4	77.9
1.5	84.1	82.8	81.9	81.2	80.6	80.1	79.6
2.2	85.5	84.2	83.4	82.7	82.1	81.7	81.1
3.0	86.7	85.6	84.7	84.0	83.5	83.1	82.6
4.0	87.8	86.8	85.9	85.3	84.7	84.3	83.8
5.5	87.8	87.0	86.4	85.8	85.5	85.0	88.9
7.5	88.8	88.0	87.4	86.9	86.5	86.0	89.8
11	89.6	88.8	88.3	87.8	87.4	87.0	90.5
15	90.4	89.6	89.0	88.6	88.2	87.8	91.2
18.5	91.0	90.3	89.7	89.3	88.9	88.5	91.8
25	91.6	90.9	90.3	89.9	89.5	89.2	92.3
30	93.1	92.4	91.8	91.3	91.0	90.5	90.2
37	93.4	92.8	92.2	91.8	91.4	91.0	90.7
45	93.6	93.1	92.5	92.1	91.7	91.3	91.0
55	93.8	93.3	92.8	92.4	92.0	91.6	91.3
75	93.9	93.5	93.0	92.7	92.3	91.9	91.6
90	94.0	93.6	93.2	92.9	92.5	92.2	91.8

表 9　3 级能效电梯用永磁同步电动机的效率

额定功率/kW	转速/(r/min)						
	>750	>400～750	>250～400	>180～250	>140～180	>100～140	≤100
0.55	73.0	72.0	70.5	70.0	69.4	68.9	68.0
0.75	76.0	75.0	73.5	72.9	72.3	71.8	70.6
1.1	78.0	77.0	75.5	75.0	74.4	73.9	72.7
1.5	80.0	79.0	77.5	77.0	76.4	75.9	74.0
2.2	82.2	81.2	79.7	79.0	78.4	78.0	76.8
3.0	82.8	81.8	80.3	79.7	79.0	78.5	77.0
4.0	84.0	83.0	81.5	80.9	80.3	79.8	78.6
5.5	84.5	83.5	82.0	81.4	80.8	80.0	79.0
7.5	85.5	84.5	83.0	82.4	81.8	81.3	80.0
11	87.2	86.2	84.7	84.0	83.4	83.0	81.8
15	89.0	88.0	86.5	85.9	85.3	84.8	83.6
18.5	89.4	88.4	86.9	86.3	85.7	85.2	84.0
25	89.8	88.8	87.3	86.7	86.0	85.5	84.3
30	90.5	89.5	88.0	87.4	86.8	86.3	85.0
37	91.0	90.0	88.5	87.9	87.3	86.8	85.6
45	91.5	90.5	89.0	88.4	87.8	87.3	86.0
55	92.0	91.0	89.5	88.9	88.3	87.8	86.6
75	92.2	91.2	89.7	89.0	88.4	87.9	86.7
90	92.5	91.5	90.0	89.4	88.8	88.3	87.0
110	93.0	92.0	90.5	90.0	89.4	89.0	87.0

参考文献

[1] 曾正明. 电工材料速查手册. 北京：机械工业出版社，2006.

[2] 金代中. 新编电工常用查算手册. 北京：中国标准出版社，2005.

[3] 高玉奎. 电工常用技术数据. 北京：中国电力出版社，2011.

[4] 宋家成. 电动机修理技术速查手册. 北京：中国电力出版社，2012.

[5] 刘光启等. 图解电工电气速查速算手册. 北京：中国水利水电出版社，2006.

[6] 杨丽峰，吕迎迎. 电气工程常用数据. 北京：化学工业出版社，2007.

[7] 程隆贵. 低压电器应用手册. 福州：福建科技出版社，2007.

[8] 黄海平，凌玉泉. 电工常见故障检修方法与技巧. 郑州：河南科学技术出版社，2011.

[9] Theodore Wildi. Electrical Machines，Drives，and Power Systems. Fifth Edition. 英文影印版. 北京：科学出版社，2002.

[10] 高耗能落后机电设备（产品）淘汰目录（第二批）. 北京：中华人民共和国工业和信息化部. 2012.4.

化学工业出版社电气类图书推荐

书号	书 名	开本	装订	定价/元
19148	电气工程师手册(供配电)	16	平装	198
06669	电气图形符号文字符号便查手册	大 32	平装	45
10561	常用电机绕组检修手册	16	平装	98
10565	实用电工电子查算手册	大 32	平转	59
16475	低压电气控制电路图册(第二版)	16	平装	48
12759	电机绕组接线图册(第二版)	横 16	平装	68
13422	电机绕组图的绘制与识读	16	平装	38
15058	看图学电动机维修	大 32	平装	28
15249	实用电工技术问答(第二版)	大 32	平装	49
12806	工厂电气控制电路实例详解(第二版)	16	平装	38
08271	低压电动机控制电路与实际接线详解	16	平装	38
15342	图表细说常用电工器件及电路	16	平装	48
15827	图表细说物业电工应知应会	16	平装	49
15753	图表细说装修电工应知应会	16	平装	48
15712	图表细说企业电工应知应会	16	平装	49
16559	电力系统继电保护整定计算原理与算例(第二版)	B5	平装	38
09682	发电厂及变电站的二次回路与故障分析	B5	平装	29
08596	实用小型发电设备的使用与维修	大 32	平装	29
10785	怎样查找和处理电气故障	大 32	平装	28
11454	蓄电池的使用与维护(第二版)	大 32	平装	28
11271	住宅装修电气安装要诀	大 32	平装	29
11575	智能建筑综合布线设计及应用	16	平装	39
11934	全程图解电工操作技能	16	平装	39
12034	实用电工电子控制电路图集	16	精装	148
12759	电力电缆头制作与故障测寻(第二版)	大 32	平装	29.8
13862	电力电缆选型与敷设(第二版)	大 32	平装	29
09381	电焊机维修技术	16	平装	38
14184	手把手教你修电焊机	16	平装	39.8
13555	电机检修速查手册(第二版)	B5	平装	88
20023	电工安全要诀	大 32	平装	23
20005	电工技能要诀	大 32	平装	28
12313	电厂实用技术读本系列——汽轮机运行及事故处理	16	平装	58
13552	电厂实用技术读本系列——电气运行及事故处理	16	平装	58
13781	电厂实用技术读本系列——化学运行及事故处理	16	平装	58
14428	电厂实用技术读本系列——热工仪表与及自动控制系统	16	平装	48
17357	电厂实用技术读本系列——锅炉运行及事故处理	16	平装	59
14807	农村电工速查速算手册	大 32	平装	49
13723	电气二次回路识图	B5	平装	29
14725	电气设备倒闸操作与事故处理 700 问	大 32	平装	48
15374	柴油发电机组实用技术技能	16	平装	78

续表

书号	书 名	开本	装订	定价/元
15431	中小型变压器使用与维护手册	B5	精装	88
16590	常用电气控制电路300例(第二版)	16	平装	48
15985	电力拖动自动控制系统	16	平装	39
15777	高低压电器维修技术手册	大32	精装	98
18334	实用继电保护及二次回路速查速算手册	大32	精装	98
15836	实用输配电速查速算手册	大32	精装	58
16031	实用电动机速查速算手册	大32	精装	78
16346	实用高低压电器速查速算手册	大32	精装	68
16450	实用变压器速查速算手册	大32	精装	58
17943	实用变频器、软启动器及PLC实用技术手册	大32	精装	68
16883	实用电工材料速查手册	大32	精装	78
17228	实用水泵、风机和起重机速查速算手册	大32	精装	58
18545	图表轻松学电工丛书——电工基本技能	16	平装	49
18200	图表轻松学电工丛书——变压器使用与维修	16	平装	48
18052	图表轻松学电工丛书——电动机使用与维修	16	平装	48
18198	图表轻松学电工丛书——低压电器使用与维护	16	平装	48
18786	让单片机更好玩:零基础学用51单片机	16	平装	88
18943	电气安全技术及事故案例分析	大32	平装	58
18450	电动机控制电路识图一看就懂	16	平装	59
16151	实用电工技术问答详解(上册)	大32	平装	58
16802	实用电工技术问答详解(下册)	大32	平装	48
17469	学会电工技术就这么容易	大32	平装	29
17468	学会电工识图就这么容易	大32	平装	29
15314	维修电工操作技能手册	大32	平装	49
17706	维修电工技师手册	大32	平装	58
16804	低压电器与电气控制技术问答	大32	平装	39
20806	电机与变压器维修技术问答	大32	平膜	39
19801	图解家装电工技能100例	16	平装	39
19532	图解维修电工技能100例	16	平装	48
20024	电机绕组布线接线彩色图册(第二版)	大32	平装	68
20239	电气设备选择与计算实例	16	平装	48
20377	小家电维修快捷入门	16	平装	48
19710	电机修理计算与应用	大32	平装	68

以上图书由**化学工业出版社　电气出版分社**出版。如要以上图书的内容简介和详细目录，或者更多的专业图书信息，请登录 www. cip. com. cn。

地址：北京市东城区青年湖南街13号（100011）

购书咨询：010-64518888

如要出版新著，请与编辑联系。

编辑电话：010-64519265

投稿邮箱：gmr9825@163. com